Deepen Your Mind

Deepen Your Mind

前言 Preface

網際網路技術的發展催生了巨量資料平台，尤其公司巨量資料部門基本是以 Hadoop 巨量資料平台為基礎，在這之上透過機器學習建模、演算法工程實作成產品，透過資料分析進行巨量資料視覺化展示來影響管理層決策。另外，以資料和機器學習來科學地驅動產品設計也成為主流。隨著巨量使用者資料的累積，傳統單機版機器學習框架已經不能滿足資料日益增長的需求，於是分散式機器學習應運而生。本書以分散式機器學習為主線，對目前主流的分散式機器學習框架和演算法進行重點講解，偏重實戰，最後是幾個工業級的系統實戰專案。

全書共分為 8 章，分別介紹網際網路公司巨量資料和人工智慧、巨量資料演算法系統架構、巨量資料基礎、Docker 容器、Mahout 分散式機器學習平台、Spark 分散式機器學習平台、分散式深度學習實戰、完整工業級系統實戰（推薦演算法系統實戰、人臉辨識實戰、對話機器人實戰）等內容。

第 1 章介紹了巨量資料常用框架及人工智慧的常用演算法，並且對公司實際的巨量資料部門組織架構，以及每個職務的技能要求、發展方向、市場薪資水準等都做了介紹，這一章可以幫助讀者從整體上認識巨量資料和人工智慧的常用技術框架和演算法，以及公司的實際工作場景。第 2 章介紹應用場景，並且對個性化推薦系統、個性化搜索、人物誌系統的架構原理做了深入的講解，方便從整體上把握一個完整的系統，提高系統架構設計能力，並指導讀者針對某個系統模組應該掌握哪些核心技術。第 3 章講解巨量資料基礎，為後面的分散式機器學習平台打基礎。第 4 章講解 Docker 容器，可以幫讀者快速建構標準化運行環境，以便節省時間和簡化部署。第 5 章講解的 Mahout 分散式機器學習是基於 Hadoop 的 MapReduce 計算引擎來分散式訓練的。第 6 章介紹 Spark 如何讀取 Hadoop 分散式儲存檔案系統 HDFS 上的資料在記憶體裡做疊代計算，以此提高訓練性能。第 7 章介紹基於 TensorFlow 和 MXNet 框架基礎上的神經網路演算法如何讀取 Hadoop 的 HDFS 資料，如何使用 Kubernetes 管理叢集進行分散式訓練。第 5~7 章是本書分散式機器學習的主線。第 8 章突出本書的實戰性，尤其是推薦系統的實戰，能讓讀者完整地認識實際工作中的系統產品是怎樣來做的，以便快速地投入到實際工作中去。

陳敬雷

目錄 Contents

第 4 章　Docker 容器

第 5 章　Mahout 分散式機器學習平台

第 6 章　Spark 分散式機器學習平台

第 7 章　分散式深度學習實戰

第 8 章　完整工業級系統實戰

第 1 章

網際網路公司巨量資料和人工智慧那些事

隨著網際網路應用的蓬勃發展，網際網路公司累積了巨量的使用者資料，由此也催生了巨量資料和人工智慧技術的發展，以便最大限度地採擷巨量資料的價值，由此影響公司管理層的決策。人工智慧是受巨量資料潮流驅動、享受政策紅利並引發民智廣泛投入的新技術。人工智慧誕生以來，理論和技術日益成熟，應用領域在不斷擴大，可以設想，未來人工智慧帶來的科技產品將是人類智慧的「容器」。以網際網路、巨量資料、人工智慧為代表的新一代資訊技術，對各國經濟的發展、社會進步、人民生活帶來重大而深遠的影響。

本章重點介紹巨量資料和人工智慧都具體有哪些技術，以及兩者之間的關聯和區別。再就是從部門的組織架構上劃分，巨量資料和人工智慧是劃分在巨量資料部門裡面的，巨量資料部門是和其他部門（如前端業務部門、架構部門、行動開發部門等）相互配合組成一個整體的網際網路平台，在巨量資料部門內部又細分為幾個小部門，以及各種細分的職務，每個職務之間也是相互配合協調工作才能完成一個整體的專案。對於想從事巨量資料和人工智慧方向工作的人員，需要了解每個職務的職業生涯規劃和發展路徑，以及各個職務的市場平均薪資水準，從而正確地根據自己的興趣選擇適合自己發展的細分方向。

1.1 巨量資料和人工智慧在網際網路公司扮演的角色和重要性

隨著行動網際網路應用的爆發，資料量呈現出指數級的增長，巨量資料的累積為人工智慧提供了基礎支撐，除此以外，巨量資料本身經過資料統計生成的資料報表也給企業管理層提供了理性的決策支援，為企業營運推廣提供個性化的指導建議。人工智慧建立在巨量資料基礎之上，提供更深層次的採擷和智慧發現。

1.1.1　什麼是巨量資料，扮演的角色和重要性

巨量資料，又稱巨量資料，指的是以不同形式存在於資料庫、網路等媒介上蘊含豐富資訊的、規模巨大的資料。巨量資料具有五大特點，稱為 5V。

1. 巨量資料特點

1) 多樣 (Variety)

巨量資料的多樣性是指資料的種類和來源是多樣化的，資料可以是結構化的、半結構化的及非結構化的，資料的呈現形式包括但不僅限於文字、圖型、視訊、HTML 頁面等。

2) 大量 (Volume)

巨量資料的大量性是指資料量的大小，這個就是上面筆者介紹的內容，不再贅述。

3) 高速 (Velocity)

巨量資料的高速性是指資料增長快速，處理快速，每一天，各行各業的資料都在呈現指數性爆炸增長。在許多場景下，資料都具有時效性，如搜尋引擎要在幾秒內呈現出使用者所需的資料。企業或系統在面對快速增長的巨量資料時，必須要高速處理，快速回應。

4) 低價值密度 (Value)

巨量資料的低價值密度性是指在巨量的資料來源中，真正有價值的資料少之又少，許多資料可能是錯誤的，是不完整的，是無法利用的。整體而言，有價值的資料佔據資料總量的密度極低，提煉資料好比浪裡淘沙。

5) 真實性 (Veracity)

巨量資料的真實性是指資料的準確度和可信賴度，代表資料的品質。

巨量資料的意義不在於資料本身，更重要的是我們怎樣去採擷深藏在資料內部的巨大價值。本章偏重實戰，以巨量資料為基礎需要掌握哪些技術框架是我們重點的講解內容。

2. 一般說到巨量資料，自然會提到 Hadoop

基本上，網際網路的巨量資料部門是以 Hadoop 為核心的，使用 Hadoop 來儲存公司的業務資料、使用者行為資料、埋點資料等。Hadoop 是一個由 Apache

基金會開發的分散式系統基礎架構，它可以讓使用者在不了解分散式底層細節的情況下開發分散式程式，充分利用叢集的威力進行高速運算和儲存。

從其定義就可以發現，它解決了兩大問題：巨量資料儲存和巨量資料分析。也就是 Hadoop 的兩大核心：HDFS 和 MapReduce。

HDFS(Hadoop Distributed File System) 是可擴充、容錯、高性能的分散式檔案系統，非同步複製，一次寫入多次讀取，主要負責儲存。

MapReduce 為分散式運算框架，包含 map(映射) 和 reduce(精簡) 過程，負責在 HDFS 上進行計算。

3. Hadoop 是巨量資料平台的標準配備

不管是哪個公司，只要有巨量資料平台，那麼基本上會把 Hadoop 作為核心的儲存和計算，因為目前沒有比 Hadoop 更優秀的分散式儲存平台。除了 Hadoop 外，其周圍的生態系統，比如 Hive 資料倉儲也是建立在 Hadoop 的 HDFS 儲存之上的，Hive 的 SQL 敘述也是解析成 Hadoop 的 MapReduce 計算引擎。週邊的資料獲取 Flume 日誌收集一般也儲存到 Hadoop 上。HBase 資料庫也建立在 Hadoop 之上。圍繞在 Hadoop 周圍有一個生態圈，比如：Hadoop、Spark、Storm、Flink、Hive 資料倉儲、HBase、Phoenix、ZooKeeper、Flume、Sqoop、Presto、Spark Streaming、Spark SQL 等。所以說 Hadoop 是巨量資料平台的標準配備，是巨量資料部門的必備工具。

4. 資料必須足夠大嗎？多大才算巨量資料？

資料多大算大呢？沒有嚴格的定義。一般意義上資料上億筆可以算小有規模，但資料欄位裡沒有大文字欄位，佔用的空間也是比較小的。如果資料記錄數不多，但有幾個大文字欄位，也會佔用很大的硬碟空間，所以巨量資料實際上主要靠整體佔用的空間來衡量，一般是以 TB 為單位，一般來講，一個網際網路公司有上百 TB 已經算是不小了。真正意義上的巨量資料，不在於資料本身的大小，更在於如何採擷資料裡面的巨大價值。如果只是簡單的資料堆砌，採擷不出價值，再大也沒有意義。另外就是即使資料本身不大，但是在採擷的過程中也會產生巨大的中間資料集，這也叫資料膨脹。比如你只有幾千萬筆資料，但計算過程中矩陣相乘運算資料會膨脹得非常大，所以我們不用刻意去定義原始資料多大才算大，把重點放在採擷資料的巨大價值上。

5. 小量資料能否做出巨量資料的價值？

有些人會問，資料量小有沒有必要用 Hadoop 呢？用 MySQL 關聯式資料庫不就可以嗎？這就是我們說的小量資料能否做出巨量資料的價值問題。原始資料量小，但採擷的中間資料集未必小，這也是我們資料量小也可以用 Hadoop 的原因。另外一個就是不僅是資料量大才採用 Hadoop，除了資料量，我們還需要一個高性能的分散式叢集。有的計算任務雖然資料量不是很大，但是計算比較複雜，單機計算會非常慢，所以需要多台機器分散式地平行來跑。這是資料量小但也需要用到 Hadoop 的原因之一。也就是說小量資料也可以做出巨量資料的價值。

6. Hive 資料倉儲，基本會跟隨 Hadoop 左右

Hive 是一種建立在 Hadoop 檔案系統上的資料倉儲架構，並對儲存在 HDFS 中的資料進行分析和管理，Hive 是透過一種類似 SQL 的查詢語言 (稱為 Hive SQL, 簡稱為 HQL) 分析和管理資料，對於熟悉 SQL 的使用者可以直接利用 Hive 來查詢資料。同時，這個語言也允許熟悉 MapReduce 的開發者們開發自訂的 mappers 和 reducers 來處理內建的 mappers 和 reducers 無法完成的複雜分析工作。Hive 可以允許使用者編寫自己定義的函數 UDF 來查詢資料。Hive 中有 3 種 UDF：User Defined Functions(UDF，使用者定義的函數)、User Defined Aggregation Functions(UDAF，使用者定義的匯總函數)、User Defined Table Generating Functions(UDTF，使用者定義的表函數)。

只要用到 Hadoop，那麼基本上會用到 Hive 資料倉儲。雖然不保證百分之百的公司都使用，但這肯定是公司選擇的主流方式。Hive 出現得比較早，穩定、簡單好用。使用 Sqoop 資料 ETL 工具可以非常方便地從 MySQL 業務資料庫遷移到 Hive，方便建立資料表的分層，SQL 敘述可以非常方便地處理資料，簡單高效。

7. 巨量資料生態圈

除了 Hadoop 之外，週邊還有很多框架都是圍繞以 Hadoop 為核心的生態圈：Spark、Storm、Flink、Hive 資料倉儲、HBase、Phoenix、ZooKeeper、Flume、Sqoop、Presto、Spark Streaming、Spark SQL、Caravel 報表、Nutch 爬蟲、Impala、Kylin、Pig、Kafka、MongoDB、Avro、Tez、Solr、Logstash、Kibana、ElasticSearch、Drill、Cassandra、CouchBase、Pentaho、Tableau、

Beam、Zeppelin 等。我們分別來介紹一下。

1) Spark

Apache Spark 是專為大規模資料處理而設計的快速通用的計算引擎。Spark 是 UC Berkeley AMP Lab(加州大學柏克萊分校的 AMP 實驗室) 所開放原始碼的類 Hadoop MapReduce 的通用平行框架，Spark 擁有 Hadoop MapReduce 所具有的優點，但不同於 MapReduce 的是 Job 中間輸出結果可以保存在記憶體中，從而不再需要讀寫 HDFS，因此 Spark 能更進一步地適用於資料採擷與機器學習等需要疊代的 MapReduce 演算法。

Spark 是一種與 Hadoop 相似的開放原始碼叢集計算環境，但是兩者之間還會有一些不同之處，這些有用的不同之處使 Spark 在某些工作負載方面表現得更加優越，換句話說，Spark 啟用了記憶體分佈資料集，除了能夠提供互動式查詢外，它還可以最佳化疊代工作負載。

Spark 是在 Scala 語言中實現的，它將 Scala 用作其應用程式框架。與 Hadoop 不同，Spark 和 Scala 能夠緊密整合，其中的 Scala 可以像操作本地集合物件一樣輕鬆地操作分散式資料集。

儘管創建 Spark 是為了支援分散式資料集上的疊代作業，但是實際上它是對 Hadoop 的補充，可以在 Hadoop 檔案系統中平行運行。名為 Mesos 的第三方叢集框架可以支援此行為。Spark 由加州大學柏克萊分校 AMP 實驗室 (Algorithms,Machines and People Lab) 開發，可用來建構大型的、低延遲的資料分析應用程式。

簡單來說：Spark 是分散式記憶體計算引擎，沒有儲存功能。

和 Hadoop 的關聯和區別：Spark 是分散式記憶體計算平台，此平台用 Scala 語言編寫，以記憶體為基礎的快速、通用、可擴充的巨量資料分析引擎；Hadoop 是分散式管理、儲存、計算的生態系統，包括 HDFS(儲存)、MapReduce(計算)、Yarn(資源排程)。

2) Storm

Storm 是一個分散式的、可靠的、容錯的資料流程處理系統。Storm 叢集的輸入串流由一個被稱作 Spout 的元件管理，Spout 把資料傳遞給 Bolt，Bolt 不是把資料保存到某種記憶體，就是把資料傳遞給其他 Bolt。一個 Storm 叢集就是在一連串的 Bolt 之間轉換 Spout 傳過來的資料。

(1) Storm 元件

在 Storm 叢集中有兩類節點：主節點 (master node) 和工作節點 (worker nodes)。主節點運行 Nimbus 守護處理程序，這個守護處理程序負責在叢集中分發程式，為工作節點分配任務，並監控故障。Supervisor 守護處理程序作為拓撲的一部分運行在工作節點上。一個 Storm 拓撲結構在不同的機器上運行著許多的工作節點。每個工作節點都是 topology 中一個子集的實現，而 Nimbus 和 Supervisor 之間的協調則透過 ZooKeeper 系統或叢集。

(2) ZooKeeper

ZooKeeper 是完成 Supervisor 和 Nimbus 之間協調的服務，而應用程式實現即時的邏輯則被封裝進 Storm 中的「topology」。topology 則是一組由 Spouts(資料來源) 和 Bolts(資料操作) 透過 Stream Grouping 進行連接的圖。

(3) Spout

Spout 從來源處讀取資料並放入 topology。Spout 分成可靠和不可靠兩種；當 Storm 接收失敗時，可靠的 Spout 會對 tuple(元組，資料項目組成的串列) 進行重發，而不可靠的 Spout 不會考慮接收成功與否只發送一次，而 Spout 中最主要的方法就是 nextTuple()，該方法會發送一個新的 tuple 到 topology，如果沒有新 tuple 發送則會簡單地返回。

(4) Bolt

topology 中所有的處理都由 Bolt 完成。Bolt 從 Spout 中接收資料並進行處理，如果遇到複雜流的處理也可能將 tuple 發送給另一個 Bolt 進行處理 , 而 Bolt 中最重要的方法是 execute()，以新的 tuple 作為參數接收。不管是 Spout 還是 Bolt，如果將 tuple 發送成多個流，這些流都可以透過 declareStream() 來宣告。

(5) Stream Grouping

Stream Grouping 定義了一個流在 Bolt 任務中如何被切分。

Shuffle grouping：隨機分發 tuple 到 Bolt 的任務，保證每個任務獲得相等數量的 tuple。

Fields grouping：根據指定欄位分割資料流程，並分組。舉例來說，根據「user-id」欄位，相同「user-id」的元組總是分發到同一個任務，不同「user-id」的元組可能分發到不同的任務。

Partial Key grouping：根據指定欄位分割資料流程，並分組。類似 Fields grouping。

All grouping：tuple 被複製到 Bolt 的所有任務。這種類型需要謹慎使用。

Global grouping：全部流都分配到 Bolt 的同一個任務。明確地說，是分配給 ID 最小的那個 task。

None grouping：無須關心流是如何分組的。目前，無分組同等於隨機分組。但最終，Storm 將把無分組的 Bolts 放到 Bolts 或 Spouts 訂閱它們的同一執行緒去執行 (如果可能)。

Direct grouping：這是一個特別的分組類型。元組生產者決定 tuple 由哪個元組處理者接收任務。

Local or shuffle grouping：如果目標 Bolt 有一個或多個任務在同一工作處理程序，tuple 會打亂這些處理程序內的任務。否則 , 這就像一個正常的 Shuffle grouping。

3) Flink

Apache Flink 是由 Apache 軟體基金會開發的開源流處理框架，其核心是用 Java 和 Scala 編寫的分散式流資料流程引擎。Flink 以資料平行和管線方式執行任意流資料程式，Flink 的管線執行時期系統可以執行批次處理和流處理常式。此外，Flink 在執行時期本身也支援疊代演算法的執行。

(1) 概述

Apache Flink 的資料流程程式設計模型在有限和無限資料集上提供單次事件 (event-at-a-time) 處理。在基礎層面，Flink 程式由流和轉換組成。

Apache Flink 的 API：有界或無界資料流程的資料流程 API、用於有界資料集的資料集 API、表 API。

(2) 資料流程的運行流程

Flink 程式在執行後被映射到流資料流程，每個 Flink 資料流程以一個或多個來源 (資料登錄，例如訊息佇列或檔案系統) 開始，並以一個或多個接收器 (資料輸出，如訊息佇列、檔案系統或資料庫等) 結束。Flink 可以對流執行任意數量的變換，這些流可以被編排為有向無環資料流程圖，允許應用程式分支和合併資料流程。

(3) Flink 的資料來源和接收器

Flink 提供現成的來源和接收連接器，包括 Apache Kafka、Amazon Kinesis、HDFS 和 Apache Cassandra 等。

Flink 程式可以作為叢集內的分散式系統運行，也可以以獨立模式或在 Yarn、Mesos、以 Docker 為基礎的環境和其他資源管理框架下進行部署。

Flink 的狀態：檢查點、保存點和容錯機制。

Flink 檢查點和容錯：檢查點是應用程式狀態和來源流中位置的自動非同步快照。在發生故障的情況下，啟用了檢查點的 Flink 程式將在恢復時從上一個完成的檢查點恢復處理，確保 Flink 在應用程式中保持一次性 (exactly-once) 狀態語義。檢查點機制曝露應用程式碼的介面，以便將外部系統包括在檢查點機制中 (如打開和提交資料庫系統的交易)。

Flink 保存點的機制是一種手動觸發的檢查點。使用者可以生成保存點，停止正在運行的 Flink 程式，然後從流中的相同應用程式狀態和位置恢復程式。保存點可以在不遺失應用程式狀態的情況下對 Flink 程式或 Flink 集群進行更新。

(4) Flink 的資料流程 API

Flink 的資料流程 API 支援有界或無界資料流程上的轉換 (如篩檢程式、聚合和視窗函數)，包含 20 多種不同類型的轉換，可以在 Java 和 Scala 中使用。

有狀態流處理常式的簡單 Scala 範例是從連續輸入串流發出字數並在 5 秒視窗中對資料進行分組的應用。

(5) Apache Beam-Flink Runner

Apache Beam「提供了一種進階統一程式設計模型，允許 (開發人員) 實現可在任何執行引擎上運行批次處理和流資料處理作業」。Apache Flink-on-Beam 運行器是功能最豐富的、由 Beam 社區維護的能力矩陣。

data Artisans 與 Apache Flink 社區一起與 Beam 社區密切合作，開發了一個強大的 Flink runner。

(6) 資料集 API

Flink 的資料集 API 支援對有界資料集進行轉換 (如過濾、映射、連接和分組)，包含 20 多種不同類型的轉換。該 API 可用於 Java、Scala 和實驗性的 Python

API。Flink 的資料集 API 在概念上與資料流程 API 類似。

(7) 表 API 和 SQL

Flink 的表 API 是一種類似 SQL 的運算式語言，用於關係流和批次處理，可以嵌入 Flink 的 Java 和 Scala 資料集和資料流程 API 中。表 API 和 SQL 介面在關係表抽象上運行，可以從外部資料來源或現有資料流程和資料集創建表。表 API 支援關係運算子，如表上的選擇、聚合和連接等。

也可以使用正常 SQL 查詢表。表 API 提供了和 SQL 相同的功能，可以在同一程式中混合使用。將表轉換回資料集或資料流程時，由關係運算子和 SQL 查詢定義的邏輯計畫將使用 Apache Calcite 進行最佳化，並轉為資料集或資料流程程式。

4) Hive 資料倉儲

Hive 是以 Hadoop 為基礎的資料倉儲工具，可以將結構化的資料檔案映射為一張資料庫表，並提供類 SQL 查詢功能。可以將 SQL 敘述轉為 MapReduce 任務進行運行。

Hive 建構在以靜態批次處理的 Hadoop 為基礎之上，Hadoop 通常有較高的延遲並且在作業提交和排程的時候需要大量的負擔。因此，Hive 並不能夠在大規模資料集上實現低延遲快速的查詢，舉例來說，Hive 在幾百 MB 的資料集上執行查詢一般有分鐘級的時間延遲。因此，Hive 並不適合那些需要低延遲的應用，舉例來說，連線交易處理 (OLTP)。Hive 查詢操作過程嚴格遵守 Hadoop MapReduce 的作業執行模型，Hive 將使用者的 HiveQL 敘述透過解譯器轉為 MapReduce 作業提交到 Hadoop 叢集上，Hadoop 監控作業執行過程，然後返回作業執行結果給使用者。Hive 並非為連線交易處理而設計，Hive 並不提供即時的查詢和以行級為基礎的資料更新操作。Hive 的最佳使用場合是巨量資料集的批次處理作業，舉例來說，網路日誌分析。

Hive 的特點：

透過 SQL 輕鬆存取資料的工具，從而實現資料倉儲任務 (如提取 / 轉換 / 載入 (ETL)，報告和資料分析)；

一種對各種資料格式施加結構的機制；

存取直接儲存在 Apache HDFS 或其他資料儲存系統 (如 Apache HBase) 中的

檔案；

透過 Apache Tez、Apache Spark 或 MapReduce 執行查詢；

程式語言與 HPL-SQL；

透過 Hive LLAP、Apache Yarn 和 Apache Slider 進行微秒級查詢檢索。

5) HBase

HBase 是一個分散式的、針對列的開放原始碼資料庫，該技術來自 Fay Chang 所撰寫的論文「Bigtable：一個結構化資料的分散式儲存系統」。就像 Bigtable 利用了 Google 檔案系統 (File System) 所提供的分散式資料儲存一樣，HBase 在 Hadoop 之上提供了類似於 Bigtable 的能力。HBase 是 Apache 的 Hadoop 專案的子專案。HBase 不同於一般的關聯式資料庫，它是一個適合於非結構化資料儲存的資料庫，而且 HBase 是以列而非以行為基礎為基礎的模式。

HBase 是一個建構在 HDFS 上的分散式列儲存系統，可以透過 Hive 的方式來查詢 HBase 資料，HBase 的特點：

HBase 是 以 Google BigTable 模型為基礎開發的，典型的 key/value 系統；

HBase 是 Apache Hadoop 生態系統中的重要一員，主要用於巨量結構化資料儲存；

分散式儲存，HBase 將資料按照表、行和列進行儲存。與 Hadoop 一樣，HBase 目標主要依靠水平擴充，透過不斷增加廉價的商用伺服器來增加計算和儲存能力。

HBase 表的特點：

大：一個表可以有數十億行，上百萬列；

無模式：每行都有一個可排序的主鍵和任意多的列，列可以根據需要動態地增加，同一張表中不同的行可以有截然不同的列，這是 MySQL 關聯式資料庫做不到的；

針對列：針對列 (族) 的儲存和許可權控制，列 (族) 獨立檢索；

稀疏：空 (null) 列並不佔用儲存空間，表可以設計得非常稀疏；

資料多版本：每個單元中的資料可以有多個版本，預設 3 個版本，是儲存格插入時的時間戳記。

6) Phoenix

Phoenix 是建構在 HBase 上的 SQL 層，能讓我們用標準的 JDBC API 而非 HBase 用戶端 API 來創建表，插入資料和對 HBase 資料進行查詢。Phoenix 完全使用 Java 編寫，作為 HBase 內嵌的 JDBC 驅動。Phoenix 查詢引擎會將 SQL 查詢轉為一個或多個 HBase 掃描，並編排執行以生成標準的 JDBC 結果集。

7) ZooKeeper

ZooKeeper 是一個分散式的、開放原始程式的分散式應用程式協調服務，是 Google 的 Chubby 一個開放原始碼的實現，是 Hadoop 和 HBase 的重要元件。它是一個為分散式應用提供一致性服務的軟體，提供的功能包括設定維護、域名服務、分散式同步、組服務等。

8) Flume

Flume 是 Cloudera 提供的高可用的，高可靠的，分散式的巨量日誌擷取、聚合和傳輸的系統，Flume 支援在日誌系統中訂製各類資料發送方，用於收集資料；同時，Flume 提供對資料進行簡單處理，並具有寫到各種資料接收方 (可訂製) 的能力。

9) Sqoop

Sqoop(發音：skup) 是一款開放原始碼工具，主要用於在 Hadoop(Hive) 與傳統的資料庫 (mysql、postgresql 等) 間進行資料的傳遞，可以將一個關聯式資料庫 (例如：MySQL,Oracle,Postgres 等) 中的資料匯入 Hadoop 的 HDFS 中，也可以將 HDFS 的資料匯入關聯式資料庫中。

10) Presto

Presto 是 Facebook 開發的資料查詢引擎，可對 250PB 以上的資料進行快速地互動式分析。以記憶體為基礎的平行計算，分散式 SQL 互動式查詢引擎 , 多個節點管道式執行 , 並且支援任意資料來源。

11) Spark Streaming

Spark Streaming 是 Spark 核心 API 的擴充，可以實現高輸送量的、具備容錯機制的即時流資料的處理。支援從多種資料來源獲取資料，包括 Kafka、Flume、Twitter、ZeroMQ、Kinesis 及 TCP sockets，從資料來源獲取資料之後，可以使用諸如 map、reduce、join 和 window 等進階函數進行複雜演算法的處理。最後還可以將處理結果儲存到檔案系統、資料庫和現場儀表板。在「One Stack rule them all」的基礎上，還可以使用 Spark 的其他子框架，如機器學習、圖型計算等，對流資料進行處理。

12) Spark SQL

Spark SQL 是 Spark 的模組，用於處理結構化的資料，它提供了一個資料抽象 DataFrame 並且造成分散式 SQL 查詢引擎的作用。

Spark SQL 就是將 SQL 轉換成一個任務，提交到叢集上運行，類似於 Hive 的執行方式。

Spark SQL 在 Hive 相容層面僅依賴 HiveQL 解析、Hive 中繼資料，也就是說，從 HQL 被解析成抽象語法樹起就全部由 Spark SQL 接管了。Spark SQL 執行計畫生成和最佳化都由 Catalyst(函數式關係查詢最佳化框架) 負責。

Spark SQL 增加了 DataFrame(即帶有 Schema 資訊的 RDD), 讓使用者可以在 Spark SQL 中執行 SQL 敘述，資料既可以來自 RDD，也可以來自 Hive、HDFS、Cassandra 等外部資料來源，還可以是 JSON 格式的資料。Spark SQL 提供 DataFrame API，可以對內部和外部各種資料來源執行各種關係操作。

Spark SQL 可以支援大量的資料來源和資料分析演算法。Spark SQL 可以融合傳統關聯式資料庫的結構化資料管理能力和機器學習演算法的資料處理能力。

13) Caravel

Caravel 是一個自助式資料分析工具，它的主要目標是簡化我們的資料探索分析操作，它的強大之處在於整個過程一氣呵成，幾乎不用片刻等待。

Caravel 透過讓使用者創建並且分享儀表板的方式為資料分析人員提供一個快速的資料視覺化方案。

在使用者用這種豐富的資料視覺化方案分析資料的同時，Caravel 還可以兼顧資料格式的拓展性、資料模型的高粒度保證、快速的複雜規則查詢、相容主流鑑權模式 (資料庫、OpenID、LDAP、OAuth 或以 Flask AppBuilder 為基礎的 REMOTE_USER)。

透過一個定義欄位、下拉聚合規則的簡單的語法層操作，我們就可以將資料來源豐富地呈現。Caravel 還深度整合了 Druid，以保證我們在操作超大、即時資料的分片和切分時都能如行雲流水。

14) Nutch 分散式爬蟲

Nutch 是一個開放原始碼、並用 Java 實現的以 Hadoop MapReduce 為基礎的分散式爬蟲框架，能夠根據設定參數把爬取的資料儲存到 Solr cloud 或 ElasticSearch 搜尋引擎。

15) Impala

Impala 是 Cloudera 公司主導開發的新型查詢系統，它提供 SQL 語義，能查詢儲存在 Hadoop 的 HDFS 和 HBase 中的 PB 級巨量資料。已有的 Hive 系統雖然也提供了 SQL 語義，但由於 Hive 底層執行使用的是 MapReduce 引擎，它仍然是一個批次處理過程，所以難以滿足查詢的互動性。相比之下，Impala 的最大特點也是最大賣點就是它的快速性。

16) Kylin

Apache Kylin 是一個開放原始碼的分散式分析引擎，提供 Hadoop/Spark 之上的 SQL 查詢介面及多維分析 (OLAP) 能力以支援超大規模資料，最初由 eBay Inc. 開發並貢獻至開放原始碼社區，它能在微秒內查詢巨大的 Hive 表。

17) Pig

Pig 是一種資料流程語言和運行環境，用於檢索非常大的資料集。為大類型資料集的處理提供了一個更高層次的抽象。Pig 包括兩部分：一是用於描述資料流程的語言，稱為 Pig Latin；二是用於運行 Pig Latin 程式的執行環境。

18) Kafka

Kafka 是由 Apache 軟體基金會開發的開源流處理平台，用 Scala 和 Java 編寫。Kafka 是一種高輸送量的分散式發佈訂閱訊息系統，它可以處理消費者在網站中的所有動作流資料。這種動作 (網頁瀏覽、搜索和其他使用者的行動) 是在現代網路上的許多社會功能的關鍵動作。這些資料通常是由於輸送量的要求而透過處理日誌和日誌聚合來解決的。對於像 Hadoop 一樣的日誌資料和離線分析系統，但又有即時處理的限制，這是一個可行的解決方案。Kafka 的目的是透過 Hadoop 的平行載入機制來統一線上和離線的訊息處理，也是為了透過叢集來提供即時的訊息。

19) Avro

Avro 是一個資料序列化系統，設計用於支援大量資料交換的應用。它的主要特點有：支援二進位序列化方式，可以便捷、快速地處理大量資料；動態語言友善，Avro 提供的機制使動態語言可以方便地處理 Avro 資料。

20) Tez

Tez 是 Apache 開放原始碼的、支援 DAG 作業的計算框架，它直接源於 MapReduce 框架，核心思想是將 Map 和 Reduce 兩個操作進一步拆分，即 Map 被拆分成 Input、Processor、Sort、Merge 和 Output，Reduce 被拆分成 Input、Shuffle、Sort、Merge、Processor 和 Output 等，這樣，這些分解後的元操作可以任意靈活組合，產生新的操作，這些操作經過一些控製程式組裝後可形成一個大的 DAG 作業。

21) Solr

Solr 是一個獨立的企業級搜索應用伺服器，它對外提供類似於 Web Service 的 API 介面。使用者可以透過 http 請求，向搜尋引擎伺服器提交一定格式的 XML 檔案，生成索引；也可以透過 Http Get 操作提出尋找請求，並得到 XML 格式的返回結果。

Solr 是一個高性能、採用 Java 開發、以 Lucene 為基礎的全文檢索搜尋伺服器。同時了擴充，提供了比 Lucene 更為豐富的查詢語言，實現了可設定、可擴充並對查詢性能進行了最佳化，並且提供了一個完整的功能管理介面，是一款非常優秀的全文檢索搜尋引擎。

22) Logstash

Logstash 是一款強大的資料處理工具，它可以實現資料傳輸、格式處理、格式化輸出，還有強大的外掛程式功能，常用於日誌處理。Logstash 是 ELK 中的元件，ELK 是 ElasticSearch、Logstash、Kibana 三大開放原始碼框架字首大寫簡稱，是一種能夠從任意資料來源取出資料，並即時對資料進行搜索、分析和視覺化展現的資料分析框架。

23) Kibana

Kibana 是為 ElasticSearch 設計的開放原始分碼析和視覺化平台。使用者可以使用 Kibana 來搜索、查看儲存在 ElasticSearch 索引中的資料並與之互動。使用者可以很容易實現進階的資料分析和視覺化，並以圖示的形式展現出來。

24) ElasticSearch

ElasticSearch 是一個以 Lucene 為基礎的搜索伺服器。它提供了一個分散式多使用者的全文檢索搜尋引擎，以 RESTful Web 介面為基礎。ElasticSearch 是用 Java 語言開發的，並作為 Apache 許可條款下的開放原始程式發佈，是一種流行的企業級搜尋引擎。ElasticSearch 用於雲端運算中，能夠達到即時搜索，穩定、可靠、快速、安裝使用方便。官方用戶端在 Java、.NET(C#)、PHP、Python、Apache Groovy、Ruby 和許多其他語言中都是可用的。根據 DB-Engines 的排名顯示，ElasticSearch 是最受歡迎的企業搜尋引擎，其次是 Apache Solr，也是以 Lucene 為基礎。

25) Drill

Apache Drill 是一個能夠對巨量資料進行即分時散式查詢的引擎，目前它已經成為 Apache 的頂級專案。Drill 是開放原始碼版本的 Google Dremel。它以相容 ANSI SQL(國際標準 SQL 語言) 語法作為介面，支援對本地檔案 HDFS、Hive、HBase 和 MongeDB 作為儲存的資料查詢，檔案格式支援 Parquet、CSV、TSV, 以及 JSON 這種與模式無關 (schema-free) 的資料。所有這些資料都可以像使用傳統資料庫的針對表查詢一樣進行快速即時查詢。

26) Cassandra

Cassandra 是一套開放原始分碼散式 NoSQL 資料庫系統，它最初由 Facebook 開發，用於儲存收件箱等簡單格式資料，集 Google BigTable 的資料模型與 Amazon Dynamo 的完全分散式架構於一身。Facebook 於 2008 年將 Cassandra 開放原始碼，此後，由於 Cassandra 良好的可擴充性，被 Digg、Twitter 等知名 Web 2.0 網站所採納，成為一種流行的分散式結構化資料儲存方案。

27) Couchbase

Couchbase 是一個非關聯式資料庫，它實際上由 couchdb+membase 組成，所以它既能像 Couchbase 那樣儲存 json 文件，也能像 membase 那樣高速儲存鍵值對。

28) Pentaho

Pentaho 是世界上最流行的開放原始碼商務智慧軟體, 以工作流為核心，強調針對解決方案而非工具元件，以 Java 平台為基礎的商業智慧 (Business Intelligence,BI) 套件，之所以說是套件，是因為它包括一個 Web server 平台和幾個工具軟體：報表、分析、圖表、資料整合和資料採擷等，可以說包括了商務智慧的各方面。它整合了多個開放原始碼專案，目標是和商業 BI 相抗衡。

它偏向於與業務流程相結合的 BI 解決方案，偏重於大中型企業應用。它允許商業分析人員或開發人員創建報表、儀表板、分析模型、商務邏輯和 BI 流程。

29) Tableau

Tableau 是用於可視分析資料的商業智慧工具。使用者可以創建和分發互動式、可共用的儀表板，以圖形和圖表的形式描繪資料的趨勢、變化和密度。Tableau 可以連接到檔案、關聯資料來源和巨量資料來源來獲取和處理資料。該軟體允許資料混合和即時協作，這使它非常獨特。它被企業、學術研究人員和許多政府用來進行視覺資料分析，還被定位為 Gartner 魔力象限中的領導者商業智慧和分析平台。

30) Beam

Beam 主要對資料處理 (有限的資料集 , 無限的資料流程) 的程式設計範式和介面進行了統一定義 (Beam Model)。這樣 , 以 Beam 開發為基礎的資料處理程式可以在任意的分散式運算引擎上執行。

31) Zeppelin

Apache Zeppelin 是一個讓互動式資料分析變得可行的、以網頁為基礎的開放原始碼框架。Zeppelin 提供了資料分析、資料視覺化等功能。

Zeppelin 是一個提供互動資料分析且以 Web 為基礎的筆記型電腦。方便使用者做出可資料驅動的、可互動且可協作的精美文件，並且支援多種語言，包括 Scala(使用 Apache Spark)、Python(Apache Spark)、Spark SQL、Hive、Markdown、Shell 等。

1.1.2　什麼是人工智慧，扮演的角色和重要性

人工智慧是建立在巨量資料基礎之上的採擷應用，智慧表現在用演算法、機器學習、深度學習來解決問題。人工智慧大致上分為兩大類，一個是傳統的機器學習，另一個是深度學習。機器學習是一門多領域交換學科，涉及機率論、統計學、逼近論、凸分析、演算法複雜度理論等多門學科。它專門研究電腦怎樣模擬或實現人類的學習行為，以獲取新的知識或技能，重新組織已有的知識結構使之不斷改善自身的性能。它是人工智慧的核心，是使計算機具有智慧的根本途徑。機器學習又可以細分為以下幾大類：分類演算法、聚類演算法、推薦演算法、隱馬可夫模型、時間序列演算法、啟發式搜索演算法、降維演算法等。

下面分別介紹各個機器學習演算法。

1. 分類演算法 (有監督學習)

分類是一種重要的資料採擷技術。分類的目的是根據資料集的特點構造一個分類函數或分類模型 (也常常稱作分類器)，該模型能把未知類別的樣本映射到指定類別中的某一個。分類和回歸都可以用於預測。和回歸方法不同的是，分類的輸出是離散的類別值，而回歸的輸出是連續或有序值。

分類構造模型的過程一般分為訓練和測試兩個階段。在構造模型之前，要求將資料集隨機地分為訓練資料集和測試資料集。訓練階段使用訓練資料集，透過分析由屬性描述的資料庫元組來構造模型，假設每個元組屬於一個預先定義的類，由一個稱作類標誌屬性的屬性來確定。訓練資料集中的單一元組也稱作訓練樣本，一個具體樣本的形式可為：$(u_1, u_2, \cdots u_n; c)$；其中 u_i 表示屬性值，c 表示類別。由於提供了每個訓練樣本的類標誌，該階段也稱為有指導的學習，通常模型用分類規則、決策樹或數學公式的形式提供。在測試階段，使用測試資料集來評估模型的分類準確率，如果認為模型的準確率可以接受，就可以用該模型對其他資料元組進行分類。一般來說，測試階段的代價遠遠低於訓練階段。

為了提高分類的準確性、有效性和可伸縮性，在進行分類之前，通常要對資料進行前置處理，包括：

資料清理：消除或減少資料雜訊，處理空缺值；

相關性分析：由於資料集中的許多屬性可能與分類任務不相關，若包含這些屬性將減慢和可能誤導學習過程。相關性分析的目的就是刪除這些不相關或容錯的屬性；

資料變換：資料可以概化到較高層概念。舉例來說，連續值屬性「收入」的數值可以概化為離散值：低、中和高。又舉例來說，額定值屬性「市」可概化到高層概念「省」。此外，資料也可以規範化，規範化將指定屬性的值按比例縮放，落入較小的區間，如 [0,1] 等。

分類演算法又可以細分為以下幾種：邏輯回歸 (Logistic Regression)、單純貝氏 (Bayesian)、支援向量機 (SVM)、多層感知器演算法 (Perceptron)、神經網路 (Neural Network)、決策樹 (Decision Tree，ID3，C4.5 演算法)、隨機森林

(Random Forests)、GBDT(Gradient Boosting Decision Tree)、k- 最近鄰法 (kNN) 和受限玻爾茲曼機 (Restricted Boltzmann Machines) 等。

1) 邏輯回歸

邏輯回歸又稱 logistic 回歸分析，是一種廣義的線性回歸分析模型，常用於資料採擷、疾病自動診斷和經濟預測等領域。舉例來說，探討引發疾病的危險因素，並根據危險因素預測疾病發生的機率等。以胃癌病情分析為例，選擇兩組人群，一組是胃癌組，另一組是非胃癌組，兩組人群必定具有不同的症狀與生活方式等。因此因變數就為是否患有胃癌，值為「是」或「否」，引數就可以包括很多了，如年齡、性別、飲食習慣和幽門螺桿菌感染等。引數既可以是連續的，也可以是分類的，然後透過 logistic 回歸分析，可以得到引數的權重，從而大致了解到底哪些因素是胃癌的危險因素。同時根據該權值可以透過危險因素預測一個人患癌症的可能性。

logistic 回歸是一種廣義線性回歸 (generalized linear model)，因此與多重線性回歸分析有很多相同之處。它們的模型形式大致相同，都具有 $w'x+b$，其中 w 和 b 是待求參數，其區別在於它們的因變數不同，多重線性回歸直接將 $w'x+b$ 作為因變數，即 $y=w'x+b$，而 logistic 回歸則透過函數 L 將 $w'x+b$ 對應一個隱狀態 p，$p=L(w'x+b)$, 然後根據 p 與 1-p 的大小決定因變數的值。如果 L 是 logistic 函數，就是 logistic 回歸，如果 L 是多項式函數就是多項式回歸。

logistic 回歸的因變數可以是二分類的，也可以是多分類的，但是二分類的更為常用，也更加容易解釋，多分類可以使用 softmax 方法進行處理。實際中最為常用的就是二分類的 logistic 回歸。

2) 單純貝氏

單純貝氏法 (Bayesian) 是以貝氏定理與特徵條件獨立假設為基礎的分類方法。簡單來說，單純貝氏分類器假設樣本每個特徵與其他特徵都不相關。舉個例子，如果一種水果具有紅、圓、直徑大概 10cm 等特徵，該水果可以被判定為蘋果。儘管這些特徵相互依賴或有些特徵由其他特徵決定，然而單純貝氏分類器認為這些屬性在判定該水果是否為蘋果的機率分佈上獨立的。儘管是帶著這些樸素思想和過於簡單化的假設，但單純貝氏分類器在很多複雜的現實情形中仍能夠取得相當好的效果。單純貝氏分類器的優勢在於只需要根據少量的訓練資料估計出必要的參數 (離散型變數是先驗機率和類條件機率，連續型變數是變數的平均值和方差)。單純貝氏的思想基礎是這樣的：對於列出的待分類項，求解在此項出現的條件下各個類別出現的機率，在沒有其他可用資訊下，我們會選擇條件機率最大的類別作為此待分類項應屬的類別。

單純貝氏演算法假設了資料集屬性之間是相互獨立的，因此演算法的邏輯性十分簡單，並且演算法較為穩定，當資料呈現不同的特點時，單純貝氏的分類性能不會有太大的差異。換句話說就是單純貝氏演算法的穩固性比較好，對於不同類型的資料集不會呈現出太大的差異性。當資料集屬性之間的關係相比較較獨立時，單純貝氏分類演算法會有較好的效果。

單純貝氏在文字分類任務中表現是非常好的，訓練性能比較高，在準確率方面可能不是最好的，但也是非常接近的。

3) 支援向量機

支援向量機 (Support Vector Machine，SVM) 是 Cortes 和 Vapnik 於 1995 年首先提出的，它在解決小樣本、非線性及高維模式辨識中表現出許多特有的優勢，並能夠推廣應用到函數擬合等其他機器學習問題中。支援向量機方法是建立在統計學習理論的 VC 維理論和結構風險最小原理基礎上的，根據有限的樣本資訊在模型的複雜性 (即對特定訓練樣本的學習精度，Accuracy) 和學習能力 (即無錯誤地辨識任意樣本的能力) 之間尋求最佳折中，以期獲得最好的推廣能力 (或稱泛化能力)。

支援向量機一般認為在文字分類任務中的表現效果最好。

4) 多層感知器演算法

MLP(Multi-Layer Perceptron)，即多層感知器，是一種趨向結構的類神經網路，映射一組輸入向量到一組輸出向量。MLP 可以被看作一個有方向圖，由多個節點層組成，每一層全連接到下一層。除了輸入節點，每個節點都是一個帶有非線性啟動函數的神經元 (或稱處理單元)。一種被稱為反向傳播演算法的監督學習方法常被用來訓練 MLP。MLP 是感知器的推廣，克服了感知器無法實現對線性不可分資料辨識的缺點。MLP 用來進行學習的反向傳播演算法，在模式辨識的領域中算是標準監督學習演算法，並在計算神經學及平行分散式處理領域中持續成為被研究的課題。MLP 已被證明是一種通用的函數近似方法，可以被用來擬合複雜的函數或解決分類問題。

5) 決策樹

決策樹 (Decision Tree) 是在已知各種情況發生機率的基礎上透過組成決策樹來

求取淨現值的期望值大於或等於零的機率，評價專案風險，判斷其可行性的決策分析方法，是直觀運用機率分析的一種圖解法。由於這種決策分支畫成的圖形很像一棵樹的枝幹，故稱決策樹。在機器學習中，決策樹是一個預測模型，它代表的是物件屬性與物件值之間的一種映射關係。Entropy 表示系統的淩亂程度，使用演算法 ID3，但 C4.5 和 C5.0 生成樹演算法使用熵。這一度量是以資訊學理論中熵為基礎的概念。

決策樹是一種樹狀結構，其中每個內部節點表示一個屬性上的測試，每個分支代表一個測試輸出，每個葉節點代表一種類別。

分類樹 (決策樹) 是一種十分常用的分類方法。它是一種監督學習，所謂監督學習就是指定一堆樣本，每個樣本都有一組屬性和一個類別，這些類別是事先確定的，那麼監督學習透過學習得到一個分類器，這個分類器能夠對新出現的物件列出正確的分類。這樣的機器學習被稱為監督學習。

6) 隨機森林

隨機森林 (Random Forests) 是以決策樹作為基礎模型的整合演算法。隨機森林是機器學習模型中用於分類和回歸的最成功的模型之一，透過組合大量的決策樹來降低過擬合的風險。與決策樹一樣，隨機森林處理分類特徵，擴充到多類分類設定，不需要特徵縮放，並且能夠捕捉非線性和特徵互動。

隨機森林分別訓練一系列的決策樹，所以訓練過程是平行的。因演算法中加入隨機過程，所以每個決策樹又有少量區別。合併每個樹的預測結果可以減少預測的方差，提高在測試集上的性能表現。

隨機性表現：

(1) 每次疊代時，對原始資料進行二次抽樣來獲得不同的訓練資料。

(2) 對於每個樹節點，考慮不同的隨機特徵子集來進行分裂。

除此之外，決策時的訓練過程和單獨決策樹訓練過程相同。

對新實例進行預測時，隨機森林需要整合其各個決策樹的預測結果。回歸和分類問題的整合方式略有不同。分類問題採取投票制，每個決策樹投票給一個類別，獲得最多投票的類別為最終結果。回歸問題採取平均值，每個樹得到的預測結果為實數，最終的預測結果為各個樹預測結果的平均值。

Spark 的隨機森林演算法支援二分類、多分類及回歸的隨機森林演算法，適用於連續特徵及類別特徵。

7) GBDT

梯度提升決策樹 (Gradient Boosted Decision Tree，GBDT) 也是一個整合演算法，屬於 Boosting 的思想，多棵決策樹組成一個森林，它透過反覆疊代訓練決策樹來最小化損失函數。與決策樹類似，梯度提升樹具有可處理類別特徵、易擴充到多分類問題、不需特徵縮放等性質。Spark.ml 透過使用現有 decision tree 工具來實現。

梯度提升決策樹依次疊代訓練一系列的決策樹。在一次疊代中，演算法使用現有的整合來對每個訓練實例的類別進行預測，然後將預測結果與真實的標籤值進行比較。標籤值透過重新標記來指定預測結果不好的實例更高的權重，所以在下次疊代中決策樹會對先前的錯誤進行修正。

8) k- 最近鄰法

近鄰演算法，或說 k- 最近鄰 (k-Nearest Neighbor,kNN) 分類演算法是資料採擷分類技術中最簡單的方法之一。所謂 k- 最近鄰，就是 k 個最近的鄰居的意思，說的是每個樣本都可以用它最接近的 k 個鄰居來代表。

kNN 演算法的核心思想是如果一個樣本在特徵空間中的 k 個最相鄰的樣本中的大多數屬於某一個類別，則該樣本也屬於這個類別，並具有這個類別上樣本的特性。該方法在確定分類決策上只依據最鄰近的或幾個樣本的類別來決定待分樣本所屬的類別。kNN 方法在類別決策時，只與極少量的相鄰樣本有關。由於 kNN 方法主要靠周圍有限的鄰近的樣本，而非靠判別類域的方法來確定所屬類別，因此對類域的交換或重疊較多的待分樣本集來說，kNN 方法較其他方法更為適合。

9) 受限玻爾茲曼機

受限玻爾茲曼機 (Restricted Boltzmann Machine, RBM) 是一種可透過輸入資料集學習機率分佈的隨機生成神經網路。RBM 最初由發明者保羅·斯模棱斯以 1986 年命名為簧風琴 (Harmonium) 為基礎，但直到傑佛瑞·辛頓及其合作者在 2000 年發明快速學習演算法後，受限玻爾茲曼機才變得知名。受限玻爾茲曼機在降維、分類、協作過濾、特徵學習和主題建模中獲得了應用。根據任務的不同，受限玻爾茲曼機可以使用監督學習或無監督學習的方法進行訓練。

10) 神經網路

神經網路 (Neural Network)，尤其是深度神經網路 (Deep Neural Networks, DNN) 在過去的數年裡已經在圖型分類、語音辨識、自然語言處理中獲得了突破性的進展。在實踐應用中已經證明了它可以身為十分有效的技術手段應用在巨量資料相關領域中。深度神經網路透過許多的簡單線性變換，層次性地進行非線性變換，對於資料中的複雜關係能夠極佳地進行擬合，即對資料特徵進行深層次的採擷，因此身為技術手段，深度神經網路對於任何領域都是適用的。神經網路的演算法也有很多種，從最早的多層感知器演算法，到之後的卷積神經網路、循環神經網路、長短期記憶神經網路，以及在此基礎神經網路演算法之上衍生的點對點神經網路、生成對抗網路、深度強化學習等，可以做很多有趣的應用。

神經網路應該與傳統的機器學習相區分而單獨來講，這裡把神經網路歸為分類演算法，是因為它可以應用到分類演算法，例如文字分類、圖型分類等，但神經網路不僅用在分類任務上，還有更多更強大的功能，所以下面我們會單獨拿出來講更深層的神經網路，也就是深度學習。

2. 聚類演算法 (無監督學習)

聚類分析又稱群分析，它是研究 (樣品或指標) 分類問題的一種統計分析方法，同時也是資料採擷的重要演算法。

聚類 (Cluster) 分析是由許多模式 (Pattern) 組成的，一般來說模式是一個度量 (Measurement) 的向量，或是多維空間中的點。

聚類分析以相似性為基礎，在一個聚類中的模式之間比不在同一聚類中的模式之間具有更多的相似性。

俗話說，「物以類聚，人以群分」，在自然科學和社會科學中存在著大量的分類問題。所謂類，通俗地說，就是指相似元素的集合。

聚類分析起源於分類學，在古老的分類學中，人們主要依靠經驗和專業知識來實現分類，很少利用數學工具定量地進行分類。隨著人類科學技術的發展，對分類的要求越來越高，以致有時僅憑經驗和專業知識難以確切地進行分類，於是人們逐漸地把數學工具引用到分類學中，形成了數值分類學，之後又將多元分析的技術引入數值分類學，從而形成了聚類分析。聚類分析內容非常豐富，有系統聚類法、有序樣品聚類法、動態聚類法、模糊聚類法、圖論聚類法、聚類預報法等。

聚類演算法又可以細分為以下幾種演算法：Canopy 聚類 (Canopy Clustering)、K 平均值演算法 (K-means Clustering)、模糊 K 平均值 (Fuzzy K-means)、EM 聚類 (Expectation Maximization)、平均值漂移聚類 (Mean Shift Clustering)、Minhash 聚類 (Minhash)、層次聚類 (Hierarchical Clustering)、潛在狄利克雷分配模型 (Latent Dirichlet Allocation，簡稱 LDA)、譜聚類 (Spectral Clustering)，下面我們分別大概介紹一下。

1) Canopy 聚類

Canopy 聚類演算法是一個將物件分組到類的簡單、快速、精確的方法。每個物件用多維特徵空間裡的點來表示。這個演算法使用一個快速近似距離度量和兩個距離閾值 $T_1 > T_2$ 來處理。基本的演算法是，從一個點集合開始並且隨機刪除一個，創建一個包含這個點的 Canopy，並在剩餘的點集合上疊代。對於每個點，如果它距離第一個點的距離小於 T_1，那麼這個點就加入這個聚集中。

2) K 平均值演算法

K 平均值演算法是最為經典的以劃分為基礎的聚類方法，是十大經典資料採擷演算法之一。K 平均值演算法的基本思想是：以空間中 k 個點為中心進行聚類，對最接近它們的物件歸類。該方法透過疊代，逐次更新各聚類中心的值，直到得到最好的聚類結果。

假設要把樣本集分為 c 個類別，演算法描述如下：

(1) 適當選擇 c 個類的初始中心；

(2) 在第 k 次疊代中，對任意一個樣本，求其到 c 各中心的距離，將該樣本歸到距離最短的中心所在的類；

(3) 利用平均值等方法更新該類的中心值；

(4) 對於所有的 c 個聚類中心，如果利用 (2) 和 (3) 的疊代法更新後，值保持不變，則疊代結束，否則繼續疊代。

該演算法的最大優勢在於簡潔和快速。演算法的關鍵在於初始中心的選擇和距離公式。

步驟：首先從 n 個資料物件中任意選擇 k 個物件作為初始聚類中心，而對於剩下的其他物件則根據它們與這些聚類中心的相似度 (距離)，分別將它們分配給與其最相似的 (聚類中心所代表的) 聚類，然後再計算每個所獲新聚類的聚類中心 (該聚類中所有物件的平均值)。不斷重複這一過程，直到標準測度函數開始收斂為止。一般採用均方差作為標準測度函數，k 個聚類具有以下特點：各聚類本身盡可能地緊湊，而各聚類之間盡可能地分開。

3) 模糊 K 平均值

模糊 K 平均值聚類就是軟聚類。軟聚類的意思就是同一個點可以同時屬於多個聚類，計算結果集合比較大，因為同一點可以在多個聚類出現。

模糊 C 平均值聚類 (FCM)，即眾所皆知的模糊 ISODATA，是用隸屬度確定每個資料點屬於某個聚類程度的一種聚類演算法。1973 年，Bezdek 提出了該演算法，作為早期硬 C 平均值聚類 (HCM) 方法的一種改進。

FCM 把 n 個向量 x_i (i=1, 2, …, n) 分為 c 個模糊組 , 並求每組的聚類中心 , 使得非相似性指標的價值函數達到最小。FCM 使用每個指定資料點用值在 0 和 1 間的隸屬度來確定其屬於各個組的程度。

FCM 比 K 平均值多了 -m 參數，就是柔軟度。

4) EM 聚類

最大期望演算法 (Expectation Maximization Algorithm，又譯為期望最大化演算法)，是一種疊代演算法，用於含有隱變數 (latent variable) 的機率參數模型的最大似然估計或極大後驗機率估計。

極大似然估計只是一種機率論在統計學的應用，它是參數估計的方法之一。說的是已知某個隨機樣本滿足某種機率分佈，但是其中具體的參數不是很清楚，參數估計就是透過許多次的實驗，觀察每一次的結果，利用得到的結果去分析、推測出參數大概的值。最大似然估計就是建立在這樣的思想上：已知某個參數能使這個樣本出現的機率最大，我們當然不會再去選擇其他小機率的樣本，所以就乾脆直接把這個參數當作估計到的真實值。

求最大似然估計值的一般步驟：

(1) 寫出似然函數。

(2) 對似然函數取對數，整理函數形式。

(3) 對變數進行求導，使倒數等於 0，得到似然方程式。

(4) 求解似然方程式，得到的參數即為所求。

5) 平均值漂移聚類

平均值漂移聚類是以滑動視窗為基礎的演算法，它試圖找到資料點的密集區域。這是一個以質心為基礎的演算法，這表示它的目標是定位每個組 / 類的中心點，透過將中心點的候選點更新為滑動視窗內點的平均值來完成，然後在後處理階段對這些候選視窗進行過濾以消除近似重複，形成最終的中心點集及其對應的組。

平均值漂移的基本思想：在資料集中選定一個點，然後以這個點為圓心，r 為半徑，畫一個圓 (二維下是圓)，求出這個點到所有點的向量的平均值，而圓心與向量平均值的和為新的圓心，然後疊代此過程，直到滿足一點的條件結束。後來在此基礎上加入了核心函數和權重係數，平均值漂移演算法開始流行起來。目前它在聚類、圖型平滑、分割、追蹤等方面具有廣泛的應用。

K 平均值可以看作平均值漂移的特例。K 平均值需要指定 k 參數，平均值漂移不需要，它和 Canopy 類似，需要指定疊代次數、T_1 和 T_2，其他的用法和 K 平均值類似。

6) Minhash 聚類

Minhash 也是 LSH 的一種，可以用來快速估算兩個集合的相似度。Minhash 由 Andrei Broder 提出，最初用於在搜尋引擎中檢測重複網頁。它也可以應用於大規模聚類問題。

Minhash 除了可以用來聚類，實際上還經常用來做降維處理，也屬於降維演算法的一種。

7) 層次聚類

層次聚類試圖在不同層次對資料集進行劃分，從而形成樹狀的聚類結構。資料集劃分可採用「自底向上」的聚合策略，也可採用「自頂向下」的分拆策略。

樹的最底層有 5 個聚類，在上一層中，聚類 6 包含資料點 1 和資料點 2，聚類 7 包含資料點 4 和資料點 5。隨著我們自底向上遍歷樹，聚類的數目越來越少。由於整個聚類樹都保存了，使用者可以選擇查看在樹的任意層次上的聚類。

層次聚類是另一種主要的聚類方法，它具有一些十分必要的特性，使得它成為廣泛應用的聚類方法。它生成一系列巢狀結構的聚類樹來完成聚類。單點聚類處在樹的最底層，在樹的頂層有一個根節點聚類。根節點聚類覆蓋了全部的資料點。

層次聚類分為兩類：合併 (自底向上) 聚類、分裂 (自頂向下) 聚類。

8) 潛在狄利克雷分配模型

LDA 是一種文件主題生成模型，也稱為三層貝氏機率模型，包含詞、主題和文件三層結構。所謂生成模型，就是說，我們認為一篇文章的每個詞都是透過「以一定機率選擇了某個主題，並從這個主題中以一定機率選擇某個詞語」這樣一個過程得到。文件到主題服從多項式分佈，主題到詞服從多項式分佈。

LDA 是一種非監督機器學習技術，可以用來辨識大規模文件集 (document collection) 或語料庫 (corpus) 中潛藏的主題資訊。它採用了詞袋 (bag of words) 的方法，這種方法將每一篇文件視為一個詞頻向量，從而將文字資訊轉化為易於建模的數字資訊，但是詞袋方法沒有考慮詞與詞之間的順序，這簡化了問題的複雜性，同時也為模型的改進提供了契機。每一篇文件代表了一些主題所組成的機率分佈，而每一個主題又代表了很多單字所組成的機率分佈。

應用場景：主題詞提取，關鍵字提取效果非常好。

9) 譜聚類

譜聚類演算法建立在譜圖理論基礎上，與傳統的聚類演算法相比，它具有能在任意形狀的樣本空間上聚類且收斂於全域最佳解的優點。

該演算法首先根據指定的樣本資料集定義一個描述成對資料點相似度的親和矩陣，並且計算矩陣的特徵值和特徵向量，然後選擇合適的特徵向量聚類不同的資料點。譜聚類演算法最初用於電腦視覺、VLSI 設計等領域，最近才開始用於機器學習中，並迅速成為國際上機器學習領域的研究熱點。

譜聚類演算法建立在圖論中的譜圖理論基礎上，其本質是將聚類問題轉化為圖的最佳劃分問題，是一種點對聚類演算法，對資料聚類具有很好的應用前景。

3. 推薦演算法

說到推薦演算法大家肯定會提到協作過濾，協作過濾是推薦演算法的核心。進一步講，協作過濾可以認為是一種思想，而非一個具體的演算法。協作過

濾 (Collaborative Filtering,CF) 作為經典的推薦演算法之一，在電子商務推薦系統中扮演著非常重要的角色，例如經典的推薦為看了又看、買了又買、看了又買、購買此商品的使用者還購買了哪些商品等都是使用了協作過濾演算法。尤其當你的網站累積了大量的使用者行為資料時，以協作過濾為基礎的演算法從實戰經驗上比較其他演算法效果是最好的。以協作過濾為基礎，在電子商務網站上用到的使用者行為有：使用者瀏覽商品行為、加入購物車行為和購買行為等，這些行為是最為寶貴的資料資源。例如拿瀏覽行為來做的協作過濾推薦結果叫看了又看，全稱是看過此商品的使用者還看了哪些商品；拿購買行為來計算的叫買了又買，全稱叫買過此商品的使用者還買了；如果同時拿瀏覽記錄和購買記錄來算，並且瀏覽記錄在前，購買記錄在後，叫看了又買，全稱是看過此商品的使用者最終購買了。如果是購買記錄在前，瀏覽記錄在後，叫買了又看，全稱叫買過此商品的使用者又看了。在電子商務網站中，這幾個是經典協作過濾演算法的應用。那麼要實現看了又看類似演算法應用，連結規則採擷、ItemBase 協作過濾、ALS 交替最小平方法都是可以實現的，如果加上時序控制，例如看 B 商品必須發生在看過 A 商品之後，那麼就可以用 GSP 或 PrefixSpan 序列模式演算法，也能實現看了又看的應用場景。

1) 協作過濾

協作過濾是利用集體智慧的典型方法。要了解什麼是協作過濾 (CF)，首先想一個簡單的問題，如果你現在想看電影，但你不知道具體看哪部，你會怎麼做？大部分的人會問問周圍的朋友，看看最近有什麼好看的電影推薦，而我們一般更傾向於從興趣比較類似的朋友那裡得到推薦。這就是協作過濾的核心思想。換句話說，就是借鏡和你相關人群的觀點來進行推薦，很好了解。

Item CF 和 User CF 是以協作過濾推薦為基礎的兩個最基本的演算法，User CF 很早以前就提出來了，Item CF 是從 Amazon 的論文和專利發表之後 (2001 年左右) 開始流行，大家都覺得 Item CF 從性能和複雜度上比 User CF 更優，其中的主要原因就是對於一個線上網站，使用者的數量往往大大超過物品的數量，同時物品的資料相對穩定，因此計算物品的相似度不但計算量較小，同時也不必頻繁更新，但我們往往忽略了這種情況只適用於提供商品的電子商務網站，而對於新聞、網誌或微內容的推薦系統，情況往往是相反的，物品的數量是巨量的，同時也是更新頻繁的，所以單從複雜度的角度，這兩個演算法在不同的系統中各有優勢，推薦引擎的設計者需要根據自己應用的特點選擇更加合適的演算法。

在 Item 相對少且比較穩定的情況下，使用 Item CF，而在 Item 資料量大且變化頻繁的情況下，使用 User CF。

2) 連結規則採擷

連結規則是資料採擷中的概念，透過分析資料，找到資料之間的連結。電子商務中經常用來分析購買物品之間的相關性，舉例來說，「購買嬰兒尿布的使用者，有大機率購買啤酒」，這就是一個連結規則。

連結分析是在大規模資料集中尋找有趣關係的任務。這些關係可以有兩種形式：頻繁項集、連結規則。頻繁項集 (frequent item sets) 是經常出現在一塊兒的物品的集合，連結規則 (association rules) 暗示兩種物品之間可能存在很強的關係。連結規則具體實現的演算法有 Apriori 演算法和 FP-growth 演算法。

Apriori 演算法是一種最有影響的採擷布林連結規則頻繁項集的演算法。其核心是以兩階段頻集思想為基礎的遞推演算法。該連結規則在分類上屬於單維、單層、布林連結規則。在這裡，所有支援度大於最小支援度的項集稱為頻繁項集，簡稱頻集。Apriori 演算法在產生頻繁模式完全集前需要對資料庫進行多次掃描，同時產生大量的候選頻繁集，這就使 Apriori 演算法的時間和空間複雜度較大，但是 Apriori 演算法中有一個很重要的性質：頻繁項集的所有不可為空子集都必須也是頻繁的。但是 Apriori 演算法在採擷長頻繁模式的時候性能往往低下，於是韓嘉煒等人提出了 FP-growth 演算法。

FP-growth 演算法是韓嘉煒等人在 2000 年提出的連結分析演算法，它採取以下分治策略：將提供頻繁項集的資料庫壓縮到一棵頻繁模式樹 (FP-tree)，但仍保留項集連結資訊。該演算法使用了一種稱為頻繁模式樹 (Frequent Pattern Tree) 的資料結構。FP-tree 是一種特殊的字首樹，由頻繁項頭部和項字首樹組成。FP-growth 演算法以以上為基礎的結構加快整個採擷過程。

3) GSP 序列模式採擷

GSP(Generalized Sequential Patterns) 也可以認為是連結規則的一種，只是它的項集是有序的，Apriori 和 FP-growth 是無序的。GSP 演算法類似於 Apriori 演算法 , 大致分為候選集產生、候選集計數及擴充分類 3 個階段。與 Apriori 演算法相比，GSP 演算法統計較少的候選集，並且在資料轉換過程中不需要事先計算頻繁集。

GSP 的計算步驟與 Apriori 類似，主要不同在於產生候選序列模式，GSP 產生候選序列模式可以分成以下兩個步驟：

(1) 連接階段：如果去掉序列模式 S1 的第一個項目與去掉序列模式 S2 的最後一個項目所得到的序列相同，則可以將 S1 和 S2 進行連接，即將 S2 的最後一個項目增加到 S1 中去。

(2) 剪枝階段：若某候選序列模式的某個子集不是序列模式，則此候選序列模式不可能是序列模式，將它從候選序列模式中刪除。

4) PrefixSpan 序列模式

與 GSP 一樣，PrefixSpan 演算法也是序列模式分析演算法的一種，不過與 GSP 演算法不同的是 PrefixSpan 演算法不產生任何的候選集，在這點上可以說已經比 GSP 好很多了。PrefixSpan 演算法可以採擷出滿足閾值的所有序列模式，可以說是非常經典的演算法。

PrefixSpan 演算法的全稱是 Prefix-Projected Pattern Growth，即字首投影的模式採擷。

核心思想：採用分治的思想，不斷產生序列資料庫的多個更小的投影資料庫，然後在各個投影資料庫上進行序列模式採擷。它從長度為 1 的字首開始採擷序列模式，搜索對應的投影資料庫得到長度為 1 的字首對應的頻繁序列，然後遞迴採擷長度為 2 的字首所對應的頻繁序列，依此類推，一直遞迴到不能採擷到更長的字首採擷為止。類似於樹的深度優先搜索。

5) ALS 交替最小平方法

最小平方法 (又稱最小平方法) 是一種數學最佳化技術。它透過最小化誤差的平方和尋找資料的最佳函數匹配。最小平方法可以簡便地求得未知的資料，並使這些求得的資料與實際資料之間誤差的平方和最小。最小平方法還可用於曲線擬合。其他一些最佳化問題也可透過最小化能量或最大化熵用最小平方法來表達。ALS 在 Mahout 和 Spark 中都有實現。

6) 譜聚類

譜聚類 (Spectral Clustering) 演算法建立在譜圖理論基礎上，與傳統的聚類演算法相比，它具有能在任意形狀的樣本空間上聚類且收斂於全域最佳解的優點。

4. 隱馬可夫模型

隱馬可夫模型 (Hidden Markov Model，HMM) 是統計模型，它用來描述一個含有隱含未知參數的馬可夫過程。其困難是從可觀察的參數中確定該過程的隱含參數，然後利用這些參數來作進一步的分析，例如模式辨識。被建模的系統被認為是一個馬可夫過程與未觀測到的 (隱藏的) 狀態的統計馬可夫模型。

隱馬可夫模型身為統計分析模型，創立於 20 世紀 70 年代。20 世紀 80 年代獲得了傳播和發展，成為訊號處理的重要方向，現已成功地用於語音辨識、行為辨識、文字辨識及故障診斷等領域。

5. 時間序列演算法

時間序列分析法就是將經濟發展、購買力大小、銷售變化等同一變數的一組觀察值，按時間順序加以排列，組成統計的時間序列，然後運用一定的數字方法使其向外延伸，預計市場未來的發展變化趨勢，確定市場預測值。時間序列分析法的主要特點是以時間的演進研究來預測市場需求趨勢，不受其他外在因素的影響。不過，在遇到外界發生較大變化的時候，如國家政策發生變化時，根據過去已發生的資料進行預測往往會有較大的偏差。

時間序列分析 (time series analysis) 是一種應用於電力、電力系統的動態資料處理的統計方法。該方法以隨機過程理論和數理統計學方法為基礎，研究隨機資料序列所遵從的統計規律，以用於解決實際問題。一般用於系統描述、系統分析、預測未來等。

6. 啟發式搜索演算法 (遺傳演算法和蟻群演算法)

啟發式搜索演算法就是在狀態空間中的搜索對每一個搜索的位置進行評估，得到最好的位置，再從這個位置進行搜索直到目標。啟發式搜索有兩種經典的實現演算法：遺傳演算法和蟻群演算法。

1) 遺傳演算法

遺傳演算法 (Genetic Algorithm) 是模擬達爾文生物進化論的自然選擇和遺傳學機制的生物進化過程的計算模型，是一種透過模擬自然進化過程搜索最佳解的方法。遺傳演算法是從代表問題可能潛在的解集的種群 (population) 開始的，而一個種群則由經過基因 (gene) 編碼的一定數目的個體 (individual) 組成。每個個體實際上是染色體 (chromosome) 帶有特徵的實體。染色體作為遺傳物質的主要載體，即多個基因的集合，其內部表現 (即基因型) 是某種基因組合，它決定了個體形狀的外部表現，如黑頭髮的特徵是由染色體中控制這一特徵的某種基因組合決定的。因此，在一開始需要實現從表現型到基因型的映射，即編碼工作。由於仿照基因編碼的工作很複雜，我們往往需要進行簡化，如二進位編碼，初代種群產生之後，按照適者生存和優勝劣汰的原理，逐代 (generation) 演化產生出越來越好的近似解，在每一代，根據問題域中個體的適應度 (fitness) 大小選擇 (selection) 個體，並借助於自然遺傳學的遺傳運算元 (genetic operators) 進行組合交換 (crossover) 和變異 (mutation)，產生出代表新的解集的種群。這個過程將導致種群像自然進化一樣的後生代種群比前代更加適應於環境，末代種群中的最佳個體經過解碼 (decoding)，可以作為問題近似最佳解。

2) 蟻群演算法

蟻群演算法是一種用來尋找最佳化路徑的機率型演算法。它由 Marco Dorigo 於 1992 年在他的博士論文中提出，其靈感來自螞蟻在尋找食物過程中發現路徑的行為。這種演算法具有分佈計算、資訊正回饋和啟發式搜索的特徵，本質上是進化演算法中的一種啟發式全域最佳化演算法。

將蟻群演算法應用於解決最佳化問題的基本想法為：用螞蟻的行走路徑表示待最佳化問題的可行解，整個螞蟻群眾的所有路徑組成待最佳化問題的解空間。路徑較短的螞蟻釋放的資訊素量較多，隨著時間的推進，較短的路徑上累積的資訊素濃度逐漸增高，選擇該路徑的螞蟻個數也愈來愈多。最終，整個螞蟻會在正回饋的作用下集中到最佳的路徑上，此時對應的便是待最佳化問題的最佳解。

7. 降維演算法

降維是機器學習中很重要的一種思想。在機器學習中經常會碰到一些高維的資料集，而在高維資料情形下會出現資料樣本稀疏、距離計算等困難，這類問題是所有機器學習方法共同面臨的嚴重問題，稱為「維度災難」。另外在高維特徵中容易出現特徵之間的線性相關，這也就表示有的特徵是容錯存在的。以這些問題為基礎，降維思想就出現了。降維方法有很多，而且分為線性降維和非線性降維。下面介紹幾種：奇異值分解 (Singular Value Decomposition，SVD)、主成分分析 (Principal Components Analysis，PCA)、

獨立成分分析 (Independent Component Analysis，ICA)、高斯判別分析 (Gaussian Discriminative Analysis，GDA)、局部敏感雜湊 (Local Sensitive Hash，LSH)、Simhash、Minhash。

1) 奇異值分解

奇異值分解是一種用於將矩陣精簡成其組成部分的矩陣分解方法，以使後面的某些矩陣計算更簡單。奇異值分析不僅是一個數學問題，在工程應用方面很多地方都有其身影，如 PCA、推薦系統、任意矩陣的滿秩分解。

2) 主成分分析

主成分分析是一種統計方法，透過正交變換將一組可能存在相關性的變數轉為一組線性不相關的變數，轉換後的這組變數叫主成分。

在實際課題中，為了全面分析問題，往往提出很多與此有關的變數 (或因素)，因為每個變數都在不同程度上反映這個課題的某些資訊。

主成分分析首先是由卡爾·皮爾森 (Karl Pearson) 對非隨機變數引入的，爾後哈樂德·霍特林（Harold Hotelling）將此方法推廣到隨機向量的情形。資訊的大小通常用離差平方和或方差來衡量。

3) 獨立成分分析

獨立成分分析是一種用來從多變數 (多維) 統計資料裡找到隱含的因素或成分的方法，被認為是主成分分析和因數分析 (Factor Analysis) 的一種擴充。對於盲源分離問題，獨立成分分析指在只知道混合訊號，而不知道來源訊號、雜訊及混合機制的情況下，分離或近似地分離出來源訊號的一種分析過程。

獨立成分分析將原始資料降維並提取出相互獨立的屬性。我們知道兩個隨機變數獨立則它們一定不相關，但兩個隨機變數不相關則不能保證它們不獨立，因為獨立表示沒有任何關係，而不相關只能表明沒有線性關係，且主成分分析的目的是找到這樣一組分量表示，使得重構誤差最小，即最能代表原事物的特徵。獨立成分分析的目的是找到這樣一組分量表示，使得每個分量最大化獨立，能夠發現一些隱藏因素。由此可見，獨立成分分析的條件比主成分分析更強些。

4) 高斯判別分析

高斯判別分析是一個較為直觀的模型，屬於生成模型的一種，採用一種軟分類

的想法，所謂軟分類就是當我們對一個樣本決定它的類別時使用機率模型來決定，而非直接由函數映射到某一類上。生成模型透過求解聯合機率來求解 $P(y|x)$。

5) 局部敏感雜湊

局部敏感雜湊是用來解決高維檢索問題的演算法。高維資料檢索 (high-dimentional retrieval) 是一個有挑戰的任務。對於指定的待檢索資料 (query)，對資料庫中的資料逐一進行相似度比較是不現實的，它將耗費大量的時間和空間。這裡我們面對的問題主要有兩個：第一，兩個高維向量的相似度比較；第二，資料庫中龐大的資料量。最終檢索的複雜度是由這兩點共同決定的。

針對第一點，人們開發出很多雜湊演算法，對原高維資料降維；針對第二點，我們希望能在檢索的初始階段就排除一些資料，減小比較的次數。而局部敏感雜湊演算法恰好滿足了我們的需求。

6) Simhash

Simhash 是網頁去重最常用的雜湊演算法，速度很快。如果搜索文件有很多重複的文字，例如一些文件是轉載的其他文件，只是佈局不同，那麼就需要把重複的文件去掉，一方面節省儲存空間，另一方面節省搜索時間，當然搜索品質也會提高。Simhash 將一個文件轉換成一個 64 位元的位元組，暫且稱之為簽名值，然後判斷兩篇文件簽名值的距離是不是小於或等於 n(根據經驗這個 n 一般設定值為 3)，就可以判斷兩個文件是否相似。

7) Minhash

Minhash 也是局部敏感雜湊演算法的一種，可以用來快速估算兩個集合的相似度。

到此，我們對機器學習有了一個整體的認識，了解了各個演算法，而深度學習是機器學習領域中一個新的研究方向，它被引入機器學習使其更接近於最初的目標——人工智慧。深度學習在人臉辨識、語音辨識、對話機器人、搜索技術、資料採擷、機器學習、機器翻譯、自然語言處理、多媒體學習、推薦和個性化技術，以及其他相關領域都獲得了很多成果。深度學習使機器模仿視聽和思考等人類的活動，解決了很多複雜的模式辨識難題，使人工智慧相關技術取得了很大進步。

8. 深度學習

深度學習從最早的多層感知器演算法開始，到之後的卷積神經網路、循環神經網路、長短期記憶神經網路，以及在此基礎神經網路演算法之上衍生的混合神經網路點對點神經網路、生成對抗網路、深度強化學習等，可以做很多有趣的應用。下面分別介紹各個演算法。

1) 多層感知器演算法

多層感知器（MLP）是一種前饋類神經網路模型，其將輸入的多個資料集映射到單一輸出的資料集上。除了輸入輸出層，它中間可以有多個隱層，最簡單的 MLP 只含一個隱層，即 3 層的結構。多層感知器層與層之間是全連接的 (全連接的意思就是：上一層的任何一個神經元與下一層的所有神經元都有連接)。多層感知器最底層是輸入層，中間是隱藏層，最後是輸出層。

MLP 應用場景可以做以監督學習為基礎的分類任務。

2) 卷積神經網路

卷積神經網路（CNN）是一類包含卷積計算且具有深度結構的前饋神經網路 (Feedforward Neural Networks)，是深度學習的代表演算法之一。

卷積神經網路具有表徵學習 (representation learning) 能力，能夠按其階層結構對輸入資訊進行平移不變分類 (shift-invariant classification)，因此也被稱為「平移不變類神經網路 (Shift-Invariant Artificial Neural Networks,SIANN)」。

人們對卷積神經網路的研究始於 20 世紀 80 至 90 年代，時間延遲網路和 LeNet-5 是最早出現的卷積神經網路。在 21 世紀後，隨著深度學習理論的提出和數值計算裝置的改進，卷積神經網路獲得了快速發展，並被應用於電腦視覺、自然語言處理等領域。

卷積神經網路仿照生物的視知覺 (visual perception) 機制建構，可以進行監督學習和非監督學習，其隱含層內的卷積核心參數共用和層間連接的稀疏性使得卷積神經網路能夠以較小的計算量對格點化 (grid-like topology) 特徵，例如像素和聲頻進行學習、有穩定的效果且對資料沒有額外的特徵工程 (feature engineering) 要求。

CNN 的應用場景為圖型辨識、人臉辨識、文字分類等。

3) 循環神經網路

循環神經網路（RNN）是一類以序列 (sequence) 資料為輸入，在序列的演進方向進行遞迴 (recursion) 且所有節點 (循環單元) 按鏈式連接的遞迴神經網路 (recursive neural network)。

人們對循環神經網路的研究始於 20 世紀 80—90 年代，並在 21 世紀初發展為深度學習演算法之一，其中雙向循環神經網路 (Bidirectional RNN, Bi-RNN) 和長短期記憶網路 (Long Short-Term Memory networks，LSTM) 是常見的循環神經網路。

循環神經網路具有記憶性、參數共用並且圖靈完備 (Turing completeness)，因此在對序列的非線性特徵進行學習時具有一定優勢。循環神經網路在自然語言處理 (Natural Language Processing, NLP)，例如語音辨識、語言建模、機器翻譯等領域有應用，也被用於各類時間序列預報。引入了卷積神經網路構築的循環神經網路可以處理包含序列輸入的電腦視覺問題。循環神經網路主要用於自然語言處理，主要用途是處理和預測序列資料、廣泛地用於語音辨識、語言模型、機器翻譯、文字生成 (生成序列)、看圖說話、文字 (情感) 分析、智慧客服、對話機器人、搜尋引擎、個性化推薦等。

4) 長短期記憶神經網路

長短期記憶網路（LSTM）是一種時間循環神經網路，是為了解決一般的循環神經網路存在的長期依賴問題而專門設計出來的，所有的 RNN 都具有一種重複神經網路模組的鏈式形式。在標準 RNN 中，這個重複的結構模組只有一個非常簡單的結構，例如一個 tanh 層。

長短期記憶網路的設計正是為了解決上述 RNN 的依賴問題，即為了解決 RNN 有時依賴的間隔短，有時依賴的間隔長的問題。其中循環神經網路被成功應用的關鍵就是 LSTM。在很多的任務上，採用 LSTM 結構的循環神經網路比標準的循環神經網路的表現更好。LSTM 結構是由塞普·霍克賴特（Sepp Hochreiter）和朱爾根·施密德胡伯（Jürgen Schemidhuber) 於 1997 年提出的，它是一種特殊的循環神經網路結構。LSTM 的設計就是為了精確解決 RNN 的長短記憶問題，其中預設情況下 LSTM 是記住長時間依賴的資訊，而非讓 LSTM 努力去學習記住長時間的依賴。

5) 點對點神經網路

Seq2Seq 技術，全稱 Sequence to Sequence，即點對點神經網路，該技術突破了傳統的固定大小輸入問題框架，開通了將經典深度神經網路模型運用於翻譯與智慧問答這一類序列型 (Sequence Based，項目間有固定的先後關係) 任務的先河，並被證實在機器翻譯、對話機器人、語音辨識的應用中具有不俗的表現。傳統的 Seq2Seq 是使用兩個循環神經網路，將一個語言序列直接轉換到另一個語言序列，是循環神經網路的升級版，其聯合了兩個循環神經網路。一個神經網路負責接收來源句子，另一個循環神經網路負責將句子輸出成翻譯的語言。這兩個過程分別稱為編碼和解碼的過程。

Seq2Seq 典型應用場景可以用來做機器翻譯、對話機器人。

6) 生成對抗網路

生成式對抗網路（GAN）是一種深度學習模型，是近年來複雜分佈上無監督學習最具前景的方法之一。模型透過框架中 (至少) 兩個模組：生成模型 (Generative Model，G) 和判別模型 (Discriminative Model，D) 的互相博弈學習產生相當好的輸出。在原始 GAN 理論中，並不要求 G 和 D 都是神經網路，只需要是能擬合對應生成和判別的函數即可，但實用中一般均使用深度神經網路作為 G 和 D。一個優秀的 GAN 應用需要有良好的訓練方法，否則可能由於神經網路模型的自由性而導致輸出不理想。

GAN 的應用場景有看圖說話、看圖寫詩、藝術風格化、語音合成、人臉合成、文字生成圖片、圖型復原、去馬賽克等。

7) 深度強化學習

深度強化學習將深度學習的感知能力和強化學習的決策能力相結合，可以直接根據輸入的圖型進行控制，是一種更接近人類思維方式的人工智慧方法。首先我們來了解一下什麼是強化學習。目前來講，機器學習領域可以分為有監督學習、無監督學習、強化學習和遷移學習 4 個方向。那麼強化學習就是能夠使我們訓練的模型完全透過自學來掌握一門本領，能在一個特定場景下做出最佳決策的一種演算法模型。就好比是一個小孩在慢慢成長，當他做錯了事情時家長給予懲罰，當他做對了事情時家長給他獎勵。這樣，隨著小孩子慢慢長大，他自己也就學會了怎樣去做正確的事情。那麼強化學習就好比小孩，我們需要根據它做出的決策給予獎勵或懲罰，直到它完全學會了某種本領 (在演算法層面上，就是演算法已經收斂)。強化學習模型由 5 部分組成，分別是 Agent、Action、State、Reward 和 Environment。

智慧體 (Agent)：智慧體的結構可以是一個神經網路，也可以是一個簡單的演算法，智慧體的輸入通常是狀態 State，輸出通常是策略 Policy。

動作 (Actions)：動作空間。例如小孩玩遊戲，只有上下左右可移動，那 Actions 就是上、下、左、右。

狀態 (State)：智慧體的輸入。

獎勵 (Reward)：進入某個狀態時能帶來正獎勵或負獎勵。

環境 (Environment)：接收 Action，返回 State 和 Reward。

深度強化學習可以用來改進對話機器人任務，使對話更加持久。

以上我們介紹了什麼是巨量資料和人工智慧，以及對各個巨量資料框架和相關演算法做了大概介紹，我們從整體上已經有了一個巨觀的認識。下面講一下實際工作中它們是如何關聯和區別的。

1.1.3 巨量資料和人工智慧有什麼區別，又是如何相互連結

巨量資料主要用來做基礎的資料儲存，人工智慧是在巨量資料基礎之上的採擷應用、高性能複雜計算。當然巨量資料也會做計算、資料處理、資料視覺化。只是人工智慧表現在用演算法、機器學習、深度學習來解決問題。另外就是巨量資料和人工智慧是互補的，不存在誰來替換誰的問題。當一些簡單的巨量資料處理任務滿足不了需求的時候，往往需要借助人工智慧演算法把系統或產品的效果提升到一個新的台階。以下是對實際工作中的複習和體會。

1. 對於 Mahout、Spark 等分散式採擷平台演算法一般依賴於 Hadoop 巨量資料平台

Mahout 分散式採擷平台是以 Hadoop 為基礎的 MapReduce 計算引擎的，從這個層面上人工智慧需要借助於巨量資料框架提供的引擎才能完成。

Spark 平台雖然可以脫離 Hadoop 平台，但是畢竟 Spark 只是一個計算引擎，不儲存資料，然後在資料載入或儲存的時候也避免不了使用 Hadoop 的 HDFS，畢竟這只是分散式運算，如果和分散式儲存結合才算是完美。

巨量資料和人工智慧的相關開發角色職務都分配在巨量資料部門裡面，巨量資料還是以 Hadoop 為核心的，所有後面的人工智慧所依賴的原始資料、ETL 資

料處理都離不開巨量資料平台。人工智慧的資料基本是在巨量資料平台處理加工得到的。

2. 單機演算法一般也需要巨量資料平台來提供資料

很多單機演算法框架比如 Python scikit-learn 或 TensorFlow 的訓練資料往往需要巨量資料 ETL 工程師把 Hadoop 平台資料加工處理匯出給他。

3. 完整的系統需要巨量資料工程師、人工智慧工程師、系統工程師配合完成

一個演算法主導類的專案往往需要巨量資料工程師和人工智慧工程師的配合，再加上系統工程師、分析師等的配合，才能完成一個最終的產品。這是從開發角色上來了解巨量資料和人工智慧的關係。

說到開發角色，我們需要了解巨量資料部門細分為哪幾個小部門，這幾個小部門之間又是如何協調分配工作的？每個小部門又有哪些具體工作職務，每個職務間又是如何協調的？作為巨量資料部門的總負責人、各個小部門的技術總監或負責人，應該具備什麼樣的工作技能才能擔當此重任。還有就是從基層職位開始如何做好自己的職業生涯規劃，一步步地向高層發展。當然大家最關心的還是錢！各個職務的市場平均薪資水準如何等，這是我們下面要講的。

1.2　巨量資料部門組織架構和各種職務介紹

對網際網路公司來說，技術是核心競爭力。以巨量為基礎的使用者行為資料之上，進行的更深層次的巨量資料建模、分析可以讓你的產品再上一個台階。讓資料驅動產品設計、科學決策和指導產品，但這離不開其他各個部門的協作配合，在巨量資料部門內部同樣離不開各個小組和職務的有機統一和協作。

1.2.1　巨量資料部門組織架構

巨量資料部門可以大致上分為 3 個組：巨量資料平台組、演算法組和資料分析組。這 3 個組之上有巨量資料 VP 帶隊，巨量資料 VP 可能有些人不知道什麼意思，巨量資料 VP 就是巨量資料副總裁，一般是向 CTO 匯報，也有的公司是直接向 CEO 匯報。巨量資料平台組、演算法組和資料分析組這 3 個組一般是由總監帶隊，有的公司是架構師帶隊，當然也可以是經理或 Team Leader 帶隊，這 3 個總監是向巨量資料 VP 匯報的。巨量資料部門組織架構如圖 1.1 所示。

圖 1.1 巨量資料部門組織架構圖

以圖 1.1 為基礎，我們講一下各個部門的工作分工和各個職務的職責。

巨量資料平台組的職責是提供基礎的資料平台、資料倉儲、資料埋點擷取和通用工具，為演算法組、資料分析組提供平台支援。

演算法組是以巨量資料平台為基礎，做很多資料採擷、分析工作，開發公司產品，如個性化推薦系統、搜尋引擎、人物誌和其他演算法類產品等，是偏上游的工程應用。

資料分析是以巨量資料平台為基礎，做資料分析統計、採擷、資料視覺化和報表開發等，這與演算法組有些交換點，偏資料的分析應用，以及管理決策、資料洞察發現等工作。

1. 巨量資料平台組

巨量資料平台組的職責是提供基礎的資料平台、資料倉儲、資料埋點擷取和通用工具，為演算法組、資料分析組提供平台支援。

小組內由各個職務相互配合工作，大家各盡其職，完成巨量資料平台的建設。

1) 巨量資料平台總監

大致任務是負責巨量資料平台部門管理、架構設計，具體工作如下：

(1) 負責結合業務需求設計巨量資料架構及評審疊代工作。

(2) 以巨量資料處理平台為基礎的模型，設計與資料資產系統架設。

(3) 參與資料倉儲建模和 ETL 架構設計，參與巨量資料技術困難攻關。

(4) 負責團隊對外合作的資料核准，以及推動資料對接工作的合作與交流。

(5) 對巨量資料技術進行分析選型，提升團隊技能。

(6) 負責公司巨量資料平台核心策略應用，用機器學習助力業務發展。

(7) 系統核心部分程式編寫、指導和教育訓練工程師、不斷進行系統最佳化。

2) Hadoop 平台運行維護工程師

大致任務是負責 Hadoop 叢集的架設和運行維護工作，一般大型網際網路公司可以專門設定這麼一個職務，因為叢集可能有上千台，而且區分為生產叢集、測試叢集等。如果叢集不是很大，一般不需要單獨設定這個職務，統一由巨量資料平台工程師來負責即可。具體工作如下：

(1) 負責巨量資料平台架構的開發和維護。

(2) 負責 Hadoop 叢集運行維護和管理。

3) 巨量資料平台工程師

大致任務是負責叢集架設運行維護、資料倉儲建設、通用工具開發和資料獲取埋點服務等。具體工作如下：

(1) 負責巨量資料平台架構的開發和維護。

(2) 負責 Hadoop 叢集運行維護和管理。

(3) 負責資料倉儲建設。

(4) 資料埋點、資料獲取、資料處理。

(5) 公司等級的 BI 通用工具開發。

4) 巨量資料 ETL 工程師

大致任務是負責 ETL 資料處理、設定作業依賴和定向資料獲取處理等。具體工作如下：

(1) ETL 資料處理、開發、工作流排程設計。

(2) 指令稿部署與設定管理，工作流異常處理，日常管理、跑批、維護、監控。

(3) 完成定向資料的擷取與爬取、解析處理、入庫等日常工作。

5) 流式計算工程師

大致任務是負責 Storm、Flink 等流處理的即時線上資料分析任務。具體工作如下：

(1) 即分時析線上使用者行為資料、找出異常行為使用者。

(2) 根據使用者即時行為，即時處理並更新 HBase 等資料庫。

(3) 追蹤產業主流計算技術進展，並結合到當前業務中。

6) 資料倉儲工程師

大致任務是負責資料倉儲建模、資料處理等。具體工作如下：

(1) 了解公司各類現有資料，洞察現有資料系統與客戶業務匹配中的待最佳化點，並不斷改善。

(2) 負責建設並完善資料管理系統，涵蓋資料生命週期的標準、模型、品質和資料存取全流程。

(3) 負責資料倉儲的分層設計、資料處理和有效管理並整合各類資料。

7) Spark 工程師

大致任務是負責 Spark 資料處理。具體工作如下：

(1) 負責流式資料處理和離線處理的整合式開發。

(2) 負責以 Spark 為基礎的資料處理、為演算法模型提供資料支援。

8) 後台 Web/ 前端工程師

這個職務在組織架構圖沒有畫出來，但實際往往需要這個角色開發巨量資料部門的後台管理工具、通用 Web 工具，例如資料倉儲管理工具、資料品質管理工具等，一部分 Web 介面服務工作。既然是 Web 開發，一般會拆分出一個前端工程師的職務，而美工一般不單獨設定職務，讓公司統一的設計部門代做 UI 即可。

2. 演算法組

演算法組是以巨量資料平台為基礎，做很多資料採擷、分析工作，以及開發公司產品，如個性化推薦系統、搜尋引擎、人物誌和其他演算法類產品等，是偏上游的專案應用。下面是具體職務的職責介紹。

1) 演算法總監

大致任務是帶領演算法團隊、設計演算法系統架構。具體工作如下：

(1) 領導演算法和研發產品團隊，規劃演算法研發的方向，整體把控演算法研發的工作進度。

(2) 深刻了解產品業務需求，並依據產品需求落實演算法與業務的結合。

(3) 架設優秀的演算法團隊，帶領演算法團隊將技術水準提升至一流水準。

(4) 主管產品應用中涉及的推薦系統、搜尋引擎、人臉辨識、對話機器人和知識圖譜等演算法工作。

2) 推薦演算法工程師

大致任務是推薦演算法開發、最佳化。具體工作如下：

(1) 負責推薦演算法研發，透過演算法最佳化提升整體推薦的點擊率、轉換率。

(2) 針對場景特徵，對使用者、Item 資訊建模並抽象業務場景，制定有效的召回演算法，同時從樣本、特徵、模型等維度不斷最佳化預估排序演算法。

3) 自然語言處理工程師

大致任務是 NLP 演算法產品的設計、開發和最佳化。具體工作如下：

(1) 負責相關 NLP 演算法產品的設計、開發及最佳化，包括關鍵字提取、文字分類、情感分析、語義分析、命名體辨識、文字摘要和智慧問答等。

(2) NLP 基礎工具運用和改進，包括分詞、詞性標注、命名實體辨識、新詞發現、句法、語義分析和辨識等。

(3) 領域意圖辨識、實體取出、語義槽填充等。

(4) 參與文字意圖型分析，包括文字分類和聚類，拼字校正，實體辨識與消歧，中心詞提取，短文字了解等。

4) 機器學習工程師

大致任務是資料分析採擷、人工智慧技術的專案化。具體工作如下：

(1) 為產品應用提出人工智慧解決方案和模型。

(2) 人工智慧技術的專案化。

(3) 對話場景下的意圖辨識、智慧搜索、個性化推薦演算法研究及實現。

5) 資料採擷工程師

大致任務是資料建模、分析。具體工作如下：

(1) 負責產品業務的資料分析等方面的資料採擷工作。

(2) 根據分析、診斷結果，建立數學模型並最佳化，撰寫報告，為營運決策、產品方向和銷售策略等提供資料支援。

6) 深度學習工程師

大致任務是深度學習相關演算法的研究和應用。具體工作如下：

(1) 深度學習相關演算法的調研和實現。

(2) 將演算法高效率地實現到多種不同平台和框架上，並基於對平台和框架的內部機制的了解，持續對演算法和模型實現進行最佳化。

(3) 深度學習網路的最佳化和手機端應用。

(4) 深度學習演算法的研究和應用，包括圖型分類、目標檢測、追蹤和語義分割等。

(5) 和產品進行對接。

7) Spark 工程師

大致任務和巨量資料平台的 Spark 開發類似，可以共用，但更偏重在為演算法開發人員提供資料處理和支援的工作。

8) 後台 Web/ 前端工程師

這個職務在組織架構圖沒有畫出來，實際上演算法部門也有很多的後台管理工具，例如推薦位管理平台、搜索管理後台、演算法 AB 測試平台和最佳化的資料視覺化平台等，還有需要給其他部門提供業務介面，例如推薦引擎 Web 服務、搜索服務等。

3. 資料分析組

資料分析是以巨量資料平台為基礎做資料分析、統計、採擷、資料視覺化、報表開發等，和演算法組有些交換點，偏資料的分析應用、管理決策、洞察發現等。各個職務如下：

1) 資料分析總監

大致任務是負責資料分析部門管理、業務需求調研、管理和執行資料專案，以及提供產業報告。具體工作如下：

(1) 根據巨量資料的洞察來撰寫報告，為行銷營運決策提供支援，並及時發現和分析實際業務中的問題，並針對性地列出最佳化建議。

(2) 參與業務需求調研，根據需求及產業特點設計巨量資料解決方案並跟進具體專案的實施。

(3) 設計並實現對 BI 分析、資料產品開發、演算法開發的系統性支援，保障資料採擷建模和專案化。

(4) 管理和執行資料專案，達成客戶要求目標，滿足 KPI 考核心指標。

(5) 熟悉產業發展情況，掌握最新資料分析技術，定期提供產業性報告。

2) 人物誌工程師

大致任務是使用者資料分析、人物誌建模和使用者標籤提取。具體工作如下：

(1) 以巨量使用者行為資料為基礎，建構和最佳化人物誌，產出使用者標籤，用於提升推薦、搜索效果，為營運提供資料支援。

(2) 負責架設完整的人物誌採擷系統，包括資料處理、人物誌採擷和準確性評估等。

(3) 主導人物誌需求分析，把控人物誌的建設方向，設計和建構以使用者行為特徵為基礎的平台化畫像服務。

(4) 統一資料標準，建立人物誌產品的評估機制和監控系統。

3) 資料分析師
大致任務是資料分析建模、資料視覺化和提供產業報告。具體工作如下：

(1) 業務資料收集、資料處理和分析以及資料視覺化。

(2) 對多種資料來源進行分析、採擷和建模，提交有效的分析報告。

(3) 從資料分析中發現市場新動向和不同客戶應用場景，提供決策支援。

4) 報表開發工程師
大致任務是業務資料分析、報表開發和資料視覺化展示。具體工作如下：

(1) 根據各業務部門需要，對相關資料進行清洗、分析、監控和評估，產出分析報告，對業務活動提出有效建議。

(2) 針對視覺化工具，例如 Tableau 進行監控、最佳化、許可權和性能管理，保證資料分析師和報表使用者的正常使用及擴充。

(3) 根據資料分析師和報表使用者分析、使用和性能要求，梳理各類資料，協助最佳化資料結構，豐富資料庫內容，提高資料品質，完善資料管理系統。

5) 資料產品經理
資料產品經理是這幾年產生的新的職務，懂資料分析、懂演算法是對這個職位的基本要求，這個職務的工作人員一般由其他的傳統產品經理轉職過來。大致任務是負責資料產品的規劃與設計，業務資料需求分析、設計、實踐。具體工作如下：

(1) 負責資料產品的規劃與設計，業務資料需求分析、設計和實踐。

(2) 協調資料來源方和資料開發工程師，透過流程化、規範化的想法，讓資料對接做到靈活、高效和準確。

(3) 深入了解業務，協調資料開發團隊完成任務。

4. 更細化的巨量資料部門劃分
以上是對每個部門的職務和對應的職務介紹，這種部門架構比較大眾化，一般巨量資料部門總人數在 20~50 人時可以這麼來劃分，但如果有更多的人參與，比如 50 人以上，就可以把部門再細化一些。例如推薦演算法和搜索在網際網路公司是非常核心的團隊，適合單獨從演算法組拆分並成立推薦系統組和搜索組。人物誌組也是非常重要的團隊，可以從資料分析組拆分出來，做 Web 開發、前端、後台介面專案化的職務也可以從各個組拆分出來，單獨成立一個專案組。這樣巨量資料部門就劃分為幾個組：巨量資料平台組、演算法組、推薦系統組、搜索組、人物誌組、資料分析組、專案組。

那麼這幾個組之間的相互配合分工是怎樣的呢？根據經驗複習如下：

(1) 巨量資料平台組是基礎組，其他所有組的資料都由這個組提供。

(2) 推薦系統組往往獨立於演算法組，也可以和演算法組合並為同一個組，看人多還是人少了。

(3) 推薦系統組一般都用到搜索，所以很多網際網路公司的搜索和推薦是一個組，並且往往也會從巨量資料部門獨立出去，成立一個和巨量資料部門平行的搜索推薦組。個人見解：如果巨量資料部門負責人有搜索推薦的經驗，建議把搜索推薦放到巨量資料部門下面，這樣產品會做得更好，畢竟搜索推薦是建立在巨量資料基礎上最經典的應用。

(4) 人物誌組依賴巨量資料組，可以單獨建立人物誌組；搜索推薦組和其他資料分析組也需要人物誌組的資料。

(5) 專案組可以嵌入其他組裡面，也可以單獨成組，專案組最重要的職責是對公司的其他部門，例如前端網站、App，提供 Web 服務，這些服務包括提供資料埋點擷取介面、人物誌介面、搜索介面、推薦介面和其他資料介面等。

了解了部門的組織架構和相關職務的工作職責，我們下面再詳細介紹下每個職務需要掌握的實際技能、需要掌握哪些核心技術、程式語言、巨量資料框架和演算法等。

1.2.2　各種職務介紹和技能要求

了解各個職務的技能要求有助我們更快地投入工作中去，不管是工作需求，還是求職面試等。有針對性地去學習相關技能必定事半功倍，避免盲目地什麼都學，什麼都沒學精。當然在工程師階段更需要精，精通一個職務的相關技術點，但是當你向上發展晉升的時候，對知識面的要求會越來越高，例如升到總監，再升到巨量資料 VP，我們需要全面掌握所有技能，但不一定每個職務的技能都精通，因為那是不可能的，巨量資料和演算法的框架太多了，細分了這麼多職務，人的精力是有限的。我們必須有所取捨，選擇性地、有側重點地去學習。哪個學得深一點，哪個淺一點，需要根據個人的情況去衡量，但對巨量資料和演算法的知識面必須有個整體的認識和把握，這樣你在管理整個部門的時候才會胸有成竹、高瞻遠矚。下面我們看一下每個職務需要掌握的技能和基礎知識。

1. 巨量資料平台總監

1) 技能關鍵字

巨量資料平台、巨量資料架構、系統架構規劃、指導和教育訓練工程師、Hadoop 生態圈、溝通管理能力、資料產品架構、機器學習、策略應用、巨量資料技術分析選型和培養提升團隊技能。

2) 職位職責

(1) 負責結合業務需求，設計巨量資料架構及評審疊代工作。

(2) 以巨量資料處理平台為基礎的模型，設計與架設資料資產系統。

(3) 參與資料倉儲建模和 ETL 架構設計，參與巨量資料技術困難攻關。

(4) 負責團隊對外合作的資料核准，以及推動資料對接工作的合作與交流。

(5) 對巨量資料技術進行分析選型，提升團隊技能。

(6) 負責公司巨量資料平台核心策略應用，用機器學習助力業務發展。

(7) 系統核心部分程式編寫、指導和教育訓練工程師、不斷進行系統最佳化。

3) 任職要求

(1) 精通 Python、Scala、Java 語言程式設計，良好的系統架構規劃能力。

(2) 精通 Hadoop 生態圈主流技術和產品，如 HBase、Hive、Storm、Flink、Spark、Kafka、ZooKeeper 和 Yarn 等，對 Spark 分散式運算的底層原理有深刻了解，對複雜系統的性能最佳化和穩定性提升有第一線實踐經驗，有多年實際開發和應用經驗，對開放原始碼社區有貢獻者優先。

(3) 良好的巨量資料視野和思維，高效的溝通能力，對技術由衷熱愛，樂於分享。

(4) 熟悉完整處理流程，包括擷取、清洗、前置處理、儲存和分析採擷，豐富的專案管理經驗。

(5) 熟悉機器學習常用演算法，熟練掌握 Hadoop、HBase、Spark 等的運行機制，有 PB 級資料處理經驗。

(6) 有知名網際網路或巨量資料公司同質資料產品架構經驗者優先。

2. 巨量資料平台工程師

1) 技能關鍵字

Hadoop、Spark、Storm、Flink、Kafka、Hive、HBase、巨量資料處理、資料倉儲建設、資料安全和分散式儲存。

2) 工作職責

(1) 負責巨量資料平台架構的開發和維護。

(2) 負責 Hadoop 叢集運行維護和管理。

(3) 負責資料倉儲建設。

(4) 資料埋點、資料獲取、資料處理。

(5) 公司等級的 BI 通用工具開發。

3) 任職資格

(1) 熟悉 Linux 開發環境，熟練掌握 Java、Scala、Python 等任一程式語言。

(2) 熟悉分散式系統的基本原理，具有分散式儲存、計算平台 (Hadoop、Spark 等) 的開發和實踐經驗，熟悉相關系統的運行維護、最佳化方法。

(3) 有第一線網際網路公司巨量資料處理、資料倉儲建設及資料安全等方面工作經驗者優先；

(4) 熟練使用 Hive、Spark SQL、HBase，了解 Kafka、MQ、ES 等。

(5) 熟悉巨量資料技術堆疊，有資料採擷和資料倉儲實踐經驗者優先。

3. 巨量資料 ETL 工程師

1) 技能關鍵字

Hadoop、Hive SQL、ETL 資料處理、資料倉儲建設、Shell 指令稿和資料分析。

2) 職責描述

(1) ETL 資料處理、開發和工作流排程設計。

(2) 指令稿部署與設定管理，工作流異常處理 , 日常管理、跑批、維護、監控。

(3) 完成定向資料的擷取與爬取、解析處理、入庫等數日常工作。

3) 任職要求

(1) 巨量資料倉儲專案開發經驗，熟悉主流的巨量資料架構。

(2) 具備資料倉儲分層設計建模經驗。

(3) 熟悉 Linux 作業系統及命令，熟悉常用的 Shell 命令工具。

(4) 熟悉 Java 相關知識，具備 Java 開發經驗。

(5) 精通 Oracle、Hive SQL 程式設計，有一定的查詢性能最佳化經驗。

(6) 具有較好的故障排除和解決問題的能力，能快速分析系統相關的故障原因和提供解決方法。

(7) 有 OLAP 應用程式開發經驗優先。

(8) 有巨量資料系統架構設計、資料分析採擷經驗者優先。

(9) 熱愛資料產業，對技術研究和應用抱有濃厚的興趣，有強烈的上進心和求知欲，善於學習和運用新知識。

4. 流式計算工程師

1) 技能關鍵字

Hadoop、Flink、Storm/JStorm、Spark Streaming、Java、Scala、Kafka。

2) 職位職責

(1) 即分時析線上使用者行為資料、找出異常行為使用者。

(2) 根據使用者即時行為，即時更新人物誌標籤權重。

(3) 追蹤產業主流計算技術進展，並結合到當前業務中。

(4) 不斷完善當前高併發服務架構系統。

3) 任職要求

(1) 熟悉當前主流流式計算框架 Flink、Storm/JStorm、Spark Streaming 原理及應用，有 Flink 實踐經驗者優先考慮。

(2) 熟悉主流開發語言：Java、Go、Scala、Python、C/C++ 等，熟悉當前主流 Web Service 或 RPC 服務實現。

(3) 熟悉當前主流 MQ：Kafka、RocketMQ、RabbitMQ 等。

(4) 熟悉 Hadoop 2/3 生態系列技術：HBase、MR，ZooKeeper 或 ETCD 並有過一定實踐。

(5) 熟悉但不限於當前主流 NoSQL：MongoDB、HBase、Redis、Neo4J、TiDB 或 AeroSpike 等。

5. Spark 開發工程師

1) 技能關鍵字

Kafka、Spark、Hadoop、Hive、HBase、Scala、Java。

2) 職位職責

(1) 負責流式資料處理和離線處理的整合式開發。

(2) 負責以 Spark 為基礎的資料處理、為演算法模型提供資料支援。

3) 任職資格

(1) 電腦相關專業大學及以上學歷,有 2 年 (含) 以上開發經驗。

(2) 了解 / 熟悉各種巨量資料開放原始碼框架 / 中介軟體，如 Kafka、Spark、Hadoop、Hive、HBase、ZooKeeper 等。

(3) 熟悉 Scala、Java 其中一種開發語言。

(4) 做事耐心,有強烈的責任心,能夠主動和同事溝通討論問題,能承受一定的工作壓力。

(5) 想法清晰，具有優秀的問題鎖定和修復能力。

6. 演算法總監

1) 技能關鍵字

機器學習、資料採擷、人工智慧、圖型辨識、知識圖譜、推薦演算法、搜尋引擎、深度學習、TensorFlow、落實演算法、把控演算法研發、帶領演算法團隊和架設優秀的演算法團隊。

2) 職位職責

(1) 領導演算法產品和研發團隊，規劃演算法研發的方向，整體把控演算法研發的工作進度。

(2) 深刻了解產品業務需求，並依據產品需求落實演算法與業務的結合。

(3) 架設優秀的演算法團隊，帶領演算法團隊將技術水準提升至一流水準。

(4) 主管產品應用中涉及的推薦系統、搜尋引擎、人臉辨識、對話機器人、知識圖譜等演算法工作。

3) 職務要求

(1) 研究方向為機器學習、人工智慧、模式辨識、圖型辨識等。

(2) 熟練運用 C/C++、Python 或 Java 語言程式設計。

(3) 有完整的專案設計開發及 10 人以上演算法相關團隊管理經驗。

(4) 熟悉機器學習理論並有相關專案經驗者優先，模式辨識與人工智慧等相關專業者優先。

(5) 能獨立閱讀英文文獻並進行具體實現，有獨立建立完整演算法模型並最終實現模型實踐的經驗。

(6) 有機器學習、資料採擷、電腦視覺、機器人決策等相關專案實際經驗者優先。

(7) 熱衷於創新，具有帶領團隊承擔過有市場影響力的 AI 產品或開放原始碼專案的研發經驗。

(8) 熟悉深度學習框架 TensorFlow、Caffe、Mxnet、PyTorch 等一種或多種深度學習框架。

7. 推薦演算法工程師

1) 技能關鍵字

推薦演算法、協作過濾、邏輯回歸、GBDT、機器學習、深度學習、排序演算法、Hadoop、Spark 和搜索演算法。

2) 工作職責

(1) 負責推薦演算法研發，透過演算法最佳化提升整體推薦的點擊率、轉換率。

(2) 針對場景特徵，對使用者、Item 資訊建模抽象業務場景，制定有效的召回演算法；同時從樣本、特徵、模型等維度不斷最佳化預估排序演算法。

3) 任職要求

(1) 具有紮實的機器學習基礎，能夠運用 LR、GBDT、FM 等傳統模型解決實際的業務問題，有深度學習主流模型具體專案實踐經驗者優先。

(2) 熟悉 Hadoop、Spark 等常用的巨量資料處理平台，熟悉 Python、C++、Scala 等至少一門程式語言。

(3) 有推薦 / 廣告 / 搜索相關的演算法經驗者優先。

(4) 熟悉常用的自然語言處理、機器學習、資料採擷演算法，並有相關專案經驗。

8. 自然語言處理工程師

1) 技能關鍵字

NLP 演算法、自然語言處理、實體辨識、實體取出、意圖辨識、文字意圖型分析、關鍵字提取、文字分類、情感分析、語義分析、命名實體辨識、文字摘要和智慧問答。

2) 職位職責

(1) 負責相關 NLP 演算法產品的設計、開發及最佳化，包括關鍵字提取、文字分類、情感分析、語義分析、命名體辨識、文字摘要和智慧問答等。

(2) NLP 基礎工具運用和改進，包括分詞、詞性標注、命名實體辨識、新詞發現、句法、語義分析和辨識等。

(3) 領域意圖辨識、實體取出、語義槽填充等。

(4) 參與文字意圖型分析，包括文字分類和聚類，拼字校正，實體辨識與消歧，中心詞提取，短文字了解等。

3) 任職資格

(1) 紮實的機器學習和自然語言處理基礎。

(2) 精通 C/C++、Java、Python 等程式語言的一種或多種，具備良好的程式設計能力。

(3) 精通 TensorFlow、Mxnet、Caffe 等深度學習框架的一種或多種。

(4) 思維嚴謹，具有突出的分析和歸納能力，優秀的溝通與團隊協作能力。

(5) 擅長大規模分散式系統、巨量資料處理、即分時析等方面的演算法設計、最佳化優先。

(6) 在語義分析、智慧問答領域發表過論文者優先。

(7) 具有智慧問答實踐經驗者優先。

9. 機器學習演算法工程師

1) 技能關鍵字
機器學習、機器學習演算法、人工智慧、TensorFlow、資料採擷、貝氏方法、推薦演算法、邏輯回歸、GBDT、深度學習、文字分類和文字聚類。

2) 工作職責
(1) 為產品應用提出人工智慧解決方案和模型。

(2) 人工智慧技術的專案化。

(3) 對話場景下的意圖辨識、智慧搜索、個性化推薦演算法研究及實現。

3) 任職要求
(1) 有資料分析採擷相關工作經驗；參與過完整的資料獲取、整理、分析和採擷工作。

(2) 有機器學習、深度學習、大規模機器學習平台、貝氏方法、強化學習、資料採擷、統計分析和推薦等演算法基礎，深刻了解常用的機率統計、機器學習演算法。

(3) 有大規模分散式系統專案經驗者優先。

(4) 熟練掌握資訊取出、命名體辨識、中文分詞、文字分類 / 聚類等技術。

(5) 能夠熟練使用 Hadoop、Spark、ElasticSearch 等工具者優先。

(6) 熟悉 TensorFlow 深度學習框架者優先。

10. 資料採擷工程師

1) 技能關鍵字

資料採擷、R 語言程式設計、SPSS 工具和 Python。

2) 職位職責

(1) 負責產品業務的資料分析等方面的資料採擷工作。

(2) 根據分析、診斷結果,建立數學模型並最佳化,撰寫報告,為營運決策、產品方向確認、銷售策略制定等提供資料支援。

3) 任職要求

(1) 有較強的數學功力和紮實的統計學、資料採擷功力。

(2) 精通常用資料採擷工具軟體 R、SPSS、Python 等工具,可程式級實現資料採擷演算法。

(3) 有較強的業務敏感度,分析能力強。

(4) 具備良好的職業素質與敬業精神,注重團隊合作,擅長溝通表達。

(5) 熟悉資料產品開發、推廣,有資料採擷專案實施經驗者優先,有行銷知識,理念和實踐經驗者優先,具備良好的程式風格。

(6) 良好的溝通能力及處理困難問題的能力,對工業網際網路產業充滿熱情。

11. 深度學習工程師

1) 技能關鍵字

深度學習、TensorFlow、Caffe、Mxnet、PyTorch、神經網路、CNN、RNN、GBDT、電腦視覺、對話機器人、人臉辨識、圖型辨識和語音辨識。

2) 職務描述

(1) 深度學習相關演算法的調研和實現。

(2) 將演算法高效率地實現到多種不同平台和框架上，並基於對平台和框架的內部機制的了解，持續對演算法和模型進行最佳化。

(3) 深度學習網路的最佳化和手機端應用。

(4) 深度學習演算法的研究和應用，包括圖型分類、目標檢測、追蹤和語義分割等。

(5) 和產品進行對接。

3) 職務要求

(1) 有較強的程式設計能力和素養，熟悉演算法設計，熟悉 C/C++、Python 等程式語言，熟悉 Linux 環境開發。

(2) 具有較好的電腦視覺、模式辨識和機器學習基礎，精通深度學習，熟悉 Caffe、TensorFlow、Mxnet、PyTorch 等一種或多種深度學習框架。

(3) 熟悉深度學習 CNN、RNN 相關理論。

(4) 熟悉神經網路模型的設計、調參、最佳化方法；熟悉模型壓縮、移動端性能最佳化者優先。

(5) 有電腦視覺專案大規模樣本訓練、最佳化、應用經驗者優先。

12. 資料分析總監

1) 技能關鍵字

指導和教育訓練工程師、溝通管理能力、Tableau 視覺化、SQL、Oracle、R、Python 和 SPSS。

2) 職位職責

(1) 根據巨量資料的洞察來撰寫報告，為行銷營運決策提供支援，並及時發現和分析實際業務中的問題，針對性地列出最佳化建議。

(2) 參與業務需求調研，根據需求及產業特點設計巨量資料解決方案並跟進具體專案的實施。

(3) 設計並實現對 BI 分析、資料產品開發、演算法開發的系統性支援，保障資料採擷建模和專案化。

(4) 管理和執行資料專案，達成客戶要求目標，滿足 KPI 考核心指標。

(5) 熟悉產業發展情況，掌握最新資料分析技術，定期提供產業性報告。

3) 任職要求

(1) 具有資料分析、資料採擷相關工作經驗，有資料團隊管理經驗。

(2) 熟練使用各種統計、分析、資料採擷工具軟體，如 Tableau、SQL、Oracle、R、Python、SAS 和 SPSS 等。

(3) 有獨立負責資料相關專案的管理經驗，有獨立開展研究型專案經驗。

(4) 有較強的文字和報告編寫能力，具備良好的團隊精神和客戶服務意識。

13. 人物誌工程師

1) 技能關鍵字

人物誌、精準行銷、推薦系統、Java、Python 和 TensorFlow/Caffe/PyTorch。

2) 職責描述

(1) 以巨量使用者行為資料為基礎建構和最佳化人物誌，產出使用者標籤，用於提升推薦、搜索效果，為營運提供資料支援。

(2) 負責架設完整的人物誌採擷系統，包括資料處理、採擷人物誌和準確性評估等。

(3) 主導人物誌需求分析，把控人物誌的建設方向，設計和建構以使用者行為特徵為基礎的平台化畫像服務能力。

(4) 統一資料標準，建立人物誌產品的評估機制和監控系統。

3) 任職要求

(1) 有應用機器學習進行人物誌、精準行銷、推薦系統、業務建模和輿情系統相關專案經驗者優先。

(2) 具備紮實的資料結構、演算法和開發能力基礎，精通至少一種程式語言，如 C/C++、Java 和 Python 等。

(3) 對資料和業務有較強敏感性，有資料採擷專案經驗及實際處理資料經驗者優先。

(4) 熟悉常用的資料採擷演算法和機器學習演算法，有常見深度學習框架 (如 TensorFlow、Caffe、PyTorch 等) 使用經驗，能夠針對任務特點分析最佳化演算法模型。

(5) 優秀的溝通能力、執行力及團隊合作精神。

14. 資料分析師

1) 技能關鍵字

Hadoop、Hive、Tableau 視覺化、資料採擷 / 統計分析和 Python。

2) 職位職責

(1) 收集業務資料，對資料進行處理和分析、資料視覺化。

(2) 對多種資料來源進行分析、採擷和建模，提交有效的分析報告。

(3) 從資料分析中發現市場新動向和不同客戶應用場景，提供決策支援。

3) 任職資格

(1) 熟悉大類型資料庫 Hadoop、Hive 等技術，熟悉 Python 語言。

(2) 有巨量資料處理經驗，處理的資料規模在 TB 等級以上。

(3) 有資料模型建立和營運經驗、資料化營運經驗和資料類產品規劃經驗。

(4) 熟悉資料獲取、統計分析、資料倉儲、資料採擷、Tableau 視覺化、推薦系統等相關領域知識與演算法。

(5) 需要對其在統計資料處理中的關鍵技術有比較清晰的了解和認識。

(6) 能獨立編寫商業資料分析報告，及時發現和分析隱含的變化和問題 , 並列出建議。

15. 資料報表工程師

1) 技能關鍵字

報表開發、Tableau 資料視覺化、SQL 敘述和 Python。

2) 職位職責

(1) 根據各業務部門需要，對相關資料進行清洗、分析、監控和評估，產出分析報告，對業務活動提出有效建議。

(2) 針對視覺化工具，如 Tableau，進行監控、最佳化、許可權和性能管理，保證資料分析師和報表使用者的正常使用及擴充。

(3) 根據資料分析師和報表使用者分析、使用和性能要求，梳理各類資料，協助最佳化資料結構，豐富資料庫內容，提高資料品質，完善資料管理系統。

3) 任職要求

(1) 能力強，能根據工作需要，快速學習對應的工具和方法。

(2) 熟悉 Tableau 資料視覺化、SQL 應用，熟悉 R、Python 及資料庫應用管理者優先。

16. 資料產品經理

1) 技能關鍵字

巨量資料、演算法、Axure、Visio、Office、業務資料需求分析和跨部門溝通協調能力。

2) 職位職責

(1) 負責資料產品的規劃與設計，業務資料需求分析、設計和實踐。

(2) 協調資料來源方和資料開發工程師，透過流程化、規範化的想法，讓資料對接做到靈活、高效和準確。

(3) 深入了解業務，協調資料開發團隊完成工作。

3) 職位要求

(1) 能夠深刻了解業務，根據資料要求規範資料的應用場景，明確任務優先順序，安排實踐時間。

(2) 善於梳理和複習或規範流程以便提出前瞻性解決方案。

(3) 具備較強的工作主動性、跨團隊與部門的溝通協調能力、抗壓能力和資料思維能力。

(4) 掌握各種原型設計工具 (Axure、Visio 和 Office 等)。

了解了每個職務的技能要求後，我們就可以專注地掌握和學習相關核心技能，除此之外，我們有必要擴充一下知識面，了解其他職務的技能要求，不一定要精通。因為每個職務之間需要配合及協調才能完成一個系統專案，對其他職務的技能了解，有助部門內同事間的溝通，甚至跨部門合作。下面我們複習一下每個職務之間協作配合的問題。

1.2.3 不同職務相互協轉換合關係

除了巨量資料部門之間需要配合，位於部門裡面的每個職務也需要和其他職務對接、配合才能完成一個系統產品。例如推薦系統產品，僅有演算法工程師無法完成整個系統，而需要各個角色的工程師相配合才行。例如巨量資料平台工程師負責 Hadoop 叢集和資料倉儲，ETL 工程師負責對資料倉儲的資料進行處理和清洗，演算法工程師負責核心演算法，Web 開發工程師負責推薦 Web 介面對接各個部門，例如網站前端、App 用戶端的介面呼叫等，後台開發工程師負責推薦位管理、報表開發和推薦效果分析等，架構師負責整體系統的架構設計等，所以推薦系統是一個需要多角色協作配合才能完成的系統。下面我們看看每個職務的職責和配合關係。

1. Hadoop 平台運行維護工程師

負責巨量資料基礎環境設施的架設和維護，一般不寫程式。

2. 巨量資料平台工程師

公司小的時候一般需要把上面職務的工作也做了，然後需要寫程式，開發通用性的框架和服務，一級伺服器運行維護管理等工作。

3. 巨量資料 ETL 工程師

使用上面職務架設好的環境和平台工具，進行資料獲取、具體業務處理、寫程式和寫 SQL 敘述。一個是為資料分析提供資料支援，另一個是為推薦演算法工程師、機器學習工程師等演算法類職位提供資料。或本身也做一部分資料分析的工作。

4. 流式計算工程師

主要使用 Flink、Storm 或 Spark Streaming 流計算框架做準即時計算。此職務需要和上面職務配合。

5. 資料倉儲工程師

一般用 1、2、3 和 4 職務處理好的資料，以 Hive 為主建資料模型、資料集市，建表及業務模型。同時為資料分析師提供支援。

6. Spark 工程師

用 Spark 工具做複雜的業務邏輯資料處理，為推薦演算法工程師、機器學習工程師等演算法類職位提供資料。如果有能力也可以使用 Spark 的 MLlib 機器學習函數庫做一部分的演算法工作。

7. 搜索工程師

使用巨量資料平台資料創建搜索索引，搜索演算法最佳化。這樣就需要巨量資料平台工程師提供的平台，資料倉儲工程師提供的搜索資料集市，如果做個性化搜索還需要和推薦演算法工程師配合。搜索結果的效果分析也需要把相關資料同步到巨量資料平台，並且需要資料分析師配合並提供一些報表資料。

8. 推薦演算法工程師

會用到上面的搜索技術，結合自身演算法，使用者行為分析，機器學習，最佳化排序。推薦結果的效果分析也需要把相關資料同步到巨量資料平台，並且需要資料分析師配合並提供一些報表資料。

9. 人物誌工程師

巨量資料平台資料倉儲的資料集市，同時可以給其他應用職務提供資料，如推薦、資料採擷、搜索等。

10. 自然語言處理工程師

主要處理文字類的演算法，和使用者行為資料打交道少一些。例如與搜索工程師、人物誌工程師、推薦演算法工程師配合完成文字處理的相關工作。

11. 機器學習工程師

使用巨量資料平台工程師提供的平台，以及資料倉儲工程師和 ETL 工程師提供的資料支援，做機器學習、資料模型架設，以及專案實踐等工作。同時為 Web 開發工程師提供線上預測的模型。

12. 資料採擷工程師

和上面類似，工具偏 R，偏向資料分析。

13. 深度學習工程師

主要使用 TensorFlow 深度學習框架，訓練最佳化模型，為 Web 開發工程師提供預測模型，或提供介面服務。

14. 資料分析師

BI 分析，視覺化，出報表，資料處理，決策分析。為其他職務提供資料支援和效果分析。

15. Web 開發工程師偏後台介面

推薦演算法工程師、機器學習工程師提供給 Web 開發工程師預測模型後，結合業務場景封裝對外介面服務，經常和巨量資料部門之外的其他部門對接，完成介面聯調測試之後配合測試人員測試，修復 bug 等。巨量資料部門和其他部門的合作及配合有幾個方面，Web 開發經常和其他部門對接 Web 介面，資料獲取部分也需要和 App 前端對接，資料統一門戶報表需要提供給營運部門和管理層等。

16. 前端工程師

和 Web 後台開發工程師配合，UI 美化，巨量資料部門也有很多針對公司的Web 後台系統。

17. 巨量資料產品經理

巨量資料產品經理是最近這些年誕生的新職務。負責資料產品設計、策略設計。針對資料分析師提供的資料來驅動產品設計，用資料說話。也做一些資料分析和資料類相關產品。

18. 巨量資料平台總監

管理和領導巨量資料平台部門，架構設計，跨部門溝通專案，匯報給巨量資料VP，主要掌管 1、2、3、4、5 和 6 職務。

19. 演算法總監

管理和領導演算法部門，架構設計，演算法模型設計，跨部門溝通專案需求，匯報給巨量資料 VP，掌管 7、8、9、10、11、12 和 13 職務。

20. 資料分析總監

大致任務是負責資料分析部門管理、業務需求調研、管理和執行資料專案、提供產業報告，掌管資料分析團隊，為管理層和其他部門提供資料支援。

21. 巨量資料架構師、首席巨量資料架構師

可以獨立成架構組，巨量資料系統的統一架構設計。也可在總監 /VP 下面配合架構設計。

22. 巨量資料副總裁 VP

整個巨量資料部門負責人，管理整個部門，參與重要核心系統的架構設計。此職務需要跨部門溝通，向 CTO 匯報，也有的和 CTO 平行，可以直接向 CEO 匯報。

每個職務的工作人員隨著工作經驗的累積，必然面臨著職務晉升發展的問題，如何選擇晉升方向，決定了我們最終能達到一個什麼樣的薪資水準。有句話說得好，選擇大於努力。大概意思就是你的方向選擇得好，加上適當的努力，就能達到很高的境界，取得很大的成就。如果方向選錯了，再努力往上發展也會遇到天花板。下面我們就講解每個職務的晉升生涯規劃和能達到什麼樣的薪資，其實大家最關心的還是選擇哪個方向未來薪資最高。

1.2.4　各個職務的職業生涯規劃和發展路徑

從職業發展路徑來看，一般可以分兩個路線來走，一個是專業技術路線，也叫 T 序列；另一個是管理路線，也叫 M 序列，每個序列都分很多等級。T 序列一般職務從低到高是工程師、資深工程師、架構師 / 專家、進階架構師 / 進階專家、資深架構師 / 資深專家和首席架構師 / 首席專家 / 首席科學家等，當然每個公司的叫法可能不太一樣，但大同小異。T 序列一般主攻技術，當然等級高了也會帶團隊，只是 T 序列帶的團隊人數比同等級的 M 序列帶的人少而已。M 序列一般從低到高是工程師、資深工程師、Team Leader/ 主管、技術經理、進階技術經理、副總監、總監、進階總監、總經理、副總裁 VP 和 CTO。另外，不管你是走 T 序列還是走 M 序列，最終都有發展成為 CTO 的機會。職業生涯發展存在跨級跳躍式的晉升，這種情況一般是個人能力在同一個職位時間比較長，並且能力有大幅提升，如果再碰上一個好的機會就能跨級飛躍一次。例如從資深工程師到總監的飛躍，從技術經理到技術 VP 的飛躍，從架構師到 CTO

的飛躍等。不管是否跨級，每次晉升都需要學習很多技能來提升自己，這個技能主要是技術本身的技能，當然走管理 M 序列的話，管理方面的技能也必須有提升。

1. Hadoop 平台運行維護工程師

Hadoop 平台運行維護工程師有很多是從傳統運行維護工程師轉過來的，沒做過實際程式設計開發，如果往巨量資料這個方向走，必須學習開發與程式設計，往架構師、巨量資料平台經理和總監發展。

2. 巨量資料平台工程師

可以往上發展為巨量資料架構師，如果走管理路線，也可以向巨量資料平台經理、總監發展。

3. 巨量資料 ETL 工程師

往資料分析經理、總監方向發展，也可以往巨量資料平台經理、總監方向發展。

4. 流式計算工程師

可以往巨量資料平台經理、總監方向發展，也可以向巨量資料架構師方向發展。

5. 資料倉儲工程師

可以往資料分析經理、總監方向發展。

6. Spark 工程師

可以往巨量資料平台經理、總監方向發展，也可以向巨量資料架構師方向發展。

7. 搜索工程師

可以發展為搜索負責人 /Leader，最好學習推薦演算法，然後往搜索推薦部門總監發展，也可以做搜索架構師。

8. 推薦演算法工程師

可以往演算法經理、總監或搜索推薦部門總監發展，也可以向推薦系統架構師方向發展。

9. 人物誌工程師

可以往資料分析經理、總監方向發展，也可以往演算法經理、總監方向發展。

10. 自然語言處理工程師

可以往 NLP 演算法 Leader、演算法經理和總監方向發展。

11. 機器學習工程師

可以往演算法經理、總監方向發展，也可以往演算法架構師方向發展。

12. 資料採擷工程師

可以往資料分析經理、總監方向發展。

13. 深度學習工程師

可以往演算法經理、總監方向發展。

14. 資料分析師

往上發展為資料分析經理、資料分析總監。

15. Web 開發工程師偏後台介面

往上發展為專案的技術經理、技術總監，或走 T 序列發展為架構師。

16. 前端工程師

最好學習 Web 開發工程師偏後台介面的技能，走 Web 開發工程師偏後台介面的路線。當然也可以發展為前端架構師。

17. 巨量資料產品經理

往上發展最好脫離巨量資料部門，上升到公司級的產品總監、產品 VP。

18. 巨量資料平台總監

發展為巨量資料 VP。

19. 演算法總監

發展為巨量資料 VP。

20. 資料分析總監

發展為巨量資料 VP。

21. 巨量資料架構師、首席巨量資料架構師

發展為巨量資料 VP。

22. 巨量資料副總裁 VP

在其他方面的技能提升自己，比如 Web 專案、前端、行動開發和網站架構等，之後發展為 CTO。

1.2.5　各個職務的市場平均薪資水準

職務薪資和工作年限、技術水準、學歷、公司背景都有關係，所以對於同一個職務，沒有一個固定的薪值，只能是一個大概的範圍區間。再就是和市場供需情況也有關係，這些年巨量資料人才緊缺，更緊缺的是人工智慧方面的人才，所以從整體行情來看，巨量資料的薪資比 Web 開發的薪資要高、人工智慧的比巨量資料的要高。許多年之後根據物價、市場供需的變化，市場平均薪資情況也會發生一些變化。下面列出目前的職務市場平均薪資的大概區間，另外應徵網站往往顯示的是年薪，因為年薪有的公司是發 12 個月，有的是發 16 個月，不統一，再就是有的公司年薪結構組成是 base 現金部分 + 股權期權折現的價值部分之和，所以按年薪來計算不能清楚地反映實際薪資狀況，所以我們按月薪的 base 現金部分來講，並且這裡指的是稅前薪資、地區以北京為代表。以下是個人觀點，僅供參考，不作為權威資料。

1. Hadoop 平台運行維護工程師

月薪 1.5w~2.5w。字母 w 代表萬元的意思。這個職務一般比巨量資料平台工程師薪資稍微低一點，主要原因是運行維護的不一定具有開發專案程式的能力。當然個人能力很強的人除外。

2. 巨量資料平台工程師

2w~3w，巨量資料平台一般同時具備叢集運行維護和專案程式設計開發的能力，薪資偏高一點。一般有 3 年相關工作經驗的人員，月薪達到 2w 以上是比較輕鬆的。3w 是個分界點，突破 3w 不太容易。

3. 巨量資料 ETL 工程師

2w~3w，薪資區間和巨量資料平台工程師差不多，但稍微低一點，主要原因是 ETL 工程師一般專案能力相對偏弱一些。這是整體來看，能力強的人薪資也是可以比巨量資料平台工程師薪資高的。ETL 工程師達到 2.5w 以上再漲就比較慢了。3w 也是一個薪資瓶頸點，突破 3w 不太容易。

4. 流式計算工程師

2w~3w，和巨量資料平台工程師差不多。

5. 資料倉儲工程師

資料倉儲工程師一般專案能力弱，薪資能到 2w 已經很不錯，2.5w 算是很高了，突破 3w 比較難。

6. Spark 工程師

2w~3w，和巨量資料平台工程師差不多。

7. 搜索工程師

2w~4w，搜索工程師薪資稍微偏高一點。一般工作 3 年，薪資達到 2w 比較輕鬆。如果有 5 年相關工作經驗的話，薪資突破 3w 不是難事。如果有 8 年以上工作經驗，薪資達到 4w 也是情理之中。最高的可以突破 5w。

8. 推薦演算法工程師

一般 2w~4w，推薦演算法相對搜索來說更深入一些，比搜索工程師薪資稍微偏高一些。

9. 人物誌工程師

2w~3w，人物誌工程師可以偏資料統計，也可以偏演算法專案，薪資到 2w 比較輕鬆。如果在演算法方面做得深入，薪資突破 3w 是有可能的。

10. 自然語言處理工程師

2w~4w，這個職務是這幾年新興的職務，人才緊缺。薪資和推薦演算法職務差不多。

11. 機器學習工程師

2w~4w，薪資和推薦演算法職務差不多。

12. 資料採擷工程師

2w~3w，一般的資料採擷偏資料分析一些，薪資達到 2.5w 就不算低了。當然有些偏專案，突破 3w 也是情理之中。

13. 深度學習工程師

這是最近幾年新興的職務，人才很缺。薪資 2~4w，突破 4w 不難。資深者可以達到 5w 以上。

14. 資料分析師

1.5w~2.5w，資料分析是偏資料統計，整體來看薪資比機器學習工程師稍微低一點。做這方面工作的一般女性相對其他專案類職位的人數偏多一些，因為整體上來看，做技術的男性比女性多很多。做資料分析的女性如果能佔到一半，其實這個比例就已經很高了。資料分析優秀的人員和做機器學習的薪資差不多，突破 3w 不成問題。

15. Web 開發工程師偏後台介面

1w~2.5w，純 Web 開發兩萬以內的比較常見，資深者可以突破 2.5w。如果很厲害，就可以當架構師了，3w 以上很輕鬆。

16. 前端工程師

1w~2w，一般比 Web 後台薪資低一點，一般不超過 2w。

17. 巨量資料產品經理

1.5w~2.5w，巨量資料產品經理是這幾年新興的職務，人才比較缺，不好應徵。以前大部分是做傳統的產品。巨量資料產品經理往往是從傳統的產品轉職過來，懂一些資料驅動和演算法驅動的知識，所以薪資相對傳統的產品經理薪資偏高一些。1.5w 是比較輕鬆的，資深者可以達到 2.5w。

18. 巨量資料平台總監

3w~6w，總監的薪資一般最低起步價是 3w，5w 是比較正常的。6w 是個瓶頸點，不好突破。當然總監也是分級別的，有中級總監和進階總監。進階總監的薪資達到 6w 以上還是比較輕鬆的。

19. 演算法總監

3w~6w，和巨量資料平台總監相比還稍微高一點。

20. 資料分析總監

3w~6w，和巨量資料平台總監相比，一般稍微低一點。

21. 巨量資料架構師、首席巨量資料架構師

架構師和總監的薪資差不多，但也分等級。中級、進階、資深和首席。一般資深的架構師可能比總監高一些。首席架構師是最高的，能達到巨量資料副總裁 VP 的薪資水準。

22. 巨量資料副總裁 VP

6w~10w，上面說到首席架構師和巨量資料 VP 的薪資差不多。這兩個職務一般從技術上來講首席架構師技術性要強於巨量資料 VP，巨量資料 VP 管理技能更強一些，但整體綜合實力相當，兩者的技術及知識面都很廣，一般也都帶團隊，只是巨量資料 VP 帶的人比較多。一般巨量資料 VP 這個職務的薪資是 6w 起步，8w 比較常見，突破 10w 亦不是問題。

本章我們對巨量資料部門的組織架構、各個職務的情況都有了一個比較深的認識，下面的章節我們將對常見的巨量資料演算法類的系統架構深入講解，以便更進一步地了解業務和產品。

## 第 2 章

巨量資料演算法系統架構

巨量資料和演算法類的系統和傳統的業務系統有所不同，一個區別是多了
離線計算框架部分，比如 Hadoop 叢集上的資料處理部分、機器學習和
深度學習的模型訓練部分等，另一個區別就是巨量資料和演算法類系統追求的
是資料驅動、效果驅動，透過 AB 測試評估的方式，看看新策略是否獲得了最
佳化和改進，所以在系統架構上，需要考慮到怎麼和離線計算框架去對接，怎
麼設計能方便我們快速疊代最佳化產品，除了這些，像傳統業務系統那些該考
慮的也照樣需要考慮，例如高性能、高可靠性和高擴充性也都需要考慮進去。
這就給架構師提出非常高的要求，一個是需要對巨量資料和演算法充分了解，
另一個是需要對傳統的業務系統架構也非常熟悉。

本章列舉幾個常見的巨量資料演算法的經典應用場景，同時對系統架構做一個
深度解析，以便我們從整體上認識巨量資料和演算法的應用。

針對不同產業，有共通性，也有個性。針對不同產業都有對應的應用場景，同
時也有很多應用場景貫穿於所有產業，雖然業務不太一樣，但是核心技術和演
算法思想差不太多。下面我們分別來講解應用場景和對應的系統架構。

2.1 經典應用場景

巨量資料無處不在，巨量資料應用於各個產業，包括金融、汽車、餐飲、電信、
能源、體能和娛樂等在內的社會各行各業都已經融入了巨量資料的印跡。

1. 製造業

利用工業巨量資料提升製造業水準，包括產品故障診斷與預測、分析工藝流
程、改進生產製程，最佳化生產過程功耗、工業供應鏈分析與最佳化、生產計
畫與排程、物料品質監控、裝置異常監控與預測、零件生命週期和預測、製程
監控提前預警，以及良率保固分析等。

2. 金融產業

金融產業最核心的應用就是巨量資料風控，巨量資料風控即巨量資料風險控制，是指透過運用巨量資料建構模型的方法對借款人進行風險控制和風險提示。

傳統的風控技術多由各機構自己的風控團隊，以人工的方式進行經驗控制，但隨著網際網路技術的不斷發展，整個社會大力加速，傳統的風控方式已逐漸不能支撐機構的業務擴充，而巨量資料對多維度、大量資料的智慧處理，批次標準化的執行流程更能貼合資訊發展時代風控業務的發展要求。越來越激烈的產業競爭，也正是現今巨量資料風控如此火熱的重要原因。

巨量資料風控即巨量資料風險控制，是指透過運用巨量資料建構模型的方法對借款人進行風險控制和風險提示。

與原有人為對借款企業或借款人進行經驗式風控不同，擷取大量借款人或借款企業的各項指標進行資料建模的巨量資料風控更為科學有效。

針對借款人和借款企業的風險評估，資料類型維度可能不同，但使用的機器學習演算法可以相同，例如我們都可以使用有監督學習的分類模型，分別建立各自的特徵工程。針對個人消費信貸的資料類型維度可以有：

身份資訊：身份證、銀行卡、手機卡、學歷、職業、社保、公積金；

借貸資訊：註冊資訊、申請資訊、共債資訊、逾期資訊；

消費資訊：POS 消費、保險消費、淘寶消費、京東消費；

興趣資訊：App 偏好、瀏覽偏好、消費類型偏好；

出行資訊：常出沒區域、航旅出行、鐵路出行；

公檢法畫像：失信被執行、涉訴、在逃、黃賭毒；

其他風險畫像：航空及鐵路黑名單、支付詐騙、惡意騙貸。

在個貸風控模型中，有多個環節可以使用模型來預測，實際操作上一般是機器＋人工審核配合的方式，這種方式的優點一是減少個貸的風險，二是機器學習模型可以大大減少人的審核工作量。這幾個環節包括反詐騙、身份核驗、貸前審核、貸中監控及貸後催收等。

1) 反詐騙環節

對申請借貸的使用者群眾進行反詐騙辨識，辨識能力主要依賴於風險名單、高危名單 (在逃、黃賭毒、涉案)、法院失信被執行人等名單，另外還有虛擬手機號、風險 IP、風險地區等名單，透過名單進行反詐騙辨識。再深入一點，可以在使用者使用的裝置端進行反詐騙辨識，查看是否是風險裝置，還可以透過群眾連結，找出是否為團夥詐騙行為。例如申請集中在一個 IP 位址、一個戶籍地和通訊錄裡都有同一個人的聯繫方式等。

2) 身份核驗環節

進行借貸同產業身份核驗。在反詐騙辨識過程中，無風險使用者在身份核驗環節可以透過身份證核驗介面來核驗使用者的姓名和身份證字號是否正真實；通過活體辨識，判斷是否是使用者本人在操作；透過電信業者核驗介面，核驗使用者的姓名、身份證和手機號是否一致，手機號是否為本人實名使用；透過銀行卡核驗，核驗使用者提供的銀行卡是否為本人所有，防止貸款成功後貸款資金匯到他人帳戶。

3) 貸前審核環節

授權資訊獲取，此環節針對身份核驗透過的使用者，進行有感知或無感知的必要資訊獲取，為後續模型評分準備好資料。無感知獲取的資料包括多頭借貸資料、消費金融畫像資料、手機號狀態和入網時長資料等；有感知 (需要使用者提供相關帳戶密碼) 獲取的資料有電信業者報告、社保公積金、職業資訊、學歷資訊和央行征信等。借貸使用者的分層及授信，針對已獲取的使用者相關資料，根據不同的演算法模型輸出針對使用者申請環節的評分卡、借貸過程的行為評分卡、授信額度模型和資質分層等模型。不和機構對於不同環節的模型評分叫法不一，目的都是圍繞風險辨識及使用者資質評估。

4) 貸中監控環節

之前環節獲取的資料大部分還可以用於貸後監控，監控貸前各項正常指標是否往不良方向轉變，例如本來無多頭借貸情況的，申請成功貸款後，如果發現該使用者在別的地方有多筆借貸情況，這時可以將該使用者列為特別注意物件，防止逾期。

5) 貸後催收環節

此時需要催收的客戶主要針對失聯部分客戶，這部分客戶在貸款時填寫的電話號碼已經不可用，需要透過巨量資料風控公司利用某些手段獲得該客戶實名或非實名在用的其他手機號碼，提高催收人員的觸達機率。

3. 汽車產業

汽車產業當前最熱的應用無疑就是無人駕駛。無人駕駛汽車是智慧汽車的一種，也稱為輪式移動機器人，主要依靠車內的以電腦系統為主的智慧駕駛儀來實現無人駕駛的目的。

無人駕駛汽車是透過車載傳感系統感知道路環境，自動規劃行車路線並控制車輛到達預定目標的智慧汽車。它是利用車載感測器來感知車輛周圍環境，並根據感知所獲得的道路、車輛位置和障礙物資訊，控制車輛的轉向和速度，從而使車輛能夠安全、可靠地在道路上行駛。

無人駕駛集自動控制、系統結構、人工智慧和視覺計算等許多技術於一體，是電腦科學、模式辨識和智慧控制技術高度發展的產物，也是衡量一個國家科學研究實力和工業水準的重要標示，在國防和國民經濟領域具有廣闊的應用前景。

4. 網際網路產業

網際網路產業擁有巨量的使用者行為資料，以這些寶貴為基礎的資料我們能做很多採擷應用，例如千人千面的個性化推薦系統、個性化搜索、以使用者興趣標籤為基礎的人物誌系統和智慧客服。

1) 個性化推薦系統

個性化推薦系統是網際網路和電子商務發展的產物，它是建立在巨量資料採擷基礎上的一種進階商務智慧系統，向顧客提供個性化的資訊服務和決策支援。近年來已經出現了許多非常成功的大型推薦系統實例，與此同時，個性化推薦系統也逐漸成為學術界的研究熱點之一。個性化推薦系統由許多演算法和業務規則綜合而成，是一個系統專案，其核心是個性化推薦演算法。演算法分為離線演算法、準即時演算法和線上演算法 3 部分，一個完整的推薦系統由子系統或演算法有機地組合在一起：推薦資料倉儲集市、ETL 資料處理、CF 協作過濾使用者行為採擷、ContentBase 文字採擷演算法、人物誌興趣標籤提取演算法、以使用者心理學模型為基礎推薦、多策略融合演算法、準即時線上學習推薦引擎、Redis 快取處理、分散式搜尋引擎、推薦 Rerank 二次重排序演算法、線上 Web 即時推薦引擎服務、線上 AB 測試推薦效果評估、離線 AB 測試推薦效果評估和推薦位管理平台，這些我們在最後的工業級系統實戰章節裡會詳細地說明。

隨著推薦技術的研究和發展，其應用領域也越來越多。舉例來說，新聞推薦、商務推薦、娛樂推薦、學習推薦、生活推薦和決策支援等。推薦方法的創新性、實用性、即時性和簡單性也越來越強。舉例來說，上下文感知推薦、行動應用推薦和從服務推薦到應用推薦。下面分別分析幾種技術的特點及應用案例。

(1) 新聞推薦

新聞推薦包括傳統新聞、網誌、微博和 RSS 等新聞內容的推薦，一般有 3 個特點：①新聞的 item 時效性很強，更新速度快；②新聞領域裡的使用者更容易受流行和熱門的 item 影響；③新聞領域推薦的另一個特點是新聞的展現問題。

(2) 電子商務推薦

電子商務推薦演算法可能會面臨各種難題，例如：①大型零售商有巨量的資料、以千萬計的顧客，以及數以百萬計登記在冊的商品；②即時回饋需求，需要在 0.5 秒內回饋，還要產生高品質的推薦；③新顧客的資訊有限，只能以少量購買資訊或產品評級為基礎；④老顧客資訊豐富，可以以大量的購買資訊和評級為基礎；⑤顧客資料不穩定，每次的興趣和關注內容差別較大，演算法必須對新的需求及時回應。

解決電子商務推薦問題通常有 3 個途徑：協作過濾、聚類模型和以搜索為基礎的方法。

(3) 娛樂推薦

音樂推薦系統的目標是以使用者為基礎的音樂口味向終端使用者推送喜歡和可能喜歡但不了解的音樂，而音樂口味和音樂的參數設定受使用者群特徵和使用者個性特徵等不確定因素影響。舉例來說，年齡、性別、職業、音樂受教育程度等的分析能幫助提升音樂推薦的準確度。部分因素可以透過使用類似 FOAF 的方法獲得。

2) 個性化搜索

個性化搜索可以認為是推薦和搜索的融合，有很多方式可以做到搜索的個性化，正常來講，不管哪個使用者輸入相同的關鍵字，搜索結果是一樣的，但是每個使用者興趣偏好不同，這樣的搜索結果可能不是使用者想要的結果。

要達到個性化的效果，例如我們可以以推薦為基礎的 Rerank 二次重排序的機器學習演算法來對基礎的候選搜索結果做二次排序，在特徵工程中加入人物誌個性化的一些特徵進來，預測推薦結果被使用者點擊的機率值進行排序，這樣達到個性化的效果。

另外一個簡單的達到個性化效果的方法是將搜索結果根據使用者興趣進行即時遷移。這個個性化依賴於智慧推薦引擎，每次搜索都會獲取這個使用者的個性化推薦結果來和搜索結果取交集。得到的結果整體上就是既和搜索關鍵字相關，又和使用者興趣相關。

3) 人物誌系統

人物誌又稱使用者角色，其可身為勾畫目標使用者、聯繫使用者訴求與設計方向的有效工具，人物誌在各領域獲得了廣泛的應用。我們在實際操作的過程中往往會以最為淺顯和接近生活的話語將使用者的屬性、行為與期待結合起來，作為實際使用者的虛擬代表。人物誌所形成的使用者角色並不是脫離產品和市場之外所建構出來的，形成的使用者角色需要有代表性，能代表產品的主要受眾和目標群眾。

做產品應該怎麼做人物誌？人物誌是真實使用者的虛擬代表，首先它是以真實為基礎的使用者，但它不是以一個具體為基礎的人，另外一個是根據使用者目標的行為觀點的差異來區分為不同類型，將它們迅速組織在一起，然後把新得出的類型提煉出來，形成一個類型的人物誌。一個產品大概需要 4~8 種類型的人物誌。

人物誌的 PERSONAL 8 要素：

(1) P 代表基本性 (Primary)

指該使用者角色是否以對真實使用者的情景訪談為基礎。

(2) E 代表同理性 (Empathy)

指使用者角色中包含姓名、照片和產品相關的描述，該使用者角色是否為同理性。

(3) R 代表真實性 (Realistic)

指對那些每天與顧客打交道的人來說，使用者角色是否看起來像真實人物。

(4) S 代表獨特性 (Singular)

每個使用者是否是獨特的，彼此很少有相似性。

(5) O 代表目標性 (Objectives)

該使用者角色是否包含與產品相關的高層次目標，是否包含關鍵字來描述該目標。

(6) N 代表數量性 (Number)

使用者角色的數量是否足夠少，以便設計團隊能記住每個使用者角色的姓名，以及其中的主要使用者角色。

(7) A 代表應用性 (Applicable)

設計團隊是否能使用使用者角色身為工具程式進行設計決策。

(8) L 代表長久性 (Long)

使用者標籤的長久性。

4) 智慧客服

智慧客服系統是在大規模知識處理基礎上發展起來的一項針對產業應用的系統，適用大規模知識處理、自然語言了解、知識管理、自動問答和推理等技術產業，智慧客服不僅為企業提供了細粒度知識管理技術，還為企業與巨量使用者之間的溝通建立了一種以自然語言為基礎的快捷有效的技術手段，同時還能夠為企業提供精細化管理所需的統計分析資訊。

智慧客服系統是人工智慧技術商業化實踐場景中最為成熟的應用場景，根據溝通類型又可以分為線上智慧客服機器人和電話智慧客服機器人。

智慧客服系統整合了語音辨識、語義了解、知識圖譜和深度學習等多項智慧互動技術，它能準確了解使用者的意圖或提問，再根據豐富的內容和巨量知識圖譜給予使用者滿意的回答，智慧客服系統可覆蓋金融、保險、汽車、房產、電子商務和政府等多個應用領域。

智慧客服系統在售前和售後都發揮著作用，一個是提高售前轉換率，另一個是降低售後客服成本。

提高售前轉換率：智慧客服機器人在售前接待中能夠提高客戶觸達的及時性、精準性來促進售前行銷轉換率的提升。在客戶觸達方面，智慧客服機器人支援全通路客服連線，也支援客服人員透過主動發起階段的方式觸達客戶。在行銷轉化方面，智慧客服機器人可以收集人物誌資訊和使用者互動資料，幫助企業根據人物誌建立差異化產品內容，以此進行精準行銷，並根據使用者存取通路、點擊率和購買率等互動資料調整行銷營運策略，提高售前轉化。

降低售後客服成本：在售後服務中，企業一般透過保障回應時間和解決率來保證客戶滿意度。在回應時間方面，智慧客服機器人透過多併發接待、轉人工時訪客分流和人工接待中接待輔助等措施來盡可能減少回應時間，提高客戶體驗。在解決率方面，機器人具備自然語言處理技術且可以自動進行最佳化，人工客服在機器人智慧接待後壓力變小且可以獲得接待輔助，兩方面協作提高客戶問題解決率。

5. 電信產業

電信產業巨量資料主要有五方面：

1) 網路管理和最佳化

包括基礎設施建設最佳化、網路營運管理和最佳化；

2) 市場與精準行銷

人物誌、關係鏈研究、精準行銷、即時行銷和個性化推薦；

3) 客戶關係管理

包括客服中心最佳化和客戶生命週期管理；

4) 企業營運管理

包括業務營運監控和經營分析；

5) 資料商業化

指資料對外商業化，單獨盈利。

在電信企業發展過程中有效應用巨量資料分析是為進一步提高電信企業服務水準與服務品質的需要，是為提高資料分析能力與時效性的需要，是為制定更加科學的發展目標、管理制度、影響方案的需要，更是為提高電信企業綜合競爭水準的需要。

6. 能源產業

目前在能源產業中巨量資料主要應用於石油天然氣全產業鏈、智慧電網和風電產業。利用巨量資料的特點來提高企業效益，並更進一步地服務使用者。透過能源巨量資料，企業可以最佳化庫存，合理轉換電力供給並對資料即分時析，給能源領域帶來更先進的生產方式提供資料支援。

7. 物流產業

利用巨量資料最佳化物流網路，提高物流效率，降低物流成本。

8. 城市管理

可以利用巨量資料實現智慧交通、環保監測、城市規劃和智慧保全。

9. 生物醫學

巨量資料可以幫助我們實現流行病預測、智慧醫療和健康管理，同時還可以幫助我們解讀 DNA，了解更多的生命奧秘。

10. 體育娛樂

巨量資料可以幫助我們訓練球隊，決定投拍哪種題材的影視作品，以及預測比賽結果。

11. 安全領域

政府可以利用巨量資料技術建構起強大的國家安全保障系統，企業可以利用巨量資料抵禦網路攻擊，員警可以借助巨量資料預防犯罪。

12. 個人生活

巨量資料還可以應用於個人生活領域，利用與每個人相連結的「個人巨量資料」，分析個人生活行為習慣，為其提供更加周到的個性化服務。

巨量資料的價值，遠遠不止於此，巨量資料對各行各業的滲透大大推動了社會生產和生活，未來必將產生重大而深遠的影響。

2.2 應用系統架構設計

巨量資料和演算法在每個產業都有適合自己業務特點的應用，很多應用具有普遍性，貫穿於所有的產業之中。下面介紹幾個有代表性、通用的巨量資料和人工智慧應用系統：個性化推薦系統、個性化搜索系統和人物誌系統。

1. 個性化推薦系統

首先推薦系統不等於推薦演算法，更不等於協作過濾。推薦系統是一個完整的系統專案，從專案上來講是由多個子系統有機地組合在一起，例如以 Hadoop 資料倉儲為基礎的推薦集市、ETL 資料處理子系統、離線演算法、準即時演算法、多策略融合演算法、快取處理、搜尋引擎部分、二次重排序演算法、線上 Web 引擎服務、AB 測試效果評估和推薦位管理平台等，每個子系統都扮演著非常重要的角色，當然大家肯定會說演算法部分是核心，這個說法的確沒錯。推薦系統是偏演算法的策略系統，但要達到一個非常好的推薦效果，只有演算法是不夠的。例如做演算法依賴於訓練資料，資料品質不好，或資料處理沒做好，再好的演算法也發揮不出應有價值。演算法上線了，如果不知道效果怎麼樣，後面的最佳化工作就無法進行，所以 AB 測試是評價推薦效果的關鍵，它指導著系統該何去何從。為了能夠快速切換和最佳化策略，推薦位管理平台具有舉足輕重的作用。推薦效果最終要應用到線上平台，在 App 或網站上毫秒等級地快速展示推薦結果，這就需要線上 Web 引擎服務來保證高性能的併發存取。整體來說，雖然演算法是核心，但離不開每個子系統的配合，另外就是不同演算法可以嵌入各個子系統中，演算法可以貫穿到每個子系統。

從開發人員角色來講，推薦系統僅有演算法工程師角色的人是無法完成整個系統的，它需要各個角色的工程師相配合才行。例如巨量資料平台工程師負責 Hadoop 叢集和資料倉儲，ETL 工程師負責對資料倉儲的資料進行處理和清洗，演算法工程師負責核心演算法，Web 開發工程師負責推薦 Web 介面對接各個部門，例如網站前端和 App 用戶端的介面呼叫等，後台開發工程師負責推薦位管理、報表開發和推薦效果分析等，架構師負責整體系統的架構設計等，所以推薦系統是一個需要多角色協作配合才能完成的系統。

讓我們先看一下推薦系統的架構圖，然後再根據架構圖詳細描述各個模組的關係及工作流程，推薦系統架構如圖 2.1 所示。

這個架構圖包含了各個子系統或模組的協轉換合、相互呼叫關係，從部門的組織架構上來看，推薦系統主要由巨量資料部門負責，或由和巨量資料部門平行的搜索推薦部門來負責完成，其他前端部門、行動開發部門配合呼叫展示推薦結果來實現整個平台的銜接關係。同時這個架構流程圖詳細描繪了每個子系統具體是怎樣銜接的，都做了哪些事。下面我們根據架構圖從上到下來詳細地講解整個架構流程的細節。

1) 推薦資料倉儲架設、資料取出部分

(1) 以 MySQL 業務資料庫為基礎，每天增量資料取出到 Hadoop 平台，當然第一次的時候需要全量地來做初始化，資料轉化工具可以用 Sqoop，它可以分散式地批次匯入資料到 Hadoop 的 Hive。

(2) Flume 分散式日誌收集可以從各個 Web 伺服器即時收集使用者行為、埋點資料等，一是可以指定 source 和 sink 並直接把資料傳輸到 Hadoop 平台；二是可以把資料一筆一筆地即時打到 Kafka 訊息佇列裡，讓 Flink/Storm/Spark Streaming 等流式框架去消費日誌訊息，然後又可以做很多準即時計算的處理，處理方式根據應用場景有多種，一種可以用這些即時資料做即時的流演算法，例如我們在推薦裡用它來做即時的協作過濾。什麼叫即時的協作過濾呢？例如 ItemBase，我算一個商品和哪些商品相似的推薦清單，一般是一天算一次，但這樣的推薦結果可能不太新鮮，推薦結果不怎麼變化，使用者當天新的行為沒有融合進來，但用這種即時資料就可以做到，把最新的使用者行為融合進來，回饋使用者最新的喜好及興趣，那麼每個商品的推薦結果是秒等級的，並在時刻變化著，這樣便可以滿足使用者一個新鮮感。這就是即時協作過濾要做的工作；另外一種可以對資料做即時統計處理，例如網站的即時 PV、UV 等，除此以外還可以做很多其他的處理，如即時人物誌等，這要看你要讓你的應用場景來做什麼。

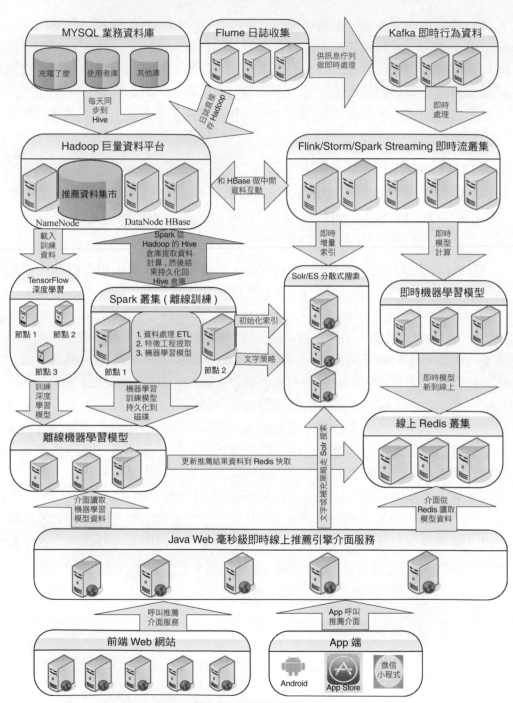

圖 2.1 推薦系統架構圖

2) 巨量資料平台、資料倉儲分層設計、處理

(1) Hadoop 基本上是各大公司巨量資料部門的標準配備，Hive 基本上是作為 Hadoop 的 HDFS 之上的資料倉儲，根據不同的業務創建不同的業務表，如果是資料一般是分層地設計，例如可以分為 ods 層、mid 中間層、temp 臨時層和資料集市層。

ods 層：操作資料儲存 (Operational Data Store，ODS) 用來存放原始基礎資料，例如維度資料表、事實資料表可劃分為四級：一級為原始資料層；二級為項目名稱 (kc 代表視訊課程類項目，read 代表閱讀類文章)；三級為表類型 (dim 代表維度資料表，fact 代表事實資料表)；四級為表名。

mid 層：從 ods 層中 join 多表或某一段時間內的小表計算生成的中間表，在後續的集市層中頻繁使用。用來一次生成多次使用，避免每次連結多個表重複計算。

temp 臨時層：臨時生成的資料統一放在這一層。系統預設有一個 /tmp 目錄，不要放在這一目錄裡，這個目錄的很多資料是由 Hive 自己存放在這一臨時層，我們不要跟它混放在一起。

資料集市層：存放搜索項目資料，集市資料一般是由中間層和 ods 層連結表計算所得，或使用 Spark 程式處理開發算出來的資料。例如人物誌集市、推薦集市和搜索集市等。

(2) Hadoop 這一平台的運行維護及監控往往由專門的巨量資料平台工程師負責，當然公司小的時候由巨量資料處理工程師兼任。畢竟當叢集不是很大的時候，一旦叢集運行穩定，後面單獨維護和最佳化叢集的工作量會比較小，除非是比較大的公司才需要專門的人員做運行維護、最佳化和原始程式的延伸開發等。

(3) 後面不管是以 Spark 為基礎做機器學習，還是以 Python 機器學習為基礎，還是以 TensorFlow 深度學習為基礎都需要多資料做處理，這個處理可以是用 Hive 的 SQL 敘述或 Spark SQL 敘述，也可以自己寫 Hadoop 的 MR 程式、Spark 的 Scala 程式或 Python 程式等。整體來說，能用 SQL 完成處理的工作儘量用 SQL 來完成，實在實現不了，那就自己寫程式。總之節省工作量優先考慮。

3) 離線演算法部分

推薦演算法是一個綜合的，是由多種演算法有機有序地組合在一起才能發揮最好的推薦效果，不同演算法可以根據場景來選擇哪個演算法框架，框架實現不了的，我們再自己造輪子，造演算法。多數場景下是使用現成的機器學習框架，呼叫它們的 API 來完成演算法的功能。主流的分散式框架有 Mahout、Spark、TensorFlow 和 xgboost 等。

(1) Mahout 是以 Hadoop 為基礎的 MapReduce 計算來運算的，是最早和最成熟的分散式演算法，例如我們做協作過濾演算法可以用的 Itembase 的 CF 演算法，用到的類別是 org.apache.mahout.cf.taste.hadoop.similarity.item. ItemSimilarityJob，這個類別是根據商品來推薦相似的商品集合，還有一個類別是根據使用者來推薦感興趣的商品的。

(2) Spark 叢集可以單獨部署來運算，就是用 Standalone 模式，也可以用 Spark On Yarn 的方式，如果你有 Hadoop 叢集，推薦還是用 Yarn 來管理，這樣方便系統資源的統一排程和分配。Spark 的機器學習 MLlib 演算法非常豐富，前面的章節我們講了一個熱門的演算法，那麼用在推薦系統裡面的還有 Spark 的 ALS 協作過濾，做推薦清單的二次重排序演算法的邏輯回歸、隨機森林、GBDT 等。這些機器學習模型一般都是每天訓練一次，不是線上網站即時調取的，所以叫作離線演算法。與此相對應的用 Flink/Storm/Spark Streaming 即時流叢集可以做到秒等級的演算法模型更新，那個叫準即時演算法。線上 Web 服務引擎需要毫秒等級的快速即時回應，可以叫作即時演算法引擎。

(3) 深度學習離線模型對於推薦系統來講可以用 MLP 來做二次重排序，如果對線上即時預測性能要求不高，可以替代邏輯回歸、隨機森林等，因為它做一次預測就需要 100 毫秒左右，相比較較慢。

(4) 對於 Solr 或 ES 這樣的分散式搜尋引擎，第一次可以用 Spark 來批次地創建索引。

(5) 對於簡單的文字演算法，例如透過一篇文章去找相似文章，就可以拿文章的標題作為關鍵字從 Solr 或 ES 裡搜索並找到前幾個相似文章。再複雜一點，也可以拿標題和文章的正文以不同權重的方式去搜索。更複雜一點，可以自己寫一個自訂函數，例如算標題、內容等的餘弦相似度，或在電子商務裡面根據銷量、相關度、新品等做一個自訂的綜合相似評分等。

(6) 離線計算的推薦結果可以更新到線上 Redis 快取裡，線上 Web 服務可以即時從 Redis 獲取推薦結果資料，並進行即時推薦。

4) 準即時演算法部分——Flink/Storm/Spark Streaming 即時流叢集

(1) Flink/Storm/Spark Streaming 即時消費使用者行為資料，可以用來做秒等級的協作過濾演算法，可以讓推薦結果根據使用者最近的行為偏好變化而即時更新模型，提高使用者的新鮮感。計算的中間過程可以與 HBase 資料庫互動。當然一些簡單的當天即時 PV、UV 統計也可以用這些框架來處理。

(2) 準即時計算的推薦結果可以即時更新線上 Redis 快取，線上 Web 服務可以即時從 Redis 獲取推薦結果資料。

5) 線上 Java Web 推薦引擎介面服務

(1) 線上 Java Web 推薦引擎介面預測服務，即時從 Redis 中獲取使用者最近的文章點擊、收藏和分享等行為，不同行為以不同權重，加上時間衰竭因數，每個使用者得到一個帶權重的使用者興趣種子文章集合，然後用這些種子文章去連結 Redis 快取計算好的 item 文章 -to- 文章資料，進行文章的融合得到一個候選文章集合，這個集合再用隨機森林和神經網路對這些候選文章做 Rerank 二次排序得到最終的使用者推薦清單並即時推薦給使用者。當推薦清單資料不夠或沒有使用 Solr 搜尋引擎時需要補夠資料。

(2) App 用戶端、網站可以直接呼叫線上 Java Web 推薦引擎介面預測服務來進行即時推薦並展示推薦結果。

從以上架構中我們能夠看出來，一個完整的推薦系統涉及的技術框架非常多，從巨量資料平台 Hadoop 及生態圈 Hive、HBase，到 Mahout、Spark 分散式機器學習，再到深度學習訓練模型，這些都屬於離線計算框架，從離線計算框架到準即時計算 Flink/Storm/Spark Streaming，最後到上游的即時 Web 推薦引擎，加上高併發的快取處理模組 Redis。基本上橫貫了絕大多數巨量資料框架、機器學習、深度學習和業務 Web 系統開發，這對架構師來說是一個極大的挑戰，不但知識面要廣，而且也要有深度並了解合格。除了推薦系統，和它緊密相關的搜尋引擎也是一個應用非常廣的人工智慧應用系統，在各大公司一般會設立一個搜索組來專門做這塊，搜索可以分為傳統搜索和個性化搜索。傳統搜索可以簡單了解為輸入相同的關鍵字，每個使用者看到的搜索結果是一樣的。個性化搜索與此不同，每個使用者看到的搜索結果是不一樣的，個性化搜索會根據每個人的人物誌智慧地匹配個性化的搜索結果。下面我們來看下個性化搜索的架構。

2. 個性化搜索

個性化搜索在目前的發展階段不是要替換掉傳統搜索，而是對傳統搜索的補充。我們先看下它的架構，如圖 2.2 所示。

個性化搜索和個性化推薦是比較類似的，這個架構圖包含了各個子系統或模組的協轉換合、相互呼叫關係，從部門的組織架構上看，目前搜索一般獨立成組，有的是在搜索推薦部門裡面，實際上比較合理的安排、搜索應該是分配在巨量資料部門更好一些，因為依靠於巨量資料部門的巨量資料平台和人工智慧優勢可以使搜索效果再上一個新的台階。下面我們根據架構圖從上到下來詳細地講一下整個架構流程的細節。

1) 搜索資料倉儲架設、資料取出部分

(1) 和搜索相關的 MySQL 業務資料庫每天將增量資料取出到 Hadoop 平台，當然第一次需要全量地來做初始化，資料轉化工具可以用 Sqoop，它可以分散式地批次匯入資料到 Hadoop 的 Hive 裡。

(2) 收集和搜索相關的 Flume 分散式日誌，可以從各個 Web 伺服器即時收集，例如搜索使用者行為、埋點資料等，可以指定 source 和 sink 並直接把資料傳輸到 Hadoop 平台。

2) 巨量資料平台、搜索資料集市分層設計、處理

在巨量資料平台建設搜索相關的資料集市，分層設計，這與推薦大致相同。

3) 離線演算法部分

(1) 以 Spark 分散式平台為基礎來創建搜索的索引資料庫，後續的增量索引一般靠訊息佇列的方式非同步準即時更新。

(2) Spark 從 Hadoop 載入人物誌及商品畫像的特徵資料來訓練以分類模型為基礎的 Rerank 二次重排序演算法模型，以此來預測被搜索的候選商品被點擊的機率，因為特徵工程裡加入了使用者個性化的特徵工程，所以搜索整體排序呈現個性化的特點。如果想增加個性化的程度，可以適當把搜索的候選集合擴大一些。

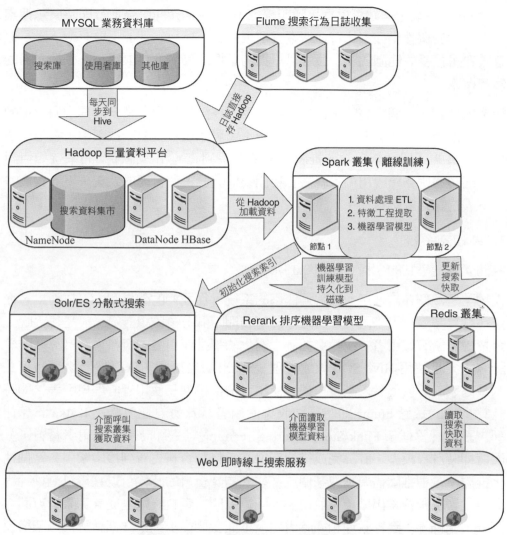

圖 2.2　個性化搜索架構圖

(3) 離線計算的部分結果可以更新到線上 Redis 快取裡，線上 Web 服務可以即時從 Redis 獲取推薦結果資料，進行即時推薦。

4) 線上 Web 搜索介面服務

(1) 線上 Web 搜索介面服務先從 Solr/ES 搜索叢集裡面獲取和關鍵字相關的搜索結果作為候選集合，然後從 Web 專案初始化載入好的 Rerank 二次重排序模型進行即時點擊率預測，對搜索結果進行重排序，截取指定的前面的搜索結果進行展示。這個過程會讀取一部分 Redis 快取資料。

(2) App 用戶端、網站可以直接呼叫線上 Web 搜索介面服務進行即時展示搜索結果。由於個性化搜索比普通搜索處理更複雜，所以在性能上會有所下降，但整體在可接受的範圍內，一般可以單獨開個搜索區域進行展示，不替換之前的傳統搜索。

從架構中看，一個完整的個性化搜索涉及的技術框架也非常多，其中個性化的因素也涉及了人物誌系統，人物誌系統不僅可以用在推薦、搜索中，它是一個公司等級的通用系統，營運推廣決策都會用到它。和其他部門的系統如何對接，同時適應多種應用場景就需要我們架構設計一個合理的系統，下面我們看一下人物誌系統架構。

3. 人物誌系統

我們先看一下它的架構，如圖 2.3 所示。

人物誌是一個非常通用並被普遍使用的系統，從我們的架構圖中可以看出，從資料計算時效性上來講可分為離線計算和即時計算。離線計算一般是每天晚上全量計算所有使用者，或隨選把發生變化的那批使用者的資料重新計算。離線計算主要是使用 Hive SQL 敘述處理、Spark 資料處理，或以機器學習演算法為基礎來計算使用者忠誠度模型、使用者價值模型和使用者心理模型等。即時計算指定的透過 Flume 即時日誌收集使用者行為資料並傳輸到 Kafka 訊息佇列，讓流計算框架 Flink/Storm/Spark Streaming 等去即時處理使用者資料，並觸發即時計算模型，計算完成後把新增的人物誌資料更新到搜索索引。當個性化推薦、營運推廣需要獲取某個或某些人物誌資料的時候可以直接以毫秒等級從搜索索引裡搜索出結果，並快速返回給呼叫方資料。這是從計算架構方面大概分了兩條線：離線處理和即時處理。下面我們從上到下詳細講解每個架構模組。

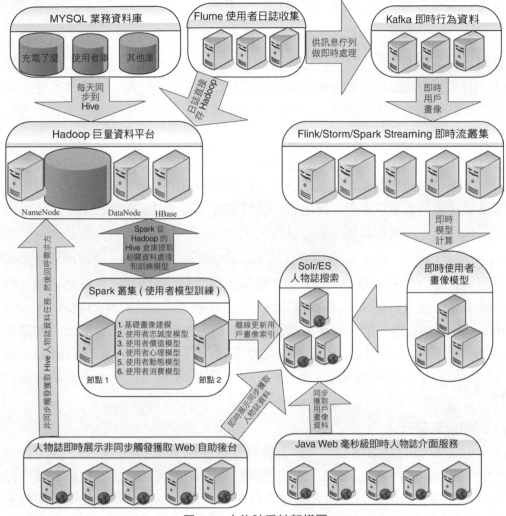

圖 2.3　人物誌系統架構圖

1) 人物誌資料倉儲架設、資料取出部分

(1) 將和人物誌相關的 MySQL 業務資料庫每天增量資料取出到 Hadoop 平台，當然第一次需要全量地來做初始化，資料轉化工具可以用 Sqoop，它可以分散式地批次匯入資料到 Hadoop 的 Hive 裡。

(2) 收集和人物誌相關的 Flume 分散式日誌，可以從各個 Web 伺服器即時收集，例如使用者行為、埋點資料等，可以指定 source 和 sink 並直接把資料傳輸到 Hadoop 平台。

2) 巨量資料平台、人物誌集市分層設計、處理

在巨量資料平台建設人物誌相關的資料集市，分層設計，這與推薦、搜索相似。

3) 離線計算部分

(1) Hive SQL 可以對一部分使用者資料進行計算，得到一部分人物誌屬性，如果是特別複雜的使用者屬性，例如需要用到機器學習的使用者屬性，我們可以用下面的 Spark 平台來處理。

(2) Spark 從 Hadoop 平台載入使用者資料，一方面可以進行一部分資料處理，另一方面可以用機器學習模型來計算一些複雜的使用者屬性，例如使用者忠誠度模型、使用者價值模型、使用者心理模型等，當然這些模型也不一定用機器學習來計算，用規則實現也是可以的。

(3) 不管是用 Hive SQL 計算，還是用 Spark 來處理，最終的使用者模型結果多會在 Hadoop 的 Hive 倉庫保存一份，然後會單獨寫一個 Spark 任務把這個人物誌模型載入並更新到 Solr 或 ES 搜索索引裡，供線上介面即時呼叫獲取。另外，Hadoop 上面保存的這份 Hive 人物誌表的資料也會根據公司的其他部門的需求訂製，隨選非同步地執行 Hive SQL，然後實踐到本地檔案，最後分發到需求方的伺服器上，或返回實踐檔案造訪網址，讓其他部門主動 wget 這個檔案資料。

4) 即時計算部分

(1) Flume 即時日誌收集使用者行為資料並傳輸到 Kafka 訊息佇列，讓流計算框架 Flink/Storm/Spark Streaming 等去即時處理使用者資料，並觸發即時計算模型，計算完成後把新增的人物誌資料更新到搜索索引。即時計算是隨選計算，哪個使用者行為有變化才會觸發計算，沒有變化的使用者行為資料不會被收集到訊息佇列裡，自然也不會觸發即時計算。

(2) 如果有需要，當即時計算完成後，除了更新到 Solr 或 ES 索引，也可以更新到 HBase 裡面，然後建一個 Hive 到 HBase 的映射表，這樣就可以對 HBase 裡的即時人物誌資料做統計分析。當然也可以使用 HBase Shell 指令稿，但沒有 Hive SQL 方便靈活。

5) Solr/ES 搜尋引擎部分

這是毫秒級提供即時人物誌資料的核心，不但可以根據使用者 ID 來查詢，而且可以根據任意的訂製查詢欄位來精確地篩選。另外，因為是搜尋引擎，自然可以透過關鍵字來做一些模糊的相關度搜索。

6) Java Web 毫秒級即時人物誌介面服務

(1) 因為我們用的 Solr/ES 搜尋引擎是用 Java 開發的，所以建議 Web 介面也使用 Java 來做。

(2) 這個 Web 介面是即時提供給需求方的，例如推薦介面獲取某個人物誌的資料可以直接根據使用者 ID 就能在幾毫秒內把對應的人物誌資料即時返回。當然也可以根據其他篩選條件或指定關鍵字搜索獲取topN前面幾個人物誌資料，注意這種方式不是把符合篩選條件的所有使用者資料返回，一般只是返回前幾十或幾百個，最多一般一次返回幾千個。如果太多，一個缺點是速度慢，另一個缺點是可能會把 Web 伺服器，例如 Tomcat 當機。

7) 人物誌即時展示非同步觸發獲取 Web 自助後台

(1) 為什麼說這是個 Web 自助後台呢？一般是這樣的應用場景，營運團隊要篩選一部分使用者做廣告投放，這個時候透過 Web 後台指定篩選條件，點擊非同步獲取，然後這個非同步獲取會觸發後台非同步指定 Hive SQL 或其他 Spark 處理常式、Spark SQL 等從人物誌集市裡查詢出對應的所有使用者集合，這個使用者集合會比較大，不是幾千筆，一般是幾十萬、幾百萬筆量級，然後實踐生成檔案。非同步計算完成後會返回一個檔案位址，自助人員就可以把這個檔案下載下來做後續的其他處理。

(2) 什麼叫即時展示非同步觸發呢？即時展示指的是篩選的那部分使用者可以先即時呼叫搜索結果，先看一下前面一些樣本資料如何，能返回多少個使用者，這次推廣能有多少使用者觸達篩選條件，因為呼叫搜索介面是毫秒級地在頁面上分頁展示資料，很快能看到大概的效果。如果是非同步獲取資料，一般計算時間會很長，比如最少幾分鐘、甚至幾小時等。執行了這麼久，不是自己想要的資料就白等待了，所以即時展示是快速驗證所獲取的資料是不是自己想要的資料，確定是自己所要的資料後再去非同步大量地獲取資料。

人物誌系統架構基本上是這個架構，每個公司大同小異。人物誌系統是一個通用和核心的系統，如果在公司有預算的情況下，一般安排一個人物誌小組專門負責這部分的研發。

從上面幾個系統的架構能看出，以巨量資料為基礎的分散式人工智慧應用系統，一般需要掌握核心的 Hadoop、Hive、HBase、Spark 等巨量資料平台和框架，分散式機器學習也是以它們為基礎的，所以下面的章節專門講解巨量資料基礎核心框架。

第 3 章

巨量資料基礎

分 散式機器學習為什麼需求巨量資料呢？一方面隨著巨量使用者資料的累積，單機運算已經不能滿足需求。以巨量資料為基礎，機器學習訓練之前需要做資料前置處理、特徵工程等，需要在巨量資料平台上進行；另一方面是機器學習訓練過程的中間結果集可能會資料膨脹，依然需要巨量資料平台來承載，也就是說為了高性能的資料處理、分散式運算等，分散式機器學習是以巨量資料平台為基礎的，所以下面我們來講一下常用的巨量資料技術。

3.1 Hadoop 巨量資料平台架設

Hadoop 是一種分析和處理巨量資料的軟體平台，是一個用 Java 語言實現的 Apache 開放原始碼軟體框架，在大量計算機組成的叢集中實現了對巨量資料的分散式運算。Hadoop 是巨量資料平台的標準配備，不管哪個公司的巨量資料部門，基本以 Hadoop 為核心。下面我們詳細講解 Hadoop 的原理和常用的一些操作命令。

3.1.1　Hadoop 原理和功能介紹

Hadoop 是一個由 Apache 基金會開發的分散式系統基礎架構。使用者可以在不了解分散式底層細節的情況下開發分散式程式。充分利用叢集的威力進行高速運算和儲存。

Hadoop 實現了一個分散式檔案系統 (Hadoop Distributed File System，HDFS)。HDFS 有高容錯性的特點，並且被設計並部署在低廉的 (low-cost) 硬體上，而且它提供高輸送量 (high throughput) 來存取應用程式的資料，適合那些具有超巨量資料集 (large data set) 的應用程式。HDFS 放寬了 POSIX(relax) 的要求，可以以流的形式存取 (streaming access) 檔案系統中的資料。

Hadoop 最核心的框架設計有三大區塊：HDFS 分散式儲存、MapReduce 計算引擎、Yarn 資源排程和管理。針對 Hadoop 這三大區塊核心，我們詳細來講一下。

1. HDFS 架構原理

HDFS 全稱 Hadoop 分散式檔案系統，其最主要的作用是作為 Hadoop 生態中各系統的儲存服務。HDFS 為巨量的資料提供了儲存，可以認為它是一個分散式資料庫，用來儲存資料。HDFS 主要包含了 6 個服務：

1) NameNode

負責管理檔案系統的 NameSpace 及用戶端對檔案的存取，NameNode 在 Hadoop 2 可以有多個，在 Hadoop 1 只能有一個，存在單點故障。HDFS 中的 NameNode 稱為中繼資料節點，DataNode 稱為資料節點。NameNode 維護了檔案與資料區塊的映射表及資料區塊與資料節點的映射表，而真正的資料儲存在 DataNode 上。NameNode 的功能如下：

(1) 維護和管理 DataNode 的主守護處理程序。

(2) 記錄儲存在叢集中的所有檔案的中繼資料，例如 Block 的位置、檔案大小、許可權和層次結構等，有兩個檔案與中繼資料連結。

(3) FsImage：包含自 NameNode 開始以來檔案的 NameSpace 的完整狀態。

(4) EditLogs：包含最近對檔案系統進行的與最新 FsImage 相關的所有修改。它記錄了發生在檔案系統中繼資料上的每個更改。舉例來說，如果一個檔案在 HDFS 中被刪除，那麼 NameNode 就會立即在 EditLog 中記錄這個操作。

(5) 定期從叢集中的所有 DataNode 接收心跳資訊和 Block 報告，以確保 DataNode 處於活動狀態。

(6) 保留了 HDFS 中所有 Block 的記錄及這些 Block 所在的節點。

(7) 負責管理所有 Block 的複製。

(8) 在 DataNode 失敗的情況下，NameNode 會為備份選擇新的 DataNode，平衡磁碟使用並管理到 DataNode 的通訊流量。

(9) DataNode 則是 HDFS 中的從節點，與 NameNode 不同的是，DataNode 是一種商品硬體，它並不具有高品質或高可用性。DataNode 是一個將資料儲存在本地檔案 ext3 或 ext4 中的 Block 伺服器。

2) DataNode

用於管理它所在節點上的資料儲存：

(1) 這些是從屬守護進行或在每台從屬機器上運行的處理程序。

(2) 實際的資料儲存在 DataNode 上。

(3) 執行檔案系統用戶端底層的讀寫入請求。

(4) 定期向 NameNode 發送心跳報告及 HDFS 的整體健康狀況，預設頻率為 3 秒 / 次。

(5) 資料區塊 (Block)：通常在任何檔案系統中，都將資料儲存為 Block 集合。Block 是硬碟上儲存資料的最不連續的位置。在 Hadoop 叢集中，每個 Block 的預設大小為 128M(此處指 Hadoop 2.x 版本，Hadoop 1.x 版本為 64M)，我們也可以透過以下設定 Block 的大小：dfs.block.size 或 dfs.blocksize=64M。

(6) 資料複製：HDFS 提供了一種將巨量資料作為資料區塊儲存在分散式環境中的可靠方法，即將這些 Block 複製以容錯。預設的複製因數是 3，我們也可以透過以下設定並複製因數：

fs.replication=3，每個 Block 被複製 3 次儲存在不同的 DataNode 中。

3) FailoverController

故障切換控制器，負責監控與切換 NameNode 服務。

4) JournalNode

用於儲存 EditLog；記錄檔案和數映射關係，操作記錄，恢復操作。

5) Balancer

用於平衡叢集之間各節點的磁碟使用率。

6) HttpFS

提供 HTTP 方式存取 HDFS 的功能。總地看來，NameNode 和 DataNode 是 HDFS 的核心，也是用戶端操作資料需要依賴的兩個服務。

2. MapReduce 計算引擎

MapReduce 計算引擎發佈過兩個版本，Hadoop 1 版本的時候叫 MRv1，

Hadoop 2 版本的時候叫 MRv2。MapReduce 則為巨量的資料提供了計算引擎，用裡面的資料做運算，運算快。一聲令下，多台機器團結合作進行運算，每台機器分一部分任務，同時平行運算。等所有機器分配的任務運算完，整理報導，總任務全部完成。

1) MapReduce 1 架構原理

在 Hadoop 1.x 的時代，其核心是 JobTracker。

JobTracker：主要負責資源監控管理和作業排程。

(1) 監控所有 TaskTracker 與 Job 的健康狀況，一旦發現失敗就將對應的任務轉移到其他節點。

(2) 與此同時，JobTracker 會追蹤任務的執行進度、資源使用量等資訊，並將這些資訊報告給任務排程器，而任務排程器會在資源出現空閒時選擇合適的任務使用這些資源。

TaskTracker：JobTracker 與 Task 之間的橋樑。

(1) 從 JobTracker 接收並執行各種命令：運行任務、提交任務、Kill 任務和重新初始化任務。

(2) 週期性地透過心跳機制，將節點健康情況和資源使用情況、各個任務的進度和狀態等匯報給 JobTracker。

MapReduce 1 框架的主要侷限：

(1) JobTracker 是 MapReduce 的集中處理點，存在單點故障，可靠性差。

(2) JobTracker 完成了太多的任務，造成了過多的資源消耗，當 MapReduce Job 非常多的時候，會造成很大的記憶體負擔，這也增加了 JobTracker 故障的風險，這便是業界普遍複習出舊版本 Hadoop 的 MapReduce 只能支援上限為 4000 節點的主機，擴充性能差。

(3) 可預測的延遲：這是使用者非常關心的。小作業應該盡可能快地被排程，而當前以 TaskTracker → JobTracker ping(heart beat) 為基礎的通訊方式代價和延遲過大，比較好的方式是 JobTracker → TaskTracker ping，這樣 JobTracker 可以主動掃描有作業運行的 TaskTracker。

2) MapReduce 2 架構原理

Hadoop 2 版本之後有 Yarn，而 Hadoop 1 版本的時候還沒有 Yarn。MapReduce 2 用 Yarn 來管理，下面我們來講一下 Yarn 資源排程。

3. Yarn 資源排程和管理

1) ResourceManager

ResourceManager(RM) 是資源排程器，包含兩個主要的元件：定時呼叫器 (Scheduler) 及應用管理器 (ApplicationManager，AM)。

(1) 定時排程器：根據容量、佇列等限制條件，將系統中的資源設定給各個正在運行的應用。這裡的排程器是一個「純色度器」，因為它不再負責監控或追蹤應用的執行狀態等，此外，它也不再負責因應用執行失敗或硬體故障而需要重新開機的失敗任務。排程器僅根據各個應用的資源需求進行排程，這是透過抽象概念「資源容器」完成的，資源容器 (Resource Container) 將記憶體、CPU、磁碟和網路等資源封裝在一起，從而限定每個任務使用的資源量。總而言之，定時排程器負責向應用程式分配資源，它不做監控及應用程式的狀態追蹤，並且它不保證由於應用程式本身或硬體出錯而重新開機執行失敗的應用程式。

(2) 應用管理器：主要負責接收作業，協助獲取第一個容器用於執行 AM 和提供重新啟動失敗的 AM container 服務。

2) NodeManager

NodeManager 簡稱 NM，是每個節點上的框架代理，主要負責啟動應用所需的容器，監控資源 (記憶體、CPU、磁碟和網路等) 的使用情況並將之匯報指定時排程器。

3) ApplicationMaster

每個應用程式的 ApplicationMaster 負責從 Scheduler 申請資源，並追蹤這些資源的使用情況及監控任務進度。

4) Container

Container 是 Yarn 中資源的抽象，它將記憶體、CPU、磁碟和網路等資源封裝在一起。當 AM 向 RM 申請資源時，RM 為 AM 返回的資源便是用 Container 表示的。

了解了 Hadoop 的原理和核心元件，我們講解如何安裝、部署和架設分散式叢集。

3.1.2　Hadoop 安裝部署

Hadoop 擁有 Apache 社區版和第三方發行版本 CDH，Apache 社區版的優點是完全開放原始碼並可免費使用社區活躍文件，其資料充實。缺點是版本管理比較混亂，各種版本層出不窮，很難選擇，並且在選擇生態元件時需要大量考慮相容性問題、版本匹配問題、元件衝突問題和編譯問題等。叢集的部署、安裝及設定複雜，需要編寫大量設定檔分發到每台節點，容易出錯，效率低。叢集運行維護複雜，需要安裝第三方軟體輔助。CDH 版是由第三方 Cloudera 公司以社區版本為基礎做了一些最佳化和改進，穩定性更強一些。CDH 版分免費版和商業版。CDH 版的安裝可以使用 Cloudera Manager(CM) 透過管理介面的方式來安裝，非常簡單。Cloudera Manager 是 Cloudera 公司開發的一款巨量資料叢集安裝部署利器，這款利器具有叢集自動化安裝、中心化管理、叢集監控和警告等功能，使得安裝叢集從幾天的時間縮短為幾小時以內，運行維護人員從數十人降低到幾人之內，極大地提高了叢集管理的效率。

不管是 CDH 版還是 Apache 社區版，我們都是使用 tar 套件來手動部署，所有的環境需要我們一步步來操作，Hadoop 的每個設定檔也需要我們手工設定，透過這種方式安裝的優勢是比較靈活，叢集伺服器也不需要連外網，但這種方式對開發人員的要求比較高，對各種開發環境和設定檔都需要了解清楚。不過這種方式更方便我們了解 Hadoop 的各個模組和工作原理。

下面我們使用這種方式來手動地安裝分散式叢集，我們的例子是部署 5 台伺服器，用兩個 NameNode 節點做 HA，5 個 DataNode 節點，兩個 NameNode 節點也同時作為 DataNode 使用。一般當伺服器數量不多的時候，為了儘量地充分利用伺服器的資源，NameNode 節點可以同時是 DataNode。

安裝步驟如下：

1. 創建 Hadoop 使用者

1) useradd hadoop

```
# 設密碼
passwd hadoop
```

```
# 命令
usermod -g hadoop hadoop
```

2) vi/root/sudo

```
# 增加一行
hadoop ALL=(ALL) NOPASSWD:ALL
chmod u+w /etc/sudoers
```

3) 編輯 /etc/sudoers 檔案

```
# 也就是輸入命令
vi /etc/sudoers
# 進入編輯模式，找到這一行
root ALL=(ALL) ALL
# 在它的下面增加
hadoop ALL=(ALL) NOPASSWD:ALL
# 這裡的 hadoop 是你的用戶名，然後保存並退出
```

4) 取消檔案的寫入許可權

```
# 也就是輸入命令
chmod u-w /etc/sudoers
```

2. 設定環境變數

```
# 編輯 /etc/profile 檔案
vim /etc/profile
```

輸入以下設定，如程式 3.1 所示。

【程式 3.1】環境變數

```
export JAVA_HOME=/home/hadoop/software/jdk1.8.0_121
export SPARK_HOME=/home/hadoop/software/spark21
export SCALA_HOME=/home/hadoop/software/scala-2.11.8
export SQOOP_HOME=/home/hadoop/software/sqoop
export HADOOP_HOME=/home/hadoop/software/hadoop2
export PATH=$PATH:$HADOOP_HOME/bin
export PATH=$PATH:$HADOOP_HOME/sbin
export HADOOP_MAPARED_HOME=${HADOOP_HOME}
export HADOOP_COMMON_HOME=${HADOOP_HOME}
export HADOOP_HDFS_HOME=${HADOOP_HOME}
export YARN_HOME=${HADOOP_HOME}
export HADOOP_CONF_DIR=${HADOOP_HOME}/etc/hadoop
export HIVE_HOME=/home/hadoop/software/hadoop2/hive
export PATH=$JAVA_HOME/bin:$HIVE_HOME/bin:$SQOOP_HOME/bin:$PATH
export CLASSPATH=.:$JAVA_HOME/lib/dt.jar:$JAVA_HOME/lib/tools.jar
export PATH USER LOGNAME MAIL HOSTNAME HISTSIZE HISTCONTROL
```

```
export FLUME_HOME=/home/hadoop/software/flume
export PATH=$PATH:$FLUME_HOME/bin
export HBASE_HOME=/home/hadoop/software/hbase-0.98.8-hadoop2
export PATH=$PATH:$HBASE_HOME/bin
export SOLR_HOME=/home/hadoop/software/solrcloud/solr-6.4.2
export PATH=$PATH:$SOLR_HOME/bin
export M2_HOME=/home/hadoop/software/apache-maven-3.3.9
export PATH=$PATH:$M2_HOME/bin
export PATH=$PATH:/home/hadoop/software/apache-storm-1.1.0/bin
export OOZIE_HOME=/home/hadoop/software/oozie-4.3.0
export SQOOP_HOME=/home/hadoop/software/sqoop-1.4.6-cdh5.5.2
export PATH=$PATH:$SQOOP_HOME/bin
# 按 :wq 保存，保存後環境變數還沒有生效，執行以下命令才會生效
source /etc/profile
# 然後修改 Hadoop 的安裝目錄為 Hadoop 使用者所有
chown -R hadoop:hadoop /data1/software/hadoop
```

3. 設定 local 無密碼登入

```
su - hadoop
cd ~/.ssh # 如果沒有 .ssh 則 mkdir ~/.ssh
ssh -keygen -t  rsa
cd ~/.ssh
cat id_rsa.pub >> authorized_keys
sudo chmod 644 ~/.ssh/authorized_keys
sudo chmod 700 ~/.ssh
# 然後重新啟動 sshd 服務
sudo /etc/rc.d/init.d/sshd restart
```

有些情況下會遇到下面所示顯示出錯，可以用下面所示的方法來解決。

常見錯誤：

```
ssh -keygen -t  rsa
Generating public/private rsa key pair.
Enter file in which to save the key (/home/hadoop/.ssh/id_rsa):
Could not create directory '/home/hadoop/.ssh'.
Enter passphrase (empty for no passphrase):
Enter same passphrase again:
open /home/hadoop/.ssh/id_rsa failed: Permission denied.
Saving the key failed: /home/hadoop/.ssh/id_rsa.
```

解決辦法：

```
在 root 使用者下操作 yum remove selinux*
```

4. 修改 /etc/hosts 主機名稱和 IP 位址的映射檔案

```
sudo vim /etc/hosts
# 增加
172.172.0.11data1
172.172.0.12data2
172.172.0.13data3
172.172.0.14data4
172.172.0.15data5
```

5. 設定遠端無密碼登入

使用 Hadoop 使用者：

每台機器先本地無金鑰部署一遍，因為我們架設的是雙 NameNode 節點，需要從這兩個伺服器上把 authorized_keys 檔案複製到其他機器上，主要目的是使 NameNode 節點可以直接存取 DataNode 節點。

把雙 NameNode HA 的 authorized_keys 複製到 slave 上。

從 NameNode1 節點上複製：

```
scp authorized_keys hadoop@data2:~/.ssh/authorized_keys_from_data1
scp authorized_keys hadoop@data3:~/.ssh/authorized_keys_from_data1
scp authorized_keys hadoop@data4:~/.ssh/authorized_keys_from_data1
scp authorized_keys hadoop@data5:~/.ssh/authorized_keys_from_data1
```

然後從 NameNode2 節點上複製：

```
scp authorized_keys hadoop@data1:~/.ssh/authorized_keys_from_data2
scp authorized_keys hadoop@data3:~/.ssh/authorized_keys_from_data2
scp authorized_keys hadoop@data4:~/.ssh/authorized_keys_from_data2
scp authorized_keys hadoop@data5:~/.ssh/authorized_keys_from_data2
```

6. 每台都關閉機器的防火牆

```
# 關閉防火牆
sudo /etc/init.d/iptables stop
# 關閉開機啟動
sudo chkconfig iptables off
```

7. jdk 安裝

因為 Hadoop 是以 Java 開發為基礎的，所以我們需要安裝 jdk 環境：

```
cd /home/hadoop/software/
# 上傳
```

```
rz jdk1.8.0_121.gz
tar xvzf jdk1.8.0_121.gz
```

然後修改環境變數並指定到這個 jdk 目錄就算安裝完成了：

```
vim /etc/profile
export JAVA_HOME=/home/hadoop/software/jdk1.8.0_121
source /etc/profile
```

8. Hadoop 安裝

Hadoop 安裝就是將一個 tar 套件放上去並解壓縮後再進行各個檔案的設定。

```
#上傳 hadoop-2.6.0-cdh5.tar.gz 到 /home/hadoop/software/
tar xvzf hadoop-2.6.0-cdh5.tar.gz
mv hadoop-2.6.0-cdh5 hadoop2
cd /home/hadoop/software/hadoop2/etc/hadoop

vi hadoop-env.sh
# 修改 JAVA_HOME 值
export JAVA_HOME=/home/hadoop/software/jdk1.8.0_121
vi yarn-env.sh
# 修改 JAVA_HOME 值
export JAVA_HOME=/home/hadoop/software/jdk1.8.0_121
```

修改 Hadoop 的主從節點檔案，slaves 是從節點，masters 是主節點。需要說明的是一個主節點也可以同時是從節點，也就是說這個節點可以同時是 NameNode 節點和 DataNode 節點。

```
vim slaves
```

增加這 5 台機器的節點：

```
data1
data2
data3
data4
data5
vim masters
```

增加兩個 NameNode 節點：

```
data1
data2
```

下面來修改 Hadoop 的設定檔：

1) 編輯 core-site.xml 檔案

core-site.xml 檔案用於定義系統等級的參數，如 HDFS URL、Hadoop 的臨時目錄等。這個檔案主要是修改 fs.defaultFS 節點，改成 hdfs：//ai，ai 是雙 NameNode HA 的虛擬域名，hadoop.tmp.dir 節點也非常重要，如果不設定，Hadoop 重新啟動後可能會有問題。

然後就是設定 ZooKeeper 的位址 ha.zookeeper.quorum。

```
<configuration>
<property>
<name>fs.defaultFS</name>
<value>hdfs://ai</value>
</property>
<property>
<name>ha.zookeeper.quorum</name>
<value>data1:2181,data2:2181,data3:2181,data4:2181,data5:2181</value>
</property>
<property>
<name>dfs.cluster.administrators</name>
<value>hadoop</value>
</property>
<property>
<name>io.file.buffer.size</name>
<value>131072</value>
</property>
<property>
<name>hadoop.tmp.dir</name>
<value>/home/hadoop/software/hadoop/tmp</value>
<description>Abase for other temporary directories.</description>
</property>
<property>
<name>hadoop.proxyuser.hduser.hosts</name>
<value>*</value>
</property>
<property>
<name>hadoop.proxyuser.hduser.groups</name>
<value>*</value>
</property>
</configuration>
```

2) 編輯 hdfs-site.xml 檔案

hdfs-site.xml 檔案用來設定名稱節點和資料節點的存放位置、檔案備份的個數和檔案的讀取許可權等。

dfs.nameservices 設定雙 NameNode HA 的虛擬域名。

dfs.ha.namenodes.ai 指定兩個節點名稱。

dfs.namenode.rpc-address.ai.nn1 指定 HDFS 存取節點 1。

dfs.namenode.rpc-address.ai.nn2 指定 HDFS 存取節點 2。

dfs.namenode.http-address.ai.nn1 指定 HDFS 的 Web 存取節點 1。

dfs.namenode.http-address.ai.nn2 指定 HDFS 的 Web 存取節點 2。

dfs.namenode.name.dir 定義 DFS 的名稱節點在本地檔案系統的位置。

dfs.datanode.data.dir 定義 DFS 資料節點儲存資料區塊時儲存在本地檔案系統的位置。

dfs.replication 預設的區塊複製數量。

dfs.Webhdfs.enabled 設定是否透過 HTTP 協定讀取 HDFS 檔案，如果選是，則叢集安全性較差。

```
vim hdfs-site.xml
<configuration>
<property>
<name>dfs.nameservices</name>
<value>ai</value>
</property>
<property>
<name>dfs.ha.namenodes.ai</name>
<value>nn1,nn2</value>
</property>
<property>
<name>dfs.namenode.rpc-address.ai.nn1</name>
<value>data1:9000</value>
</property>
<property>
<name>dfs.namenode.rpc-address.ai.nn2</name>
<value>data2:9000</value>
</property>
<property>
<name>dfs.namenode.http-address.ai.nn1</name>
<value>data1:50070</value>
</property>
<property>
<name>dfs.namenode.http-address.ai.nn2</name>
<value>data2:50070</value>
</property>
<property>
<name>dfs.namenode.shared.edits.dir</name>
<value>qjournal://data1:8485;data2:8485;data3:8485;data4:8485;data5:8485/
```

```
aicluster</value>
</property>
<property>
<name>dfs.client.failover.proxy.provider.ai</name>
<value>org.apache.hadoop.hdfs.server.namenode.ha.ConfiguredFailoverProxyProvid
er</value>
</property>
<property>
<name>dfs.ha.fencing.methods</name>
<value>sshfence</value>
</property>
<property>
<name>dfs.ha.fencing.ssh.private-key-files</name>
<value>/home/hadoop/.ssh/id_rsa</value>
</property>
<property>
<name>dfs.journalnode.edits.dir</name>
<value>/home/hadoop/software/hadoop/journal/data</value>
</property>
<property>
<name>dfs.ha.automatic-failover.enabled</name>
<value>true</value>
</property>
<property>
<name>dfs.namenode.name.dir</name>
<value>file:/home/hadoop/software/hadoop/dfs/name</value>
</property>
<property>
<name>dfs.datanode.data.dir</name>
<value>file:/home/hadoop/software/hadoop/dfs/data</value>
</property>
<property>
<name>dfs.replication</name>
<value>3</value>
</property>
<property>
<name>dfs.Webhdfs.enabled</name>
<value>true</value>
</property>
<property>
<name>dfs.permissions</name>
<value>true</value>
</property>
<property>
<name>dfs.client.block.write.replace-datanode-on-failure.enable</name>
<value>true</value>
</property>
<property>
<name>dfs.client.block.write.replace-datanode-on-failure.policy</name>
```

```
<value>NEVER</value>
</property>
<property>
<name>dfs.datanode.max.xcievers</name>
<value>4096</value>
</property>
<property>
<name>dfs.datanode.balance.bandwidthPerSec</name>
<value>104857600</value>
</property>
<property>
<name>dfs.qjournal.write-txns.timeout.ms</name>
<value>120000</value>
</property>
</configuration>
```

3) 編輯 mapred-site.xml 檔案

主要修改 mapreduce.jobhistory.address 和 mapreduce.jobhistory.webapp. address 兩個節點，設定歷史伺服器位址，透過歷史伺服器查看已經運行完的 MapReduce 作業記錄，例如用了多少個 Map、用了多少個 Reduce、作業提交時間、作業啟動時間和作業完成時間等資訊。預設情況下，Hadoop 歷史伺服器是沒有啟動的，我們可以透過下面的命令來啟動 Hadoop 歷史伺服器：

```
$ sbin/mr-jobhistory-daemon.sh   start historyserver
```

這樣就可以在對應機器的 19888 通訊埠上打開歷史伺服器的 Web UI 介面，查看已經運行完成的作業情況。歷史伺服器可以單獨在一台機器上啟動，參數設定如下：

```
vim mapred-site.xml
        <configuration>
        <property>
            <name>mapreduce.framework.name</name>
            <value>yarn</value>
        </property>
        <property>
            <name>mapreduce.jobhistory.address</name>
            <value>data1:10020</value>
        </property>
        <property>
            <name>mapred.child.env</name>
            <value>LD_LIBRARY_PATH=/usr/lib64</value>
        </property>
        <property>
            <name>mapreduce.jobhistory.Webapp.address</name>
```

```
            <value>data1:19888</value>
    </property>
    <property>
            <name>mapred.child.Java.opts</name>
            <value>-Xmx3072m</value>
    </property>
    <property>
            <name>mapreduce.task.io.sort.mb</name>
            <value>1000</value>
    </property>
    <property>
            <name>mapreduce.jobtracker.expire.trackers.interval</name>
            <value>1600000</value>
    </property>
    <property>
            <name>mapreduce.tasktracker.healthchecker.script.timeout</name>
            <value>1500000</value>
    </property>
    <property>
            <name>mapreduce.task.timeout</name>
            <value>88800000</value>
    </property>
    <property>
            <name>mapreduce.map.memory.mb</name>
            <value>8192</value>
    </property>
    <property>
            <name>mapreduce.reduce.memory.mb</name>
            <value>8192</value>
    </property>
    <property>
            <name>mapreduce.reduce.Java.opts</name>
            <value>-Xmx6144m</value>
    </property>
</configuration>
```

4) 編輯 yarn-site.xml 檔案

主要對 Yarn 資源排程的設定，核心設定參數如下：

```
yarn.resourcemanager.address
```

參數解釋：ResourceManager 對用戶端曝露位址。用戶端透過該位址向 RM 提交應用程式和殺死應用程式等。

```
預設值:${yarn.resourcemanager.hostname}:8032
 yarn.resourcemanager.scheduler.address
```

參數解釋：ResourceManager 對 ApplicationMaster 曝露造訪網址。ApplicationMaster 透過該位址向 RM 申請資源、釋放資源等。

```
預設值 :${yarn.resourcemanager.hostname}:8030
yarn.resourcemanager.resource-tracker.address
```

參數解釋：ResourceManager 對 NodeManager 曝露位址。NodeManager 透過該位址向 RM 匯報心跳和領取任務等。

```
預設值 :${yarn.resourcemanager.hostname}:8031
yarn.resourcemanager.admin.address
```

參數解釋：ResourceManager 對管理員曝露造訪網址。管理員透過該位址向 RM 發送管理命令等。

```
預設值 :${yarn.resourcemanager.hostname}:8033
yarn.resourcemanager.Webapp.address
```

參數解釋：ResourceManager 對外曝露 Web UI 位址。使用者可透過該位址在瀏覽器中查看叢集各類資訊。

```
預設值 :${yarn.resourcemanager.hostname}:8088
yarn.resourcemanager.scheduler.class
```

參數解釋：啟用的資源排程器主類別。目前可用的有 FIFO、Capacity Scheduler 和 Fair Scheduler。

```
預設值 :
org.apache.hadoop.yarn.server.resourceman
ager.scheduler.capacity.CapacityScheduler
yarn.resourcemanager.resource-tracker.client.thread-count
```

參數解釋：處理來自 NodeManager 的 RPC 請求的 Handler 數目。

```
預設值 :50
yarn.resourcemanager.scheduler.client.thread-count
```

參數解釋：處理來自 ApplicationMaster 的 RPC 請求的 Handler 數目。

```
預設值 :50
yarn.scheduler.minimum-allocation-mb/ yarn.scheduler.maximum-allocation-mb
```

參數解釋：單一可申請的最小 / 最大記憶體資源量。例如設定為 1024 和 3072，則運行 MapReduce 作業時，每個 Task 最少可申請 1024MB 記憶體，最多可申請 3072MB 記憶體。

```
預設值 :1024/8192
yarn.scheduler.minimum-allocation-vcores/yarn.scheduler.maximum-allocation-
vcores
```

參數解釋：單一可申請的最小 / 最大虛擬 CPU 個數。例如設定為 1 和 4，則運行 MapReduce 作業時，每個 Task 最少可申請 1 個虛擬 CPU，最多可申請 4 個虛擬 CPU。

```
預設值 :1/32
yarn.resourcemanager.nodes.include-path/yarn.resourcemanager.nodes.exclude-path
```

參數解釋：NodeManager 黑白名單。如果發現許多個 NodeManager 存在問題，例如故障率很高，任務運行失敗率高，則可以將之加入黑名單中。注意，這兩個設定參數可以動態生效。(呼叫一個 refresh 命令即可)

```
預設值 :""
yarn.resourcemanager.nodemanagers.heartbeat-interval-ms
```

參數解釋：NodeManager 心跳間隔。

預設值：1000(單位為毫秒)

一般需要修改的地方在下面的設定中粗體了。這個設定檔是 Yarn 資源排程器最核心的設定，下面的程式是一個實例設定。有一個需要注意的設定技巧，分配的記憶體和 CPU 一定要配套，需要根據你的伺服器情況，計算最小分配記憶體來分配 CPU 等。如果這個計算不準確，可能會造成 Hadoop 進行任務資源設定的時候 CPU 資源用盡了，但記憶體還剩很多，但對於 Hadoop 來講，只要 CPU 或記憶體有一個佔滿，後面的任務就不能再分配了，所以設定不好會造成 CPU 和記憶體資源的浪費。

另外一個需要注意的地方是將 yarn.nodemanager.webapp.address 節點複製到每台 Hadoop 伺服器上後需記得把節點值的 IP 位址改成本機。如果這個地方忘了改，就可能會出現 NodeManager 啟動不了的問題。

```
vim yarn-site.xml
<configuration>
<property>
<name>yarn.nodemanager.Webapp.address</name>
<value>172.172.0.11:8042</value>
</property>
```

```xml
<property>
<name>yarn.resourcemanager.resource-tracker.address</name>
<value>data1:8031</value>
</property>
<property>
<name>yarn.resourcemanager.scheduler.address</name>
<value>data1:8030</value>
</property>
<property>
<name>yarn.resourcemanager.scheduler.class</name>
<value>org.apache.hadoop.yarn.server.resourcemanager.scheduler.capacity.
CapacityScheduler</value>
</property>
<property>
<name>yarn.resourcemanager.address</name>
<value>data1:8032</value>
</property>
<property>
<name>yarn.nodemanager.local-dirs</name>
<value>${hadoop.tmp.dir}/nodemanager/local</value>
</property>
<property>
<name>yarn.nodemanager.address</name>
<value>0.0.0.0:8034</value>
</property>
<property>
<name>yarn.nodemanager.remote-app-log-dir</name>
<value>${hadoop.tmp.dir}/nodemanager/remote</value>
</property>
<property>
<name>yarn.nodemanager.log-dirs</name>
<value>${hadoop.tmp.dir}/nodemanager/logs</value>
</property>
<property>
<name>yarn.nodemanager.aux-services</name>
<value>mapreduce_shuffle</value>
</property>
<property>
<name>yarn.nodemanager.aux-services.mapreduce.shuffle.class</name>
<value>org.apache.hadoop.mapred.ShuffleHandler</value>
</property>
<property>
<name>mapred.job.queue.name</name>
<value>${user.name}</value>
</property>
<property>
<name>yarn.nodemanager.resource.memory-mb</name>
<value>116888</value>
</property>
```

```
<property>
<name>yarn.scheduler.minimum-allocation-mb</name>
<value>5120</value>
</property>
<property>
<name>yarn.scheduler.maximum-allocation-mb</name>
<value>36688</value>
</property>
<property>
<name>yarn.scheduler.maximum-allocation-vcores</name>
<value>8</value>
</property>
<property>
<name>yarn.nodemanager.resource.cpu-vcores</name>
<value>50</value>
</property>
<property>
<name>yarn.scheduler.minimum-allocation-vcores</name>
<value>2</value>
</property>
<property>
<name>yarn.nm.liveness-monitor.expiry-interval-ms</name>
<value>700000</value>
</property>
<property>
<name>yarn.nodemanager.health-checker.interval-ms</name>
<value>800000</value>
</property>
<property>
<name>yarn.nm.liveness-monitor.expiry-interval-ms</name>
<value>900000</value>
</property>
<property>
<name>yarn.resourcemanager.container.liveness-monitor.interval-ms</name>
<value>666000</value>
</property>
<property>
<name>yarn.nodemanager.localizer.cache.cleanup.interval-ms</name>
<value>688000</value>
</property>
</configuration>
```

5) 編輯 capacity-scheduler.xml 檔案

在前面講的 yarn-site.xml 設定檔中，我們設定的排程器是容量排程器，就是這個節點指定的設定 yarn.resourcemanager.scheduler.class，容量排程器是 Hadoop 預設的排程器，另外還有公平排程器，下面將分別講解，看看它們有什麼區別。

(1) 公平排程器

公平排程器的核心理念是隨著時間的演進平均分配工作，這樣每個作業都能平均地共用到資源。結果只需較少時間執行的作業能夠較早存取 CPU，而那些需要較長時間執行的作業需要較長時間才能結束。這樣的執行方式可以在 Hadoop 作業之間形成互動，而且可以讓 Hadoop 叢集對提交的多種類型作業做出更快的回應。公平排程器是由 Facebook 開發出來的。

Hadoop 的實現會創建一個作業組池，將作業放在其中供排程器選擇。每個池會分配一組作業共用以平衡池中作業的資源 (更多的共用表示作業執行所需的資源更多)。預設情況下，所有池的共用資源相等，但可以進行設定，根據作業類型提供更多或更少的共用資源。如果需要的話，還可以限制同時活動的作業數，以儘量減少擁堵，讓工作及時完成。

為了保證公平，每個使用者被分配一個池。在這樣的方式下，無論一個使用者提交多少作業，他分配的叢集資源都與其他使用者一樣多 (與他提交的工作數無關)。無論分配到池的共用資源有多少，如果系統未載入，那麼作業收到的共用資源不會被使用 (在可用作業之間分配)。

排程器會追蹤系統中每個作業的計算時間。排程器還會定期檢查作業接收到的計算時間和在理想的排程器中應該收到的計算時間的差距，並會使用該結果來確定任務的虧空。排程器作業接著會保證虧空最多的任務最先執行。

在 mapred-site.xml 檔案中設定公平共用。該檔案會定義對公平排程器行為的管理。一個 xml 檔案 (即 mapred.fairscheduler.allocation.file 屬性) 定義了每個池的共用資源的分配。為了最佳化作業大小，我們可以設定 mapread.fairscheduler.sizebasedweight 將共用資源分配給作業作為其大小的函數。還有一個類似的屬性可以透過調整作業的權重讓更小的作業在 5 分鐘之後運行得更快 (mapred.fairscheduler.weightadjuster)。我們還可以用很多其他的屬性來最佳化節點上的工作負載 (例如某個 TaskTracker 能管理的 maps 和 reduces 數目) 並確定是否執行先佔。

(2) 容量排程器

容量排程器的原理與公平排程器有些相似，但也有一些區別。首先，容量排程器用於大型叢集，它們有多個獨立使用者和目標應用程式。由於這個原因，容量排程器能提供更大的控制和能力，提供使用者之間最小容量並保證在使用者之間共用多餘的容量。容量排程器是由 Yahoo! 開發出來的。

在容量排程器中，創建的是佇列而非池，每個佇列的 map 和 reduce 插槽數都可以設定。每個佇列都會分配一個有保證的容量 (叢集的總容量是每個佇列容量之和)。

佇列處於監控之下，如果某個佇列未使用分配的容量，那麼這些多餘的容量會被臨分時配到其他佇列中。由於佇列可以表示一個人或大型組織，那麼所有的可用容量都可以由其他使用者重新使用。

與公平排程器的另一個區別是可以調整佇列中作業的優先順序。一般來說，具有高優先順序的作業存取資源比低優先順序作業更快。Hadoop 路線圖包含了對先佔的支援 (臨時替換出低優先順序作業，讓高優先順序作業先執行)，但該功能尚未實現。

還有一個區別是對佇列進行嚴格的存取控制 (假設佇列綁定到一個人或組織)。這些存取控制是按照每個佇列進行定義的。對於將作業提交到佇列的能力和查看修改佇列中作業的能力都有嚴格限制。

容量排程器可在多個 Hadoop 設定檔中設定。佇列在 hadoop-site.xml 中定義，在 capacity-scheduler.xml 中設定，在 mapred-queue-acls.xml 中設定 ACL。單一的佇列屬性包括容量百分比 (叢集中所有的佇列容量少於或等於 100)、最大容量 (佇列多餘容量使用的限制) 及佇列是否支援優先順序。更重要的是可以在執行時期調整佇列優先順序，從而可以在叢集的使用過程中改變或避免中斷的情況。

我們的實例用的是容量排程器，看以下設定參數：

```
mapred.capacity-scheduler.queue.<queue-name>.capacity:
```

設定容量排程器中各個 queue 的容量，這裡指的是佔用叢集的 slots 的百分比，需要注意的是，所有 queue 的設定項目加起來必須小於或等於 100，否則會導致 JobTracker 啟動失敗。

```
mapred.capacity-scheduler.queue.<queue-name>.maximum-capacity:
```

設定容量排程器中各個 queue 最大可以佔有的容量，預設為 -1，表示最大可以佔有叢集 100% 的資源，這樣和設定為 100 的效果是一樣的。

```
mapred.capacity-scheduler.queue.<queue-name>.minimum-user-limit-percent:
```

當 queue 中多個使用者出現 slots 競爭的時候，可以限制每個使用者的 slots 資源的百分比。舉例來說，當 minimum-user-limit-percent 設定為 25% 時，如果 queue 中有多餘的 4 個使用者同時提交 job，那麼容量排程器保證每個使用者佔有的 slots 不超過 queue 中 slots 數的 25%，預設為 100 表示不對使用者作限制。

```
mapred.capacity-scheduler.queue.<queue-name>.user-limit-factor:
```

設定 queue 中使用者可佔用 queue 容量的係數，預設為 1，表示 queue 中每個使用者最多只能佔有 queue 的容量 (即 mapred.capacity-scheduler.queue.<queue-name>.capacity)，因此需要注意的是，如果 queue 中只有一個使用者提交 job，且希望此使用者在叢集不繁忙的時候可擴充到 mapred.capacity-scheduler.queue.<queue-name>.maximum-capacity 指定的 slots 數，則必須對應地調大 user-limit-factor 係數。

```
mapred.capacity-scheduler.queue.<queue-name>.supports-priority:
```

設定容量排程器中各個 queue 是否支援 job 優先順序，不用過多解釋。

```
mapred.capacity-scheduler.maximum-system-jobs:
```

設定容量排程器中各個 queue 中全部可初始化後併發執行的 job 數，需要注意的是各個 queue 會按照自己佔有叢集 slots 資源的比例 (即 mapred.capacity-scheduler.queue.<queue-name>.capacity) 決定每個 queue 最多同時併發執行的 job 數。舉例來說，假設 maximum-system-jobs 為 20 個，而 queue1 佔叢集 10% 的資源，那麼表示 queue1 最多可同時併發運行 2 個 job，如果碰巧是執行時間比較長的 job，那麼將直接導致其他新提交的 job 被 Job Tracker 阻塞而不能進行初始化。

```
mapred.capacity-scheduler.queue.<queue-name>.maximum-initialized-active-tasks:
```

設定 queue 中所有併發運行 job 包含的 task 數的上限值，如果超過此限制，則新提交到該 queue 中的 job 會被排隊並快取到磁碟上。

```
mapred.capacity-scheduler.queue.<queue-name>.maximum-initialized-active-tasks-per-user:
```

設定 queue 中每個特定使用者併發運行 job 包含的 task 數的上限值，如果超過此限制，則該使用者新提交到該 queue 中的 job 會被排隊並快取到磁碟上。

```
mapred.capacity-scheduler.queue.<queue-name>.init-accept-jobs-factor:
```

設定每個 queue 中可容納接收的 job 總數 (maximum-system-jobs×queue-capacity) 的係數，舉個例子，如果 maximum-system-jobs 為 20，queue-capacity 為 10%，init-accept-jobs-factor 為 10，當 queue 中 job 總數達到 10×(20×10%)=20 時，新的 job 將被 JobTracker 拒絕提交。

下面的設定實例設定了 Hadoop 和 Spark 兩個佇列，Hadoop 佇列分配了 92% 的資源，參見 yarn.scheduler.capacity.root.hadoop.capacity 設定，Spark 佇列分配了 8% 的資源，參見 yarn.scheduler.capacity.root.spark.capacity 設定：

```xml
vim capacity-scheduler.xml
<configuration>
   <property>
      <name>yarn.scheduler.capacity.maximum-applications</name>
      <value>10000</value>
   </property>
   <property>
      <name>yarn.scheduler.capacity.maximum-am-resource-percent</name>
      <value>0.1</value>
   </property>
   <property>
      <name>yarn.scheduler.capacity.resource-calculator</name>
<value>org.apache.hadoop.yarn.util.resource.DominantResourceCalculator</value>
   </property>
   <property>
      <name>yarn.scheduler.capacity.node-locality-delay</name>
      <value>-1</value>
   </property>
   <property>
<name>yarn.scheduler.capacity.root.queues</name>
<value>hadoop,spark</value>
   </property>
   <property>
<name>yarn.scheduler.capacity.root.hadoop.capacity</name>
<value>92</value>
   </property>
   <property>
<name>yarn.scheduler.capacity.root.hadoop.user-limit-factor</name>
<value>1</value>
   </property>
   <property><name>yarn.scheduler.capacity.root.hadoop.maximum-capacity</name>
<value>-1</value>
```

```
    </property>
    <property><name>yarn.scheduler.capacity.root.hadoop.state</name>
    <value>RUNNING</value>
    </property>
    <property><name>yarn.scheduler.capacity.root.hadoop.acl_submit_applications
</name>
    <value>hadoop</value>
    </property>
    <property>
    <name>yarn.scheduler.capacity.root.hadoop.acl_administer_queue</name>
    <value>hadoop hadoop</value>
    </property>
    <!--sparkquene-->
    <property>
    <name>yarn.scheduler.capacity.root.spark.capacity</name>
    <value>8</value>
    </property>
    <property>
    <name>yarn.scheduler.capacity.root.spark.user-limit-factor</name>
    <value>1</value>
    </property>
    <property>
    <name>yarn.scheduler.capacity.root.spark.maximum-capacity</name>
    <value>-1</value>
    </property>
    <property>
    <name>yarn.scheduler.capacity.root.spark.state</name>
    <value>RUNNING</value>
    </property>
    <property>
    <name>yarn.scheduler.capacity.root.spark.acl_submit_applications</name>
    <value>hadoop</value>
    </property>
    <property>
    <name>yarn.scheduler.capacity.root.spark.acl_administer_queue</name>
    <value>hadoop hadoop</value>
    </property>
    <!--end-->
</configuration>
```

以上把 Hadoop 的設定檔都設定然後把這台伺服器 Hadoop 的整個目錄複寫到其他機器上就可以了。記得有個地方需要修改，yarn-site.xml 裡 yarn.nodemanager.webapp.address 需將每台 Hadoop 伺服器上的 IP 位址改成本機位址。如果這個地方忘了改，就可能出現 Node Manager 啟動不了的問題。

```
scp -r /home/hadoop/software/hadoop2 hadoop@data2:/home/hadoop/software/
scp -r /home/hadoop/software/hadoop2 hadoop@data3:/home/hadoop/software/
```

```
scp -r /home/hadoop/software/hadoop2 hadoop@data4:/home/hadoop/software/
scp -r /home/hadoop/software/hadoop2 hadoop@data5:/home/hadoop/software/
```

另外還有個地方需要最佳化，預設情況下，如果 Hadoop 運行多個 reduce 可能會顯示出錯：

```
Failed on local exception: Java.io.IOException: Couldn't set up IO streams; Host
Details : local host
```

解決辦法：叢集所有節點增加以下設定：

```
# 在檔案中增加
   sudo vi /etc/security/limits.conf
   hadoop soft nproc 100000
   hadoop hard nproc 100000
```

重新啟動整個叢集的每個節點，重新啟動 Hadoop 叢集即可。

到現在為止環境安裝一切準備就緒，下面我們就開始對 Hadoop 的 HDFS 分散式檔案系統格式化，就像我們買了新電腦後磁碟需要格式化才能用一樣。由於我們的實例採用 NameNode HA 雙節點模式，它是依靠 ZooKeeper 來實現的，所以我們現在需要先安裝好 ZooKeeper 才行。在每台伺服器上啟動 ZooKeeper 服務：

```
/home/hadoop/software/zookeeper-3.4.6/bin/zkServer.sh restart
```

在 NameNode1 上的 data1 伺服器初始化 ZooKeeper：

```
hdfs zkfc -formatZK
```

分別在 5 台 Hadoop 叢集上啟動 journalnode 服務，執行命令：

```
hadoop-daemon.sh start journalnode
```

在 NameNode1 上的 data1 伺服器格式化 HDFS：

```
hdfs namenode -format
```

然後啟動這台機器上的 NameNode 節點服務：

```
hadoop-daemon.sh start namenode
```

在第二個 NameNode 上執行 data2：

```
hdfs namenode -bootstrapStandby
hadoop-daemon.sh start namenode
```

最後我們啟動 Hadoop 叢集：

```
start-all.sh
```

啟動叢集過程如下：

```
This script is Deprecated. Instead use start-dfs.sh and start-yarn.sh
Starting namenodes on [datanode1 datanode2]
datanode2: starting namenode, logging to /home/hadoop/software/hadoop2/logs/
hadoop-hadoop-namenode-datanode2.out
datanode1: starting namenode, logging to /home/hadoop/software/hadoop2/logs/
hadoop-hadoop-namenode-datanode1.out
datanode2: Java HotSpot(TM) 64-Bit Server VM warning:
UseCMSCompactAtFullCollection is deprecated and will likely be removed in a
future release.
datanode2: Java HotSpot(TM) 64-Bit Server VM warning: CMSFullGCsBeforeCompaction
is deprecated and will likely be removed in a future release.
datanode1: Java HotSpot(TM) 64-Bit Server VM warning:
UseCMSCompactAtFullCollection is deprecated and will likely be removed in a
future release.
datanode1: Java HotSpot(TM) 64-Bit Server VM warning: CMSFullGCsBeforeCompaction
is deprecated and will likely be removed in a future release.
172.172.0.12: starting datanode, logging to /home/hadoop/software/hadoop2/logs/
hadoop-hadoop-datanode-datanode2.out
172.172.0.11: starting datanode, logging to /home/hadoop/software/hadoop2/logs/
hadoop-hadoop-datanode-datanode1.out
172.172.0.14: starting datanode, logging to /home/hadoop/software/hadoop2/logs/
hadoop-hadoop-datanode-datanode4.out
172.172.0.13: starting datanode, logging to /home/hadoop/software/hadoop2/logs/
hadoop-hadoop-datanode-datanode3.out
172.172.0.15: starting datanode, logging to /home/hadoop/software/hadoop2/logs/
hadoop-hadoop-datanode-datanode5.out
Starting journal nodes [172.172.0.11172.172.0.12172.172.0.13172.172.0.14172.172.
0.15]
172.172.0.14: starting journalnode, logging to /home/hadoop/software/hadoop2/
logs/hadoop-hadoop-journalnode-datanode4.out
172.172.0.11: starting journalnode, logging to /home/hadoop/software/hadoop2/
logs/hadoop-hadoop-journalnode-datanode1.out
172.172.0.13: starting journalnode, logging to /home/hadoop/software/hadoop2/
logs/hadoop-hadoop-journalnode-datanode3.out
172.172.0.15: starting journalnode, logging to /home/hadoop/software/hadoop2/
logs/hadoop-hadoop-journalnode-datanode5.out
172.172.0.12: starting journalnode, logging to /home/hadoop/software/hadoop2/
logs/hadoop-hadoop-journalnode-datanode2.out
Starting ZK Failover Controllers on NN hosts [datanode1 datanode2]
```

```
datanode1: starting zkfc, logging to /home/hadoop/software/hadoop2/logs/hadoop-
hadoop-zkfc-datanode1.out
datanode2: starting zkfc, logging to /home/hadoop/software/hadoop2/logs/hadoop-
hadoop-zkfc-datanode2.out
starting yarn daemons
starting resourcemanager, logging to /home/hadoop/software/hadoop2/logs/yarn-
hadoop-resourcemanager-datanode1.out
172.172.0.15: starting nodemanager, logging to /home/hadoop/software/hadoop2/
logs/yarn-hadoop-nodemanager-datanode5.out
172.172.0.14: starting nodemanager, logging to /home/hadoop/software/hadoop2/
logs/yarn-hadoop-nodemanager-datanode4.out
172.172.0.12: starting nodemanager, logging to /home/hadoop/software/hadoop2/
logs/yarn-hadoop-nodemanager-datanode2.out
172.172.0.13: starting nodemanager, logging to /home/hadoop/software/hadoop2/
logs/yarn-hadoop-nodemanager-datanode3.out
172.172.0.11: starting nodemanager, logging to /home/hadoop/software/hadoop2/
logs/yarn-hadoop-nodemanager-datanode1.out
```

如果是停止叢集則用這個命令：stop-all.sh

停止叢集過程如下：

```
This script is Deprecated. Instead use stop-dfs.sh and stop-yarn.sh
Stopping namenodes on [datanode1 datanode2]
datanode1: stopping namenode
datanode2: stopping namenode
172.172.0.12: stopping datanode
172.172.0.11: stopping datanode
172.172.0.15: stopping datanode
172.172.0.13: stopping datanode
172.172.0.14: stopping datanode
Stopping journal nodes [172.172.0.11172.172.0.12172.172.0.13172.172.0.14172.172.
0.15]
172.172.0.11: stopping journalnode
172.172.0.13: stopping journalnode
172.172.0.12: stopping journalnode
172.172.0.15: stopping journalnode
172.172.0.14: stopping journalnode
Stopping ZK Failover Controllers on NN hosts [datanode1 datanode2]
datanode2: stopping zkfc
datanode1: stopping zkfc
stopping yarn daemons
stopping resourcemanager
172.172.0.13: stopping nodemanager
172.172.0.12: stopping nodemanager
172.172.0.15: stopping nodemanager
172.172.0.14: stopping nodemanager
172.172.0.11: stopping nodemanager
no proxyserver to stop
```

啟動成功後在每個節點上會看到對應 Hadoop 處理程序，NameNode1 主節點上看到的處理程序如下：

```
5504 ResourceManager
4912 NameNode
5235 JournalNode
5028 DataNode
5415 DFSZKFailoverController
90 QuorumPeerMain
5628 NodeManager
```

ResourceManager 就是 Yarn 資源排程的處理程序。NameNode 是 HDFS 的 NameNode 主節點。JournalNode 是 JournalNode 節點。DataNode 是 HDFS 的 DataNode 從節點和資料節點。DFSZKFailoverController 是 Hadoop 中 HDFS NameNode HA 實現的中心元件，它負責整體的容錯移轉控制等。它是一個守護處理程序，透過 main() 方法啟動，繼承自 ZKFailoverController。QuorumPeerMain 是 ZooKeeper 的處理程序。NodeManager 是 Yarn 在每台伺服器上的節點管理器，是運行在單一節點上的代理，它管理 Hadoop 叢集中單一計算節點，功能包括與 ResourceManager 保持通訊、管理 Container 的生命週期、監控每個 Container 的資源使用 (記憶體、CPU 等) 情況、追蹤節點健康狀況、管理日誌和不同應用程式用到的附屬服務等。

NameNode2 主節點 2 上的處理程序如下：

```
27232 NameNode
165 QuorumPeerMain
27526 DFSZKFailoverController
27408 JournalNode
27313 DataNode
27638 NodeManager
```

這樣便會少很多處理程序，因為做主節點的 HA 也會有一個 NameNode 處理程序，如果沒有，說明這個節點的 NameNode 掛了，我們需要重新啟動它，並需要查看掛掉的原因。

下面是其中一台 DataNode 上的處理程序，卻沒有 NameNode 處理程序了：

```
114 QuorumPeerMain
17415 JournalNode
17320 DataNode
17517 NodeManager
```

我們除了能看到叢集每個節點的處理程序，還能根據處理程序判斷哪個叢集節點有問題，但這樣不是很方便，這需要我們每台伺服器一個一個來看。Hadoop 提供了 Web 介面，可以非常方便地查看叢集的狀況。一個是 Yarn 的 Web 介面，在 ResourceManager 處理程序所在的那台機器上存取，也就是 Yarn 的主處理程序，造訪網址是 http：//namenodeip：8088/，通訊埠是 8088，當然這個是預設端，可以透過設定檔來改，不過一般不與其他通訊埠衝突的話是不需要修改的；另一個是兩個 NameNode 的 Web 介面，通訊埠是 50070，能非常方便查看 HDFS 叢集狀態，包括總空間、使用空間和剩餘空間，這樣每台伺服器節點情況便一目了然，造訪網址是：http://namenodeip：50070/。

我們來看一下這兩個介面，Yarn 的 Web 介面如圖 3.1 所示。

NameNode 的 Web 介面如圖 3.2 所示。

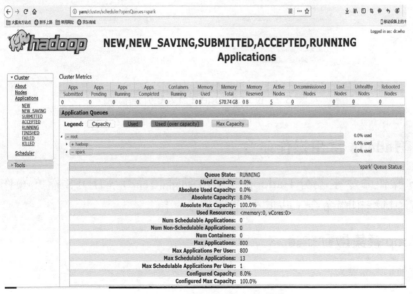

圖 3.1 Yarn 的 Web 介面截圖

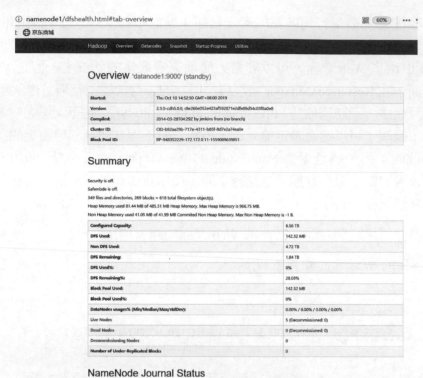

NameNode Journal Status

圖 3.2 NameNode 的 Web 介面截圖

3.1.3 Hadoop 常用操作命令

Hadoop 操作命令主要分 Hadoop 叢集啟動維護命令、HDFS 檔案操作命令、Yarn 資源排程相關命令,我們來分別講解一下。

1. Hadoop 叢集啟動維護

```
# 整體啟動 Hadoop 叢集
start-all.sh
# 整體停止 Hadoop 叢集
stop-all.sh
# 單獨啟動 NameNode 服務
hadoop-daemon.sh start namenode
# 單獨啟動 DataNode 服務
hadoop-daemon.sh start datanode
# 在某台機器上單獨啟動 NodeManager 服務
yarn-daemon.sh start nodemanager
# 單獨啟動 HistoryServer
mr-jobhistory-daemon.sh start historyserver
```

2. HDFS 檔案操作命令

操作使用 hadoop dfs 或 hadoop fs 命令都可以，簡化操作時間，建議使用 hadoop fs 命令。

1) 列出 HDFS 下的檔案

```
hadoop fs -ls /
hadoop fs -ls /ods/kc/dim/ods_kc_dim_product_tab/
```

2) 查看檔案的尾部的記錄

```
hadoop fs -tail /ods/kc/dim/ods_kc_dim_product_tab/product.txt
```

3) 上傳本地檔案到 Hadoop 的 HDFS 上

```
hadoop fs -put product.txt  /ods/kc/dim/ods_kc_dim_product_tab/
```

4) 把 Hadoop 上的檔案下載到本地系統中

```
hadoop fs -get  /ods/kc/dim/ods_kc_dim_product_tab/product.txt product.txt
```

5) 刪除檔案和刪除目錄

```
hadoop fs -rm /ods/kc/dim/ods_kc_dim_product_tab/product.txt
hadoop fs -rmr /ods/kc/dim/ods_kc_dim_product_tab/
```

6) 查看檔案

```
# 謹慎使用，尤其當檔案內容太長時
hadoop fs -cat  /ods/kc/dim/ods_kc_dim_product_tab/product.txt
```

7) 建立目錄

```
hadoop fs -mkdir /ods/kc/dim/ods_kc_dim_product_tab/ (目錄 / 目錄名稱 )
# 只能一級一級地建目錄，建完一級才能建下一級。如果 -mkdir -p 價格，-p 參數會自動把不存
# 在的資料夾都創建上
```

8) 本叢集內複製檔案

```
hadoop fs -cp 來源路徑
```

9) 跨叢集對拷，適合做叢集資料移轉使用

```
hadoop distcp hdfs://master1/ods/ hdfs://master2/ods/
```

10) 透過 Hadoop 命令把多個檔案的內容合併起來

```
#hadoop fs -getmerge 位於 HDFS 中的原文件 ( 裡面有多個檔案 ) 合併後的檔案名稱 ( 本地 )
```

例如：

```
hadoop fs -getmerge /ods/kc/dim/ods_kc_dim_product_tab/*  all.txt
```

3. Yarn 資源排程相關命令

1) application

使用語法：

```
yarn application [options]          # 列印報告，申請和殺死任務
-appStates <States>                 # 與 -list 一起使用，可根據輸入的逗點分隔應用程式狀態列
                                    # 表來過濾應用程式。有效的應用程式狀態可以是以下之一：ALL,
                                    # NEW, NEW_SAVING, SUBMITTED, ACCEPTED, #RUNNING,
                                    # #FINISHED, #FAILED, KILLED
-appTypes <Types>                   # 與 -list 一起使用，可以根據輸入的逗點分隔應用程式類型列
                                    # 表來過濾應用程式
-list                               # 列出 RM 中的應用程式。支援使用 -appTypes 來根據應用程式
                                    # 類型過濾應用程式，並支援使用 -appStates 來根據應用程式
                                    # 狀態過濾應用程式
-kill <ApplicationId>               # 終止應用程式
-status <ApplicationId>             # 列印應用程式的狀態
```

2) applicationattempt

使用語法：

```
yarn applicationattempt [options]          # 列印應用程式嘗試的報告
-help                                      # 幫助
-list <ApplicationId>                      # 獲取到應用程式嘗試的清單，其返回值 Application-
                                           # Attempt-Id 等於 <Application Attempt Id>
-status <Application Attempt Id>           # 列印應用程式嘗試的狀態
```

3) classpath

使用語法：

```
yarn classpath                      # 列印需要得到 Hadoop 的 jar 和所需要的 lib 套件路徑
```

4) container

使用語法：

```
yarn container [options]                   # 列印 Container(s) 的報告
-help                                      # 幫助
-list <Application Attempt Id>             # 應用程式嘗試的 Containers 清單
-status <ContainerId>                      # 列印 Container 的狀態
```

5) jar
使用語法：

```
yarn jar <jar> [mainClass] args…     # 運行 jar 檔案，使用者可以將寫好的 Yarn 程式打包成
                                     # jar 檔案，用這個命令去運行它
```

6) logs
使用語法：

```
yarn logs -applicationId <application ID> [options]
                                         # 轉存 Container 的日誌
-applicationId <application ID>          # 指定應用程式 ID，應用程式的 ID 可以在 yarn.
                                         # resourcemanager.webapp.address 設定的路徑
                                         # 查看（即 :ID）
-appOwner <AppOwner>                     # 應用的所有者（如果沒有指定就是當前使用者）應用程式
                                         # 的 ID 可以在 yarn.resourcemanager.webapp.address
                                         # 設定的路徑查看（即 :User）
-containerId <ContainerId>               # Container Id
-help                                    # 幫助
-nodeAddress <NodeAddress>               # 節點位址的格式 :nodename:port（通訊埠是設定檔中 :
                                         # yarn.nodemanager.Webapp.address 參數指定）
```

7) node
使用語法：

```
yarn node [options]          # 列印節點報告
-all                         # 所有的節點，不管是什麼狀態的
-list                        # 列出所有 RUNNING 狀態的節點。支援 -states 選
                             # 項過濾指定的狀態，節點的狀態包含 NEW，RUNNING，
                             # UNHEALTHY，DECOMMISSIONED，LOST，REBOOTED。
                             # 支援 -all 顯示所有的節點
-states <States>             # 和 -list 配合使用，用逗點分隔節點狀態，只顯示這
                             # 些狀態的節點資訊
-status <NodeId>             # 列印指定節點的狀態
```

8) queue
使用語法：

```
yarn queue [options]     # 列印佇列資訊
-help                    # 幫助
-status                  # <QueueName> 列印佇列的狀態
```

9) daemonlog
使用語法：

```
yarn daemonlog -getlevel <host:httpport><classname>
yarn daemonlog -setlevel <host:httpport><classname><level>
-getlevel <host:httpport><classname>
                                    # 列印運行在 <host:port> 的守護處理程序的日誌等級。
                                    # 這個命令內部會連接 http://<host:port>/
                                    #logLevel?log=<name>
-setlevel <host:httpport><classname><level>
                                    # 設定運行在 <host:port> 的守護處理程序的日誌等級。
                                    # 這個命令內部會連接 http://<host:port>/
                                    #logLevel?log=<name>
```

10) nodemanager

使用語法：

```
yarn nodemanager                    # 啟動 NodeManager
```

11) proxyserver

使用語法：

```
yarn proxyserver                    # 啟動 Web proxy server
```

12) resourcemanager

使用語法：

```
yarn resourcemanager [-format-state-store]
                                    # 啟動 ResourceManager
-format-state-store                 #RMStateStore 的格式。如果過去的應用程式不再需要，
                                    # 則清理 RMStateStore，RMStateStore 僅在
                                    ResourceManager
                                    # 沒有運行的時候才運行 RMStateStore
```

13) rmadmin

使用語法：

```
# 運行 Resourcemanager 管理用戶端
yarn rmadmin [-refreshQueues]
            [-refreshNodes]
            [-refreshUserToGroupsMapping]
            [-refreshSuperUserGroupsConfiguration]
            [-refreshAdminAcls]
            [-refreshServiceAcl]
            [-getGroups [username]]
            [-transitionToActive [--forceactive] [--forcemanual] <serviceId>]
            [-transitionToStandby [--forcemanual] <serviceId>]
            [-failover [--forcefence] [--forceactive] <serviceId1><serviceId2>]
```

```
            [-getServiceState <serviceId>]
            [-checkHealth <serviceId>]
            [-help [cmd]]
-refreshQueues      # 多載佇列的 ACL、狀態和排程器特定的屬性，ResourceManager 將多載
                    #mapred-queues 設定檔
-refreshNodes       # 動態刷新 dfs.hosts 和 dfs.hosts.exclude 設定，無須重新啟動 NameNodedfs.hosts:
                    # 列出了允許連入 NameNode 的 DataNode 清單 (IP 或機器名稱)dfs.hosts.exclude:
                    # 列出了禁止連入 NameNode 的 DataNode 清單 (IP 或機器名稱) 重新讀取 hosts 和
                    #exclude 檔案，更新允許連到 NameNode 或那些需要退出或入編的 DataNode 的集合
-refreshUserToGroupsMappings            # 刷新使用者到組的映射
-refreshSuperUserGroupsConfiguration    # 刷新使用者群組的設定
-refreshAdminAcls
                                        # 刷新 ResourceManager 的 ACL 管理
-refreshServiceAcl
                                        #ResourceManager 多載服務等級的授權檔案
-getGroups [username]                   # 獲取指定使用者所屬的組
-transitionToActive [-forceactive] [-forcemanual] <serviceId>
                                        # 嘗試將目標服務轉為 Active 狀態。如果使用了
                                        #-forceactive 選項，不需要核對非 Active 節點。
                                        # 如果採用了自動容錯移轉，這個命令不能使用。
                                        # 雖然你可以重新定義 -forcemanual 選項，但需
                                        # 要謹慎操作
-transitionToStandby [-forcemanual] <serviceId>
                                        # 將服務轉為 Standby 狀態。如果採用了自動
                                        # 容錯移轉，這個命令不能使用。雖然你可以重
                                        # 寫入 -forcemanual 選項，但需要謹慎操作
-failover [-forceactive] <serviceId1><serviceId2>
                                        # 啟動從 serviceId1 到 serviceId2 的容錯移轉。
                                        # 如果使用了 -forceactive 選項，即使服務沒有
                                        # 準備，也會嘗試容錯移轉到目標服務。如果採用
                                        # 了自動容錯移轉，這個命令不能使用
-getServiceState <serviceId>            # 返回服務的狀態 ( 注 :ResourceManager 不是 HA 的
                                        # 時候，是不能運行該命令的 )
-checkHealth <serviceId>                # 請求伺服器執行健康檢查，如果檢查失敗，RMAdmin
                                        # 將用一個非零標示退出 ( 注 :Resource Manager
                                        # 不是 HA 的時候，是不能運行該命令的 )
-help [cmd]                             # 顯示指定命令的幫助，如果沒有指定，則顯示命令
                                        # 的幫助
```

14) scmadmin

使用語法：

```
yarn scmadmin [options]    # 運行共用快取管理用戶端
-help                      # 查看幫助
-runCleanerTask            # 運行清理任務
```

15) sharedcachemanager

使用語法：

```
yarn sharedcachemanager                    # 啟動共用快取管理器
```

16) timelineserver

使用語法：

```
yarn timelineserver                        # 啟動 timelineserver
```

到目前為止 Hadoop 平台架設裡面本身是沒有資料的，所以下一步的工作就是建設資料倉儲，而資料倉儲是以 Hive 為主流的，所以下面我們來講解 Hive。

3.2　Hive 資料倉儲實戰

Hive 作為巨量資料平台 Hadoop 之上的主流應用，一般公司都是用它作為公司的資料倉儲，分散式機器學習的訓練資料和資料處理也經常用它來處理，下面介紹它的常用功能。

3.2.1　Hive 原理和功能介紹

Hive 是建立在 Hadoop 之上的資料倉儲基礎架構。它提供了一系列工具，可以用來進行資料提取、轉化和載入 (ETL)，這是一種可以儲存、查詢和分析儲存在 Hadoop 中的大規模資料的機制。Hive 是以 Hadoop 為基礎的資料倉儲工具，可以將結構化的資料檔案映射為一張資料庫表，並提供簡單的 SQL 查詢功能，Hive 定義了簡單的類 SQL 查詢語言，稱為 HQL，它允許熟悉 SQL 的使用者查詢資料。

Hive 可以將 SQL 敘述轉為 MapReduce 任務進行運行，其優點是學習成本低，可以透過類 SQL 敘述快速實現簡單的 MapReduce 統計，不必開發專門的 MapReduce 應用，十分適合資料倉儲的統計分析。同時，這個 Hive 也允許熟悉 MapReduce 的開發者開發自訂的 mapper 和 reducer 來處理內建的 mapper 和 reducer 無法完成的複雜分析工作，例如 UDF 函數。

簡單來講，Hive 從表面看來，你可以把它當成類似 MySQL 差不多的東西，就是一個資料庫而已。按本質來講，它也並不是資料庫。其實它就是一個用戶端工具而已，資料是在 Hadoop 的 HDFS 分散式檔案系統上存著，只是它提供一種方便的方式讓你很輕鬆從 HDFS 查詢資料和更新資料。Hive 既然是一個用戶端工具，就不需要啟動什麼服務，只需解壓就能用。操作方式透過寫類似 MySQL 的 SQL 敘述對 HDFS 操作，提交 SQL 後，Hive 會把 SQL 解析成 MapReduce 程式去執行，分散式多台機器平行地執行。當資料存入 HDFS 後，大部分統計工作可以透過寫 Hive SQL 的方式來完成，大大提高了工作效率。

3.2.2 Hive 安裝部署

Hive 的安裝部署非常簡單，因為它本身是 Hadoop 的用戶端，而非一個叢集服務，所以把安裝套件解壓後修改設定就可以用。在哪台機器上登入 Hive 用戶端就在哪台機器上部署，不用在每台伺服器上都部署。安裝過程如下：

```
# 上傳 hive.tar.gz 到 /home/hadoop/software/hadoop2
¥cd /home/hadoop/software/hadoop2
tar xvzf hive.tar.gz
cd hive/conf
mv hive-env.sh.template hive-env.sh
mv hive-default.xml.template hive-site.xml
vim ../bin/hive-config.sh
# 增加
export JAVA_HOME=/home/hadoop/software/jdk1.8.0_121
export HIVE_HOME=/home/hadoop/software/hadoop2/hive
export HADOOP_HOME=/home/hadoop/software/hadoop2
```

修改以下設定節點，主要是設定 Hive 的中繼資料儲存用 MySQL，因為預設的是 Derby 檔案資料庫，實際公司用的時候都是改成用 MySQL 資料庫。

```
vim hive-site.xml
<property>
<name>Javax.jdo.option.ConnectionURL</name>
<value>jdbc:mysql://192.168.1.166:3306/chongdianleme_hive?createDatabaseIfNotExist=true</value>
</property>
<property>
<name>Javax.jdo.option.ConnectionDriverName</name>
<value>com.mysql.jdbc.Driver</value>
</property>
<property>
<name>Javax.jdo.option.ConnectionUserName</name><value>root</value>
</property>
<property>
<name>Javax.jdo.option.ConnectionPassword</name>
<value>123456</value>
</property>
```

```
<property>
<name>hive.metastore.schema.verification</name>
<value>false</value>
<description>
</description>
</property>
```

因為 Hive 預設設定並沒有把 MySQL 的驅動 jar 套件整合進去，所以需要我們手動上傳 mysql-connector-Java-*.*-bin.jar 到 /home/hadoop/software/hadoop2/hive/lib 目錄下，Hive 用戶端啟動的時候會自動載入這個目錄下的所有 jar 套件。

部署就這麼簡單，我們在 Linux 用戶端輸入 Hive 並按確認鍵就可以進到主控台命令視窗，後面就可以建表、查詢資料和更新資料等操作了。下面我們看一下 Hive 的常用 SQL 操作。

3.2.3　Hive SQL 操作

Hive 查詢資料、更新資料前需要先建表，有了表之後我們可以往表裡寫入資料，之後才可以用 Hive 執行查詢和更新等操作。

1. 建表操作

```
# 建 Hive 表指令稿
create EXTERNAL table IF NOT EXISTS ods_kc_fact_clicklog_tab(userid string,kcid
string,time string)
ROW FORMAT DELIMITED FIELDS
TERMINATED BY '\t'
stored as textfile
location '/ods/kc/fact/ods_kc_fact_clicklog/';
#EXTERNAL 關鍵字的意思是創建外部表，目的是當你 drop table 的時候外部表資料不會被刪除，
# 只會刪除表結構，表結構又叫作中繼資料。想恢復表結構只需要把這個表再創建一次就可以，
# 表裡面的資料還會有，所以為了保險並防止誤操作，一般 Hive 資料倉儲建外部表
TERMINATED BY '\t'                                      # 列之間分隔符號
location '/ods/kc/fact/ods_kc_fact_clicklog/';  # 資料儲存路徑
```

建表就這麼簡單，但建表之前得先建資料庫，資料庫的創建命令如下：

```
create database chongdianleme;
```

然後選擇這個資料庫：

```
use chongdianleme;
```

Hive 建表的欄位類型分為基礎資料類型和集合資料類型。

基礎資料類型：

Hive 類型	說明	Java 類型	實例
1).tinyint	1byte 有號的整數	byte	20
2).smalint	2byte 有號的整數	short	20
3).int	4byte 有號的整數	int	20
4).bigint	8byte 有號的整數	long	20
5).boolean	布林類型 true 或 false	boolean	true
6).float	單精度	float	3.217
7).double	雙精度	double	3.212
8).string	字元序列，單雙即可	string'	chongdianleme'
9).timestamp	時間戳記，精確的毫微秒	timestamp	'158030219188'
10).binary	位元組陣列	byte[]	

集合資料類型：

Hive 類型	說明	Java 類型	實例
1).struct	物件類型，可以透過 欄位名稱.元素名稱 來存取	object	struct('name', 'age')
2).map	一組鍵值對的元組	map	map('name', 'zhangsan', 'age', '23')
3).array	陣列	array	array('name', 'age')
4).union	組合		

```
# 輸入 hive 並按確認鍵，執行創建表命令
# 創建資料庫命令
create database chongdianleme;
# 使用這個資料庫
use chongdianleme;
#ods 層事實資料表使用者查看點擊課程日誌
create EXTERNAL table IF NOT EXISTS ods_kc_fact_clicklog_tab(userid string,kcid
string,time string)
ROW FORMAT DELIMITED FIELDS
TERMINATED BY '\t'
stored as textfile
location '/ods/kc/fact/ods_kc_fact_clicklog_tab/';
```

```
#ods 層維度資料表課程商品表
create EXTERNAL table IF NOT EXISTS ods_kc_dim_product_tab(kcid string,kcname
string,price float ,issale string)
ROW FORMAT DELIMITED FIELDS
TERMINATED BY '\t'
stored as textfile
location '/ods/kc/dim/ods_kc_dim_product_tab/';
```

2. 查詢資料表

1) 查詢課程日誌表前幾筆記錄

```
select * from ods_kc_fact_clicklog_tab limit 6;
```

2) 匯入一些資料到課程日誌表

因為表裡開始沒有資料，我們需要先將資料匯入進去。有多種匯入方式，例如：

(1) 用 Sqoop 工具從 MySQL 匯入。

(2) 直接把文字檔放到 Hive 對應的 HDFS 目錄下。

```
cd /home/hadoop/chongdianleme
#rz 上傳
# 透過 Hadoop 命令上傳本地檔案到 Hive 表對應的 hdfs 目錄
hadoop fs -put kclog.txt /ods/kc/fact/ods_kc_fact_clicklog_tab/

# 查看一下此目錄，可以看到在這個 Hive 表目錄下有資料了
$ hadoop fs -ls /ods/kc/fact/ods_kc_fact_clicklog_tab/
Found 1 items
-rw-r--r--   3 hadoop supergroup        5902019-05-2902:16 /ods/kc/fact/ods_kc_
fact_clicklog_tab/kclog.txt

# 透過 Hadoop 的 tail 命令我們可以查看此目錄下檔案的最後幾筆記錄
$ hadoop fs -tail /ods/kc/fact/ods_kc_fact_clicklog_tab/kclog.txt
u001kc618000012019-06-0210:01:16
u001kc618000022019-06-0210:01:17
u001kc618000032019-06-0210:01:18
u002kc618000062019-06-0210:01:19
u002kc618000072019-06-0210:01:20

# 然後上傳課程商品表
cd /home/hadoop/chongdianleme
#rz 上傳
hadoop fs -put product.txt /ods/kc/dim/ods_kc_dim_product_tab/
# 查看記錄
hadoop fs -tail /ods/kc/dim/ods_kc_dim_product_tab/product.txt
```

3) 簡單的查詢課程日誌表 SQL 敘述

```
# 查詢前幾筆
select * from ods_kc_fact_clicklog_tab limit 6;
# 查詢總共有多少筆記錄
select count(1) from ods_kc_fact_clicklog_tab;
# 查看有多少使用者
select count(distinct userid) from ods_kc_fact_clicklog_tab;
# 查看某個使用者的課程日誌
select * from ods_kc_fact_clicklog_tab where userid='u001';
# 查看大於或等於某個時間的日誌
select * from ods_kc_fact_clicklog_tab where time>='2019-06-0210:01:19';
# 查看在售，並且價格大於 2000 元的日誌
select * from ods_kc_dim_product where issale='1' and price>2000;
# 查看在售或價格大於 2000 元的日誌
select * from ods_kc_dim_product where issale='1' or price>2000;
```

4) 以 \001 分隔符號建表

以 \001 分割是 Hive 建表中常用的規範，之前用的 \t 分隔符號容易被使用者輸入，資料行裡如果存在 \t 分隔符號，會和 Hive 表裡的 \t 分隔符號混淆，這樣這一行資料便會多出幾列，造成列錯亂。

```
#ods 層維度資料表使用者查看點擊課程日誌事實資料表
create EXTERNAL table IF NOT EXISTS ods_kc_fact_clicklog(userid string,kcid
string,time string)
ROW FORMAT DELIMITED FIELDS
TERMINATED BY '\001'
stored as textfile
location '/ods/kc/fact/ods_kc_fact_clicklog/';
#ods 層維度資料表使用者查看點擊課程基本資訊維度資料表
create EXTERNAL table IF NOT EXISTS ods_kc_dim_product(kcid string,kcname
string,price float ,issale string)
ROW FORMAT DELIMITED FIELDS
TERMINATED BY '\001'
stored as textfile
location '/ods/kc/dim/ods_kc_dim_product/';
```

5) 以 SQL 查詢結果集合為基礎來更新資料表

把查詢 SQL 敘述的結果集合匯出到另外一張表，用 insert overwrite table

這是更新資料表的常用方式，透過 insert overwrite table 可以把指定的查詢結果集合插入這個表，插入前先把表清空。如果不加 overwrite 關鍵字，則不會清空，而是在原來的資料上追加。

```
# 先查詢 ods_kc_fact_clicklog 這個表有沒有記錄
```

```
select * from chongdianleme.ods_kc_fact_clicklog limit 6;
# 把查詢結果匯入以 \001 分割的表，課程日誌表
insert overwrite table chongdianleme.ods_kc_fact_clicklog select userid,kcid,time
from chongdianleme.ods_kc_fact_clicklog_tab;
# 再查看匯入的結果
select * from chongdianleme.ods_kc_fact_clicklog limit 6;
# 課程商品表
insert overwrite table chongdianleme.ods_kc_dim_product select
kcid,kcname,price,issale from chongdianleme.ods_kc_dim_product_tab;
# 查看課程商品表
select * from chongdianleme.ods_kc_dim_product limit 36;
select * from ods_kc_dim_product where price>2000;
```

6) join 連結查詢——自然連接

join 連結查詢可以把多個表以某個欄位作為連結，同時獲得多個表的欄位資料，連結不上的資料將捨棄。

```
# 查詢在售課程的使用者存取日誌
select a.userid,a.kcid,b.kcname,b.price,a.time from chongdianleme.ods_kc_fact_
clicklog a join chongdianleme.ods_kc_dim_product b on a.kcid=b.kcid where
b.issale=1;
```

7) left join 連結查詢——左連接

left join 連結查詢和自然連接的區別，左邊的表沒有連結上的資料記錄不會捨棄，只是對應的右表那些記錄是空值而已。

```
# 查詢在售課程的使用者存取日誌
select a.userid,a.kcid,b.kcname,b.price,a.time,b.kcid from chongdianleme.ods_kc_
fact_clicklog a left join chongdianleme.ods_kc_dim_product b on a.kcid=b.kcid
where b.kcid is null;
```

8) full join 連結查詢——完全連接

full join 連結查詢不管有沒有連結上，所有的資料記錄都不會捨棄，連結不上只是顯示為空而已。

```
# 查詢在售課程的使用者存取日誌
select a.userid,a.kcid,b.kcname,b.price,a.time,b.kcid from chongdianleme.ods_kc_
fact_clicklog a full join chongdianleme.ods_kc_dim_product b on a.kcid=b.kcid;
```

9) 匯入連結表 SQL 結果到新表

```
# 創建要匯入的表資料
create EXTERNAL table IF NOT EXISTS ods_kc_fact_etlclicklog(userid string,kcid
string,time string)
ROW FORMAT DELIMITED FIELDS
```

```
TERMINATED BY '\001'
stored as textfile
location '/ods/kc/fact/ods_kc_fact_etlclicklog/';
```

把查詢集合的結果更新到剛才創建的表裡 ods_kc_fact_etlclicklog，先清空，再匯入。如果不想清空而是想追加資料則把 overwrite 關鍵字去掉就可以了。

```
insert overwrite table chongdianleme.ods_kc_fact_etlclicklog select a.userid,a.
kcid,a.time from chongdianleme.ods_kc_fact_clicklog a join chongdianleme.ods_kc_
dim_product b on a.kcid=b.kcid where b.issale=1;
```

上面的 SQL 敘述都是在 Hive 用戶端操作的，執行 SQL 敘述所需時間根據資料量和複雜程度不同而不同，如果不觸發 MapReduce 計算只需要幾毫秒，如果觸發了最快也得幾秒左右。一般情況下執行幾分鐘或幾個小時很正常。對於執行時間長的 SQL 敘述，用戶端的電腦如果斷電或網路中斷，SQL 敘述的執行可能也會中斷，沒有完全執行完整個 SQL 敘述，所以在這種情況下我們可以用一個 Shell 指令稿把需要執行的 SQL 敘述都放在裡面，以後就可以用 nohup 後台的方式去執行這個指令稿。

3. 透過 Shell 指令稿執行 Hive 的 SQL 敘述來實現 ETL

```
# 創建 demohive.sql 檔案
# 把下面兩筆 SQL 敘述加進去，每個 SQL 敘述後面記得加分號
insert overwrite table chongdianleme.ods_kc_fact_etlclicklog select a.userid,a.
kcid,a.time from chongdianleme.ods_kc_fact_clicklog a join chongdianleme.ods_kc_
dim_product b on a.kcid=b.kcid where b.issale=1;
insert overwrite table chongdianleme.ods_kc_dim_product select
kcid,kcname,price,issale from chongdianleme.ods_kc_dim_product_tab;
# 創建 demoshell.sh 檔案
# 加入 :echo "透過 Shell 指令稿執行 Hive SQL 敘述 "
/home/hadoop/software/hadoop2/hive/bin/hive -f /home/hadoop/chongdianleme/
demohive.sql;
sh demoshell.sh
# 或
sudo chmod 755 demoshell.sh
./demoshell.sh
```

以 nohup 後台處理程序方式執行 Shell 指令稿，防止 xshell 用戶端由於斷網或下班後關機或關閉用戶端而導致 SQL 執行一部分便退出。

```
# 創建 nohupdemoshell.sh 檔案
#echo "--nohup 後台方式執行指令稿，斷網、關機或用戶端關閉無須擔憂執行指令稿中斷 ";
nohup /home/hadoop/chongdianleme/demoshell.sh >>/home/hadoop/chongdianleme/log.
```

```
txt 2>&1 &
# 執行可能顯示出錯
nohup: 無法運行命令 '/home/hadoop/chongdianleme/demoshell.sh': # 許可權不夠
# 因為此指令稿是不可執行檔
sudo chmod 755 demoshell.sh
sudo chmod 755 nohupdemoshell.sh
```

然後輸入 tail -f log.txt 就可以看到即時執行日誌。

實際上我們用 Hive 做 ETL 資料處理都可以用這種方式，透過 Shell 指令稿來執行 Hive SQL，並且是定時觸發，定時觸發有幾種方式，最簡單的方式用 Linux 系統附帶的 crontab 排程，但 crontab 排程不支援複雜的任務依賴。這個時候我們可以用 Azkaban、Oozie 來排程。網際網路公司使用最普遍的排程方式是 Azkaban 排程。

4. crontab 排程定時執行指令稿

這是 Linux 附帶的本地系統排程工具，簡單好用，透過 crontab 運算式定時觸發一個 Shell 指令稿。

```
#crontab 排程舉例
crontab -e
161,2,23 * * * /home/hadoop/chongdianleme/nohupdemoshell.sh
最後保存，重新啟動 cron 服務。
sudo service cron restart
```

5. Azkaban 排程

Azkaban 是一套簡單的任務排程服務，整體包括三部分：webserver、dbserver 和 executorserver。Azkaban 是 Linkedin 的開放原始碼專案，開發語言為 Java。Azkaban 是由 Linkedin 開放原始碼的批次工作流任務排程器，用於在一個工作流內以一個特定的順序運行一組工作和流程。Azkaban 定義了一種 KV 檔案格式來建立任務之間的依賴關係，並提供一個易用的 Web 使用者介面維護和追蹤你的工作流。

Azkaban 實際應用中經常有這些場景：每天有一個大任務，這個大任務可以分成 A，B，C 和 D 4 個小任務，A，B 任務之間沒有依賴關係，C 任務依賴 A，B 任務的結果，D 任務依賴 C 任務的結果。一般的做法是，開兩個終端同時執行 A，B，兩個都執行完了再執行 C，最後執行 D。這樣的話，整個執行過程都需要人工參加，並且得盯著各任務的進度，但是我們的很多工都是在深更半夜執行的，可以透過寫指令稿設定 crontab 來執行。其實，整個過程類似於一個有向無環圖 (DAG)。每個子任務相當於大任務中的流，任務的起點可以從沒有度的節點開始執行，任何沒有通路的節點可以同時執行，例如上述的 A，B。總而言之，我們需要的是一個工作流的排程器，而 Azkaban 就是能解決上述問題的排程器。

6. Oozie 排程

Oozie 是管理 Hadoop 作業的工作流排程系統，Oozie 的工作流是一系列操作圖，Oozie 協調作業是透過時間 (頻率) 及有效資料觸發當前的 Oozie 工作流程，Oozie 是針對 Hadoop 開發的開放原始碼工作流引擎，專門針對大規模複雜工作流程和資料管道設計。Oozie 圍繞兩個核心：工作流和協調器，前者定義任務的拓撲和執行邏輯，後者負責工作流的依賴和觸發。

這節我們講的是 Hive 常用 SQL，Hive SQL 能滿足多數應用場景，但有的時候需要和自己的業務程式做混合程式設計來實現複雜的功能，這就需要自訂開發 Java 函數，也就是我們下面要講解的 UDF 函數。

3.2.4　UDF 函數

Hive SQL 一般可以滿足多數應用場景，但是有的時候透過 SQL 實現比較複雜，用一個函數實現會大大簡化 SQL 的邏輯，再就是透過自訂函數能夠和業務邏輯結合在一起實現更複雜的功能。

1. Hive 類型

Hive 中有 3 種 UDF：

1) 使用者定義函數 (User-Defined Function,UDF)

UDF 操作作用於單一資料行，並且產生一個資料行作為輸出。大多數函數屬於這一類，例如數學函數和字串函數。簡單來說，UDF 返回對應值，一對一。

2) 使用者定義聚集函數 (User-Defined Aggregate Function，UDAF)

UDAF 接收多個輸入資料行，並產生一個輸出資料行。像 COUNT 和 MAX 這樣的函數就是聚集函數。簡單來說，UDAF 返回聚類值，多對一。

3) 使用者定義表生成函數 (User-Defined Table-generating Function，UDTF)

UDTF 操作作用於單一資料行，並且產生多個資料行而生成一個表作為輸出。

簡單來說，UDTF 返回拆分值，一對多。

在實際工作中 UDF 用得最多，下面我們重點講解第一種 UDF 函數，也就是使用者定義函數。

2. UDF 自訂函數

Hive 的 SQL 給資料採擷工作者帶來了很多便利，巨量資料透過簡單的 SQL 敘述就可以完成分析，但有時候 Hive 提供的函數功能滿足不了業務需要，這就需要我們自己寫 UDF 函數來輔助完成。UDF 函數其實就是一個簡單的函數，執行過程就是在 Hive 將 UDF 函數轉換成 MapReduce 程式後，執行 Java 方法，類似於在 MapReduce 執行過程中加入一個外掛程式，方便擴充。UDF 只能實現一進一出的操作，如果需要實現多進一出，則需要實現 UDAF。Hive 可以允許使用者編寫自己定義的函數 UDF，並在查詢中使用。我們自訂開發 UDF 函數的時候繼承 org.apache.hadoop.hive.ql.exec.UDF 類別即可，程式如下：

```
package com.chongdianleme.hiveudf.udf;
import org.apache.hadoop.hive.ql.exec.UDF;
// 自訂類別繼承 UDF
public class HiveUDFTest extends UDF {
    // 字串統一轉大寫字串範例
  public String  evaluate (String str){
      if(str==null || str.toString().isEmpty()){
          return new String();
      }
      return new String(str.trim().toUpperCase());
  }
}
```

下面看一下怎麼部署，部署也分臨時部署方式和永久生效部署方式，我們分別來講解。

3. 臨時部署測試

部署指令稿程式如下：

```
# 把程式打包並放到目的機器上
# 進入 Hive 用戶端，增加 jar 套件
hive>add jar /home/hadoop/software/task/HiveUDFTest.jar;
# 創建臨時函數
hive>CREATE TEMPORARY FUNCTION ups AS 'hive.HiveUDFTest';
add jar /home/hadoop/software/task/udfTest.jar;
```

```
create temporary function row_toUpper as 'com.chongdianleme.hiveudf.udf.
HiveUDFTest';
```

4. 永久全域方式部署

線上永久設定方式，部署指令稿程式如下：

```
cd /home/hadoop/software/hadoop2/hive
# 創建 auxlib 資料夾
cd auxlib
# 在 /home/hadoop/software/hadoop2/hive/auxlib 上傳 udf 函數的 jar 套件。Hive SQL 執行
# 時會自動掃描 /data/software/hadoop/hive/auxlib 下的 jar 套件
cd /home/hadoop/software/hadoop2/hive/bin
# 顯示隱藏檔案
ls -a
# 編輯 vi .hiverc 檔案加入
create temporary function row_toUpper as 'com.chongdianleme.hiveudf.udf.
HiveUDFTest';
```

之後輸入 Hive 命令登入用戶端就可以了，用戶端會自動掃描並載入所有的 UDF 函數。以上我們講的 Hive 常用 SQL 和 UDF，以及怎麼用 Shell 指令稿觸發執行 SQL，怎麼去做定時的排程。在實際工作中，並不是盲目隨意地去建表，一般都會制定一個規範，大家遵守這個規範去執行。這個規範就是我們下面要講的資料倉儲規範和模型設計。

3.2.5 Hive 資料倉儲模型設計

資料倉儲模型設計就是要制定一個規範，這個規範一般是做資料倉儲的分層設計。我們要架設資料倉儲，掌握資料品質，對資料進行清洗、轉換。要更進一步地區分哪個是原始資料，哪個是清洗後的資料，我們最好做一個資料分層，方便我們快速地找到想要的資料。另外，有些高頻的資料不需要每次都重複計算，只需要計算一次並放在一個中間層裡，供其他業務模組重複使用，這樣節省時間，同時也減少伺服器資源的消耗。資料倉儲分層設計還有其他很多好處，下面舉一個實例看看如何分層。

資料倉儲，英文名稱為 Data Warehouse，可簡寫為 DW 或 DWH。資料倉儲是為企業所有等級的決策制定過程提供所有類型資料支援的戰略集合。它是單一資料儲存，出於分析性報告和決策支援目的而創建。為需要業務智慧的企業提供指導業務流程改進、監視時間、成本、品質及控制。

我們再看一下什麼是資料集市，資料集市 (Data Mart)，也叫資料市場，資料集市就是滿足特定的部門或使用者需求，按照多維的方式進行儲存，包括定義維度、需要計算的指標、維度的層次等，生成針對決策分析需求的立方體資料。從範圍上來說，資料是從企業範圍的資料庫、資料倉儲，或是更加專業的資料倉儲中取出出來的。資料中心的重點就在於它迎合了專業使用者群眾在分析、內容、表現及好用方面的特殊需求。資料中心的使用者希望資料是由他們熟悉的術語來表現的。

上面我們說的是資料倉儲和資料集市的概念，簡單來說，在 Hadoop 平台上的整個Hive的所有表組成了資料倉儲，這些表是分層設計的，我們可以分為4層：ods 層、mid 層、tp 臨時層和資料集市層。其中資料集市可以看作資料倉儲的子集，一個資料集市往往是針對一個專案的，例如推薦的叫推薦集市，做人物誌的專案叫人物誌集市。ods 是基礎資料層，也是原始資料層，是最底層的，資料集市是偏最上游的資料層。資料集市的資料可以直接供專案使用，不用再多地去加工了。

資料倉儲的分層表現在 Hive 資料表名上，Hive 儲存對應的 HDFS 目錄最好和表名一致，這樣根據表名也能快速地找到目錄，當然這不是必需的。一般巨量資料平台都會創建一個資料字典平台，在 Web 的介面上能夠根據表名找到對應的表解釋，例如表的用途、欄位表結構、每個欄位代表什麼意思、儲存目錄等，而且能查詢到表和表之間的血緣關係。說到血緣關係在資料倉儲裡經常會提起這一關係。我們在下面會單獨講一小節。下面用實例講解推薦的資料倉儲。

首先我們需要和部門所有的人制定一個建表規範，大家統一遵守這個規則。

1. 建表規範

以下建表規範僅供參考，可以根據每個公司的實際情況來制定。

1) 統一創建外部表

外部表的好處是當你不小心刪除了這個表，資料還會保留下來，如果是誤刪除，會很快地找回來，只需要把建表敘述再創建一遍即可。

2) 統一分 4 級，以底線分割

分為幾個等級沒有明確的規定，一般分為 4 級的情況比較多。

3) 列之間分隔符號統一 '\001'

用 \001 分割的目的是為了避免因為資料也存在同樣的分隔符號而造成列的錯亂問題。因為 \001 分割符號是使用者不容易輸入的，之前用的 \t 分隔符號容易被使用者輸入，資料行裡如果存在 \t 分隔符號，會和 Hive 表裡的 \t 分隔符號混淆，這樣這一行資料會多出幾列，造成列錯亂。

4) location 指定目錄統一以 / 結尾

指定目錄統一以 / 結尾代表最後是一個資料夾，而非一個檔案。一個資料夾下面可以有很多檔案，如果資料特別大，適合拆分成多個小檔案。

5) stored 類型統一 textfile

每個公司實際情況不太一樣，textfile 是文字類型檔案，好處是方便查看內容，不好的地方是佔用空間較大。

6) 表名和 location 指定目錄保持一致

表名和 location 指定目錄保持一致的主要目的是為了方便見到表名就馬上可以知道對應的資料儲存目錄在哪裡，方便檢索和尋找。

```
# 下面列舉一個建表的例子給大家做一個演示
create EXTERNAL table IF NOT EXISTS ods_kc_dim_product(kcid string,kcname
string,price float ,issale string)
ROW FORMAT DELIMITED FIELDS
TERMINATED BY '\001'
stored as textfile
location '/ods/kc/dim/ods_kc_dim_product/';
```

2. 資料倉儲分層設計規範

上面我們建表的時候已經說了資料倉儲分為 4 級，也就是說我們的資料倉儲分為 4 層，即操作資料儲存原始資料的 ods 層、mid 層、tp 臨時層和資料集市層，下面一一講解。

1) ods 層

操作資料儲存 ODS(Operational Data Store) 用來存放原始基礎資料，例如維度資料表、事實資料表。以底線分為 4 級：

(1) 原始資料層；

(2) 項目名稱 (kc 代表視訊課程類項目，Read 代表閱讀類文章)；

(3) 表類型 (dim 為維度資料表，fact 為事實資料表)；

(4) 表名。

舉幾個例子：

```
#原始資料 _ 視訊課程 _ 事實資料表 _ 課程存取日誌表
create EXTERNAL table IF NOT EXISTS ods_kc_fact_clicklog(userid string,kcid
string,time string)
ROW FORMAT DELIMITED FIELDS
TERMINATED BY '\001'
stored as textfile
location '/ods/kc/fact/ods_kc_fact_clicklog/';
#ods 層維度資料表，課程基本資訊表
create EXTERNAL table IF NOT EXISTS ods_kc_dim_product(kcid string,kcname
string,price float ,issale string)
ROW FORMAT DELIMITED FIELDS
TERMINATED BY '\001'
stored as textfile
location '/ods/kc/dim/ods_kc_dim_product/';
```

這裡涉及新的概念，什麼是維度資料表和事實資料表？

事實資料表：

在多維資料倉儲中，保存度量值的詳細值或事實的表稱為「事實資料表」。事實資料表通常包含大量的行。事實資料表的主要特點是包含數字資料 (事實)，並且這些數字資訊可以整理，以提供有關單位作為歷史的資料，每個事實資料表包含一個由多個部分組成的索引，該索引包含作為外鍵的相關性維度資料表的主鍵，而維度資料表包含事實記錄的特性。事實資料表不應該包含描述性的資訊，也不應該包含除數字度量欄位及事實與維度資料表中對應項的相關索引欄位之外的任何資料。

維度資料表：

維度資料表可以看作使用者用來分析資料的視窗，維度資料表中包含事實資料表中事實記錄的特性，有些特性提供描述性資訊，有些特性指定如何整理事實資料表資料，以便為分析者提供有用的資訊，維度資料表包含幫助整理資料的特性的層次結構。舉例來說，包含產品資訊的維度資料表通常包含將產品分為食品、飲料和非消費品等許多類的層次結構，這些產品中的每一類進一步多次細分，直到各產品達到最低等級。在維度資料表中，每個表都包含獨立於其他維度資料表的事實特性，舉例來說，客戶維度資料表包含有關客戶的資料。維度資料表中的列欄位可以將資訊分為不同層次的結構級。維度資料表包含了維度的每個成員的特定名稱。維度成員的名稱為「屬性」(Attribute)。

在我們的推薦場景中，例如這個課程存取日誌表 ods_kc_fact_clicklog，資料都是使用者存取課程的大量日誌，針對每筆記錄也沒有一個實際意義的主鍵，同一個使用者有多筆課程存取記錄，同一個課程也會被多個使用者存取，這個表就是事實資料表。在課程基本資訊表 ods_kc_dim_product 中，每個課程都有一個唯一的課程主鍵，課程具有唯一性。每個課程都有基本屬性。這個表就是維度資料表。

2) mid 層

mid 層是從 ods 層中 join 多表或某一段時間內的小表計算生成的中間表，在後續的集市層中頻繁被使用。用來一次生成多次使用，避免每次連結多個表重複計算。

從 ods 層提取資料到集市層常用 SQL 方式：

```
# 把某個 select 的查詢結果集覆蓋到某個表，相當於 truncate 和 insert 的操作
insert overwrite table chongdianleme.ods_kc_fact_etlclicklog select a.userid,a.
kcid,a.time from chongdianleme.ods_kc_fact_clicklog a join chongdianleme.ods_kc_
dim_product b on a.kcid=b.kcid where b.issale=1;
```

3) tp 臨時層

temp 臨時層簡稱 tp，臨時生成的資料統一放在這一層。系統預設有一個 /tmp 目錄，不要將資料放在這一目錄裡，這個目錄很多資料是 Hive 本身存放在這一臨時層的，我們不要跟它混在一起。

```
# 建表舉例
create EXTERNAL table IF NOT EXISTS tp_kc_fact_clicklogtotemp(userid string,kcid
string,time string)
ROW FORMAT DELIMITED FIELDS
TERMINATED BY '\001'
stored as textfile
location '/tp/kc/fact/tp_kc_fact_clicklogtotemp/';
```

4) 資料集市層

舉例來說，人物誌集市、推薦集市和搜索集市等。資料集市層用於存放搜索項目資料，集市資料一般是由中間層和 ods 層連結表計算所得，或使用 Spark 程式處理、開發並算出來的資料。

```
# 人物誌集市建表舉例
create EXTERNAL table IF NOT EXISTS personas_kc_fact_userlog(userid string,kcid
```

```
string,name string,age string,sex string)
ROW FORMAT DELIMITED FIELDS
TERMINATED BY '\001'
stored as textfile
location '/personas/kc/fact/personas_kc_fact_userlog/';
```

從開發人員的角色來劃分，此工作是由專門的資料倉儲工程師來負責，當然如果預算有限，也可以由巨量資料 ETL 工程師來負責。

Hive 非常適合離線的資料處理分析，但有些場景需要對資料做即時處理，而 HBase 資料庫特別適合處理即時資料，下面我們來講解 HBase。

3.3　HBase 實戰

HBase 經常用來儲存即時資料，例如 Storm/Flink/Spark Streaming 消費使用者行為日誌資料進行處理後儲存到 HBase，我們透過 HBase 的 API 也能夠毫秒級地即時查詢。如果是對 HBase 做非即時的離線資料統計，我們可以透過 Hive 建一個到 HBase 的映射表，然後寫 Hive SQL 來對 HBase 的資料進行統計分析，並且這種方式可以方便地和其他的 Hive 表做連結查詢，或做更複雜的統計，所以從互動形勢上 HBase 滿足了即時和離線的應用場景，在網際網路公司應用得也非常普遍。

3.3.1　HBase 原理和功能介紹

HBase 是一個分散式的、針對列的開放原始碼資料庫，該技術來自 Fay Chang 所撰寫的論文「Bigtable：一個結構化資料的分散式儲存系統」。就像 Bigtable 利用了 Google 檔案系統 (File System) 所提供的分散式資料儲存一樣，HBase 在 Hadoop 之上提供了類似於 Bigtable 的能力。HBase 是 Apache 的 Hadoop 專案的子專案。HBase 不同於一般的關聯式資料庫，它是一個適合於非結構化資料儲存的資料庫。另外的不同點是 HBase 以列為基礎而非以行為基礎的儲存模式。

1. HBase 特性

1) HBase 建構在 HDFS 之上

HBase 是一個建構在 HDFS 上的分散式列儲存系統，可以透過 Hive 的方式來查詢 HBase 資料。

2) HBase 是 key/value 系統

HBase 是以 Google Bigtable 模型為基礎開發的，是典型的 key/value 系統。

3) HBase 用於巨量結構化資料儲存

HBase 是 Apache Hadoop 生態系統中的重要一員，主要用於巨量結構化資料儲存。

4) 分散式儲存

HBase 將資料按照表、行和列進行儲存。與 Hadoop 一樣，HBase 目標主要依靠水平擴充，透過不斷增加廉價的商用伺服器來增加計算和儲存能力。

5) HBase 表和列都大

HBase 表的特點是大，一個表可以有數十億行，上百萬列。

6) 無模式

每行都有一個可排序的主鍵和任意多的列，列可以根據需要動態地增加，同一張表中不同的行可以有截然不同的列，這是 MySQL 關聯式資料庫做不到的。

7) 針對列

針對列 (族) 的儲存和許可權控制，列 (族) 獨立檢索；空 (null) 列並不佔用儲存空間，表可以設計得非常稀疏。

8) 資料多版本

每個單元中的資料可以有多個版本，預設 3 個版本，是儲存格插入時的時間戳記。

2. HBase 的架構核心元件

HBase 架構的核心元件有 Client、Hmaster、HRegionServer 和 ZooKeeper 叢集協調系統等，最核心的是 HMaster 和 HRegionServer，HMaster 是 HBase 的主節點，HRegionServer 是從節點。HBase 必須依賴於 ZooKeeper 叢集。

1) Client

存取 HBase 的介面，並維護 Cache 來加快對 HBase 的存取，例如 Region 的位置資訊。

2) HMaster

(1) 管理 HRegionServer，實現其負載平衡。

(2) 管理和分配 HRegion，例如在 HRegion split 分時配新的 HRegion；在 HRegionServer 退出時遷移其內的 HRegion 到其他 HRegionServer 上。

(3) 實現 DDL 操作 (Data Definition Language，namespace 和 table 的增刪改，column family 的增刪改等)。

(4) 管理 namespace 和 table 的中繼資料 (實際儲存在 HDFS 上)。

(5) 許可權控制 (ACL)。

3) HRegionServer

(1) 存放和管理本地 HRegion。

(2) 讀寫 HDFS，管理 Table 中的資料。

(3) Client 直接透過 HRegionServer 讀寫資料 (從 HMaster 中獲取中繼資料，找到 RowKey 所在的 HRegion/HRegionServer 後)。

4) ZooKeeper 叢集協調系統

(1) 存放整個 HBase 叢集的中繼資料及叢集的狀態資訊。

(2) 實現 HMaster 主從節點的 failover。

HBase Client 透過 RPC 方式和 HMaster、HRegionServer 通訊，一個 HRegionServer 可以存放 1000 個 HRegion，底層 Table 資料儲存在 HDFS 中，而 HRegion 所處理的資料儘量和資料所在的 DataNode 在一起，實現資料的當地語系化。

3.3.2　HBase 資料結構和表詳解

HBase 資料表由行鍵、列簇組成，行鍵可以認為是資料庫的主鍵，一個列簇下面可以有多個列，並且列可以動態地增加，這是 HBase 的優勢，本身就是一個列式儲存的資料庫，這點和 MySQL 關聯式資料庫不一樣，MySQL 一旦列固定了，就不能動態增加了。這點 HBase 非常靈活，可以根據業務需要動態地創建一個列。下面我們看一下表結構都由什麼組成。

1. 行鍵 Row Key

主鍵用來檢索記錄的主鍵，存取 HBase Table 中的行。

2. 列簇 ColumnFamily

Table 在水平方向由一個或多個 ColumnFamily 組成，一個 ColumnFamily 可以由任意多個 Column 組成，即 ColumnFamily 支援動態擴充，無須預先定義 Column 的數量及類型，所有 Column 均以二進位格式儲存，使用者需要自行進行類型轉換。

3. 列 column

由 HBase 中的列簇 ColumnFamily + 列的名稱 (cell) 組成列。

4. 儲存格 cell

HBase 中透過 row 和 columns 確定列，一個儲存單元稱為 cell。

5. 版本 version

每個 cell 都保存著同一份資料的多個版本，版本透過時間戳記來索引，預設 3 個版本。

下面是一個 HBase 資料結構表實例，如表 3.1 所示。

此例表中有一筆資料，rowkey 主鍵是 kc61800001，兩個列簇，一個是 name，它只有一個列 kcname；另一個是 kcsaleinfo，有兩個列 price 和 issale。這是一個具體的例子，下面我們看看 HBase 如何安裝部署。

表 3.1　HBase 表結構說明

rowkey(行鍵)	name （名稱，單一列的列簇）	kcsaleinfo （課程出售資訊，多個列的列簇）	
	kcname (課程名稱)	price	issale
kc61800001	機器學習	6998 元	1.0 version(版本) 2.0 3.0

3.3.3　HBase 安裝部署

HBase 相對 Hadoop 來說安裝比較簡單，由於它依賴 ZooKeeper 叢集，所以安裝 HBase 之前需要事先安裝好 ZooKeeper 叢集。下面我們看一下 HBase 的安裝步驟。

1.　先修改 Hadoop 的設定

```
# 修改 etc/hadoop/hdfs-site.xml 裡面的 xcievers 參數，至少為 4096
vim etc/hadoop/hdfs-site.xml
<property>
<name>dfs.datanode.max.xcievers</name>
<value>4096</value>
</property>
```

完成後，重新啟動 Hadoop 的 HDFS 系統。

2. HBase 修改部分

```
# 上傳並解壓 hbase 的 tar 套件，修改 3 個設定檔
hbase/conf/hbase-env.sh
hbase/conf/hbase-site.xml
hbase/conf/regionservers
```

1) 修改 hbase-env.sh 檔案設定

```
vim  hbase/conf/hbase-env.sh
# 注意 :HBASE_MANAGES_ZK 為 true 是 HBase 託管的 ZooKeeper。我們使用自己的 5 台 ZooKeeper，
# 需要設定為 false
export JAVA_HOME=/usr/local/Java/jdk
export HBASE_MANAGES_ZK=false
export HBASE_HEAPSIZE=8096
```

HBase 對於記憶體要求很高，在硬體允許的情況下配足夠多的記憶體供它使用。HBASE_HEAPSIZE 預設 1GB，當資料量大的時候當機頻率很高。改成 8GB 基本上就很穩定了。

2) 修改設定檔 hbase-site.xml

```
vim /home/hadoop/software/hbase/conf/hbase-site.xml
# 另外就是 NameNode HA 模式需要把 Hadoop 的 hdfs-site.xml 複製到 hbase/conf 下，否則
# 顯示出錯，ai 找不到主機名稱
<configuration>
<property>
<name>hbase.rootdir</name>
```

```
<value>hdfs://ai/hbase/</value>
</property>
<property>
<name>hbase.cluster.distributed</name>
<value>true</value>
</property>
<property>
<name>hbase.zookeeper.property.clientPort</name>
<value>2181</value>
</property>
<property>
<name>hbase.zookeeper.quorum</name>
<value>data1,data2,data3,data4,data5</value>
</property>
<property>
<name>hbase.master.maxclockskew</name>
<value>200000</value>
</property>
<property>
<name>hbase.tmp.dir</name>
<value>/home/hadoop/software/hbase-0.98.8-hadoop2/tmp</value>
</property>
<property>
<name>zookeeper.session.timeout</name>
<value>1200000</value>
</property>
<property>
<name>hbase.regionserver.handler.count</name>
<value>50</value>
</property>
<property>
<name>hbase.client.write.buffer</name>
<value>8388608</value>
</property>
</configuration>
```

3) 修改設定檔 regionservers

```
vimhbase/conf/regionservers
```

加入節點的主機名稱：

```
data1
data2
data3
data4
data5
```

HBase 設定檔都修改 scp 到其他節點：

```
scp -r hbase hadoop@data2:/home/hadoop/software/
```

在任意一台啟動 HBase：

```
/home/hadoop/software/hbase/bin/start-hbase.sh
```

然後看一下啟動情況：

登入 hbase shell，輸入 status 查看叢集狀態。

單獨啟動一個 HMaster 處理程序：bin/hbase-daemon.sh start master

停止：bin/hbase-daemon.sh stop master

單獨啟動一個 HRegionServer 處理程序：bin/hbase-daemon.sh start regionserver

停止：bin/hbase-daemon.sh stop regionserver

Hbase 的啟動常見錯誤：

```
org.apache.hadoop.hbase.TableExistsException: hbase:namespace
        at org.apache.hadoop.hbase.master.handler.CreateTableHandler.
prepare(CreateTableHandler.Java:133)
        at org.apache.hadoop.hbase.master.TableNamespaceManager.
createNamespaceTable(TableNam-espaceManager.Java:232)
        at org.apache.hadoop.hbase.master.TableNamespaceManager.
start(TableNamespaceManager.Java:86)
        at org.apache.hadoop.hbase.master.HMaster.initNamespace(HMaster.
Java:1063)
        at org.apache.hadoop.hbase.master.HMaster.finishInitialization(HMaster.
Java:942)
        at org.apache.hadoop.hbase.master.HMaster.run(HMaster.Java:613)
        at Java.lang.Thread.run(Thread.Java:745)
```

錯誤原因：

ZooKeeper 裡的 /hbase 目錄已經存在。

解決：登入 ZooKeeper 並刪除 /hbase 目錄，HBase 啟動的時候會自動創建這個目錄。

```
/home/hadoop/software/zookeeper-3.4.6/bin/zkCli.sh -server 172.172.0.11:2181
[zk: 172.172.0.11:2181(CONNECTED) 0] ls /
[configs, zookeeper, overseer, aliases.json, live_nodes, collections, overseer_
elect, security.json,
```

```
hadoop-ha, clusterstate.json, hbase]
# 刪除目錄 :
rmr /hbase
```

3. HBase 的 Web 介面

HBase 的 Web 介面,預設是 60010 通訊埠:http://ip:60010/

從這個 Web 介面可以比較方便地看到有幾個 RegionServer 節點,以及每個節點記憶體消耗情況,還有其他很多資訊。如果少了 RegionServer 節點,我們可以認為那個節點出問題了,需要我們手動地去啟動 RegionServer 服務並查看問題的原因。HBase 的 Web 介面如圖 3.3 所示。

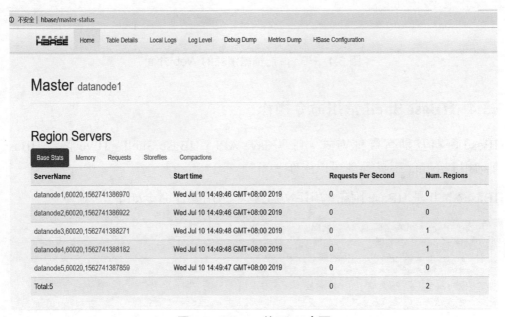

圖 3.3 HBase 的 Web 介面

透過記憶體消耗情況 Tab 頁,能方便地知道每個節點 Heap 記憶體消耗情況,如果使用的 Used Heap 將要超過 Max Heap,我們需要關注是否需要修改設定而把 Max Heap 調大,說明現有的設定已經不夠用了。另外,需要查看程式是否可以進行最佳化來減小記憶體的消耗。HBase 記憶體消耗的 Web 介面如圖 3.4 所示。

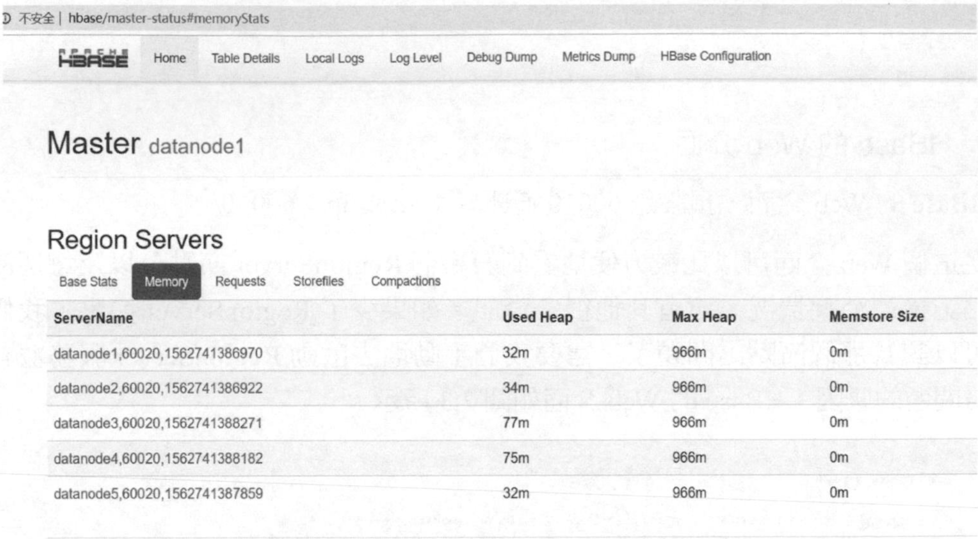

圖 3.4　HBase 記憶體消耗的 Web 介面

3.3.4　HBase Shell 常用命令操作

HBase 資料互動有幾種方式，呼叫 Java API、HBase Shell、Hive 整合 HBase 查詢和 Phoenix 工具等都可以操作。

HBase Shell 是 HBase 附帶的用戶端工具，常用操作命令如下：

```
創建表 :create ' 表名稱 ', ' 列名稱 1',' 列名稱 2',' 列名稱 N'
增加記錄：put ' 表名稱 ', ' 行名稱 ', ' 列名稱 :', ' 值 '
查看記錄 :get ' 表名稱 ', ' 行名稱 '
查看表中的記錄總數 :count   ' 表名稱 '
刪除記錄 :delete   ' 表名 ' ,' 行名稱 ' , ' 列名稱 '
刪除一張表：先要隱藏該表，才能對該表進行刪除，第一步 disable ' 表名稱 ';第二步 drop ' 表名稱 '
查看所有記錄 :scan " 表名稱 "
查看某個表 , 某個列中所有資料：scan " 表名稱 " , [' 列名稱 :']
更新記錄：還是用 put 命令，會覆蓋之前的舊版本記錄
```

下面我們透過舉例的方式來實際看一下更多具體的命令如何使用。

1. 查看叢集狀態

```
hbase(main):002:0> status
5 servers, 0 dead, 0.4000 average load
```

2. 查看 HBase 版本

```
version
```

3. 創建一個表

```
# 格式：create 表名，列簇 1，列簇 2... 列簇 N
create 'chongdianleme_kc','kcname','saleinfo'
```

運行結果：

```
hbase(main):106:0> create 'chongdianleme_kc','kcname','saleinfo'
0 row(s) in 0.3710 seconds
=> Hbase::Table - chongdianleme_kc
```

4. 查看表描述

```
describe 'chongdianleme_kc'
hbase(main):002:0> describe 'chongdianleme_kc'
Table chongdianleme_kc is ENABLED
COLUMN FAMILIES DESCRIPTION
{NAME => 'kcname', BLOOMFILTER => 'ROW', VERSIONS => '1', IN_MEMORY => 'false',
KEEP_DELETED_CELLS => 'FALSE', DATA_BLOCK_ENCODING => 'NONE', TTL => 'F
OREVER', COMPRESSION => 'NONE', MIN_VERSIONS => '0', BLOCKCACHE => 'true',
BLOCKSIZE => '65536', REPLICATION_SCOPE => '0'}
{NAME => 'saleinfo', BLOOMFILTER => 'ROW', VERSIONS => '1', IN_MEMORY =>
'false', KEEP_DELETED_CELLS => 'FALSE', DATA_BLOCK_ENCODING => 'NONE', TTL =>
'FOREVER', COMPRESSION => 'NONE', MIN_VERSIONS => '0', BLOCKCACHE => 'true',
BLOCKSIZE => '65536', REPLICATION_SCOPE => '0'}
2 row(s) in 0.1610 seconds
```

5. 刪除一個列簇

```
# 先關閉，再更新，然後再打開
disable 'chongdianleme_kc'
alter'chongdianleme_kc',NAME=>'kcname',METHOD=>'delete'
enable 'chongdianleme_kc'
hbase(main):004:0> alter'chongdianleme_kc',NAME=>'kcname',METHOD=>'delete'
Updating all regions with the new schema…
1/1 regions updated.
Done.
0 row(s) in 1.2900 seconds
```

6. 列出所有表

```
list
```

```
hbase(main):108:0> list
TABLE
chongdianleme_kc
1 row(s) in 0.0060 seconds
["chongdianleme_kc"]
```

7. 刪除一個表

```
# 先關閉，再刪除
disable 'chongdianleme_kc'
drop 'chongdianleme_kc'
```

如果直接 drop 會提示並顯示出錯：

```
hbase(main):010:0> drop 'chongdianleme_kc'
ERROR: Table chongdianleme_kc is enabled. Disable it first.'
Here is some help for this command:
Drop the named table. Table must first be disabled:
  hbase> drop 't1'
  hbase> drop 'ns1:t1'
```

8. 查詢表是否存在

```
exists 'chongdianleme_kc'
```

9. 判斷表是否 enable

```
is_enabled 'chongdianleme_kc'
```

10. 判斷表是否 disable

```
is_disabled 'chongdianleme_kc'
```

11. 插入資料

```
# 在列簇中插入資料，格式 :put 表名，行鍵 id，列簇名 : 列名稱，值
create 'chongdianleme_kc','kcname','saleinfo'

put 'chongdianleme_kc','kc61800001','kcname:name',' 巨量資料開發 '
put 'chongdianleme_kc','kc61800001','saleinfo:price','2888'
put 'chongdianleme_kc','kc61800001','saleinfo:issale','1'

put 'chongdianleme_kc','kc61800002','kcname:name','Java 教學 '
put 'chongdianleme_kc','kc61800002','saleinfo:price','199'
put 'chongdianleme_kc','kc61800002','saleinfo:issale','0'
```

```
put 'chongdianleme_kc','kc61800003','kcname:name','Python 程式設計教學'
put 'chongdianleme_kc','kc61800003','saleinfo:price','99'
put 'chongdianleme_kc','kc61800003','saleinfo:issale','1'

put 'chongdianleme_kc','kc61800006','kcname:name','深度學習'
put 'chongdianleme_kc','kc61800006','saleinfo:price','3999'
put 'chongdianleme_kc','kc61800006','saleinfo:issale','1'

put 'chongdianleme_kc','kc61800007','kcname:name','推薦系統'
put 'chongdianleme_kc','kc61800007','saleinfo:price','2999'
put 'chongdianleme_kc','kc61800007','saleinfo:issale','1'

put 'chongdianleme_kc','kc61800008','kcname:name','機器學習'
put 'chongdianleme_kc','kc61800008','saleinfo:price','2800'
put 'chongdianleme_kc','kc61800008','saleinfo:issale','1'

put 'chongdianleme_kc','kc61800009','kcname:name','TensorFlow教學'
put 'chongdianleme_kc','kc61800009','saleinfo:price','888'
put 'chongdianleme_kc','kc61800009','saleinfo:issale','1'

put 'chongdianleme_kc','kc61800010','kcname:name','Android開發教學'
put 'chongdianleme_kc','kc61800010','saleinfo:price','88'
put 'chongdianleme_kc','kc61800010','saleinfo:issale','0'

put 'chongdianleme_kc','kc20000099','kcname:name','Go 語言'
put 'chongdianleme_kc','kc20000099','saleinfo:price','99'
put 'chongdianleme_kc','kc20000099','saleinfo:issale','0'
```

12. 獲取一個 id 的所有資料

```
get 'chongdianleme_kc','kc61800001'
hbase(main):185:0* get 'chongdianleme_kc','kc61800001'
COLUMN CELL
kcname:name timestamp=1562812596745, value=\xE5\xA4\xA7\xE6\x95\xB0\xE6\x8D\xAE\
xE5\xBC\x80\xE5\x8F\x91
saleinfo:issale timestamp=1562812596808, value=1
saleinfo:price timestamp=1562812596787, value=2888
3 row(s) in 0.0330 seconds
```

13. 獲取一個 id，一個列簇的所有資料

```
get 'chongdianleme_kc','kc61800001','saleinfo'
hbase(main):186:0> get 'chongdianleme_kc','kc61800001','saleinfo'
COLUMN CELL
saleinfo:issale timestamp=1562812596808, value=1
saleinfo:price timestamp=1562812596787, value=2888
2 row(s) in 0.0100 seconds
```

14. 獲取一個 id，一個列簇中一個列的所有資料

```
get 'chongdianleme_kc','kc61800001','saleinfo:price'
hbase(main):187:0> get 'chongdianleme_kc','kc61800001','saleinfo:price'
COLUMN CELL
saleinfo:price timestamp=1562812596787, value=2888
1 row(s) in 0.0100 seconds
```

15. 更新一筆記錄

```
# 給 rowId 重新 put 即可
# 預設保留最近 3 個版本的資料，更新後展示最新版本的資料，但之前兩個版本的資料還是能夠查詢
# 到，只是預設不顯示出來而已
put 'chongdianleme_kc','kc61800001','saleinfo:price','6000'
```

16. 透過 timestamp 來獲取指定版本的資料

```
# 先看一下這筆資料時間戳記 get 'chongdianleme_kc','kc61800001','saleinfo:price'
# 然後尋找指定這個時間的資料
get 'chongdianleme_kc','kc61800001',{COLUMN=>'saleinfo:price',TIMESTAMP=>
1562809654418}
get 'chongdianleme_kc','kc61800001',{COLUMN=>'saleinfo:price', VERSIONS=>3}
```

17. 全資料表掃描

```
scan 'chongdianleme_kc'
hbase(main):188:0> scan 'chongdianleme_kc'
ROW  COLUMN+CELL
kc20000099column=kcname:name, timestamp=1562812597085, value=go\xE8\xAF\xAD\xE8\
xA8\x80
kc20000099 column=saleinfo:issale, timestamp=1562812597107, value=0
kc20000099 column=saleinfo:price, timestamp=1562812597097, value=99
kc61800001 column=kcname:name, timestamp=1562812596745, value=\xE5\xA4\xA7\xE6\
x95\xB0\xE6\x8D\xAE\xE5\xBC\x80\xE5\x8F\x91
kc61800001 column=saleinfo:issale, timestamp=1562812596808, value=1
kc61800001 column=saleinfo:price, timestamp=1562812596787, value=2888
kc61800002 column=kcname:name, timestamp=1562812596827, value=Java\xE6\x95\x99\
xE7\xA8\x8B
kc61800002 column=saleinfo:issale, timestamp=1562812596851, value=0
kc61800002 column=saleinfo:price, timestamp=1562812596839, value=199
kc61800003 column=kcname:name, timestamp=1562812596866, value=python\xE7\xBC\
x96\xE7\xA8\x8B\xE6\x95\x99\xE7\xA8\x8B
kc61800003 column=saleinfo:issale, timestamp=1562812596890, value=1
kc61800003 column=saleinfo:price, timestamp=1562812596877, value=99
kc61800006 column=kcname:name, timestamp=1562812596906, value=\xE6\xB7\xB1\xE5\
xBA\xA6\xE5\xAD\xA6\xE4\xB9\xA0
kc61800006 column=saleinfo:issale, timestamp=1562812596926, value=1
```

```
kc61800006 column=saleinfo:price, timestamp=1562812596917, value=3999
kc61800007 column=kcname:name, timestamp=1562812596944, value=\xE6\x8E\xA8\xE8\
x8D\x90\xE7\xB3\xBB\xE7\xBB\x9F
kc61800007 column=saleinfo:issale, timestamp=1562812596963, value=1
kc61800007 column=saleinfo:price, timestamp=1562812596954, value=2999
kc61800008 column=kcname:name, timestamp=1562812596978, value=\xE6\x9C\xBA\xE5\
x99\xA8\xE5\xAD\xA6\xE4\xB9\xA0
kc61800008 column=saleinfo:issale, timestamp=1562812596998, value=1
kc61800008 column=saleinfo:price, timestamp=1562812596988, value=2800
kc61800009 column=kcname:name, timestamp=1562812597012, value=TensorFlow\xE6\
x95\x99\xE7\xA8\x8B
kc61800009 column=saleinfo:issale, timestamp=1562812597031, value=1
kc61800009 column=saleinfo:price, timestamp=1562812597022, value=888
kc61800010 column=kcname:name, timestamp=1562812597047, value=\xE5\xAE\x89\xE5\
x8D\x93\xE5\xBC\x80\xE5\x8F\x91\xE6\x95\x99\xE7\xA8\x8B
kc61800010 column=saleinfo:issale, timestamp=1562812597068, value=0
kc61800010 column=saleinfo:price, timestamp=1562812597056, value=88
9 row(s) in 0.0320 seconds
```

18. 刪除 id 為 kc61800001 的值的 'saleinfo：price' 欄位

```
delete 'chongdianleme_kc','kc61800001','saleinfo:price'
hbase(main):189:0> delete 'chongdianleme_kc','kc61800001','saleinfo:price'
0 row(s) in 0.0390 seconds
```

19. 刪除整行

```
deteleall 'chongdianleme_kc''kc61800001'
```

20. 查詢表中有多少行

```
count 'chongdianleme_kc'
hbase(main):190:0> count 'chongdianleme_kc'
9 row(s) in 0.0250 seconds
9
```

21. 將整張表清空

```
# 實際執行過程 :HBase 先將表 disable，然後 drop，最後重建表來實現 truncate 的功能
truncate 'chongdianleme_kc'
```

3.3.5　HBase 用戶端類 SQL 工具 Phoenix

Phoenix 是建構在 HBase 上的 SQL 層，能讓我們用標準的 JDBC API 而非 HBase 用戶端 API 來創建表，插入資料和對 HBase 資料進行查詢。Phoenix

完全使用 Java 編寫，作為 HBase 內嵌的 JDBC 驅動。Phoenix 查詢引擎會將 SQL 查詢轉為一個或多個 HBase Scan，並編排執行以生成標準的 JDBC 結果集。簡單來說有點像 Hive SQL 解析成 MapReduce。這比使用 HBase Shell 命令方便多了。

1. Phoenix 安裝部署

1) 解壓安裝 Phoenix

Phoenix 是一個壓縮檔，是一個用戶端，首先需要解壓縮出來。

2) 複製依賴的 jar 套件

```
# 複製 phoenix 安裝目錄下的
phoenix-core-4.6.0-HBase-0.98.jar
phoenix-4.6.0-HBase-0.98-client.jar
phoenix-4.6.0-HBase-0.98-server.jar
# 到各個 hbase 的 lib 目錄下
```

3) 設定檔修改

將 HBase 的設定檔 hbase-site.xml 放到 phoenix-4.6.0-bin/bin/ 目錄下，替換 Phoenix 原來的設定檔。

4) 許可權修改

```
# 切換到 phoenix-4.6.0-HBase-0.98/bin/ 下
cd phoenix-4.6.0-HBase-0.98/bin/
# 修改 psql.py 和 sqlline.py 的許可權為 777
chmod 777 psql.py
chmod 777 sqlline.py
```

5) 登入 phoenix 用戶端主控台操作

在 phoenix-4.6.0-bin/bin/ 下輸入命令：

```
./sqlline.py localhost
```

啟動用戶端主控台。

2. Phoenix SQL

1) 創建表

```
create table test (id varchar primary key,name varchar,age integer );
```

HBase 是區分大小寫的，Phoenix 預設把 SQL 敘述中的小寫轉換成大寫，再建表，如果不希望轉換，需要將表名和欄位名稱等使用引號。HBase 預設 Phoenix 表的主鍵對應到 ROW，column family 名為 0，也可以在建表的時候指定 column family，創建表後使用 HBase Shell 也可以看到此表。

2) 插入資料

```
upsert into test(id,name,age) values('000001','liubei',43);
```

3) 查詢

```
select * from chongdianleme_kc;
select count(1) from chongdianleme_kc;
select cmtid,count(1) as num from chongdianleme_kc group by issale order by num
desc;
```

和 Phoenix SQL 用戶端類似的還有 Presto、Impala 和 Spark SQL 等，只是 Phoenix 是專門針對 HBase 的。

3.3.6　Hive 整合 HBase 查詢資料

Hive 整合 HBase 查詢資料，透過 Hive 建一個到 HBase 的映射表，然後寫 Hive SQL 來對 HBase 的資料進行統計分析，並且這種方式可以方便地和其他的 Hive 表做連結查詢，或做更複雜的統計。

1. 安裝部署

```
# 首先編輯 $HIVE_HOME/conf/hive-site.xml, 增加以下
<property>
<name>hive.zookeeper.quorum</name>
<value>datanode1,datanode2,datanode3,datanode4,datanode5</value>
</property>
# 然後將 $HBASE_HOME/lib 下的以下 jar 套件複製到 $HIVE_HOME/auxlib 目錄下
hbase-client-0.98.1-hadoop2.jar
hbase-common-0.98.1-hadoop2.jar
hbase-hadoop-compat-0.98.1-hadoop2.jar
hbase-protocol-0.98.1-hadoop2.jar
hbase-server-0.98.1-hadoop2.jar
htrace-core-2.04.jar

# 環境架設好了就可以創建 Hive 表了
# 如果 HBase 表欄位儲存的是 long 行的位元組碼則 Hive 表必須使用 bigint
# 登入 Hive 用戶端建議設定以下參數
set hbase.client.scanner.caching=3000;
```

```
set mapred.map.tasks.speculative.execution = false;
set mapred.reduce.tasks.speculative.execution = false;
```

2. 創建課程商品 Hive 表並映射到 HBase 表

```
# 需要多一個 row_key 欄位，指定 Hive 欄位到 HBase 欄位的映射，欄位名字可以不同
create external table if not exists chongdianleme_kc(
row_key string,
kcname string,
price string,
issale string
)
STORED BY 'org.apache.hadoop.hive.hbase.HBaseStorageHandler'
WITH SERDEPROPERTIES (
"hbase.columns.mapping" = "
kcname:name,
saleinfo:price,
saleinfo:issale
")
TBLPROPERTIES("hbase.table.name" = "chongdianleme_kc");
```

登入 Hive 的用戶端便可以查詢 chongdianleme_kc 表的資料了。使用這種方式
來查詢 HBase 資料比較方便。

3.3.7　HBase 升級和資料移轉

HBase 在使用過程中由於版本更新有時需要升級，升級之前 HBase 已經有資
料了，這時候需要把之前的資料移轉到新版本上，下面列出一種資料移轉的方
式，步驟如下：

1. 備份 HBase 表資料

```
# 進入 hbase/bin 目錄下，匯出 HBase 資料到 Hadoop 的 HDFS
./hbase org.apache.hadoop.hbase.mapreduce.Driver export chongdianleme_kc hdfs://
ai/hbase_backup/chongdianleme_kc
```

2. 備份 HBase 在 HDFS 上的目錄

```
hadoop fs -mv /hbase /hbase_backup_old
```

3. 將 ZooKeeper 中的 HBase 資料刪除

```
# 登入 /home/hadoop/software/zookeeper/bin/zkCli.sh -server localhost
ls /
rmr /hbase
```

4. 升級匯入備份的 HDFS 資料

```
# 注意匯入前需建好 HBase 表
./hbase org.apache.hadoop.hbase.mapreduce.Driver import chongdianleme_kc hdfs://
ai/hbase_backup/chongdianleme_kc
```

這種遷移方式的好處是可以保證不同版本的相容性。

3.4 **Sqoop 資料 ETL 工具實戰**

Sqoop 是一個資料處理的工具，用來從別的資料庫匯入資料到 Hadoop 平台，也可以從 Hadoop 匯出到其他資料庫平台，在架設巨量資料平台資料倉儲的時候，這是被經常使用的工具。

3.4.1　Sqoop 原理和功能介紹

Sqoop 是一個用來將 Hadoop 和關聯式資料庫中的資料相互轉移的工具，可以將一個關聯式資料庫 (例如：MySQL，Oracle，Postgres 等) 中的資料匯入 Hadoop 的 HDFS 中，也可以將 HDFS 的資料匯入關聯式資料庫中。

Sqoop 是一個資料處理工具用戶端 jar 套件，不需要啟動單獨的服務處理程序。在 Sqoop 遷移資料的時候會將 Sqoop 的指令碼命令轉換成 Hadoop 分散式運算引擎 MapReduce 程式，以分散式的方式平行匯入匯出資料。例如從 MySQL 匯入 Hive，它可以把 MySQL 資料根據某個欄位拆分成多份資料平行往 Hadoop 上寫入資料，性能比較高。主要特點是利用了 Hadoop 的分散式運算引擎原理。

因為它本身是一個用戶端，所以不需要每台伺服器都安裝，在哪台伺服器用就在哪台伺服器上安裝，安裝非常簡單，解壓了就能用，步驟如下：

```
# 上傳 sqoop-1.*-cdh.**.tar.gz 到
/home/hadoop/software/
# 解壓後將名字改為和環境變數的目錄名稱一致，不設定環境變數而用絕對目錄也可以
mv sqoop-1.*.-cdh* sqoop
# 如果設定環境變數，直接輸入 sqoop 命令
vim /etc/profile
# 加入
export SQOOP_HOME=/home/hadoop/software/sqoop
# 然後輸入 :wq 保存，讓環境變數生效
source /etc/profile
```

```
# 把 mysql-connector-Java-*.jar 複製到 /home/hadoop/software/sqoop/lib 中
# 如果匯出匯入用到了這個 jar 套件，則會自動從這個目錄掃描找到它
```

3.4.2 Sqoop 常用操作

Sqoop 最常用的操作就是從關聯式資料庫 MySQL 匯出資料到 Hadoop，再就
是從 Hadoop 匯出資料到 MySQL，輸入 sqoop help 就可以看到它的命令參數：

```
Available commands:
  codegen               // 生成程式與資料庫中的記錄進行互動
  create-hive-table     // 創建 hive 表
  eval                  // 執行一個 SQL 敘述並顯示結果
  export                // 匯出 rdbms 資料到 hdfs 上
  help                  // 使用 sqoop 命令的幫助
  import                // 匯入 rdbms 資料到 hdfs 上
  import-all-tables     // 匯入 rdbms 指定資料庫所有的表資料到 hdfs 上
  job                   //sqoop 的作業，可創建作業、執行作業和刪除作業
  list-databases        // 透過 sqoop 的這個命令列出 jdbc 連接位址中所有的資料庫
  list-tables           // 透過 sqoop 的這個命令列出 jdbc 連接位址資料庫中所有的表
  merge                 // 合併增量資料
  metastore             // 運行 sqoop 的元儲存
  version               // 查看 sqoop 的版本
```

我們用實例演示一下具體的操作命令：

```
# 首先創建 MySQL 資料庫和表結構
# 在 MySQL 創建充電了麼 utf8 格式資料庫
CREATE DATABASE chongdianleme DEFAULT CHARACTER SET utf8 COLLATE utf8_general_ci;
# 創建課程日誌表
CREATE TABLE 'ods_kc_fact_clicklog' (
  'userid' varchar(36) NOT NULL,
  'kcid' varchar(100) NOT NULL,
  'time' varchar(100) NOT NULL
) ENGINE=InnoDB DEFAULT CHARSET=utf8;
# 如果課程表存在，先刪除
DROP TABLE IF EXISTS 'ods_kc_dim_product';
# 創建課程表
CREATE TABLE 'ods_kc_dim_product' (
  'kcid' varchar(36) NOT NULL,
  'kcname' varchar(100) NOT NULL,
  'price' float DEFAULT '0',
  'issale' varchar(1) NOT NULL,
  PRIMARY KEY ('kcid')
) ENGINE=InnoDB DEFAULT CHARSET=utf8;
```

下面分別演示匯出 Hadoop 資料到 MySQL 和從 MySQL 匯入 Hadoop。

1. 匯出 Hadoop 資料到 MySQL

1) 在不帶主鍵的情況下，增量匯入課程日誌資料到 MySQL，相當於追加資料

```
# 指令碼命令如下：
sqoop export --connect "jdbc:mysql://106.12.200.196:3306/chongdianleme?useUnicod
e=true&characterEncoding=utf8&allowMultiQueries=true" --username root --password
chongdianleme888 -m 8 --table ods_kc_fact_clicklog --export-dir /ods/kc/fact/
ods_kc_fact_clicklog/ --input-fields-terminated-by '\001';
#--table 是要匯入 MySQL 的表名
#--export-dir 是要從哪個 HDFS 目錄匯出
#--input-fields-terminated-by HDFS 目錄資料的列分隔符號
#-m 指定跑幾個 map，這個不需要 reduce，只用 map 就行

# 最後看一下 MySQL 是不是把資料匯出成功了
select * from ods_kc_fact_clicklog;
```

2) 在有主鍵的情況下，用 update+insert 方式匯出資料

上面的追加資料因為沒有主鍵，所以追加資料不會顯示出錯。如果有主鍵，當主鍵重複了肯定會顯示出錯，所以在這種情況下應該是已經存在這個主鍵就更新這筆記錄，不存在就插入。

```
sqoop export --connect "jdbc:mysql://106.12.200.196:3306/chongdianleme?useUnicod
e=true&characterEncoding=utf8&allowMultiQueries=true" --username root --password
chongdianleme888 -m 8 --table ods_kc_dim_product --export-dir /ods/kc/dim/ods_
kc_dim_product/ --input-fields-terminated-by '\001' --update-key kcid --update-
mode allowinsert;

# 解決中文亂碼問題，在資料庫名稱後面加上
?useUnicode=true&characterEncoding=utf8&allowMultiQueries=true"
#--table 是要匯入 MySQL 的表名
#--export-dir 是要從哪個 HDFS 目錄匯出
#--input-fields-terminated-by HDFS 目錄資料的列分隔符號
#-m 指定跑幾個 map，這個不需要 reduce，只用 map 就行
#--update-key 指定更新 mysql 表的主鍵
#--update-mode allowinsert   有新的資料是否允許插入，預設不插入，只更新

# 看一下 MySQL 資料
select * from ods_kc_dim_product;
```

2. 從 MySQL 匯入資料到 Hadoop

```
# 首先創建 Hive 表
create EXTERNAL table IF NOT EXISTS ods_kc_dim_product_import(kcid string,kcname
string,price float ,issale string)
ROW FORMAT DELIMITED FIELDS
```

```
TERMINATED BY '\001'
stored as textfile
location '/ods/kc/dim/ods_kc_dim_product_import/';
```

Hive 的資料還是儲存在 HDFS 上，我們可以將資料直接匯入 Hive 儲存的指定目錄下，也可以用指定 Hive 表名的方式匯入。

1) 全量匯入

```
# 匯入前，先把 HDFS 上的資料刪除，然後按以下指令稿匯入
sqoop import --connect "jdbc:mysql://106.12.200.196:3306/chongdianleme?useUnicod
e=true&characterEncoding=utf8&allowMultiQueries=true" --username root --password
'chongdianleme888' --query  'SELECT kcid,kcname,price,issale FROM ods_kc_dim_
product where price>1000 and $CONDITIONS' --split-by kcid -m 8 --target-dir /
ods/kc/dim/ods_kc_dim_product_import/ --delete-target-dir --fields-terminated-by
'\001';

#--query 可以是任意 SQL 敘述，可連結多個表，但列和 HDFS 要對應上。$CONDITIONS 是固定語法，
必須有
#--split-by 跑分散式多個 map 的時候，根據 MySQL 表的哪個欄位來拆分多區塊資料
#-m 跑幾個 map
#--target-dir 存到 HDFS 的那個目錄下
#--delete-target-dir 匯入前刪除 HDFS 上之前的資料
--fields HDFS 或 Hive 表的欄位分隔符號
# 最後看一下匯入的資料
select * from ods_kc_dim_product_import;
```

2) 增量匯入

```
# 指定 append 參數來追加資料
sqoop import --connect "jdbc:mysql://106.12.200.196:3306/chongdianleme?useUnicod
e=true&characterEncoding=utf8&allowMultiQueries=true" --username root --password
'chongdianleme888' --query  'SELECT kcid,kcname,price,issale FROM ods_kc_dim_
product where price<=1000 and $CONDITIONS' --split-by kcid -m 8 --target-dir /
ods/kc/dim/ods_kc_dim_product_import/ --append --fields-terminated-by '\001';
#--query 可以是任意 SQL 敘述，可連結多個表，但列和 HDFS 要對應上。$CONDITIONS 是固定語
# 法，必須有
#--split-by 跑分散式多個 map 的時候，根據 MySQL 表的哪個欄位來拆分多區塊資料
#-m 跑幾個 map
#--target-dir 存到 HDFS 的那個目錄下
#--append 追加方式
#--fields HDFS 或 Hive 表的欄位分隔符號
# 看一下匯入的 Hive 資料表
select * from ods_kc_dim_product_import;
```

以上我們列舉了 MySQL 和 Hadoop 之間的匯入匯出常用命令，基本覆蓋了常用的使用場景。對於一些複雜的資料處理任務，指令稿滿足不了的，一般是寫程式自訂開發巨量資料平台做資料處理，Spark 是常用的框架，當然 Spark 不

僅可以做資料處理，還有很多強大的功能，例如 Spark Streaming 的即時流處理應用、Spark SQL 的即時查詢、MLlib 的機器學習和 GraphX 的圖型計算等，Spark 是一個完整的生態，下面我們講解一下 Spark，同時也為我們後面章節講解 Spark 分散式機器學習打基礎。

3.5 Spark 基礎

Spark 是用於大規模資料處理的統一分析引擎，一個可以實現快速通用的叢集計算平台。它是由加州大學柏克萊分校 AMP 實驗室開發的通用記憶體平行計算框架，用來建構大型的、低延遲的資料分析應用程式。它擴充了廣泛使用的 MapReduce 計算模型。高效率地支撐更多計算模式，包括互動式查詢和流處理。Spark 的主要特點是能夠在記憶體中進行計算，及時依賴磁碟進行複雜的運算，Spark 依然比 MapReduce 更加高效。Spark 同時也是一個分散式機器學習平台。

3.5.1 Spark 原理和介紹

Apache Spark 是專為大規模資料處理而設計的快速通用的計算引擎。Spark 擁有 Hadoop MapReduce 所具有的優點，但不同於 MapReduce 的是 Job 中間輸出結果可以保存在記憶體中，從而不再需要讀寫 HDFS，因此 Spark 能更進一步地適用於資料採擷與機器學習等需要疊代的 MapReduce 演算法。

Spark 是一種與 Hadoop 相似的開放原始碼叢集計算環境，但是兩者之間還會有一些不同之處，這些不同之處使 Spark 在某些工作負載方面表現得更加優越，換句話說，Spark 啟用了記憶體分佈資料集，除了能夠提供互動式查詢外，它還可以最佳化疊代工作負載。Spark 是用 Scala 語言實現的，它將 Scala 用作其應用程式框架。與 Hadoop 不同，Spark 和 Scala 能夠緊密整合，其中的 Scala 可以像操作本地集合物件一樣輕鬆地操作分散式資料集。儘管創建 Spark 是為了支援分散式資料集上的疊代作業，但實際上它是對 Hadoop 的補充，可以在 Hadoop 檔案系統中平行運行，透過名為 Mesos 的第三方叢集框架可以支援此行為。Spark 可用來建構大型的、低延遲的資料分析應用程式。

可以簡單複習這麼幾點，Spark 是一個分散式記憶體計算框架；Spark 是一個計算引擎但沒有儲存功能；Spark 可以單機和分散式運行，有三種方式：Standalone 單獨叢集部署、Spark on Yarn 部署和 Local 本地模式。

Spark 平台是繼 Hadoop 平台之後推出的分散式運算引擎，它剛出現的時候更多地是為了解決 Hadoop 的 MapReduce 計算問題，因為 Hadoop MapReduce 計算引擎是以磁碟為基礎，而 Spark 以記憶體為基礎，所以計算效率得到大大提升，下面我們從幾個方面來比較 Spark 和 Hadoop。

1. Spark 和 Hadoop 框架比較

Spark 是分散式記憶體計算平台，它是用 Scala 語言編寫，以記憶體為基礎的快速、通用、可擴充的巨量資料分析引擎。Hadoop 是分散式管理、儲存、計算的生態系統，包括 HDFS(儲存)、MapReduce(計算) 和 Yarn(資源排程)。

2. Spark 和 Hadoop 原理方面的比較

1) 程式設計模型比較

Hadoop 和 Spark 都是平行計算，兩者都可以用 MR 模型進行計算，但 Spark 不僅有 MR，還有更多運算元，並且 API 更豐富。

2) 作業

Hadoop 的作業稱為一個 Job，每個 Job 裡面分為 Map Task 和 Reduce Task 階段，每個 Task 都在自己的處理程序中運行，當 Task 結束時，處理程序也會隨之結束，當然 Hadoop 也可以只有 Map，而沒有 Reduce。Spark 有對應的 Map 和 Reduce，但 Spark 的 ReduceByKey 和 Hadoop 的 Reduce 含義不一樣，與 Hadoop 的 Reduce 比較相似的 Spark 函數是 GroupByKey。

3) 任務提交

Spark 使用者提交的任務稱為 Application，一個 Application 對應一個 SparkContext，Application 中存在多個 Job，每觸發一次 Action 操作就會產生一個 Job。這些 Job 可以平行或串列執行，每個 Job 中有多個 Stage，Stage 是 Shuffle 過程中 DAGScheduler 透過 RDD 之間的依賴關係劃分 Job 而來的，每個 Stage 裡面有多個 Task，組成 TaskSet，由 TaskScheduler 分發到各個 Executor 中執行，Executor 的生命週期是和 Application 一樣的，即使沒有 Job 運行也是存在的，所以 Task 可以快速啟動並讀取記憶體以便進行計算。

3. Spark 和 Hadoop 詳細比較

1) 執行效率

Spark 對標於 Hadoop 中的計算模組 MR，但是速度和效率比 MR 要快得多。

Spark 是由於 Hadoop 中 MR 效率低下而產生的高效率快速計算引擎，批次處理速度比 MR 快近 10 倍，記憶體中的資料分析速度比 Hadoop 快近 100 倍 (來自官網描述)；實際應用中快不了這麼多，一般快兩三倍的樣子，而官網描述的 100 倍是特殊場景。

2) 檔案管理系統

Spark 沒有提供檔案管理系統，所以它必須和其他的分散式檔案系統進行整合才能運作。Spark 只是一個計算分析框架，專門用來對分散式儲存的資料進行計算處理，它本身並不能儲存資料。

3) Spark 操作用 Hadoop 的 HDFS

Spark 可以使用 Hadoop 的 HDFS 或其他雲端資料平台進行資料儲存，但是一般使用 HDFS。

4) 資料操作

Spark 可以使用以 HDFS 為基礎的 HBase 資料庫，也可以使用 HDFS 的資料檔案，還可以透過 jdbc 連接使用 MySQL 資料庫資料。Spark 可以對資料庫資料進行修改和刪除，而 HDFS 只能對資料進行追加和全表刪除。

5) 設計模式

Spark 處理資料的設計模式與 MR 不一樣，Hadoop 是從 HDFS 讀取資料，透過 MR 將中間結果寫入 HDFS，然後再重新從 HDFS 讀取資料進行 MR，再寫入到 HDFS，這個過程涉及多次寫入磁碟操作，多次磁碟 IO 操作，效率並不高，而 Spark 的設計模式是讀取叢集中的資料後，在記憶體中儲存和運算，直到全部資料運算完畢後，再儲存到叢集中。

6) 磁碟和分散式記憶體

Spark 中 RDD 一般存放在記憶體中，如果記憶體不夠存放資料，會同時使用磁碟儲存資料。透過 RDD 之間的血緣連接、資料存入記憶體後切斷血緣關係等機制，Spark 可以實現災難恢復，當資料遺失時可以恢復資料，這一點與 Hadoop 類似，Hadoop 以磁碟讀寫為基礎，天生資料具備可恢復性。

4. Spark 的優勢

1) RDD 分散式彈性資料集

Spark 以 RDD 為基礎，資料並不存放在 RDD 中，只是透過 RDD 進行轉換，透過裝飾者設計模式，資料之間形成血緣關係和類型轉換。

2) 程式語言優勢

Spark 用 Scala 語言編寫，相比用 Java 語言編寫的 Hadoop 程式更加簡潔。

3) 提供的運算元更豐富

相比 Hadoop 中對於資料計算只提供了 Map 和 Reduce 兩個操作，Spark 提供了豐富的運算元，它可以透過 RDD 轉換運算元和 RDD 行動運算元，實現很多複雜演算法操作，這些複雜的演算法在 Hadoop 中需要自己編寫，而在 Spark 中透過 Scala 語言封裝好後，直接用就可以了。

4) RDD 的多個運算元轉換，快速疊代式記憶體計算優勢

Hadoop 中對於資料的計算，一個 Job 只有一個 Map 和 Reduce 階段，對於複雜的計算，需要使用多次 MR，這樣帶來大量的磁碟 I/O 負擔，效率不高，而在 Spark 中，一個 Job 可以包含多個 RDD 的轉換運算元，在排程時可以生成多個 Stage，實現更複雜的功能。

5) 中間結果存放在記憶體，計算更快

Hadoop 的中間結果存放在 HDFS 中，每次 MR 都需要寫入和呼叫，而 Spark 中間結果優先存放在記憶體中，當記憶體不夠用再存放在磁碟中，不存入 HDFS，避免了大量的 IO 和寫入及讀取操作。

6) 對於疊代式流式資料的處理能力比較強

Hadoop 適合處理靜態資料，而對於疊代式流式資料的處理能力差，Spark 透過在記憶體中快取處理資料的方式提高了處理流式資料和疊代式資料的能力，於是就有了 Spark Streaming 流式計算，類似於 Storm 和 Fink。

5. Spark 基本概念

1) RDD

RDD 是彈性分散式資料集 (Resilient Distributed Dataset) 的簡稱，它是分散式記憶體的抽象概念並提供了一種高度受限的共用記憶體模型。

2) DAG

DAG 是有向無環圖 (Directed Acyclic Graph) 的簡稱，反映與 RDD 之間的依賴關係。

3) Driver Program

Driver Program 是控製程式，負責為 Application 建構 DAG 圖。

4) Cluster Manager

Cluster Manager 是叢集資源管理中心，負責分配運算資源。

5) Worker Node

Worker Node 是工作節點，負責完成具體計算。

6) Executor

Executor 是運行在工作節點上的處理程序，負責運行 Task，並為應用程式儲存資料。

7) Application

Application 是使用者編寫的 Spark 應用程式，一個 Application 包含多個 Job。

8) Job

作業，一個 Job 包含多個 RDD 及作用於對應 RDD 上的各種操作。

9) Stage

階段，是作業的基本排程單位，一個作業會分為多組任務，每組任務被稱為「階段」。

10) Task

任務，運行在 Executor 上的工作單元，是 Executor 中的執行緒。

複習：Application 由多個 Job 組成，Job 由多個 Stage 組成，Stage 由多個 Task 組成。Stage 是作業排程的基本單位。

6. Spark 運行流程

1) Application 首先被 Driver 建構 DAG 圖並分解成 Stage；

2) Driver 向 Cluster Manager 申請資源；

3) Cluster Manager 向某些 Work Node 發送徵召訊號；

4) 被徵召的 Work Node 啟動 Executor 處理程序回應徵召，並向 Driver 申請任務；

5) Driver 分配 Task 給 Work Node；

6) Executor 以 Stage 為單位執行 Task，期間 Driver 進行監控；

7) Driver 收到 Executor 任務完成的訊號後向 Cluster Manager 發送登出訊號；

8) Cluster Manager 向 Work Node 發送釋放資源訊號；

9) Work Node 對應 Executor 停止運行。

7. RDD 資料結構

RDD 是記錄唯讀分區的集合，是 Spark 的基本資料結構。RDD 代表一個不可變、可分區和裡面的元素可平行計算的集合。一般有兩種方式可以創建 RDD，第一種是讀取檔案中的資料生成 RDD，第二種則是透過將記憶體中的物件平行化得到 RDD，如程式 3.2 所示。

【程式 3.2】Spark 創建 RDD

```
// 透過讀取檔案生成 RDD，可以是檔案也可以是目錄，如果是目錄則會自動載入目錄下所有檔案
val rdd = sc.textFile("hdfs://chongdianleme/ods/dim/data")
// 透過將記憶體中的物件平行化得到 RDD
val numArray = Array(1,2,3,4,5)
val rdd = sc.parallelize(numArray)
// 或 val rdd = sc.makeRDD(numArray)
```

創建 RDD 之後，可以使用各種操作對 RDD 進行程式設計。對 RDD 的操作有兩種類型，即 Transformation 操作和 Action 操作。轉換操作是從已經存在的 RDD 創建一個新的 RDD，而行動操作是在 RDD 上進行計算後返回結果到 Driver。Transformation 操作都具有 Lazy 特性，即 Spark 不會立刻進行實際的計算，只會記錄執行的軌跡，只有在觸發 Action 操作的時候它才會根據 DAG 圖真正執行。操作確定了 RDD 之間的依賴關係。RDD 之間的依賴關係有兩種類型，即窄依賴和寬依賴。窄依賴時，父 RDD 的分區和子 RDD 的分區關係是一對一或多對一的關係；寬依賴時，父 RDD 的分區和子 RDD 的分區關係是一對多或多對多的關係。與寬依賴關係相關的操作一般具有 Shuffle 過程，即透過一個 Partitioner 函數將父 RDD 中每個分區上 Key 的不同記錄分發到不同的子 RDD 分區。依賴關係確定了 DAG 切分成 Stage 的方式。切割規則為從後往前，遇到寬依賴就切割 Stage。RDD 之間的依賴關係形成一個 DAG 有向無環圖，DAG 會提交給 DAGScheduler，DAGScheduler 會把 DAG 劃分成相

互依賴的多個 Stage，劃分 Stage 的依據就是 RDD 之間的寬窄依賴。遇到寬依賴就劃分 Stage，每個 Stage 包含一個或多個 Task 任務，然後將這些 Task 以 TaskSet 的形式提交給 TaskScheduler 運行。

Spark 生態系統以 SparkCore 為核心，能夠讀取傳統檔案 (如文字檔)、HDFS、AmazonS3、Alluxio 和 NoSQL 等資料來源，利用 Standalone、Yarn 和 Mesos 等資源排程管理，完成應用程式分析與處理。這些應用程式來自 Spark 的不同元件，如 Spark Shell 或 Spark Submit 互動式批次處理方式、Spark Streaming 即時流處理應用、Spark SQL 即時查詢、取樣近似查詢引擎 BlinkDB 的權衡查詢、MLbase/MLlib 機器學習、GraphX 圖型處理。

Spark 機器學習實現的演算法非常多，接下來我們介紹 Spark 機器學習 MLlib，後面的章節會再詳細地講解。

3.5.2　Spark MLlib 機器學習介紹

Spark 機器學習是以 SparkCore 框架為基礎的，所以多是分散式運行，在分散式機器學習領域 Spark 是一個主流的框架，應用非常普遍。並且實現的演算法非常全面，從分類、聚類、回歸、降維、最最佳化和神經網路等都有，而且 API 程式呼叫非常簡單好用，對於載入訓練資料集的格式也非常統一，例如分類的一份訓練資料可以同時用在多個分類演算法上，不用做額外的處理，這樣大大節省了開發者的時間，方便開發者快速比較各個演算法之間的效果。下面我們列舉一下 Spark 實現了哪些演算法，隨著版本的更新，還在不斷地加入新的演算法。

1. 分類

SVM (支援向量機)

Naive Bayes (貝氏)

Decision tree (決策樹)

Random Forest (隨機森林)

Gradient-Boosted Decision Tree (GBDT) (梯度提升樹)

2. 回歸

Logistic regression（邏輯回歸，也可以分類）

Linear regression（線性回歸）

Isotonic regression（保序回歸，和時間序列演算法類似，可以做銷量預測）

3. 推薦

Collaborative filtering（協作過濾）

Alternating Least Squares (ALS)（交替最小平方法）

Frequent pattern mining（頻繁項集採擷）

FP-growth（頻繁模式樹）

Apriori（演算法）

4. Clustering（聚類演算法）

K-means (K 平均值)

Gaussian mixture（高斯混合模型）

Power Iteration Clustering (PIC)（快速疊代聚類）

Latent Dirichlet Allocation (LDA)（潛在狄利克雷分配模型）

Streaming K-means（流 K 平均值）

5. Dimensionality reduction（降維演算法）

Singular Value Decomposition (SVD)（奇異值分解）

Principal Component Analysis (PCA)（主成分分析）

6. Feature extraction and transformation（特徵提取轉換）

TF-IDF（詞頻 / 反文件頻率）

Word2Vec（詞向量）

StandardScaler（標準歸一化）

Normalizer（正規化）

Feature selection（特徵選取）

ElementwiseProduct (元素智慧乘積)

PCA (主成分分析)

7. Optimization (developer) (最最佳化演算法)

Stochastic gradient descent (隨機梯度下降)

Limited-memory BFGS (L-BFGS) (擬牛頓法)

8. 神經網路

MLP 智慧感知機——前饋神經網路

3.5.3 Spark GraphX 圖型計算介紹

GraphX 是 Spark 的重要子專案,它利用 Spark 作為計算引擎,實現了大規模圖型計算功能,並提供了類似 Pregel 的程式設計介面。GraphX 的出現將 Spark 生態系統變得更加完善和豐富,同時以其與 Spark 生態系統其他元件很好的融合,以及強大的圖資料處理能力,在工業界獲得了廣泛的應用。

GraphX 是常用圖型演算法在 Spark 上的平行化實現,同時提供了豐富的 API 介面。圖型演算法是很多複雜機器學習演算法的基礎,在單機環境下有很多應用案例。在巨量資料環境下,當圖的規模大到一定程度後,單機就很難解決大規模的圖型計算,需要將演算法平行化,在分散式叢集上進行大規模圖型處理。目前,比較成熟的方案有 GraphX 和 GraphLab 等大規模圖型計算框架。現在可以和 GraphX 組合使用的分散式圖資料庫是 Neo4J。Neo4J 是一個高性能的、非關係的、具有完全交易特性的和堅固的圖資料庫。另一個資料庫是 Titan,Titan 是一個分散式的圖形資料庫,特別為儲存和處理大規模圖形而最佳化。二者均可作為 GraphX 的持久化層,儲存大規模圖資料。

Graphx 的主要介面:

基本資訊介面 (numEdges,num Vertices,degrees(in/out))

聚合操作 (mapVertices,mapEdges,mapTriplets)

轉換介面 (mapReduceTriplets,collectNeighbors)

結構操作 (reverse,subgraph,mask,groupEdges)

快取操作 (cache,unpersistVertices)

GraphX 每個圖由 3 個 RDD 組成，如表 3.2 所示。

表 3.2　GraphX 圖

名稱	對應 RDD	包含的屬性
Vertices	VertexRDD	ID、點屬性
Edges	EdgeRDD	來源頂點的 ID，目標頂點的 ID，邊屬性
Triplets	EdgeTriplet	來源頂點 ID，來源頂點屬性，邊屬性，目標頂點 ID，目標頂點屬性

Triplets 其實是對 Vertices 和 Edges 做了 join 操作點分割、邊分割。

GraphX 圖型計算演算法經典應用有以最大連通圖為基礎的社區發現、以三角形計數為基礎的關係衡量和以隨機遊走為基礎的使用者屬性傳播。

3.5.4　Spark Streaming 流式計算介紹

Spark Streaming 是 Spark 核心 API 的擴充，可以實現高輸送量的、具備容錯機制的即時流資料的處理。支援從多種資料來源獲取資料，包括 Kafka、Flume、Twitter、ZeroMQ、Kinesis 及 TCPsockets，從資料來源獲取資料之後，可以使用諸如 map、reduce、join 和 window 等進階函數進行複雜演算法的處理。最後還可以將處理結果儲存到檔案系統、資料庫和現場儀表板。在「OneStackrulethemall」的基礎上，還可以使用 Spark 的其他子框架，如叢集學習、圖型計算等對流資料進行處理。

Spark 的各個子框架都是以核心 Spark 為基礎的，Spark Streaming 在內部的處理機制是接收即時流的資料，並根據一定的時間間隔拆分成一批批的資料，然後透過 SparkEngine 處理這些批資料，最終得到處理後的一批批結果資料。

對應的批資料，在 Spark 核心裡對應一個 RDD 實例，因此，對應流資料的 DStream 可以看作一組 RDD，即 RDD 的序列。通俗點了解的話，在流資料被分成一批一批後，透過一個先進先出的佇列，SparkEngine 從該佇列中依次取出一個個批資料，把批資料封裝成一個 RDD，然後進行處理，這是一個典型的生產者消費者模型，對應的是生產者消費者模型的問題，即如何協調生產速率和消費速率之間的關係。

3.5.5 Scala 程式設計入門和 Spark 程式設計 [1]

Scala 是一門多範式的程式語言，一種類似 Java 的程式語言，設計初衷是為了實現可伸縮的語言，並整合物件導向程式設計和函數式程式設計的各種特性。Scala 程式語言抓住了很多開發者的眼光。如果你粗略瀏覽 Scala 的網站，會覺得 Scala 是一種純粹的物件導向程式語言，而又無縫地結合了命令式程式設計和函數式程式設計風格。Scala 有幾項關鍵特性表明了它的物件導向的本質。舉例來說，Scala 中的每個值都是一個物件，包括基底資料型態 (即布林值、數字等) 在內，連函數也是物件。另外，類別可以被子類別化，而且 Scala 還提供了以 mixin 為基礎的組合 (mixin-based composition)。與僅支援單繼承的語言相比，Scala 具有更廣泛意義上的類別重用。Scala 允許在定義新類別的時候重用「一個類別中新增的成員定義 (即相較於其父類別的差異之處)」。Scala 稱之為 mixin 類別組合。Scala 還包含了許多函數式語言的關鍵概念，包括高階函數 (Higher-Order Function)、局部套用 (Currying)、巢狀結構函數 (Nested Function) 和序列解讀 (Sequence Comprehensions) 等。

Scala 是靜態類型的，這就允許它提供泛型類別、內部類別甚至多形方法 (Polymorphic Method)。另外值得一提的是，Scala 被特意設計成能夠與 Java 和 .NET 進行交互操作。Scala 當前版本還不能在 .NET 上運行，但按照計畫將來可以在 .NET 上運行。Scala 可以與 Java 交互操作。它用 scalac 這個編譯器把原始檔案編譯成 Java 的 class 檔案 (即在 JVM 上運行的位元組碼)。你可以從 Scala 中呼叫所有的 Java 類別庫，也同樣可以從 Java 應用程式中呼叫 Scala 的程式。用 David Rupp 的話來說，它也可以存取現存的數之不盡的 Java 類別庫，這讓 (潛在地)Java 類別庫遷移到 Scala 更加容易，從而 Scala 得以使用為 Java1.4、5.0 或 6.0 編寫的巨量的 Java 類別庫和框架，Scala 會經常性地針對這幾個版本的 Java 類別庫進行測試。Scala 可能也可以在更早版本的 Java 上運行，但沒有經過正式的測試。Scala 以 BSD 許可發佈，並且數年前就已經被認為相當穩定了。

說了這麼多，我們還沒有回答一個問題，「為什麼我要使用 Scala ？」Scala 的設計始終貫穿著一個理念：

創造一種更進一步地支援元件的語言 (The Scala Programming Language，Donna Malayeri)，也就是說軟體應該由可重用的部件構造而成。Scala 旨在提供一種程式語言，它能夠統一和一般化分別來自物件導向和函數式兩種不同風格的關鍵概念。借著這個目標與設計，Scala 得以提供一些出色的特性，包括：

- 物件導向風格
- 函數式風格
- 更高層的併發模型

Scala 把 Erlang 風格的以 actor 為基礎的併發帶進了 JVM。開發者可以利用 Scala 的 actor 模型在 JVM 上設計具伸縮性的併發應用程式，它會自動獲得多核心處理器帶來的優勢，而不必依照複雜的 Java 執行緒模型來編寫程式。

- 羽量級的函數語法
  高階
  巢狀結構
  局部套用 (Currying)
  匿名
- 與 XML 整合
  可在 Scala 程式中直接書寫 XML
  可將 XML 轉換成 Scala 類別
- 與 Java 無縫地交互操作

Scala 的風格和特性已經吸引了大量的開發者，例如 Debasish Ghosh 就覺得：我已經把玩了 Scala 好一陣子，可以說我絕對享受這個語言的創新之處。總而言之，Scala 是一種函數式物件導向語言，它融匯了許多前所未有的特性，而同時又運行於 JVM 之上。隨著開發者對 Scala 的興趣日增，以及越來越多的工具支援，Scala 語言無疑將成為你手上一件必不可少的工具。

目前很多優秀的開放原始碼框架，如 Spark、Flink 都是以 Scala 語言開發為基礎的，在巨量資料領域 Scala 語言越來越被普遍地使用。由於本書涵蓋基礎知識較多，我們只對 Scala 的一些簡單常用語法做介紹，更進階的功能可以參見專門的 Scala 程式設計書籍。

1. Scala 基礎程式設計

1) Hello world 入門例子

Hello world 是每個程式語言的經典入門例子，Scala 也是一樣。首先在檔案裡宣告一個 object 類型的類別，這裡不能用 class，object 是能直接找到 main 函數入口的，而 class 則不行。和 Java 一樣，Scala 是以 main 函數作為主入口。函數前面用 def 宣告。main 函數裡面的參數先寫參數名稱，後面跟著一個冒號，冒號後面是參數類型。函數的返回值不是必須指定的，它會自己推斷。在函數本體裡面直接列印出來 Hello，world!，執行敘述後面不用加分號，這點與 Java 不同。在 Java 中要是不加分號就會顯示出錯，如程式 3.3 所示。

【程式 3.3】Hello World

```
object HelloWorld {
 def main(args: Array[String])
{
    println("Hello, world!")
 }
}
```

2) 定義變數 val 和 var，val 是不可變變數，而 var 是可變變數

宣告 val 是不可變的變數，如果後面強行設定值就會顯示出錯。var 是可變的變數，後面可以重新賦一個新值，如程式 3.4 所示。

【程式 3.4】定義變數

```
scala> val msg="Hello,World"
msg: String = Hello,World

scala> val msg2:String ="Hello again,world"
msg2: String = Hello again,world
# 定義 var
var i =0
# 可以
i=i+1
i+=1
# 但是不能 i++
```

3) 定義函數

函數前面用 def 宣告，函數裡面的參數先寫參數名稱，後面跟著一個冒號，冒號後面是參數類型。函數的返回值不是必須指定的，它會自己推斷，但也可以

自己指定，例如程式 3.5 中指定返回值為 Int 整數類型，函數後面加個冒號，後面跟著返回數值型態介面。有一點需要說明，如果指定了函數返回值就必須有返回值。如果不指定就比較靈活，可以有返回值，也可以沒有，程式自己推斷，如程式 3.5 所示。

【程式 3.5】定義函數

```
def max(x:Int,y:Int) : Int =
{
    if (x >y) x
    else  y
}
```

4) 定義類

類別是物件導向的，和 Java 的類別差不多。類別裡面可以宣告屬性和函數，如程式 3.6 所示。

【程式 3.6】定義類

```
class ChecksumAccumulator{
    private var sum=0
    def add(b:Byte) :Unit = sum +=b
    def checksum() : Int = ~ (sum & 0xFF) +1
}
```

可以看到 Scala 類別定義和 Java 類別定義非常類似，也是以 class 開始，和 Java 不同的是 Scala 的預設修飾符號為 public，也就是如果不帶有存取範圍的修飾符號 public、protected 和 private，Scala 預設定義為 public。Scala 程式無須使用「；」結尾，也不需要使用 return 返回值，函數的最後一行的值就作為函數的返回值。

5) 基本類型

Scala 與 Java 具有相同的資料類型，和 Java 的資料類型的記憶體分配完全一致，精度也完全一致。其中比較特殊的類型有 Unit，表示沒有返回值；Nothing 表示沒有值，是所有類型的子類型，創建一個類別就一定有一個子類別是 Nothing；Any 是所有類型的超類別；AnyRef 是所有參考類型的超類別；注意最大的類別是 Object。

上面列出的資料類型都是物件，也就是說 Scala 沒有 Java 中的原生類型。Scala 是可以對數字等基礎類型呼叫方法的。例如數字 1 可以調方法，使用 1. 方法名稱。

如上所示，可見到所有類型的基礎類別與 Any。Any 之後分為兩個類型 AnyVal 與 AnyRef。其中 AnyVal 是所有數值型態的父類型，AnyRef 是所有參考類型的父類型。

與其他語言稍微有點不同的是，Scala 還定義了底類型。其中 Null 類型是所有參考類型的底類型，及所有 AnyRef 的類型的空值都是 Null，而 Nothing 是所有類型的底類型，對應 Any 類型。Null 與 Nothing 都表示空。

在基礎類型中只有 String 是繼承自 AnyRef 的，與 Java 相同，Scala 中的 String 也是記憶體不可變物件，這就表示，所有的字串操作都會產生新的字串。其他的基礎類型如 Int 等都是 Scala 包裝的類型，例如 Int 類型對應的是 Scala. Int，它只是 Scala 套件會被每個原始檔案自動引用。

標準類別庫中的 Option 類型用範例類別來表示可能存在、也可能不存在的值。範例子類別 Some 包裝了某個值，例如 Some(「Fred」)；而範例物件 None 表示沒有值，這比使用空字串的意圖更加清晰，比使用 Null 來表示缺少某值的做法更加安全 (避免了空指標異常)。

下面列出了 Scala 支援的資料類型：

Byte：8 位元有號補數整數，數值區間為 -128~127

Short：16 位元有號補數整數，數值區間為 -32768~32767

Int：32 位元有號補數整數，數值區間為 -2147483648~2147483647

Long：64 位元有號補數整數，數值區間為 -9223372036854775808~9223372036 854775807

Float：32 位元，IEEE 754 標準的單精度浮點數

Double：64 位元 IEEE 754 標準的雙精度浮點數

Char：16 位元無號 Unicode 字元，區間值為 U+0000~U+FFFF

String：字元序列

Boolean：true 或 false

Unit：表示無值，和其他語言中 void 等同。用作不返回任何結果的方法的結果類型。Unit 只有一個實例值，寫成 ()

Null：null 或空引用

Nothing：在 Scala 的類別層級的最底端，它是任何其他類型的子類型

Any：所有其他類別的超類別

AnyRef：Scala 裡所有引用類別 (reference class) 的基礎類別

上面列出的資料類型都是物件，也就是說 Scala 沒有 Java 中的原生類型。Scala 是可以對數字等基礎類型呼叫方法的。

6) If 運算式

If 是如果，else 是不然兩個分支，比較好了解，如程式 3.7 所示。

【程式 3.7】If 運算式

```
var filename="default.txt"
if(!args.isEmpty)
  filename =args(0)
else "default.txt"
```

Scala 語言的 if 的基本功能和其他語言沒有什麼不同，它根據條件執行兩個不同的分支。

7) While 循環

While 指定一個條件來循環，當括號內的條件為真的時候退出循環。為 true 時叫作真，為 false 時叫作假，如程式 3.8 所示。

【程式 3.8】While 循環

```
def gcdLoop (x: Long, y:Long) : Long ={
  var a=x
  var b=y
  while( a!=0) {
      var temp=a
      a=b % a
      b = temp
  }
  b
}
```

Scala 的 while 循環和其他語言如 Java 功能一樣，它含有一個條件和一個循環本體，但是沒有 break 和 continue。

8) For 循環

For 循環有以下 3 種方式，如程式 3.9 所示。

【程式 3.9】For 循環

```
// 第一種方式
for (arg <- args)
println(arg)
// 第二種方式
args.foreach(println)
// 第三種方式
for (i <- 0 to 2)
print(greetStrings(i))
```

9) Try catch finally 異常處理

異常處理機制，如程式 3.10 所示。

【程式 3.10】Try catch finally 異常處理

```
import Java.io.FileReader
import Java.io.FileNotFoundException
import Java.io.IOException
try {
 val f = new FileReader("input.txt")
 // Use and close file
} catch {
 case ex: FileNotFoundException =>       // Handle missing file
 case ex: IOException =>                 // Handle other I/O error
}
finally
{
  f.close()
}
```

執行步驟是先執行 try 方法區塊裡的程式，如果有異常就會執行 catch 裡面的程式，最後才會執行 finally 裡的程式。

10) Match 運算式，類似 Java 的 switch…case 敘述

if else 分值只有如果、否則兩個分值，如果有多個分支的時候使用 match case 運算式，很好了解，如程式 3.11 所示。

【程式 3.11】Match 運算式

```
var myVar = "theValue";
var myResult =
    myVar match {
        case "someValue" => myVar + " A";
        case "thisValue" => myVar + " B";
        case "theValue"    => myVar + " C";
        case "doubleValue" => myVar + " D";
    }
println(myResult);
```

上面對 Scala 程式設計做了簡單的介紹，Scala 是一個基礎的語言，Spark 程式設計在 Scala 語言基礎上封裝了很多現成的函數，供開發者使用，減小開發的工作量，並且使程式更加簡潔。Spark 的優勢之一就在於提供了大量常用的 API 函數，滿足了很多應用場景，從而大大提高了開發效率。下面我們介紹 Spark 程式設計常用的 API 函數。

2. Spark 廣播變數和累加器

大部分的情況下，當向 Spark 操作 (如 map，reduce) 傳遞一個函數時，它會在一個遠端叢集節點上執行，並會使用函數中所有變數的備份。這些變數被複製到所有的機器上，遠端機器上沒有被更新的變數會向驅動程式回傳。在任務之間使用通用的、支援讀寫的共用變數是低效的。儘管如此，Spark 提供了兩種有限類型的共用變數：廣播變數和累加器。

1) 廣播變數

廣播變數允許程式設計師將一個唯讀的變數快取到每台機器上，而不用在任務之間傳遞變數。廣播變數可被用於有效地給每個節點一個大輸入資料集的備份。Spark 還嘗試使用高效的廣播演算法來分發變數，進而減少通訊的負擔。Spark 的動作透過一系列的步驟執行，這些步驟由分散式的 shuffle 操作分開。Spark 自動地廣播每個步驟的每個任務所需要的通用資料。這些廣播資料被序列化地快取，並在運行任務之前被反序列化出來。這表示當我們需要在多個階段的任務之間使用相同的資料時，或在以反序列化形式快取資料是十分重要的時候，顯性地創建廣播變數才有用。

它在所有節點的記憶體裡快取一個值，和 Hadoop 裡面的分散式快取 DistributeCache 類似，如程式 3.12 所示。

【程式 3.12】廣播變數

```
val arr1 = (0 until 1000000).toArray
for (i <- 0 until 3) {
  val startTime = System.nanoTime
  val barr1 = sc.broadcast(arr1)
  val observedSizes = sc.parallelize(1 to 10, slices).map(_ => barr1.value.size)
  observedSizes.collect().foreach(i => println(i))
}
# 都列印
1000000
```

2) 累加器

累加器是僅被相關操作累加的變數，因此可以在平行中被有效地支援。它可以被用來實現計數器和求總和的功能。Spark 原生地支援數字類型的累加器，程式設計者可以增加新支援的類型。如果在創建累加器時指定了名字，就可以在 Spark 的 UI 介面看到它。這有利於了解每個執行時的處理程序 (對於 Python 還不支援)。

累加器透過對一個初始化了的變數 v 呼叫 SparkContext.accumulator(v) 來創建。在叢集上運行的任務可以透過 add 或「+=」方法在累加器上進行累加操作。但是，它們不能讀取它的值。只有驅動程式能夠透過累加器的 value 方法讀取它的值。

它們只能被「加」起來，就像計數器或是「求和」。和 Hadoop 的 getCounter 類別 hadoop：context.getCounter(Counters.USERS).increment(1)；功能相似，如程式 3.13 所示。

【程式 3.13】累加器

```
Spark: val accum =sc.accumulator[Int](0,"accumJobCountInvalid")
accum += 1
```

3. Spark 轉換操作

transformation 的意思是得到一個新的 RDD，方式很多，例如從資料來源生成一個新的 RDD，從 RDD 生成一個新的 RDD。

1) map(func)

對呼叫 map 的 RDD 資料集中的每個 element 都使用 func，然後返回一個新的 RDD，這個返回的資料集是分散式的資料集。

2) filter(func)

對呼叫 filter 的 RDD 資料集中的每個元素都使用 func，然後返回一個包含使 func 為 true 的元素組成的 RDD。

3) flatMap(func)

和 map 差不多，但是 flatMap 生成的是扁平化結果。

4) mapPartitions(func)

和 map 很像，但是 map 是針對每個 element，而 mapPartitions 是針對每個 partition。

5) mapPartitionsWithSplit(func)

和 mapPartitions 很像，但是 func 作用在其中一個 split 上，所以 func 中應該有 index。

6) sample(withReplacement，faction，seed)
對資料進行抽樣。

7) union(otherDataset)

返回一個新的 dataset，包含來源 dataset 和指定 dataset 的元素的集合。

8) distinct([numTasks])

返回一個新的 dataset，這個 dataset 含有的是來源 dataset 中的 distinct 的 element。

9) groupByKey(numTasks)

返回 (K，Seq[V])，也就是 Hadoop 中 reduce 函數接收的 key-valuelist。

10) reduceByKey(func，[numTasks])

就是用一個指定的 reducefunc 再作用在 groupByKey 產生的 (K，Seq[V])，例如求和、求平均數。

11) sortByKey([ascending]，[numTasks])
按照 key 來進行排序，是昇冪還是降冪，ascending 是 boolean 類型。

12) join(otherDataset，[numTasks])

當 有 兩 個 KV 的 dataset(K，V) 和 (K，W)， 返 回 的 是 (K，(V，W)) 的

dataset，numTasks 為併發的任務數。

13) cogroup(otherDataset，[numTasks])

當有兩個 KV 的 dataset(K，V) 和 (K，W) 時，返回的是 (K，Seq[V]，Seq[W]) 的 dataset，numTasks 為併發的任務數。

14) cartesian(otherDataset)

笛卡兒乘積就是 m×n，自然連接。

4. Spark Action 操作

action 意思是得到一個值，或一個結果 (直接將 RDDcache 保存到記憶體中)，所有的 transformation 都採用懶策略，就是說如果只是將 transformation 提交是不會執行計算的，計算只有在 action 被提交的時候才被觸發。

1) reduce(func)

聚集，但是傳入的函數是兩個輸入參數並返回一個值，這個函數必須是滿足交換律和結合律的。

2) collect()

一般在使用 filter 或結果足夠小的時候用 collect 封裝並返回一個陣列。

3) count()

返回的是 dataset 中 element 的個數。

4) first()

返回的是 dataset 中的第一個元素。

5) take(n)

返回前 n 個 elements，這個是 driverprogram 返回的。

6) takeSample(withReplacement, num, seed)

抽樣返回一個 dataset 中的 num 個元素，隨機種子 seed。

7) saveAsTextFile(path)

把 dataset 寫到一個 textfile 中，或 HDFS 中，或 HDFS 支援的檔案系統中，Spark 把每筆記錄都轉為一行記錄，然後寫到 file 中。

8) saveAsSequenceFile(path)

只能用在 key-value 對上，然後生成 SequenceFile 寫到本地或 Hadoop 檔案系統中。

9) countByKey()

返回的是 key 對應的個數的 map，作用於一個 RDD。

10) foreach(func)

對 dataset 中的每個元素都使用 func。

5. Spark 經典 WordCount 例子

對於 Spark 來講，單字計數是非常簡單的例子，雖然看起來簡單，但真正了解起來並不容易，如程式 3.14 所示。

【程式 3.14】WordCount 例子

```
sc.textFile("/input").flatMap(_.split(" ").map((_, 1)).reduceByKey(_ + _).
saveAsTextFile("/output")
```

計算過程的邏輯是這樣的，首先透過 textFile 方法從指定的文章目錄 input 載入資料，不管 input 下有多少個檔案，它都會一行一行地讀進來，並且這個 input 目錄可以有多個檔案。載入進來後，資料就分佈到記憶體 RDD 裡面了，之後 flatMap 會遍歷 RDD 裡面的每一行記錄並進行處理，因為單字是以空格分割的，我們用 split 函數拆分成多個單字使其成為一個單字陣列，_.split 前面的底線指的是 RDD 裡面的每一個元素，因為這裡的 RDD 是一行行的記錄，所以一個元素就是一行 String 的記錄字串，然後透過 flatMap 會打平這個資料，透過後面的 .map 變數的就是一個個的單字，不再是一行記錄。map 方法透過一個二元組 (_，1) 返回單字和計數 1，返回形成一個新的 RDD，之後透過 reduceByKey 把每個單字的計數相加求和，就獲得了每個單字的計數了，最後透過 saveAsTextFile 輸出到一個檔案。

我們講了 Scala 和 Spark 的程式設計基礎後，下面透過一個專案案例來整體地看一下從程式設計到分散式部署的完整過程，因為 Spark 分散式機器學習打包和部署與這個過程是一樣的，這也是為我們後面講 Spark 分散式機器學習打基礎。

3.5.6 Spark 專案案例實戰和分散式部署

前面講到 HBase 可以透過 JavaAPI 的方式操作 HBase 資料庫，由於 Java 和 Scala 可以互相呼叫，本節使用 Scala 語言透過 Spark 平台來實現分散式操作 HBase 資料庫，打包並部署到 Spark 叢集上面。這樣我們對 Spark+Scala 專案 開發就會有一個完整的認識和實際工作場景的體會。

我們首先創建一個 Spark 專案，然後創建一個 HbaseJob 的 object 類別檔案， 專案的功能是從 HBase 批次讀取課程商品表資料，然後儲存到 Hadoop 的 HDFS 上，如程式 3.15 所示。

【程式 3.15】HbaseJob.scala

```scala
package com.chongdianleme.mail
import org.apache.hadoop.hbase.HBaseConfiguration
import org.apache.hadoop.hbase.client.{Result, Get, HConnectionManager}
import org.apache.hadoop.hbase.util.{ArrayUtils, Bytes}
import org.apache.spark._
import scopt.OptionParser
import scala.collection.mutable.ListBuffer
/**
* Created by 充電了麼 App - 陳敬雷
  * Spark 分散式操作 HBase 實戰
  * 網站 :www.chongdianleme.com
  * 充電了麼 App——專業上班族職業技能提升的線上教育平台
*/
object HbaseJob {
case class Params(
// 輸入目錄的資料就是課程 ID, 每行記錄只有一個課程 ID，後面根據課程 ID 作為 rowKey 從
//Hbase 裡查詢資料
inputPath: String = "file:///D:\\chongdianleme\\Hbase 專案 \\input",
                    outputPath: String = "file:///D:\\chongdianleme\\Hbase 專
                    案 \\output", table: String = "chongdianleme_kc",
                    minPartitions: Int = 1, mode: String = "local"
)
def main(args: Array[String]) {
val defaultParams = Params()
val parser = new OptionParser[Params]("HbaseJob") {
      head("HbaseJob: 解析參數 .")
      opt[String]("inputPath")
        .text(s"inputPath 輸入目錄 , default: ${defaultParams.inputPath}}")
        .action((x, c) => c.copy(inputPath = x))
      opt[String]("outputPath")
        .text(s"outputPath 輸出目錄 , default: ${defaultParams.outputPath}}")
        .action((x, c) => c.copy(outputPath = x))
```

```
        opt[Int]("minPartitions")
          .text(s"minPartitions , default: ${defaultParams.minPartitions}")
          .action((x, c) => c.copy(minPartitions = x))
        opt[String]("table")
          .text(s"table table, default: ${defaultParams.table}")
          .action((x, c) => c.copy(table = x))
        opt[String]("mode")
          .text(s"mode 運行模式 , default: ${defaultParams.mode}")
          .action((x, c) => c.copy(mode = x))
        note("""|For example, the following command runs this app on a
          HbaseJob dataset: """.stripMargin)
      }
    parser.parse(args, defaultParams).map { params => {
println(" 參數值 :" + params)
readFilePath(params.inputPath,params.outputPath,params.table, params.
minPartitions, params.mode)
    }
  }getOrElse {
    System.exit(1)
  }
println(" 充電了麼 App——Spark 分散式批次操作 HBase 實戰 -- 計算完成 !")
 }
def readFilePath(inputPath: String,outputPath:String,table:String,minPartitions:
Int,mode:String) = {
val sparkConf = new SparkConf().setAppName("HbaseJob")
    sparkConf.setMaster(mode)
val sc = new SparkContext(sparkConf)
// 載入資料檔案
val data = sc.textFile(inputPath,minPartitions)

    data.mapPartitions(batch(_,table)).saveAsTextFile(outputPath)
    sc.stop()
  }
def batch(keys: Iterator[String],hbaseTable:String) = {
val lineList = ListBuffer[String]()
import scala.collection.JavaConversions._
val conf = HBaseConfiguration.create()
// 每批資料創建一個 HBase 連接，多筆資料操作共用這個連接
val connection = HConnectionManager.createConnection(conf)
// 獲取表
val table = connection.getTable(hbaseTable)
    keys.foreach(rowKey=>{
try {
// 根據 rowKey 主鍵也就是課程 ID 查詢資料
val get = new Get(rowKey.getBytes())
// 指定需要獲取的列簇和列
get.addColumn("kcname".getBytes(), "name".getBytes())
        get.addColumn("saleinfo".getBytes(), "price".getBytes())
```

```
         get.addColumn("saleinfo".getBytes(), "issale".getBytes())
val result = table.get(get)
var nameRS= result.getValue("kcname".getBytes(),"name".getBytes())
var kcName = "";
if(nameRS != null&&&nameRS.length >0){
         kcName = new String(nameRS);
      }
val priceRS = result.getValue("saleinfo".getBytes, "price".getBytes)
var price = ""
if (priceRS != null && priceRS.length >0)
         price = new String(priceRS)
val issaleRS = result.getValue("saleinfo".getBytes, "issale".getBytes)
var issale = ""
if (issaleRS != null && issaleRS.length >0)
         issale = new String(issaleRS)
       lineList += rowKey+"\001"+ kcName + "\001"+ price + "\001"+issale
      } catch {
case e: Exception =>  e.printStackTrace()
    }
  })
// 每批資料操作完畢，別忘了關閉表和資料庫連接
table.close()
   connection.close()
   lineList.toIterator
 }
}
```

程式開發完成後，我們看看怎樣部署到 Spark 叢集上去運行，運行的方式和我
們的 Spark 叢集怎樣部署有關，Spark 叢集部署有 3 種方式：Standalone 單獨
叢集部署、Spark on Yarn 部署和 Local 本地模式，前兩種都是分散式部署，後
面的一種是單機方式。一般巨量資料部門都有 Hadoop 叢集，所以推薦 Spark
on Yarn 部署，這樣更方便伺服器資源的統一管理和分配。

Spark on Yarn 部署非常簡單，主要是把 Spark 套件解壓就可以用了，在每台伺
服器上存放一份，並且放在相同的目錄下。步驟如下：

1) 設定 Scala 環境變數

```
# 解壓 Scala 套件，然後存放到 vim /etc/profile 目錄
export SCALA_HOME=/home/hadoop/software/scala-2.11.8
```

2) 解壓 tar xvzf spark-*-bin-hadoop*.tgz，在每台 hadoop 伺服器上存放在同一個目錄下

不用任何設定值，用 spark-submit 提交就行。

Spark 環境部署好之後，把我們操作 HBase 的專案編譯並打包，一個是專案本身的 jar，另一個是專案依賴的 jar 集合，分別上傳到任意一台伺服器就可以，不要每台伺服器都傳，在哪台伺服器運行就在哪台伺服器上上傳，依賴的 jar 套件放在目錄 /home/hadoop/chongdianleme/chongdianleme-spark-task-1.0.0/lib/下，專案本身的 jar 套件存放在目錄 /home/hadoop/chongdianleme/ 下，然後透過 spark-submit 提交以下指令稿即可。

```
hadoop fs -rmr /ods/kc/dim/ods_kc_dim_hbase/;
/home/hadoop/software/spark21/bin/spark-submit --jars $(echo /home/hadoop/
chongdianleme/chongdianleme-spark-task-1.0.0/lib/*.jar | tr ''',') --master
yarn --queue hadoop --num-executors 1 --driver-memory 1g --executor-memory 1g
--executor-cores 1 --class com.chongdianleme.mail.HbaseJob /home/hadoop/
chongdianleme/hbase-task.jar --inputPath /mid/kc/dim/mid_kc_dim_kcidlist/
--outputPath /ods/kc/dim/ods_kc_dim_hbase/ --table chongdianleme_kc
--minPartitions 6 --mode yarn
```

其中 hadoop fs -rmr /ods/kc/dim/ods_kc_dim_hbase/；是為了在下次執行這個任務時避免輸出目錄已經存在，我們先把輸出目錄刪除，執行完之後輸出目錄會重新生成。

指令稿參數說明：

--jars：你的程式所依賴的所有 jar 存放的目錄。

--master：指定在哪裡運算，如果在 Hadoop 的 Yarn 上運算則寫 Yarn，如果以本地方式運算則寫 Local。

--queue：如果是 Yarn 方式，就指定分配到哪個佇列的資源上。

--num-executors：指定運行幾個 Task。

--driver.maxResultSize：driver 的最大記憶體設定，預設為 1GB，比較小。超過了會記憶體溢位 (Out of Memory，OOM)，可以根據情況設定大一些。

--executor-memory：為每個 Task 分配記憶體。

--executor-cores：每個 Task 分配幾個虛擬 CPU。

--class：你的程式的入口類別，後面跟 jar 套件，再後面是 Java 或 Scala 的 main 函數的業務參數。

這就是我們從程式設計、編譯、打包和如何部署到伺服器進行分散式運行的完整過程，後面章節講解的 Spark 分散式機器學習也是透過這種方式打包和部署的。

## 第 4 章

Docker 容器

Docker 容器是一個開放原始碼的應用容器引擎，可以簡單地認為是一個羽量級的虛擬機器，由於它啟動快、資源佔用小、資源利用高和快速建構標準化運行環境等優勢，被網際網路公司廣泛使用，在求職面試的時候經常被作為技能的加分項。我們後面章節用到的伺服器環境很多也是以 Docker 架設為基礎的，例如 TensorFlow、Mxnet 深度學習環境、人臉辨識及對話機器人，另外我們前面的 Hadoop 巨量資料平台都可以使用 Docker 來架設，這樣做的很大好處就是大大簡化了部署，能夠非常快速地複製到其他機器上，使用起來也非常方便。下面我們詳細講解一下，我們應該把它作為一個基本功來掌握。

4.1 Docker 介紹

我們先了解什麼是 Docker，然後再講解相關的基本概念，如映像檔、容器和倉庫等。

4.1.1 能用 Docker 做什麼

Docker 容器是一個開放原始碼的應用容器引擎，讓開發者可以打包它們的應用，以及可以將依賴套件移植到一個可移植的容器中，然後發佈到任何流行的 Linux 機器上，也可以實現虛擬化，容器是完全使用沙盒機制的，相互之間不會有任何介面。Docker 屬於 Linux 容器的一種封裝，提供簡單好用的容器使用介面，而 Linux 容器是 Linux 發展出的另一種虛擬化技術，簡單來講，Linux 容器不是模擬一個完整的作業系統，而是對處理程序進行隔離，相當於是在正常處理程序的外面套了一個保護層。對容器裡面的處理程序來說，它接觸到的各種資源都是虛擬的，從而實現與底層系統的隔離。Docker 將應用程式與該程式的依賴打包在一個檔案裡面。運行這個檔案，就會生成一個虛擬容器。程式在這個虛擬容器裡運行就好像在真實的物理機上運行一樣。有了 Docker 就不用擔心環境問題。整體來說，Docker 的介面相當簡單，使用者可以方便地創建和使用容器，把自己的應用放入容器。容器還可以進行版本管理、複製、分享和修改，這就像管理普通的程式一樣。

Docker 相比於傳統虛擬化方式具有更多的優勢：

(1) Docker 啟動快速，屬於秒等級。虛擬機器通常需要幾分鐘時間去啟動。

(2) Docker 需要的資源更少。Docker 在作業系統等級進行虛擬化，Docker 容器和核心互動，幾乎沒有性能損耗，性能優於透過 Hypervisor 層與核心層的虛擬化。

(3) Docker 更輕量。Docker 的架構可以共用一個核心與共用應用程式庫，所佔記憶體極小。同樣的硬體環境，Docker 運行的映像檔數遠多於虛擬機器數量，對系統的使用率非常高。

(4) 與虛擬機器相比，Docker 隔離性更弱。Docker 屬於處理程序之間的隔離，虛擬機器可實現系統等級隔離。

(5) Docker 的安全性也更弱，Docker 的租戶 Root 和宿主機 Root 等同，一旦容器內的使用者從普通使用者許可權提升為 Root 許可權，它就直接具備了宿主機的 Root 許可權，進而可進行無限制的操作。

(6) 虛擬機器租戶 Root 許可權和宿主機的 Root 虛擬機器許可權是分離的，並且虛擬機器利用如 Intel 的 VT-d 和 VT-x 的 ring-1 硬體隔離技術。

(7) 硬體隔離技術可以防止虛擬機器突破和彼此互動，而容器至今還沒有任何形式的硬體隔離，這使得容器容易受到攻擊。

(8) 可管理性。Docker 的集中化管理工具還不算成熟。各種虛擬化技術都有成熟的管理工具，例如 VMware vCenter 提供完備的虛擬機器管理功能。

(9) 高可用和可恢復性。Docker 對業務的高可用支援是透過快速重新部署實現的。

(10) 虛擬化具備負載平衡，高可用，容錯，遷移和資料保護等經過生產實踐檢驗的成熟保障機制，VMware 可承諾虛擬機器 99.999% 高可用，保證業務連續性。

(11) 快速創建、刪除。虛擬化創建是分鐘等級的，Docker 容器創建是秒等級的，Docker 的快速疊代性決定了無論是開發、測試還是部署都可以節省大量時間。

(12) 發表、部署。虛擬機器可以透過映像檔實現環境發表的一致性，但映像檔分發無法系統化。Docker 在 Dockerfile 中記錄了容器建構過程，可在叢集中實現快速分發和快速部署。

4.1.2　Docker 容器基本概念

Docker 中包括 3 個基本的概念：

映像檔 (Image)；

容器 (Container)；

倉庫 (Repository)。

映像檔是 Docker 運行容器的前提，倉庫是存放映像檔的場所，可見映像檔更是 Docker 的核心。

1. 映像檔

Docker 的映像檔概念類似於虛擬機器裡的映像檔，是一個唯讀的範本，一個獨立的檔案系統，包括運行容器所需的資料，可以用來創建新的容器。舉例來說，一個映像檔可以包含一個完整的 Ubuntu 作業系統環境，裡面僅安裝了 MySQL 或使用者需要的其他應用程式。Docker 的映像檔實際上由一層一層的檔案系統組成，這種層級的檔案系統被稱為 UnionFS。映像檔可以以 Dockerfile 建構為基礎，Dockerfile 是一個描述檔案，裡面包含許多筆命令，每筆命令都會對基礎檔案系統創建新的層次結構。Docker 提供了一個很簡單的機制來創建映像檔或更新現有的映像檔，使用者甚至可以從其他人那裡下載一個已經做好的映像檔來直接使用。映像檔是唯讀的，可以視為靜態檔案。

2. 容器

Docker 利用容器來運行應用。Docker 容器是由 Docker 映像檔創建的運行實例。Docker 容器類似虛擬機器，可以支援的操作包括啟動、停止和刪除等。每個容器間是相互隔離的，容器中會運行特定的應用，包含特定應用的程式及所需的依賴檔案。可以把容器看作一個簡易版的 Linux 環境 (包括 Root 使用者許可權、處理程序空間、使用者空間和網路空間等) 和運行在其中的應用程式。
相對映像檔來說容器是動態的，容器在啟動的時候創建一層寫入層作為最上
層。

3. 倉庫

Docker 倉庫是集中存放映像檔檔案的場所。映像檔建構完成後，可以很容易
地在當前宿主上運行。但是，如果需要在其他伺服器上使用這個映像檔，就需
要一個集中的儲存、分發映像檔的服務，倉庫註冊伺服器 (Docker Registry) 就
是這樣的服務。有時候人們會把倉庫和倉庫註冊伺服器混為一談，並不嚴格區
分。Docker 倉庫的概念與 Git 類似，註冊伺服器可以視為 GitHub 這樣的託管
服務。實際上，一個倉庫註冊伺服器中可以包含多個倉庫，每個倉庫可以包含
多個標籤 (Tag)，每個標籤對應一個映像檔。所以說，映像檔倉庫是 Docker 用
來集中存放映像檔檔案的地方，類似於我們之前常用的程式倉庫。一般來說一
個倉庫會包含同一個軟體不同版本的映像檔，而標籤就常用於對應該軟體的各
個版本。

我們可以透過 < 倉庫名 >：< 標籤 > 的格式來指定具體是這個軟體哪個版本的
映像檔。如果不列出標籤，將以 Latest 作為預設標籤。

倉庫又可以分為兩種形式：

公有倉庫 (Public)；

私有倉庫 (Private)。

公有倉庫是開放給使用者使用並允許使用者管理映像檔的倉庫服務。

一般這類公開服務允許使用者免費上傳、下載公開的映像檔，並可能提供收費
服務供使用者管理私有映像檔。除了使用公開服務外，使用者還可以在本地
架設私有倉庫註冊伺服器。Docker 官方提供了倉庫註冊伺服器映像檔，可以
直接作為私有倉庫服務使用。當使用者創建了自己的映像檔之後就可以使用
Push 命令將它上傳到公有或私有倉庫，這樣下次在另外一台機器上使用這個
映像檔時，只需要從倉庫上 Pull 下來就可以了。我們把 Docker 的一些常見概
念，如映像檔、容器和倉庫做了詳細的說明，也從傳統虛擬化方式的角度說明
了 Docker 的優勢。

Docker 使用 C/S 結構，即用戶端 / 伺服器系統結構。Docker 用戶端與 Docker 伺服器進行互動，Docker 服務端負責建構、運行和分發 Docker 映像檔。Docker 用戶端和服務端可以運行在一台機器上，也可以透過 RESTful、Stock 或網路介面與遠端 Docker 服務端進行通訊。

預設情況下 Docker 會在 Docker 中央倉庫尋找映像檔檔案。這種利用倉庫管理映像檔的設計理念類似於 Git ，當然這個倉庫可以透過修改設定來指定，甚至可以創建我們自己的私有倉庫。

4.2 Docker 容器部署

本節我們講解 Docker 本身如何安裝部署，以及容器部署的相關常用命令。

4.2.1 基礎環境安裝

Docker 安裝比較簡單，安裝完成後一定要修改儲存目錄，因為預設是安裝到系統磁碟，一般線上伺服器的系統磁碟只有幾十 GB 大小，如果不修改，很快就會把系統磁碟佔滿。我們看一下安裝過程。

1. Docker 安裝

Shell 安裝指令稿程式如下：

```
yum install -y epel-release
yum install docker-io          # 安裝 Docker
# 設定檔 /etc/sysconfig/docker
chkconfig docker on       # 加入開機啟動
service docker start    # 啟動 Docker 服務
# 基本資訊查看
# 查看 Docker 的版本編號，包括用戶端、服務端和依賴的 Go 等
docker version
# 查看系統 (Docker) 層面資訊，包括管理的 Images, Containers 數等
docker info
```

2. 修改 Docker 儲存路徑

修改 Docker 儲存路徑位置到 data，預設到系統磁碟，改到你的資料碟目錄。指令稿程式如下：

```
vim /usr/lib/systemd/system/docker.service
#graph 參數設定你的資料碟路徑
```

```
ExecStart=/usr/bin/dockerd
           --graph /data/tools/docker
# 修改完成後 reload 設定檔
systemctl daemon-reload
# 重新啟動 Docker 服務
systemctl  restart docker.service
```

3. 架設 Docker 固定 IP 網路

Docker 安裝部署後，需要架設 Docker 的 IP 網路，因為後面以 Docker 創建為基礎的容器都是指定這個網路段的 IP 位址。這個 IP 位址段是一個虛擬的網路，安裝指令稿程式如下：

```
yum install -y bridge-utils
docker network create --subnet=172.172.0.0/28 docker-br0
# 如果發現 Docker 網路系統架設起來後找不到了，可能是磁碟掛載的問題，/data 和 /mnt 設定可能不一致
# 透過 docker network ls 查看本機伺服器上的 Docker 網路
[root@cjl jx]#docker network ls
NETWORK ID      NAME             DRIVER          SCOPE
b69a80905cc5bridge              bridge          local
79fd9c922f08docker-br0          bridge          local
3ce47b2be1c2host                host            local
c3b80b923061none                null            local
```

4.2.2　Docker 常用命令

Docker 安裝部署後，我們就需要一些相關命令來做相關的事情。下面我們列舉一些比較常用的命令。

1. docker version

顯示 Docker 版本資訊：

```
[root@instance-w6q5hfys ~]#docker version
Client:
Version:     1.13.1
API version: 1.26
Package version: docker-1.13.1-75.git8633870.el7.centos.x86_64
Go version:   go1.9.4
Git commit:   8633870/1.13.1
Built:        Fri Sep 2819:45:082018
OS/Arch:      linux/amd64
Server:
Version:     1.13.1
API version: 1.26 (minimum version 1.12)
```

```
Package version: docker-1.13.1-75.git8633870.el7.centos.x86_64
Go version:     go1.9.4
Git commit:     8633870/1.13.1
Built:          Fri Sep 2819:45:082018
OS/Arch:        linux/amd64
Experimental: false
```

2. docker info

顯示 Docker 系統資訊，包括映像檔和容器數。

```
[root@instance-w6q5hfys ~]#docker version
Client:
 Version:       1.13.1
 API version:   1.26
 Package version: docker-1.13.1-75.git8633870.el7.centos.x86_64
 Go version:    go1.9.4
 Git commit:    8633870/1.13.1
 Built:         Fri Sep 2819:45:082018
 OS/Arch:       linux/amd64
Server:
 Version:       1.13.1
 API version:   1.26 (minimum version 1.12)
 Package version: docker-1.13.1-75.git8633870.el7.centos.x86_64
 Go version:    go1.9.4
 Git commit:    8633870/1.13.1
 Built:         Fri Sep 2819:45:082018
 OS/Arch:       linux/amd64
 Experimental: false
[root@instance-w6q5hfys ~]#docker info
Containers: 1
 Running: 0
 Paused: 0
 Stopped: 1
Images: 1
Server Version: 1.13.1
Storage Driver: overlay2
 Backing Filesystem: extfs
 Supports d_type: true
 Native Overlay Diff: true
Logging Driver: journald
Cgroup Driver: systemd
Plugins:
 Volume: local
 Network: bridge host macvlan null overlay
Swarm: inactive
Runtimes: docker-runc runc
Default Runtime: docker-runc
```

```
Init Binary: /usr/libexec/docker/docker-init-current
containerd version:  (expected: aa8187dbd3b7ad67d8e5e3a15115d3eef43a7ed1)
runc version: 5eda6f6fd0c2884c2c8e78a6e7119e8d0ecedb77 (expected:
9df8b306d01f59d3a8029-be411de015b7304dd8f)
init version: fec3683b971d9c3ef73f284f176672c44b448662 (expected:
949e6facb77383876aeff8a-6944dde66b3089574)
Security Options:
 seccomp
  WARNING: You're not using the default seccomp profile
  Profile: /etc/docker/seccomp.json
Kernel Version: 3.10.0-862.11.6.el7.x86_64
Operating System: CentOS Linux 7 (Core)
OSType: linux
Architecture: x86_64
Number of Docker Hooks: 3
CPUs: 1
Total Memory: 1.936 GiB
Name: instance-w6q5hfys
ID: 75BJ:KYQE:H373:CE4P:IWVK:S2YJ:YPDM:BLP6:DXIK:5MIW:XE4M:ZPB6
Docker Root Dir: /var/lib/docker
Debug Mode (client): false
Debug Mode (server): false
Registry: https://index.docker.io/v1/
Experimental: false
Insecure Registries:
 127.0.0.0/8
Live Restore Enabled: false
Registries: docker.io (secure)
```

3. docker search

```
docker search [options "o">] term
docker search -s 10 django
```

從 Docker Hub 中搜索符合條件的映像檔。

--automated：只列出 automated build 類型的映像檔；

--no-trunc：可顯示完整的映像檔描述；

-s 10：列出收藏數不小於 10 的映像檔。

舉例：

```
docker search -s 10 django
 [root@instance-w6q5hfys ~]#docker search -s 10 django
 Flag --stars has been deprecated, use --filter=stars=3 instead
 INDEX NAME DESCRIPTION STARS OFFICIAL AUTOMATED
 docker.io docker.io/django Django is a free Web application framework...    860
```

```
[OK]
docker.io docker.io/dockerfiles/django-uwsgi-nginx Dockerfile and configuration
files to buil…174 [OK]
docker.io docker.io/camandel/django-wiki wiki engine based on django framework
29 [OK]
docker.io   docker.io/alang/django This image can be used as a starting point...
26 [OK]
docker.io docker.io/micropyramid/django-crm Opensourse CRM developed on django
framewo... 18 [OK]
docker.io docker.io/praekeltfoundation/django-bootstrap Dockerfile for quickly
running Django proj…11 [OK]
docker.io docker.io/appsecpipeline/django-defectdojo Defect Dojo a security
vulnerability manag…10
```

4. docker pull

```
docker pull [-a "o">] [user/ "o">]name[:tag "o">]
docker pull laozhu/telescope:latest
```

從 Docker Hub 中拉取或更新指定映像檔。

-a：拉取所有 tagged 映像檔。

```
# 拉取最新映像檔
docker pull garethflowers/svn-server
[root@instance-w6q5hfys ~]#docker pull garethflowers/svn-server
Using default tag: latest
Trying to pull repository docker.io/garethflowers/svn-server ...
latest: Pulling from docker.io/garethflowers/svn-server
bdf0201b3a05: Pull complete
4bae6ca1e4a0: Pull complete
c13ab2789d28: Pull complete
Digest:
sha256:62cdd515b2bbdbd9f8ff2a0d0e3e1294cfdf80b2b39606ee3475e7210b1daf30
Status: Downloaded newer image for docker.io/garethflowers/svn-server:latest
```

5. docker login

登入倉庫：

```
root@moon:~#docker login
Username: username
Password: ****
Email: user@domain.com
Login Succeeded
# 按步驟輸入在 Docker Hub 註冊的用戶名、密碼和電子郵件即可完成登入。
[root@instance-w6q5hfys ~]#docker login
Login with your Docker ID to push and pull images from Docker Hub. If you don't
```

```
have a Docker ID, head over to https://hub.docker.com to create one.
Username:
```

6. docker logout

運行後從指定伺服器登出，預設為官方伺服器。

7. docker images

```
docker images [options "o">] [name]
```

列出本地所有映像檔。其中 [name] 對映像檔名稱進行關鍵字查詢。

-a：列出所有映像檔 (含過程映像檔)；

-f：過濾映像檔，如:-f ['dangling=true'] 只列出滿足 dangling=true 條件的映像檔；

--no-trunc：可顯示完整的映像檔 ID；

-q：僅列出映像檔 ID；

--tree：以樹狀結構列出映像檔的所有提交歷史。

```
[root@instance-w6q5hfys ~]#docker images
REPOSITORY TAG IMAGE ID CREATED SIZE
docker.io/garethflowers/svn-server latest a38966c9817a 3 months ago
mysql 5.6 cea0d0c97c4f 22 months ago 299 MB
```

8. docker ps

列出所有運行中的容器。

-a：列出所有容器 (含沉睡映像檔)；

--before="nginx"：列出在某一容器之前創建的容器，接收容器名稱和 ID 作為
參數；

--since="nginx"：列出在某一容器之後創建的容器，接收容器名稱和ID作為參數；

-f [exited=<int>] 列出滿足 exited=<int> 條件的容器；

-l：僅列出最新創建的容器；

--no-trunc：顯示完整的容器 ID；

-n=4：列出最近創建的 4 個容器；

-q：僅列出容器 ID；

-s：顯示容器大小。

```
[root@instance-hht3x24d ~]#docker ps
CONTAINER ID IMAGE COMMAND CREATED STATUS PORTS NAMES
fae392a9fdb2 mysql:5.6 "docker-entrypoint..." 2 weeks ago Up 2 weeks
172.16.0.5:3306->3306/tcp mysql-test3306
```

9. docker rmi

```
docker rmi [options "o">] <image>"o">[image...]
docker rmi nginx：latest postgres：latestpython：latest
```

從本地移除一個或多個指定的映像檔。

-f：強行移除該映像檔，即使其正被使用；

--no-prune：不移除該映像檔的過程映像檔，預設移除。

10. docker rm

```
docker rm [options "o">] <container>"o">[container...]
docker rm nginx-01 nginx-02 db-01 db-02
sudo docker rm -l /Webapp/redis
```

-f：強行移除該容器，即使其正在運行；

-l：移除容器間的網路連接，而非容器本身；

-v：移除與容器連結的空間。

11. docker history

```
docker history "o">[options] <image>
```

查看指定映像檔的創建歷史。

--no-trunc：顯示完整的提交記錄；

-q：僅列出提交記錄 ID。

```
[root@instance-hht3x24d ~]#docker images
REPOSITORY TAG IMAGE ID CREATED SIZE
mysql 5.6 cea0d0c97c4f 22 months ago 299 MB
[root@instance-hht3x24d ~]#docker history cea0d0c97c4f
IMAGE CREATED CREATED BY SIZE COMMENT
cea0d0c97c4f 22 months ago /bin/sh -c #(nop) CMD ["mysqld"] 0 B
<missing> 22 months ago /bin/sh -c #(nop) EXPOSE 3306/tcp 0 B
```

```
<missing> 22 months ago /bin/sh -c #(nop) ENTRYPOINT ["docker-ent... 0 B
<missing> 22 months ago /bin/sh -c ln -s usr/local/bin/docker-entr... 34 B
<missing> 22 months ago /bin/sh -c #(nop) COPY file:b4e423a0d95974... 5.74 kB
<missing> 22 months ago /bin/sh -c #(nop) VOLUME [/var/lib/mysql] 0 B
<missing> 22 months ago /bin/sh -c sed -Ei 's/^(bind-address|log)/... 1.12 kB
<missing> 22 months ago /bin/sh -c { echo mysql-community-server... 137 MB
<missing> 22 months ago /bin/sh -c echo "deb http://repo.mysql.com... 55 B
<missing> 22 months ago /bin/sh -c #(nop) ENV MYSQL_VERSION=5.6.3... 0 B
<missing> 22 months ago /bin/sh -c #(nop) ENV MYSQL_MAJOR=5.6 0 B
<missing> 22 months ago /bin/sh -c set -ex; key='A4A9406876FCBD3C... 20.8 kB
<missing> 22 months ago /bin/sh -c apt-get update && apt-get insta... 33.6 MB
<missing> 22 months ago /bin/sh -c mkdir /docker-entrypoint-initdb.d 0 B
<missing> 22 months ago /bin/sh -c set -x && apt-get update && ap... 4.52 MB
<missing> 22 months ago /bin/sh -c #(nop) ENV GOSU_VERSION=1.7 0 B
<missing> 22 months ago /bin/sh -c groupadd -r mysql && useradd -r... 330 kB
<missing> 22 months ago /bin/sh -c #(nop) CMD ["bash"] 0 B
<missing> 22 months ago /bin/sh -c #(nop) ADD file:d7333b3e0bc6479... 123 MB
```

12. docker start|stop|restart

```
docker start|stop "p">|restart [options "o">] <container> "o">[container...]
```

啟動、停止和重新啟動一個或多個指定容器。

-a：待完成；

-i：啟動一個容器並進入互動模式；

-t 10：停止或重新啟動容器的逾時 (單位為秒)，逾時後系統將殺死處理程序。

```
[root@instance-61vt9570 ~]#docker start ba916ed45c0f
ba916ed45c0f
[root@instance-61vt9570 ~]#docker ps
CONTAINER ID IMAGE COMMAND CREATED STATUS PORTS NAMES
ba916ed45c0f mysql:5.6 "docker-entrypoint..." 5 weeks ago Up 7 seconds
172.16.0.4:3306->3306/tcp chongdianleme-mysql
```

13. docker kill

```
docker kill "o">[options "o">] <container> "o">[container...]
```

殺死一個或多個指定容器處理程序。

-s "KILL"：自訂發送至容器的訊號。

```
[root@instance-61vt9570 ~]#docker kill ba916ed45c0f
ba916ed45c0f
```

```
[root@instance-61vt9570 ~]#docker ps
CONTAINER ID IMAGE COMMAND CREATED STATUS PORTS NAMES
[root@instance-61vt9570 ~]#docker ps -a
CONTAINER ID IMAGE COMMAND CREATED STATUS PORTS NAMES
ba916ed45c0f mysql:5.6 "docker-entrypoint..." 5 weeks ago Exited (137) 13
seconds ago chongdianleme-mysql
```

14. docker events

```
docker events [options "o">]
docker events --since= "s2">"20141020"
docker events --until= "s2">"20120310"
```

從伺服器拉取個人動態，可選擇時間區間。

15. docker save

```
docker save -i "debian.tar"
docker save > "debian.tar"
```

將指定映像檔保存成 tar 歸檔檔案，是 docker load 的逆操作。保存後再載入 (saved-loaded) 的映像檔不會遺失提交歷史和層，可以回覆。

-o "debian.tar" 指定保存的映像檔歸檔。

映像檔另存為檔案 (後面可以指定容器和映像檔，如果指定容器，則匯出容器對應的映像檔檔案)：

```
docker save -o mysql5.6.37.tar mysql:5.6
```

16. docker load

```
docker load [options]
docker load < debian.tar
docker load -i "debian.tar"
```

從 tar 映像檔歸檔中載入映像檔，是 docker save 的逆操作。保存後再載入 (saved-loaded) 的映像檔不會遺失提交的歷史和層，可以回覆。

-i "debian.tar" 指定載入的映像檔歸檔。

從檔案創建映像檔：

```
cd /data/jx
docker load < mysql5.6.37.tar
```

17. docker export

```
docker export <container>
docker export nginx-01 > export.tar
```

將指定的容器保存成 tar 歸檔檔案，是 docker import 的逆操作。匯出後匯入 (exported-imported) 的容器會遺失所有的提交歷史，無法回覆。

只能指定容器，不能指定映像檔。

18. docker import

```
docker import url|- "o">[repository[：tag "o">]]
cat export.tar"p">| docker import-imported-nginx：latest
docker import http://example.com/export.tar
```

將打包的 container 載入進來使用 docker import，例如：

```
docker import postgres-export.tar postgres：latest
docker import hadoop-datanode1_image.tar hadoop-datanode1：v1.0
```

從歸檔檔案 (支援遠端檔案) 創建一個映像檔，是 export 的逆操作，可為匯入映像檔打上標籤。匯出後匯入 (exported-imported) 的容器會遺失所有的提交歷史，無法回覆。

下面複習一下 docker save 和 docker export 的區別：

1) docker save

docker save 保存的是映像檔 (image)，docker export 保存的是容器 (container)。

2) docker load

docker load 用來載入映像檔，docker import 用來載入容器，但兩者都會恢復為映像檔。

3) docker load

docker load 不能對載入的映像檔重新命名，而 docker import 可以為映像檔指定新名稱。

4) docker load

docker load 不能載入容器。

5) docker import

docker import 可以載入映像檔。

6) export

export 匯出當前時刻容器的，在以映像檔為基礎創建容器並安裝了很多環境後，如果想把最新的環境保存下來，必須用 docker export，而 docker save 保存不了創建容器後最新安裝的環境。

19. docker top

```
docker top <running_container> "o">[ps options]
```

查看一個正在運行容器處理程序，支援 ps 命令參數。

```
[root@instance-61vt9570 ~]#docker top ba916ed45c0f
UID PID PPID C STIME TTY TIME CMD
polkitd 1302631302461 10:54 ? 00:00:00 mysqld
[root@instance-61vt9570 ~]#ps -ef |grep  130263
polkitd 130263130246 010:54 ? 00:00:00 mysqld
[root@instance-61vt9570 ~]#kill -9130263
[root@instance-61vt9570 ~]#ps -ef |grep  130263
root 130532128237  010:56 pts/0 00:00:00 grep --color=auto 130263
[root@instance-61vt9570 ~]#docker ps
CONTAINER ID IMAGE COMMAND CREATED STATUS PORTS NAMES
[root@instance-61vt9570 ~]#
```

20. docker inspect

```
docker instpect nginx：latest
docker inspect nginx-container
```

檢查映像檔或容器的參數，預設返回 JSON 格式。

-f：指定返回值的範本檔案。

```
[root@instance-61vt9570 ~]#docker inspect ba916ed45c0f
[
    {
        "Id":
"ba916ed45c0fe84c4edd1ea99f0e8b395aaaa25d0d9b286b23bc0327edd5f31f",
        "Created": "2019-06-23T03:57:30.6099413112",
        "Path": "docker-entrypoint.sh",
        "Args": [
            "mysqld"
        ],
```

```
        "State": {
            "Status": "running",
            "Running": true,
            "Paused": false,
            "Restarting": false,
            "OOMKilled": false,
            "Dead": false,
            "Pid": 130691,
            "ExitCode": 0,
            "Error": "",
            "StartedAt": "2019-08-04T02:58:25.697592161Z",
            "FinishedAt": "2019-08-04T02:56:29.794839864Z"
        },
        "Image":
"sha256:cea0d0c97c4fd901dc879edf62df86f5f56710472ed068cae0ccd63406ae8763",
        "ResolvConfPath":
"/data/tools/docker/containers/ba916ed45c0fe84c4edd1ea99f0e8b395aaaa25d0d9b286b2
3bc0327edd5f31f/resolv.conf",
        "HostnamePath":
"/data/tools/docker/containers/ba916ed45c0fe84c4edd1ea99f0e8b395aaaa25d0d9b286b2
3bc0327edd5f31f/hostname",
        "HostsPath":
"/data/tools/docker/containers/ba916ed45c0fe84c4edd1ea99f0e8b395aaaa25d0d9b286b2
3bc0327edd5f31f/hosts",
        "LogPath": "",
        "Name": "/chongdianleme-mysql",
        "RestartCount": 0,
        "Driver": "overlay2",
        "MountLabel": "",
        "ProcessLabel": "",
        "AppArmorProfile": "",
        "ExecIDs": null,
        "HostConfig": {
        "Binds": [
            "/data/gz/mysql-test-conf1/conf.d:/etc/mysql/conf.d",
            "/data/gz/mysql-test1:/var/lib/mysql"
        ],
        "ContainerIDFile": "",
        "LogConfig": {
            "Type": "journald",
            "Config": {}
        },
        "NetworkMode": "docker-br0",
        "PortBindings": {
            "3306/tcp": [
                {
                    "HostIp": "172.16.0.4",
                    "HostPort": "3306"
                }
```

```
        ]
    },
    "RestartPolicy": {
        "Name": "no",
        "MaximumRetryCount": 0
    },
    "AutoRemove": false,
    "VolumeDriver": "",
    "VolumesFrom": null,
    "CapAdd": null,
    "CapDrop": null,
    "Dns": [],
    "DnsOptions": [],
    "DnsSearch": [],
    "ExtraHosts": null,
    "GroupAdd": null,
    "IpcMode": "",
    "Cgroup": "",
    "Links": null,
    "OomScoreAdj": 0,
    "PidMode": "",
    "Privileged": false,
    "PublishAllPorts": false,
    "ReadonlyRootfs": false,
    "SecurityOpt": null,
    "UTSMode": "",
    "UsernsMode": "",
    "ShmSize": 67108864,
    "Runtime": "docker-runc",
    "ConsoleSize": [
        0,
        0
    ],
    "Isolation": "",
    "CpuShares": 0,
    "Memory": 0,
    "NanoCpus": 0,
    "CgroupParent": "",
    "BlkioWeight": 0,
    "BlkioWeightDevice": null,
    "BlkioDeviceReadBps": null,
    "BlkioDeviceWriteBps": null,
    "BlkioDeviceReadIOps": null,
    "BlkioDeviceWriteIOps": null,
    "CpuPeriod": 0,
    "CpuQuota": 0,
    "CpuRealtimePeriod": 0,
    "CpuRealtimeRuntime": 0,
    "CpusetCpus": "",
```

```
        "CpusetMems": "",
        "Devices": [],
        "DiskQuota": 0,
        "KernelMemory": 0,
        "MemoryReservation": 0,
        "MemorySwap": 0,
        "MemorySwappiness": -1,
        "OomKillDisable": false,
        "PidsLimit": 0,
        "Ulimits": null,
        "CpuCount": 0,
        "CpuPercent": 0,
        "IOMaximumIOps": 0,
        "IOMaximumBandwidth": 0
    },
    "GraphDriver": {
        "Name": "overlay2",
        "Data": {
            "LowerDir": "/data/tools/docker/overlay2/
ecd2cf249e4c745ed17a7a415ce1a-6602bfbfe0361e7ab55e896f35f94cd6a9a-init/diff:/
data/tools/docker/overlay2/43c516e3d1de0-ee17913558e9bf5ad81544aab886fe26c187883
0cbf3482e208/diff:/data/tools/docker/overlay2/581-0b9f3a65fddca230e7512730c22a54d
1e3e38b45707c514e42ca44b5813ae/diff:/data/tools/docker/ov-
erlay2/fe21cf8d703ed50f7af5601e1e9e36835721322a247cfca7bf762142d6de17cd/diff:/
data/tool-s/docker/overlay2/a73c5a5f6615a8aaf5b0cd6da3eefc2a44f70ed33a526410a9f3
ba704273ed57/dif-f:/data/tools/docker/overlay2/4f45c0c85d1777cab36132a540f38f5f6
dc0213c055c1403ec32dfa2d2-d26740/diff:/data/tools/docker/overlay2/adfd7037a909f08
44f163b879d5b3f659426bd2f701d38a1-726f22b7f9ec2fab/diff:/data/tools/docker/overla
y2/73056625adf64351af5db705a585bba734a8fe-
dbf7ab5d0d6fd4a2278fee85e7/diff:/data/tools/docker/overlay2/1e3de7dda22ecabd5db09
57495fd-e8ca535004019602a2b4991849c3cab55e60/diff:/data/tools/docker/overlay2/
c635e7b6022615cdd3-22c9968f81debfab44173aa53250afea891a5f068e65a2/diff:/data/
tools/docker/overlay2/69653fb9-7a99f4eb9e04296506ad59578880c6ae492a899b095eb6980
834eafd/diff:/data/tools/docker/overlay-2/9f1a545c55508c196ab008ed0dcae84aa5c7a50
2611a18ceae8d4108524379a5/diff",
            "MergedDir":
"/data/tools/docker/overlay2/ecd2cf249e4c745ed17a7a415ce1a6602bfbfe0361e7ab55e89
6f35f94c-d6a9a/merged",
            "UpperDir":
"/data/tools/docker/overlay2/ecd2cf249e4c745ed17a7a415ce1a6602bfbfe0361e7ab55e89
6f35f94c-d6a9a/diff",
            "WorkDir":
"/data/tools/docker/overlay2/ecd2cf249e4c745ed17a7a415ce1a6602bfbfe0361e7ab55e89
6f35f94c-d6a9a/work"
        }
    },
    "Mounts": [
        {
            "Type": "bind",
```

```
                "Source": "/data/gz/mysql-test-conf1/conf.d",
                "Destination": "/etc/mysql/conf.d",
                "Mode": "",
                "RW": true,
                "Propagation": "rprivate"
        },
        {
        "Type": "bind",
        "Source": "/data/gz/mysql-test1",
        "Destination": "/var/lib/mysql",
        "Mode": "",
        "RW": true,
        "Propagation": "rprivate"
    }
],
"Config": {
    "Hostname": "ba916ed45c0f",
    "Domainname": "",
    "User": "",
    "AttachStdin": false,
    "AttachStdout": true,
    "AttachStderr": true,
    "ExposedPorts": {
        "3306/tcp": {}
    },
    "Tty": false,
    "OpenStdin": false,
    "StdinOnce": false,
    "Env": [
        "MYSQL_ROOT_PASSWORD=chongdianleme888",
        "PATH=/usr/local/sbin:/usr/local/bin:/usr/sbin:/usr/bin:/sbin:/bin",
        "GOSU_VERSION=1.7",
        "MYSQL_MAJOR=5.6",
        "MYSQL_VERSION=5.6.37-1debian8"
    ],
    "Cmd": [
        "mysqld"
    ],
    "ArgsEscaped": true,
    "Image": "mysql:5.6",
    "Volumes": {
        "/var/lib/mysql": {}
    },
    "WorkingDir": "",
    "Entrypoint": [
        "docker-entrypoint.sh"
    ],
    "OnBuild": null,
    "Labels": {}
```

```
        },
        "NetworkSettings": {
            "Bridge": "",
            "SandboxID":
    "8a242668d48e578bb10d6ca966a3ef1a591ff0a58f7037f8a247b18674347e3e",
        "HairpinMode": false,
        "LinkLocalIPv6Address": "",
        "LinkLocalIPv6PrefixLen": 0,
        "Ports": {
            "3306/tcp": [
                {
                    "HostIp": "172.16.0.4",
                    "HostPort": "3306"
                }
            ]
        },
        "SandboxKey": "/var/run/docker/netns/8a242668d48e",
        "SecondaryIPAddresses": null,
        "SecondaryIPv6Addresses": null,
        "EndpointID": "",
        "Gateway": "",
        "GlobalIPv6Address": "",
        "GlobalIPv6PrefixLen": 0,
        "IPAddress": "",
        "IPPrefixLen": 0,
        "IPv6Gateway": "",
        "MacAddress": "",
        "Networks": {
            "docker-br0": {
                "IPAMConfig": {
                    "IPv4Address": "172.172.0.17"
                },
                "Links": null,
                "Aliases": [
                    "ba916ed45c0f"
                ],
                "NetworkID":
    "20b5fe9cc110735bc6eaadf06f97341e5bdcabdec14e9564a3b546ac954672b5",
                "EndpointID":
    "052279bd7a6f65349e824d7bf6e140d04fd435cd3b0a37d26eab9fa7689e8253",
                "Gateway": "172.172.0.1",
                "IPAddress": "172.172.0.17",
                "IPPrefixLen": 24,
                "IPv6Gateway": "",
                "GlobalIPv6Address": "",
                "GlobalIPv6PrefixLen": 0,
                "MacAddress": "02:42:ac:ac:00:11"
            }
        }
```

```
    }
  }
]
```

21. docker pause

暫停某一容器的所有處理程序。

```
[root@instance-61vt9570 ~]#docker pause ba916ed45c0f
ba916ed45c0f
[root@instance-61vt9570 ~]#docker ps
CONTAINER ID IMAGE COMMAND CREATED STATUS PORTS NAMES
ba916ed45c0f mysql:5.6 "docker-entrypoint..." 5 weeks ago Up 2 minutes (Paused)
172.16.0.4:3306->3306/tcp   chongdianleme-mysql
```

22. docker unpause

```
docker unpause <container>
```

恢復某一容器的所有處理程序。

```
[root@instance-61vt9570 ~]#docker unpause ba916ed45c0f
ba916ed45c0f
[root@instance-61vt9570 ~]#docker ps
CONTAINER ID IMAGE COMMAND CREATED STATUS PORTS NAMES
ba916ed45c0f mysql:5.6 "docker-entrypoint..." 5 weeks ago Up 3 minutes
172.16.0.4:3306->3306/tcp chongdianleme-mysql
[root@instance-61vt9570 ~]#
```

23. docker tag

```
docker tag [options "o">] <image>[∶tag "o">] [repository/ "o">][username/]name
"o">[∶tag]
```

標記本地映像檔，將其歸入某一倉庫。

-f：覆蓋已有標記。

上傳私有倉庫的步驟如下：

1) 登入：

docker login -u admin -p chongdianleme12345

2) tag 實際上還沒有上傳：

docker tag longhronshens/mycat-docker 192.168.0.106∶10600/local-images/
mycat-docker∶chenjinglei

3) 正式上傳：

docker push 192.168.0.106：10600/local-images/mycat-docker：chenjinglei

24. docker push

```
docker push name[：tag "o">]
docker push laozhu/nginx：latest
```

將映像檔推送至遠端倉庫，預設為 Docker Hub。

正式上傳：

docker push 192.168.0.106：10600/local-images/mycat-docker：chenjinglei

25. docker logs

```
docker logs [options "o">] <container>
docker logs -f -t --tail= "s2">"10" insane_babbage
```

獲取容器執行時期的輸出日誌。

-f：追蹤容器日誌的最近更新；

vt：顯示容器日誌的時間戳記；

--tail="10"：僅列出最新的 10 筆容器日誌。

```
[root@instance-61vt9570 ~]#docker logs ba916ed45c0f
2019-08-0402:25:500 [Warning] TIMESTAMP with implicit DEFAULT value is
deprecated. Please use --explicit_defaults_for_timestamp server option (see
documentation for more details).
2019-08-0402:25:500 [Note] mysqld (mysqld 5.6.37) starting as process 1 ...
2019-08-0402:54:220 [Warning] TIMESTAMP with implicit DEFAULT value is
deprecated. Please use --explicit_defaults_for_timestamp server option (see
documentation for more details).
2019-08-0402:54:220 [Note] mysqld (mysqld 5.6.37) starting as process 1 ...
2019-08-0402:58:260 [Warning] TIMESTAMP with implicit DEFAULT value is
deprecated. Please use --explicit_defaults_for_timestamp server option (see
documentation for more details).
2019-08-0402:58:260 [Note] mysqld (mysqld 5.6.37) starting as process 1 ...
```

26. docker run

```
docker run [options "o">] <image> [ "nb">command]"o">[arg…]
```

啟動一個容器，在其中運行指定命令。

-a stdin：指定標準輸入輸出內容類別型，可選 STDIN/STDOUT/STDERR 3 項；

-d：後台運行容器，並返回容器 ID；

-i：以互動模式運行容器，通常與 -t 同時使用；

-t：為容器重新分配一個偽輸入終端，通常與 -i 同時使用；

--name="nginx-lb"：為容器指定一個名稱；

--dns 8.8.8.8：指定容器使用的 DNS 伺服器，預設和宿主一致；

--dns-search example.com：指定容器 DNS 搜索域名，預設和宿主一致；

-h "mars"：指定容器的 hostname；

-e username="ritchie"：設定環境變數；

--env-file=[]：從指定檔案讀取環境變數；

--cpuset="0-2" or --cpuset="0，1，2" 綁定容器到指定 CPU 運行；

-c：待完成；

-m：待完成；

--net="bridge"：指定容器的網路連接類型，支援 bridge /host / none container：<name|id>4 種類型；

--link=[]：待完成；

--expose=[]：待完成。

創建 Hadoop 容器例子如下。hostname 是指定主機名稱，add-host 是把映射自動加到 /etc/hosts 裡面，如果不這麼加，容器重新啟動後會遺失，-v 是指定磁碟掛載，磁碟掛載的意思是把物理機的磁碟目錄映射到容器裡的虛擬機器目錄，後面在容器裡面的操作佔用的那個磁碟實際不消耗容器本身的磁碟空間，因為預設的容器磁碟只有 10GB 大小，很小，不夠用：

```
docker run --privileged=true -it -d --net docker-br0 --ip 172.172.0.11 --hostname
datanode1 --add-host datanode2:172.172.0.12  --add-host datanode3:172.172.0.13
--add-host datanode4:172.172.0.14  --add-host datanode5:172.172.0.15 --name
hadoop-datanode1  -v /data/gz/hadoop-datanode1/:/home/hadoop/ hadoop-
datanode1:v1.0 /bin/bash
# 以這種方式進入容器之後退出不會停止容器
```

```
docker exec -it hadoop-datanode1 env LANG=zh_CN.UTF-8 LC_ALL=zh_CN.UTF-8
LANGUAGE=zh_CN.UTF-8 /bin/bash
```

第 5 章

Mahout 分散式機器學習平台

Mahout 是以 Hadoop 巨量資料平台為基礎最早的分散式機器學習平台，計算的時候使用 Hadoop 的 MapReduce 計算引擎，除了分散式實現，有些演算法也有單機版本，滿足在沒有架設 Hadoop 平台的前提下也可以使用 Mahout。Mahout 提供的機器學習演算法非常豐富，分類、聚類、推薦協作過濾、連結規則、隱馬可夫、時間序列、遺傳演算法和序列模式採擷等，本章介紹 Mahout 平台原理及常用機器學習演算法實戰。

5.1 Mahout 採擷平台

Mahout 的分散式運算建立在 Hadoop 的 MapReduce 計算引擎基礎之上，開發語言使用 Java 來實現，由於其本身是一個演算法函數庫，運行的時候使用 MapReduce 完成任務，並且是在 Hadoop 平台之上運行的，所以安裝部署比較簡單。

5.1.1 Mahout 原理和介紹

Mahout 是建立在 Hadoop 的 MapReduce 計算引擎基礎之上的演算法函數庫，整合了很多演算法。Apache Mahout 是 Apache Software Foundation(ASF) 旗下的開放原始碼專案，提供一些可擴充的機器學習領域經典演算法，旨在幫助開發人員更加方便快捷地創建智慧應用程式。Mahout 專案前已經存在多個公共發行版本。Mahout 包含許多機器學習演算法，包括分類、聚類、推薦協作過濾、連結規則、隱馬可夫、時間序列、遺傳演算法和序列模式採擷等。Mahout 透過使用 Apache Hadoop 函數庫，可以有效地擴充到 Hadoop 叢集。

Mahout 的開發語言是 Java 語言，其分散式的實現借助於 Hadoop 的 MapReduce 計算引擎來實現，所以程式設計模型也是以 Hadoop 為基礎的 MR 模型，並不是自己單獨實現的一套分散式演算法。

Mahout 的分散式實現提供了非常友善的指令稿，可以不用寫 Java 程式呼叫它的 API，直接用它提供的參數傳值就可以，然後透過一個 Shell 指令稿執行某個演算法的 main 函數入口類別，最後指定參數名稱和參數值並提交給 Hadoop 平台上去運行就可以了。提交之後 Hadoop 平台會把 Mahout 的專案 jar 套件和依賴的第三方 jar 傳到 Hadoop 的分散式檔案系統 HDFS 的臨時目錄，叢集的所有節點在運行 Mahout 的時候會用到這個臨時目錄。

Mahout 很多演算法支援透過參數設定的方式來選擇究竟是在 Hadoop 上分散式地來運行，還是以 local 方式本地單機來運行，這點 Mahout 的介面非常人性化和方便，對於不會 Java 程式設計的人員，只要掌握了演算法的核心思想和對應的參數便可以使用 Mahout 分散式採擷平台。基本上會使用簡單的 Shell 指令稿就可以了，所以這點對非技術開發人員是一個福音，不會程式設計照樣也可以做分散式的機器學習訓練任務。當然前提還是需要掌握 Hadoop 的一些相關知識和指令碼命令。另外，最好掌握 Hive SQL 及一些資料處理的技能，這樣可以對後續的模型訓練結果做一些分析等。

5.1.2　Mahout 安裝部署

因為 Mahout 是使用 Java 開發的，所以只能在 JDK 環境運行，JDK 的安裝比較簡單，下載對應的 JDK 版本，然後解壓出來，最後修改一下 /etc/profile 檔案並設定 JAVA_HOME 環境變數即可。修改環境變數後需要執行 source /etc/profile 命令才會正式生效。

JDK 安裝指令稿程式如下：

```
cd /home/hadoop/software/
# 上傳 rz jdk1.8.0_121.gz
tar xvzf jdk1.8.0_121.gz
# 然後修改環境變數並指定到這個 JDK 所在的目錄就算安裝好了
vim /etc/profile
export JAVA_HOME=/home/hadoop/software/jdk1.8.0_121
# 讓環境變數生效
source /etc/profile
```

因為 Mahout 是以 Hadoop 平台為基礎的，所以要想運行 Mahout 必須先安裝 Hadoop 平台，Hadoop 平台在前面講巨量資料基礎的時候已經講過了，這裡不再重複。有一點需要說明，Mahout 只需要在提交演算法任務指令稿上安裝即可，Mahout 本身是一個壓縮檔，從官網下載對應的編譯並打包好的套件，解壓就可以了。官網位址是：www.apache.org。

打包好的套件 http://www.apache.org/dist/mahout/0.13.0/apache-mahout-distribution-0.13.0.tar.gz。這樣便可以設定環境變數，但不是必需的，如果不設定，在提交指令稿時指定絕對目錄就可以了。

```
HADOOP_CONF_DIR=/home/hadoop/software/hadoop2/conf
MAHOUT_HOME=/home/hadoop/software/mahout-distribution-0.13
```

修改完成後記得用 source/etc/profile 使環境變數生效。Mahout 只需要在提交指令稿那台伺服器上安裝即可，當然如果為了方便，在每台伺服器上都安裝也是可以的。

5.2　Mahout 機器學習演算法

Mahout 演算法函數庫的特點是非常豐富，另外一個特點是非常穩定。和 Spark 分散式平台相比有它自己的優勢，雖然在疊代性的演算法方面其性能可能稍微差一點，但整體來看其性能在可接受範圍內，有的演算法在性能上沒有太大明顯差別。對於超大訓練資料集，Mahout 在穩定性上表現得更好一些。

5.2.1　Mahout 演算法概覽

Mahout 可實現的演算法很多，常見的演算法都覆蓋到了，和 Spark 的機器學習函數庫可以互補一下，因為有些在 Spark 裡沒有實現的演算法卻在 Mahout 裡實現了，並且有些同樣的演算法在 Mahout 裡面更穩定一些，尤其在超巨量資料集訓練的時候。下面列舉 Mahout 中實現的演算法，如表 5.1 所示。

表 5.1　Mahout 演算法函數庫

演算法大類	演算法英文名稱	演算法中文名稱
分類演算法 （有監督學習）	Logistic Regression	邏輯回歸
	Bayesian	貝氏
	SVM	支援向量機
	Perceptron	感知器演算法
	Neural Network	神經網路
	Decision Tree	決策樹 (ID3, C4.5 演算法)
	Random Forests	隨機森林
	k-Nearest Neighbor, kNN	k- 最近鄰法
	Restricted Boltzmann Machines	受限玻爾茲曼機
	Online Passive Aggressive	線上被動攻擊

演算法大類	演算法英文名稱	演算法中文名稱
聚類演算法 （無監督學習）	Canopy Clustering	Canopy 聚類
	K-means Clustering	K 平均值演算法
	Fuzzy K-means	模糊 K 平均值
	Expectation Maximization	EM 聚類（期望最大化聚類）
	Mean Shift Clustering	平均值漂移聚類
	MinHash	MinHash 聚類
	Hierarchical Clustering	層次聚類
	Dirichlet Process Clustering	狄裡克雷過程聚類
	Latent Dirichlet Allocation	潛在狄利克雷分配模型
	Spectral Clustering	譜聚類
連結規則採擷	Parallel FP Growth Algorithm	平行 FP Growth 演算法
	Apriori	Apriori 連結規則演算法
推薦 / 協作過濾	UserCF	以使用者協作為基礎過濾
	ItemCF	以物品協作為基礎過濾
	SlopeOne	SlopeOne 協作過濾
隱馬可夫模型	Hidden Markov Models (HMM)	隱馬可夫模型
時間序列演算法	Time series analysis	時間序列分析
遺傳演算法	Biological Evolution Algorithm	遺傳演算法（如 TSP 問題，蟻群演算法）屬於啟發式搜索演算法
序列模式採擷	GSP	GSP 演算法
	PrefixSpan	PrefixSpan 演算法
降維	Singular Value Decomposition (SVD)	奇異值分解
	Principal Components Analysis (PCA)	主成分分析
	Independent Component Analysis (ICA)	獨立成分分析
	Gaussian Discriminative Analysis (GDA)	高斯判別分析
	Local Sensitive Hash (LSH)	局部敏感雜湊
	SimHash	SimHash 雜湊演算法
	MinHash	MinHash 雜湊演算法
向量相似度計算	Row Similarity Job	計算列間相似度
	Vector Distance Job	計算向量間距離

以上是演算法概覽，下面我們重點講解一些常用演算法。

5.2.2 潛在狄利克雷分配模型 [2]

潛在狄利克雷分配模型 (Latent Dirichlet Allocation，LDA) 是一種文件主題生成模型，也稱為一個 3 層貝氏機率模型，包含詞、主題和文件 3 層結構。所謂生成模型，就是說，我們認為一篇文章的每個詞都是透過「以一定機率選擇了某個主題，並從這個主題中以一定機率選擇某個詞語」這樣一個過程得到。文件到主題服從多項式分佈，主題到詞服從多項式分佈。

LDA 是一種非監督機器學習技術，可以用來辨識大規模文件集 (document collection) 或語料庫 (corpus) 中潛藏的主題資訊。它採用了詞袋 (bag of words) 的方法，這種方法將每一篇文件視為一個詞頻向量，從而將文字資訊轉化為易於建模的數字資訊，但是詞袋方法沒有考慮詞與詞之間的順序，這簡化了問題的複雜性，同時也為模型的改進提供了契機。每一篇文件代表了一些主題所組成的機率分佈，而每一個主題又代表了很多單字所組成的機率分佈。

LDA 的經典應用場景就是做關鍵字提取，例如指定一篇文章或多篇文章，然後提取出核心的關鍵字標籤。當然用 K-means 演算法也可以做，但是用 LDA 的效果要好一些。此外做關鍵字提取效果不錯的還有 TextRank 演算法。

1. LDA 生成過程

對於語料庫中的每篇文件，LDA 定義了以下生成過程 (generative process)：

1) 對每一篇文件，從主題分佈中取出一個主題；

2) 從上述被抽到的主題所對應的單字分佈中取出一個單字；

3) 重複上述過程直到遍歷文件中的每一個單字。

語料庫中的每一篇文件與 T (透過反覆試驗等方法事先指定) 個主題的多項分佈 (multinomial distribution) 相對應，將該多項分佈記為 θ。每個主題又與詞彙表 (vocabulary) 中的 V 個單字的多項分佈相對應，將這個多項分佈記為 φ。

2. LDA 整體流程

先定義一些字母的含義：文件集合 D，主題 (topic) 集合 T。

D 中每個文件 d 看作一個單字序列 <w1,w2,…,wn>，wi 表示第 i 個單字，設 d 有 n 個單字 (LDA 裡面稱之為 wordbag，實際上每個單字的出現位置對 LDA 演算法無影響)。

D 中涉及的所有不同單字組成一個大集合 VOCABULARY（簡稱 VOC），LDA 以文件集合 D 作為輸入，希望訓練出兩個結果向量（設聚成 k 個 topic，VOC 中共包含 m 個詞）。

對每個 D 中的文件 d，對應到不同 topic 的機率 $\theta d<pt1,\cdots,ptk>$，其中，pti 表示 d 對應 T 中第 i 個 topic 的機率。計算方法是直觀的，$pti=nti/n$，其中 nti 表示 d 中對應第 i 個 topic 的詞的數目，n 是 d 中所有詞的總數。

對每個 T 中的 topic，生成不同單字的機率 $\varphi t<pw1,\cdots,pwm>$，其中，$pwi$ 表示 t 生成 VOC 中第 i 個單字的機率。計算方法同樣很直觀，$pwi=Nwi/N$，其中 Nwi 表示對應到 topic$t$ 的 VOC 中第 i 個單字的數目，N 表示所有對應到 topic 的單字總數。

LDA 的核心公式如下：

$$p(w \mid d) = p(w \mid t) \times p(t \mid d)$$

直觀地看這個公式，就是以 topic 作為中間層，可以透過當前的 θd 和 φt 列出文件 d 中出現單字 w 的機率。其中 $p(t \mid d)$ 利用 θd 計算得到，$p(w \mid t)$ 利用 φt 計算得到。

實際上，利用當前的 θd 和 φt，我們可以為一個文件中的單字計算它對應任意一個 topic 時的 $p(w \mid d)$，然後根據這些結果來更新這個詞應該對應的 topic。最後，如果這個更新改變了這個單字所對應的 topic，就會反過來影響 θd 和 φt。

3. LDA 學習過程（方法之一）

在 LDA 演算法開始時，先隨機地給 θd 和 φt 設定值（對所有的 d 和 t），然後不斷重複上述過程，最終收斂到的結果就是 LDA 的輸出。再詳細說一下這個疊代的學習過程。

1) 針對一個特定的文件 ds 中的第 i 單字 wi，如果令該單字對應的 topic 為 tj，可以把上述公式改寫為：

$$pj(wi \mid ds) = p(wi \mid tj) \times p(tj \mid ds)$$

2) 現在我們可以枚舉 T 中的 topic，得到所有的 $pj(wi \mid ds)$，其中 j 設定值 1~k，然後可以根據這些機率值結果為 ds 中的第 i 個單字 wi 選擇一個 topic。最簡單的想法是取令 $pj(wi \mid ds)$ 最大的 tj（注意，這個式子裡只有 j 是變數），即

argmax[j] pj (wi|ds)。

3) 如果 ds 中的第 i 個單字 wi 在這裡選擇了一個與原先不同的 topic，就會對 θd 和 φt 有影響了 (根據前面提到過的這兩個向量的計算公式可以很容易知道)。它們的影響又會反過來影響對上面提到的 p (w|d) 的計算。對 D 中所有的 d 中的所有 w 進行一次 p (w|d) 的計算並重新選擇 topic 看作一次疊代。這樣進行 n 次循環疊代之後，就會收斂到 LDA 所需要的結果了。

4. Mahout 中 LDA 演算法實戰

Mahout 裡的演算法封裝得非常友善，我們透過 Mahout Shell 指令碼命令給 main 函數入口類別傳對應參數值就可以了。因為是文字聚類，所以做聚類之前需要做資料前置處理，需要把文字向量化為數值，向量化有 tf 和 tfidf 兩種文件向量方式，一般 tfidf 效果要更好一些。實戰步驟如下：

1) 第一步建立 VSM 向量空間模型

必須先把文件傳到 HDFS 上，文件可以是一個或多個記事本檔案，指令稿程式如下：

```
hadoop fs -mkdir /sougoumini
hadoop fs -put /usr/local/data/sougoumini/* /sougoumini/
# 必須在 HDFS 上操作，轉化為序列化檔案
mahout seqdirectory -c UTF-8 -i /sougoumini/ -o /sougoumini-seqfiles -ow
# 向量化
mahout seq2sparse -i /sougoumini-seqfiles/ -o /sougoumini-vectors -ow
```

2) 向量化後生成 tf 和 tfidf 兩種文件向量，之後我們對 tfidf 向量文件聚類

指令稿程式如下：

```
mahout cvb -i /sougoumini-vectors /tfidf-vectors -o /sougoumini-vectors
/reuters-lda-clusters -k 6 -x 2 -dict /sougoumini-vectors
/reuters-vectors/dictionary.file-0 -mt /temp/temp_mt19 -ow --num_reduce_tasks 1
```

3) 使用 ClusterDumper 工具查看聚類結果

指令稿程式如下：

```
mahout clusterdump --input /vsm1/reuters-kmeans-clusters/clusters-2-final
--pointsDir /vsm1/reuters-kmeans-clusters/clusteredPoints --output /usr/local/
data/2-final.txt -b 10 -n 10 -sp 10
:VL-0{n=215
    Top Terms:
```

```
        said                        => 1.650650113898381
        mln                         => 1.2404630316002174
        dlrs                        => 1.1149336368806901
        pct                         => 1.014962779688844
        reuter                      => 0.9934475309359484
:VL-1{n=1 c
    Top Terms:
        nil                         => 89.56243896484375
        wk                          => 68.45630645751953
        prev                        => 62.29991912841797
```

5.2.3　MinHash 聚類

MinHash 是 LSH 的一種，可以用來快速估算兩個集合的相似度。MinHash 由 Andrei Broder 提出，最初用於在搜尋引擎中檢測重複網頁。它可以應用於大規模聚類問題，也可以用來作為降維處理。

1. 相似性度量

Jaccard index[2] 是用來計算相似性的，也就是距離的一種度量標準。假如有集合 A、B，那麼 J(A,B)=(A intersection B)/(A union B)，也就是說，集合 A、B 的 Jaccard 係數等於 A、B 中共同擁有的元素數與 A、B 總共擁有的元素數的比例。很顯然，Jaccard 系數值區間為 [0,1]。MinHash 就是以 Jaccard 相似性度量為基礎的。

2. Mahout 的 MinHash 實戰

輸入和輸出都是序列化檔案，不是文字檔，但可以透過 debugOutput 參數設定輸出是否是序列化檔案，指令稿程式如下：

```
mahout minhash --input /vsm1/reuters-vectors/tfidf-vectors --output
/minhash/output --minClusterSize 2 --minVectorSize 3 --hashType LINEAR
--numHashFunctions 20 --keyGroups 3 --numReducers 1 -ow
```

5.2.4　K-means 聚類

K-means 演算法是最為經典的以劃分為基礎的聚類方法，是十大經典資料採擷演算法之一。K-means 演算法的基本思想是：以空間中 k 個點為中心進行聚類，對最接近它們的物件歸類。透過疊代的方法，逐次更新各聚類中心的值，直到得到最好的聚類結果。

假設要把樣本集分為 c 個類別,演算法描述如下:

(1) 適當選擇 c 個類的初始中心。

(2) 在第 k 次疊代中,對任意一個樣本,求其到 c 各中心的距離,將該樣本歸到距離最短的中心所在的類。

(3) 利用平均值等方法更新該類的中心值。

(4) 對於所有的 c 個聚類中心,如果利用(2)、(3)的疊代法更新後,值保持不變,則疊代結束,否則繼續疊代。

該演算法的最大優勢在於簡潔和快速。演算法的關鍵在於初始中心的選擇和距離公式。

流程:首先從 n 個資料物件任意選擇 k 個物件作為初始聚類中心,而對於剩下的其他物件則根據它們與這些聚類中心的相似度 (距離),分別將它們分配給與其最相似的 (聚類中心所代表的) 聚類,然後再計算每個所獲新聚類的聚類中心 (該聚類中所有物件的平均值),不斷重複這一過程直到標準測度函數開始收斂為止。一般採用均方差作為標準測度函數。K-means 聚類具有以下特點:各聚類本身盡可能地緊湊,而各聚類之間盡可能地分開。

如果是傳統的數值資料,非文字聚類用下面這個命令,指令稿程式如下:

```
mahout org.apache.mahout.clustering.syntheticcontrol.kmeans.Job --input kmeans/
synthetic_control.data  --numClusters 3 -t13 -t26 --maxIter 3 --output kmeans/
output
CL-599{n=33 c=[35.005, 31.595, 32.656, 31.101, 24.290, 26.711, 26.244, 32.574,
31.684, 30.029, 27.724, 33.982, 17.919, 12.614, 11.802, 5.604, 9.054, 10.826,
14.925, 11.531, 9.899, 11.571, 11.890, 13.940, 7.930, 16.103, 13.347, 9.840,
9.479, 13.375, 10.540, 12.813, 11.850, 11.619, 14.426, 9.362, 9.454, 15.434,
11.620, 14.355, 9.465, 10.402, 12.028, 13.881, 12.241, 11.294]
r=[0.670, 0.657, 0.703, 0.044, 0.229, 2.317, 1.453, 1.207, 0.454, 2.319, 0.468,
0.865, 1.282, 4.213, 2.007, 0.911, 3.297, 0.077, 4.621, 2.784, 0.490, 0.134,
0.561, 3.848, 3.840, 0.044, 9.096, 0.020, 0.892, 0.675, 4.591, 5.825, 3.153,
3.555, 0.626, 2.363, 0.989, 1.211, 0.954, 1.729, 0.017, 3.514, 2.652, 1.533,
6.176, 2.388, 2.405, 2.780, 1.271, 1.666, 1.154, 0.244, 2.544, 3.553, 0.381,
4.611, 1.886, 2.138, 0.543, 1.142]}
```

Point: 該聚類下所有點。

n=33 代表該 cluster 有 33 個點,c=[...] 代表該 cluster 的中心向量點,r=[...] 代表 cluster 的半徑。

如果不是實數，則做文字的聚類，此時需要把文字轉成向量，和 LDA 的處理過程類似。

1. 建立 VSM 向量空間模型

指令稿程式如下：

```
# 將資料儲存成 to 序列檔案 SequenceFile
seqdirectory --input /vsm/input --output /vsm/reutersoutput
# 將 SequenceFile 檔案中的資料，以 Lucene 為基礎的工具進行向量化
seq2sparse --input /vsm/reutersoutput --output /vsm/clusterinput
```

2. 聚類

再用 Mahout *K*-means 進行聚類，輸入參數為 tf-vectors 目錄下的檔案，如果整個過程沒錯，就可以看到輸出結果目錄 clusters-N，指令稿程式如下：

```
mahout org.apache.mahout.clustering.kmeans.KMeansDriver --input /vsm/
clusterinput/tf-vectors/ --numClusters 3 --maxIter 3 --output /vsm/
clusteroutputnew6
```

3. 查看聚類結果

最後可以用 Mahout 提供的結果查看命令 mahout clusterdump 來分析聚類結果，指令稿程式如下：

```
mahout clusterdump --input /vsm/clusteroutputnew6/clusters-3-final --pointsDir /
vsm/clusteroutputnew6/clusteredPoints --output /usr/local/data/newclusters-3-
final.txt
```

5.2.5　Canopy 聚類

Canopy 聚類演算法是一個將物件分組到類的簡單、快速、精確的方法。每個物件用多維特徵空間裡的點來表示。這個演算法使用一個快速近似距離度量和兩個距離閾值 T1>T2 來處理。基本的演算法是從一個點集合開始並且隨機刪除一個，創建一個包含這個點的 Canopy，並在剩餘的點集合上疊代。對於每個點，如果它距離第一個點的距離小於 T1，那麼這個點就加入這個聚集中。

1. Mahout 的 Canopy 聚類

指令稿程式如下：

```
mahout canopy -i /vsm1/reuters-vectors/tfidf-vectors -o /vsm1/reuters-canopy-
centroids -dm org.apache.mahout.common.distance.EuclideanDistanceMeasure -t1100
-t2200 -ow
```

2. Canopy+K-means 聚類

Canopy 經常和 *K*-means 聚類一起使用，和 *K*-means 相比的優勢是不用自己制定 *K* 值，也就是不用硬性地指定聚多少個分類。Canopy+*K*-means 聚類指令稿程式如下：

```
mahout kmeans -i /vsm1/reuters-vectors/tfidf-vectors -o /vsm1/reuters-kmeans-
clusters -dm org.apache.mahout.common.distance.TanimotoDistanceMeasure -c /vsm1/
reuters-canopy-centroids/clusters-0-final -cd 0.1 -ow -x 5 -cl
```

5.2.6 MeanShift 平均值漂移聚類

K-means 可以看作 MeanShift 的特例。*K*-means 需要指定 *K* 參數，而 MeanShift 不需要，它和 Canopy 類似，需要指定疊代次數和 T1, T2，其他的用法和 *K*-means 類似，MeanShift 常被用在圖型辨識中的目標追蹤、資料聚類和分類等場景，*K*-means 的核心函數使用了 Epannechnikov 核心函數，MeanShift 使用了 Gaussian(高斯) 核心函數。

MeanShift 演算法可以看作使多個隨機中心點向著密度最大的方向移動，最終得到多個最大密度中心。可以看成初始有多個隨機初始中心，每個中心都有一個半徑為 bandwidth 的圓，我們要做的就是求解一個向量，使得圓心一直往資料集密度最大的方向移動，也就是每次疊代的時候，都是找到圓裡麵點的平均位置作為新的圓心位置，直到滿足某個條件不再疊代，這時候的圓心也就是密度中心。

對多維資料集進行 MeanShift 聚類過程如下：

(1) 在未被標記的資料點中隨機選擇一個點作為中心 (center)。

(2) 找出離 center 距離在 bandwidth 之內的所有點，記作集合 M，認為這些點屬於簇 c。同時，把這些求內點屬於這個類的機率加 1，這個參數將用於最後步驟的分類。

(3) 以 center 為中心點，計算從 center 開始到集合 M 中每個元素的向量，將這些向量相加，得到向量 shift。

(4) center=center+shift。即 center 沿著 shift 的方向移動，移動距離是 ||shift||。

(5) 重複步驟 2、3、4，直到 shift 的大小很小 (就是疊代到收斂)，記住此時的 center。注意，在這個疊代過程中遇到的點都應該歸類到簇 c。

(6) 如果在收斂時當前簇 c 的 center 與其他已經存在的簇 c2 中心的距離小於閾值，那麼把 c2 和 c 合併。不然把 c 作為新的聚類，增加 1 類。

(7) 重複 1、2、3、4、5，直到所有的點都被標記存取。

(8) 分類：根據每個類，對每個點的存取頻率取存取頻率最高的那個類，作為當前點集的所屬類。

簡單地說，MeanShift 就是沿著密度上升的方向尋找同屬一個簇的資料點。

下面看一下 MeanShift 平均值漂移聚類在 Mahout 裡的實戰指令稿。對於文字聚類的應用第一步和 K-means 一樣，也是建立 VSM 向量空間模型。

訓練命令指令稿程式如下：

```
mahout org.apache.mahout.clustering.syntheticcontrol.meanshift.Job -i /user/
root/synthetic_control.data -o /minshift --maxIter 3 --t1100 --t23600 -ow
```

訓練完成後查看聚類結果，指令稿程式如下：

```
mahout clusterdump --input /minshift/clusters-1-final --pointsDir /minshift/
clusteredPoints --output /usr/local/data/minshift/clusterdump.txt
```

5.2.7　Fkmeans 模糊聚類

Fkmeans 模糊聚類就是軟聚類。軟聚類的意思就是同一個點可以同時屬於多個聚類，計算結果集合比較大，因為同一點可以在多個聚類出現。

模糊 C 平均值聚類 (FCM)，即眾所皆知的模糊 ISODATA，是用隸屬度確定每個資料點屬於某個聚類的程度的一種聚類演算法。1973 年，Bezdek 提出了該演算法，作為早期硬 C 平均值聚類 (HCM) 方法的一種改進。

FCM 把 n 個向量 xi $(i=1,2,\cdots,n)$ 分為 c 個模糊組，並求每組的聚類中心，使得非相似性指標的價值函數達到最小。FCM 使得每個指定資料點用值在 0,1 間的隸屬度來確定其屬於各個組的程度。

Fkmeans 比 K-means 多了 -m 參數，也就是柔軟度。

Mahout 訓練命令指令稿程式如下：

```
mahout fkmeans -i /vsm1/reuters-vectors/tfidf-vectors -o /vsm1/reuters-
fuzzykmeans-clusters -dm org.apache.mahout.common.distance.
TanimotoDistanceMeasure -ow -x 2 -cl -k 21 -c /vsm1/fuzzykmeanssuijidian -m 20
```

-c 用 fkmeans 隨機生成中心點，但必須指定中心點的空目錄，不指定會顯示出錯：需要指定聚類個數。

5.2.8 貝氏分類演算法 [3]

貝氏分類演算法是統計學的一種分類方法，它是一類利用機率統計知識進行分類的演算法。在許多場合，單純貝氏分類演算法可以與決策樹和神經網路分類演算法相媲美，該演算法能運用到大類型資料庫中，而且方法簡單、分類準確率高，並且速度快。

貝氏方法是以貝氏原理為基礎，使用機率統計的知識對樣本資料集進行分類。由於其具有堅實的數學基礎，貝氏分類演算法的誤判率是很低的。貝氏方法的特點是結合先驗機率和後驗機率，既避免了只使用先驗機率的主觀偏見，又避免了單獨使用樣本資訊的過擬合現象。貝氏分類演算法在資料集較大的情況下表現出較高的準確率，同時演算法本身也比較簡單。

單純貝氏方法是在貝氏演算法的基礎上進行了對應的簡化，即假設指定目標值時屬性之間相互條件獨立。也就是說沒有哪個屬性變數對決策結果來說佔具有較大的比重，也沒有哪個屬性變數對於決策結果佔具有較小的比重。雖然這個簡化方式在一定程度上降低了貝氏分類演算法的分類效果，但是在實際的應用場景中，極大地簡化了貝氏方法的複雜性。

文字分類是單純貝氏方法的經典應用場景，也是在文字分類任務中效果非常好的演算法之一，並且訓練比較快速。分類是資料分析和機器學習領域的基本問題。文字分類已廣泛應用於網路資訊過濾、資訊檢索和資訊推薦等多個方面。資料驅動分類器學習一直是近年來的熱點，方法很多，例如神經網路、決策樹、支援向量機和單純貝氏等。相對其他精心設計的更複雜的分類演算法，單純貝氏分類演算法是學習率和分類效果較好的分類器。直觀的文字分類演算法，也是最簡單的貝氏分類器，具有很好的可解釋性，單純貝氏演算法的特點是假設所有特徵的出現相互獨立並互不影響，每一特徵同等重要，但事實上這個假設在現實世界中並不成立：首先，相鄰的兩個詞之間的必然關聯，不能獨立；其次，對一篇文章來說，其中的某一些代表詞就確定了它的主題，不需要通讀整篇文章、查看所有詞，所以需要採用合適的方法進行特徵選擇，這樣單純貝氏分類器才能達到更高的分類效率。

Mahout 的貝氏分類演算法實戰指令稿程式如下：

```
# 將 20newsgroups 資料轉化為序列化格式的檔案
#20newsgroups 資料（文字資料，解壓 20news-bydate.tar.gz。資料夾名就是分類名）需要
# 放到分散式上 /tmp/mahout-work-root/20news-all，命令 hadoop fs -put
#/tmp/mahout-work-root/20news-all/* /tmp/mahout-work-root/20news-all
mahout seqdirectory -i /tmp/mahout-work-root/20news-all -o /tmp/mahout-work-
root/20news-seq -ow
# 將序列化格式的文字檔轉化為向量
mahout seq2sparse -i /tmp/mahout-work-root/20news-seq -o /tmp/mahout-work-
root/20news-vectors -lnorm -nv -wt tfidf
# 將向量資料隨機拆分成兩份 80~20，分別用於訓練集合測試集
mahout split -i /tmp/mahout-work-root/20news-vectors/tfidf-vectors
--trainingOutput /tmp/mahout-work-root/20news-train-vectors --testOutput /tmp/
mahout-work-root/20news-test-vectors --randomSelectionPct 40 --overwrite
--sequenceFiles -xm sequential
# 訓練貝氏網路
mahout trainnb -i /tmp/mahout-work-root/20news-train-vectors -el -o /tmp/mahout-
work-root/model -li /tmp/mahout-work-root/labelindex -ow
# 用訓練資料作為測試集，產生的誤差為訓練誤差
mahout testnb -i tmp/mahout-work-root/20news-train-vectors -m tmp/mahout-work-
root/model -l tmp/mahout-work-root/labelindex -ow -o tmp/mahout-work-
root/20news-testing
# 用測試集測試，產生的誤差為測試誤差
mahout testnb -i /tmp/mahout-work-root/20news-test-vectors -m /tmp/mahout-work-
root/model -l /tmp/mahout-work-root/labelindex -ow -o /tmp/mahout-work-
root/20news-testing
```

複習：首先建立 VSM 向量空間模型，這一步和聚類是完全一樣的。之後將向量化的檔案 /tmp/mahout-work-root/20news-vectors/tfidf-vectors 作為訓練模型即可。訓練完成後，將模型存放在分散式 HDFS 上。下一步便可以使用模型進行預測了。預測某一個檔案屬於哪個分類。documenWeight 返回的值是測試文件屬於某類的機率的大小，即所有屬性在某類下的 frequency×featureweight 之和，值得注意的是 sumLabelWeight 是類別下權重之和。與在其他類下的和值進行比較，取出最大值的 label，該文件就屬於此類，並輸出。

貝氏原理是後驗機率＝先驗機率 × 條件機率，此處沒有乘先驗機率，直接輸出為最佳 label，是因為所用的 20 個新聞的資料在每類中的文件數大致一樣（先驗機率幾乎一樣）。

5.2.9 SGD 邏輯回歸分類演算法 [4]

Logistic 回歸又稱 Logistic 回歸分析，是一種廣義的線性回歸分析模型，常用於資料採擷、疾病自動診斷和經濟預測等領域。舉例來說，探討引發疾病的危險因素，並根據危險因素預測疾病發生的機率等。以胃癌病情分析為例，選擇兩組人群，一組是胃癌組，另一組是非胃癌組，兩組人群必定具有不同的症狀與生活方式等。因此因變數為「是否胃癌」，值為「是」或「否」，引數就可以包括很多了，如年齡、性別、飲食習慣和幽門螺桿菌感染等。引數既可以是連續的，也可以是分類的，然後透過 Logistic 回歸分析可以得到引數的權重，從而大致了解到底哪些因素是胃癌的危險因素。同時根據該權值及危險因素可以預測一個人患癌症的可能性。

Logistic 回歸是一種廣義線性回歸 (generalized linear model)，因此與多重線性回歸分析有很多相同之處。它們的模型形式基本上相同，都具有 w'x+b，其中 w 和 b 是待求參數，其區別在於它們的因變數不同，多重線性回歸直接將 w'x+b 作為因變數，即 y=w'x+b，而 Logistic 回歸則透過函數 L 將 w'x+b 對應一個隱狀態 p，p=L(w'x+b)，然後根據 p 與 1-p 的大小決定因變數的值。如果 L 是 Logistic 函數，就是 Logistic 回歸，如果 L 是多項式函數就是多項式回歸。

Logistic 回歸的因變數可以是二分類的，也可以是多分類的，但是二分類的 Logistic 回歸更為常用，也更加容易解釋，多分類可以使用 softmax 方法進行處理。實際中最為常用的就是二分類的 logistic 回歸。

Logistic 回歸模型的適用條件：

(1) 因變數為二分類的分類變數或某事件的發生率，並且是數值型變數，但是需要注意，重複計數現象指標不適用於 Logistic 回歸。

(2) 殘差和因變數都要服從二項分佈。二項分佈對應的是分類變數，所以不是正態分佈，進而非用最小平方法，而是最大似然法來解決方程式估計和檢驗問題。

(3) 引數和 Logistic 機率是線性關係。

(4) 各觀測物件間相互獨立。

原理：如果直接將線性回歸的模型扣到 Logistic 回歸中，會造成方程式兩邊設定值區間不同和普遍的非直線關係。因為 Logistic 中因變數為二分類變數，某個機率作為方程式的因變數估計值設定值範圍為 0~1，但是方程式右邊設定值範圍是無限大或無限小，所以才引入 Logistic 回歸。

Logistic 回歸實質：發生機率除以沒有發生機率再取對數。就是這個不太煩瑣的變換改變了設定值區間的矛盾和因變數、引數間的曲線關係。究其原因，是發生和未發生的機率成為比值，這個比值就是一個緩衝，將設定值範圍擴大，再進行對數變換，使整個因變數改變。不僅如此，這種變換往往使得因變數和引數之間呈線性關係，這是根據大量實踐而複習得出的，所以 Logistic 回歸從根本上解決如果因變數不是連續變數怎麼辦的問題。還有，Logistic 應用廣泛的原因是許多現實問題跟它的模型相吻合。例如一件事情是否發生跟其他數值型引數的關係。

注意：如果引數為字元型，就需要進行重新編碼。一般如果引數有 3 個水準就非常難對付，所以，如果引數有更多水準就太複雜。這裡只討論引數只有 3 個水準，非常麻煩，需要再設兩個新變數。共有 3 個變數，第一個變數編碼 1 為高水準，其他水準為 0；第二個變數編碼 1 為中間水準，0 為其他水準；第三個變數，所有水準都為 0。實在是麻煩，而且不容易了解。最好不要這樣做，也就是最好引數都為連續變數。

spss 操作：進入 Logistic 回歸主對話方塊，通用操作不贅述。

此時我們會發現沒有引數這個說法，只有協變數，其實在這裡協變數就是引數。旁邊的區塊可以設定很多模型。

「方法」欄：這個根據詞語了解不容易明白，需要說明。共有 7 種方法，但是都是有規律可循的。

「向前」和「向後」：向前是事先用一步一步的方法篩選引數，也就是先設立門檻。稱作「前」。而向後，是先把所有的引數都選進來，然後再篩選引數。也就是先不設定門檻，等全部引數進來了再一個一個地淘汰。

「LR」和「Wald」，LR 指的是極大偏似然估計的似然比統計量機率值，名稱有一點長，但是其中重要的詞語就是似然。Wald 指 Wald 統計量機率值。

「條件」指條件參數似然比統計量機率值。

「進入」就是將所有引數都選進來，不進行任何篩選。

將所有的關鍵片語合在一起就是 7 種方法，分別是「進入」「向前 LR」「向前 Wald」「向後 LR」「向後 Wald"「向後條件」「向前條件」。

一旦選定協變數，也就是引數，「分類」按鈕就會被啟動。其中，當選擇完分類協變數以後，「更改比較」選項群組就會被啟動。一共有 7 種更改比較的方法。

「指示符號」和「偏差」，都是選擇最後一個和第一個個案作為比較標準，也就是這兩種方法能夠啟動「參考類別」欄。「指示符號"是預設選項。「偏差」表示分類變數每個水準和總平均值進行比較，總平均值的上下界就是「最後一個」和「第一個」在「參考類別」的設定。

「簡單」也能啟動「參考類別」設定。表示對分類變數各個水準和第一個水準或最後一個水準的平均值進行比較。

「差值」對分類變數各個水準都和前面的水準進行作差比較。第一個水準除外，因為不能作差。

「Helmert」跟「差值」正好相反，是每一個水準和後面水準進行作差比較。最後一個水準除外，仍然是因為不能作差。

「重複」表示對分類變數各個水準進行重複比較。

「多項式」對每一個水準按分類變數順序進行趨勢分析，常用的趨勢分析方法有線性和二次式。

SGD (Stochastic Gradient Descent) 是隨機梯度下降的意思，是邏輯回歸的一種實現方式，當然還有其他的方式，例如 LBFGS。我們會在後面的章節 Spark 分散式機器學習裡講解 LBFGS。邏輯回歸其實是一個分類演算法而非回歸演算法，通常利用已知的引數來預測一個離散型因變數的值 (像二進位值 0/1，是 / 否，真 / 假)。簡單來說，它就是透過擬合一個邏輯函數 (logic function) 來預測一個事件發生的機率，所以它預測的是一個機率值，自然，它的輸出值應該在 0~1。假設你的朋友讓你回答一道題。可能的結果只有兩種：你答對了或沒有答對。為了研究你最擅長的題目領域，你做了各種領域的題目。那麼這個研究的結果可能是這樣的：如果是一道十年級的三角函數題，你有 70% 的可能性解出它，但如果是一道五年級的歷史題，你會的機率可能只有 30%。邏輯回歸就是給你這樣的機率結果。

Logistic 回歸簡單分析：

優點：計算代價不高，易於了解和實現。

缺點：容易欠擬合，分類精度可能不高。

適用資料類型：數值型和額定類型資料。

下面我們看一下 Mahout 的 SGD 邏輯回歸演算法的實戰指令稿程式，程式如下：

```
# 訓練模型
mahout trainlogistic --passes 1 --rate 1 --lambda 0.5 --input /usr/local/data/
sgd/donut.csv --features 21 --output /usr/local/data/sgd/donut.model --target
color --categories 2 --predictors x y xx xy yy a b c --types n n
# 測試模型
mahout runlogistic --input /usr/local/data/sgd/donut.csv  --model /usr/local/
data/sgd/donut.model --auc --scores --confusion
```

5.2.10　隨機森林分類演算法

決策森林，顧名思義，就是由多個決策樹組成森林，然後用這個森林進行分類，非常適合用 MapReduce 實現，進行平行處理。決策森林又稱為隨機森林，這是因為不同於正常的決策樹 (ID3，C4.5)，決策森林中每棵樹的每個節點在選擇該點的分類特徵時並不是從所有的輸入特徵裡選擇一個最好的，而是從所有的 M 個輸入特徵裡隨機的選擇 m 個特徵，然後從這 m 個特徵裡選擇一個最好的，這樣比較適合那種輸入特徵數量特別多的應用場景，在輸入特徵數量不多的情況下，我們可以取 m=M，然後針對目標特徵類型的不同，取多個決策樹的平均值 (目標特徵類型為數字類型 (numeric)) 或大多數投票 (目標特徵類型為類別 (category))。

隨機森林是以決策樹作為基礎模型的整合演算法，屬於 Bagging 詞袋方式的整合演算法，Bagging 的方式算是比較簡單的，可訓練多個模型，利用每個模型進行投票，每個模型的權重都一樣，對於分類問題，取總票數最多作為分類；對於回歸，取平均值。利用多個弱分類器整合一個性能高的分類器。典型代表是隨機森林。隨機森林在訓練每個模型的時候，增加隨機的因素對特徵和樣本進行隨機抽樣，然後把各棵樹訓練的結果整合融合起來。隨機森林可以進行平行訓練多棵樹。

隨機森林是機器學習模型中用於分類和回歸的最成功的模型之一。透過組合大量的決策樹來降低過擬合的風險。與決策樹一樣，隨機森林處理分類特徵，並擴充到多類分類設定，不需要特徵縮放，並且能夠捕捉非線性和特徵互動。

隨機森林分別訓練一系列的決策樹，所以訓練過程是平行的。因演算法中加入了隨機過程，所以每個決策樹又有少量區別。透過合併每棵樹的預測結果來減少預測的方差，提高在測試集上的性能表現。

隨機性表現：

(1) 每次疊代時，對原始資料進行二次抽樣來獲得不同的訓練資料。

(2) 對於每個樹節點，考慮不同的隨機特徵子集來進行分裂。

除此之外，決策時的訓練過程和單獨決策樹訓練過程相同。對新實例進行預測時，隨機森林需要整合其各個決策樹的預測結果。回歸和分類問題的整合方式略有不同。分類問題採取投票制，每個決策樹投票給一個類別，獲得最多投票的類別為最終結果。對於回歸問題，每棵樹得到的預測結果為實數，最終的預測結果為各棵樹預測結果的平均值。

隨機森林在 Mahout 和 Spark 裡都有實現，以下是在 Mahout 裡的訓練指令稿，在 Spark 裡面需要呼叫 API 程式設計實現，指令稿程式如下：

```
mahout org.apache.mahout.classifier.df.BreimanExample -d /forest/glass.data -ds /
forest/glass.info -i 10 -t 100
```

-i：表示疊代的次數；

-t：表示每棵決策樹的節點的個數。

BreimanExample 預設會構造兩個森林，一個取 m=1，另一個取 $m=\log(M+1)$。之所以這麼做是為了說明即使 m 值很小，整個森林的分類結果也會挺好。

5.2.11 連結規則之頻繁項集採擷演算法 [5]

連結規則是形如 X → Y 的蘊涵式，其中 X 和 Y 分別稱為連結規則的先導 (antecedent 或 left-hand-side,LHS) 和後繼 (consequent 或 right-hand-side,RHS)。其中連結規則 XY 存在支援度和信任度。

在描述有關連結規則的一些細節之前，先來看一個有趣的故事，「尿布與啤酒」的故事。在一家超市里，有一個有趣的現象：尿布和啤酒赫然擺在一起出售，但是這個奇怪的舉措使尿布和啤酒的銷量雙雙增加了。這不是一個笑話，而是發生在美國沃爾瑪連鎖店超市的真實案例，並一直為商家所津津樂道。沃爾瑪擁有世界上最大的資料倉儲系統，為了能夠準確了解顧客在其門店的購買習慣，沃爾瑪對其顧客的購物行為進行購物車分析，想知道顧客經常一起購買的商品有哪些。沃爾瑪資料倉儲裡集中了其各門店的詳細原始交易資料。在這些原始交易資料的基礎上，沃爾瑪利用資料採擷方法對這些資料進行分析和採擷。一個意外的發現是：「跟尿布一起購買最多的商品竟是啤酒！」經過大量實際調查和分析，揭示了一個隱藏在「尿布與啤酒」背後的美國人的一種行為模式：在美國，一些年輕的父親下班後經常要到超市去買嬰兒尿布，而他們中有 30%~40% 的人同時也為自己買一些啤酒。產生這一現象的原因是：美國的太太們常叮囑她們的丈夫下班後為小孩買尿布，而丈夫們在買尿布後又隨手帶回了他們喜歡的啤酒。

連結規則最初提出的動機是針對購物車分析 (Market Basket Analysis) 問題提出的。假設分店經理想更多地了解顧客的購物習慣。特別是想知道哪些商品顧客可能會在一次購物時同時購買。為回答該問題，可以對商店的顧客購買零售數量進行購物車分析。該過程透過發現顧客放入「購物車 " 中的不同商品之間的連結，分析顧客的購物習慣。這種連結的發現可以幫助零售商了解哪些商品頻繁地被顧客同時購買，從而幫助他們開發更好的行銷策略。

1993 年，Agrawal 等人首先提出連結規則概念，同時列出了對應的採擷演算法 AIS，但是性能較差。1994 年，他們建立了項目集格空間理論，並依據上述兩個定理，提出了著名的 Apriori 演算法，至今 Apriori 演算法仍然作為連結規則採擷的經典演算法被廣泛討論，以後諸多的研究人員對連結規則的採擷問題進行了大量的研究。

連結規則採擷過程主要包含兩個階段：

第一階段必須先從資料集合中找出所有的高頻項目小組 (Frequent Itemsets)，第二階段再由這些高頻項目小組中產生連結規則 (Association Rules)。

$$\text{support } (A \Rightarrow B) = P(A \cup B) \tag{5-1}$$

連結規則採擷的第一階段必須從原始資料集合中找出所有高頻項目小組 (Large Itemsets)。高頻的意思是指某一項目小組出現的頻率相對於所有記錄而言必須達到某一水準。一項目小組出現的頻率稱為支援度 (Support)，以一個包含 A 與 B 兩個項目的 2-itemset 為例，我們可以經由式 (5-1) 求得包含 {A,B} 項目小組的支援度，若支援度大於或等於所設定的最小支援度 (Minimum Support) 門檻值時，則 {A,B} 稱為高頻項目小組。一個滿足最小支援度的 k-itemset，則稱為高頻 k- 項目小組 (Frequent k-itemset)，一般表示為 Large k 或 Frequent k。演算法並從 Large k 的項目小組中再產生 Large k+1，直到無法再找到更長的高頻項目小組為止。

$$\text{confidence } (A \Rightarrow B) = P(B \mid A) = \frac{R(A \cup B)}{P(A)} \tag{5-2}$$

連結規則採擷的第二階段是要產生連結規則 (Association Rules)。從高頻項目小組產生連結規則是利用前一步驟的高頻 k- 項目小組來產生規則，在最小置信度 (Minimum Confidence) 的條件門檻下，若一規則所求得的置信度滿足最小置信度，稱此規則為連結規則。例如：經由高頻 *k*- 項目小組 {A,B} 所產生的規則 AB，其置信度可經由式 (5-2) 求得，若置信度大於或等於最小置信度，則稱 AB 為連結規則。

舉一個案例進行分析，就沃爾瑪案例而言，使用連結規則採擷技術對交易資料庫中的紀錄進行資料採擷。首先必須要設定最小支援度與最小置信度兩個門檻值，在此假設最小支援度 min_support=5% 且最小置信度 min_confidence=70%，因此該超市需求的連結規則將必須同時滿足以上兩個條件。若經過採擷過程所找到的連結規則「尿布，啤酒」滿足下列條件，則可接受「尿布，啤酒」的連結規則。用公式可以描述 Support (尿布，啤酒) ≥ 5% 且 Confidence (尿布，啤酒) ≥ 70%。其中，Support (尿布，啤酒) ≥ 5% 在此應用範例中的意義為：在所有的交易紀錄資料中，至少有 5% 的交易呈現尿布與啤酒這兩項商品被同時購買的交易行為。Confidence (尿布，啤酒) ≥ 70% 在此應用範例中的意義為：在所有包含尿布的交易紀錄資料中，至少有 70% 的交易會同時購買啤酒。因此，今後若有某消費者出現購買尿布的行為時，超市將可推薦該消費者同時購買啤酒。這個商品推薦的行為則是根據「尿布，啤酒」連結規則，因為就該超市過去的交易記錄而言，支援了「大部分購買尿布的交易，會同時購買啤酒」的消費行為。

從上面的介紹還可以看出，連結規則採擷通常比較適用於記錄中的指標取離散值的情況。如果原始資料庫中的指標值取連續的資料，則在連結規則採擷之前應該進行適當地資料離散化 (實際上就是將某個區間的值對應於某個值)，資料的離散化是資料採擷前的重要環節，離散化的過程是否合理將直接影響連結規則的採擷結果。

在 Mahout 裡有兩種實現方式，Apriori 演算法和 fpGrowth 演算法。

1.　Apriori 演算法

Apriori 演算法使用候選項集找頻繁項集。Apriori 演算法是一種最有影響的採擷布林連結規則頻繁項集的演算法。其核心是以兩階段頻集思想為基礎的遞推演算法。該連結規則在分類上屬於單維、單層、布林連結規則。在這裡，所有支援度大於最小支援度的項集稱為頻繁項集，簡稱頻集。

該演算法的基本思想是：首先找出所有的頻集，這些項集出現的頻繁性至少和預先定義的最小支援度一樣，然後由頻集產生強連結規則，這些規則必須滿足最小支援度和最小可信度，接著使用第 1 步找到的頻集產生期望的規則，產生只包含集合的項的所有規則，其中每一筆規則的右部只有一項，這裡採用的是中規則的定義。一旦這些規則被生成，那麼只有那些大於使用者指定的最小可信度的規則才被留下來。為了生成所有頻集，使用了遞推的方法。

Apriori 演算法採用了逐層搜索的疊代方法，演算法簡單明了，沒有複雜的理論推導，也易於實現，但其有一些難以克服的缺點：

(1) 對資料庫的掃描次數過多。

(2) Apriori 演算法會產生大量的中間項集。

(3) 採用唯一支援度。

(4) 演算法的適應面窄。

2. fpGrowth 演算法

針對 Apriori 演算法的固有缺陷，J.Han 等提出了不產生候選採擷頻繁項集的方法——FP-tree 頻集演算法。採用分而治之的策略，在經過第一遍掃描之後，把資料庫中的頻集壓縮排一棵頻繁模式樹 (FP-tree)，同時依然保留其中的連結資訊，隨後再將 FP-tree 分化成一些條件資料庫，每個資料庫和一個長度為 1

的頻集相關，然後再對這些條件資料庫分別進行採擷。當原始資料量很大的時候，也可以結合劃分的方法，使得一個FP-tree可以放入主記憶體中。實驗表明，fpGrowth 對不同長度的規則都有很好的適應性，同時在效率上較之 Apriori 演算法有巨大的提高。

下面我們看一下 Mahout 的 fpGrowth 頻繁項集採擷實戰指令稿。

1) 準備使用者瀏覽商品的行為記錄資料

指令稿程式如下：

```
# 上傳日誌記錄
hadoop fs -put /usr/local/data/bap/ 電子商務瀏覽商品記錄 .txt /bap
# 資料每行都是商品 ID，以英文逗點分隔。
格式為 :11020,36327,190492
"[ ,\t]*[,|\t][ ,\t]*"
```

2) 頻繁項集採擷計數

指令稿程式如下：

```
mahout fpg -i /fpginput -o /fpgpatterns -k 10 -method mapreduce -s 2 -g 2
```

指令的含義在 Mahout 的網站上有詳細說明，簡要說明下，-i 表示輸入，-o 表示輸出，-k 10 表示找出和某個 item 相關的前 10 個頻繁項，-method mapreduce 表示使用 mapreduce 來運行這個作業，-regex '[\ ]' 表示每個 transaction 裡用空白來間隔 item，-s2 表示只統計最少出現 2 次的項。

3) 查看結果

指令稿程式如下：

```
mahout seqdumper --input /fpgpatterns/frequentpatterns/part-r-00000 --output /
usr/local/data/fpgjieguo/frequentpatterns
Key class: class org.apache.hadoop.io.Text Value Class: class org.apache.mahout.
fpm.pfpgrowth.convertors.string.TopKStringPatterns
Key: 100181: Value: ([100181],4), ([52284, 128713, 100181],2)
Key: 100182: Value: ([100182],10)
```

連結規則可以看成協作過濾演算法的一種，和其他的協作過濾演算法一樣，可以實現在電子商務場景裡的看了又看、買了又買等核心應用場景，它的最經典應用是購物車分析和在電子商務網站應用的推薦位，例如「購買此商品的使用者還同時購買」。計算原理是一樣的，只是使用的使用者行為資料不同而已，購買此商品的使用者還同時購買使用的訂單資料，這個訂單數使用的同一個訂單 ID 下的商品集合，看了又看使用的使用者瀏覽商品的資料，買了又買使用的也是訂單資料，只是這個訂單資料使用的是同一個使用者 UserID 下購買的商品集合。下面我們來講解一下協作過濾演算法。

5.2.12　協作過濾演算法

協作過濾 (Collaborative Filtering, 簡稱 CF) 作為經典的推薦演算法之一，在電子商務推薦系統中扮演著非常重要的角色，例如經典的推薦看了又看、買了又買、看了又買、購買此商品的使用者還相同購買等都是使用了協作過濾演算法。尤其當你的網站累積了大量的使用者行為資料時，以協作過濾為基礎的演算法從實戰經驗上比較其他演算法效果是最好的。以協作過濾為基礎在電子商務網站上用到的使用者行為有使用者瀏覽商品行為、加入購物車行為和購買行為等，這些行為是最為寶貴的資料資源。例如拿瀏覽行為來做的協作過濾推薦結果叫看了又看，全稱是看過此商品的使用者還看了哪些商品。拿購買行為來計算的叫買了又買，全稱叫買過此商品的使用者還買了。如果同時拿瀏覽記錄和購買記錄來算的，並且瀏覽記錄在前，購買記錄在後，叫看了又買，全稱是看過此商品的使用者最終購買。如果是購買記錄在前，瀏覽記錄在後，叫買了又看，全稱叫買過此商品的使用者還看了。在電子商務網站中，這幾個是經典的協作過濾演算法的應用。

1. 推薦系統的意義

推薦系統為什麼會出現？隨著網際網路的發展，人們正處於一個資訊爆炸的時代。相比於過去的資訊匱乏，面對現階段巨量的資訊資料，對資訊的篩選和過濾成為衡量一個系統好壞的重要指標。一個具有良好使用者體驗的系統會將巨量資訊進行篩選、過濾，將使用者最關注最感興趣的資訊展現在使用者面前。這大大提高了系統工作的效率，也節省了使用者篩選資訊的時間。搜尋引擎的出現在一定程度上解決了資訊篩選問題，但還遠遠不夠。搜尋引擎需要使用者主動提供關鍵字來對巨量資訊進行篩選。當使用者無法準確描述自己的需求時，搜尋引擎的篩選效果將大打折扣，而使用者將自己的需求和意圖轉化成關鍵字的過程並不是一個輕鬆的過程。在此背景下推薦系統出現了，推薦系統的任務就是解決上述的問題，並聯繫使用者和資訊，一方面幫助使用者發現對自已有價值的資訊，另一方面讓資訊能夠展現在對他感興趣的人群中，從而實現資訊提供商與使用者的雙贏。

推薦系統的意義：

(1) 增加產品銷售量。

(2) 銷售更多類別的產品。推薦系統可以推薦給使用者可能本來不會去留意的其他類別的商品。

(3) 提高使用者滿意度。

(4) 提高使用者忠誠度。

(5) 更進一步地了解使用者需求。

(6) 找到一些優秀的產品。

(7) 找到全部優秀的產品；某些場景 (例如一些醫療或財務的應用) 需要找到全部的合適的產品。

(8) 對產品做註釋，例如在電視推薦系統中說明哪些節目值得觀看。

(9) 推薦系列產品。

(10) 推薦打包產品。

(11) 只看不買，這種場景下仍然可以推薦出匹配使用者興趣的產品。

(12) 找到可信的推薦系統：有時候使用者不相信系統的推薦，有些系統可以提供一些功能讓使用者去測試它們的推薦結果。

(13) 改善使用者資料：透過推薦系統可以知道更多使用者的喜好。

(14) 自我表達：有些使用者喜歡表達自己對產品的看法。

(15) 幫助他人。

(16) 影響他人。

(17) 縮短使用者購買路徑，增強使用者體驗。

2. 推薦系統的大概開發流程

1) 資料取出、清洗、轉換和載入

為何需要資料清洗？是因為存在著大量的「髒」資料、不完整性 (資料結構的設計人員、資料獲取裝置和資料輸入人員) 資料、缺少感興趣的屬性的資料、感興趣的屬性缺少部分屬性值的資料、僅包含聚合的資料，沒有詳細資訊的資料、雜訊資料 (擷取資料的裝置、資料輸入人員、資料傳輸)、包含錯誤訊息的資料、存在著部分偏離期望值的孤立點資料、不一致性 (資料結構的設計人員、資料輸入人員) 資料、資料結構不一致性的資料、Label 不一致性的資料，以及資料值的不一致性的資料等。

2) 資料採擷、演算法開發

3) 匯出計算結果到 MySQL

4) 開發推薦對外介面

開發 HTTP 協定的介面，以 JSON 互動，前端呼叫方式主要是 Java 的同步排程和 ajax 的 js 非同步呼叫。

3. 協作過濾原理

1) 什麼是協作過濾

協作過濾是利用集體智慧的典型方法。要了解什麼是協作過濾，首先想一個簡單的問題，如果你現在想看場電影，但你不知道具體看哪部，你會怎麼做？大部分的人會問問周圍的朋友，看看最近有什麼好看的電影推薦，而我們一般更傾向於從口味比較類似的朋友那裡得到推薦，這就是協作過濾的核心思想。換句話說，就是借鏡和你相關人群的觀點來進行推薦，很好了解。

2) 協作過濾的實現

要實現協作過濾的推薦演算法，要進行以下 3 個步驟：收集資料、找到相似使用者和物品和進行推薦。

3) 收集資料

這裡的資料指的是使用者的歷史行為資料，例如使用者的購買歷史、關注、收藏行為或發表了某些評論和給某個物品打了多少分等，這些都可以用來作為資料供推薦演算法使用，並服務於推薦演算法。需要特別指出的是不同的資料準確性不同，粒度也不同，在使用時需要考慮到雜訊所帶來的影響。

4) 找到相似使用者和物品

這一步也很簡單,其實就是計算使用者間及物品間的相似度。以下是幾種計算相似度的方法:歐幾里德距離、Cosine 相似度、Tanimoto 係數、TFIDF 和對數似然估計等。

5) 進行推薦

在知道了如何計算相似度後,就可以進行推薦了。在協作過濾中,有兩種主流方法:以使用者為基礎的協作過濾 (UserCF) 和以物品為基礎的協作過濾 (ItemCF)。

UserCF 的基本思想相當簡單,以使用者為基礎對物品的偏好找到相鄰鄰居使用者,然後將鄰居使用者喜歡的物品推薦給當前使用者。計算上,就是將一個使用者對所有物品的偏好作為一個向量來計算使用者之間的相似度,找到 K 鄰居後,根據鄰居的相似度權重及他們對物品的偏好,預測當前使用者沒有偏好的未涉及物品,計算得到一個排序的物品列表作為推薦。下面列出了一個例子,對於使用者 A,根據使用者的歷史偏好,這裡只計算得到一個鄰居 - 使用者 C,然後將使用者 C 喜歡的物品 D 推薦給使用者 A。

ItemCF 原理和 UserCF 原理類似,只是在計算鄰居時採用物品本身,而非從使用者的角度,即以使用者為基礎對物品的偏好找到相似的物品,然後根據使用者的歷史偏好,推薦相似的物品給他。從計算的角度看,就是將所有使用者對某個物品的偏好作為一個向量來計算物品之間的相似度,得到物品的相似物品後,根據使用者歷史的偏好預測當前使用者還沒有表示偏好的物品,計算得到一個排序的物品列表作為推薦。對於物品 A,根據所有使用者的歷史偏好,喜歡物品 A 的使用者都喜歡物品 C,得出物品 A 和物品 C 比較相似,而使用者 C 喜歡物品 A,那麼可以推斷出使用者 C 可能也喜歡物品 C。

6) 計算複雜度

ItemCF 和 UserCF 是以協作過濾推薦為基礎的兩個最基本的演算法,UserCF 很早以前就提出來了,ItemCF 從 Amazon 的論文和專利發表之後 (2001 年左右) 開始流行,大家都覺得 ItemCF 從性能和複雜度上比 UserCF 更優,其中的主要原因就是對於一個線上網站使用者的數量往往大大超過物品的數量,同時物品的資料相對穩定,因此計算物品的相似度不但計算量較小,同時也不必頻繁更新,但我們往往忽略了這種情況只適用於提供商品的電子商務網站,對於新聞、網誌或微內容的推薦系統，情況往往是相反的，物品的數量是巨量的，同時也是更新頻繁的，所以單從複雜度的角度來比較，這兩個演算法在不同的系統中各有優勢，推薦引擎的設計者需要根據自己應用的特點選擇更加合適的演算法。

7) 適用場景

在 item 相對少且比較穩定的情況下，使用 ItemCF，在 item 資料量大且變化頻繁的情況下，使用 UserCF。

協作過濾在 Mahout 裡的實現有兩種方式，一種是單機版，另一種是分散式叢集版。單機版也是 Mahout 最早的 Taste 推薦引擎，分散式版本是以 Hadoop MapReduce 計算引擎為基礎的。我們分別看一下在 Mahout 裡的實戰，不管是單機版還是分散式版本，需要計算的輸入資料格式是一樣的，都是 userid\t itemid\t preference\n，也就是使用者 ID、物品 ID 和使用者對商品的評分這 3 列，中間以 \t 分割。如果是布林型的協作過濾，只有使用者 ID 和物品 ID，這是隱含評分方式，使用者對物品只有喜歡和不喜歡兩種。

4. 單機版協作過濾

使用方法引用 Mahout 幾個 jar 套件，呼叫它的 API 方法即可。如果資料量在一千多萬筆，只需要幾十秒便可以搞定了，效率還是非常高的，在資料量不是很大的情況下，一般單機版便可以完成，基本在幾千萬這個數量級可以不用分散式的版本。

單機版本實現的演算法非常多，下面列舉幾種方式，程式如下。

1) Item-item 實現 Java 程式

根據物品來推薦相似的物品，使用評分資料。

```
FileDataModel dataModel = new FileDataModel(new File("intro.csv"));
// 創建 ItemSimilarity 相似度類別
ItemSimilarity itemSimilarity = new LogLikelihoodSimilarity(dataModel);
// 創建 ItemBasedRecommender 類別
ItemBasedRecommender recommender = new GenericItemBasedRecommender(dataModel,
itemSimilarity);
// 為每一個物品推薦相似的物品集合
List<RecommendedItem> simItems = recommender.mostSimilarItems(101, 20);
for (RecommendedItem item : simItems) {
System.out.println(item);
}
```

2) 更加高效的布林型的 Item-item 實現

根據物品來推薦相似物品，隱式評分，布林型的 itemBase 輸入是 userid 和 itemid，也就是沒有評分一列。

```
FileDataModel dataModel = new FileDataModel(new File("intro.csv"));
// 創建 ItemSimilarity 相似度類別
ItemSimilarity itemSimilarity = new LogLikelihoodSimilarity(dataModel);
// 創建 GenericBooleanPrefItemBasedRecommender 類別
GenericBooleanPrefItemBasedRecommender recommender = new GenericBooleanPrefItemB
asedRecommender
(dataModel, itemSimilarity);
// 為每一個物品推薦相似的物品集合
List<RecommendedItem> simItems = recommender.mostSimilarItems(101, 20);
for (RecommendedItem item : simItems) {
System.out.println(item);
}
```

3) user-item 實現

根據使用者來推薦物品集合，輸入資料帶評分。

```
FileDataModel dataModel = new FileDataModel(new File("intro.csv"));
// 創建物品 ItemSimilarity 相似度類別
ItemSimilarity itemSimilarity = new LogLikelihoodSimilarity(dataModel);
// 創建 ItemBasedRecommender 類別
ItemBasedRecommender recommender = new GenericItemBasedRecommender(dataModel,
itemSimilarity);
// 為每個使用者推薦前 20 個物品集合
List<RecommendedItem> simItems = recommender.recommend(1, 20);
for (RecommendedItem item : simItems) {
System.out.println(item);
}
```

4) 布林型的 user-item 實現

根據使用者來推薦物品集合，隱式評分。輸入資料沒有評分一列。

```
FileDataModel dataModel = new FileDataModel(new File("intro.csv"));
// 創建 ItemSimilarity 相似度類別
ItemSimilarity itemSimilarity = new LogLikelihoodSimilarity(dataModel);
// 創建 GenericBooleanPrefItemBasedRecommender 類別
GenericBooleanPrefItemBasedRecommender recommender = new GenericBooleanPrefItemB
asedRecommender
(dataModel, itemSimilarity);
// 為每個使用者推薦前 20 個物品集合
List<RecommendedItem> simItems = recommender.recommend(1, 20);
for (RecommendedItem item : simItems) {
System.out.println(item);
}
```

5) 以聚類為基礎的 user-item 實現

根據使用者來推薦物品，聚類方式。

```
FileDataModel dataModel = new FileDataModel(new File("intro.csv"));
UserSimilarity similarity = new LogLikelihoodSimilarity(dataModel);
ClusterSimilarity clusterSimilarity = new FarthestNeighborClusterSimilarity(simi
larity);
TreeClusteringRecommender recommender = new TreeClusteringRecommender(dataModel,
clusterSimilarity, 10);
List<RecommendedItem> simItems = recommender.recommend(1, 20);
for (RecommendedItem item : simItems) {
System.out.println("cl" + item);
}
```

5. 分散式協作過濾 [6]

分散式協作過濾以 Hadoop 為基礎的 MapReduce 計算引擎實現，支援以評分和布林型為基礎，透過 booleanData 參數可以設定。輸入數格式和單機版是一樣的。

運行指令稿程式如下：

```
/home/hadoop/bin/hadoop jar /home/hadoop/mahout-distribution/mahout-core-job.jar
org.apache.mahout.cf.taste.hadoop.similarity.item.ItemSimilarityJob -Dmapred.
input.dir=/ods/fact/recom/log -Dmapred.output.dir=/mid/fact/recom/out
--similarityClassname SIMILARITY_LOGLIKELIHOOD --tempDir /temp/fact/recom/
outtemp  --booleanData true --maxSimilaritiesPerItem 36
```

ItemSimilarityJob 常用參數詳解：

-Dmapred.input.dir/ods/fact/recom/log：輸入路徑

-Dmapred.output.dir=/mid/fact/recom/out：輸出路徑

--similarityClassname SIMILARITY_LOGLIKELIHOOD：計算相似度用的函數，這裡是對數似然估計

CosineSimilarity：餘弦距離

CityBlockSimilarity：曼哈頓相似度

CooccurrenceCountSimilarity：共生矩陣相似度

LoglikelihoodSimilarity：對數似然相似度

TanimotoCoefficientSimilarity：谷本係數相似度

EuclideanDistanceSimilarity：歐氏距離相似度

--tempDir /user/hadoop/recom/recmoutput/papmahouttemp：臨時輸出目錄

--booleanData true ：是否是布林型的資料

--maxSimilaritiesPerItem 36：針對每個 item 推薦多少個 item

輸入資料的格式，第一列 userid，第二列 itemid，第三列可有可無，是評分，沒有第三列的話預設值為 1.0 分，布林型的只有 userid 和 itemid，如下所示：

12049056	189881
18945802	195146
17244856	199481
17244856	195138

輸出檔案內容格式，第一列 itemid，第二列根據 itemid 推薦出來的 itemid，第三列是 item-item 的相似度值：

195368	195386	0.9459389382339966
195368	195411	0.9441653614997916
195372	195418	0.9859069433977356
195381	195391	0.9435764760714111
195382	195409	0.9435604861919421
195385	195398	0.9709127607436726
195388	195391	0.9686122649284616

ItemSimilarityJob 使用心得：

(1) 當每次計算完並再次計算時，必須要手動刪除輸出目錄和臨時目錄，這樣太麻煩。於是對其原始程式做簡單改動，增加 delOutPutPath 參數，設定為 true，這樣設定後每次運行便會自動刪除輸出和臨時目錄。方便了不少。

(2) Reduce 數量只能是 Hadoop 叢集預設值。Reduce 數量對計算時間影響很大。為了提高性能，縮短計算時間，增加 numReduceTasks 參數，一個多億筆的資料如果只有一個 reduce 則需要半小時，如果有 12 個 reduce 則只需要 19 分鐘，這裡的測試叢集是在 3~5 台叢集的情況下。

(3) 如果業務部門有這樣的需求，例如看了又看，買了又買要加百分比，Mahout 協作過濾實現不了這樣的需求。這是 Mahout 本身計算 item-item 相似度方法所致。另外它只能對單一資料來源進行分析，例如看了又看只分析瀏覽記錄，買了又買只分析購買記錄。如果同時對瀏覽記錄和購買記錄作連結分析，例如看了又買，實現這個只能自己來開發 Mapreduce 程式了。

上面是根據物品來推薦相似的物品集合，如果想為某個使用者直接算出推薦哪些物品集合，Mahout 也有對應的分散式實現，可以使用 RecommenderJob 類別，指令稿程式如下：

```
hadoop jar $MAHOUT_HOME/mahout-examples-job.jar org.apache.mahout.cf.taste.
hadoop.item.RecommenderJob -Dmapred.input.dir=input/input.txt -Dmapred.output.
dir=output --similarityClassname SIMILARITY_LOGLIKELIHOOD --tempDir tempout
--booleanData true
```

RecommenderJob 的 user-item 原理的大概步驟如下：

(1) 計算項目 id 和項目 id 之間的相似度的共生矩陣。

(2) 計算使用者喜好向量。

(3) 計算相似矩陣和使用者喜好向量的乘積，進而向使用者推薦。

對於原始程式實現部分，RecommenderJob 實現的前面步驟就是用的上面以物品為基礎來推薦物品的類別 ItemSimilarityJob，只是後面的步驟多了為使用者推薦物品的步驟，我們看一下整個過程。

Mahout 支援 2 種 M/R 的 jobs 實現 itemBase 的協作過濾：

1）ItemSimilarityJob

2）RecommenderJob

下面我們對 RecommenderJob 進行分析，版本是 mahout-distribution-0.7。

原始程式套件位置：org.apache.mahout.cf.taste.hadoop.item.RecommenderJob。

RecommenderJob 前幾個階段和 ItemSimilarityJob 是一樣的，不過 ItemSimilarityJob 計算出 item 的相似度矩陣就結束了，而 RecommenderJob 會

繼續使用相似度矩陣，對每個 user 計算出應該推薦給他的 top N 個 items。RecommenderJob 的 輸 入 也 是 userID,itemID[,preferencevalue] 格 式 的。JobRecommenderJob 主要由以下一系列的 Job 組成：

1) PreparePreferenceMatrixJob（同 ItemSimilarityJob)

輸入：(userId,itemId,pref)

① itemIDIndex 將 Long 型的 itemID 轉成一個 int 型的 index；

② toUserVectors 將輸入的 (userId,itemId,pref) 轉成 user 向量 USER_VECTORS (userId,VectorWritable<itemId,pref>)；

③ toItemVectors 使用 USER_VECTORS 建構 item 向量 RATING_MATRIX(itemId,VectorWritable<userId,pref<)。

2) RowSimilarityJob（同 ItemSimilarityJob)

(1) normsAndTranspose 計算每個 item 的 norm，並轉成 user 向量。

輸入：RATING_MATRIX。

①使用 similarity.normalize 處理每個 item 向量，使用 similarity.norm 計算每個 item 的 norm，寫到 HDFS；

②根據 item 向量進行轉置，即輸入：item-(user，pref)，輸出：user-(item，pref)。這一步的目的是將同一個 user 喜歡的 item 對找出來，因為只有兩個 item 有相同的 user 喜歡，我們才認為它們是相交的，下面才有對它們計算相似度的必要。

(2) pairwiseSimilarity 計算 item 對之間的相似度。

輸入：(1) ②計算出的 user 向量 user-(item，pref)。

map：CooccurrencesMapper。

使用一個兩層循環，對 user 向量中兩兩 item，以 itemM 為 key，所有 itemM 之後的 itemN 與 itemM 的 similarity.aggregate 計算值組成的向量為 value。

reduce：SimilarityReducer。

①疊加相同的兩個 item 在不同使用者之間的 aggregate 值，得到 itemM-((item M+1, aggregate M+1)，(item M+2, aggregate M+2)，(item M+3, aggregate

M+3)…)。

②然後計算 itemM 和之後所有 item 之間的相似度。相似度計算使用 similarity. similarity，第一個參數是兩個 item 的 aggregate 值，後兩個參數是兩個 item 的 norm 值，norm 值在上一個 Job 已經得到。結果是以 itemM 為 key，所有 itemM 之後的 itemN 與 itemM 相似度組成的向量為 value，即 itemM-((item M+1, simi M+1)，(item M+2, simi M+2)，(item M+3, simi M+ 3)…)。到這裡我們實際上獲得了相似度矩陣的斜半部分。

(3) asMatrix 構造完整的相似度矩陣 (上面得到的只是一個斜半部分)。

輸入：(2) ② reduce 輸出的以 itemM 為 key，所有 itemM 之後的 itemN 與之相似度組成的向量。

map：UnsymmetrifyMapper。

①反轉，根據 item M-(item M+1, simiM+1) 記錄 item M+1-(item M, simi M+1)。

②使用一個優先佇列求出 itemM 的 top maxSimilaritiesPerRow(可設定參數) 個相似 item，例如 maxSimilaritiesPerRow =2 時，可能輸出：

```
itemM-((item M+1, simi M+1)，( item M+3, simi M+3))
```

reduce：MergeToTopKSimilaritiesReducer。

③對相同的 item M，合併上面兩種向量，這樣就形成了完整的相似度矩陣，itemM-((item 1, simi 1)，(item 2, simi 2))…，(item N, simi N))。

④使用 Vectors.topKElements 對每個 item 求 top maxSimilaritiesPerRow(可設定參數) 個相似 item。可見 map(2) 中的求 topN 是對這一步的預先最佳化。最終輸出的是 itemM-((item A, simi A)，(item B, simi B))…，(item N, simi N))，A 到 N 的個數是 maxSimilaritiesPerRow。

至此 RowSimilarityJob 結束。下面就進入了和 ItemSimilarityJob 不同的地方。

3) prePartialMultiply1 + prePartialMultiply2 + partialMultiply

這 3 個 job 的工作是將 (1) ②生成的 user 向量和 (2) ② reduce 生成的相似度矩陣使用相同的 item 作為 key 聚合到一起，實際上是為下面會提到的矩陣乘法做準備。VectorOrPrefWritable 是兩種 value 的統一結構，它包含了相似度矩陣中某個 item 的一列和 user 向量中對應這個 item 的 (userID，prefValue)。

```
public final class VectorOrPrefWritable implements Writable {
  private Vector vector;
  private long userID;
  private float value;
}
```

(1) prePartialMultiply1。

輸入：(2) ② reduce 生成的相似度矩陣。

以 item 為 key，相似度矩陣的一行包裝成一個 VectorOrPrefWritable 為 value。
矩陣相乘應該使用列，但是對於相似度矩陣，行和列是一樣的。

(2) prePartialMultiply2。

輸入：(1) ②生成的 USER_VECTORS。

對 user，以每個 item 為 key，userID 和對應這個 item 的 prefValue 包裝成一個
VectorOrPrefWritable 為 value。

(3) partialMultiply。

以 3) (1) 和 3) (2) 的 輸 出 為 輸 入，聚 合 到 一 起，生 成 item 為 key，
VectorAndPrefsWritable 為 value。VectorAndPrefsWritable 包含了相似度矩陣中
某個 item 一列和一個 List<Long> userIDs，一個 List<Float> values。

```
public final class VectorAndPrefsWritable implements Writable {
  private Vector vector;
  private List<Long> userIDs;
  private List<Float> values;
}
```

4) itemFiltering

使 用 者 設 定 過 濾 某 些 user，需 要 將 user/item pairs 也 轉 成 (itemID,
VectorAndPrefsWritable) 的形式。

5) aggregateAndRecommend
一切就緒後，下面就開始計算推薦向量了。推薦計算公式如下：

```
Prediction(u,i) = sum(all n from N: similarity(i,n) * rating(u,n)) / sum(all n
from N: abs(similarity(i,n)))
u = a user
i = an item not yet rated by u
N = all items similar to i
```

可以看到，分子部分就是一個相似度矩陣和 user 向量的矩陣乘法。對於這個矩陣乘法，實現程式和傳統的矩陣乘法不一樣，其虛擬程式碼：

```
assign R to be the zero vector
for each column i in the co-occurrence matrix
multiply column vector i by the ith element of the user vector
add this vector to R
```

假設相似度矩陣的大小是 N，則以上程式實際上是針對某個 user 的所有 item，將這個 item 在相似度矩陣中對應列和 user 針對這個 item 的 prefValue 相乘，得到 N 個向量後，再將這些向量相加，就獲得了針對這個使用者的 N 個 item 的推薦向量。要實現這些，首先要把某個 user 針對所有 item 的 prefValue 及這個 item 在相似度矩陣中對應列聚合到一起。下面看一下如何實現。

輸入：3) (3) 和 4) 的輸出

map：PartialMultiplyMapper

將 (itemID，VectorAndPrefsWritable) 形 式 轉 成 以 userID 為 key， 以 PrefAndSimilarity-ColumnWritable 為 value。PrefAndSimilarityColumnWritable 包含了這個 user 針對一個 item 的 prefValue 和 item 在相似度矩陣中的那列，其實還是使用 VectorAndPrefsWritable 中的 vector 和 value。

```
public final class PrefAndSimilarityColumnWritable implements Writable {
  private float prefValue;
  private Vector similarityColumn;
}
reduce:AggregateAndRecommendReducer
```

收集到屬於這個 user 的所有 PrefAndSimilarityColumnWritable 後，下面就是進行矩陣相乘的工作。

根據是否設定 booleanData，有以下兩種操作：

1) reduceBooleanData
只是單純地將所有的 PrefAndSimilarityColumnWritable 中的 SimilarityColumn 相加，沒有用到 item-pref。

2) reduceNonBooleanData
用到 item-pref 的計算方法，分子部分是矩陣相乘的結果，根據上面的虛擬程式碼，它是將每個 PrefAndSimilarityColumnWritable 中的 SimilarityColumn
和 prefValue 相乘，生成多個向量後再將這些向量相加，而分母是所有的
SimilarityColumn 的和，程式如下：

```
for (PrefAndSimilarityColumnWritable prefAndSimilarityColumn : values) {
      Vector simColumn = prefAndSimilarityColumn.getSimilarityColumn();
      float prefValue = prefAndSimilarityColumn.getPrefValue();
      // 分子部分，每個 SimilarityColumn 和 item-pref 的乘積生成多個向量，然後將這些
向量相加
      numerators = numerators == null
            ? prefValue == BOOLEAN_PREF_VALUE ? simColumn.clone() : simColumn.
times(prefValue)
            : numerators.plus(prefValue == BOOLEAN_PREF_VALUE ? simColumn :
simColumn.times(prefValue));
      simColumn.assign(ABSOLUTE_VALUES);
      // 分母是所有的 SimilarityColumn 的和
      denominators = denominators == null ? simColumn : denominators.
plus(simColumn);
}
```

兩者相除，就獲得了反映推薦可能性的數值。之後 writeRecommendedItems 使
用一個優先佇列取 top 推薦，並且將 index 轉成真正的 itemID，最終完成。

在以上分析中，similarity 是一個 VectorSimilarityMeasure 介面實現，它是一個
相似度演算法介面，主要方法有：

```
(1)Vector normalize(Vector vector);
(2)double norm(Vector vector);
(3)double aggregate(double nonZeroValueA, double nonZeroValueB);
(4)double similarity(double summedAggregations, double normA, double normB, int
numberOfColumns);
(5)boolean consider(int numNonZeroEntriesA, int numNonZeroEntriesB, double
maxValueA, double maxValueB,double threshold);
```

許多的相似度演算法就是實現了這個介面，例如 TanimotoCoefficientSimilarity
的 similarity 實現如下：

```
public double similarity(double dots, double normA, double normB, int
numberOfColumns) {
    return dots / (normA + normB - dots);
}
```

5.2.13　遺傳演算法

遺傳演算法是電腦科學人工智慧領域中用於解決最最佳化的一種搜索啟發式演算法，是進化演算法的一種。這種啟發式演算法通常用來生成有用的解決方案來最佳化和搜索問題。進化演算法最初是借鏡了進化生物學中的一些現象而發展起來的，這些現象包括遺傳、突變、自然選擇及雜交等。

遺傳演算法廣泛應用在生物資訊學、系統發生學、計算科學、工程學、經濟學、化學、製造、數學、物理、藥物測量學和其他領域之中。

遺傳演算法通常實現方式為電腦模擬。對於一個最最佳化問題，一定數量的候選解 (稱為個體) 的抽象表示 (稱為染色體) 的種群向更好的解進化。傳統上，解用二進位表示 (即 0 和 1 的串)，但也可以用其他表示方法。進化從完全隨機個體的種群開始，之後一代一代發生。在每一代中，整個種群的適應度被評價，從當前種群中隨機地選擇多個個體 (以它們為基礎的適應度)，透過自然選擇和突變產生新的生命種群，該種群在演算法的下一次疊代中成為當前種群。

遺傳演算法和蟻群演算法類似，屬於啟發式搜索演算法。兩者都可以用來解決經典的旅行商問題 (Traveling-Salesman Problem,TSP)。設有 n 個互相可直達的城市，某推銷商準備從其中的 A 城出發，周遊各城市一遍，最後又回到 A 城。要求為該旅行商規劃一條最短的旅行路線。另外在電子商務的應用，例如倉儲揀貨路徑最佳化和路線徑劃問題等都有應用。

Mahout 有一套進化演算法的平行框架，但具體實現需要自己寫實現方法。

本章我們對 Mahout 分散式機器學習平台及常用演算法做了介紹和講解，Mahout 是最早的以 Hadoop 平台為基礎的分散式演算法平台，實現的演算法豐富全面，並且在巨量訓練資料集下表現比較穩定。後來出現了 Spark 平台，並且也有 MLlib 機器學習函數庫。那麼 Mahout 和 Spark 之間有什麼區別呢？

Apache Mahout 與 Spark MLlib 均是 Apache 下的專案，都是機器學習演算法函數庫，並且現在 Mahout 已經不再接受 MapReduce 的作業了，也向 Spark 轉移。那兩者有什麼關係呢？我們在應用過程中該作何取捨？既然已經有了 Mahout，為什麼還會再有 MLlib 的盛行呢？ MLlib 以 Spark 平台為基礎，主要以記憶體計算為基礎，是可以脫離 Hadoop 平台的。Mahout 使用的 Hadoop

的 MapReduce 計算引擎，是必須依賴 Hadoop 並且無法脫離。在疊代性的計算方面，以記憶體計算比以 MapReduce 為基礎要快很多，因為 MapReduce 要頻繁地從磁碟到記憶體切換，效率比較低，但對於非疊代性的計算差別不是太明顯。Mahout 已經不再開發和維護新的以 MR 為基礎的演算法，會轉向支援 Scala，同時支援多種分散式引擎，包括 Spark 和 H20。另外，Mahout 和 Spark ML 並不是競爭關係，Mahout 是 MLlib 的補充。

Spark 之所以在機器學習方面具有得天獨厚的優勢，有以下幾點原因：

(1) 機器學習演算法一般有很多個步驟疊代計算，機器學習的計算需要在多次疊代後獲得足夠小的誤差或足夠收斂才會停止，疊代時如果使用 Hadoop 的 MapReduce 計算框架，每次計算都要完成讀 / 寫入磁碟及任務的啟動等工作，這會導致非常大的 I/O 和 CPU 消耗，而 Spark 以記憶體為基礎的計算模型天生就擅長疊代計算，多個步驟計算直接在記憶體中完成，只有在必要時才會操作磁碟和網路，所以說 Spark 才是機器學習的理想的平台。

(2) 從通訊的角度講，如果使用 Hadoop 的 MapReduce 計算框架，JobTracker 和 TaskTracker 之間由於是透過 heartbeat 的方式來進行通訊和傳遞資料，會導致非常慢的執行速度，而 Spark 具有出色而高效的 Akka 和 Netty 通訊系統，通訊效率極高。

MLlib 是 Spark 對常用的機器學習演算法的實現函數庫，同時包括相關的測試和資料生成器。Spark 的設計初衷就是為了支援一些疊代的 Job，這正好符合很多機器學習演算法的特點。MLlib 以 RDD 為基礎，天生就可以與 Spark SQL、GraphX、Spark Streaming 無縫整合，以 RDD 為基礎，幾個子框架可聯手建構巨量資料計算中心！下面的章節我們開始講解 Spark 分散式機器學習。

第 6 章

Spark 分散式機器學習平台

S park 作為優秀的分散式記憶體計算引擎，尤其是 Spark 的生態非常完善，從 Spark Streaming 流計算、Spark SQL、Spark MLlib 機器學習，到 Graphxt 圖型計算等無所不能。從開發語言的支援及本身框架的開發語言 Scala，到 Java、Python、R 語言都支援，計算速度也非常快，因此備受網際網路公司的青睞。本章就 Spark MLlib 機器學習模組對整體概貌做個介紹，並對 MLlib 裡面經典的機器學習演算法，如推薦演算法交替最小平方法、邏輯回歸、隨機森林、梯度提升決策樹、支援向量機、貝氏、決策樹、序列模式採擷 PrefixSpan 等進行詳細的講解並配套原始程式級的程式設計實戰。

6.1 Spark 機器學習函數庫

本節將詳細介紹 Spark MLlib 機器學習演算法的整體概貌。

6.1.1 Spark 機器學習簡介

首先簡單了解一下 Spark 框架，再著手了解 MLlib 機器學習函數庫。

1. Spark 介紹 [7]

Spark 是加州大學柏克萊分校的 AMP 實驗室所開放原始碼的類 Hadoop MapReduce 的通用平行框架，Spark 擁有 Hadoop MapReduce 所具有的優點，但不同於 MapReduce 的是，Job 中間輸出結果可以保存在記憶體中，從而不再需要讀寫 HDFS，因此 Spark 能更進一步地適用於資料採擷與機器學習等需要疊代的 MapReduce 演算法。

Spark 是一種與 Hadoop 相似的開放原始碼叢集計算環境，但是兩者之間還會有一些不同之處，這些不同之處使 Spark 在某些工作負載方面表現得更加優秀，換句話說，Spark 啟用了記憶體分佈資料集，除了能夠提供互動式查詢外，它還可以最佳化疊代工作負載。

Spark 是在 Scala 語言中實現的，它將 Scala 用作其應用程式框架語言。與 Hadoop 不同，Spark 和 Scala 能夠緊密整合，其中的 Scala 可以像操作本地集合物件一樣輕鬆地操作分散式資料集。

儘管創建 Spark 是為了支援分散式資料集上的疊代作業，但是實際上它是對 Hadoop 的補充，可以在 Hadoop 檔案系統中平行運行，透過名為 Mesos 的第三方叢集框架可以支援此行為。Spark 可用來建構大型的、低延遲的資料分析應用程式。複習為以下三點：

(1) 分散式記憶體計算：多台伺服器在記憶體上分散式運算。

(2) 計算引擎，沒有儲存功能：只是用來計算，不像 Hadoop 有 HDFS 儲存功能，Spark 儲存可以借助 HDFS 儲存。

(3) 部署模式：單獨 Standalone 叢集部署、Spark on Yarn 部署和 local 本地模式 3 種靈活部署方式。

2. Spark 和 Hadoop 的比較

1) 框架比較

Spark 是分散式記憶體計算平台並用 Scala 語言編寫，以記憶體為基礎的快速、通用、可擴充的巨量資料分析引擎。

Hadoop 是 分 散 式 管 理、 儲 存、 計 算 的 生 態 系 統， 包 括 HDFS(儲 存)、MapReduce (計算)、Yarn (資源排程)。

2) 原理方面的比較

(1) Hadoop 和 Spark 都是平行計算，兩者都可以用 MR 模型進行計算，但 Spark 不僅有 MR, 還有更多運算元，並且 API 豐富。

(2) Hadoop 的作業稱為一個 Job，每個 Job 裡面分為 Map Task 和 Reduce Task 階段，每個 Task 都在自己的處理程序中運行，當 Task 結束時，處理程序也會隨之結束，當然 Hadoop 可以只有 Map，而沒有 Reduce。

(3) Spark 使 用 者 提 交 的 任 務 稱 為 Application， 一 個 Application 對 應 一 個 SparkContext，Application 中存在多個 Job，每觸發一次 Action 操作就會產

生一個 Job。這些 Job 可以平行或串列執行，每個 Job 中有多個 Stage，Stage 是 Shuffle 過程中 DAGScheduler 透過 RDD 之間的依賴關係劃分 Job 而來的，每個 Stage 裡面有多個 Task，組成 Taskset，由 TaskScheduler 分發到各個 Executor 中執行，Executor 的生命週期是和 Application 一樣的，即使沒有 Job 運行也是存在的，所以 Task 可以快速啟動並讀取記憶體以便進行計算。

3) 詳細比較

(1) Spark 對標於 Hadoop 中的計算模組 MR，但是速度和效率比 MR 要快得多。官網說快 100 倍，實際應用中快不了這麼多。

(2) Spark 沒有提供檔案管理系統，所以它必須和其他的分散式檔案系統進行整合才能運作，它只是一個計算分析框架，專門用來對分散式儲存的資料進行計算處理，它本身並不能儲存資料。

(3) Spark 可以使用 Hadoop 的 HDFS 或其他雲端資料平台進行資料儲存，但是一般使用 HDFS。

(4) Spark 可以使用以 HDFS 為基礎的 HBase 資料庫，也可以使用 HDFS 的資料檔案，還可以透過 jdbc 連接使用 MySQL 資料庫資料。Spark 可以對資料庫資料進行修改和刪除，而 HDFS 只能對資料進行追加和全表刪除。

(5) Spark 處理資料的設計模式與 MR 不一樣，Hadoop 是從 HDFS 讀取資料，透過 MR 將中間結果寫入 HDFS。然後再重新從 HDFS 讀取資料進行 MR，再寫入到 HDFS，這個過程涉及多次寫入磁碟操作，多次磁碟 IO 操作，效率並不高，而 Spark 的設計模式是讀取叢集中的資料後，在記憶體中儲存和運算，直到全部資料運算完畢後，再儲存到叢集中。

(6) Spark 是由於 Hadoop 中 MR 效率低下而開發的高效率快速計算引擎，批次處理速度比 MR 快近 10 倍，記憶體中的資料分析速度比 Hadoop 快近 100 倍 (來自官網描述)；實際應用中一般快兩三倍，而官網描述的 100 倍是極端的特殊場景。

(7) Spark 中 RDD 一般存放在記憶體中，如果記憶體不夠存放資料，會同時使用磁碟儲存資料。透過 RDD 之間的血緣連接、資料存入記憶體後切斷血緣關係等機制，可以實現災難恢復，當資料遺失時可以恢復資料，這一點與 Hadoop 類似，Hadoop 以磁碟讀寫為基礎，天生資料具備可恢復性。

4) Spark 的優勢

(1) Spark 以 RDD 為基礎,資料並不存放在 RDD 中,只是透過 RDD 進行轉換,透過裝飾者設計模式,資料之間形成血緣關係和類型轉換。

(2) Spark 用 Scala 語言編寫,相比用 Java 語言編寫的 Hadoop 程式更加簡潔。

(3) 相比 Hadoop 中對於資料計算只提供了 Map 和 Reduce 兩個操作,Spark 提供了豐富的運算元,它可以透過 RDD 轉換運算元和 RDD 行動運算元,實現很多複雜演算法操作,這些複雜的演算法在 Hadoop 中需要自己編寫,而在 Spark 中直接透過 Scala 語言封裝好後,直接用就可以了。

(4) Hadoop 中對於資料的計算,一個 Job 只有一個 Map 和 Reduce 階段,對於複雜的計算,需要使用多次 MR,這樣涉及寫入磁碟和磁碟 IO,效率不高,而在 Spark 中,一個 Job 可以包含多個 RDD 的轉換運算元,在排程時可以生成多個 Stage,實現更複雜的功能。

(5) Hadoop 的中間結果存放在 HDFS 中,每次 MR 都需要寫入和呼叫,而 Spark 中間結果優先存放在記憶體中,當記憶體不夠用再存放在磁碟中,不存入 HDFS,避免了大量的 IO 和寫入及讀取操作。

(6) Hadoop 適合處理靜態資料,而對於疊代式流式資料的處理能力差。Spark 透過在記憶體中快取處理資料,提高了處理流式資料和疊代式資料的能力,於是就有了 Spark Streaming 流式計算,類似於 Storm 和 Flink。

5) Hadoop、Spark、Spark Streaming、Storm、Flink 應用場景比較

Hadoop 是巨量資料平台的基礎,擁有儲存引擎和計算引擎。Spark 替代了 Hadoop 的 MapReduce 計算引擎,Spark Streaming 和 Storm 都是做流準即時計算場景的,嚴格來講 Spark Streaming 不是真正的流處理框架,雖然也可以用作流處理框架,但是它的資料不是即時的,而是分段的,也就是你要定義進入資料的時間間隔,而 Storm 是真正即時的。Flink 是後來新出的框架,Apache Flink 是用於統一流和批次處理的框架。Flink 在執行時期本地支援兩個域,由於平行任務之間的管線資料傳輸,包括管線 Shuffle,記錄立即從生產任務發送到接收任務 (在收集用於網路傳輸的緩衝器之後),可以選擇使用阻塞資料傳輸執行批次處理作業。Apache Spark 也是一個支援批次處理和流處理的框架,與 Flink 的批次處理 API 看起來非常相似,並且解決了與 Spark 類似的使用案例,但內部不和。對於流式處理,兩個系統採用非常不同的方法 (小量

與流式處理），這使得它們適用於不同類型的應用程式。筆者認為比較 Spark 和 Flink 是有效和有用的，但是 Spark 不是 Flink 最類似的流處理引擎。回到原來的問題，Apache Storm 是一個沒有批次處理能力的資料流程處理器。事實上，Flink 的管線引擎內部看起來有點類似於 Storm，即 Flink 的平行任務的介面類別似於 Storm 的螺栓。Storm 和 Flink 共同的目的是透過管線資料傳輸實現低延遲流處理，但是與 Storm 相比，Flink 提供了更進階的 API。Flink 的 DataStream API 不是用一個或多個讀取器和收集器實現螺栓功能，而是提供 Map、GroupBy、Window 和 Join 等功能。當使用 Storm 時，必須手動實現很多此功能。另外的差別是處理語義。Storm 保證至少一次處理，而 Flink 只提供一次。列出這些處理保證的實現方式相差很大。雖然 Storm 使用記錄級確認，但 Flink 使用 Chandy-Lamport 演算法的變形。簡而言之，資料來源定期向資料流程中注入標記。每當運算子接收到這樣的標記時，它檢查其內部狀態。當所有資料流程接收到標記時，標記 (以及之前已處理的所有記錄) 都已提交。在有故障的情況下，所主動操作者在他們看到最後提交的標記時重置它們的狀態，並且繼續處理。這種標記檢查點方法比 Storm 的記錄級確認更輕。這個 slide set 和對應的 talk 討論了 Flink 的流處理方法，包括容錯、檢查點和狀態處理。Storm 還提供了一個稱為 Trident 的一次性的進階 API。然而，Trident 是以迷你批次為基礎，因此更類似於 Spark 和 Flink。Flink 的可調延遲是指 Flink 將記錄從一個任務發送到另一個任務的方式。筆者之前講過，Flink 使用管線資料傳輸，並在記錄生成後立即轉發。為了提高效率，這些記錄被收集在緩衝器中，該緩衝器在滿載或滿足特定時間閾值時透過網路發送。此閾值控制記錄的延遲，因為它指定記錄將保留在緩衝區而不發送到下一個任務的較大時間量。然而，它不能用於列出關於記錄從進入離開程式所花費的時間的硬保證，因為這還取決於任務內的處理時間和網路傳輸的數量等。

6.1.2 演算法概覽

我們對 Spark 本身框架有個了解後，現在我們對 MLlib 的機器學習函數庫做一個簡單介紹。

1. 分類演算法 (以監督為基礎的學習演算法)

SVM (支援向量機)

Naive Bayes (貝氏)

Decision trees (決策樹)

Random Forest (隨機森林)

Gradient-Boosted Decision Tree (GBDT) (梯度提升樹)

2. 回歸

Logistic regression (邏輯回歸，也可以分類)

Linear regression (線性回歸)

Isotonic regression (保序回歸，可以做銷量預測)

3. 推薦

Collaborative filtering (協作過濾)

Alternating Least Squares (ALS) (交替最小平方法)

Frequent pattern mining (頻繁項集採擷)

FP-growth (頻繁模式樹)

PrefixSpan (序列模式採擷)

4. Clustering (聚類演算法，也就是無監督的演算法)

K-means (K 平均值)

Gaussian mixture(高斯混合模型)

Power Iteration Clustering(PIC)(快速疊代聚類 (PIC))

Latent Dirichlet Allocation(LDA)(潛在狄利克雷分配模型)

Streaming K-means(流 K 平均值)

5. Dimensionality reduction(降維演算法)

Singular Value Decomposition (SVD) (奇異值分解)

Principal Component Analysis (PCA) (主成分分析)

6. Feature extraction and transformation(特徵提取轉換)

TF-IDF (詞頻 / 反文件頻率)

Word2Vec (詞向量)

StandardScaler (標準歸一化)

Normalizer (正規化)

Feature selection (特徵選取)

ElementwiseProduct (元素智慧乘積)

PCA(主成分分析)

7. Optimization (最佳化演算法)

Stochastic gradient descent (隨機梯度下降)

Limited-memory BFGS(L-BFGS) (擬牛頓法)

8. 神經網路

MLP (智慧感知機——前饋神經網路)

以上是 Spark MLlib 機器學習目前可供使用的演算法，演算法還在不算更新增加中，覆蓋常用的分類、聚類、推薦、回歸、降維演算法、特徵提取、最最佳化、神經網路等演算法，並且資料集的輸入都非常統一，同一個資料來源可以不用切換資料格式用到其他的類似演算法上，例如分類演算法，輸入資料格式基本上是一樣的，大大簡化了開發的工作量。從這點上看 Spark 本身開發語言 Scala 的簡潔性，並且機器學習演算法使用上都非常簡單好用，方便開發者快速上手。

6.2 各個演算法介紹和程式設計實戰

本節對 Spark MLlib 機器學習函數庫的每個演算法做詳細的介紹，並且結合原始程式配套做一個程式設計實戰。

6.2.1 推薦演算法交替最小平方法 [8]

協作過濾作為經典的推薦演算法，在電子商務推薦系統中扮演著非常重要的角色，例如經典的推薦子句看了又看、買了又買、看了又買、相同購買等都是使用了協作過濾演算法。ALS是交替最小平方(Alternating Least Squares)的簡稱。在機器學習的上下文中 ALS 特指使用交替最小平方求解的協作推薦演算法。本節就從 ALS 介紹 Spark ALS 模型參數、為所有使用者推薦商品、為單一使用者推薦商品、為單一商品推薦使用者、為所有商品推薦使用者和相似商品推薦等幾個方面詳解演算法原理和程式設計實戰。

1. 交替最小平方法介紹

在機器學習的上下文中 ALS 特指使用交替最小平方求解的協作推薦演算法。它透過觀察到的所有使用者給產品的評分，來推斷每個使用者的喜好並向使用者推薦適合的產品。ALS 是 Alternating Least Squares 的縮寫 , 意為交替最小平方法，而 ALS-WR 是 Alternating-Least-Squares with Weighted-λ-Regularization 的縮寫，意為加權正則化交替最小平方法。該方法常用於以矩陣分解為基礎的推薦系統中。例如將使用者 (user) 對商品 (item) 的評分矩陣分解為兩個矩陣：一個是使用者對商品隱含特徵的偏好矩陣，另一個是商品所包含的隱含特徵的矩陣。在這個矩陣分解的過程中，評分缺失項獲得了填充，也就是說可以以這個填充為基礎的評分來給使用者推薦商品了。

Spark MLlib 實現 ALS 的關鍵點：透過合理的分區設計和 RDD 快取來減少節點間的資料交換。首先，Spark 會將每個使用者的評分資料 U 和每個物品的評分資料 V 按照一定的分區策略分區儲存，以下圖：U1 和 U2 在 P1 分區，U3 在 P2 分區，V1 和 V2 在 Q1 分區。Spark MLlib 的 ALS 分區設計如圖 6.1 所示。

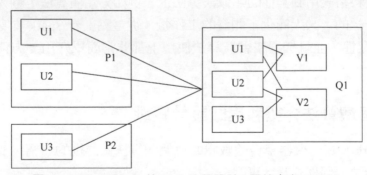

圖 6.1　Spark MLlib 的 ALS 分區設計 (圖片來自 CSDN)

ALS 求解過程中，如透過 U 求 V，在每一個分區中 U 和 V 透過合理的分區設計使得在同一個分區中計算過程可以在分區內進行，無須從其他節點傳輸資料，生成這種分區結構分兩步：

第一步：在 P1 中將每一個 U 發送給需要它的 Q，將這種關係儲存在該塊中，稱作 OutBlock；第二步：在 Q1 中需要知道每一個 V 和哪些 U 有連結及其對應的評分，這部分資料不僅包含原始評分資料，還包含從每個使用者分區收到的向量排序資訊，稱作 InBlock。所以，從 U 求解 V，我們需要透過使用者的 OutBlock 資訊把使用者向量發送給物品分區，然後透過物品的 InBlock 資訊建構最小平方問題並求解。同理，從 V 求解 U，我們需要物品的 OutBlock 資訊和使用者的 InBlock 資訊。對於 OutBlock 和 InBlock 只需掃描一次以便建立好資訊並快取，在以後的疊代計算過程中可以直接計算，大大減少了節點之間的資料傳輸。複習一下：ALS 演算法的核心就是將稀疏評分矩陣分解為使用者特徵向量矩陣和產品特徵向量矩陣的乘積；交替使用最小平方法逐步計算使用者 / 產品特徵向量，使得差平方和最小；透過使用者 / 產品特徵向量的矩陣來預測某個使用者對某個產品的評分。這是大概原理的介紹，下面詳細介紹 Spark ALS 的參數解釋。

2. Spark ALS 模型參數詳解

MLlib 當前支援以模型為基礎的協作過濾，其中使用者和商品透過一小組隱語義因數進行表達，並且這些因數也用於預測缺失的元素。為此，我們實現了 ALS 學習這些隱性語義因數。在 MLlib 中的實現有以下的參數：

numBlocks：用於平行化計算的分塊個數 (設定為 -1 為自動設定)。

rank：模型中隱語義因數的個數，也就是平時的特徵向量的長度。

maxIter：iterations 是疊代的次數。

lambda：ALS 的正則化參數。

implicitPrefs：決定是用顯性回饋 ALS 的版本還是用隱性回饋資料集的版本，如果是隱性回饋則需要將其參數設定為 true。

alpha：一個針對隱性回饋 ALS 版本的參數，這個參數決定了偏好行為強度的基準。

itemCol：deal 的欄位名字，需要跟表中的欄位名字相同。

nonnegative：是否使用非負約束，預設不使用 false。

predictionCol：預測列的名字

ratingCol：評論欄位的列名字，要跟表中的資料欄位一致。

userCol：使用者欄位的名字，同樣要跟表中的資料欄位保持一致。

3. 為所有使用者推薦商品

也就是一次性把所有向使用者推薦什麼商品全部計算出來，我們透過參數指定向每個使用者推薦幾個商品，我們下面講解完整的原始程式，如程式 6.1 所示。

【程式 6.1】AlsUser.scala

```scala
package com.chongdianleme.mail
//import 引用相關的類別庫
import org.apache.spark.{SparkConf, SparkContext}
import org.apache.spark.mllib.recommendation.{ALS, Rating}
import scopt.OptionParser
import scala.collection.mutable.{ArrayBuffer}
/**
  * 給使用者推薦商品類別
  */
object AlsUser {
// 定義 main 函數的引用參數
case class Params(
                   inputPath: String = "file:///D:\\chongdianleme\\
chongdianleme-spark-task\\data\\als\\input\\ 充電了麼 App 購買課程日誌 .txt",
                   outputPath: String = "file:///D:\\chongdianleme\\
chongdianleme-spark-task\\data\\als\\output\\",
                   rank: Int = 166,
                   numIterations: Int = 5,
                   lambda: Double = 0.01,
                   alpha: Double = 0.03,
                   topCount: Int = 36,
                   mode: String = "local"
)

def main(args: Array[String]) {
val defaultParams = Params()
val parser = new OptionParser[Params]("ChongdianlemeALSJob") {
      head("als: params.")
      opt[String]("inputPath")
        .text(s"inputPath, default: ${defaultParams.inputPath}}")
        .action((x, c) => c.copy(inputPath = x))
      opt[String]("outputPath")
        .text(s"outputPath, default: ${defaultParams.outputPath}}")
        .action((x, c) => c.copy(outputPath = x))
      opt[Int]("rank")
        .text(s"rank, default: ${defaultParams.rank}}")
        .action((x, c) => c.copy(rank = x))
      opt[Int]("numIterations")
        .text(s"numIterations, default: ${defaultParams.numIterations}}")
        .action((x, c) => c.copy(numIterations = x))
      opt[Int]("topCount")
```

```
        .text(s"topCount, default: ${defaultParams.topCount}}")
        .action((x, c) => c.copy(topCount = x))
      opt[Double]("lambda")
        .text(s"lambda, default: ${defaultParams.lambda}}")
        .action((x, c) => c.copy(lambda = x))
      opt[Double]("alpha")
        .text(s"alpha, default: ${defaultParams.alpha}}")
        .action((x, c) => c.copy(alpha = x))
      opt[String]("mode")
        .text(s"mode, default: ${defaultParams.mode}}")
        .action((x, c) => c.copy(mode = x))
      note(
"""

              |For example, the following command runs this app on a
ChongdianlemeALSJob dataset:
              |
        """.stripMargin)
    }
    parser.parse(args,
      defaultParams).map { params => {
println("params:" +
      params)
run(
      params.
        inputPath, params.outputPath,
      params.rank, params.numIterations, params.topCount, params.alpha,
params.lambda, params.mode)
    }
    } getOrElse {
      System.exit(1)
    }
  }
def run(input: String, output: String, rank: Int, numIterations: Int,
recommendNum: Int, alpha: Double, lambda: Double, mode: String) = {
val sparkConf = new SparkConf()
    sparkConf.setAppName("Chongdianleme-alsJob")
if (mode.equals("local"))
      sparkConf.setMaster(mode)
val sc = new SparkContext(sparkConf)
// 載入資料檔案
val data = sc.textFile(input)
// 載入資料並把資料格式轉化成 Rating 的 RDD
val ratings = data.map(_.split("\t") match { case Array(user, item) =>
      Rating(user.toInt, item.toInt, 1.0)
    })
val trainStart = System.currentTimeMillis()
// 訓練隱含模型，忽略評分。相當於布林型的協作過濾，使用者對某個商品不是喜歡，就是不喜歡，
// 這種方式在電子商務平台更常用，並且簡單有效
val model = ALS.trainImplicit(ratings, rank, numIterations, lambda, alpha)
```

```scala
val trainEnd = System.currentTimeMillis()
val trainTime = s"訓練時間:${(trainEnd - trainStart)}毫秒"
// 為所有使用者推薦前幾個商品集合，猜您喜歡，某使用者最喜歡的前幾個商品
val allProductsForUsers = model.recommendProductsForUsers(recommendNum)
val out = allProductsForUsers.flatMap { case (userid, list) => {
val result = ArrayBuffer[String]()
      list.foreach { case Rating(user, product, rate) => {
val line = userid + "\t" + product + "\t" + rate
println("1、allProductsForUsers = "+line)
        result += line
    }
    }
    result
}
}
   out.saveAsTextFile(output)
val predictEnd = System.currentTimeMillis()
val genTime = s"生成推薦清單時間:${(predictEnd - trainEnd)}毫秒"
println(trainTime)
println(genTime)
```

4. 為單一使用者推薦商品

也就是根據需要向沒指定的使用者透過參數指定的方式推薦幾個商品，而不用計算所有使用者，這種場景適用於我們單獨追蹤某一個使用者的喜好，下面是原始程式，關鍵程式是呼叫 model.recommendProducts(1,20) 方法，1 是使用者 id，20 是為使用者推薦前 20 個最可能喜歡的商品，程式如下：

```scala
// 為單一使用者推薦商品
val productsPerUser = model.recommendProducts(1, 10)
productsPerUser.foreach { case Rating(user, product, rate) => {
println("2、productsPerUser - user:" + user + "  product:" + product + "  rate:"
+ rate)
}
}
```

5. 為單一商品推薦使用者

為單一商品推薦使用者是為單一使用者推薦商品的反向，在實際工作中，使用者 id 和商品 id 的概念和意義是可以互換的。為單一商品推薦使用者可以視為對某個商品最可能感興趣的前幾個使用者。下面是原始程式，關鍵程式是呼叫 model.recommendUsers(100001,20) 方法，100001 是商品 id，20 是對此商品最可能感興趣的前 20 個使用者，程式如下：

```
// 為單一商品推薦使用者，對某個商品最感興趣的前幾個使用者
val usersPerItem = model.recommendUsers(100001, 20)
usersPerItem.foreach { case Rating(user, product, rate) => {
println("3、usersPerItem  == user:" + user + "  product:" + product + "  rate:"
+ rate)
}
}
```

6. 為所有商品推薦前幾個使用者

和上面的推薦類似，只是批次地計算出為所有商品推薦前幾個使用者，
處理後一般是將資料放在 Hadoop 的分散式檔案系統上，之後可以自己寫
一個 Spark 任務單獨處理，把推薦結果刷新到線上 Redis 快取裡面。呼叫
recommendUsersForProducts 方法，例如將參數 recommendNum 設定為 20 就
是為每個商品推薦最可能感興趣的前 20 個使用者，程式如下：

```
// 為所有商品推薦前幾個使用者集合，可了解為對某個商品最感興趣的前幾個使用者
val allUsersForProducts = model.recommendUsersForProducts(recommendNum)
allUsersForProducts.flatMap { case (product_id, list) => {
val result = ArrayBuffer[String]()
  list.foreach { case Rating(user, product, rate) => {
val line =  "4、allUsersForProducts = "+product_id + "\t" + user + "\t" + rate
println(line)
  }
  }
  result
}
}.count()
```

7. 相似商品推薦

相似商品推薦就是為商品推薦商品，也就是推薦與此商品相似的商品有哪些，
什麼叫相似呢？相似分以內容為基礎的相似和以使用者行為為基礎的相似，
內容相似，例如說商品分類和屬性相似等。使用者行為的相似，例如說看過 A
商品的使用者多數還看了 B 商品，是透過使用者行為間接地反映集體智慧的
相關性。Spark ALS 裡面並沒有具體的相似商品的實現，需要我們自己寫程式
實現。主要思想是使用前面訓練完的 Model 模型的 productFeatures 商品特徵
來計算商品和商品之間的餘弦距離作為相似度的分值，分值越大代表兩個商品
之間的相似性越高。這個相似度也可以稱為相關度。下面讓我們看看實現此推
薦的程式，如程式 6.2 所示。

【程式 6.2】AlsItem.scala

```scala
val sc = new SparkContext(sparkConf)
val data = sc.textFile(input)
// 載入資料並把資料格式轉化成 Rating 的 RDD
val ratings = data.map(_.split("\t") match { case Array(user, item) =>
Rating(user.toInt, item.toInt, 1.0)
})
val trainStart = System.currentTimeMillis()
// 訓練隱含模型，忽略評分
val model = ALS.trainImplicit(ratings, rank, numIterations, lambda, alpha)
val trainEnd = System.currentTimeMillis()
val time1 = s"訓練時間 :${(trainEnd - trainStart) / (1000 * 60)}分鐘 "
//val itemIds = data.map(_.split("\t") match { case Array(user, item) => item.
toInt}).
//distinct().toArray()
val productFeatures = model.productFeatures
val idFactorMap = productFeatures.collectAsMap()
val sim = productFeatures.flatMap { case (id, factor) =>
val topList = new ListBuffer[String]()
val leftVector = new DoubleMatrix(factor)
val resultMap = collection.mutable.Map[Int, Double]()
  idFactorMap.foreach { case (rightId, rightFactor) => {
val rightVector = new DoubleMatrix(rightFactor)
val ratio = cosineSimilarity(rightVector, leftVector)
    resultMap.getOrElseUpdate(rightId, ratio)
  }
  }
val sorted = resultMap.toList.sortBy(-_._2)
val topItems = sorted.take(recommendNum)
  topItems.foreach { case (rightItemId, ratio) =>
    topList += id + "\t" + rightItemId + "\t" + ratio
  }
  topList
}
sim.saveAsTextFile(output)
/**
  * 計算餘弦相似度
  * @param vec1
  * @param vec2
  * @return    返回相似度分值
  */
def cosineSimilarity(vec1:DoubleMatrix,vec2:DoubleMatrix): Double =
{
  vec1.dot(vec2)/(vec1.norm2()*vec2.norm2)
}
```

6.2.2 邏輯回歸

邏輯回歸作為快速高效的分類演算法經常用在例如廣告點擊率 CTR 預估，以及推薦清單重排序的二次 Rerank 排序裡面，本節就詳細介紹其演算法，並用 Spark 的 MLlib 類別庫進行詳細的程式設計實戰。

1. 邏輯回歸演算法介紹

邏輯回歸其實是一個分類演算法而非回歸演算法。通常是利用已知的引數來預測一個離散型因變數的值 (像二進位值 0/1，是 / 否，真 / 假)。簡單來說，它是透過擬合一個邏輯函數 (logic function) 來預測一個事件發生的機率，所以它預測的是一個機率值，顯然它的輸出值應該在 0~1。假設你的朋友讓你回答一道題，可能的結果只有兩種：你答對了或沒有答對。為了研究你最擅長的題目領域，你做了各種領域的題目，那麼這個研究的結果可能是這樣的：如果是一道十年級的三角函數題，你有 70% 的可能性能解出它，但如果是一道五年級的歷史題，你會的機率可能只有 30%。邏輯回歸就是給你這樣的機率結果。

Logistic 回歸簡單分析：

優點：計算代價不高，易於了解和實現；

缺點：容易欠擬合，分類精度可能不高；

適用資料類型：數值型和額定類型資料。

2. SGD 邏輯回歸

SGD(Stochastic Gradient Descent) 隨機梯度下降方式的邏輯回歸特點是，隨機從訓練集選取資料訓練，演算法本身不歸一化資料，需要自己提前先做歸一化再去做訓練，支援 L1,L2 正則化，不支援多分類，也就是只支援二分類。

要想訓練邏輯回歸模型，我們需要先準備訓練資料，Spark 原始程式套件裡面有個多分類 spark-2.4.3\data\mllib\sample_multiclass_classification_data.txt 的資料集，我們拿這個資料集做下處理，把資料轉換成我們需要的資料格式。我們看一下 sample_multiclass_classification_data.txt 檔案的範例資料格式，第一列是標籤值，代表這筆資料是哪個分類的資料，後面的列是特徵資料，冒號前面代表的是第幾個特徵，冒號後面代表的是特徵值：

```
1|:-0.2222222:0.53:-0.7627124:-0.833333
1|:-0.5555562:0.253:-0.8644074:-0.916667
1|:-0.7222222:-0.1666673:-0.8644074:-0.833333
1|:-0.7222222:0.1666673:-0.6949154:-0.916667
0|:0.1666672:-0.4166673:0.4576274:0.5
1|:-0.8333333:-0.8644074:-0.916667
2|:-1.32455e-072:-0.1666673:0.2203394:0.0833333
2|:-1.32455e-072:-0.3333333:0.01694914:-4.03573e-08
1|:-0.52:0.753:-0.8305084:-1
0|:0.6111113:0.6949154:0.416667
0|:0.2222222:-0.1666673:0.4237294:0.583333
1|:-0.7222222:-0.1666673:-0.8644074:-1
1|:-0.52:0.1666673:-0.8644074:-0.916667
2|:-0.2222222:-0.3333333:0.05084744:-4.03573e-08
2|:-0.05555562:-0.8333333:0.01694914:-0.25
2|:-0.1666672:-0.4166673:-0.01694914:-0.0833333
```

我們現在用 SGD 邏輯回歸訓練資料，載入訓練資料方式用 MLUtils. loadLabeledPoints(sc,input) 方法，需要的資料格式如下，第一列是類的標籤值，逗點後面的都是特徵值，多個特徵以空格分割：

```
1,-0.2222220.5 -0.762712 -0.833333
1,-0.5555560.25 -0.864407 -0.916667
1,-0.722222 -0.166667 -0.864407 -0.833333
1,-0.7222220.166667 -0.694915 -0.916667
0,0.166667 -0.4166670.4576270.5
1,-0.50.75 -0.830508 -1
0,0.222222 -0.1666670.4237290.583333
1,-0.722222 -0.166667 -0.864407 -1
1,-0.50.166667 -0.864407 -0.916667
```

下面我們看一下從多分類提取二值分類資料的程式，如程式 6.3 所示。

【程式 6.3】 BinaryClassLabelDataJob.scala

```scala
package com.chongdianleme.mail
import org.apache.spark._
import scopt.OptionParser

/**
  * Created by chongdianleme 陳敬雷
  * 官網 :http://chongdianleme.com/
  * SGD 邏輯回歸二值分類訓練資料的準備
  */
object BinaryClassLabelDataJob {

case class Params(
```

```scala
                        inputPath: String = "file:///D:\\chongdianleme\\
chongdianleme-spark-task\\data\\sample_multiclass_classification_data.txt",
                        outputPath: String = "file:///D:\\chongdianleme\\
chongdianleme-spark-task\\data\\ 二值分類訓練資料 \\",
                        mode: String = "local"
)


def main(args: Array[String]) {
val defaultParams = Params()
val parser = new OptionParser[Params]("etlJob") {
    head("etlJob: 解析參數 .")
    opt[String]("inputPath")
      .text(s"inputPath 輸入目錄 , default: ${defaultParams.inputPath}}")
      .action((x, c) => c.copy(inputPath = x))
    opt[String]("outputPath")
      .text(s"outputPath 輸入目錄 , default: ${defaultParams.outputPath}}")
      .action((x, c) => c.copy(outputPath = x))
    opt[String]("mode")
      .text(s"mode 運行模式 , default: ${defaultParams.mode}")
      .action((x, c) => c.copy(mode = x))
    note(
"""

      |For example, the following command runs this app on a mixjob dataset:
      |
    """.stripMargin)
  }
  parser.parse(args, defaultParams).map { params => {
println(" 參數值 :" + params)
println("trainLogicRegressionwithLBFGS!")
etl(params.inputPath,
      params.outputPath,
      params.mode
    )
  }
  } getOrElse {
    System.exit(1)
  }
}


/**
  * 處理分類訓練資料，把 sample_multiclass_classification_data.txt
  * 裡面的資料轉換成這種格式的
  *
  * @param input sample_multiclass_classification_data.txt 資料，第一列是標籤值，
代表這筆資料是哪個分類的資料，後面的列是特徵資料，冒號前面代表的是第幾個特徵，冒號後面代表的
是特徵值：
  *11:-0.2222222:0.53:-0.7627124:-0.833333
  *11:-0.5555562:0.253:-0.8644074:-0.916667
  *11:-0.7222222:-0.1666673:-0.8644074:-0.833333
```

```
      *11:-0.7222222:0.1666673:-0.6949154:-0.916667
      *01:0.1666672:-0.4166673:0.4576274:0.5
      *11:-0.8333333:-0.8644074:-0.916667
      *21:-1.32455e-072:-0.1666673:0.2203394:0.0833333
      *21:-1.32455e-072:-0.3333333:0.01694914:-4.03573e-08
      * @param outputPath 處理轉換後的格式如下：
      *   第一列是類的標籤值，逗點後面的都是特徵值，多個特徵以空格分割：
      *1,-0.2222220.5 -0.762712 -0.833333
      *1,-0.5555560.25 -0.864407 -0.916667
      *1,-0.722222 -0.166667 -0.864407 -0.833333
      *1,-0.7222220.166667 -0.694915 -0.916667
      *0,0.166667 -0.4166670.4576270.5
      *1,-0.50.75 -0.830508 -1
      *0,0.222222 -0.1666670.4237290.583333
      *1,-0.722222 -0.166667 -0.864407 -1
      *1,-0.50.166667 -0.864407 -0.916667
      * @param mode 運行模式
      */
def etl(input: String,
           outputPath: String,
           mode: String): Unit = {
val startTime = System.currentTimeMillis()
val sparkConf = new SparkConf().setAppName("etlJob")
    sparkConf.setMaster(mode)
// 首先用 SparkContext 方法實例化
val sc = new SparkContext(sparkConf)
// 載入多分類的 demo 資料
sc.textFile(input)
       .filter(line=>{
val arr = line.split(" ")
// 只要 5 個固定特徵資料列，如果少了一個或多一個特徵，訓練的時候會顯示出錯，用 MLUtils.
//loadLabeledPoints(sc,input) 方法載入資料的情況下
           // 因為只需要二值分類，我們只提取類標籤為 0 和 1 的樣本資料
arr.length==5&&(arr(0).equals("0")||arr(0).equals("1"))
       })
       .map(line => {
val arr = line.split(" ")
val sb = new StringBuilder
var i = 0;
       arr.foreach(feature => {
if (i == 0)
          sb.append(feature + ",")
else {
var fArr = feature.split(":")
          sb.append(fArr(1) + " ")
          }
          i = i +1
})
// 把處理後的資料拼接成一行並返回
```

```
sb.toString().trim
    })
// 處理後的資料存成一個檔案
.saveAsTextFile(outputPath)
    sc.stop()
  }
}
```

訓練資料準備好以後，就可以使用 SGD 邏輯回歸訓練模型了，我們看一下實
現程式，以及如何訓練模型，如程式 6.4 所示。

【程式 6.4】LogicRegressionWithSGD.scala

```scala
package com.chongdianleme.mail

import com.github.fommil.netlib.BLAS
import org.apache.spark._
import org.apache.spark.mllib.classification.{LogisticRegressionWithLBFGS,
LogisticRegre-ssionWithSGD}
import org.apache.spark.mllib.evaluation.{BinaryClassificationMetrics,
MulticlassMetrics}
import org.apache.spark.mllib.feature.StandardScaler
import org.apache.spark.mllib.regression.LabeledPoint
import org.apache.spark.mllib.util.MLUtils
import scopt.OptionParser
import scala.collection.mutable.ArrayBuffer
/**
  * Created by chongdianleme 陳敬雷
  * 官網 :http://chongdianleme.com/
  * SGD ──隨機梯度下降邏輯回歸
  * SGD：隨機從訓練集選取資料訓練，不歸一化資料，需要專門在外面進行歸一化，支援 L1,L2 正
  * 則化，不支援多分類
  */
object LogicRegressionWithSGD {
case class Params(
                  inputPath: String = "file:///D:\\chongdianleme\\chongdianleme-
spark-task\\data\\ 二值分類訓練資料 \\",
                  outputPath:String = "file:///D:\\chongdianleme\\chongdianleme-
spark-task\\data\\gsdout\\",
                  mode: String = "local",
                  stepSize:Double = 8,
                  niters:Int = 8
)
def main(args: Array[String]) {
val defaultParams = Params()
val parser = new OptionParser[Params]("TrainLogicRegressionJob") {
      head("TrainLogicRegressionWithSGDJob: 解析參數 .")
      opt[String]("inputPath")
```

```
            .text(s"inputPath 輸入目錄 , default: ${defaultParams.inputPath}}")
            .action((x, c) => c.copy(inputPath = x))
        opt[String]("outputPath")
            .text(s"outputPath 輸入目錄 , default: ${defaultParams.outputPath}}")
            .action((x, c) => c.copy(outputPath = x))
        opt[String]("mode")
            .text(s"mode 運行模式 , default: ${defaultParams.mode}")
            .action((x, c) => c.copy(mode = x))
        opt[Double]("stepSize")
            .text(s"stepSize 步進值 , default: ${defaultParams.stepSize}")
            .action((x, c) => c.copy(stepSize = x))
        opt[Int]("niters")
            .text(s"niters 疊代次數 , default: ${defaultParams.niters}")
            .action((x, c) => c.copy(niters = x))
        note(
"""
          |For example, the following command runs this app on a
TrainLogicRegressionJob dataset:
          |
        """.stripMargin)
    }
    parser.parse(args, defaultParams).map { params => {
println(" 參數值 :"+params)
trainLogicRegressionWithSGD(params.inputPath,
          params.outputPath,
          params.mode,params.stepSize,params.niters
        )
    }
    } getOrElse {
      System.exit(1)
    }
  }
/**
    * 以 SGD 隨機梯度下降方式訓練資料，得到權重和截距
    *@param input 輸入目錄，格式以下
    * 第一列是類的標籤值，逗點後面的是特徵值，多個特徵以空格分割：
    *     1,-0.2222220.5 -0.762712 -0.833333
    *     1,-0.5555560.25 -0.864407 -0.916667
    *     1,-0.722222 -0.166667 -0.864407 -0.833333
    *     1,-0.7222220.166667 -0.694915 -0.916667
    *     0,0.166667 -0.4166670.4576270.5
    *     1,-0.50.75 -0.830508 -1
    *     0,0.222222 -0.1666670.4237290.583333
    *     1,-0.722222 -0.166667 -0.864407 -1
    *     1,-0.50.166667 -0.864407 -0.916667
    * @param stepSize 步進值
    * @param niters 疊代次數
    */
def trainLogicRegressionWithSGD(input : String,outputPath:String,mode:String,
```

```scala
stepSize:Double,niters:Int): Unit = {
val startTime = System.currentTimeMillis()
//SparkConf 設定實例化
val sparkConf = new SparkConf().setAppName("trainLogicRegressionWithSGD")
// 運行模式，在 local 本地運行，在 Hadoop 的 Yarn 上分散式運行等
sparkConf.setMaster(mode)
val sc = new SparkContext(sparkConf)
// 載入訓練資料
val data = MLUtils.loadLabeledPoints(sc,input)
// 對資料進行隨機的切分，70% 作為訓練集，30% 作為測試集
val splitsData = data.randomSplit(Array(0.7,0.3))
val (trainningData, testData) = (splitsData(0), splitsData(1))
//SGD 演算法本身不支援歸一化，需要我們在訓練之前先做好歸一化處理，當然不歸一化也是可以訓練
// 的，只是歸一化後效果和準確率等會更好一些
val vectors = trainningData.map(lp=>lp.features)
val scaler = new StandardScaler(withMean=true,withStd=true).fit(vectors)
//val scaler = new StandardScaler().fit(vectors)
val scaledData = trainningData.map(lp=>LabeledPoint(lp.label,scaler.
transform(lp.features)))
    scaledData.cache()
// 開始訓練資料
val model = LogisticRegressionWithSGD.train(scaledData,niters, stepSize)
val trainendTime = System.currentTimeMillis()
// 訓練完成，列印各個特徵權重，這些權重可以放到線上快取中，供介面使用
println("Weights: " + model.weights.toArray.mkString("[", ", ", "]"))
// 訓練完成，列印截距，截距可以放到線上快取中，供介面使用
println("Intercept: " + model.intercept)
// 把權重和截距刷新到線上快取或檔案中，用於線上模型的載入，進而以這個模型為基礎來預測
val wi = model.weights.toArray.mkString(",")+";"+model.intercept
// 載入測試資料，預測模型準確性
val parsedData = testData
val scoreAndLabels = parsedData.map { point =>
val prediction = model.predict(scaler.transform(point.features))
      (prediction, point.label)
    }
// Get evaluation metrics. 二值分類通用指標 ROC 曲線面積
val metrics = new BinaryClassificationMetrics(scoreAndLabels)
val auROC = metrics.areaUnderROC()
// 列印 ROC 模型的 ROC 曲線值，越大越精準 , ROC 曲線下方的面積 (Area Under the ROC Curve,
//AUC) 提供了評價模型平均性能的另一種方法。如果模型是完美的，那麼它的 AUC = 1；如果模型
// 是個簡單的隨機猜測模型，那麼它的 AUC = 0.5；如果一個模型好於另一個，則它的曲線下方面積
相對較大
println("Area under ROC = " + auROC)
// 準確度
val metricsPrecision = new MulticlassMetrics(scoreAndLabels)
val precision = metricsPrecision.precision
println("precision = " + precision)
val predictEndTime = System.currentTimeMillis()
val time1 = s" 訓練時間 :${(trainendTime - startTime) / (1000 * 60)} 分鐘 "
```

```scala
val time2 = s" 預測時間 :${(predictEndTime - trainendTime) / (1000 * 60)} 分鐘 "
// 列印 AUC 的值，值越大，效果越好
val auc = s"AUC:$auROC"
val ps = s"precision$precision"
val out = ArrayBuffer[String]()
    out +=(" 邏輯歸回 SGD:",time1,time2,auc,ps)
    sc.parallelize(out,1).saveAsTextFile(outputPath)
    sc.stop()
  }
def getScore(dataMatrix: Array[Double],
             weightMatrix: Array[Double],
             intercept: Double) = {
val n = weightMatrix.size
val dot = BLAS.getInstance().ddot(n, weightMatrix, 1, dataMatrix, 1)
val margin = dot + intercept
val score = 1.0 / (1.0 + math.exp(-margin))
    score
  }
}
```

SGD 回歸只能做二值分類，如果想做多分類，我們可以用 LBFGS，下面我們詳細講解一下。

3. LBFGS 邏輯回歸

LBFGS (Large BFGS 由布羅依丹 (Broyden)、弗萊徹 (Fletcher)、戈德福布 (Goldfarb) 和香農 (Shanno)4 個人名字首組成) 擬牛頓法邏輯回歸，特點是所有的資料都會參與訓練，演算法融入方差歸一化和平均值歸一化。支援 L1,L2 正則化，支援多分類。當然也支援二分類。透過設定參數 setNumClasses 來指定幾個分類。

首先我們要訓練的資料，和上面的 SGD 一樣，也是需要準備特定格式的資料。同樣我們還是用上面 sample_multiclass_classification_data.txt 檔案作為原始資料進行處理，處理後的資料格式和上面的 SGD 是一樣的，只是這次保留 3 個類標籤，以便表現多分類的例子演示，讓我們看一下資料處理的程式，如程式 6.5 所示。

【程式 6.5】MulticlassLabelDataJob.scala

```
/**
  * 處理多分類訓練資料，把 sample_multiclass_classification_data.txt
  * 裡面的資料轉換成這種格式
  *
```

```
   *  @param input sample_multiclass_classification_data.txt 資料，第一列是
* 標籤值，代表這筆資料是哪個分類的資料，後面的列是特徵資料，冒號前面代表的是第幾個特徵，
* 冒號後面代表的是特徵值 :
   *      11:-0.2222222:0.53:-0.7627124:-0.833333
   *      11:-0.5555562:0.253:-0.8644074:-0.916667
   *      11:-0.7222222:-0.1666673:-0.8644074:-0.833333
   *      11:-0.7222222:0.1666673:-0.6949154:-0.916667
   *      01:0.1666672:-0.4166673:0.4576274:0.5
   *      11:-0.8333333:-0.8644074:-0.916667
   *      21:-1.32455e-072:-0.1666673:0.2203394:0.0833333
   *      21:-1.32455e-072:-0.3333333:0.01694914:-4.03573e-08
   *  @param outputPath 處理轉換後的格式如下 :
   *  第一列是類的標籤值，逗點後面的都是特徵值，多個特徵以空格分割 :
   *      1,-0.2222220.5 -0.762712 -0.833333
   *      1,-0.5555560.25 -0.864407 -0.916667
   *      1,-0.722222 -0.166667 -0.864407 -0.833333
   *      1,-0.7222220.166667 -0.694915 -0.916667
   *      0,0.166667 -0.4166670.4576270.5
   *      1,-0.50.75 -0.830508 -1
   *      0,0.222222 -0.1666670.4237290.583333
   *      1,-0.722222 -0.166667 -0.864407 -1
   *      1,-0.50.166667 -0.864407 -0.916667
   *  @param mode   運行模式
*/
def multiclassLabelDataETL(input: String,
                                    outputPath: String,
                                    mode: String): Unit = {
val startTime = System.currentTimeMillis()
// 實例化 SparkConf
val sparkConf = new SparkConf().setAppName("etlJob")
  sparkConf.setMaster(mode)
// 首先 SparkContext 實例化
val sc = new SparkContext(sparkConf)
// 載入資料檔案 sample_multiclass_classification_data.txt
   // 只提取特徵列數為 4，加上分類標籤為 5 的特徵資料
sc.textFile(input)
    .filter(_.split(" ").length==5)
    .map(line => {
val arr = line.split(" ")
val sb = new StringBuilder
var i = 0;
    arr.foreach(feature => {
if (i == 0)
        sb.append(feature + ",")
else {
var fArr = feature.split(":")
        sb.append(fArr(1) + " ")
      }
```

```
    i = i +1
})
   sb.toString().trim
}).saveAsTextFile(outputPath)
sc.stop()
}
```

將資料處理成我們想要的多分類資料格式後，就開始訓練資料了，對於 LBFGS 來講，訓練資料可以不用自己做歸一化處理，當然做了歸一化處理也沒有關係。還有，和 SGD 相比，訓練的參數更少、更簡單，不用設定 stepSize 步進值和 niters 疊代次數。有個 setNumClasses 方法需要設定訓練資料中有幾個分類標籤，訓練過程如程式 6.6 所示。

【程式 6.6】 LogicRegressionWithLBFGS.scala

```scala
package com.chongdianleme.mail
import com.github.fommil.netlib.BLAS
import org.apache.spark._
import org.apache.spark.mllib.classification.{LogisticRegressionWithLBFGS,
LogisticRegre-ssionWithSGD}
import org.apache.spark.mllib.evaluation.{MulticlassMetrics,
BinaryClassificationMetrics}
import org.apache.spark.mllib.feature.StandardScaler
import org.apache.spark.mllib.regression.LabeledPoint
import org.apache.spark.mllib.util.MLUtils
import scopt.OptionParser
import scala.collection.mutable.ArrayBuffer

/**
  * Created by chongdianleme 陳敬雷
  * 官網 :http://chongdianleme.com/
  * LBFGS——擬牛頓法邏輯回歸
  * 所有的資料都會參與訓練，演算法融入方差歸一化和平均值歸一化。支援 L1,L2 正則化，支援
多分類
  */
object LogicRegressionWithLBFGS {
case class Params(
                    inputPath: String = "file:///D:\\chongdianleme\\
chongdianleme-spark-task\\data\\ 特徵多分類訓練資料 ",
                    outputPath:String = "file:///D:\\chongdianleme\\
chongdianleme-spark-task\\data\\LBFGSout\\",
                    mode: String = "local"
)
def main(args: Array[String]) {
val defaultParams = Params()
val parser = new OptionParser[Params]("TrainLogicRegressionJob") {
```

```
        head("TrainLogicRegressionJob: 解析參數 .")
        opt[String]("inputPath")
          .text(s"inputPath 輸入目錄 , default: ${defaultParams.inputPath}}")
          .action((x, c) => c.copy(inputPath = x))
        opt[String]("outputPath")
          .text(s"outputPath 輸入目錄 , default: ${defaultParams.outputPath}}")
          .action((x, c) => c.copy(outputPath = x))
        opt[String]("mode")
          .text(s"mode 運行模式 , default: ${defaultParams.mode}")
        .action((x, c) => c.copy(mode = x))
        note(
"""

          |For example, the following command runs this app on a LBFGS dataset:
          |
        """.stripMargin)
    }
    parser.parse(args, defaultParams).map { params => {
println(" 參數值 :"+params)
println("trainLogicRegressionwithLBFGS!")
trainLogicRegressionwithLBFGS(params.inputPath,
        params.outputPath,
        params.mode
      )
    }
    } getOrElse {
      System.exit(1)
    }
  }
/**
  * 擬牛頓法方式訓練資料，得到的模型，主要是權重和截距，然後可以
  * 再把權重和截距儲存到快取、資料庫或檔案中，供線上 Web 服務初始化的時候載入權重和截
  * 距，進而預測特徵資料是哪個標籤
  * @param input 輸入目錄，格式以下
  * 第一列是類的標籤值，逗點後面的是特徵值，多個特徵以空格分割 :
  *        1,-0.2222220.5 -0.762712 -0.833333
  *        1,-0.5555560.25 -0.864407 -0.916667
  *        1,-0.722222 -0.166667 -0.864407 -0.833333
  *        1,-0.7222220.166667 -0.694915 -0.916667
  *        0,0.166667 -0.4166670.4576270.5
  *        1,-0.50.75 -0.830508 -1
  *        0,0.222222 -0.1666670.4237290.583333
  *        1,-0.722222 -0.166667 -0.864407 -1
  *        1,-0.50.166667 -0.864407 -0.916667
  * @param mode 運行模式
  */
def trainLogicRegressionwithLBFGS(input : String,
                                  outputPath:String,
                                  mode:String): Unit = {
val startTime = System.currentTimeMillis()
```

```scala
val sparkConf = new SparkConf().setAppName("trainLogicRegressionwithLBFGS")
    sparkConf.setMaster(mode)
// 首先使用 SparkContext 實例化
val sc = new SparkContext(sparkConf)
// 用 loadLabeledPoints 載入訓練資料
val data = MLUtils.loadLabeledPoints(sc,input)
// 把訓練資料隨機拆分成兩份，70% 作為訓練集，30% 作為測試集
    // 當然也可以按 80% 為訓練集、20% 為測試集這麼拆分
val splitsData = data.randomSplit(Array(0.7,0.3))
val (trainningData, testData) = (splitsData(0), splitsData(1))
// 把訓練資料歸一化處理，這樣效果會更好一點，當然對 LBFGS 來説這不是必需的
val vectors = trainningData.map(lp=>lp.features)
val scaler = new StandardScaler(withMean=true,withStd=true).fit(vectors)
//val scaler = new StandardScaler().fit(vectors)
val scaledData = trainningData.map(lp=>LabeledPoint(lp.label,scaler.
transform(lp.features)))
    scaledData.cache()
val model = new LogisticRegressionWithLBFGS()
        .setNumClasses(3) // 二值分類設定為 2 就行，三個分類設定為 3
.run(trainningData)
val trainendTime = System.currentTimeMillis()
// 訓練完成，列印各個特徵權重，這些權重可以放到線上快取中，供介面使用
println("Weights: " + model.weights.toArray.mkString("[", ", ", "]"))
// 訓練完成，列印截距，截距可以放到線上快取中，供介面使用
println("Intercept: " + model.intercept)
// 把權重和截距刷新到線上快取、資料庫中等
val wi = model.weights.toArray.mkString(",")+";"+model.intercept
// 後續處理可以把權重和截距資料儲存到線上快取，或檔案中，供線上 Web 服務載入模型使用
// 預測精準性
val weights = model.weights
val intercept = model.intercept
val predictionAndLabels = testData.map { case LabeledPoint(label, features) =>
val prediction = model.predict(scaler.transform(features))
    (prediction, label)
    }
// 獲取評估指標
val metrics = new MulticlassMetrics(predictionAndLabels)
// 效果評估指標：準確度
val precision = metrics.precision
println("Precision = " + precision)
val metricsAUC = new BinaryClassificationMetrics(predictionAndLabels)
// 效果評估指標：AUC，值越大越好
val auROC = metricsAUC.areaUnderROC()
println("auROC:"+auROC)
val predictEndTime = System.currentTimeMillis()
val time1 = s" 訓練時間 :${(trainendTime - startTime) / (1000 * 60)} 分鐘 "
val time2 = s" 預測時間 :${(predictEndTime - trainendTime) / (1000 * 60)} 分鐘 "
val auc = s"AUC:$auROC"
val ps = s"precision:$precision"
```

```
val out = ArrayBuffer[String]()
    out +=(" 邏輯歸回 LBFGS:",time1,time2,auc,ps)
    sc.parallelize(out,1).saveAsTextFile(outputPath)
  }
}
```

4. 邏輯回歸在 Web 線上系統的即時預測

不管是 SGD，還是 LBFGS，模型訓練好了以後，如何在 Web 線下系統高併發
地快速預測呢？這個預測需要的時間是幾毫秒等級，因為線上必須用於快速反
應，當併發很大的時候，對預測的性能要求很高。那麼我們可以用 BLAS 基礎
線性代數副程式庫來即時地高效預測資料特徵屬於正標籤的機率值，0~1 的小
數，數值越大機率越高。例如在廣告系統 CTR 中點擊率機率預估的時候，就
可以用這種方式，程式如下：

```
/**
  * 用 BLAS 基礎線性代數副程式庫來即時地高效預測資料特徵屬於正標籤的機率值
  * @param dataMatrix 資料特徵
  * @param weightMatrix 權重
  * @param intercept 截距
  * @return 預測資料特徵屬於正標籤的機率值，0~1 的小數，數值越大機率越高
  */
def getScore(dataMatrix: Array[Double],
             weightMatrix: Array[Double],
             intercept: Double) = {
val n = weightMatrix.size
val dot = BLAS.getInstance().ddot(n, weightMatrix, 1, dataMatrix, 1)
val margin = dot + intercept
val score = 1.0 / (1.0 + math.exp(-margin))
  score
}
```

以上我們講解的是邏輯回歸的兩種實現方式，SGD 和 LBFGS。邏輯回歸演算
法在廣告點擊率預估，以及推薦系統的二次 Rerank 排序中用得非常普遍，用
於預測廣告被點擊可能性的機率，分值高的被排在列表的前面。下面講解一下
決策樹演算法。

6.2.3　決策樹 [9]

決策樹 (Decision Tree) 是在已知各種情況發生機率的基礎上，透過組成決策樹
來求取淨現值的期望值大於或等於零的機率，評價專案風險，判斷其可行性的
決策分析方法，是直觀運用機率分析的一種圖解法。由於這種決策分支畫成的

圖形很像一棵樹的枝幹，故稱決策樹。在機器學習中，決策樹是一個預測模型，它代表的是物件屬性與物件值之間的一種映射關係。Entropy 表示系統的凌亂程度，使用演算法 ID3, C4.5 和 C5.0 生成樹演算法使用熵。這一度量是以資訊學理論中熵為基礎的概念。決策樹是一種樹狀結構，其中每個內部節點表示一個屬性上的測試，每個分支代表一個測試輸出，每個葉節點代表一種類別。分類樹 (決策樹) 是一種十分常用的分類方法。它是一種監管學習，所謂監管學習就是指定一堆樣本，每個樣本都有一組屬性和一個類別，這些類別是事先確定的，那麼透過學習得到一個分類器，這個分類器能夠對新出現的物件列出正確的分類。這樣的機器學習被稱為監督學習。

1. 決策樹的組成

□——決策點，是對幾種可能方案的選擇，即最後選擇的最佳方案。如果決策屬於多級決策，則決策樹的中間可以有多個決策點，以決策樹根部的決策點為最終決策方案。〇——狀態節點，代表備選方案的經濟效果 (期望值)，透過各狀態節點的經濟效果的比較，按照一定的決策標準就可以選出最佳方案。由狀態節點引出的分支稱為機率枝，機率枝的數目表示可能出現的自然狀態數目，每個分支上要註明該狀態出現的機率。△——結果節點，將每個方案在各種自然狀態下取得的損益值標注於結果節點的右端。

2. 決策樹的畫法

機器學習中，決策樹是一個預測模型，它代表的是物件屬性與物件值之間的一種映射關係。樹中每個節點表示某個物件，而每個分叉路徑則代表的某個可能的屬性值，而每個葉節點則對應從根節點到該葉節點所經歷的路徑所表示的物件的值。決策樹僅有單一輸出，若有複數輸出，可以建立獨立的決策樹以處理不同輸出。資料採擷中決策樹是一種經常要用到的技術，可以用於分析資料，同樣也可以用來做預測。從資料產生決策樹的機器學習技術叫作決策樹學習，通俗地說就是決策樹。

一個決策樹包含 3 種類型的節點：決策節點，通常用矩形框來表示；機會節點，通常用圓圈來表示；終節點，通常用三角形來表示。

決策樹學習也是資料探勘中一個普通的方法。在這裡，每個決策樹都表述了一種樹狀結構，它由它的分支來對該類型的物件依靠屬性進行分類。每個決策樹可以依靠對來源資料庫的分割進行資料測試。這個過程可以遞迴式地對樹進行修剪。當不能再進行分割或一個單獨的類可以被應用於某一分支時，遞迴過程就完成了。另外，隨機森林分類器將許多決策樹結合起來以提升分類的正確率。決策樹同時也可以依靠計算條件機率來構造。決策樹如果依靠數學的計算方法可以取得更加理想的效果。資料庫如下所示。

$$(x, y) = (x1, x2, x3, \cdots, xk, y)$$

相關的變數 y 表示我們嘗試去了解，分類或更一般化的結果。其他的變數 $x1$, $x2$, $x3$ 等則是幫助我們達到目的的變數。

3. 決策樹的剪枝

剪枝是決策樹停止分支的方法之一，剪枝有預先剪枝和後剪枝兩種。預先剪枝是在樹的生長過程中設定一個指標，當達到該指標時就停止生長，這樣做容易產生「視界侷限」，就是一旦停止分支，使得節點 N 成為葉節點，就斷絕了其後繼節點進行「好」的分支操作的任何可能性。不嚴格地說這些已停止的分支會誤導學習演算法，導致產生的樹不純度降差最大的地方過分接近根節點。後剪枝中樹首先要充分生長，直到葉節點都有最小的不純度值為止，因而可以克服「視界侷限」，然後對所有相鄰的成對葉節點考慮是否消去它們，如果消去能引起令人滿意的不純度增長，那麼執行消去操作，並令它們的公共父節點成為新的葉節點。這種「合併」葉節點的做法和節點分支的過程恰好相反，經過剪枝後葉節點常常會分佈在很寬的層次上，樹也變得非平衡。後剪枝技術的優點是克服了「視界侷限」效應，而且無須保留部分樣本用於交換驗證，所以可以充分利用全部訓練集的資訊，但後剪枝的計算量代價比預剪枝方法大得多，特別是在大樣本集中，不過對於小樣本的情況，後剪枝方法還是優於預剪枝方法的。

4. 決策樹的優點

決策樹易於了解和實現，人們在學習過程中不需要使用者了解很多的背景知識，這同時是它能夠直接表現資料的特點，只要透過解釋後都有能力去了解決策樹所表達的意義。

對於決策樹，資料的準備往往是簡單或是不必要的，而且能夠同時處理資料型和正常型屬性，在相對短的時間內能夠對大類型資料來源做出可行且效果良好的結果。易於透過靜態測試來對模型進行評測，可以測定模型可信度。如果指定一個觀察的模型，那麼根據所產生的決策樹很容易推出對應的邏輯運算式。

5. 決策樹的缺點

(1) 對連續性的欄位比較難預測。

(2) 對有時間順序的資料，需要很多前置處理的工作。

(3) 當類別太多時，錯誤可能就會增加得比較快。

(4) 一般在演算法分類的時候，只是根據一個欄位來分類。

6. 演算法步驟

C4.5 演算法繼承了 ID3 演算法的優點，並在以下幾方面對 ID3 演算法進行了改進：

(1) 用資訊增益率來選擇屬性，克服了用資訊增益選擇屬性時偏向選擇設定值多的屬性的不足。

(2) 在樹構造過程中進行剪枝。

(3) 能夠完成對連續屬性的離散化處理。

(4) 能夠對不完整資料進行處理。

C4.5 演算法有以下優點：產生的分類規則易於了解，準確率較高。其缺點是在構造樹的過程中，需要對資料集進行多次順序掃描和排序，因而導致演算法的低效。此外，C4.5 只適合於能夠駐留於記憶體的資料集，當訓練集大得無法在記憶體中容納時程式無法運行。

具體演算法步驟如下：

(1) 創建節點 N。

(2) 如果訓練集為空，則返回節點 N 標記為 Failure。

(3) 如果訓練集中的所有記錄都屬於同一個類別，則將該類別標記為節點 N。

(4) 如果候選屬性為空，則返回 N 作為葉節點，標記為訓練集中最普通的類。

(5) for each 候選屬性 attribute_list。

(6) if 候選屬性是連續的 then。

(7) 對該屬性進行離散化。

(8) 選擇候選屬性 attribute_list 中具有最高資訊增益率的屬性 D。

(9) 標記節點 N 為屬性 D。

(10) for each 屬性 D 的一致值 d。

(11) 由節點 N 長出一個條件為 D=d 的分支。

(12) 設 s 是訓練集中 D=d 的訓練樣本的集合。

(13) if s 為空

(14) 加上一個樹葉，標記為訓練集中最普通的類。

(15) else 加上一個有 C4.5 (R-{D},C, s) 返回的點。

分類與回歸樹 (Classification And Regression Tree, CART) 是一種非常有趣並且十分有效的非參數分類和回歸方法，它透過建構二元樹達到預測目的。

CART 模型最早由 Breiman 等人提出，已經在統計領域和資料採擷技術中普遍使用。它採用與傳統統計學完全不同的方式建構預測準則，它是以二元樹的形式列出，易於了解、使用和解釋。由 CART 模型建構的預測樹在很多情況下比常用的以統計方法建構的代數學預測準則更加準確，且資料越複雜、變數越多則演算法的優越性就越顯著。模型的關鍵是預測準則準確地建構。

分類和回歸首先利用已知的多變數資料建構預測準則，進而根據其他變數值對一個變數進行預測。在分類中，人們往往先對某一客體進行各種測量，然後利用一定的分類準則確定該客體歸屬哪一類。例如，指定某一化石的鑑定特徵，預測該化石屬哪一科、哪一屬, 甚至哪一種。另外一個例子是，已知某一地區的地質和物化探資訊，預測該區是否有礦。回歸則與分類不同，它被用來預測客體的某一數值， 而非客體的歸類。例如，指定某一地區的礦產資源特徵，預測該區的資源量。

7. Spark 的決策樹演算法

決策樹是一種分類演算法，類似於我們寫程式過程中的 if-else 判斷敘述，但是在判斷的過程中又加入了一些資訊理論的熵的概念，以及基尼係數的概念。Spark 中既有決策樹的分類演算法，又有決策樹的回歸演算法，也就是根據實際應用場景來選擇使用分類或回歸任務，Spark 的決策樹其實是隨機森林的一棵樹，隨機森林演算法是將多棵決策樹組合成一片森林，Spark 在呼叫決策數的類時，其實是呼叫了隨機森林的建構函數。

下面講解一下什麼是資料特徵，特徵分為連續特徵和離散特徵。先看一下什麼是離散特徵，例如是否擁有房產，特徵值只有兩種情況是或否，這種就為離散特徵或是名稱特徵。例如年齡為 12, 13, 16, 19, 30, 32, 45, 21, 78, 90, 50。你第一眼看去，這不是連續的，設定值不連續不就是離散的嗎？對，你說得沒錯，從訊號的角度來看這就是離散資料，但是這樣的話就是一個年齡為一個類別，我們僅以年齡就可以確定最後的結果，這樣好嗎？顯然是片面的，那就要想辦法把它變為離散的資料，從理論上來講，我們可以以每一個資料作為一個分割點，小於這個資料作為一類，大於這個資料作為另一類。對於少量的資料這樣分割沒問題，但是對於百萬筆，甚至億筆等級的資料顯然是不可取的。在 Spark 中採用了一種取樣的策略。對於離散無序資料，例如老、中和少。有幾種分割方法：老、中 | 少；老 | 中、少；老 | 少、中。僅此 3 種，也就是 2^(M-1)-1 種。對於離散有序資料例如：老、中和少。有老 | 中、少；老、中 | 少，僅此兩種情況，也就是 M-1 種情況。對於連續資料，本質上是有無數種分割情況，但是 Spark 採用了一種取樣策略。先對一個特徵下的所有資料進行排序，然後人為地設定一個劃分區間，劃分區間確定了，也就是確定了劃分點，二者是減一關係，當然這個劃分區間也就是你後期調參數的重要特徵。以下面幾個資料為例：

12, 14, 16, 11, 43, 32, 45, 56, 54, 89, 76

首先進行排序：11, 12, 12, 16, 32, 43, 45, 54, 56, 76, 89。

其次設定劃分區間，例如為 3，就是說 3 個資料作為一組，對應的劃分點也就出來了。12,43,56,89 分別作為劃分點，然後計算它們每個作為劃分點的資訊增益，選擇增益最大的點作為最終的劃分點。看起來就這麼簡單，但是實現起來並不是那麼容易。

下面我們還是拿上面講的邏輯回歸的訓練資料來運行決策樹演算法的 Demo，訓練過程如程式 6.7 所示。

【程式 6.7】DecisionTreeJob.scala

```
package com.chongdianleme.mail
import org.apache.spark._
```

```scala
import SparkContext._
import org.apache.spark.mllib.evaluation.{BinaryClassificationMetrics,
MulticlassMetrics}
import org.apache.spark.mllib.linalg.Vectors
import org.apache.spark.mllib.regression.LabeledPoint
import org.apache.spark.mllib.util.MLUtils
import org.apache.spark.mllib.tree.DecisionTree
import org.apache.spark.mllib.tree.configuration.Algo
import org.apache.spark.mllib.tree.impurity.Entropy
import org.apache.spark.mllib.tree.model.{DecisionTreeModel, RandomForestModel}
import scopt.OptionParser
import scala.collection.mutable.ArrayBuffer
/**
  * Created by 陳敬雷
  * 決策樹演算法 Demo
  * 這個例子是用來做分類任務的
  */
object DecisionTreeJob {
case class Params(
                   inputPath: String = "file:///D:\\chongdianleme\\
chongdianleme-spark-task\\data\\ 二值分類訓練資料 \\",
                   outputPath:String = "file:///D:\\chongdianleme\\
chongdianleme-spark-task\\data\\DecisionTreeOut\\",
                   modelPath:String = "file:///D:\\chongdianleme\\
chongdianleme-spark-task\\data\\DecisionTreeModel\\",
                   mode: String = "local",
                   maxTreeDepth:Int=20// 指定樹的深度，在 Spark 實現裡面最大的
                                      // 深度不超過 30
)
def main(args: Array[String]) {
val defaultParams = Params()
val parser = new OptionParser[Params]("TrainDecisionTree") {
    head("TrainDecisionTreeJob: 解析參數 .")
    opt[String]("inputPath")
      .text(s"inputPath 輸入目錄 , default: ${defaultParams.inputPath}}")
      .action((x, c) => c.copy(inputPath = x))
    opt[String]("outputPath")
      .text(s"outputPath 輸入目錄 , default: ${defaultParams.outputPath}}")
      .action((x, c) => c.copy(outputPath = x))
    opt[String]("modelPath")
      .text(s"modelPath 訓練模類型資料的持久化儲存目錄 , default: ${defaultParams.
modelPath}}")
      .action((x, c) => c.copy(modelPath = x))
    opt[String]("mode")
      .text(s"mode 運行模式 , default: ${defaultParams.mode}")
      .action((x, c) => c.copy(mode = x))
    opt[Int]("maxTreeDepth")
      .text(s"maxTreeDepth, default: ${defaultParams.maxTreeDepth}")
      .action((x, c) => c.copy(maxTreeDepth = x))
```

```
        note(
"""

            |For example,  TrainDecisionTree dataset:
            |
        """.stripMargin)
    }
    parser.parse(args, defaultParams).map { params => {
println(" 參數值 :" + params)
trainDecisionTree(params.inputPath, params.outputPath,
        params.modelPath,
        params.mode,
        params.maxTreeDepth
    )
    }
    } getOrElse {
    System.exit(1)
    }
  }
/**
    * 決策樹演算法，可用於監督學習的分類
    * @param input 輸入目錄，格式以下
    * 第一列是類的標籤值，逗點後面的是特徵值，多個特徵以空格分割：
    *    1,-0.2222220.5 -0.762712 -0.833333
    *    1,-0.5555560.25 -0.864407 -0.916667
    *    1,-0.722222 -0.166667 -0.864407 -0.833333
    *    1,-0.7222220.166667 -0.694915 -0.916667
    *    0,0.166667 -0.4166670.4576270.5
    *    1,-0.50.75 -0.830508 -1
    *    0,0.222222 -0.1666670.4237290.583333
    *    1,-0.722222 -0.166667 -0.864407 -1
    *    1,-0.50.166667 -0.864407 -0.916667
    * @param mode 運行模式
    */
def trainDecisionTree(input : String,outputPath:String,modelPath:String,
mode:String,maxTreeDepth:Int): Unit = {
val startTime = System.currentTimeMillis()
val sparkConf = new SparkConf().setAppName("trainDecisionTreeJob")
    sparkConf.setMaster(mode)
    sparkConf.set("spark.sql.warehouse.dir", "file:///C:/warehouse/temp/")
val sc = new SparkContext(sparkConf)
// 載入訓練資料
val data = MLUtils.loadLabeledPoints(sc,input)
// 快取
data.cache()
// 訓練資料，隨機拆分資料，80% 作為訓練集，20% 作為測試集
val splits = data.randomSplit(Array(0.8, 0.2))
val (trainingData, testData) = (splits(0), splits(1))
// 按照設定的參數來訓練資料，訓練完成後，得到一個模型，模型可以持久化成檔案，後面再根據檔
// 案來載入初始化模型，不用每次都訓練
```

```
val model = DecisionTree.train(trainingData,Algo.Classification,
Entropy,maxTreeDepth)
val trainendTime = System.currentTimeMillis()
// 載入測試資料，預測模型準確性
val scoreAndLabels = testData.map { point =>
// 在 Web 專案裡面也是用 model.predict 預測特徵最大分配給哪個分類標籤的機率
val prediction = model.predict(point.features)
      (prediction, point.label)
    }
// 二值分類通用指標 ROC 曲線面積
val metrics = new BinaryClassificationMetrics(scoreAndLabels)
//AUC 評價指標
val auROC = metrics.areaUnderROC()
// 列印 ROC 模型的 ROC 曲線值，越大越精準 ,ROC 曲線下方的面積 (Area Under the ROC Curve,
AUC)
// 提供了評價模型平均性能的另一種方法。如果模型是完美的，那麼它的 AUC = 1；如果模型是個
// 簡單的隨機猜測模型，那麼它的 AUC = 0.5；如果一個模型好於另一個，則它的曲線下方面積相
// 對較大
println("Area under ROC = " + auROC)
// 準確度評價指標
val metricsPrecision = new MulticlassMetrics(scoreAndLabels)
val precision = metricsPrecision.precision
println("precision = " + precision)
val predictEndTime = System.currentTimeMillis()
val time1 = s" 訓練時間 :${(trainendTime - startTime) / (1000 * 60)} 分鐘 "
val time2 = s" 預測時間 :${(predictEndTime - trainendTime) / (1000 * 60)} 分鐘 "
val auc = s"AUC:$auROC"
val ps = s"precision$precision"
val out = ArrayBuffer[String]()
    out +=(" 決策樹 :",time1,time2,auc,ps)
    sc.parallelize(out,1).saveAsTextFile(outputPath)
//model 模型可以儲存到檔案裡面
model.save(sc, modelPath)
// 然後在需要預測的專案裡，直接載入這個模型檔案，來直接初始化模型，不用每次都訓練
val loadModel = DecisionTreeModel.load(sc,modelPath)
    sc.stop()
// 查看訓練模型檔案裡的內容
readParquetFile(modelPath + "data/*.parquet", 8000)
}
/**
  * 讀取 Parquet 檔案
  * @param pathFile   檔案路徑
  * @param n   讀取前幾行
  */
def readParquetFile(pathFile:String,n:Int): Unit =
  {
val sparkConf = new SparkConf().setAppName("readParquetFileJob")
    sparkConf.setMaster("local")
    sparkConf.set("spark.sql.warehouse.dir", "file:///C:/warehouse/temp/")
```

```
val sc = new SparkContext(sparkConf)
val sqlContext = new org.apache.spark.sql.SQLContext(sc)
val parquetFile = sqlContext.parquetFile(pathFile)
println(" 開始讀取檔案 "+pathFile)
    parquetFile.take(n).foreach(println)
println(" 讀取結束 ")
    sc.stop()
  }
}
```

模型訓練完成後，得到一個模型，模型可以持久化成檔案，後面再根據檔案來載入初始化模型，不用每次都訓練，這種預測非常適合在 Web 專案中即時對特徵樣本資料進行預測，例如用在廣告點擊率預估中，也就是在 Web 專案初始化的時候，同時把模型檔案載入到記憶體中，然後在記憶體裡對使用者的每一次頁面展示進行即時預測，預測每個廣告樣本特徵資料是哪個分類，例如預測是被點擊或不被點擊，或預測廣告被點擊的可能性的機率值。

訓練資料可以非常大，但訓練好的模型存成的檔案是非常小的，因為模型檔案只儲存參數、權重等資訊，不實際儲存訓練資料，一般只有幾 KB 大小。把檔案載入到模型記憶體裡，佔用空間也是非常小的。讓我們看一下模型檔案到底是什麼樣？裡面都有哪些資料？

持久化後生成兩個資料夾，一個是 metadata 資料夾，其下面有一個 part-00000 檔案，此檔案存的是在訓練模型時設定的參數，只有一行，如下所示。

```
{"class":"org.apache.spark.mllib.tree.DecisionTreeModel","version":"1.0","algo":
"Classification","numNodes":3}
```

第二個資料夾是 data，存的是特徵類的資料，下面有兩個檔案 .part-r-00000-a387e4aa-f08f-4a7c-9f08-3132531e22fd.snappy.parquet.crc 和 part-r-00000-a387e4aa-f08f-4a7c-9f08-3132531e22fd.snappy.parquet，用記事本打開會有一部分顯示為亂碼：讓我們一睹它的 " 風采 "：

```
.part-r-00000-a387e4aa-f08f-4a7c-9f08-3132531e22fd.snappy.parquet.crc 檔案內容就
一行 :crcH 乳 ( 蘼卻 c 鍐尊渋 6 :
```

.crc 檔案是循環驗證檔案。part-r-00000-a387e4aa-f08f-4a7c-9f08-3132531e22fd. snappy.parquet 檔案用記事本打開會是亂碼，正確的方式是我們可以用上面的 readParquetFile 方法查看裡面的內容，如下：

```
[0,1,[0.0,0.51428571142857142],0.9994110647387553,false,[2,
```

```
-0.694915,0,WrappedArray()],2,3,0.9994110647387553]
[0,2,[1.0,1.0],0.0,true,null,null,null,null]
[0,3,[0.0,1.0],0.0,true,null,null,null,null]
```

如果強制用記事本打開是這樣的：

```
PAR1
spark_schema % treeId % nodeId
5predict

% predict
%

prob
% impurity  % isLeaf 5split % feature
% threshold %
featureType 5
categories5

list
% element %
leftNodeId %
rightNodeId
%infoGain ?%

treeIdhp&<


&x%
nodeIdZ^&x<


&?
5

(predictpredict??&?<? &?
5
(predict

prob??&?<??&?
%

impurity??&?<? 壤峰 ?&? % isLeaf8<&?<&?5
(splitfeatureVZ&?<
```

```
&?
5 (splitthresholdnr&?< 剝蘄？嬋剝蘄？嬋

&?5 (split
featureTypeVZ&?<


&?
% Hsplit
categories


listelementDH&?<6&?5
leftNodeIdVZ&?<


&?5
rightNodeIdVZ&?<
&?
5 infoGainnr&?<? 墣峰 ?? 墣
峰 ?
```

```
? )org.apache.spark.sql.parquet.row.metadata?{"type":"struct","fields":[{"name":"
treeId","type":"integer","nullable":false,"metadata":{}},{"name":"nodeId","type"
:"integer","nullable":false,"metadata":{}},{"name":"prcdict","type":{"type":"str
uct","fields":[{"name":"predict","type":"double","nullable":false,"metadata":{}},
{"name":"prob","type":"double","nullable":false,"metadata":{}}]},"nullable":true,
"metadata":{}},{"name":"impurity","type":"double","nullable":false,"metada
ta":{}},{"name":"isLeaf","type":"boolean","nullable":false,"metadata":{}},{"name
":"split","type":{"type":"struct","fields":[{"name":"feature","type":"integer","n
ullable":false,"metadata":{}},{"name":"threshold","type":"double","nullable":fal
se,"metadata":{}},{"name":"featureType","type":"integer","nullable":false,"metad
ata":{}},{"name":"categories","type":{"type":"array","elementType":"double","con
tainsNull":false},"nullable":true,"metadata":{}}]},"nullable":true,"metadata":{}
},{"name":"leftNodeId","type":"integer","nullable":true,"metadata":{}},{"name":"
rightNodeId","type":"integer","nullable":true,"metadata":{}},{"name":"infoGain",
"type":"double","nullable":true,"metadata":{}}]};parquet-mr (build 32c46643845ea
8a705c35d4ec8fc654cc8ff816d) ?  PAR1
```

從檔案大小也能看到，持久化的模型檔案只有幾 KB，很小，它不是把整個訓練資料都存起來。下面講到的演算法模型，例如隨機森林、GBDT 等也都可以用這種方式打開查看模型檔案裡的內容。這裡就不再一一說明。

決策樹是隨機森林其中的一棵樹，多棵決策樹就組成了隨機森林演算法，隨機森林可以看成一個整合演算法，下面我們就詳細講解一下隨機森林演算法。

6.2.4 隨機森林 [10, 11, 12]

隨機森林是一個整合演算法，多棵決策樹就組成了一個森林，下面具體講解一下這個演算法和應用的原始程式。

1. 隨機森林演算法介紹

隨機森林是以決策樹作為基礎模型的整合演算法。隨機森林是機器學習模型中用於分類和回歸的最成功的模型之一。透過組合大量的決策樹來降低過擬合的風險。與決策樹一樣，隨機森林處理分類特徵，擴充到多類分類設定，不需要特徵縮放，並且能夠捕捉非線性和特徵互動。隨機森林分別訓練一系列的決策樹，所以訓練過程是平行的。因演算法中加入隨機過程，所以每棵決策樹又有少量區別。隨機森林透過合併每棵樹的預測結果來減少預測的方差，提高在測試集上的性能表現。

隨機性表現：

1) 在每次疊代時，對原始資料進行二次抽樣來獲得不同的訓練資料。

2) 對於每個樹節點，考慮不同的隨機特徵子集來進行分裂。

除此之外，決策時的訓練過程和單獨決策樹訓練過程相同。對新實例進行預測時，隨機森林需要整合其各棵決策樹的預測結果。回歸和分類問題整合的方式略有不同。分類問題採取投票制，每棵決策樹投票給一個類別，獲得最多投票的類別為最終結果。回歸問題每棵樹得到的預測結果為實數，最終的預測結果為各棵樹預測結果的平均值。Spark 的隨機森林演算法支援二分類、多分類，以及回歸的隨機森林演算法，適用於連續特徵及類別特徵。

2. 隨機森林應用場景

分類任務：

(1) 廣告系統的點擊率預測。

(2) 推薦系統的二次 Rerank 排序。

(3) 金融產業可以用隨機森林做貸款風險評估。

(4) 保險產業可以用隨機森林做險種推廣預測。

(5) 醫療產業可以用隨機森林生成輔助診斷處置模型。

回歸任務：

(1) 預測一個孩子的身高。

(2) 電子商務網站的商品銷量預測。

隨機森林是由多棵決策樹組成，決策樹能做的任務隨機森林也都能做，並且效果更好。

3. Spark 隨機森林訓練和預測過程

隨機森林分別訓練一組決策樹，因此訓練可以平行完成。該演算法將隨機性注入訓練過程，以使每棵決策樹略有不同。結合每棵樹的預測可以減少預測的方差，提高測試資料的性能。

1) 訓練

注入訓練過程的隨機性包括：在每次疊代時對原始資料集進行二次取樣，以獲得不同的訓練集 (舉例來說，bootstrapping)。

考慮在每棵樹節點處分割不同的隨機特徵子集。

除了這些隨機化之外，決策樹訓練的方式與單棵決策樹的方式相同。

2) 預測

要對新實例進行預測，隨機森林必須整合各棵決策樹的預測。對於分類和回歸，這種整合的方式不同。

分類：多數票原則。每棵樹的預測都算作一個類的投票。預計該標籤是獲得最多選票的類別。

回歸：平均。每棵樹預測一個真實的值。預測標籤是各棵樹預測的平均值。

4. Spark 隨機森林模型參數詳解

隨機森林的參數比較多，我們在實際工作中經常會調整參數值，讓模型達到一個最佳的狀態，除了調參的方法，還有我們可以透過手工改進每個特徵的計算公式，增加資料特徵，不斷地最佳化模型。參數最佳化是在實際工作中不可或缺的必要環節，讓我們看一下都有哪些參數：

checkpointInterval：

類型：整數型。

含義：設定檢查點間隔 (≥ 1)，或不設定檢查點 (-1)。

featureSubsetStrategy：

類型：字串型。

含義：每次分裂候選特徵數量。

featuresCol：

類型：字串型。

含義：特徵列名稱。

impurity：

類型：字串型。

含義：計算資訊增益的準則 (不區分大小寫)。

labelCol：

類型：字串型。

含義：標籤列名稱。

maxBins：

類型：整數型。

含義：連續特徵離散化的最大數量，以及選擇每個節點分裂特徵的方式。

maxDepth：

類型：整數型。

含義：樹的最大深度 (≥ 0)。

決策樹最大深度 max_depth, 預設可以不輸入，如果不輸入的話，決策樹在建立子樹的時候不會限制子樹的深度。一般來說，資料少或特徵少的時候可以不管這個值。如果在模型樣本數多，特徵也多的情況下，推薦限制這個最大深度，具體的設定值取決於資料的分佈。常用的設定值在 10~100。

參數效果：值越大，決策樹越複雜，越容易過擬合。

minInfoGain：

類型：雙精度型。

含義：分裂節點時所需最小資訊增益。

minInstancesPerNode：

類型：整數型。

含義：分裂後自節點最少包含的實例數量。

numTrees：

類型：整數型。

含義：訓練的樹的數量。

predictionCol：

類型：字串型。

含義：預測結果列名稱。

probabilityCol：

類型：字串型。

含義：類別條件機率預測結果列名稱。

rawPredictionCol：

類型：字串型。

含義：原始預測。

seed：

類型：長整數。

含義：隨機種子。

subsamplingRate：

類型：雙精度型。

含義：學習一棵決策樹使用的訓練資料比例，範圍為 [0,1]。

thresholds：

類型：雙精度陣列型。

含義：多分類預測的閾值，以調整預測結果在各個類別的機率。

上面的參數有的對準確率影響很大，有的比較小。其中 maxDepth（最大深度）
這個參數對精準度影響很大，但設定過高容易過擬合，應該根據實際情況設定
一個合理的值，但一般不超過 20。

5. Spark 隨機森林原始程式實戰

訓練資料格式和上面講的決策樹的資料格式是一樣的，隨機森林可以用來做二值分類，也可以做多分類，還可以用它來做回歸。用來做回歸的應用場景，例如做銷量預測，也能造成非常好的效果，雖然做銷量預測用時間序列演算法比較多，但隨機森林的效果不遜色於時間序列，這得在參數最佳化和特徵工程最佳化上下功夫。下面的程式演示了如何訓練資料模型，並根據模型預測特徵屬於哪個分類，並且演示模型如何做持久化和載入的完整過程，訓練過程如程式6.8 所示。

【程式 6.8】RandomForestJob.scala

```scala
package com.chongdianleme.mail
import org.apache.spark._
import org.apache.spark.mllib.evaluation.{MulticlassMetrics,
BinaryClassificationMetrics}
import org.apache.spark.mllib.tree.model.RandomForestModel
import org.apache.spark.mllib.util.MLUtils
import scopt.OptionParser
import org.apache.spark.mllib.tree.RandomForest
import scala.collection.mutable.ArrayBuffer
/**
* Created by 充電了麼 App 陳敬雷
* 官網 :http://chongdianleme.com/
* 隨機森林是決策樹的整合演算法。隨機森林包含多棵決策樹來降低過擬合的風險。隨機森林同樣
* 具有易解釋性、可處理類別特徵、易擴充到多分類問題、不需特徵縮放等性質。
* 隨機森林支援二分類、多分類，以及回歸，適用於連續特徵，以及類別特徵。
* 隨機森林的分類可以用在廣告點擊率預測，推薦系統 Rerank 二次排序
* 隨機森林的回歸可以用來預測電子商務網站的銷量任務等
*/
object RandomForestJob {

case class Params(
                        inputPath: String = "file:///D:\\chongdianleme\\
chongdianleme-spark-task\\data\\ 二值分類訓練資料 \\",
                        outputPath: String = "file:///D:\\chongdianleme\\
chongdianleme-spark-task\\data\\RandomForestOut\\",
                        modelPath: String = "file:///D:\\chongdianleme\\
chongdianleme-spark-task\\data\\RandomForestModel\\",
                        mode: String = "local",        // 單機還是分散式運行
numTrees: Int = 8,                                      // 設定幾棵樹
featureSubsetStrategy: String = "all",                 // 每次分裂候選特徵數量
numClasses: Int = 2,              // 用於幾個分類，二值分類設定為 2，三值分類設定為 3
impurity: String = "gini",                             // 純度計算，推薦 gini
maxDepth: Int = 8,                                     // 樹的最大深度
```

```scala
maxBins: Int = 100                                          // 特徵最大裝箱數，推薦 100
)
def main(args: Array[String]) {
val defaultParams = Params()
val parser = new OptionParser[Params]("RandomForestJob") {
        head("RandomForestJob: 解析參數 .")
        opt[String]("inputPath")
          .text(s"inputPath 輸入目錄 , default: ${defaultParams.inputPath}}")
          .action((x, c) => c.copy(inputPath = x))
        opt[String]("outputPath")
          .text(s"outputPath 輸出目錄 , default: ${defaultParams.outputPath}}")
          .action((x, c) => c.copy(outputPath = x))
        opt[String]("modelPath")
          .text(s"modelPath 模型輸出 , default: ${defaultParams.modelPath}}")
          .action((x, c) => c.copy(modelPath = x))
        opt[String]("mode")
          .text(s"mode 運行模式 , default: ${defaultParams.mode}")
          .action((x, c) => c.copy(mode = x))
        opt[Int]("numTrees")
          .text(s"numTrees, default: ${defaultParams.numTrees}")
          .action((x, c) => c.copy(numTrees = x))
        opt[Int]("numClasses")
          .text(s"numClasses, default: ${defaultParams.numClasses}")
          .action((x, c) => c.copy(numClasses = x))
        opt[Int]("maxDepth")
          .text(s"maxDepth, default: ${defaultParams.maxDepth}")
          .action((x, c) => c.copy(maxDepth = x))
        opt[Int]("maxBins")
          .text(s"maxBins, default: ${defaultParams.maxBins}")
          .action((x, c) => c.copy(maxBins = x))
        opt[String]("featureSubsetStrategy")
          .text(s"featureSubsetStrategy, default: ${defaultParams.
featureSubsetStrategy}")
          .action((x, c) => c.copy(featureSubsetStrategy = x))
        opt[String]("impurity")
          .text(s"impurity, default: ${defaultParams.impurity}")
          .action((x, c) => c.copy(impurity = x))
        note(
"""

          |For example, RandomForestJob dataset:
          |
        """.stripMargin)
    }
    parser.parse(args, defaultParams).map { params => {
println(" 參數值 :" + params)
trainRandomForest(params.inputPath,
        params.outputPath, params.mode, params.numTrees,
        params.featureSubsetStrategy, params.numClasses, params.impurity,
        params.maxDepth, params.maxBins, params.modelPath
```

```
      )
    }
  } getOrElse {
    System.exit(1)
  }
}
def trainRandomForest(inputPath: String, outputPath: String,
                      mode: String, numTrees: Int,// 用幾棵樹來訓練
featureSubsetStrategy: String = "all",
                      numClasses: Int = 2,// 分類個數和訓練資料的分類數保持一致
impurity: String = "gini",                        // 不純度計算，推薦 gini
maxDepth: Int = 8,                                // 樹的最大深度 8
maxBins: Int = 100,                               // 特徵最大裝箱數，推薦 100
modelPath: String
): Unit = {
val startTime = System.currentTimeMillis()
val sparkConf = new SparkConf().setAppName("trainRandomForest")
    sparkConf.setMaster(mode)
    sparkConf.set("spark.sql.warehouse.dir", "file:///C:/warehouse/temp/")
val sc = new SparkContext(sparkConf)
// 載入訓練資料
val data = MLUtils.loadLabeledPoints(sc, inputPath)
    data.cache()
// 訓練資料，隨機拆分資料 80% 作為訓練集，20% 作為測試集
val splits = data.randomSplit(Array(0.8, 0.2))
val (trainingData, testData) = (splits(0), splits(1))
val categoricalFeaturesInfo = Map[Int, Int]()
// 訓練模型，將 80% 資料作為訓練集，分類個數為 2，此 demo 例子是以二值分類例子來訓練的
    // 但它可以支援多分類，多分類透過 numClasses 參數設定
var tempModel = RandomForest.trainClassifier(trainingData, numClasses,
      categoricalFeaturesInfo, numTrees, featureSubsetStrategy, impurity,
maxDepth, maxBins)
// 訓練好的模型可以持久化到檔案、Web 服務或其他預測專案裡，直接載入這個模型檔案到記憶體
// 裡面，進行直接預測，不用每次都訓練
tempModel.save(sc, modelPath)
// 載入剛才儲存的這個模型檔案到記憶體裡面，進行後面的分類預測，這個例子是在演示如果做模型
// 的持久化和載入
val model = RandomForestModel.load(sc, modelPath)
val trainendTime = System.currentTimeMillis()
// 用測試集來評估模型的效果
val predictData = testData
val testErr = predictData.map { point =>
// 以模型為基礎來預測資料特徵屬於哪個分類標籤
val prediction = model.predict(point.features)
if (point.label == prediction) 1.0 else 0.0
}.mean()
println("Test Error = " + testErr)
val scoreAndLabels = predictData.map { point =>
val prediction = model.predict(point.features)
```

```
            (prediction, point.label)
    }
// 二值分類通用指標 ROC 曲線面積 AUC
val metrics = new BinaryClassificationMetrics(scoreAndLabels)
val auROC = metrics.areaUnderROC()
// 列印 ROC 模型的 ROC 曲線值，越大越精準 , ROC 曲線下方的面積 (Area Under the ROC Curve,
//AUC) 提供了評價模型平均性能的另一種方法。如果模型是完美的，那麼它的 AUC = 1；如果模型
// 是個簡單的隨機猜測模型，那麼它的 AUC = 0.5；如果一個模型好於另一個，則它的曲線下方面
// 積相對較大
println("Area under ROC = " + auROC)
// 模型評估指標：準確度
val metricsPrecision = new MulticlassMetrics(scoreAndLabels)
val precision = metricsPrecision.precision
println("precision = " + precision)
val predictEndTime = System.currentTimeMillis()
val time1 = s" 訓練時間 :${(trainendTime - startTime) / (1000 * 60)} 分鐘 "
val time2 = s" 預測時間 :${(predictEndTime - trainendTime) / (1000 * 60)} 分鐘 "
val auc = s"AUC:$auROC"
val ps = s"precision$precision"
val out = ArrayBuffer[String]()
    out += (" 隨機森林演算法 Demo 演示 :", time1, time2, auc, ps)
    sc.parallelize(out, 1).saveAsTextFile(outputPath)
    sc.stop()
// 查看訓練模型檔案裡的內容
readParquetFile(modelPath + "data/*.parquet", 8000)
    }
/**
    * 讀取 Parquet 檔案
    *
    * @param pathFile 檔案路徑
    * @param n 讀取前幾行
    */
def readParquetFile(pathFile: String, n: Int): Unit = {
val sparkConf = new SparkConf().setAppName("readParquetFileJob")
    sparkConf.setMaster("local")
    sparkConf.set("spark.sql.warehouse.dir", "file:///C:/warehouse/temp/")
val sc = new SparkContext(sparkConf)
val sqlContext = new org.apache.spark.sql.SQLContext(sc)
val parquetFile = sqlContext.parquetFile(pathFile)
println(" 開始讀取檔案 " + pathFile)
    parquetFile.take(n).foreach(println)
println(" 讀取結束 ")
    sc.stop()
    }
}
```

上面講的隨機森林演算法是由多棵決策樹組成的，是一個整合演算法，屬於 Bagging 詞袋模型，我們看一看它是運行原理的。

1）工作原理

以 Bagging 為基礎的隨機森林是決策樹集合。在隨機森林中，我們收集了許多決策樹（被稱為「森林」）。為了根據屬性對新物件進行分類，每棵樹都列出分類，然後對這些樹的結果進行「投票」，最終選擇投票得數最多的那一類別。

每棵樹按以下方法建構：

如果取 N 例訓練樣本來訓練每棵樹，則隨機取出 1 例樣本，再隨機地進行下一次抽樣。每次抽樣得到的 N 個樣本作為一棵樹的訓練資料。如果存在 M 個輸入變數（特徵值），則指定一個數字 m（遠小於 M），使得在每個節點處隨機地從 M 中選擇 m 個特徵，並使用這 m 個特徵來對節點進行最佳分割。在森林生長過程中，m 的值保持不變。每棵樹都盡可能地自由生長，沒有進行修剪。

2）隨機森林的優勢

該演算法可以解決兩類問題，即分類和回歸，並可在這兩個方面進行不錯的估計。

最令我興奮的隨機森林的好處之一是它具有處理更高維度的巨量資料集的能力。它可以處理數千個輸入變數並辨識最重要的變數，因此它被視為降維方法之一。此外，模型可以輸出變數的重要性，這可是一個非常方便的功能（在一些隨機資料集上）。它還有一種估算缺失資料的有效方法，並在大部分資料遺失時保持準確性。它具有平衡不平衡的資料集中的錯誤的方法。

上述功能可以擴充到未標記的資料中，從而導致無監督的聚類、資料視圖和異常值檢測。隨機森林涉及輸入資料的取樣，替換稱為自舉取樣。這裡有三分之一的資料不用於教育訓練，可用於測試，這些資料被稱為袋外樣品。對這些袋外樣品的估計誤差稱為袋外誤差。透過 Out of bag 進行誤差估計的研究，證明了袋外估計與使用與訓練集相和大小的測試集一準確。因此，使用 out-of-bag 誤差估計消除了對預留測試集的需要。

3）隨機森林的缺點

它確實在分類方面做得很好，但不如回歸問題做得好，因為它沒有列出精確的連續性預測。在回歸的情況下，它不會超出訓練資料的範圍進行預測，並且它們可能過度擬合特別嘈雜的資料集。隨機森林可以感覺像統計建模者的黑盒子方法，但你幾乎無法控制模型的作用。你最多可以嘗試不同的參數和隨機種子！在實際使用中人們還發現 Spark 隨機森林有一個問題，Spark 預設的隨機森林的二值分類預測只返回 0 和 1，卻不能返回機率值。例如預測廣告被點擊的機率，如果都是 1 的話，哪個應該排在前面，哪個應該排在後面呢？我們需要更嚴謹地排序，返回值必須是一個連續的小數值。因此，需要對原始的 Spark 隨機森林演算法做延伸開發，讓它能返回一個支援機率的數值。

改原始程式一般來說會比較複雜，因為在改之前，必須得能看懂它的原始程式。否則你不知道從哪兒下手。看懂後，找到最需要修改的函數後，盡可能較小地改動來實現你的業務功能，以免改動較多產生別的 bug。下面我們講一下如果做延伸開發，使隨機森林能滿足我們的需求。

6. Spark 隨機森林原始程式延伸開發

Spark 隨機森林改成支援返回機率值只需要改動一個類別 treeEnsembleModels.scala 即可。

修改原來的兩個函數，如程式 6.9 所示。

【程式 6.9】 treeEnsembleModels_old.scala

```
/**
  * 使用訓練的模型預測單一資料的特徵值
  *
  * @param features 為單一資料點的陣列向量
  * @return 為訓練模型的預測類別
  */
 def predict(features: Vector): Double = {
  (algo, combiningStrategy) match {
    case (Regression, Sum) =>
      predictBySumming(features)
    case (Regression, Average) =>
      predictBySumming(features)         // 總和的權重
    case (Classification, Sum) =>        // 二值分類
      val prediction = predictBySumming(features)
      // 需要完成 :GBT 的預測標籤是 +1 或 -1。需要更好的方法來儲存這些資訊。
      if (prediction > 0.0) 1.0 else 0.0
    case (Classification, Vote) =>
      predictByVoting(features)
    case _ =>
      throw new IllegalArgumentException(
        "TreeEnsembleModel given unsupported (algo, combiningStrategy)
combination: " +
          s"($algo, $combiningStrategy).")
  }
}
/**
```

```
 *  以（加權）多數票為基礎對單一資料點進行分類。
 */
private def predictByVoting(features: Vector): Double = {
  val votes = mutable.Map.empty[Int, Double]
  trees.view.zip(treeWeights).foreach { case (tree, weight) =>
    val prediction = tree.predict(features).toInt
    votes(prediction) = votes.getOrElse(prediction, 0.0) + weight
  }
  votes.maxBy(_._2)._1
}
```

修改後的兩個函數，如程式 6.10 所示。

【程式 6.10】treeEnsembleModels_new.scala

```
def predictChongDianLeMe(features: Vector): Double = {
  (algo, combiningStrategy) match {
    case (Regression, Sum) =>
      predictBySumming(features)
    case (Regression, Average) =>
      predictBySumming(features) // 整體權重和
    case (Classification, Sum) => // 二值分類
      val prediction = predictBySumming(features)
      // 需要完成 :GBT 的預測標籤是 +1 或 -1。需要更好的方法來儲存這些資訊
      if (prediction > 0.0) 1.0 else 0.0
    case (Classification, Vote) =>
      // 我們用的是以投票為基礎的分類演算法，關鍵改這裡。用我們自己實現的投票演算法
      predictByVotingChongDianLeMe(features)
    case _ =>
      throw new IllegalArgumentException(
        "TreeEnsembleModel given unsupported (algo, combiningStrategy)
combination: " +
        s"($algo, $combiningStrategy).")
  }
}
  private def predictByVotingChongDianLeMe(features: Vector): Double = {
  val votes = mutable.Map.empty[Int, Double]
  trees.view.zip(treeWeights).foreach { case (tree, weight) =>
    val prediction = tree.predict(features).toInt
    votes(prediction) = votes.getOrElse(prediction, 0.0) + weight
  }
  // 透過 filter 篩選找到投票結果後投贊成票的樹的記錄
  val zVotes = votes.filter(p => p._1==1)
  var zTrees = 0.0
  if (zVotes.size > 0) {
    zTrees = zVotes.get(1).get
  }
  // 返回投贊成票的樹的數量 zTrees，我們訓練設定樹的個數是總數 total，zTrees*1.0/total=
  // 機率，就是廣告被點擊的機率小數值
```

```
    zTrees
  }
```

這樣我們就修改完程式，預測函數返回的是投贊成票的樹的數量 zTrees，如果在呼叫端的時候改成機率值，訓練設定樹的個數是總數 total，zTrees*1.0/total= 機率，就是廣告被點擊的機率小數值。當然也可以不改成小數，按這個 zTrees 的贊成票數量來排序也是可以的。修改完之後需要對專案編譯打包。Spark 的專案非常大，如果想把原始程式環境都調不是那麼容易。實際上需要解決很多問題才能把環境搞好。另外一個就是修改完程式，如果之前沒做過打包的話，也得摸索下。將編譯打好的 jar 套件替換掉線上叢集對應的 jar 套件即可。

7. 隨機森林和 GBDT 的關聯和區別

上面講的隨機森林是以 Bagging 為基礎的詞袋模型，同樣在 Spark 裡面由多棵樹組成的整合演算法。還有 GradientBoostedTrees 演算法，GradientBoostedTrees 可以簡稱為 GBDT，它也是整合演算法，屬於 Boosting 整合演算法，但它和 Bagging 有什麼區別呢？

Bagging 的實現方式算是比較簡單的，需要訓練多個模型，並利用每個模型進行投票，每個模型的權重都一樣，對於分類問題，取總票數最多作為分類，對於回歸，取平均值。利用多個弱分類器，整合一個性能高的分類器，典型代表是隨機森林。隨機森林在訓練每個模型時，增加隨機的因素，對特徵和樣本進行隨機抽樣，然後把各棵樹訓練的結果整合並融合起來。隨機森林可以平行訓練多棵樹。

Boosting 的實現方式也是訓練多個決策樹模型，是一種疊代的演算法模型，在訓練過程中更加關注錯分的樣本，對於越是容易錯分的樣本，後續的模型訓練越要花更多精力去關注，提高上一次分錯的資料權重，越在意那些分錯的資料。在整合融合時，每次訓練的模型權重也會不一樣，最終透過加權的方式融合成最終的模型。Adaboost、GBDT 採用的都是 Boosting 的思想。

知道了它們之間的區別，下面我們就詳細介紹 Spark 裡的 GBDT 演算法。

6.2.5　梯度提升決策樹 [13, 14]

梯度提升決策樹也是一個整合演算法，採用 Boosting 的思想，下面講解一下這個演算法和應用的原始程式。

1.　梯度提升決策樹演算法介紹

梯度提升決策樹是一種決策樹的整合演算法，它透過反覆疊代訓練決策樹來最小化損失函數。與決策樹類似，梯度提升樹具有可處理類別特徵、易擴充到多分類問題、不需特徵縮放等性質。Spark.ml 透過使用現有 decision tree 工具來實現。梯度提升決策樹依次疊代訓練一系列的決策樹。在一次疊代中，演算法使用現有的整合來對每個訓練實例的類別進行預測，然後將預測結果與真實的標籤值進行比較。演算法透過重新標記，來指定預測結果不好的實例更高的權重，所以在下次疊代中，決策樹會對先前的錯誤進行修正。

對實例標籤進行重新標記的機制由損失函數來指定。每次疊代過程中，梯度疊代樹在訓練資料上進一步減少損失函數的值。Spark.ml 為分類問題提供一種損失函數 (Log Loss)，為回歸問題提供兩種損失函數 (平方誤差與絕對誤差)。Spark.ml 支援二分類，以及回歸的 GBDT 演算法，適用於連續特徵，以及類別特徵。注意梯度提升樹目前不支援多分類問題。

2.　GBDT 演算法建構決策樹的步驟

(1) 表示指定一個初值。

(2) 表示建立 M 棵決策樹 (疊代 M 次)。

(3) 表示對函數估計值 F(x) 進行 Logistic 變換。

(4) 表示對於 K 個分類進行下面的操作 (其實這個 for 循環也可以視為向量的操作，每一個樣本點 xi 都對應了 K 種可能的分類 yi，所以 yi、$F(xi)$ 和 $p(xi)$ 都是一個 K 維的向量，這樣或許容易了解一點)。

(5) 表示求得殘差減少的梯度方向。

(6) 表示根據每一個樣本點 x，與其殘差減少的梯度方向，得到一棵由 J 個葉子節點組成的決策樹。

(7) 當決策樹建立完成後，透過這個公式，可以得到每一個葉子節點的增益 (這個增益在預測的時候用到)。

每個增益的組成其實也是一個 K 維的向量，表示如果在決策樹預測的過程中，如果某一個樣本點掉入了這個葉子節點，則其對應的 K 個分類的值是多少。舉例來說，GBDT 獲得了 3 棵決策樹，一個樣本點在預測的時候，也會掉入 3 個葉子節點上，其增益分別為 (假設為 3 分類的問題)：(0.5, 0.8, 0.1), (0.2, 0.6, 0.3), (0.4, 0.3, 0.3)，那麼這樣最終得到的分類為第二個，因為選擇分類 2 的決策樹是最多的。

(8) 將當前得到的決策樹與之前的那些決策樹合併起來，作為新的模型。

3. GBDT 和隨機森林的比較

GBDT 和隨機森林都是以決策樹為基礎的進階演算法，都可以用來做分類和回歸，那麼什麼時候用 GBDT ？什麼時候用隨機森林呢？

隨機森林採取有放回的抽樣建構的每棵樹基本是一樣的，多棵樹狀成森林，採用投票機制決定最終的結果。GBDT 通常只有第一個樹是完整的，當預測值和真實值有一定差距時 (殘差)，下一棵樹的建構會用到上一棵樹最終的殘差作為當前樹的輸入。GBDT 每次關注的不是預測錯誤的樣本，沒有對錯一說，而只有離標準相差的遠近。

因為二者建構樹的差異，隨機森林採用有放回的抽樣進行建構決策樹，所以隨機森林相對 GBDT 來說對異常資料不是很敏感，但是 GBDT 不斷地關注殘差，導致最後的結果會非常準確，不會出現欠擬合的情況，但是異常資料會干擾最後的決策。綜上所述：如果資料中異常值較多，那麼採用隨機森林，否則採用 GBDT。

4. GBDT 和 SVM

GBDT 和 SVM 是最接近於神經網路的演算法，神經網路每增加一層則計算量呈幾何級增加，神經網路在計算的時候倒著推，每得到一個結果，增加一些成分的權重，神經網路內部就是透過不同的層次來訓練，然後增加比較重要的特徵，降低那些沒有用並對結果影響很小的維度的權重，這些過程在運行的時候都是內部自動完成。如果 GBDT 內部核心函數是線性回歸 (邏輯回歸)，並且這些回歸離散化和歸一化做得非常好，那麼就可以趕得上神經網路。GBDT 底層是由線性組合來給我們做分類或擬合，如果層次太深，或疊代次數太多，就可能出現過擬合，例如原來用一筆線分開的兩種資料，我們使用多筆線來分類。

5. 相關參數詳解

和隨機森林的參數相比大多數參數比較相似。

checkpointInterval：

類型：整數型。

含義：設定檢查點間隔 (≥ 1)，或不設定檢查點 (-1)。

featuresCol：

類型：字串型。

含義：特徵列名稱。

impurity：

類型：字串型。

含義：計算資訊增益的準則 (不區分大小寫)。

labelCol：

類型：字串型。

含義：標籤列名稱。

lossType：

類型：字串型。

含義：損失函數類型。

maxBins：

類型：整數型。

含義：連續特徵離散化的最大數量，以及選擇每個節點分裂特徵的方式。

maxDepth：

類型：整數型。

含義：樹的最大深度 (≥ 0)。

maxIter：

類型：整數型。

含義：疊代次數 (≥ 0)。

minInfoGain：

類型：雙精度型。

含義：分裂節點時所需最小資訊增益。

minInstancesPerNode：

類型：整數型。

含義：分裂後自節點最少包含的實例數量。

predictionCol：

類型：字串型。

含義：預測結果列名稱。

rawPredictionCol：

類型：字串型。

含義：原始預測。

seed：

類型：長整數。

含義：隨機種子。

subsamplingRate：

類型：雙精度型。

含義：學習一棵決策樹使用的訓練資料比例，範圍為 [0,1]。

stepSize：

類型：雙精度型。

含義：每次疊代最佳化步進值。

6. GBDT 在 Spark 裡面的原始程式實戰

GBDT 的訓練資料格式和上面講的決策樹、隨機森林都一樣，GBDT 做分類任務只能是二值分類，還可以用它來做回歸，下面的程式演示了二值分類的場景，如何訓練資料模型，以及根據模型預測特徵屬於哪個分類，並且演示了模型如何做持久化和載入的完整過程，訓練過程如程式 6.11 所示。

【程式 6.11】GradientBoostedTreesJob.scala

```scala
package com.chongdianleme.mail
import org.apache.spark._
import org.apache.spark.mllib.evaluation.{BinaryClassificationMetrics,
MulticlassMetrics}
import org.apache.spark.mllib.util.MLUtils
import scopt.OptionParser
import org.apache.spark.mllib.tree.GradientBoostedTrees
import org.apache.spark.mllib.tree.configuration.BoostingStrategy
import org.apache.spark.mllib.tree.model.{GradientBoostedTreesModel,
RandomForestModel}

import scala.collection.mutable.ArrayBuffer
/**
  * Created by 充電了麼 App——陳敬雷
  * 官網 :http://chongdianleme.com/
  * 梯度提升決策樹是一種決策樹的整合演算法，它透過反覆疊代訓練決策樹來最小化損失函數。與決策
樹類似，梯度提升決策樹具有可處理類別特徵、易擴充到多分類問題、不需特徵縮放等性質。Spark.ml
透過使用現有 decision tree 工具來實現。
  */
object GradientBoostedTreesJob {
case class Params(
                    inputPath: String = "file:///D:\\chongdianleme\\
chongdianleme-spark-task\\data\\ 二值分類訓練資料 \\",
                    outputPath: String = "file:///D:\\chongdianleme\\
chongdianleme-spark-task\\data\\GBDTOut\\",
                    modelPath: String = "file:///D:\\chongdianleme\\
chongdianleme-spark-task\\data\\GBDTModel\\",
                    mode: String = "local",
                    numIterations: Int = 8
)
def main(args: Array[String]) {
val defaultParams = Params()
val parser = new OptionParser[Params]("GBDTJob") {
      head("GBDTJob: 解析參數 .")
      opt[String]("inputPath")
        .text(s"inputPath 輸入目錄 , default: ${defaultParams.inputPath}}")
        .action((x, c) => c.copy(inputPath = x))
      opt[String]("outputPath")
        .text(s"outputPath 輸入目錄 , default: ${defaultParams.outputPath}}")
        .action((x, c) => c.copy(outputPath = x))
      opt[String]("mode")
        .text(s"mode 運行模式 , default: ${defaultParams.mode}")
        .action((x, c) => c.copy(mode = x))
      opt[Int]("numIterations")
        .text(s"numIterations 疊代次數 , default: ${defaultParams.numIterations}")
        .action((x, c) => c.copy(numIterations = x))
      note(
```

```
"""
        |For example, a GBDT dataset:
    """.stripMargin)
  }
    parser.parse(args, defaultParams).map { params => {
println(" 參數值 :" + params)
trainGBDT(params.inputPath, params.outputPath, params.modelPath, params.mode,
params.numIterations)
    }
  } getOrElse {
    System.exit(1)
  }
}
/**
  * 訓練 GBDT 模型，以及如何持久化模型和載入，查看模型
  * @param inputPath 輸入目錄，格式以下
  *         第一列是類的標籤值，逗點後面的是特徵值，多個特徵以空格分割：
  *         1,-0.2222220.5 -0.762712 -0.833333
  *         1,-0.5555560.25 -0.864407 -0.916667
  *         1,-0.722222 -0.166667 -0.864407 -0.833333
  *         1,-0.7222220.166667 -0.694915 -0.916667
  *         0,0.166667 -0.4166670.4576270.5
  *         1,-0.50.75 -0.830508 -1
  *         0,0.222222 -0.1666670.4237290.583333
  *         1,-0.722222 -0.166667 -0.864407 -1
  *         1,-0.50.166667 -0.864407 -0.916667
  * @param mode 運行模式
  * @numIterations 疊代次數
  */
def trainGBDT(inputPath: String, outputPath: String, modelPath: String, mode:
String, numIterations: Int): Unit = {
val startTime = System.currentTimeMillis()
val sparkConf = new SparkConf().setAppName("GBDTJob")
    sparkConf.set("spark.sql.warehouse.dir", "file:///C:/warehouse/temp/")
    sparkConf.setMaster(mode)
val sc = new SparkContext(sparkConf)
// 載入訓練資料
val data = MLUtils.loadLabeledPoints(sc, inputPath)
    data.cache()
// 訓練資料，隨機拆分資料 80% 作為訓練集，20% 作為測試集
val splits = data.randomSplit(Array(0.8, 0.2))
val (trainingData, testData) = (splits(0), splits(1))
// 設定是分類任務還是回歸任務
val boostingStrategy = BoostingStrategy.defaultParams("Classification")
// 設定疊代次數
boostingStrategy.numIterations = numIterations
// 訓練模型，拿 80% 資料作為訓練集
val tempModel = GradientBoostedTrees.train(trainingData, boostingStrategy)
// 訓練好的模型可以持久化到檔案、Web 服務或其他預測專案裡，直接載入這個模型檔案到記憶體
```

```scala
// 裡，進行直接預測，不用每次都訓練
tempModel.save(sc, modelPath)
// 載入剛才儲存的這個模型檔案到記憶體裡，進行後面的分類預測，這個例子是在演示如何做模型的
// 持久化和載入
val model = GradientBoostedTreesModel.load(sc, modelPath)
val trainendTime = System.currentTimeMillis()
// 用測試集來評估模型的效果
val predictData = testData
val testErr = predictData.map { point =>
// 以模型為基礎來預測資料特徵屬於哪個分類標籤
val prediction = model.predict(point.features)
if (point.label == prediction) 1.0 else 0.0
}.mean()
println("Test Error = " + testErr)
val scoreAndLabels = predictData.map { point =>
val prediction = model.predict(point.features)
        (prediction, point.label)
    }
// 二值分類通用指標 ROC 曲線面積 AUC
val metrics = new BinaryClassificationMetrics(scoreAndLabels)
val auROC = metrics.areaUnderROC()
// 列印 ROC 模型的 ROC 曲線值，越大越精準，ROC 曲線下方的面積 (Area Under the ROC Curve,
//AUC) 提供了評價模型平均性能的另一種方法。如果模型是完美的，那麼它的 AUC = 1；如果模型
// 是個簡單的隨機猜測模型，那麼它的 AUC = 0.5；如果一個模型好於另一個，則它的曲線下方面 // 積
相對較大
println("Area under ROC = " + auROC)
// 模型評估指標：準確度
val metricsPrecision = new MulticlassMetrics(scoreAndLabels)
val precision = metricsPrecision.precision
println("precision = " + precision)
val predictEndTime = System.currentTimeMillis()
val time1 = s" 訓練時間 :${(trainendTime - startTime) / (1000 * 60)} 分鐘 "
val time2 = s" 預測時間 :${(predictEndTime - trainendTime) / (1000 * 60)} 分鐘 "
val auc = s"AUC:$auROC"
val ps = s"precision$precision"
val out = ArrayBuffer[String]()
    out += ("GBDT:", time1, time2, auc, ps)
    sc.parallelize(out, 1).saveAsTextFile(outputPath)
    sc.stop()
// 查看訓練模型檔案裡的內容
readParquetFile(modelPath + "data/*.parquet", 8000)
  }
/**
    * 讀取 Parquet 檔案
    * @param pathFile 檔案路徑
    * @param n 讀取前幾行
    */
def readParquetFile(pathFile: String, n: Int): Unit = {
val sparkConf = new SparkConf().setAppName("readParquetFileJob")
```

```
    sparkConf.setMaster("local")
    sparkConf.set("spark.sql.warehouse.dir", "file:///C:/warehouse/temp/")
val sc = new SparkContext(sparkConf)
val sqlContext = new org.apache.spark.sql.SQLContext(sc)
val parquetFile = sqlContext.parquetFile(pathFile)
println(" 開始讀取檔案 " + pathFile)
    parquetFile.take(n).foreach(println)
println(" 讀取結束 ")
    sc.stop()
  }
}
```

我們再看一下輸出模型檔案裡的中繼資料檔案 metadata\part-00000：

```
{"class":"org.apache.spark.mllib.tree.model.GradientBoostedTreesModel","version"
:"1.0","metadata":{"algo":"Classification","treeAlgo":"Regression","combiningStra
tegy":"Sum","treeWeights":[1.0,0.1,0.1,0.1,0.1,0.1,0.1,0.1]}}
# 模類型資料檔案
data\part-r-00000-0afdd117-8344-46fa-afde-e458b82ec041.snappy.parquet:
[0,1,[-0.0136986301369863,-1.0],0.99981234753237,false,[2,-0.694915, 0,WrappedAr
ray()],2,3,0.99981234753237]
[0,2,[1.0,-1.0],0.0,true,null,null,null,null]
[0,3,[-1.0,-1.0],0.0,true,null,null,null,null]
[1,1,[-0.0065316669601160615,-1.0],0.22730672322449866,false,[3,-0.666667,0,
WrappedArray()],2,3,0.2273067232244987]
[1,2,[0.4768116880884702,-1.0],0.0,true,null,null,null,null]
[1,3,[-0.47681168808847024,-1.0],-1.0,true,null,null,null,null]
[2,1,[-0.00600265179510577,-1.0],0.19197758263847012,false,[3,-0.666667,0,
WrappedArray()],2,3,0.19197758263847012]
[2,2,[0.43819358104272055,-1.0],2.4671622769447922E-17,false,[2,-1.0,0,
WrappedArray()],4,5,2.4671622769447922E-17]
[2,4,[0.4381935810427206,-1.0],0.0,true,null,null,null,null]
[2,5,[0.4381935810427206,-1.0],0.0,true,null,null,null,null]
[2,3,[-0.4381935810427205,-1.0],2.400482215405744E-17,false,[1,-0.833333,0,
WrappedArray()],6,7,4.800964430811488E-17]
[2,6,[-0.4381935810427206,-1.0],0.0,true,null,null,null,null]
[2,7,[-0.4381935810427206,-1.0],-1.0,true,null,null,null,null]
[3,1,[-0.005549995620336956,-1.0],0.16411546098332652,false,[3,-0.666667,0,
WrappedArray()],2,3,0.1641154609833265]
[3,2,[0.40514968028459825,-1.0],4.9343245538895844E-17,false,[2,-0.898305,0,
WrappedArray()],4,5,8.018277400070575E-17]
[3,4,[0.40514968028459836,-1.0],-4.4408920985006264E-17,false,
[2,-1.0,0,WrappedArray()],8,9,2.2204460492503138E-17]
[3,8,[0.4051496802845983,-1.0],0.0,true,null,null,null,null]
[3,9,[0.4051496802845984,-1.0],-8.326672684688674E-17,true,null,null,null,null]
[3,5,[0.4051496802845983,-1.0],-1.0,true,null,null,null,null]
[3,3,[-0.4051496802845983,-1.0],-1.0,true,null,null,null,null]
[4,1,[-0.00515868673746988,-1.0],0.14178899630129063,false,[3,-0.666667,0,
WrappedArray()],2,3,0.14178899630129066]
```

```
[4,2,[0.37658413183529915,-1.0],-2.4671622769447922E-17,false,[0,-0.333333, 0,
WrappedArray()],4,5,2.929755203871941E-17]
[4,4,[0.3765841318352991,-1.0],-2.6122894697062506E-17,true,null,null,null,null]
[4,5,[0.3765841318352994,-1.0],-1.0,true,null,null,null,null]
[4,3,[-0.3765841318352991,-1.0],-7.201446646217232E-17,false,[2,0.932203,0,
WrappedArray()],6,7,3.8257685308029047E-17]
[4,6,[-0.37658413183529915,-1.0],-9.8686491077779169E-17,false,[0,-0.111111, 0,
WrappedArray()],12,13,1.232595164407831E-32]
[4,12,[-0.3765841318352991,-1.0],0.0,true,null,null,null,null]
[4,13,[-0.3765841318352992,-1.0],-1.1460366705808067E-16,true,null,null,null,
null]
[4,7,[-0.3765841318352994,-1.0],-1.0,true,null,null,null,null]
[5,1,[-0.004817325884671358,-1.0],0.12364491760237696,false,[2,-0.694915,0,
WrappedArray()],2,3,0.12364491760237692]
[5,2,[0.35166478958101005,-1.0],0.0,true,null,null,null,null]
[5,3,[-0.35166478958100994,-1.0],7.201446646217232E-17,false,[0,-0.666667,0,
WrappedArray()],6,7,7.201446646217232E-17]
[5,6,[-0.35166478958101005,-1.0],0.0,true,null,null,null,null]
[5,7,[-0.35166478958101005,-1.0],0.0,true,null,null,null,null]
[6,1,[-0.004517121185689067,-1.0],0.10871455691943718,false,[2,-0.694915,0,
WrappedArray()],2,3,0.10871455691943725]
[6,2,[0.3297498465552993,-1.0],-1.0,true,null,null,null,null]
[6,3,[-0.3297498465552993,-1.0],-1.0,true,null,null,null,null]
[7,1,[-0.004251195144106789,-1.0],0.09629113329666061,false,[2,-0.694915,0,
WrappedArray()],2,3,0.09629113329666061]
[7,2,[0.31033724551979563,-1.0],-3.700743415417188E-17,false,[2,-1.0,0,
WrappedArray()],4,5,1.2335811384723961E-17]
[7,4,[0.3103372455197956,-1.0],0.0,true,null,null,null,null]
[7,5,[0.31033724551979563,-1.0],-1.0,true,null,null,null,null]
[7,3,[-0.3103372455197955,-1.0],3.600723323108616E-17,false,[3,0.75,0,
WrappedArray()],6,7,7.50150692314295E-17]
[7,6,[-0.31033724551979563,-1.0],-3.289549702593056E-17,true,null,null,null,null]
[7,7,[-0.3103372455197956,-1.0],-1.0,true,null,null,null,null]
```

這節我們提到了 GBDT 和 SVM 的區別，那麼什麼是 SVM 呢？下面我們就詳細講解一下 SVM 演算法。

6.2.6 支援向量機

支援向量機是 Cortes 和 Vapnik 於 1995 年首先提出的，它在解決小樣本、非線性及高維模式辨識中表現出許多特有的優勢，並能夠推廣應用到函數擬合等其他機器學習問題中。

1. SVM 演算法介紹 [15]

支援向量機方法是建立在統計學習理論的 VC 維理論和結構風險最小原理基礎上的，根據有限的樣本資訊在模型的複雜性 (即對特定訓練樣本的學習精度，Accuracy) 和學習能力 (即無錯誤地辨識任意樣本的能力) 之間尋求最佳折衷，以期獲得最好的推廣能力 (或稱泛化能力)。

以上是經常被有關 SVM 學術文獻引用的介紹，接下來逐一分解並解釋。

Vapnik 是統計機器學習的大神，這想必都不用說，他出版的 Statistical Learning Theory 是一本完整說明統計機器學習思想的名著。在該書中詳細地論證了統計機器學習區別於傳統機器學習的本質就在於統計機器學習能夠精確地列出學習效果，能夠解答需要的樣本數等一系列問題。與統計機器學習的精密思維相比，傳統的機器學習基本上屬於摸著石頭過河，用傳統的機器學習方法構造分類系統完全成了一種技巧，一個人做的結果可能很好，而另一個人用差不多的方法做出來的結果卻很差，這是由於缺乏指導和原則。

所謂 VC 維是對函數類的一種度量，可以簡單地了解為問題的複雜程度，VC 維越高，一個問題就越複雜。正是因為 SVM 關注的是 VC 維，後面我們可以看到，SVM 解決問題的時候，和樣本的維數是無關的 (甚至樣本是上萬維的都可以，這使得 SVM 很適合用來解決文字分類的問題，當然有這樣的能力也是因為引入了核心函數)。結構風險最小聽上去文縐縐，其實說的也無非是下面這回事。

機器學習本質上就是一種對問題真實模型的逼近 (我們選擇一個我們認為比較好的近似模型，這個近似模型就叫作一個假設)，但毫無疑問，真實模型一定是不知道的 (如果知道了，我們幹嗎還要機器學習？直接用真實模型解決問題不就可以了？對吧？) 既然真實模型不知道，那麼我們選擇的假設與問題真實解之間究竟有多大差距，我們沒法得知。例如我們認為宇宙誕生於 150 億年前的一場大爆炸，這個假設能夠描述很多我們觀察到的現象，但它與真實的宇宙誕生之間還相差多少？誰也說不清，因為我們壓根就不知道真實的宇宙誕生到底是什麼時候。

這個與問題真實解之間的誤差，就叫作風險 (更嚴格地說，誤差的累積叫作風險)。我們選擇了一個假設之後 (更直觀點說，我們獲得了一個分類器以後)，真實誤差無從得知，但我們可以用某些可以掌握的量來逼近它。最直觀的想法就是使用分類器在樣本資料上的分類的結果與真實結果 (因為樣本是已經標注過的資料，是準確的資料) 之間的差值來表示。這個差值叫作經驗風險 Remp (w)。以前的機器學習方法都把經驗風險最小化作為努力的目標，但後來發現很多分類函數能夠在樣本集上輕易達到 100% 的正確率，在真實分類時卻一塌糊塗 (即所謂的推廣能力差，或泛化能力差)。此時的情況便是選擇了一個足夠複雜的分類函數 (它的 VC 維很高)，能夠精確地記住每一個樣本，但對樣本之外的資料一律分類錯誤。回頭看看經驗風險最小化原則後我們就會發現，此原則適用的大前提是經驗風險要確實能夠逼近真實風險才行 (行話叫一致)，但實際上能逼近嗎？答案是不能，因為樣本數相對現實世界要分類的文字數來說簡直九牛一毛，經驗風險最小化原則只保證在這佔很小比例的樣本上做到沒有誤差，當然不能保證在更大比例的真實文字上也沒有誤差。

統計學習因此而引入了泛化誤差界的概念，就是指真實風險應該由兩部分內容刻畫，一是經驗風險，代表了分類器在指定樣本上的誤差；二是置信風險，代表了我們在多大程度上可以信任分類器在未知文字上分類的結果。很顯然，第二部分是沒有辦法精確計算的，因此只能列出一個估計的區間，也使得整個誤差只能計算上界，而無法計算準確的值 (所以叫作泛化誤差界，而不叫泛化誤差)。

置信風險與兩個量有關，一是樣本數量，顯然指定的樣本數量越大，我們的學習結果越有可能正確，此時置信風險越小；二是分類函數的 VC 維，顯然 VC 維越大，推廣能力越差，置信風險會變大。

泛化誤差界的公式為：

$$R(w) \leq Remp(w) + \Phi(n/h)$$

公式中 R(w) 就是真實風險，Remp(w) 就是經驗風險，$\Phi(n/h)$ 就是置信風險。統計學習的目標從經驗風險最小化變為了尋求經驗風險與置信風險的和最小，即結構風險最小。

SVM 正是這種努力最小化結構風險的演算法。SVM 其他的特點就比較容易了解了。小樣本，並不是說樣本的絕對數量少 (實際上，對任何演算法來說，更多的樣本幾乎能帶來更好的效果)，而是說與問題的複雜度比起來 SVM 演算法要求的樣本數是相比較較少的。

非線性是指 SVM 擅長應付樣本資料線性不可分的情況，主要透過鬆弛變數 (也叫作懲罰變數) 和核心函數技術來實現，這一部分是 SVM 的精髓，以後會詳細討論。多說一句，關於文字分類這個問題究竟是不是線性可分的，尚沒有定論，因此不能簡單地認為它是線性可分的而作簡化處理，在水落石出之前，只好先把它當成是線性不可分的 (反正線性可分也不過是線性不可分的一種特例而已，我們向來不怕方法過於通用)。

高維模式辨識是指樣本維數很高，例如文字的向量表示，如果沒有經過另一系列文章 (《文字分類入門》) 中提到過的降維處理，出現幾萬維的情況很正常，其他演算法基本就沒有能力應付了，但 SVM 可以，主要是因為 SVM 產生的分類器很簡潔，用到的樣本資訊很少 (僅用到那些稱之為「支援向量」的樣本，此為後話)，使得即使樣本維數很高，也不會給儲存和計算帶來大麻煩。

2. Spark 的 SVM 原始程式實戰

MLlib 只實現了線性 SVM，採用分散式隨機梯度下降演算法，沒有非線性 (核心函數)，也沒有多分類和回歸。線性二分類的最佳化過程類似於邏輯回歸。我們看下原始程式實戰，訓練資料也是和上面講過的邏輯回歸、決策樹、GBDT 和隨機森林一樣，訓練過程如程式 6.12 所示。

【程式 6.12】SVMJob.scala

```scala
package com.chongdianleme.mail
import org.apache.spark._
import org.apache.spark.mllib.classification.{SVMModel, SVMWithSGD}
import org.apache.spark.mllib.evaluation.{BinaryClassificationMetrics,
MulticlassMetrics}
import org.apache.spark.mllib.feature.StandardScaler
import org.apache.spark.mllib.regression.LabeledPoint
import org.apache.spark.mllib.util.MLUtils
import scopt.OptionParser
import scala.collection.mutable.ArrayBuffer
/**
  * Created by 充電了麼 App——陳敬雷
  * 官網 :http://chongdianleme.com/
  * 支援向量機方法是建立在統計學習理論的 VC 維理論和結構風險最小原理基礎上的，根據有限的樣本
資訊在模型的複雜性 ( 即對特定訓練樣本的學習精度，Accuracy) 和學習能力 ( 即無錯誤地辨識任意樣
本的能力 ) 之間尋求最佳折中，以期獲得最好的推廣能力
  */
object SVMJob {
case class Params(
                    inputPath: String = "file:///D:\\chongdianleme\\
```

```
chongdianleme-spark-task\\data\\ 二值分類訓練資料 \\",
                        outputPath: String = "file:///D:\\chongdianleme\\
chongdianleme-spark-task\\data\\SVMOut\\",
                        modelPath: String = "file:///D:\\chongdianleme\\
chongdianleme-spark-task\\data\\SVMModel\\",
                        mode: String = "local",
                        numIterations: Int = 8
)
def main(args: Array[String]) {
val defaultParams = Params()
val parser = new OptionParser[Params]("svmJob") {
      head("svmJob: 解析參數 .")
      opt[String]("inputPath")
        .text(s"inputPath 輸入目錄 , default: ${defaultParams.inputPath}}")
        .action((x, c) => c.copy(inputPath = x))
      opt[String]("outputPath")
        .text(s"outputPath 輸入目錄 , default: ${defaultParams.outputPath}}")
        .action((x, c) => c.copy(outputPath = x))
      opt[String]("modelPath")
        .text(s"modelPath 模型輸出 , default: ${defaultParams.modelPath}}")
        .action((x, c) => c.copy(modelPath = x))
      opt[String]("mode")
        .text(s"mode 運行模式 , default: ${defaultParams.mode}")
        .action((x, c) => c.copy(mode = x))
      opt[Int]("numIterations")
        .text(s"numIterations 疊代次數 , default: ${defaultParams.numIterations}")
        .action((x, c) => c.copy(numIterations = x))
      note(
"""

        |SVM dataset:
      """.stripMargin)
    }
    parser.parse(args, defaultParams).map { params => {
println(" 參數值 :" + params)
trainSVM(params.inputPath, params.outputPath,params.modelPath, params.
mode,params.numIterations
      )
    }
    } getOrElse {
    System.exit(1)
    }
  }
/**
  * SVM 支援向量機 :SGD 隨機梯度下降方式訓練資料，得到權重和截距
  * @param inputPath 輸入目錄，格式以下
  * 第一列是類的標籤值，逗點後面的是特徵值，多個特徵以空格分割 :
  *        1,-0.2222220.5 -0.762712 -0.833333
  *        1,-0.5555560.25 -0.864407 -0.916667
  *        1,-0.722222 -0.166667 -0.864407 -0.833333
```

```
 *          1,-0.7222220.166667 -0.694915 -0.916667
 *          0,0.166667 -0.4166670.4576270.5
 *          1,-0.50.75 -0.830508 -1
 *          0,0.222222 -0.1666670.4237290.583333
 *          1,-0.722222 -0.166667 -0.864407 -1
 *          1,-0.50.166667 -0.864407 -0.916667
 * @param modelPath 模型持久化儲存路徑
 * @param numIterations 疊代次數
 */
def trainSVM(inputPath: String, outputPath: String, modelPath: String, mode:
String, numIterations: Int): Unit = {
val startTime = System.currentTimeMillis()
val sparkConf = new SparkConf().setAppName("svmJob")
sparkConf.set("spark.sql.warehouse.dir", "file:///C:/warehouse/temp/")
sparkConf.setMaster(mode)
val sc = new SparkContext(sparkConf)
// 載入訓練資料
val data = MLUtils.loadLabeledPoints(sc, inputPath)
// 訓練資料，隨機拆分資料 80% 作為訓練集，20% 作為測試集
val splitsData = data.randomSplit(Array(0.8, 0.2))
val (trainningData, testData) = (splitsData(0), splitsData(1))
// 把訓練資料歸一化處理
val vectors = trainningData.map(lp => lp.features)
val scaler = new StandardScaler(withMean = true, withStd = true).fit(vectors)
val scaledData = trainningData.map(lp => LabeledPoint(lp.label, scaler.
transform(lp.features)))
// 訓練模型，80% 資料作為訓練集
val saveModel = SVMWithSGD.train(scaledData, numIterations)
// 訓練好的模型可以持久化到檔案、Web 服務或其他預測專案裡，直接載入這個模型檔案到記憶體
// 裡，進行直接預測，不用每次都訓練
saveModel.save(sc, modelPath)
// 載入剛才儲存的這個模型檔案到記憶體裡，進行後面的分類預測，這個例子是在演示如何做模型的
// 持久化和載入
val model = SVMModel.load(sc, modelPath)
val trainendTime = System.currentTimeMillis()
// 訓練完成，列印各個特徵權重，這些權重可以放到線上快取中，供介面使用
println("Weights: " + model.weights.toArray.mkString("[", ", ", "]"))
// 訓練完成，列印截距，截距可以放到線上快取中，供介面使用
println("Intercept: " + model.intercept)
// 後續處理可以把權重和截距資料儲存到線上快取或檔案中，供線上 Web 服務載入模型使用
// 儲存到線上的程式自己根據業務情況來完成
// 用測試集來評估模型的效果
val scoreAndLabels = testData.map { point =>
// 以模型為基礎來預測歸一化後的資料特徵屬於哪個分類標籤
val prediction = model.predict(scaler.transform(point.features))
        (prediction, point.label)
    }
// 二值分類通用指標 ROC 曲線面積 AUC
val metrics = new BinaryClassificationMetrics(scoreAndLabels)
```

```scala
val auROC = metrics.areaUnderROC()
// 列印 ROC 模型的 ROC 曲線值，越大越精準，ROC 曲線下方的面積 (Area Under the ROC Curve,
//AUC) 提供了評價模型平均性能的另一種方法。如果模型是完美的，那麼它的 AUC = 1；如果模型
// 是個簡單的隨機猜測模型，那麼它的 AUC = 0.5；如果一個模型好於另一個，則它的曲線下方面 //
積相對較大
println("Area under ROC = " + auROC)
// 模型評估指標：準確度
val metricsPrecision = new MulticlassMetrics(scoreAndLabels)
val precision = metricsPrecision.precision
println("precision = " + precision)
val predictEndTime = System.currentTimeMillis()
val time1 = s"訓練時間 :${(trainendTime - startTime) / (1000 * 60)}分鐘 "
val time2 = s"預測時間 :${(predictEndTime - trainendTime) / (1000 * 60)}分鐘 "
val auc = s"AUC:$auROC"
val ps = s"precision$precision"
val out = ArrayBuffer[String]()
    out += ("SVM 支援向量機 :", time1, time2, auc, ps)
    sc.parallelize(out, 1).saveAsTextFile(outputPath)
    sc.stop()
// 查看訓練模型檔案裡的內容
readParquetFile(modelPath + "data/*.parquet", 8000)
  }
/**
    * 讀取 Parquet 檔案
    *
    * @param pathFile 檔案路徑
    * @param n 讀取前幾行
    */
def readParquetFile(pathFile: String, n: Int): Unit = {
val sparkConf = new SparkConf().setAppName("readParquetFileJob")
    sparkConf.setMaster("local")
    sparkConf.set("spark.sql.warehouse.dir", "file:///C:/warehouse/temp/")
val sc = new SparkContext(sparkConf)
val sqlContext = new org.apache.spark.sql.SQLContext(sc)
val parquetFile = sqlContext.parquetFile(pathFile)
println(" 開始讀取檔案 " + pathFile)
    parquetFile.take(n).foreach(println)
println(" 讀取結束 ")
    sc.stop()
  }
}
```

輸出模型的中繼資料檔案 metadata\part-00000 內容是：

```
{"class":"org.apache.spark.mllib.classification.SVMModel","version":"1.0",
"numFeatures":4,"numClasses":2}
```

資 料 特 徵 檔 案 data\part-r-00000-3d4289a2-87db-40b7-8527-405d695bc40c.
snappy.parquet 內容是：

```
[[-0.8075443157837446,0.5504273214257117,-0.939435606798764,
 -0.9348288072712773],0.0,0.0]
```

SVM 一般認為在做文字分類的時候效果是最好的，但在性能和效率方面則沒有貝氏高，貝氏解決文字分類問題對比值高，雖然準確率不是最好的，但整體看是非常不錯的，計算性能很高。下面我們詳細講解一下貝氏演算法。

6.2.7　單純貝氏 [16,17]

單純貝氏法是以貝氏定理與特徵條件獨立假設為基礎的分類方法，在文字分類任務中應用非常普遍，我們詳細介紹一下。

1. 單純貝氏演算法介紹

單純貝氏法是以貝氏定理與特徵條件獨立假設為基礎的分類方法。簡單來說，單純貝氏分類器假設樣本每個特徵與其他特徵都不相關。舉個例子，如果一種水果具有紅、圓和直徑大概為 10 公分等特徵，該水果可以被判定為蘋果。儘管這些特徵相互依賴或有些特徵由其他特徵決定，然而單純貝氏分類器認為這些屬性在判定該水果是否為蘋果的機率分佈上是獨立的。儘管帶著這些樸素思想和過於簡單化的假設，但單純貝氏分類器在很多複雜的現實情形中仍能夠取得相當好的效果。單純貝氏分類器的優勢在於只需要根據少量的訓練資料估計出必要的參數 (離散型變數是先驗機率和類條件機率，連續型變數是變數的平均值和方差)。單純貝氏的思想基礎是這樣的：對於列出的待分類項，求解在此項條件下各個類別出現的機率，在沒有其他可用資訊下，我們會選擇條件機率最大的類別作為此待分類項應屬的類別。

2. 單純貝氏中文文字分類特徵工程處理

文字分類是指將一篇文章歸到事先定義好的某一類或某幾類，在資料平台的典型應用場景是透過抓取使用者瀏覽過的頁面內容，辨識出使用者的瀏覽偏好，從而豐富該使用者的畫像。我們現在使用 Spark MLlib 提供的單純貝氏 (Naive Bayes) 演算法，完成對中文文字的分類過程。主要包括中文分詞、文字表示 (TF-IDF)、模型訓練和分類預測等。

對於中文文字分類而言，需要先對文章進行分詞，我使用中文分析工具 IKAnalyzer、HanLP 和 ansj 分詞都可以。分好詞後，我們需要把文字轉換成演算法可了解的數字，一般我們用 TF-IDF 的值作為特徵值，也可以用簡單的詞頻 TF 作為特徵值，每一個詞都作為一個特徵，但需要將中文詞語轉換成 Double 型來表示，通常使用該詞語的 TF-IDF 值作為特徵值，Spark 提供了全面的特徵取出及轉換 API，非常方便，詳見 http：//spark.apache.org/docs/latest/ml-features.html, 這裡介紹一下 TF-IDF 的 API：

舉例來說，訓練語料 /tmp/lxw1234/1.txt：

0, 蘋果官網蘋果宣佈

1, 蘋果梨香蕉

逗點分隔的第一列為分類編號，0 為科技，1 為水果，程式如下：

```
case class RawDataRecord(category: String, text: String)
val conf = new SparkConf().setMaster("yarn-client")
val sc = new SparkContext(conf)
val sqlContext = new org.apache.spark.sql.SQLContext(sc)
import sqlContext.implicits._
```

// 將原始資料映射到 DataFrame 中，欄位 category 為分類編號，欄位 text 為分好的詞，// 以空格分隔，程式如下：

```
var srcDF = sc.textFile("/tmp/lxw1234/1.txt").map {
      x =>
        var data = x.split(",")
        RawDataRecord(data(0),data(1))
}.toDF()
srcDF.select("category", "text").take(2).foreach(println)
```

[0, 蘋果官網蘋果宣佈]

[1, 蘋果梨香蕉]

// 將分好的詞轉為陣列，程式如下：

```
var tokenizer = new Tokenizer().setInputCol("text").setOutputCol("words")
var wordsData = tokenizer.transform(srcDF)
wordsData.select($"category",$"text",$"words").take(2).foreach(println)
```

[0, 蘋果官網蘋果宣佈 ,WrappedArray (蘋果 , 官網 , 蘋果 , 宣佈)]

[1, 蘋果梨香蕉 ,WrappedArray(蘋果 , 梨 , 香蕉)]

// 將每個詞轉換成 Int 型，並計算其在文件中的詞頻 (TF)，程式如下：

```
var hashingTF =
new HashingTF().setInputCol("words").setOutputCol("rawFeatures").
setNumFeatures(100)
var featurizedData = hashingTF.transform(wordsData)
```

這裡將中文詞語轉換成 INT 型的 Hashing 演算法，類似於 Bloomfilter，上面的 setNumFeatures(100) 表示將 Hash 分桶的數量設定為 100 個，這個值預設為 2 的 20 次方，即 1048576，可以根據你的詞語數量來調整，一般來說，這個值越大，不同的詞被計算為一個 Hash 值的機率就越小，資料也更準確，但需要消耗更大的記憶體，這和 Bloomfilter 是一個道理。

```
featurizedData.select($"category", $"words", $"rawFeatures").take(2).
foreach(println)
[0,WrappedArray(蘋果, 官網, 蘋果, 宣佈),(100,[23,81,96],[2.0,1.0,1.0])]
[1,WrappedArray(蘋果, 梨, 香蕉),(100,[23,72,92],[1.0,1.0,1.0])]
```

結果中，" 蘋果 " 用 23 來表示，在第一個文件中，詞頻為 2，在第二個文件中詞頻為 1。

```
// 計算 TF-IDF 值
var idf = new IDF().setInputCol("rawFeatures").setOutputCol("features")
var idfModel = idf.fit(featurizedData)
var rescaledData = idfModel.transform(featurizedData)
rescaledData.select($"category", $"words", $"features").take(2).foreach(println)
[0,WrappedArray(蘋果, 官網, 蘋果, 宣佈),(100,[23,81,96],[0.0,0.4054651081081644,
0.4054651081081644])]
[1,WrappedArray(蘋果, 梨, 香蕉),(100,[23,72,92],[0.0,0.4054651081081644,
0.4054651081081644])]
```

因為一共只有兩個文件，且都出現了 " 蘋果 "，因此該詞的 TF-IDF 值為 0。

最後一步，將上面的資料轉換成貝氏演算法所需要的格式，然後就可以訓練模型了。下面我們看一下訓練的程式。

3. Spark 單純貝氏演算法原始程式實戰

單純貝氏法訓練的特徵資料要求必須是非負數，之前隨機森林、邏輯回歸用的資料可以有負數特徵，這次我們的訓練資料換用文件 spark-2.4.3\data\mllib\sample_libsvm_data.txt 的資料，訓練過程如程式 6.13 所示。

【程式 6.13】NaiveBayesJob.scala

```
package com.chongdianleme.mail
```

```scala
import com.chongdianleme.mail.SVMJob.readParquetFile
import org.apache.spark._
import org.apache.spark.mllib.classification.NaiveBayes
import org.apache.spark.mllib.evaluation.{BinaryClassificationMetrics,
MulticlassMetrics}
import org.apache.spark.mllib.util.MLUtils
import scopt.OptionParser
import scala.collection.mutable.ArrayBuffer
/**
* Created by 充電了麼 Appp——陳敬雷
* 官網:http://chongdianleme.com/
* 單純貝氏法是以貝氏定理與特徵條件獨立假設為基礎的分類方法
*/
object NaiveBayesJob {
case class Params(
                  inputPath: String = "file:///D:\\chongdianleme\\
chongdianleme-spark-task\\data\\sample_libsvm_data.txt\\",
                  outputPath: String = "file:///D:\\chongdianleme\\
chongdianleme-spark-task\\data\\NaiveBayesOut\\",
                  modelPath: String = "file:///D:\\chongdianleme\\
chongdianleme-spark-task\\data\\NaiveBayesModel\\",
                  mode: String = "local"
)
def main(args: Array[String]) {
val defaultParams = Params()
val parser = new OptionParser[Params]("naiveBayesJob") {
    head("naiveBayesJob: 解析參數 .")
    opt[String]("inputPath")
      .text(s"inputPath 輸入目錄 , default: ${defaultParams.inputPath}}")
      .action((x, c) => c.copy(inputPath = x))
    opt[String]("outputPath")
      .text(s"outputPath 輸入目錄 , default: ${defaultParams.outputPath}}")
      .action((x, c) => c.copy(outputPath = x))
    opt[String]("modelPath")
      .text(s"modelPath 模型輸出 , default: ${defaultParams.modelPath}}")
      .action((x, c) => c.copy(modelPath = x))
    opt[String]("mode")
      .text(s"mode 運行模式 , default: ${defaultParams.mode}")
      .action((x, c) => c.copy(mode = x))
    note(
"""

      |naiveBayes dataset:
    """.stripMargin)
    }
    parser.parse(args, defaultParams).map { params => {
println(" 參數值 :" + params)
trainNaiveBayes(params.inputPath, params.outputPath, params.modelPath, params.
mode)
    }
```

```
    } getOrElse {
      System.exit(1)
    }
  }
/**
  * 貝氏模型訓練
  * @param inputPath 輸入目錄，格式以下
  * 第一列是類的標籤值，後面的是特徵值，多個特徵以空格分割：
*0128:51129:159130:253131:159132:50155:48156:238157:252158:252159:252160:237182:
54183:227184:253185:252186:239187:233188:252189:57190:6208:10209:60210:224211:25
2212:253213:252214:202215:84216:252217:253218:122236:163237:252238:252239:252240
:253241:252242:252243:96244:189245:253246:167263:51264:238265:253266:253267:1902
68:114269:253270:228271:47272:79273:255274:168290:48291:238292:252293:252294:179
295:12296:75297:121298:21301:253302:243303:50317:38318:165319:253320:233321:2083
22:84329:253330:252331:165344:7345:178346:252347:240348:71349:19350:28357:253358
:252359:195372:57373:252374:252375:63385:253386:252387:195400:198401:253402:1904
13:255414:253415:196427:76428:246429:252430:112441:253442:252443:148455:85456:25
2457:230458:25467:7468:135469:253470:186471:12483:85484:252485:223494:7495:13149
6:252497:225498:71511:85512:252513:145521:48522:165523:252524:173539:86540:25354
1:225548:114549:238550:253551:162567:85568:252569:249570:146571:48572:29573:8557
4:178575:225576:253577:223578:167579:56595:85596:252597:252598:252599:229600:215
601:252602:252603:252604:196605:130623:28624:199625:252626:252627:253628:252629:
252630:233631:145652:25653:128654:252655:253656:252657:141658:37
*1159:124160:253161:255162:63186:96187:244188:251189:253190:62214:127215:251216:
251217:253218:62241:68242:236243:251244:211245:31246:8268:60269:228270:251271:25
1272:94296:155297:253298:253299:189323:20324:253325:251326:235327:66350:32351:20
5352:253353:251354:126378:104379:251380:253381:184382:15405:80406:240407:251408:
193409:23432:32433:253434:253435:253436:159460:151461:251462:251463:251464:39487
:48488:221489:251490:251491:172515:234516:251517:251518:196519:12543:253544:2515
45:251546:89570:159571:255572:253573:253574:31597:48598:228599:253600:247601:140
602:8625:64626:251627:253628:220653:64654:251655:253656:220681:24682:193683:2536
84:220
  * @param modelPath 模型持久化儲存路徑
  */
def trainNaiveBayes(inputPath : String,outputPath:String,modelPath:String,
mode:String): Unit = {
val startTime = System.currentTimeMillis()
val sparkConf = new SparkConf().setAppName("naiveBayesJob")
    sparkConf.set("spark.sql.warehouse.dir", "file:///C:/warehouse/temp/")
    sparkConf.setMaster(mode)
val sc = new SparkContext(sparkConf)
// 載入訓練資料，SVM 格式的資料，貝氏要求資料特徵必須是非負數
val data = MLUtils.loadLibSVMFile(sc,inputPath)
// 訓練資料，隨機拆分資料 80% 作為訓練集，20% 作為測試集
val splitsData = data.randomSplit(Array(0.8, 0.2))
val (trainningData, testData) = (splitsData(0), splitsData(1))
// 訓練模型，用 80% 資料作為訓練集
val model = NaiveBayes.train(trainningData)
// 模型持久化儲存到檔案
```

```
model.save(sc,modelPath)
val trainendTime = System.currentTimeMillis()
// 用測試集來評估模型的效果
val scoreAndLabels = testData.map { point =>
// 以模型為基礎來預測歸一化後的資料特徵屬於哪個分類標籤
val prediction = model.predict(point.features)
      (prediction, point.label)
    }
// 二值分類通用指標 ROC 曲線面積 AUC
val metrics = new BinaryClassificationMetrics(scoreAndLabels)
val auROC = metrics.areaUnderROC()
// 列印 ROC 模型——ROC 曲線值，越大越精準 ,ROC 曲線下方的面積 (Area Under the ROC Curve,
//AUC) 提供了評價模型平均性能的另一種方法。如果模型是完美的，那麼它的 AUC = 1; 如果模型
// 是個簡單的隨機猜測模型，那麼它的 AUC = 0.5; 如果一個模型好於另一個，則它的曲線下方面積 //
相對較大
println("Area under ROC = " + auROC)
// 模型評估指標 : 準確度
val metricsPrecision = new MulticlassMetrics(scoreAndLabels)
val precision = metricsPrecision.precision
println("precision = " + precision)
val predictEndTime = System.currentTimeMillis()
val time1 = s" 訓練時間 :${(trainendTime - startTime) / (1000 * 60)} 分鐘 "
val time2 = s" 預測時間 :${(predictEndTime - trainendTime) / (1000 * 60)} 分鐘 "
val auc = s"AUC:$auROC"
val ps = s"precision$precision"
val out = ArrayBuffer[String]()
    out += (" 貝氏演算法 :", time1, time2, auc, ps)
    sc.parallelize(out, 1).saveAsTextFile(outputPath)
    sc.stop()
// 查看訓練模型檔案裡的內容
readParquetFile(modelPath + "data/*.parquet", 8000)
  }
}
```

單純貝氏演算法假設資料集屬性之間是相互獨立的，因此演算法的邏輯性十分簡單，並且演算法較為穩定，當資料呈現不同的特點時，單純貝氏的分類性能不會有太大的差異。換句話說就是單純貝氏演算法的穩固性比較好，對於不同類型的資料集不會呈現出太大的差異性。當資料集屬性之間的關係相比較較獨立時，單純貝氏分類演算法會有較好的效果。單純貝氏屬於分類演算法，下面講解另外一種演算法——序列模式採擷。

6.2.8 序列模式採擷 PrefixSpan[18,19,20]

PrefixSpan 是用來做頻繁項集採擷的，是一種連結演算法，與 Apriori 和 fpGrowth 不同，它的項集要求是有序的。下面我們詳細講一下。

1. 序列模式採擷簡介

當初提出序列模式採擷是為了找出使用者幾次購買行為之間的關係。我們也可以了解成找出那些經常出現的序列組合組成的模式。它與連結規則的採擷是不一樣的，序列模式採擷的物件及結果都是有序的，即資料集中的項在時間和空間上是有序排列的，這個有序的排列正好可以了解成大多數人的行為序列 (例如：購買行為)，輸出的結果也是有序的，而連結規則的採擷是與此不同的。

連結規則的採擷容易讓我們想到那個「尿布與啤酒」的故事，它主要是為了採擷出兩個事物間的關聯，首先這兩個事物之間是沒有時間和空間的關聯的，可以了解成它們之間是無序的。例如：泡麵—火腿在我們的生活中大多數人在買泡麵後會選擇買火腿，但是每個人購買的順序是不一樣的，就是說這兩個事物在時空上是沒有關聯的，找到的只是搭配規律，這就是連結規則採擷 (這只是我個人的了解，如果有不同了解的可以探討)。

序列模式採擷所採擷出來的資料是有序的。我們考慮一個使用者多次在超市購物的情況，那麼這些不同時間點的交易記錄就組成了一個購買序列，例如：使用者 1 在第一次購買了商品 A，第二次購買了商品 B 和 C，那麼我們就生成了一個使用者 1 的購物序列 A-B、C。那麼 N 個使用者的購買序列就形成了一個規模為 N 的資料集，這樣我們就可以找到像「紙尿布—嬰兒車」這樣存在因果關係的規律，因此序列模式採擷相對於連結規則採擷可以採擷出更加深刻的資料。

2. 序列模式採擷的基本概念

序列模式採擷的定義為：指定一個序列資料庫和最小支援度，找出所有支援度大於最小支援度的序列模式。我們透過下面的例子來加深了解。

序列 (Sequence)：一個序列就是一個完整的資訊流。

例如 U_ID 1 在 8 月 1 號購買了商品 A 和 B，在 8 月 10 號的時候購買了商品 B，在 8 月 31 號的時候購買了商品 A 和 B。因此 U_ID 1 的序列為：A、B-B-A、B。

項 (Item)：序列中最小的單位。例如上面的 A 就是一個項。

事件 (Event)：通常由時間戳記標記，標記各事件之間的時間關係。

上面的 T_ID 就是表示時間戳記，可以看出使用者購買的先後順序。

k 頻繁序列 (k-frequent sequence)：如果頻繁序列的項目數為 *k*，則成為 *k* 頻繁序列。就是某個序列的支援度 Support 指在整個序列集中該序列出現的次數。對於序列 *x* 和 *y*，*x* 中的每一個事件都被包含於 *y* 中的某個事件，則稱 *x* 是 *y* 的子序列 (Sub sequence)。

E-AC 是序列 AB-E-ACD 的子序列，但是 E-AB 不是，因為順序也要相同，序列是有順序的序列。如果使用者 1，2，3，4 都購買過商品 A，那麼商品 A 的支援度為 4(雖然使用者 1 購買過兩次商品 A。但是我們在計算支援度的時候該商品只要出現在該使用者的資料集中大於或等於一次，那麼該商品的支援度為 1)。如果它滿足最小支援度，那麼它可以成為 1 階頻繁序列。只有使用者 2 購買過商品 C，因此商品 C 的支援度為 1，如果在買過商品 B 後下次購買 A 的使用者有使用者 1,3,4，那麼序列 B-A 的支援度為 3，因為含有 2 個項，如果它滿足最小支援度，那麼它可以成為 2 階頻繁序列。像這樣我們可以找到所有的序列及它們的支援度。我們設定最小支援度為 75%，在這個例子裡面就是 4*75% = 3 。也就是找出所有滿足支援度為 3 的序列。

3. PrefixSpan 的基本概念

PrefixSpan 演算法採用分治的思想，不斷產生序列資料庫的多個更小的投影資料庫，然後在各個投影資料庫上進行序列模式採擷。PrefixSpan 演算法的相關定義：

字首 (Prefix)：設每個元素中的所有項目按照字典序排列。舉例來說，序列 <(ab)> 是序列 <(abd)(acd)> 的字首 , 序列 <(ad)> 則不是字首。我們可以了解成在單獨的括號中序列定義為字首時中間是不可以有間隔的。

尾碼 (Postfix)：每一個序列對它的字首都含有一個尾碼，如果該序列不包含這個字首，那麼它對應的尾碼為空集，舉例來說，對於序列 <(ab)(acd)>，其子序列 <(b)> 的尾碼為 <(acd)>。我們可以了解成尾碼不包含字首，尾碼是由原序列中從字首最後一項第一次出現的位置之後的項所組成的序列。

投影 (Projection)：指定序列 α 和 β，如果 β 是 α 的子序列，則 α 關於 β 的投影 α' 必須滿足：β 是 α' 的字首，α' 是 β 滿足上述條件的最大子序列，舉例來說，對於序列 α=<(ab)(acd)>，其子序列 β= <(b)> 的投影是 α'= <(b)(acd)>(我們也可以表示為 α'= <(_b)(acd)>)。<(ab)> 的投影是原序列 <(ab)(acd)>。我們可以了解成投影是由字首和尾碼所組成的。

投影資料庫 (Projection database)：設 α 為序列資料庫 S 中的序列模式，則 α 的投影資料庫為 S 中所有以 α 為字首的序列相對於 α 的尾碼，記為 S|α。在實際的運用中，大多數人喜歡將尾碼所組成的資料庫當作投影資料庫。這和它原本的定義是有一些小出入的，但是對演算法的本質是沒有任何影響的。在後續講解中如果我們提到投影資料庫，就是指尾碼資料庫。

4. PrefixSpan 演算法流程

下面我們對 PrefixSpan 演算法的流程做一個歸納複習。

輸入：序列資料集 S 和支援度閾值 αα。

輸出：所有滿足支援度要求的頻繁序列集。

(1) 找出所有長度為 1 的字首和對應的投影資料庫；

(2) 對長度為 1 的字首進行計數，將支援度低於閾值 αα 的字首所對應的項從資料集 S 中刪除，同時得到所有的頻繁為 1 的項序列，i=1；

(3) 對於每個長度為 i 並滿足支援度要求的字首進行遞迴採擷：

①找出字首所對應的投影資料庫。如果投影資料庫為空，則遞迴返回。

②統計對應投影資料庫中各項的支援度計數。如果所有項的支援度計數都低於閾值 αα，則遞迴返回。

③將滿足支援度計數的各個單項和當前的字首進行合併，得到許多新的字首。

④令 i=i+1，字首為合併單項後的各個字首，分別遞迴執行第 3 步。

5. PrefixSpan 演算法優劣勢

PrefixSpan 演算法由於不用產生候選序列，且投影資料庫縮小得很快，記憶體消耗比較穩定，作頻繁序列模式採擷的時候效果很高。比起其他的序列採擷演算法例如 GSP,FreeSpan 有較大優勢，因此在生產環境中是常用的演算法。

PrefixSpan 執行時期最大消耗在遞迴的構造投影資料庫中。如果序列資料集較大，項數種類較多，演算法運行速度會有明顯下降，因此有一些 PrefixSpan 的改進版演算法用在最佳化構造投影資料庫，例如使用偽投影計數。

6. Spark 的 PrefixSpan 原始程式實戰

要訓練 PrefixSpan 模型，首先要準備訓練資料，我們這次的例子是取出多個文章中的每一個句子作為一行資料，然後對句子做中文分詞，每個詞之間以空格分割，這樣每個詞就做一個項了，多個詞就組成一個項集，如果項集出現頻率大於最低設定的支援度，就稱為頻繁項集。我們看一下資料格式，PrefixSpan訓練文字資料如下所示。

在本篇文章作者將討論機器學習概念以及如何使用 Spark MLlib 來進行預測分析後面將使用一個例子展示 Spark MLlib 在機器學習領域的強悍
Spark 機器學習 API 包含兩個 package spark mllib 和 spark ml
spark mllib 包含以彈性資料集 RDD 為基礎的原始 Spark 機器學習 API 它提供的機器學習技術有相關性分類和回歸協作過濾聚類和資料降維
spark ml 提供建立在 DataFrame 的機器學習 API DataFrame 是 Spark SQL 的核心部分這個套件提供開發和管理機器學習管道的功能可以用來進行特徵提取轉換選擇器和機器學習演算法比如分類和回歸和聚類
本篇文章聚焦在 Spark MLlib 上並討論各個機器學習演算法
機器學習是從已經存在的資料進行學習來對將來進行資料預測它是以輸入資料集為基礎創建模型做資料驅動決策
資料科學是從海裡資料集結構化和非結構化資料中取出知識為商業團隊提供資料洞察以及影響商業決策和路線圖資料科學家的地位比以前用傳統數值方法解決問題的人要重要
下面簡單的了解下各機器學習模型並進行比較
監督學習模型監督學習模型對已標記的訓練資料集訓練出結果然後對未標記的資料集進行預測
監督學習又包含兩個子模型回歸模型和分類模型
非監督學習模型非監督學習模型是用來從原始資料無訓練資料中找到隱藏的模式或關係因而非監督學習模型是以未標記資料集為基礎的
半監督學習模型半監督學習模型用在監督和非監督機器學習中做預測分析其既有標記資料又有未標記資料典型的場景是混合少量標記資料和大量未標記資料半監督學習一般使用分類和回歸的機器學習方法
增強學習模型增強學習模型透過不同的行為來尋找目標回報函數最大化
下面給各個機器學習模型舉個例子
非監督學習社群網站語言預測
半監督學習圖型分類語音辨識
開發機器學習專案時資料前置處理清洗和分析的工作是非常重要的與解決業務問題的實際的學習模型和演算法一樣重要
典型的機器學習解決方案的一般步驟

這就是我們待訓練的原始資料樣本，需要對這個原始格式的資料做轉換處理，最終要的格式是 RDD[Array[Array[String]]] 訓練資料，我們訓練的結果就是看看哪些詞和前面的詞經常一起出現，如果經常一起出現說明是一個通順的句子。假如指定幾個片語成的項集從來沒有出現，我們可以初步認為是一個病句，或敘述不通順。換句話說可以用以大量文章為基礎的句子語料預測出一個項集序列是否成為一個合理句子的機率。這種模型在自然語言處理中叫作n-gram 語言模型。

n-gram 是一種統計語言模型，用來根據前 (*n*-1) 個 item 來預測第 *n* 個 item。在應用層面，這些 item 可以是音素 (語音辨識應用)、字元 (輸入法應用)、詞 (分詞應用) 或城基對 (基因資訊)。一般來講，可以從大規模文字或音訊語料庫生成 n-gram 模型。習慣上，1-gram 叫 unigram，2-gram 稱為 bigram，3-gram 稱為 trigram。還有 4-gram、5-gram 等，不過 *n*>5 的應用很少見。2-gram 項集有兩個項，3-gram 項集有 3 個項，依此類推。

n-gram 語言模型的思想，可以追溯到資訊理論大師香農的研究工作，他提出一個問題：指定一串字母，如「for ex」，下一個最大可能出現的字母是什麼。從訓練語料資料中，我們可以透過使用極大似然估計的方法，得到 N 個機率分佈：是 a 的機率為 0.4，是 b 的機率為 0.0001，是 c 的機率是……當然，別忘記限制條件：所有 N 個機率分佈的總和為 1。

PrefixSpan 演算法如程式 6.14 所示。

【程式 6.14】 PrefixSpanJob.scala

```scala
package com.chongdianleme.mail
import com.chongdianleme.mail.SVMJob.readParquetFile
import org.apache.spark._
import org.apache.spark.mllib.fpm.PrefixSpan
import scopt.OptionParser
/**
  * Created by 充電了麼 App——陳敬雷
  * 官網:http://chongdianleme.com/
  * PrefixSpan 序列模式採擷演算法
  */
object PrefixSpanJob {
case class Params(
                    inputPath: String = "file:///D:\\chongdianleme\\
chongdianleme-spark-task\\data\\PrefixSpan 訓練文字資料 \\",
                    outputPath:String = "file:///D:\\chongdianleme\\
chongdianleme-spark-task\\data\\PrefixSpanOut\\",
                    modelPath: String = "file:///D:\\chongdianleme\\
chongdianleme-spark-task\\data\\PrefixSpanModel\\",
                    minSupport:Double = 0.01,// 最小支援度 , 支援度 (support)
                                             // 是 D 中交易同時包含 X、Y 的百分
                                             // 比 ,[[c], [d]], 5 , 總記錄數
maxPatternLength:Int = 3,                    //9,5/9=0.55 最大序列長度
mode: String = "local"
)
def main(args: Array[String]) {
val defaultParams = Params()
val parser = new OptionParser[Params]("PrefixSpanJob") {
```

```scala
        head("PrefixSpanJob: 解析參數 .")
        opt[String]("inputPath")
          .text(s"inputPath 輸入目錄 , default: ${defaultParams.inputPath}}")
          .action((x, c) => c.copy(inputPath = x))
        opt[String]("outputPath")
          .text(s"outputPath 輸入目錄 , default: ${defaultParams.outputPath}}")
          .action((x, c) => c.copy(outputPath = x))
        opt[String]("modelPath")
          .text(s"modelPath 模型輸出 , default: ${defaultParams.modelPath}}")
          .action((x, c) => c.copy(modelPath = x))
        opt[Double]("minSupport")
          .text(s"minSupport, default: ${defaultParams.minSupport}}")
          .action((x, c) => c.copy(minSupport = x))
        opt[Int]("maxPatternLength")
          .text(s"maxPatternLength, default: ${defaultParams.maxPatternLength}}")
          .action((x, c) => c.copy(maxPatternLength = x))
        opt[String]("mode")
          .text(s"mode 運行模式 , default: ${defaultParams.mode}")
          .action((x, c) => c.copy(mode = x))
        note(
"""

          |PrefixSpan dataset:
        """.stripMargin)
    }
    parser.parse(args, defaultParams).map { params => {
println(" 列印參數 :" + params)
val sparkConf = new SparkConf().setAppName("PrefixSpanJob")
        sparkConf.set("spark.sql.warehouse.dir", "file:///C:/warehouse/temp/")
        sparkConf.setMaster(params.mode)
val sc = new SparkContext(sparkConf)
val inputData = sc.textFile(params.inputPath)
// 把待訓練的資料處理成 PrefixSpan 需要的格式
val trainData = inputData.map{
        sentence =>{
// 對每個句子的分詞分成一個陣列
val words = sentence.split(" ")
// 最終要返回的是 RDD[Array[Array[String]]] 格式資料
val result = for (word <- words) yield Array(word)
        result
        }
      }.cache()
val prefixSpan = new PrefixSpan()
        .setMinSupport(params.minSupport)     // 支援度 (support) 是 D 中交易同時包
                                               // 含 X、Y 的百分比 ,[[c], [d]], 5,
.setMaxPatternLength(params.maxPatternLength)// 總記錄數 9,5/9=0.55 最大序列長度
.setMaxLocalProjDBSize(32000000L)
// 訓練模型
val model = prefixSpan.run(trainData)
// 模型持久化
```

```
model.save(sc,params.modelPath)
// 遍歷有序的頻繁項集並將其儲存到 Hadoop 的分散式檔案系統裡
model.freqSequences.map{
        freqSequence =>
val key = freqSequence.sequence.map(_.mkString("",":","")).mkString("",":","")
val patternLength = key.split(":").length
val support = freqSequence.freq
// 輸出項集、序列長度、支援度 3 列以 \001 分割
key + "\001"+ patternLength +"\001"+ support
      }.saveAsTextFile(params.outputPath)
      sc.stop()
// 查看訓練模型檔案裡的內容
readParquetFile(params.modelPath + "data/*.parquet", 8000)
    }
    } getOrElse {
      System.exit(1)
    }
  }
}
```

輸出模型的中繼資料 PrefixSpanModel\metadata\part-00000 內容比較簡單：

```
{"class":"org.apache.spark.mllib.fpm.PrefixSpanModel","version":"1.0"}
```

輸出模型的資料檔案 PrefixSpanModel\data\part-r-*.snappy.parquet，檔案內容太長，我只列出前面幾行：

```
[WrappedArray(WrappedArray(非), WrappedArray(的)),3]
[WrappedArray(WrappedArray(非), WrappedArray(的), WrappedArray(的)),3]
[WrappedArray(WrappedArray(非), WrappedArray(的), WrappedArray(機器學習)),1]
[WrappedArray(WrappedArray(非), WrappedArray(的), WrappedArray(模型)),1]
[WrappedArray(WrappedArray(非), WrappedArray(的), WrappedArray(學習)),2]
[WrappedArray(WrappedArray(非), WrappedArray(的), WrappedArray(資料)),1]
[WrappedArray(WrappedArray(非), WrappedArray(的), WrappedArray(和)),1]
[WrappedArray(WrappedArray(非), WrappedArray(的), WrappedArray(監督)),2]
[WrappedArray(WrappedArray(非), WrappedArray(的), WrappedArray(是)),2]
[WrappedArray(WrappedArray(非), WrappedArray(的), WrappedArray(分類)),1]
[WrappedArray(WrappedArray(非), WrappedArray(的), WrappedArray(用)),1]
[WrappedArray(WrappedArray(非), WrappedArray(的), WrappedArray(回歸)),1]
[WrappedArray(WrappedArray(非), WrappedArray(的), WrappedArray(非)),1]
[WrappedArray(WrappedArray(非), WrappedArray(的), WrappedArray(基於)),1]
[WrappedArray(WrappedArray(非), WrappedArray(的), WrappedArray(未)),2]
[WrappedArray(WrappedArray(非), WrappedArray(的), WrappedArray(標記)),2]
[WrappedArray(WrappedArray(非), WrappedArray(的), WrappedArray(資料集)),1]
[WrappedArray(WrappedArray(非), WrappedArray(的), WrappedArray(使用)),1]
[WrappedArray(WrappedArray(非), WrappedArray(的), WrappedArray(半)),1]
[WrappedArray(WrappedArray(非), WrappedArray(的), WrappedArray(一般)),1]
[WrappedArray(WrappedArray(非), WrappedArray(的), WrappedArray(方法)),2]
```

```
[WrappedArray(WrappedArray(非), WrappedArray(的), WrappedArray(重要)),1]
[WrappedArray(WrappedArray(非), WrappedArray(的), WrappedArray(地位)),1]
[WrappedArray(WrappedArray(非), WrappedArray(的), WrappedArray(場景)),1]
[WrappedArray(WrappedArray(非), WrappedArray(的), WrappedArray(以前)),1]
[WrappedArray(WrappedArray(非), WrappedArray(的), WrappedArray(數值)),1]
[WrappedArray(WrappedArray(非), WrappedArray(的), WrappedArray(大量)),1]
[WrappedArray(WrappedArray(非), WrappedArray(的), WrappedArray(或)),1]
[WrappedArray(WrappedArray(非), WrappedArray(的), WrappedArray(傳統)),1]
[WrappedArray(WrappedArray(非), WrappedArray(的), WrappedArray(關係)),1]
[WrappedArray(WrappedArray(非), WrappedArray(的), WrappedArray(要)),1]
[WrappedArray(WrappedArray(非), WrappedArray(的), WrappedArray(比)),1]
[WrappedArray(WrappedArray(非), WrappedArray(的), WrappedArray(因而)),1]
[WrappedArray(WrappedArray(非), WrappedArray(的), WrappedArray(模式)),1]
[WrappedArray(WrappedArray(非), WrappedArray(的), WrappedArray(解決問題)),1]
```

這是模型結果，我們再看一看頻繁項集的輸出結果，只列出一部分：

```
非:的:關係 31
非:的:要 31
非:的:比 31
非:的:因而 31
非:的:模式 31
非:的:解決問題 31
非:的:人 31
非:的:混合 31
非:的:少量 31
非:機器學習 21
非:機器學習:的 31
非:機器學習:機器學習 31
非:機器學習:學習 31
非:機器學習:資料 31
非:機器學習:和 31
非:機器學習:監督 31
非:機器學習:是 31
```

由此可以看到 PrefixSpan 的項集組成，前面的詞和後面的片語成的項集，在原始的句子中雖然能保證後面分詞項肯定是在前面分詞項後面，但是不一定是緊挨著。這個問題就導致在 n-gram 語言模型中檢測分詞序列是一個句子的機率就不太合適了，所以我們自己可以實現一個比較簡單的羽量級的序列模式演算法，能夠有效地保證頻繁項集裡面的詞，後面的詞肯定是和前面的詞挨著的。其實和 Word Count 程式有些類似，如程式 6.15 所示。

【程式 6.15】ChongDianLeMePrefixSpanJob.scala

```
package com.chongdianleme.mail
import org.apache.spark._
```

```scala
import scopt.OptionParser
import scala.collection.mutable
/**
  * Created by 充電了麼 App——陳敬雷
  * 官網 :http://chongdianleme.com/
  * 羽量級序列模式採擷演算法，保證頻繁項集後面的項和前面的項在原始文章句子中緊挨著。
  */
object ChongDianLeMePrefixSpanJob {
case class Params(
                    inputPath: String = "file:///D:\\chongdianleme\\
chongdianleme-spark-task\\data\\PrefixSpan 訓練文字資料 \\",
                    outputPath:String = "file:///D:\\chongdianleme\\
chongdianleme-spark-task\\data\\ChongDianLeMePrefixSpanOut\\",
                    minSupport: Int = 1,
                    patternLength: Int = 3,
                    mode: String = "local"
)
def main(args: Array[String]) {
val defaultParams = Params()
val parser = new OptionParser[Params]("ChongDianLeMePrefixSpanJob") {
      head("ChongDianLeMePrefixSpanJob: 解析參數 .")
      opt[String]("inputPath")
        .text(s"inputPath 輸入目錄 , default: ${defaultParams.inputPath}}")
        .action((x, c) => c.copy(inputPath = x))
      opt[String]("outputPath")
        .text(s"outputPath 輸入目錄 , default: ${defaultParams.outputPath}}")
        .action((x, c) => c.copy(outputPath = x))
      opt[Int]("minSupport")
        .text(s"minSupport, default: ${defaultParams.minSupport}}")
        .action((x, c) => c.copy(minSupport = x))
      opt[Int]("patternLength")
        .text(s"patternLength, default: ${defaultParams.patternLength}}")
        .action((x, c) => c.copy(patternLength = x))
      opt[String]("mode")
        .text(s"mode 運行模式 , default: ${defaultParams.mode}")
        .action((x, c) => c.copy(mode = x))
      note(
"""

          |ChongDianLeMePrefixSpanJob  dataset:
        """.stripMargin)
    }
    parser.parse(args, defaultParams).map { params => {
println(" 參數值 :" + params)
val sparkConf = new SparkConf().setAppName("ChongDianLeMePrefixSpanJob")
      sparkConf.setMaster(params.mode)
val sc = new SparkContext(sparkConf)
// 載入訓練資料
val inputData = sc.textFile(params.inputPath)
// 處理資料，拼接項集，把多個項集放到一個 List 中，再用 flatMap 打平。
```

```
val trainData = inputData.flatMap {
        sentence => {
val words = sentence.split(" ")
val items = mutable.ArrayBuilder.make[String]
for (i <- 0 until words.length if ((i + params.patternLength - 1) < words.length))
{
val end = i + params.patternLength - 1
val item = mutable.ArrayBuilder.make[String]
for (j <- i to end) {
            item += words(j)
          }
          items += item.result().mkString(":")
        }
val result = items.result()
        result
      }
    }.map(item => (item, 1L))
      .reduceByKey(_ + _)                   // 項集計數統計
.filter(_._2 >= params.minSupport)         // 篩選大於最低支援度的頻繁項集
.map {
case (item, count) => {
// 輸出頻繁項集和對應出現頻率
item + "\001" + count
        }
      }
      .saveAsTextFile(params.outputPath)
    sc.stop()
  }
  } getOrElse {
    System.exit(1)
  }
 }
}
```

再讓我們看一看輸出結果，下面只列出一部分結果：

```
監督：學習：模型 7
隱藏：的：模式 1
Spark: 機器學習 :API2
在：監督：和 1
工作：是：非常 1
地位：比：以前 1
選擇：器：和 1
它：是：基於 1
混合：少量：標記 1
機器學習：領域：的 1
因而：非：監督 1
spark:mllib: 和 1
將：討論：機器學習 1
```

這樣看起來就通順很多了。這是由於在 n-gram 語言模型中要求的序列是非常嚴格的,但在其他應用場景,例如電子商務的商品推薦系統要求卻沒有這麼嚴格。在以帶時序為基礎的連結商品推薦中,如果使用使用者購買商品的先後順序訓練的話,為某個商品推薦的結果不一定非得要求推薦出來的商品緊挨著前面的商品,只需要推薦出來的商品的購買時間大於被推薦的商品的購買時間就可以了。這種以時序為基礎的推薦系統用 Spark 附帶的 PrefixSpan 訓練模型就非常合適,性能還非常高。

對於這種用多篇文章分詞後組成的句子訓練資料集,也可以用在 Word2vec 詞向量模型中,Word2vec 詞向量可以用來在大規模的訓練語料中找出任意一個詞的相關詞,這個相關詞一般是這個詞的近義詞。下面我們就詳細講解一下 Word2vec 演算法。

6.2.9　Word2vec 詞向量模型 [21, 22]

2013 年,Google 開放了一款原始碼用於詞向量計算的工具——Word2vec,引起了工業界和學術界的關注。首先,Word2vec 可以在百萬數量級的詞典和上億筆資料集上進行高效率地訓練;其次,該工具得到的訓練結果——詞向量 (word embedding) 可以極佳地度量詞與詞之間的相似性。隨著深度學習在自然語言處理中應用的普及,很多人誤以為 Word2vec 是一種深度學習演算法,其實 Word2vec 演算法的背後是一個淺層神經網路。另外需要強調的一點是,Word2vec 是一個計算 Word vector 的開放原始碼工具。當我們在說 Word2vec 演算法或模型的時候,其實指的是其背後用於計算 Word vector 的 CBOW 模型和 Skip-gram 模型。很多人以為 Word2vec 指的是一個演算法或模型,這也是一種謬誤。接下來將從統計語言模型出發,盡可能詳細地介紹 Word2vec 工具背後演算法模型的來龍去脈。

1. 簡介

Word2vec 是一群用來產生詞向量的相關模型。這些模型為淺而雙層的神經網路,用來訓練以重新建構語言學之詞文字。網路以詞表現,並且需猜測相鄰位置的輸入詞,在 Word2vec 中詞袋模型假設下,詞的順序是不重要的。訓練完成之後，Word2vec 模型可用來將每個詞映射到一個向量，並可用來表示詞與詞之間的關係，該向量為神經網路之隱藏層。

隨著電腦應用領域的不斷擴大，自然語言處理受到人們的高度重視。機器翻譯、語音辨識，以及資訊檢索等應用對電腦的自然語言處理能力提出了越來越高的要求。為了使電腦能夠處理自然語言，首先需要對自然語言進行建模。自然語言建模方法經歷了從以規則為基礎的方法到以統計方法為基礎的轉變。從以統計為基礎的建模方法得到的自然語言模型稱為統計語言模型。有許多統計語言建模技術，包括 n-gram、神經網路，以及 log_linear 模型等。在對自然語言進行建模的過程中會出現維數災難、詞語相似性、模型泛化能力，以及模型性能等問題。尋找上述問題的解決方案是推動統計語言模型不斷發展的內在動力。在對統計語言模型進行研究的背景下，Google 公司在 2013 年開放了 Word2vec 這一款用於訓練詞向量的軟體工具。Word2vec 可以根據指定的語料庫，透過最佳化後的訓練模型快速而有效地將一個詞語表達成向量形式，為自然語言處理領域的應用研究提供了新的工具。Word2vec 依賴 Skip-grams 或連續詞袋 (CBOW) 來建立神經詞嵌入。Word2vec 為湯瑪斯·米科洛夫 (Tomas Mikolov) 在 Google 帶領的研究團隊創造。

1) 詞袋模型

詞袋模型 (Bag-of-words model) 是個在自然語言處理和資訊檢索 (IR) 下被簡化的表達模型。在此模型下，像是句子或是檔案這樣的文字可以用一個袋子裝著這些詞的方式表現，這種表現方式不考慮文法以及詞的順序。最近詞袋模型也被應用在電腦視覺領域。詞袋模型被廣泛應用在檔案分類領域，詞出現的頻率可以用來當作訓練分類器的特徵。關於 " 詞袋 " 這個用詞的由來可追溯到澤裡格哈裡斯於 1954 年發表在 Distributional Structure 的文章。

2) Skip-gram 模型

Skip-gram 模型是一個簡單卻非常實用的模型。在自然語言處理中，語料的選取是一個相當重要的問題：第一，語料必須充分。一方面詞典的詞量要足夠大，另一方面要盡可能多地包含反映詞語之間關係的句子，舉例來說，只有 " 魚在水中游 " 這種句式在語料中盡可能地多，模型才能夠學習到該句中的語義和語法關係，這和人類學習自然語言是同一個道理，重複的次數多了，也就會模仿了；第二，語料必須準確。也就是說所選取的語料能夠正確反映該語言的語義和語法關係，這一點似乎不難做到，例如在中文裡，《人民日報》的語料比較準確，但是，更多的時候，並不是語料的選取引發了對準確性問題的擔憂，而是處理的方法。n 元模型中，因為視窗大小的限制，導致超出視窗範圍的詞語與當前詞之間的關係不能被正確地反映到模型之中，如果單純擴大視窗大小又會增加訓練的複雜度。

2. 統計語言模型

在深入 Word2vec 演算法的細節之前，我們首先回顧一下自然語言處理中的基本問題：如何計算一段文字序列在某種語言下出現的機率？之所以稱其為一個基本問題，是因為它在很多 NLP 任務中都扮演著重要的角色。舉例來說，在機器翻譯的問題中，如果我們知道了目的語言中每句話的機率，就可以從候選集合中挑選出最合理的句子作為翻譯結果返回。

統計語言模型列出了這一類問題的基本解決框架。對於一段文字序列：

$$S=w1,w2,\cdots,wT$$

它的機率可以表示為：

$$P(S)=P(w1,w2,\cdots,wT)= \prod t=1Tp(wt|w1,w2,\cdots,wt-1)$$

即將序列的聯合機率轉化為一系列條件機率的乘積。這樣問題就變成了如何去預測這些指定 previous words 下的條件機率：

$$p(wt|w1,w2,\cdots,wt-1)$$

由於其巨大的參數空間，這樣一個原始的模型在實際中並沒有什麼用。我們更多是採用其簡化版本——n-gram 模型：

$$p(wt|w1,w2,\cdots,wt-1) \approx p(wt|wt-n+1,\cdots,wt-1)$$

常見的如 bigram 模型 (n=2) 和 trigram 模型 (n=3)。事實上，由於模型複雜度和預測精度的限制，我們很少會考慮 n>3 的模型。我們可以用最大似然法去求解 ngram 模型的參數 , 等於去統計每個 ngram 的條件詞頻。為了避免統計中出現的零機率問題 (一段從未在訓練集中出現過的 ngram 部分會使得整個序列的機率為 0)，人們以原始為基礎的 ngram 模型進一步發展出了 back-off trigram 模型 (用低階的 bigram 和 unigram 代替零機率的 trigram) 和 interpolated trigram 模型 (將條件機率表示為 unigram、bigram、trigram 三者的線性函數)。

3. Distributed Representation

不過，ngram 模型仍有其局限性。首先，由於參數空間的爆炸式增長，它無法處理更長程的 context(n>3)；其次，它沒有考慮詞與詞之間內在的關聯性。舉例來說，考慮「the cat is walking in the bedroom」這句話。如果我們在訓練語料中看到了很多類似「the dog is walking in the bedroom」或是「the cat is running in the bedroom」這樣的句子，那麼，即使我們沒有見過這句話，也可以從「cat」和「dog」(「walking」和「running」) 之間的相似性，推測出這句話的機率，參照文獻 [3]。然而，ngram 模型做不到。這是因為 ngram 本質上是將詞當作一個個孤立的原子單元 (atomic unit) 去處理的。這種處理方式對應到數學上的形式是一個個離散的 one-hot 向量 (除了一個詞典索引的索引對應的方向上是 1 ，其餘方向上都是 0)。舉例來說，對一個大小為 5 的詞典：{"I", "love", "nature", "language", "processing"} ，「nature」對應的 one-hot 向量為：[0,0,1,0,0] 。顯然，one-hot 向量的維度等於詞典的大小。這在動輒上萬甚至百萬詞典的實際應用中，面臨著巨大的維度災難問題 (The Curse of Dimensionality)。於是，人們就自然而然地想到，能否用一個連續的稠密向量去刻畫一個 word 的特徵呢？這樣我們不僅可以直接刻畫詞與詞之間的相似度，還可以建立一個從向量到機率的平滑函數模型，使得相似的詞向量可以映射到相近的機率空間上。這個稠密連續向量也被稱為 word 的 distributed representation。事實上，這個概念在資訊檢索 (Information Retrieval) 領域早就被廣泛地使用了。只不過在 IR 領域裡，這個概念被稱為向量空間模型 (Vector Space Model，以下簡稱 VSM)。VSM 是以一種 Statistical Semantics Hypothesis：語言為基礎的統計特徵隱藏著語義的資訊 (Statistical pattern of human word usage can be used to figure out what people mean)。舉例來說，兩篇具有相似詞分佈的文件可以被認為具有相近的主題。這個 Hypothesis 有很多衍生版本。其中比較廣為人知的兩個版本是 Bag of Words Hypothesis 和 Distributional Hypothesis。前者是說一篇文件的詞頻 (而非詞序) 代表了文件的主題。後者是說上下文環境相似的兩個詞具有相近的語義。後面我們會看到 Word2vec 演算法也是以 Distributional 為基礎的假設。那麼 VSM 是如何將稀疏離散的 one-hot 詞向量映射為稠密連續的 Distributional Representation 的呢？簡單來說，以 Bag of Words Hypothesis 為基礎我們可以構造一個 term-document 矩陣 $\mathbf{A}$：矩陣的行 $\mathbf{A}i,:$ 對應著詞典裡的 word。矩陣的列 $\mathbf{A}:,j$

對應著訓練語料裡的一篇文件。矩陣裡的元素 *Ai, j* 代表著 wordwi 在文件 Dj 中出現的次數 (或頻率)。那麼我們就可以提取行向量作為 word 的語義向量 (不過，在實際應用中，我們更多的是用列向量作為文件的主題向量)。同理，我們可以以 Distributional Hypothesis 為基礎構造一個 word-context 矩陣。此時，矩陣的列變成了 context 裡的 word，矩陣的元素也變成了一個 context 視窗裡 word 的共現次數。注意，這兩類矩陣的行向量所計算的相似度具有細微的差異：term-document 矩陣會將經常出現在同一篇 document 裡的兩個 word 指定更高的相似度，而 word-context 矩陣會給那些具有相同 context 的兩個 word 指定更高的相似度。後者相對於前者是一種更高階的相似度，因此在傳統的資訊檢索領域中獲得了更加廣泛的應用。不過，這種 co-occurrence 矩陣仍然存在著資料稀疏性和維度災難的問題。為此，人們提出了一系列對矩陣進行降維的方法 (如 LSI/LSA 等)。這些方法大都是以 SVD 為基礎的思想，將原始的稀疏矩陣分解為兩個低秩矩陣乘積的形式。

4. Word Embedding

Word Embedding 最早出現於 Bengio 在 2003 年發表的創新文章中。Word Embedding 透過嵌入一個線性的投影矩陣 (projection matrix)，將原始的 one-hot 向量映射為一個稠密的連續向量，並透過一個語言模型的任務去學習這個向量的權重。這一思想後來被廣泛應用於包括 Word2vec 在內的各種 NLP 模型中。

Word Embedding 的訓練方法大致可以分為兩類：一類是無監督或弱監督的預訓練；另一類是端對端 (end to end) 的有監督訓練。

無監督或弱監督的預訓練以 Word2vec 和 auto-encoder 為代表。這一類模型的特點是不需要大量的人工標記樣本就可以得到品質還不錯的 Embedding 向量，不過因為缺少了任務導向，可能和我們要解決的問題還有一定的距離。因此，我們往往會在得到預訓練的 Embedding 向量後，用少量人工標注的樣本去 fine-tune 整個模型。

相比之下，端對端的有監督模型在最近幾年裡越來越受到人們的關注。與無監督模型相比，端對端的模型在結構上往往更加複雜。同時，也因為具有明確的任務導向，端對端模型學習到的 Embedding 向量也往往更加準確。舉例來說，透過一個 Embedding 層和許多個卷積層連接而成的深度神經網路用以實現對句子的情感分類，這樣便可以學習到語義更豐富的詞向量表達。

Word Embedding 的另一個研究方向是在更高層次上對 Sentence 的 Embedding 向量進行建模。

我們知道，word 是 sentence 的基本組成單位。一個最簡單也是最直接得到 sentence embedding 的方法是將組成 sentence 的所有 word 的 Embedding 向量全部加起來——類似於 CBOW 模型。

顯然，這種簡單粗暴的方法會遺失很多資訊。另一種方法借鏡了 Word2vec 的思想——將 sentence 或是 paragraph 視為一個特殊的 word，然後用 CBOW 模型或是 Skip-gram 進行訓練。這種方法的問題在於，對於一篇新文章，總是需要重新訓練一個新的 Sentence2vec。此外，和 Word2vec 一，這個模型缺少有監督的訓練導向。個人感覺比較可靠的是第三種方法——以 Word Embedding 為基礎的端對端的訓練。sentence 本質上是 word 的序列。因此，在 Word Embedding 的基礎上，我們可以連接多個 RNN 模型或是卷積神經網路，對 Word Embedding 序列進行編碼，從而得到 Sentence Embedding。

5. Spark 的 Word2vec 原始程式實戰

要訓練的資料格式的每行記錄可以是一篇文章，也可以是一個句子，分詞後以空格分割，中文分詞工具推薦 HanLP，功能非常強大。可以對整篇文章切分句子，分詞也有好幾種方式。訓練成模型後，就可以根據模型找到和某個詞相似的詞，並且模型可以持久化儲存到磁碟上，下次用的時候不用重新訓練，直接把模型檔案載入到記憶體變數裡，即時尋找相似詞即可。我們這次的訓練資料還是用上面講到的 PrefixSpan 訓練資料，如程式 6.16 所示。

【程式 6.16】Word2VecJob.scala

```scala
package com.chongdianleme.mail
import com.chongdianleme.mail.SVMJob.readParquetFile
import org.apache.spark.SparkConf
import org.apache.spark.SparkContext
import org.apache.spark.mllib.feature.{Word2Vec, Word2VecModel}
import scopt.OptionParser
/**
  * Created by 充電了麼 App——陳敬雷
  * 官網 :http://chongdianleme.com/
  * Word2vec 是一群用來產生詞向量的相關模型。這些模型為淺而雙層的神經網路，用來訓練以重新建
構語言學之詞文字。網路以詞表現，並且需猜測相鄰位置的輸入詞，在 Word2vec 中詞袋模型假設下，詞
```

的順序是不重要的。訓練完成之後，Word2vec 模型可用來映射每個詞到一個向量，可用來表示詞與詞之間的關係，該向量為神經網路的隱藏層。

```scala
    */
object Word2VecJob {
case class Params(
                    inputPath: String = "file:///D:\\chongdianleme\\
chongdianleme-spark-task\\data\\PrefixSpan 訓練文字資料 \\",
                    outputPath:String = "file:///D:\\chongdianleme\\
chongdianleme-spark-task\\data\\Word2VecOut\\",
                    modelPath:String="file:///D:\\chongdianleme\\
chongdianleme-spark-task\\data\\Word2VecModel\\",
                    mode: String = "local",
                    warehousePath:String="file:///c:/tmp/spark-warehouse",
                    numPartitions:Int=16
)
def main(args: Array[String]): Unit = {
val defaultParams = Params()
val parser = new OptionParser[Params]("Word2VecJob") {
      head("Word2VecJob: 解析參數 .")
      opt[String]("inputPath")
        .text(s"inputPath 輸入目錄 , default: ${defaultParams.inputPath}}")
        .action((x, c) => c.copy(inputPath = x))
      opt[String]("outputPath")
        .text(s"outputPath 輸出目錄 , default: ${defaultParams.outputPath}}")
        .action((x, c) => c.copy(outputPath = x))
      opt[String]("modelPath")
        .text(s"modelPath 模型輸出 , default: ${defaultParams.modelPath}}")
        .action((x, c) => c.copy(modelPath = x))
      opt[String]("mode")
        .text(s"mode 運行模式 , default: ${defaultParams.mode}")
        .action((x, c) => c.copy(mode = x))
      opt[String]("warehousePath")
        .text(s"warehousePath , default: ${defaultParams.warehousePath}}")
        .action((x, c) => c.copy(warehousePath = x))
      opt[Int]("numPartitions")
        .text(s"numPartitions , default: ${defaultParams.numPartitions}}")
        .action((x, c) => c.copy(numPartitions = x))
      note(
"""
          |For example,Word2Vec
        """.stripMargin)
    }
    parser.parse(args, defaultParams).map { params => {
println(" 參數值 :" + params)
word2vec(params.inputPath,
        params.outputPath,
        params.mode,
        params.modelPath,
        params.warehousePath,
```

```
            params.numPartitions
        )
    }
    } getOrElse {
        System.exit(1)
    }

}
/**
    * 訓練模型
    * @param inputPath 輸入資料格式的每行記錄可以是一篇文章，也可以是一個句子，分詞後以
空格分割
    * @param outputPath
* @param mode
* @param modelPath 持久化儲存目錄
    * @param warehousePath          // 臨時目錄
    * @param numPartitions          // 用多少 Spark 的 Partition，用來提高平行程度，
                                     // 以便更快地訓練完，但會消耗更多的伺服器資源
    */
def word2vec(inputPath : String,
                outputPath:String,
                mode:String,
                modelPath:String,
                warehousePath:String,
                numPartitions:Int): Unit =
  {
val sparkConf = new SparkConf().setAppName("word2vec")
    sparkConf.set("spark.sql.warehouse.dir", warehousePath)
    sparkConf.setMaster(mode)
// 設定 maxResultSize 最大記憶體，因為 Word2vector 原始程式中有 collect 操作，會佔用較大記
憶體
sparkConf.set("spark.driver.maxResultSize","8g")
val sc = new SparkContext(sparkConf)
// 訓練格式可以是每篇文章分詞後以空格分割，或每行以句子分割
val input = sc.textFile(inputPath).map(line => line.split(" ").toSeq)
val word2vec = new Word2Vec()
    word2vec.setNumPartitions(numPartitions)
    word2vec.setLearningRate(0.1)// 學習率
word2vec.setMinCount(0)
// 訓練模型
val model = word2vec.fit(input)
try {
// 有的詞可能不在詞典中，所以我們要加 try catch 處理這種異常
val synonyms = model.findSynonyms(" 資料 ", 6)
for((synonym, cosineSimilarity) <- synonyms) {
println(s" 相似詞 :$synonym 相似度 :$cosineSimilarity")
        }
    } catch {
case e: Exception =>  e.printStackTrace()
    }
```

```
// 訓練好的模型可以持久化存到檔案、Web 服務或其他預測專案裡，直接載入這個模型檔案到記憶體
// 裡，進行直接預測，不用每次都訓練
model.save(sc,modelPath)
// 載入剛才儲存的這個模型檔案到記憶體裡
Word2VecModel.load(sc,modelPath)
    sc.stop()
// 查看訓練模型檔案裡的內容
readParquetFile(modelPath + "data/*.parquet", 8000)
  }
}
```

輸出模型中繼資料檔案 Word2VecModel\metadata\part-00000 內容如下：

```
{"class":"org.apache.spark.mllib.feature.Word2VecModel","version":"1.0",
"vectorSize":100,"numWords":188}
```

輸出的模類型資料檔案 Word2VecModel\data\part*.snappy.parquet 部分內容如下：

```
[機器學習 ,WrappedArray(-0.1597609, -0.11078763, -0.02499925, -0.012702009,
-0.036652792, -0.15355268, -0.07302176, -0.15425527, -0.14065692, 0.04496444,
0.012993949, 0.051876586, -0.06301855, -0.11614135, 0.07337147, -0.09410153,
-0.085492596, 0.12803486, -0.010239733, 0.14446576, -0.14285004, -0.0042851,
-0.0049244724, 0.111072645, -0.04051523, -0.1163604, -0.17613667, -0.1291381,
0.014214324, -0.10200317, 0.2201898, 0.15239272, 0.30995995, 0.08823493,
-0.051727265, 0.012188642, 0.13230054, 0.20719367, -0.058893353, 0.04760401,
-0.16544113, 0.13653618, 0.3807133, -0.12615186, -0.009617504, 0.024119247,
0.030234225, 0.021074811, 0.12004349, 0.079731405, -0.071679845, -0.05365406,
0.14228852, 0.1293838, -0.16235334, -0.08419241, 0.11407066, -0.25280592,
0.2460568, -0.04476409, -0.14705762, -0.068205915, 0.11863908, 0.036968447,
0.1001905, -0.219535, -0.22975412, -0.08404292, 0.072326675, 0.11072699,
0.017927673, 0.061318424, -0.21051064, -0.06274927, -0.11570038, 0.32594448,
0.009800292, 0.14515013, 0.023675848, -0.22253837, 0.10365041, -0.19638601,
0.13398895, -0.25081837, 0.076984555, 0.03666395, 0.041625284, -0.08422145,
-0.039996266, 0.15617162, 0.014926849, 0.29374793, -0.04432942, -0.029168911,
0.018549854, -0.06836509, 0.056561492, -0.0556978, 0.1685634, 0.023033954)]
[比如 ,WrappedArray(-0.014648012, -0.015176533, -0.0056266114, -0.0069790646,
0.0012241261, -0.01692714, -0.002436205, -0.008632833, -0.0067325695,
0.008532431, -0.0025477298, 0.0038654758, -0.011023475, -0.0010199914,
0.005159828, 0.002206743, 0.0014196131, 0.0043794126, -0.006536843,
0.0059821988, -0.016085248, 0.0075919395, -0.006356282, 0.008083406,
-0.0047867345, -0.0137766255, -0.018617805, -0.0063503175, -0.007338327,
-0.0051277955, 0.01551519, 0.01772073, 0.02756959, 0.0056204377, -0.005477224,
-6.1536964E-4, 0.014871987, 0.008680461, 8.8751956E-4, 0.007861436, -0.02227362,
0.0040295236, 0.026559262, -0.0061480133, -0.006638657, -0.008103351,
0.0012113878, 0.008060979, 0.0155995, 0.008202165, 0.0028249603, -0.01015931,
0.02799926, 0.019640774, -0.013093639, -0.003352382, 0.0074575185,
-0.0059324456, 0.020157693, -8.3859987E-4, -0.02107924, -0.01010997,
```

```
0.0059777983, 0.0060017444, 0.007405291, -0.01310101, -0.018389449, -0.00815757,
0.0045953495, 0.0026576228, -0.0024003861, 0.009866058, -0.023833137,
0.0015509189, -0.006955388, 0.021375446, 0.007143156, 0.021256851,
-0.0026357945, -0.01670295, 0.013708066, -0.009006704, 0.01260899, -0.029489892,
0.012833764, 0.01551727, 1.5154883E-4, -0.0040180534, 0.0034852426, 0.012353547,
0.0020083666, 0.024114762, -0.008628404, -0.0010156023, 0.0041161175,
-0.005570561, 0.0061870795, -0.002737381, 0.014275679, 0.0060581747)]
```

Word2vec 可以看作一個淺層的神經網路，下面我接著講解 Spark 的多層感知器神經網路，用於分類任務。

6.2.10 多層感知器神經網路 [23, 24]

MLP(Multi-Layer Perceptron)，即多層感知器，是一種趨向結構的類神經網路，映射一組輸入向量到一組輸出向量。MLP 可以被看作一個有方向圖，由多個節點層組成，每一層全連接到下一層。除了輸入節點，每個節點都是一個帶有非線性啟動函數的神經元 (或稱處理單元)。一種被稱為反向傳播演算法的監督學習方法常被用來訓練 MLP。MLP 是感知器的推廣，克服了感知器無法實現對線性不可分資料辨識的缺點。

1. 啟動函數

若每個神經元的啟動函數都是線性函數，那麼任意層數的 MLP 都可被簡化成一個等值的單層感知器。實際上，MLP 本身可以使用任何形式的啟動函數，譬如階梯函數或邏輯乙形函數 (logistic sigmoid function)，但為了使用反向傳播演算法進行有效學習，啟動函數必須限制為可微函數。由於具有良好可微性，很多乙形函數，尤其是雙曲正切函數 (Hyperbolic tangent) 及邏輯乙形函數被採用為啟動函數。

2. 應用

常被 MLP 用來進行學習的反向傳播演算法，在模式辨識的領域中算是標準監督學習演算法，並在計算神經學及平行分散式處理領域中持續成為被研究的課題。MLP 已被證明是一種通用的函數近似方法，可以被用來擬合複雜的函數或解決分類問題。MLP 在 20 世紀 80 年代的時候曾是相當流行的機器學習方法，擁有廣泛的應用場景，譬如語音辨識、圖型辨識和機器翻譯等，但自 90 年代以來 MLP 遇到來自更為簡單的支援向量機的強勁競爭。近來，由於深層學習的成功，MLP 又重新獲得了關注。

3. Spark 中以神經網路為基礎的 MLPC 的使用

多層感知器是一種多層的前饋神經網路模型，所謂前饋型神經網路指其從輸入層開始只接收前一層的輸入，並把計算結果輸出到後一層，並不會給前一層有所回饋，整個過程可以使用有向無環圖來表示。該類型的神經網路由 3 層組成，分別是輸入層 (Input Layer)、一個或多個隱層 (Hidden Layer) 和輸出層 (Output Layer)，MLPC 採用了反向傳播（Back Propagation，BP) 演算法，BP 演算法的學習目的是對網路的連接權值進行調整，使得調整後的網路對任一輸入都能得到所期望的輸出。BP 演算法名稱裡的反向傳播指的是該演算法在訓練網路的過程中逐層反向傳遞誤差，逐一修改神經元間的連接權值，以使網路對輸入資訊經過計算後所得到的輸出能達到期望的誤差。

Spark 的多層感知器隱層神經元使用 sigmoid 函數作為啟動函數，輸出層使用的是 softmax 函數。MLPC 可調的幾個重要參數如下：

featuresCol：輸入資料 DataFrame 中指標特徵列的名稱。

labelCol：輸入資料 DataFrame 中標籤列的名稱。

layers：這個參數的類型是一個整數陣列類型，第一個元素需要和特徵向量的維度相等，最後一個元素需要和訓練資料的標籤數相等，如 2 分類問題就寫 2。中間的元素有多少個就代表神經網路有多少個隱層，元素的設定值代表了該層的神經元的個數。例如 val layers=(5,6,5,2)。

maxIter：最佳化演算法求解的最大疊代次數，預設值是 100。

predictionCol：預測結果的列名稱。

訓 練 資 料 我 們 直 接 用 Spark 的 data 資 料 夾 附 帶 的 sample_multiclass_classification_data.txt 資料即可，Spark 的多層感知器分類可用於多值分類器，如程式 6.17 所示。

【程式 6.17】 MultilayerPerceptronJob.scala

```
package com.chongdianleme.mail
import com.chongdianleme.mail.SVMJob.readParquetFile
import org.apache.spark.ml.classification.{MultilayerPerceptronClassification
Model, MultilayerPerceptronClassifier}
import org.apache.spark.ml.evaluation.MulticlassClassificationEvaluator
import org.apache.spark.ml.linalg.Vector
import org.apache.spark.sql.SparkSession
```

```scala
import scopt.OptionParser
import scala.collection.mutable.ArrayBuffer
/**
  * Created by 充電了麼 App——陳敬雷
  * 官網:http://chongdianleme.com/
  * 多層感知器是一種趨向結構的類神經網路,映射一組輸入向量到一組輸出向量。MLP 可以被看作一個
有方向圖,由多個節點層組成,每一層全連接到下一層。除了輸入節點,每個節點都是一個帶有非線性啟
動函數的神經元 (或稱處理單元)。一種被稱為反向傳播演算法的監督學習方法常被用來訓練 MLP。MLP
是感知器的推廣,克服了感知器無法實現對線性不可分資料辨識的缺點。
  */
object MultilayerPerceptronJob {
case class LableFeature(label: Double, features: Vector)
case class Params(
             inputPath: String = "file:///D:\\chongdianleme\\chongdianleme-spark-
task\\data\\sample_multiclass_classification_data.txt",
             outputPath:String = "file:///D:\\chongdianleme\\chongdianleme-spark-
task\\data\\MultilayerPerceptronOut\\",
             modelPath:String="file:///D:\\chongdianleme\\chongdianleme-spark-
task\\data\\MultilayerPerceptronModel\\",
             warehousePath:String = "file:///c:/tmp/spark-warehouse",
             featureCount:Int = 4, // 資料特徵有幾個
intermediate1:Int = 166,          // 設定兩個隱藏層,這是第一個隱藏層,節點數為 166
intermediate2:Int = 136,          // 這是第二個隱藏層,節點數為 136
classCount:Int = 3,               // 輸出層,也就是分類標籤數。這次我們是三值多分類
mode: String = "local"
)
def main(args: Array[String]): Unit = {
val defaultParams = Params()
val parser = new OptionParser[Params]("MultilayerPerceptronJob") {
      head("MultilayerPerceptronJob: 解析參數 .")
      opt[String]("inputPath")
        .text(s"inputPath 輸入目錄 , default: ${defaultParams.inputPath}}")
        .action((x, c) => c.copy(inputPath = x))
      opt[String]("modelPath")
        .text(s"modelPath , default: ${defaultParams.modelPath}}")
        .action((x, c) => c.copy(modelPath = x))
      opt[String]("outputPath")
        .text(s"outputPath, default: ${defaultParams.outputPath}}")
        .action((x, c) => c.copy(outputPath = x))
      opt[String]("warehousePath")
        .text(s"warehousePath , default: ${defaultParams.warehousePath}}")
        .action((x, c) => c.copy(warehousePath = x))
      opt[Int]("featureCount")
        .text(s"featureCount , default: ${defaultParams.featureCount}}")
        .action((x, c) => c.copy(featureCount = x))
      opt[Int]("intermediate1")
        .text(s"intermediate1 , default: ${defaultParams.intermediate1}}")
        .action((x, c) => c.copy(intermediate1 = x))
      opt[Int]("intermediate2")
```

```
            .text(s"intermediate2 , default: ${{defaultParams.intermediate2}}")
            .action((x, c) => c.copy(intermediate2 = x))
        opt[Int]("classCount")
            .text(s"classCount , default: ${{defaultParams.classCount}}")
            .action((x, c) => c.copy(classCount = x))
        opt[String]("mode")
            .text(s"mode 運行模式 , default: ${{defaultParams.mode}")
            .action((x, c) => c.copy(mode = x))
        note(
"""

            |For example,:MultilayerPerceptron
        """.stripMargin)
    }
    parser.parse(args, defaultParams).map { params => {
println(" 參數值 :" + params)
trainMLP(params.inputPath,params.outputPath,params.modelPath,params.
warehousePath,params.mode,
        params.featureCount, params.intermediate1,params.intermediate2, params.
classCount)
    }
    } getOrElse {
      System.exit(1)
    }
  }
/**
  * 多層感知器神經網路分類——多值分類
  *
  * @param inputPath 輸入資料格式 , 用 Spark 的 data 資料夾附帶的 sample_multiclass_
classification_data.txt 資料 :
  *              11:-0.2222222:0.53:-0.7627124:-0.833333
  *              11:-0.5555562:0.253:-0.8644074:-0.916667
  *              11:-0.7222222:-0.1666673:-0.8644074:-0.833333
  *              11:-0.7222222:0.1666673:-0.6949154:-0.916667
  *              01:0.1666672:-0.4166673:0.4576274:0.5
  *              11:-0.8333333:-0.8644074:-0.916667
  *              21:-1.32455e-072:-0.1666673:0.2203394:0.0833333
  * @param outputPath
* @param modelPath 模型持久化儲存到檔案
  * @param warehousePath 臨時目錄
  * @param mode 運行模式 local 或分散式
  * @param featureCount 資料特徵個數
  * @param intermediate1 第一個隱藏層的節點數
  * @param intermediate2 第二個隱藏層的節點數
  * @param classCount 輸出層，分類標籤數
  */
def trainMLP(inputPath:String,outputPath:String,modelPath:String,warehousePath:S
tring,mode:String,
                featureCount:Int, intermediate1:Int,intermediate2:Int,classCou
nt:Int): Unit =
```

```
    {
val startTime = System.currentTimeMillis()
// 創建 Spark 物件
val spark = SparkSession
        .builder
        .config("spark.sql.warehouse.dir", warehousePath)
        .appName("MultilayerPerceptronClassifierJob")
        .master(mode)
        .getOrCreate()
// 讀取訓練資料，指定為 libsvm 格式
val data = spark.read.format("libsvm").load(inputPath)
// 訓練資料，隨機拆分資料 80% 作為訓練集，20% 作為測試集
val splits = data.randomSplit(Array(0.8, 0.2), seed = 1234L)
val (trainingData, testData) = (splits(0), splits(1))
// 神經網路圖層設定，輸入層 4 個節點，兩個隱藏層 intermediate1 和 intermediate2，輸出層
//3 個節點，也就是 3 個分類
val layers = Array[Int](featureCount, intermediate1,intermediate2, classCount)
// 建立 MLPC 訓練器並設定參數
val trainer = new MultilayerPerceptronClassifier()
        .setLayers(layers)
        .setBlockSize(128)
        .setSeed(1234L)
        .setMaxIter(188)
// 資料和設定一切準備就緒，開始訓練資料
val model = trainer.fit(trainingData)
val trainendTime = System.currentTimeMillis()
// 訓練好的模型可以持久化存到檔案、Web 服務或其他預測專案裡，直接載入這個模型檔案到記憶體
// 裡，進行直接預測，不用每次都訓練
model.save(modelPath)
// 載入剛才儲存的這個模型檔案到記憶體裡
val loadModel = MultilayerPerceptronClassificationModel.load(modelPath)
// 以載入為基礎的模型進行預測，這只是演示模型怎麼持久化和載入的過程
val predictResult = loadModel.transform(testData)
// 以訓練好為基礎的模型預測特徵資料
val result = model.transform(testData)
// 計算預測的準確度
val predictionAndLabels = result.select("prediction", "label")
// 多值分類準確率計算工具
val evaluator = new MulticlassClassificationEvaluator()
        .setMetricName("accuracy")
val accuracy = evaluator.evaluate(predictionAndLabels)
// 把準確度列印出來
println("Accuracy: " + accuracy)
val predictEndTime = System.currentTimeMillis()
val time1 = s" 訓練時間 :${(trainendTime - startTime) / (1000 * 60.0)} 分鐘 "
val time2 = s" 預測時間 :${(predictEndTime - trainendTime) / (1000 * 60.0)} 分鐘 "
val precision = s" 多值分類準確率 :$accuracy"
val out = ArrayBuffer[String]()
    out +=("MLP 神經網路分類:", time1, time2,  precision)
```

```
println(out)
    spark.stop()
// 查看訓練模型檔案裡的內容
readParquetFile(modelPath + "data/*.parquet", 8000)
    }
}
```

模型輸出的中繼資料檔案 MultilayerPerceptronModel\metadata\part-00000 內容如下：

```
{"class":"org.apache.spark.ml.classification.MultilayerPerceptronClassificationMod
el","timestamp":1567673947182,"sparkVersion":"2.4.3","uid":"mlpc_198b1e116391","
paramMap":{"featuresCol":"features","predictionCol":"prediction","labelCol":"lab
el"}}
```

模類型資料檔案 MultilayerPerceptronModel\data\part*.snappy.parquet 部分內容如下：

```
[WrappedArray(4, 166, 136, 3),[2.0387064418832193,-2.5090203076238367,
-0.2315724886429008,1.5604691395407548,-1.3466965382735423,
-0.08162865549688315,-1.5158038603594508,-1.136690631236573
# 後面的內容太長就不全貼出來了。
```

多層感知器神經網路也是神經網路的一種，屬於一種前饋神經網路，後面的章節我們全面講解神經網路演算法。

第 7 章

分散式深度學習實戰

深度學習是機器學習領域中一個新的研究方向，它被引入機器學習使其更接近於最初的目標——人工智慧。深度學習是學習樣本資料的內在規律和展現層次，這些在學習過程中獲得的資訊對諸如文字、圖型和聲音等資料的解釋有很大的幫助。它的最終目標是讓機器能夠像人一樣具有分析學習能力，能夠辨識文字、圖型和聲音等資料。深度學習是一個複雜的機器學習演算法，在語音和圖型辨識方面取得的效果遠遠超過先前相關技術。深度學習在人臉辨識、語音辨識、對話機器人、搜索技術、資料採擷、機器學習、機器翻譯、自然語言處理、多媒體學習、推薦和個性化技術，以及其他相關領域都獲得了很多成果。深度學習使機器模仿視聽和思考等人類的活動，解決了很多複雜的模式辨識難題，使得人工智慧相關技術取得了很大進步。

深度學習是一種以對資料進行表徵學習為基礎的機器學習方法，近些年不斷發展並廣受歡迎。同時也有很多的開放原始碼框架和開放原始碼函數庫，下面選 16 種在 GitHub 中最受歡迎的深度學習開放原始碼平台和開放原始碼函數庫介紹。

TensorFlow

TensorFlow 最初由 Google 的機器智慧研究機構中 Google 大腦小組的研究人員和工程師開發的。這個框架旨在方便研究人員對機器學習的研究，並簡化從研究模型到實際生產的遷移過程。

連結：

https://github.com/tensorflow/tensorflow

Keras

Keras 是用 Python 編寫的進階神經網路的 API，能夠和 TensorFlow、CNTK 或 Theano 配合使用。

連結：

https://github.com/keras-team/keras

Caffe

Caffe 是一個重在表達性、速度和模組化的深度學習框架，它由 Berkeley Vision and Learning Center(柏克萊視覺和學習中心) 和社區貢獻者共同開發。

連結：

https://github.com/BVLC/caffe

Microsoft Cognitive Toolkit

Microsoft Cognitive Toolkit(以前叫作 CNTK) 是一個統一的深度學習工具集，它將神經網路描述為一系列透過有方向圖表示的計算步驟。

連結：

https://github.com/Microsoft/CNTK

PyTorch

PyTorch 是與 Python 相融合的具有強大的 GPU 支援的張量計算和動態神經網路的框架。

連結：

https://github.com/pytorch/pytorch

Apache MXNet

Apache MXNet 是為了提高效率和靈活性而設計的深度學習框架。它允許使用者將符號程式設計和命令式程式設計混合使用，從而最大限度地提高效率和生產力。

連結：

https://github.com/apache/incubator-mxnet

DeepLearning4J

DeepLearning4J 和 ND4J、DataVec、Arbiter，以及 RL4J 一樣，都是 Skymind Intelligence Layer 的一部分。它是用 Java 和 Scala 編寫的開放原始碼的分散式神經網路函數庫，並獲得了 Apache 2.0 的認證。

連結：

https://github.com/deeplearning4j/deeplearning4j

Theano

Theano 可以高效率地處理使用者定義、最佳化，以及計算有關多維陣列的數學運算式，但是在 2017 年 9 月 Theano 宣佈在 1.0 版發佈後不會再有進一步的重大進展。不過不要失望，Theano 仍然是一個非常強大的函數庫，足以支撐你進行深度學習方面的研究。

連結：

https://github.com/Theano/Theano

TFLearn

TFLearn 是一種模組化且透明的深度學習函數庫，它建立在 TensorFlow 之上，旨在為 TensorFlow 提供更進階別的 API，以方便和加快實驗研究，並保持完全的透明性和相容性。

連結：

https://github.com/tflearn/tflearn

Torch

Torch 是 Torch7 中的主要軟體套件，其中定義了用於多維張量的資料結構和數學運算。此外，它還提供許多用於存取檔案、序列化任意類型的物件等的實用軟體。

連結：

https://github.com/torch/torch7

Caffe2

Caffe2 是一個羽量級的深度學習框架，具有模組化和可擴充性等特點。它在原來的 Caffe 的基礎上進行改進，提高了它的表達性、速度和模組化。

連結：

https://github.com/caffe2/caffe2

PaddlePaddle

PaddlePaddle(平行分散式深度學習) 是一個易用的高效、靈活和可擴充的深度學習平台。它最初是由百度科學家和工程師們開發的，旨在將深度學習應用於百度的許多產品中。

連結：

https://github.com/PaddlePaddle/Paddle

DLib

DLib 是包含機器學習演算法和工具的現代化 C++ 工具套件，用來以 C++ 開發複雜為基礎的軟體從而解決實際問題。

連結：

https://github.com/davisking/dlib

Chainer

Chainer 是以 Python 為基礎用於深度學習模型中的獨立的開放原始碼框架，它提供靈活、直觀、高性能的手段來實現全面的深度學習模型，包括最新出現的遞迴神經網路 (recurrent neural networks) 和變分自動編碼器 (variational auto-encoders)。

連結：

https://github.com/chainer/chainer

Neon

Neon 是 Nervana 開發的以 Python 為基礎的深度學習函數庫。它易用，同時性能也處於最高水準。

連結：

https://github.com/NervanaSystems/neon

Lasagne

Lasagne 是一個羽量級的函數庫，可用於在 Theano 上建立和訓練神經網路。

連結：

https://github.com/Lasagne/Lasagne

在這些深度學習框架中，TensorFlow 是目前最為主流的深度學習框架，備受大家的喜愛。MXNet 作為 Apache 開放原始碼專案，GPU 訓練性能也非常不錯。本章就重點圍繞 TensorFlow 和 MXNet 講解其原理和相關神經網路演算法。

7.1 TensorFlow 深度學習框架

TensorFlow 作為最流行的深度學習框架，表達了高層次的機器學習計算，大幅簡化了第一代系統，並且具備更好的靈活性和可延展性，下面我們就詳細講解原理和安裝的過程。

7.1.1 TensorFlow 原理和介紹 [25]

TensorFlow 是最為流行的深度學習框架，同時支援在 CPU 和 GPU 上運行，支援單機和分散式訓練，下面我們介紹 TensorFlow 的原理。

1. TensorFlow 介紹

TensorFlow 是一個採用資料流程圖 (data flow graphs) 並用於數值計算的開放原始碼軟體函數庫。節點 (nodes) 在圖中表示數學操作，圖中的線 (edges) 則表示在節點間相互關聯的多維資料陣列，即張量 (tensor)。它靈活的架構讓你可以在多種平台上展開計算，例如桌上型電腦中的或多個 CPU(或 GPU)、伺服器和行動裝置等。TensorFlow 最初是由 Google 大腦小組 (隸屬於 Google 機器智慧研究機構) 的研究員和工程師們開發出來的，用於機器學習和深度神經網路方面的研究，但這個系統的通用性使其也可廣泛用於其他計算領域。

2. 核心概念：資料流程圖

資料流程圖用「節點」和「線」的有方向圖來描述數學計算。「節點」一般用來表示施加的數學操作，但也可以表示資料登錄 (feedin) 的起點 / 輸出 (push out) 的終點，或是讀取 / 寫入持久變數 (persistent variable) 的終點。「線」表示「節點」之間的輸入 / 輸出關係。這些資料「線」可以輸運「size 可動態調整」的多維資料陣列，即「張量」。張量從圖中流過的直觀圖像是這個工具取名為「TensorFlow」的原因。一旦輸入端的所有張量準備好，節點將被分配到各種計算裝置完成非同步平行地執行運算。更詳細的介紹可以查看 TensorFlow 中文社區：http://www.tensorfly.cn/。

TensorFlow 主要是由計算圖、張量，以及模型階段 3 個部分組成。

1) 計算圖

在編寫程式時，我們都是一步一步計算的，每計算完一步就可以得到一個執行結果。在 TensorFlow 中，首先需要建構一個計算圖，然後按照計算圖啟動一個階段，在階段中完成變數設定值、計算，以及得到最終結果等操作。因此，可以說 TensorFlow 是一個按照計算圖設計的邏輯進行計算的程式設計系統。

TensorFlow 的計算圖可以分為兩個部分：

(1) 構造部分，包含計算流圖；

(2) 執行部分，TensorFlow 透過 session 執行圖中的計算。

構造部分又分為兩部分：

(1) 創建來源節點；

(2) 來源節點輸出並傳遞給其他節點做運算。

TensorFlow 預設圖：TensorFlowPython 函數庫中有一個預設圖 (defaultgraph)。節點建構元 (op 建構元) 可以增加節點。

2) 張量

在 TensorFlow 中，張量是對運算結果的引用，運算結果多以陣列的形式儲存，與 numpy 中陣列不同的是張量還包含 3 個重要屬性，即名字、維度和類型。張量的名字是張量的唯一識別碼，透過名字可以發現張量是如何計算出來的。例如「add：0」代表的是計算節點「add」的第一個輸出結果。維度和類型與陣列類似。

3) 模型階段

用來執行構造好的計算圖，同時階段擁有和管理程式執行時期的所有資源。當計算完成之後，需要透過關閉階段來說明系統回收資源。

在 TensorFlow 中使用階段有兩種方式。第一種需要明確呼叫階段生成函數和關閉階段函數，程式如下：

```
import tensorflow as tf
# 創建 session
session = tf.Session()
# 獲取運算結果
```

```
session.run()
# 關閉階段，釋放資源
session.close()
```

第二種可以使用 with 的方式，程式如下：

```
with tf.Session() as session:
session.run()
```

兩種方式不同之處是第二種限制了 session 的作用域，即 session 這個參數只適用於 with 敘述下面的敘述，同時敘述結束後自動釋放資源，而第一種方式 session 則作用於整個程式檔案，需要用 close 來釋放資源。

3. TensorFlow 分散式原理

TensorFlow 的實現分為單機實現和分散式實現。在單機模式下，計算圖會按照程式間的依賴關係按循序執行。在分散式實現中，需要實現的是對 client、master、worker 和 device 管理。client 也就是用戶端，它透過階段運行 (session run) 的介面與 master 和 worker 相連。master 則負責管理所有 worker 的執行計算子圖 (execute subgraph)。worker 由一個或多個計算裝置 device 組成，如 CPU 和 GPU 等。具體過程如圖 7.1 所示。

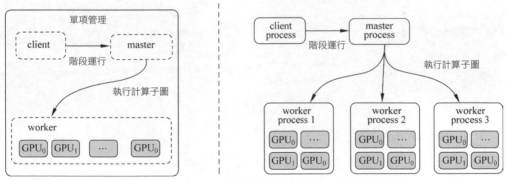

圖 7.1 TensorFlow 分散式架構圖 (圖片來自網誌園)

在分散式實現中，TensorFlow 有一套專門的節點分配策略。此策略是以代價模型為基礎的，代價模型會估算每個節點的輸入、輸出的 tensor 大小，以及所需的計算時間，然後分配每個節點的計算裝置。前面我們介紹了 TensorFlow 原理，下面我們介紹它的安裝和部署過程。

7.1.2　TensorFlow 安裝部署

TensorFlow 可以在 CPU 上運行，也可以在顯示卡 GPU 上運行，最大的區別就在於性能，在 GPU 上的運算性能可以比在 CPU 上快幾十倍甚至幾百倍，但顯示卡的價格比較貴，可以根據公司和業務的實際情況決定買什麼樣的顯示卡。GPU 方式的安裝部署也比 CPU 方式安裝複雜很多。下面我們分別講一下。

1. CPU 方式安裝 TensorFlow

TensorFlow 是以 Python 為基礎的，所以需要先安裝 Python 環境，下面我們先安裝 python3.5 環境。

(1) 安裝 Python 環境的指令稿程式

```
# 下載 python3.5 的原始程式套件並編譯
wget https://www.python.org/ftp/python/3.5.3/python-3.5.3.tgz
tar xvzf python-3.5.3.tgz
cd python-3.5.3
./configure --prefix=/usr/local --enable-shared
make
make install
ln -s /usr/local/bin/python3.5/usr/bin/python3
# 在運行 Python 之前需要設定函數庫
echo /usr/local/lib >> /etc/ld.so.conf.d/local.conf
ldconfig
# 查看 Python 版本是否安裝成功
python3 --version
python 3.5.3
# 安裝 pip3
apt-get install python3-pip
pip3 install --upgrade pip
```

(2) 安裝 TensorFlow

有兩種方式，一個是線上安裝，另一個是離線安裝。

線上安裝比較簡單，指令稿程式如下：

```
pip3 install -upgrade tensorflow
```

離線安裝需要提前把安裝套件下載下來，然後在本地安裝即可。指令稿程式如下：

```
pip3 install /home/hadoop/tensorflow-1.x.x-cp35-cp35m-linux_x86_64.whl
```

這是在 CPU 上運行的安裝方式,實際上直接安裝 GPU 版本的安裝套件也可以在 CPU 上運行,因為 TensorFlow 自己會檢測系統是否安裝了顯示卡驅動等,不過如果沒有安裝則自動切換到 CPU 上來運行,所以我們一般安裝 GPU 版本就可以了,開始測試用 CPU,等什麼時間買了顯示卡後就不用再重新安裝一遍 GPU 版的 TensorFlow 了,一步合格。

GPU 方式安裝如下,多了一個 -gpu 尾碼,指令稿程式如下:

```
# 線上安裝
pip3 install --upgrade tensorflow-gpu
# 離線安裝
pip3 install tensorflow_gpu-1.x.x-cp35-cp35m-linux_x86_64.whl
```

(3) 檢查 TensorFlow 是否可用

輸入 python3 確認進入主控台,運行下面程式,如果不顯示出錯並能輸出就表示安裝成功了:

```
import tensorflow as tf
hello = tf.constant('Hello, TensorFlow!')
sess = tf.Session()
sess.run(hello)
```

2. GPU 顯示卡方式安裝 TensorFlow

上面已經介紹了安裝 GPU 版本的 TensorFlow,如果沒有安裝 GPU 顯示卡和驅動便自動在 CPU 上來運行,但如果想要在顯示卡上運行,就需要安裝顯示卡驅動、cuda、cuDNN 深度學習加速函數庫等,下面看下具體安裝過程。

(1) 安裝顯示卡驅動。

從 http://www.nvidia.cn/Download/index.aspx?lang=cn 下載顯示卡驅動,安裝指令稿程式如下:

```
# 進行安裝驅動
sh/home/hadoop/NVIDIA-Linux-x86_64-375.66.run --kernel-source-path=/usr/src/
kernels/3.10.0-514.26.1.el7.x86_64 -k $(uname -r) --dkms -s
# 如果不知道核心是哪個版本,用 uname 命令查看
uname -r
3.10.0-693.2.2.el7.x86_64
# 想移除的話用這個命令
sh /home/hadoop/NVIDIA-Linux-x86_64-375.66.run -uninstall
# 安裝完成後確定有沒有安裝好
nvidia-smi
```

```
# 動態顯示顯存情況命令
watch -n 1 nvidia-smi
```

(2) 安裝 cuda。

從 https://developer.nvidia.com/cuda-downloads 下載，安裝指令稿程式如下：

```
# 在 vim /usr/lib/modprobe.d/dist-blacklist.conf 中增加兩行內容
blacklist nouveau
options nouveau modeset=0
# 把驅動加入黑名單中：vim /etc/modprobe.d/blacklist.conf　在後面加入
blacklist nouveau
# 如果已經是 configuration: driver=nvidia latency=0 就不要給當前映像檔做備份了
# 接著給當前映像檔做備份
mv /boot/initramfs-$(uname -r).img /boot/initramfs-$(uname -r).img.bak
# 建立新的映像檔
dracut /boot/initramfs-$(uname -r).img $(uname -r)
# 重新啟動，機器會重新啟動
init 6
# 準備工作就緒，開始安裝 cuda
sh /home/chongdianleme/cuda_8.0.61_375.26_linux.run
# 移除方式
# 在 /usr/local/cuda/bin 目錄下，有 cuda 附帶的移除工具 uninstall_cuda_7.5.pl
cd /usr/local/cuda-8.0/bin
./uninstall_cuda_8.0.pl
# 安裝過程中如果有類似顯示出錯，這樣來解決
Enter CUDA Samples Location
[ default is /root ]:
/home/CUDASamples/
/home/cuda/
Missing gcc. gcc is required to continue.
Missing recommended library: libGLU.so
Missing recommended library: libXi.so
Missing recommended library: libXmu.so
Missing recommended library: libGL.so
Error: cannot find Toolkit in /usr/local/cuda-8.0
# 解決顯示出錯指令稿
yum install freeglut3-dev build-essential libx11-dev libxmu-dev libxi-dev
libgl1-mesa-glx libglu1-mesa libglu1-mesa-dev
yum install libglu1-mesa libxi-dev libxmu-dev libglu1-mesa-dev
yum install freeglut3-dev build-essential libx11-dev libxmu-dev libxi-dev
libgl1-mesa-glx libglu1-mesa libglu1-mesa-dev
# 接下來安裝 cuda 的更新
sh /home/chongdianleme/cuda_8.0.61.2_linux.run
# 預設安裝目錄：/usr/local/cuda-8.0
# 設定一下環境變數
vim /etc/profile
# 最後增加
```

```
export PATH=/usr/local/cuda-8.0/bin:$PATH
export LD_LIBRARY_PATH=/usr/local/cuda-8.0/lib64:$LD_LIBRARY_PATH
# 查看有沒有安裝好，沒顯示出錯並能顯示版本編號就說明安裝成功了
nvcc -version
# 用這個命令也可以做個測試
/usr/local/cuda/extras/demo_suite/deviceQuery
```

(3) cuDNN 深度學習加速函數庫安裝。

從 https://developer.nvidia.com/rdp/cudnn-download 下 載 cudnn-8.0-Linux-x64-v5.1.tgz，下載前需要在 nvidia 官方網站註冊，下載之後解壓縮並安裝，指令稿程式如下所示，注意一定加 -C 參數：

```
cd /home/software/
tar -xvf cudnn-8.0-linux-x64-v5.1.tgz -C /usr/local
```

到此安裝就算完成了，運行一下 TensorFlow 程式，試試，透過這個命令 watch-n 1 nvidia-smi 可以即時看到顯示卡記憶體使用情況。

7.2　MXNet 深度學習框架

Apache MXNet 是一個深度學習框架，旨在提高效率和靈活性。它允許混合符號和命令式程式設計，最大限度地提高效率和生產力。MXNet 的核心是一個動態依賴排程程式，可以動態地自動平行化符號和命令操作。最重要的圖形最佳化層使符號執行更快，記憶體效率更高。MXNet 便攜且輕巧，可有效擴充到多個 GPU 和多台機器。MXNet 支援 Python、R、Julia、Scala、Go 和 JavaScript 等多種語言，具有羽量級、可攜式、靈活、分散式和動態等優勢，所以很多公司也在用它。下面我們就詳細講解一下。

7.2.1　MXNet 原理和介紹 [26]

MXNet 是亞馬遜 (Amazon) 選擇的深度學習函數庫。它擁有類似於 Theano 和 TensorFlow 的資料流程圖，為多 GPU 設定提供了良好的設定，具有類似於 Lasagne 和 Blocks 更進階別的模型建構區塊，並且可以在你可以想像的任何硬體上運行 (包括手機)。對 Python 的支援只是其冰山一角——MXNet 同樣提供了 R、Julia、C++、Scala、Matlab 和 JavaScript 的介面。

1. MXNet 特點

MXNet 是一個全功能、靈活可程式化和高擴充性的深度學習框架。所謂深度學習，顧名思義，就是使用深度神經網路進行的機器學習。神經網路本質上是一門語言，我們透過它可以描述應用問題的了解。舉例來說，卷積神經網路可以表達空間相關性的問題，使用循環神經網路可以表達時間連續性方面的問題。MXNet 支援深度學習模型中的最先進技術，當然包括卷積神經網路，以及循環神經網路中比較有代表性的長期短期記憶網路。根據問題的複雜性和資訊如何從輸入到輸出一步一步提取，我們透過將不同大小、不同層按照一定的原則連接起來，最終形成完整的深層神經網路。MXNet 有 3 個特點，便攜、高效和擴充性。

首先看第一個特點，便攜指方便攜帶、輕便，以及可移植。MXNet 支援豐富的程式語言，如常用的 C++、Python、Matlab、Julia、JavaScript 和 Go 等。同時支援各種各樣的作業系統版本，MXNet 可以實現跨平台移植，支援的平台包括 Linux、Windows、iOS 和 Android 等。

第二個特點，高效指的是 MXNet 對於資源利用的效率，而資源利用效率中很重要的一點是記憶體的效率，因為在實際的運算當中，記憶體通常是一個非常重要的瓶頸，尤其對於 GPU、嵌入式裝置而言，記憶體顯得更為寶貴。神經網路通常需要大量的臨時記憶體空間，例如每層的輸入、輸出變數，每個變數需要獨立的記憶體空間，這會帶來高額度的記憶體負擔。如何最佳化記憶體負擔對於深度學習框架而言是非常重要的事情。MXNet 在這方面做了特別的最佳化，有資料顯示在運行多達 1000 層的深層神經網路任務時，MXNet 只需要消耗 4GB 的記憶體。阿里也與 Caffe 做過類似的比較，也驗證了這項特點。

第三個特點，擴充性在深度學習中是一個非常重要的性能指標。更高效的擴充可以讓訓練新模型的速度得到顯著提高，或可以在相同的時間內大幅度提高模型複雜性。擴充性指兩方面，首先是單機擴充性，其次是多機擴充性。MXNet 在單機擴充性和多機擴充性方面都有非常優秀的表現，所以擴充性是 MXNet 最大的一項優勢，也是最突出的特點。

2. MXNet 程式設計模式

對於一個優秀的深度學習系統，或一個優秀的科學計算系統，最重要的是如何設計程式設計介面，它們都採用一個特定領域的語言，並將其嵌入主語言當中。例如 NumPy 將矩陣運算嵌入 Python 當中。嵌入一般分為兩種，其中一種嵌入較淺，每種語言按照原來的意思去執行，叫命令式程式設計，NumPy 和 Torch 都屬於淺深入，即命令式程式設計；另一種則是使用更深的嵌入方式，提供了一整套針對具體應用的迷你語言，通常稱為宣告式程式設計。使用者只需要宣告做什麼，具體執行交給系統去完成。這類程式設計模式包括 Caffe、Theano 和 TensorFlow 等。

目前使用的系統大部分都採用上面所講的兩種程式設計模式中的一種，兩種程式設計模式各有優缺點，所以 MXNet 嘗試將兩種模式無縫地結合起來。在命令式程式設計上 MXNet 提供張量運算，而宣告式程式設計中 MXNet 支援符號運算式。使用者可以自由地混合它們來快速實現自己的想法。例如我們可以用宣告式程式設計來描述神經網路，並利用系統提供的自動求導來訓練模型。另外，模型的疊代訓練和更新模型法則可能涉及大量的控制邏輯，因此我們可以用命令式程式設計來實現。同時我們用它來方便地調式和與主語言互動資料。

3. MXNet 程式設計模式

MXNet 架構從上到下分別為各種主從語言的嵌入、程式設計介面 (矩陣運算 NDArray、符號運算式 SymbolicExpression 和分散式通訊 KVStore)，還有兩種程式設計模式的統一系統實現，其中包括依賴引擎，還有用於資料通訊的通訊介面，以及 CPU、GPU 等各硬體的支援，除此以外還有對 Android、iOS 等多種作業系統跨平台的支援。在 3 種主要程式設計介面 (矩陣運算 NDArray、符號運算式 SymbolicExpression 和分散式通訊 KVStore) 中，我們將重點介紹 KVStore。

KVStore 是 MXNet 提供的分散式的 key-value 儲存，用來進行資料交換。KVStore 在本質上是以參數伺服器為基礎來實現資料交換的。透過引擎來管理資料的一致性，參數伺服器的實現變得相當簡單，同時 KVStore 的運算可以無縫地與其他部分結合在一起。使用一個兩層的通訊結構。第一層伺服器管理單機內部的多個裝置之間的通訊。第二層伺服器則管理機器之間透過網路的通訊。第一層伺服器在與第二層通訊前可能合併裝置之間的資料來降低網路頻寬消耗。同時考慮到機器內和外通訊頻寬和延遲時間的不同性，可以對其使用不同的一致性模型。例如第一層用強的一致性模型，而第二層則使用弱的一致性模型來減少同步負擔。在第三部分會介紹 KVStore 對於實際通訊性能的影響。

7.2.2　MXNet 安裝部署

MXNet 也同時支援 CPU 和顯示卡 GPU 方式，基礎環境和 TensorFlow 一樣都是安裝 Python 和 pip3。剩下需要的安裝部分非常簡單。我們分別講解一下。

1. CPU 安裝方式

用 pip 命令安裝即可，指令稿程式如下：

```
pip3 install mxnet
```

2. GPU 安裝方式

用下面 pip 命令安裝即可，與 CPU 安裝方式相比後面多了一個 -cu80，指令稿程式如下：

```
pip3 install mxnet-cu80
```

需要說明一點，和 TensorFlow 不同，如果你的系統沒安裝顯示卡驅動、cuda、cuDNN 深度學習加速函數庫等，程式運行就會顯示出錯，不會智慧地自動切換到 CPU 運行。

7.3　神經網路演算法

神經網路，尤其是深度神經網路在過去的數年裡已經在圖型分類、語音辨識和自然語言處理中獲得了突破性的進展。在實踐中的應用已經證明了它可以身為十分有效的技術手段應用在巨量資料相關領域中。深度神經網路透過許多簡單線性變換可以層次性地進行非線性變換，這對於資料中的複雜關係能夠極佳地進行擬合，即對資料特徵進行深層次的採擷，因此身為技術手段，深度神經網路對於任何領域都是適用的。神經網路的演算法也有好多種，從最早的多層感知器演算法，到之後的卷積神經網路、循環神經網路、長短期記憶神經網路，以及在此基礎神經網路演算法之上衍生的點對點神經網路、生成對抗網路和深度強化學習等，可以做很多有趣的應用。下面我們就分別講解各個演算法。

7.3.1 多層感知器演算法 [27, 28]

我們在上一章講解 Spark 的時候已經介紹過 MLP，原理都是一樣的，這次我們用 TensorFlow 來實現 MLP 演算法，解決分類應用場景中的問題。

1. TensorFlow 多層感知器實現原理

說到分類問題，我們可以用 Softmax 回歸來實現。Softmax 回歸可以算是多分類問題 logistic 回歸，它和神經網路的最大區別是沒有隱含層。理論上只要隱含節點足夠多，即使只有一個隱含層的神經網路也可以擬合任意函數，同時隱含層越多，越容易擬合複雜結構。為了擬合複雜函數需要的隱含節點的數目，基本上隨著隱含層的數量增多呈指數下降的趨勢，也就是說層數越多神經網路所需要的隱含節點可以越少。層數越深，概念越抽象，需要背誦的基礎知識就越少。在實際應用中深層神經網路會遇到許多困難，如過擬合、參數偵錯和梯度彌散等。

過擬合是機器學習中的常見問題，是指模型預測準確率在訓練集上升高，但是在測試集上的準確率反而下降，這通常表示模型的泛化能力不好，過度擬合了訓練集。針對這個問題，Hinton 教授領導的團隊提出了 Dropout 解決辦法，在使用 CNN 訓練圖像資料時效果尤其好，其大致想法是在訓練時將神經網路某一層的輸出節點資料隨機遺失一部分，這種做法實質上等於生成了許多新的隨機樣本，此法透過增大樣本數、減少特徵數量來防止過擬合。

參數偵錯問題尤其是偵錯 SGD 的參數，以及對 SGD 設定不同的學習率 (learning rate)，最後得到的結果可能差異巨大。神經網路的最佳化通常不是一個簡單的凸最佳化問題，它處處充滿了局部最佳。有理論表示，神經網路可能有很多個局部最佳解可以達到比較好的分類效果，而全域最佳很可能造成過擬合。對於 SGD，我們希望一開始設定學習率大一些，加速收斂，在訓練的後期又希望學習率小一些，這樣可以低速進入一個局部最佳解。不同的機器學習問題的學習率設定也需要有針對性地偵錯，像 Adagrad、Adam 和 Adadelta 等自我調整的方法可以減輕偵錯參數的負擔。對於這些最佳化演算法，我們通常使用其預設的參數設定就可以得到比較好的效果。

梯度彌散 (Gradient Vanishment) 是另一個影響深層神經網路訓練效果的問題，在 ReLU 啟動函數出現之前，神經網路訓練是使用 Sigmoid 作為啟動函數的。

非線性的 Sigmoid 函數在訊號的特徵空間映射上對中央區的訊號增益較大,對兩側區的訊號增益較小。當神經網路層數較多時,Sigmoid 函數在反向傳播中梯度值會逐漸減小,在到達前面幾層前梯度值就變得非常小了,在神經網路訓練的時候,前面幾層的神經網路參數幾乎得不到訓練更新。直到 ReLU,以及 y=max(0, x) 的出現才比較完美地解決了梯度彌散的問題。訊號在超過某個閾值時,神經元才會進入興奮和啟動的狀態,否則會處於抑制狀態。ReLU 可以極佳地反向傳遞梯度,經過多層的梯度反向傳播,梯度依舊不會大幅度減小,因此非常適合深層神經網路的訓練。ReLU 比較於 Sigmoid 有以下幾個特點:單側抑制、相對寬闊的興奮邊界和稀疏啟動性。目前,ReLU 及其變種 EIU、PReLU 和 RReLU 已經成為最主流的啟動函數。實踐中在大部分情況下 (包括 MLP、CNN 和 RNN),如果將隱含層的啟動函數從 Sigmoid 替換為 ReLU 可以帶來訓練速度和模型準確率的提升。當然神經網路的輸出層一般是 Sigmoid 函數,因為它最接近機率輸出分佈。

作為最典型的神經網路,多層感知器結構簡單且規則,並且在隱層設計得足夠完善時,可以擬合任意連續函數,利用 TensorFlow 來實現 MLP 更加形象,使得使用者對要架設的神經網路的結構有一個更加清醒的認識,接下來將對用 TensorFlow 架設 MLP 模型的方法進行一個簡單的介紹,並實現 MNIST 資料集的分類任務。

2. TensorFlow 手寫數字辨識分類任務 MNIST 分類

作為在資料採擷工作中處理得最多的任務,分類任務佔據了機器學習的半壁江山,而一個網路結構設計良好 (即隱層層數和每個隱層神經元個數選擇恰當) 的多層感知器在分類任務上也具有非常優異的性能,下面我們以 MNIST 手寫數字資料集作為演示,在上一篇中我們利用一層輸入層 +softmax 架設的分類器在 MNIST 資料集的測試集上達到 93% 的精度,下面我們使用加上一層隱層的網路,以及一些 tricks 來看看能夠提升多少精度。

1) 網路結構

這裡我們架設的多層前饋網路由 784 個輸入層神經元、200 個隱層神經元和 10 個輸出層神經元組成,而為了減少梯度彌散現象,我們設定 ReLU(非線性映射函數) 為隱層的啟動函數,如圖 7.2 所示。

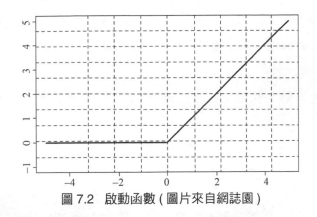

圖 7.2　啟動函數 (圖片來自網誌園)

這種啟動函數更接近生物神經元的工作機制，即在達到閾值之前持續抑制，在超越閾值之後開始興奮，而對於輸出層，因為對資料做了 one_hot 處理，所以依然使用 Softmax 進行處理。

2) Dropout

過擬合是機器學習，尤其是神經網路任務中經常發生的問題，即我們的學習器將訓練集的獨特性質當作全部資料集的普遍性質，使得學習器在訓練集上的精度非常高，但在測試集上的精度非常低 (這裡假設訓練集與測試集資料分佈一致)，而除了隨機梯度下降的一系列方法外 (如上一篇中我們提到的在每輪訓練中使用全體訓練集中一個小尺寸的訓練來進行本輪的參數調整)，我們可以使用類似的思想，將神經網路某一層的輸出節點資料隨機捨棄一部分，即令這部分被隨機選中的節點輸出值為 0，這樣做等值於生成很多新樣本，透過增大樣本數，減少特徵數量來防止過擬合，Dropout 也算是一種 bagging 方法，可以將每次捨棄節點輸出視為對特徵的一次取樣，相當於我們訓練了一個 ensemble 的神經網路模型，對每個樣本都做特徵取樣，並組成一個融合的神經網路。

3) 學習率

因為神經網路的訓練通常不是一個凸最佳化問題，它充滿了很多局部最佳，因此我們通常不會採用標準的梯度下降演算法，而是採用一些有更大可能跳出局部最佳的演算法，如 SGD，而 SGD 本身也不穩定，其結果也會在最佳解附近波動，且設定不同的學習率可能會導致我們的網路落入截然不同的局部最佳之中，對於 SGD，我們希望在開始訓練時學習率被設定得大一些，以加速收斂的過程，而後期學習率被設定得低一些，以更穩定地落入局部最佳解，因此常使用 Adagrad 和 Adam 等自我調整的最佳化方法，可以在其預設參數上取得較好的效果。

下面就結合上述策略，利用 TensorFlow 架設我們的多層感知器來對 MNIST 手寫數字資料集進行訓練。

先使用樸素的風格來架設網路，還是照例從 TensorFlow 附帶的資料集中提取出 MNIST 資料集，程式如下：

```
import tensorflow as tf
from tensorflow.examples.tutorials.mnist import input_data
''' 匯入 MNIST 手寫資料 '''
mnist = input_data.read_data_sets('MNIST_data/', one_hot = True)
''' 接著使用互動環境下階段的方式，將生成的第一個階段作為預設階段：'''

''' 註冊預設的 session，之後的運算都會在這個 session 中進行 '''
sess = tf.InteractiveSession()
```

接著初始化輸入層與隱層間的 784×300 個權值、隱層神經元的 300 個 bias、隱層與輸出層之間的 300×10 個權值和輸出層的 10 個 bias，其中為了避免在隱層的 ReLU 啟動時陷入 0 梯度的情況，對輸入層和隱層間的權值初始化為平均值 0，標準差為 0.2 的正態分佈隨機數，對其他參數初始化為 0，程式如下：

```
''' 定義輸入層神經元個數 '''
in_units = 784

''' 定義隱層神經元個數 '''
h1_units = 300

''' 為輸入層與隱層神經元之間的連接權重初始化持久的正態分佈隨機數，這裡權重為 784×300，300
是隱層的尺寸 '''
W1 = tf.Variable(tf.truncated_normal([in_units,h1_units],mean=0,stddev=0.2))

''' 為隱層初始化 bias，尺寸為 300'''
b1 = tf.Variable(tf.zeros([h1_units]))

''' 初始化隱層與輸出層間的權重，尺寸為 300×10'''
W2 = tf.Variable(tf.zeros([h1_units, 10]))

''' 初始化輸出層的 bias'''
b2 = tf.Variable(tf.zeros([10]))

''' 接著我們定義引數、隱層神經元 Dropout 中的保留比例 keep_prob 的輸入部件：'''
```

```
''' 定義引數的輸入部件，尺寸為任意行 × 784 列 '''
x = tf.placeholder(tf.float32, [None, in_units])
''' 為 Dropout 中的保留比例設定輸入部件 '''
keep_prob = tf.placeholder(tf.float32)

''' 接著定義隱層 ReLU 啟動部分的計算部件、隱層 Dropout 部分的操作部件、輸出層 Softmax 的計算
部件，程式以下 '''
''' 定義隱層求解部件 '''
hidden1 = tf.nn.relu(tf.matmul(x, W1) + b1)

''' 定義隱層 Dropout 操作部件 '''
hidden1_drop = tf.nn.dropout(hidden1, keep_prob)

''' 定義輸出層 Softmax 計算部件 '''
y = tf.nn.softmax(tf.matmul(hidden1_drop, W2) + b2)

''' 還有樣本真實分類標籤的輸入部件及 loss_function 部分的計算元件 '''

''' 定義訓練 label 的輸入部件 '''
y_ = tf.placeholder(tf.float32, [None, 10])

''' 定義均方誤差計算部件，這裡注意要壓成一維 '''
loss_function = tf.reduce_mean(tf.reduce_sum((y_ - y)**2, reduction_
indices=[1]))
```

這樣我們的網路結構和計算部分全部架設完成了，接下來非常重要的一步就是
定義最佳化器的元件，它會完成自動求導並調整參數的工作，這裡我們選擇自
我調整的隨機梯度下降演算法 Adagrad 作為最佳化器，學習率儘量設定得小一
些，否則可能會導致網路的測試精度維持在一個很低的水準不變，即在最佳解
附近來回振盪卻難以接近最佳解，程式如下：

```
''' 定義最佳化器元件，這裡採用 AdagradOptimizer 作為最佳化演算法，這是變種的隨機梯度下降演
算法 '''
train_step = tf.train.AdagradOptimizer(0.18).minimize(loss_function)
```

接下來就到了正式的訓練過程了，我們啟動當前階段中所有計算部件，並定義
訓練步數為 15000 步，每一輪疊代選擇一個批次為 100 的訓練批來進行訓練，
Dropout 的 keep_prob 設定為 0.76，並在每 50 輪訓練完成後將測試集輸入當
前的網路中計算預測精度，注意在正式預測時 Dropout 的 keep_prob 應設定為
1.0，即不進行特徵的捨棄，程式如下：

```
''' 啟動當前 session 中的全部部件 '''
tf.global_variables_initializer().run()
```

```
''' 開始疊代訓練過程，最大疊代次數為 3001 次 '''
for i in range(15000):
    ''' 為每一輪訓練選擇一個尺寸為 100 的隨機訓練批 '''
    batch_xs, batch_ys = mnist.train.next_batch(100)
    ''' 將當前輪疊代選擇的訓練批作為輸入資料登錄 train_step 中進行訓練 '''
    train_step.run({x: batch_xs, y_: batch_ys, keep_prob:0.76})
    ''' 每 500 輪列印一次當前網路在測試集上的訓練結果 '''
    if i % 50 == 0:
        print(' 第 ',i,' 輪疊代後 :')
        ''' 構造 bool 型變數用於判斷所有測試樣本與其真實類別的匹配情況 '''
        correct_prediction = tf.equal(tf.argmax(y, 1), tf.argmax(y_, 1))
        ''' 將 bool 型變數轉為 float 型並計算平均值 '''
        accuracy = tf.reduce_mean(tf.cast(correct_prediction, tf.float32))
        ''' 啟動 accuracy 計算元件並傳入 MNIST 的測試集引數、標籤及 Dropout 保留機率，這裡因為
是預測，所以設定為全部保留 '''
        print(accuracy.eval({x: mnist.test.images,
                             y_: mnist.test.labels,
                             keep_prob: 1.0}))
```

經過全部疊代後，我們的多層感知器在測試集上達到了 0.9802 的精度。事實上在訓練到 10000 輪左右的時候我們的多層感知器就已經達到這個精度了，說明此時的網路已經穩定在當前的最佳解中，後面的訓練過程只是在這個最佳解附近微弱地振盪而已，所以實際上可以設定更小的疊代輪數。

MLP 屬於相對淺層的神經網路，下面我們講解深層的卷積神經網路。

7.3.2 卷積神經網路 [29, 30]

卷積神經網路 (CNN) 是一類包含卷積計算且具有深度結構的前饋神經網路，是深度學習的代表演算法之一。卷積神經網路具有表徵學習 (representation learning) 能力，能夠按其階層結構對輸入資訊進行平移不變分類 (shift-invariant classification)，因此也被稱為「平移不變類神經網路 (Shift-Invariant Artificial Neural Networks, SIANN)」。對卷積神經網路的研究始於 20 世紀 80 至 90 年代，時間延遲網路和 LeNet-5 是最早出現的卷積神經網路。在 21 世紀，隨著深度學習理論的提出和數值計算裝置的改進，卷積神經網路獲得了快速發展，並被應用於電腦視覺和自然語言處理等領域。卷積神經網路模擬生物的視知覺 (visual perception) 機制建構，可以進行監督學習和非監督學習，其隱含層內的卷積核心參數共用和層間連接的稀疏性使得卷積神經網路能夠以較小的計算量對格點化 (grid-like topology) 特徵，例如像素和音訊，進行學習、有穩定的效果且對資料沒有額外的特徵工程 (feature engineering) 要求。

1. CNN 的引入

在人工的全連接神經網路中，每相鄰兩層之間的每個神經元之間都是有邊相連的。當輸入層的特徵維度變得很高時，全連接網路需要訓練的參數就會增大很多，計算速度就會變得很慢，例如一張黑白的手寫數字圖片，輸入層的神經元就有 784 個，如圖 7.3 所示。

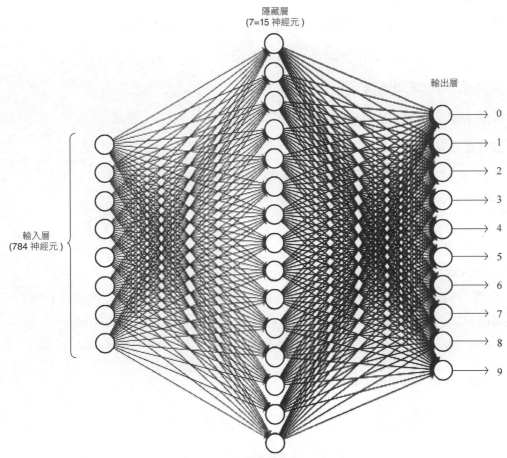

圖 7.3　全連接神經網路 (圖片來自 CSDN)

若在中間只使用一層隱藏層，參數就有 784×15=11760 多個。這很容易看出使用全連接神經網路處理圖型中的需要訓練參數過多的問題。

而在卷積神經網路中，卷積層的神經元只與前一層的部分神經元節點相連，即它的神經元間的連接是非全連接的，且同一層中某些神經元之間的連接權重是

共用的 (即相同的)，這樣便大量地減少了需要訓練參數的數量。

卷積神經網路的結構一般包含這幾個層：

輸入層：用於資料的輸入；

卷積層：使用卷積核心進行特徵提取和特徵映射；

激勵層：由於卷積也是一種線性運算，因此需要增加非線性映射；

池化層：進行下取樣，對特徵圖稀疏處理，減少資料運算量；

全連接層：通常在 CNN 的尾部進行重新擬合，減少特徵資訊的損失；

輸出層：用於輸出結果。

當然中間還可以使用一些其他的功能層：

歸一化層：在 CNN 中對特徵的歸一化；

切分層：對某些 (圖片) 資料進行分區域單獨學習；

融合層：對獨立進行特徵學習的分支進行融合。

2. CNN 的層次結構

1) 輸入層

在 CNN 的輸入層中，(圖片) 資料登錄的格式與全連接神經網路的輸入格式 (一維向量) 不太一樣。CNN 輸入層的輸入格式保留了圖片本身的結構。

對於黑白的二維神經元，如圖 7.4 所示。

而對於 RGB 格式的矩陣，如圖 7.5 所示。

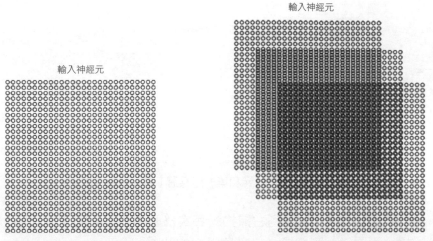

圖 7.4 黑白二維神經元 (圖片來自 CSDN)　　圖 7.5 RGB 格式矩陣 (圖片來自 CSDN)

2) 卷積層

在卷積層中有兩個重要的概念，感受視野 (Local Receptive Fields) 和共用權值 (Shared Weights)。

假設輸入的是一個個相連的神經元，這個 5×5 的區域就稱為感受視野，如圖 7.6 所示。

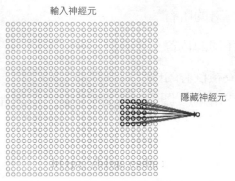

圖 7.6 感受視野 (圖片來自 CSDN)

可類似地看作隱藏層中的神經元具有一個固定大小的感受視野去感受上一層的部分特徵。在全連接神經網路中，隱藏層中神經元的感受視野足夠大乃至可以看到上一層的所有特徵，而在卷積神經網路中，隱藏層中神經元的感受視野比較小，只能看到上一次的部分特徵，上一層的其他特徵可以透過平移感受視野來得到同一層的其他神經元，並由同一層其他神經元來看，如圖 7.7 所示。

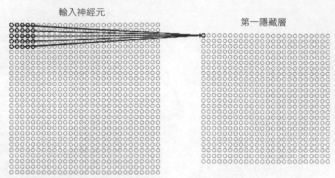

圖 7.7　輸入神經元和第一隱藏層 (圖片來自 CSDN)

設移動的步進值為 1：從左到右掃描，每次移動 1 格，掃描完成之後，再向下移動一格，再次從左到右掃描。具體過程如圖 7.8 所示。

可看出卷積層的神經元只與前一層的部分神經元節點相連，每一條相連的線對應一個權重。一個感受視野帶有一個卷積核心，我們將感受視野中的權重或其他值、步進值和邊界擴充值的大小由使用者來定義。卷積核心的大小由使用者來定義，即定義感受視野的大小。卷積核心的權重，以及矩陣的值便是卷積神經網路的參數，為了有一個偏移項，卷積核心可附帶一個偏移項，它們的初值可以隨機生成，透過訓練進行最佳化，因此在感受視野掃描時可以計算出下一層神經元的值，對下一層的所有

神經元來說，它們從不同的位置去探測上一層神經元的特徵。

我們將透過一個帶有卷積核心的感受視野掃描生成的下一層神經元矩陣稱為一個 feature map(特徵映射圖)，圖型的特徵映射圖生成過程如圖 7.9 所示。

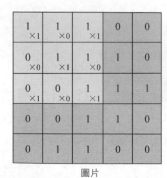

圖 7.8　神經元移動過程 (圖片來自 CSDN)

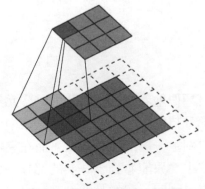

圖 7.9　特徵映射圖生成過程
(圖片來自 GitHub)

因此在同一個特徵映射圖上的神經元使用的卷積核心是相同的,因此這些神經元共用權重,共用卷積核心中的權值和附帶的偏移。一個特徵映射圖對應一個卷積核心,如果我們使用 3 個不同的卷積核心,就可以輸出 3 個特徵映射圖: (感受視野:5×5,步進值:1),如圖 7.10 所示。

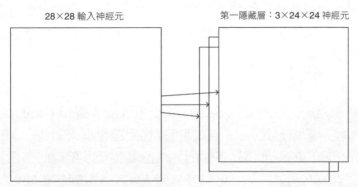

圖 7.10 3 個特徵映射圖 (圖片來自 CSDN)

因此在 CNN 的卷積層我們需要訓練的參數大大地減少。假設輸入的是二維神經元,這時卷積核心的大小不只用長和寬來表示,還有深度,感受視野也對應地有了深度,如圖 7.11 所示。

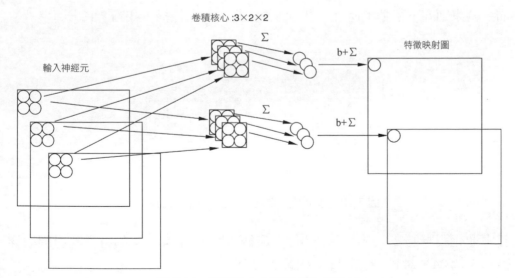

圖 7.11 卷積核心 (圖片來自 CSDN)

感受視野卷積核心的深度和感受視野的深度相同，都由輸入資料來決定，長和寬可由自己來設定，數目也可以由自己來設定，一個卷積核心依然對應一個特徵映射圖。

3) 激勵層

激勵層主要對卷積層的輸出進行一個非線性映射，因為卷積層的計算還是一種線性計算。使用的激勵函數一般為 ReLU 函數，卷積層和激勵層通常合併在一起稱為「卷積層」。

4) 池化層

當輸入經過卷積層時，如果感受視野比較小，那麼步進值 (stride) 也比較小，但得到的特徵映射圖還是比較大，我們可以透過池化層來對每一個特徵映射圖進行降維操作，輸出的深度還是不變的，依然為特徵映射圖的個數。池化層也有一個池化視野 (filter) (註：池化視野為個人叫法) 來對特徵映射圖矩陣進行掃描，對池化視野中的矩陣值進行計算，一般有兩種計算方式：

Max pooling：取池化視野矩陣中的最大值；

Average pooling：取池化視野矩陣中的平均值。

掃描的過程中同樣會涉及掃描步進值，掃描方式和卷積層一，先從左到右掃描，結束則向下移動步進值大小，然後再從左到右掃描，如圖 7.12 所示。

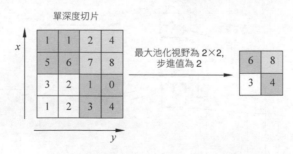

圖 7.12　池化層掃描過程 (圖片來自 CSDN)

其中池化視野為 2×2，步進值為 2。最後可將 3 個 24×24 的特徵映射圖取樣得到 3 個 24×24 的特徵矩陣，如圖 7.13 所示。

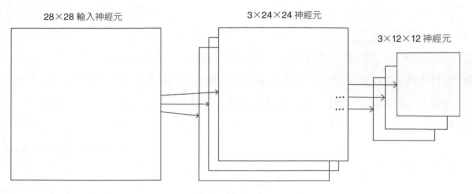

圖 7.13 特徵矩陣 (圖片來自 CSDN)

5) 歸一化層

(1) 批次歸一化。

批次歸一化 (Batch Normalization，BN) 實現了在神經網路層的中間進行前置處理的操作，即在上一層的輸入歸一化處理後再進入網路的下一層，這樣可有效地防止梯度彌散，以此加速網路訓練。

批次歸一化具體的演算法如圖 7.14 所示。

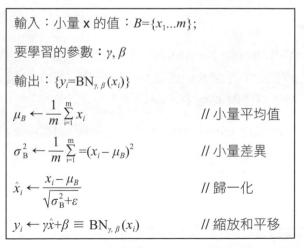

圖 7.14 特徵矩陣 (圖片來自 CSDN)

每次訓練時，取 batch_size 大小的樣本進行訓練，在 BN 層中，將一個神經元看作一個特徵，batch_size 個樣本在某個特徵維度會有 batch_size 個值，然後在每個神經元同樣可以透過訓練進行最佳化。在卷積神經網路中進行批次歸一化時，一般對未進行 ReLU 啟動的特徵映射圖進行批次歸一化，輸出後再作為激勵層的輸入可達到調整激勵函數偏導的作用。一種做法是將特徵映射圖中的神經元作為特徵維度和參數，這樣做的話參數的數量會變得很多；另一種做法是把一個特徵映射圖看作一個特徵維度，一個特徵映射圖上的神經元共用這個特徵映射圖參數，計算平均值和方差則是在 batch_size 個訓練樣本的每一個特徵映射圖維度上的平均值和方差。注意，這裡指的是一個樣本的特徵映射圖數量，特徵映射圖跟神經元一樣也有一定的排列順序。

批次歸一化演算法的訓練過程和測試過程也有區別。在訓練過程中，我們每次都會將 batch_size 數目大小的訓練樣本放入 CNN 網路中進行訓練，在 BN 層中自然可以得到計算輸出所需要的平均值和方差。而在測試過程中，我們往往只會向 CNN 網路中輸入一個測試樣本，這時在 BN 層計算的平均值和方差均為 0，因為只有一個樣本輸入，因此 BN 層的輸入也會出現很大的問題，從而導致 CNN 網路輸出的錯誤，所以在測試過程中，我們需要借助訓練集中所有樣本在 BN 層歸一化時每個維度上的平均值和方差，當然為了計算方便，我們可以在 batch_num 次訓練過程中，將每一次在 BN 層歸一化時每個維度上的平均值和方差進行相加，最後再進行求一次平均值即可。

(2) 近鄰歸一化。

近鄰歸一化 (Local Response Normalization，LRN) 的歸一化方法主要發生在不同的、相鄰的卷積核心 (經過 ReLU 之後) 的輸出之間，即輸入是發生在不同的經過 ReLU 之後的特徵映射圖中。

與 BN 的區別是 BN 依據 mini-batch 資料，近鄰歸一僅需要自己來決定，BN 訓練中有學習參數。BN 歸一化主要發生在不同的樣本之間，而 LRN 歸一化主要發生在不同的卷積核心的輸出之間。

6) 切分層

在一些應用中需要對圖片進行切割，獨立地對某一部分區域進行單獨學習。這樣可以對特定部分透過調整感受視野的方式進行力度更大的學習。

7) 融合層

融合層可以對切分層進行融合，也可以對不同大小的卷積核心所學習到的特徵進行融合。例如在 GoogleLeNet 中，使用多種解析度的卷積核對目標特徵進行學習，透過 padding 使得每一個特徵映射圖的長和寬都一致，之後再將多個特徵映射圖在深度上拼接在一起，如圖 7.15 所示。

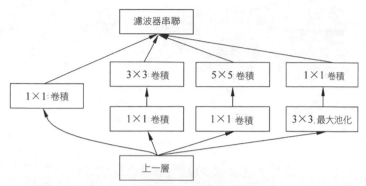

圖 7.15 融合層 (圖片來自 CSDN)

融合的方法有幾種，一種是特徵矩陣之間的拼接串聯，另一種是在特徵矩陣進行運算。

8) 全連接層和輸出層

全連接層主要對特徵進行重新擬合，減少特徵資訊的遺失，而輸出層主要準備做好最後目標結果的輸出。VGG 的結構圖如圖 7.16 所示。

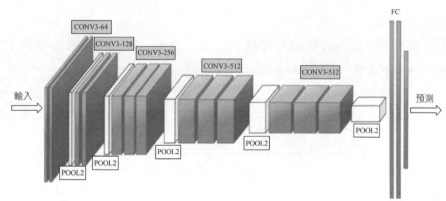

圖 7.16 VGG 結構圖 (圖片來自 CSDN)

3. 典型的卷積神經網路

1) LeNet-5 模型

第一個成功應用於數字辨識的卷積神經網路模型 (卷積層附帶激勵函數，下同)，如圖 7.17 所示。

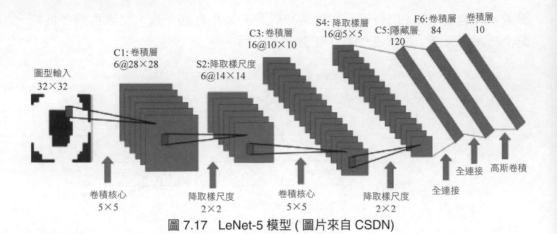

圖 7.17 LeNet-5 模型 (圖片來自 CSDN)

卷積層的卷積核心邊長都是 5，步進值都為 1。池化層的視窗邊長都為 2，步進值也都為 2。

2) AlexNet 模型

具體結構圖，如圖 7.18 所示。

從 AlexNet 的結構可發現，經典的卷積神經網路結構通常為：AlexNet 卷積層的卷積核心邊長為 5 或 3，池化層的視窗邊長為 3。具體參數如圖 7.19 所示。

3) VGGNet 模型

VGGNet 模型和 AlexNet 模型在結構上沒太大變化，在卷積層部位增加了多個卷積層。AlexNet 和 VGGNet 模型的比較如圖 7.20 所示。

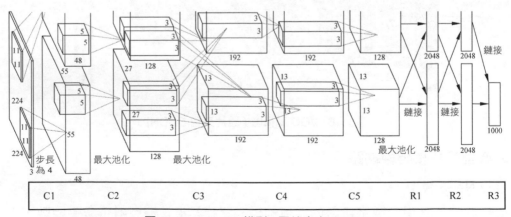

圖 7.18 AlexNet 模型 (圖片來自 CSDN)

完整(簡化)的AlexNet結構:
[227x227x3] INPUT
[55x55x96] CONV1: 96 11x11 filters at stride 4, pad 0
[27x27x96] MAX POOL1: 3x3 filters at stride 2
[27x27x96] NORM1: Normalization layer
[27x27x256] CONV2: 256 5x5 filters at stride 1, pad 2
[13x13x256] MAX POOL2: 3x3 filters at stride 2
[13x13x256] NORM2: Normalization layer
[13x13x384] CONV3: 384 3x3 filters at stride 1, pad 1
[13x13x384] CONV4: 384 3x3 filters at stride 1, pad 1
[13x13x256] CONV5: 256 3x3 filters at stride 1, pad 1
[6x6x256] MAX POOL3: 3x3 filters at stride 2
[4096] FC6: 4096 neurons
[4096] FC7: 4096 neurons
[1000] FC8: 1000 neurons (class scores)

圖 7.19　AlexNet 參數 (圖片來自 CSDN)

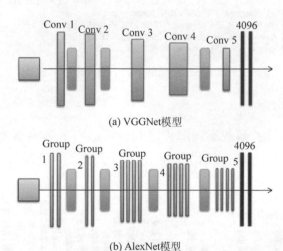

(a) VGGNet模型

(b) AlexNet模型

圖 7.20　VGGNet 和 AlexNet 模型 (圖片來自 CSDN)

VGGNet 模型參數如圖 7.21 所示。其中 CONV3-64 表示卷積核心的長和寬均為 3，個數有 64 個；POOL2 表示池化視窗的長和寬都為 2，其他類似。

```
INPUT: [224x224x3]      memory: 224*224*3=150K params: 0      (not counting biases)
CONV3-64: [224x224x64] memory: 224*224*64=3.2M  params: (3*3*3)*64 = 1,728
CONV3-64: [224x224x64] memory: 224*224*64=3.2M  params: (3*3*64)*64 = 36,864
POOL2: [112x112x64] memory: 112*112*64=800K  params: 0
CONV3-128: [112x112x128] memory: 112*112*128=1.6M  params: (3*3*64)*128 = 73,728
CONV3-128: [112x112x128] memory: 112*112*128=1.6M  params: (3*3*128)*128 = 147,456
POOL2: [56x56x128] memory: 56*56*128=400K  params: 0
CONV3-256: [56x56x256] memory: 56*56*256=800K  params: (3*3*128)*256 = 294,912
CONV3-256: [56x56x256] memory: 56*56*256=800K  params: (3*3*256)*256 = 589,824
CONV3-256: [56x56x256] memory: 56*56*256=800K  params: (3*3*256)*256 = 589,824
POOL2: [28x28x256] memory: 28*28*256=200K  params: 0
CONV3-512: [28x28x512] memory: 28*28*512=400K  params: (3*3*256)*512 = 1,179,648
CONV3-512: [28x28x512] memory: 28*28*512=400K  params: (3*3*512)*512 = 2,359,296
CONV3-512: [28x28x512] memory: 28*28*512=400K  params: (3*3*512)*512 = 2,359,296
POOL2: [14x14x512] memory: 14*14*512=100K  params: 0
CONV3-512: [14x14x512] memory: 14*14*512=100K  params: (3*3*512)*512 = 2,359,296
CONV3-512: [14x14x512] memory: 14*14*512=100K  params: (3*3*512)*512 = 2,359,296
CONV3-512: [14x14x512] memory: 14*14*512=100K  params: (3*3*512)*512 = 2,359,296
POOL2: [7x7x512] memory: 7*7*512=25K params: 0
FC: [1x1x4096] memory: 4096  params: 7*7*512*4096 = 102,760,448
FC: [1x1x4096] memory: 4096  params: 4096*4096 = 16,777,216
FC: [1x1x1000] memory: 1000 params: 4096*1000 = 4,096,000
```

圖 7.21 VGGNet 模型參數 (圖片來自 CSDN)

4) GoogleNet 模型

GoogleNet 模型使用了多個不同解析度的卷積核心，最後再對它們得到的特徵映射圖按深度融合在一起，結構如圖 7.22 所示。

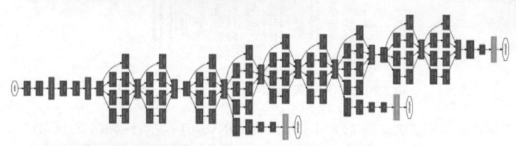

圖 7.22 GoogleNet 模型 (圖片來自 CSDN)

其中，有一些主要的模組稱為 Inception module，如圖 7.23 所示。

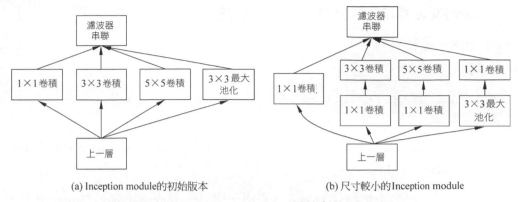

(a) Inception module的初始版本　　　　　(b) 尺寸較小的Inception module

圖 7.23　Inception module (圖片來自 CSDN)

在 Inception module 中使用了很多卷積核心來達到減小特徵映射圖厚度的效果，從而使一些訓練參數的減少。

GoogleNet 還有一個特點就是它是全卷積結構 (FCN) 的，網路的最後沒有使用全連接層，這樣一方面可以減少參數的數目，不容易過擬合；另一方面也帶來了一些空間資訊的遺失。代替全連接層的是全域平均池化 (Global Average Pooling，GAP) 的方法，其思想是：為每一個類別輸出一個特徵映射圖，再取每一個特徵映射圖上的平均值作為最後的 Softmax 層的輸入。

5) ResNet 模型

在前面的 CNN 模型中，模型都是將輸入一層一層地傳遞下去，當層次比較深時，模型不容易訓練。在 ResNet 模型中，它將從低層所學習到的特徵和從高層所學習到的特徵進行一個融合 (加法運算)，這樣當反向傳遞時，導數傳遞得更快，從而減少梯度彌散的現象。注意：F(x) 的 shape 需要等於 x 的 shape，這樣才可以進行相加。ResNet 模型如圖 7.24 所示。

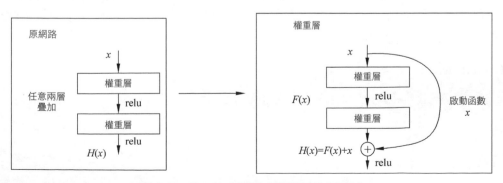

圖 7.24　ResNet 模型 (圖片來自 CSDN)

4. TensorFlow 卷積神經網路 CNN 程式實戰

1) 主要的函數說明

(1) 卷積層。

```
tf.nn.conv2d(input, filter, strides, padding, use_cudnn_on_gpu=None, data_
format=None, name=None)
```

data_format：表示輸入的格式，有兩種格式分別為：「NHWC」和「NCHW」，
預設為「NHWC」格式。

input：輸入是一個四維格式的 (圖型) 資料，資料的 shape 由 data_format 決定，
當 data_format 為「NHWC」時輸入資料的 shape 表示為 [batch，in_height，
in_width，in_channels]，分別表示訓練時一個 batch 的圖片數量、圖片高度、
圖片寬度和圖型通道數。而當 data_format 為「NCHW」時輸入資料的 shape
表示為 [batch，in_channels，in_height，in_width]。

filter：卷積核心是一個四維格式的資料，shape 表示為 [height，width，in_
channels，out_channels]，分別表示卷積核心的高、寬、深度 (與輸入的 in_
channels 應相同) 和輸出特徵映射圖的個數 (即卷積核心的個數)。

strides：表示步進值。一個長度為 4 的一維串列，每個元素跟 data_format 互
相對應，表示在 data_format 每一維上的移動步進值。當輸入的預設格式為
"NHWC" 時，　則 strides=[batch，in_height，in_width，in_channels]，　其中
batch 和 in_channels 要求一定為 1，即只能在一個樣本的通道的特徵圖上進行
移動，in_height 和 in_width 表示卷積核心在特徵圖的高度和寬度上移動的步
進值。

padding：表示填充方式。「SAME」表示採用填充的方式，簡單地了解為以 0
填充邊緣，當 stride 為 1 時，輸入和輸出的維度相同；「VALID」表示採用不
填充的方式，多餘的進行捨棄。

(2) 池化層。

```
tf.nn.max_pool( value, ksize,strides,padding,data_format='NHWC',name=None)
```

或

```
tf.nn.avg_pool(...)
```

value：表示池化的輸入。一個四維格式的資料，資料的 shape 由 data_format 決定，在預設情況下 shape 為 [batch，height，width，channels]。

ksize：表示池化視窗的大小。一個長度為 4 的一維串列，一般為 [1，height，width，1]，因不想在 batch 和 channels 上做池化，則將其值設為 1。

(3) Batch Normalization 層。

```
batch_normalization(x,mean,variance,offset,scale,variance_epsilon,name=None)
```

mean 和 variance 透過 tf.nn.moments 進行計算：

batch_mean，batch_var=tf.nn.moments(x，axes=[0，1，2]，keep_dims=True)，注意 axes 的輸入。對於以特徵映射圖為維度的全域歸一化，若特徵映射圖的 shape 為 [batch，height，width，depth]，則將 axes 設定值為 [0，1，2]。

x 為輸入的特徵映射圖四維資料，offset、scale 為一維 Tensor 資料，shape 等於特徵映射圖的深度 depth。

2) 程式範例

架設卷積神經網路實現 sklearn 函數庫中的手寫數字辨識，架設的卷積神經網路結構如圖 7.25 所示。

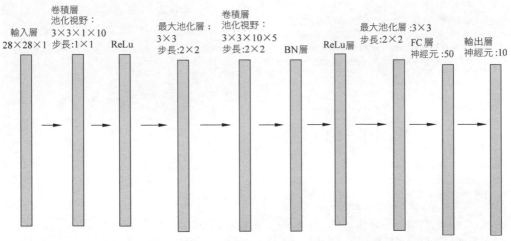

圖 7.25　卷積神經網路結構 (圖片來自 CSDN)

CNN 手寫數字辨識，如程式 7.1 所示。

【程式 7.1】cnn.py

```
import tensorflow as tf
from sklearn.datasets import load_digits
import numpy as np
digits = load_digits()
X_data = digits.data.astype(np.float32)
Y_data = digits.target.astype(np.float32).reshape(-1,1)
print X_data.shape
print Y_data.shape
(1797, 64)
(1797, 1)
from sklearn.preprocessing import MinMaxScaler
scaler = MinMaxScaler()
X_data = scaler.fit_transform(X_data)

from sklearn.preprocessing import OneHotEncoder
Y = OneHotEncoder().fit_transform(Y_data).todense()        #one-hot 編碼
matrix([[ 1., 0., 0., ..., 0., 0., 0.],
        [ 0., 1., 0., ..., 0., 0., 0.],
        [ 0., 0., 1., ..., 0., 0., 0.],
        ...,
        [ 0., 0., 0., ..., 0., 1., 0.],
        [ 0., 0., 0., ..., 0., 0., 1.],
        [ 0., 0., 0., ..., 0., 1., 0.]])
# 轉為圖片格式 (batch，height，width，channels)
X = X_data.reshape(-1,8,8,1)
batch_size = 8 # 使用 MBGD 演算法，設定 batch_size 為 8
def generatebatch(X,Y,n_examples, batch_size):
   for batch_i in range(n_examples // batch_size):
       start = batch_i*batch_size
       end = start + batch_size
       batch_xs = X[start:end]
       batch_ys = Y[start:end]
       yield batch_xs, batch_ys # 生成每一個 batch
tf.reset_default_graph()
# 輸入層
tf_X = tf.placeholder(tf.float32,[None,8,8,1])
tf_Y = tf.placeholder(tf.float32,[None,10])
# 卷積層 + 啟動層
conv_filter_w1 = tf.Variable(tf.random_normal([3, 3, 1, 10]))
conv_filter_b1 =  tf.Variable(tf.random_normal([10]))
relu_feature_maps1 = tf.nn.relu(\
             tf.nn.conv2d(tf_X, conv_filter_w1,strides=[1, 1, 1, 1],
padding='SAME') + conv_filter_b1)
# 池化層
max_pool1 = tf.nn.max_pool(relu_feature_maps1,ksize=[1,3,3,1],strides=[1,2,2,1],
padding='SAME')
print max_pool1
```

```
Tensor("MaxPool:0", shape=(?, 4, 4, 10), dtype=float32)
# 卷積層
conv_filter_w2 = tf.Variable(tf.random_normal([3, 3, 10, 5]))
conv_filter_b2 =  tf.Variable(tf.random_normal([5]))
conv_out2 = tf.nn.conv2d(relu_feature_maps1, conv_filter_w2,strides=[1, 2, 2, 1],
padding='SAME') + conv_filter_b2
print conv_out2
Tensor("add_4:0", shape=(?, 4, 4, 5), dtype=float32)
#BN 層 + 啟動層
batch_mean, batch_var = tf.nn.moments(conv_out2, [0, 1, 2], keep_dims=True)
shift = tf.Variable(tf.zeros([5]))
scale = tf.Variable(tf.ones([5]))
epsilon = 1e-3
BN_out = tf.nn.batch_normalization(conv_out2, batch_mean, batch_var, shift,
scale, epsilon)
print BN_out
relu_BN_maps2 = tf.nn.relu(BN_out)
Tensor("batchnorm/add_1:0", shape=(?, 4, 4, 5), dtype=float32)
# 池化層
max_pool2 = tf.nn.max_pool(relu_BN_maps2,ksize=[1,3,3,1],strides=[1,2,2,1],
padding='SAME')
print max_pool2
Tensor("MaxPool_1:0", shape=(?, 2, 2, 5), dtype=float32)
# 將特徵圖進行展開
max_pool2_flat = tf.reshape(max_pool2, [-1, 2*2*5])
# 全連接層
fc_w1 = tf.Variable(tf.random_normal([2*2*5,50]))
fc_b1 =  tf.Variable(tf.random_normal([50]))
fc_out1 = tf.nn.relu(tf.matmul(max_pool2_flat, fc_w1) + fc_b1)
# 輸出層
out_w1 = tf.Variable(tf.random_normal([50,10]))
out_b1 = tf.Variable(tf.random_normal([10]))
pred = tf.nn.softmax(tf.matmul(fc_out1,out_w1)+out_b1)
loss = -tf.reduce_mean(tf_Y*tf.log(tf.clip_by_value(pred,1e-11,1.0)))
train_step = tf.train.AdamOptimizer(1e-3).minimize(loss)
y_pred = tf.arg_max(pred,1)
bool_pred = tf.equal(tf.arg_max(tf_Y,1),y_pred)
accuracy = tf.reduce_mean(tf.cast(bool_pred,tf.float32))   # 準確率
with tf.Session() as sess:
  sess.run(tf.global_variables_initializer())
  for epoch in range(1000):                              # 疊代 1000 個週期
    for batch_xs,batch_ys in generatebatch(X,Y,Y.shape[0],batch_size):
# 每個週期進行 MBGD 演算法
      sess.run(train_step,feed_dict={tf_X:batch_xs,tf_Y:batch_ys})
    if(epoch%100==0):
      res = sess.run(accuracy,feed_dict={tf_X:X,tf_Y:Y})
      print (epoch,res)
  res_ypred = y_pred.eval(feed_dict={tf_X:X,tf_Y:Y}).flatten()
# 只能預測一批樣本，不能預測一個樣本
```

```
   print res_ypred
 (0, 0.36338341)
(100, 0.96828049)
(200, 0.99666113)
(300, 0.99554813)
(400, 0.99888706)
(500, 0.99777406)
(600, 0.9961046)
(700, 0.99666113)
(800, 0.99499166)
(900, 0.99888706)
[01 2 ..., 89 8]
```

在第 100 次個 batch_size 疊代時，準確率就快速接近收斂了，這得歸功於批次歸一化的作用！需要注意的是，這個模型還不能用來預測單一樣本，因為在進行 BN 層計算時，單一樣本的平均值和方差都為 0，在這種情況下，會得到相反的預測效果，解決方法詳見 BN 層，程式如下：

```
from sklearn.metrics import  accuracy_score
print accuracy_score(Y_data,res_ypred.reshape(-1,1))
0.998887033945
```

CNN 和 RNN 都是基礎的核心演算法，CNN 在電腦視覺方面應用比較普遍，例如圖型分類、人臉辨識等，而 RNN 更擅長處理序列化資料，在自然語言處理中應用得比較普遍，例如機器翻譯、語言模型和對話機器人等。下面我們就詳細講解一下 RNN。

7.3.3 循環神經網路 [31, 32, 33]

循環神經網路 (Recurrent Neural Network，RNN) 是一類以序列資料為輸入，在序列的演進方向進行遞迴 (recursion) 且所有節點 (循環單元) 按鏈式連接的遞迴神經網路。人們對循環神經網路的研究始於 20 世紀 80 至 90 年代，並在 21 世紀初發展為深度學習演算法之一，其中雙向循環神經網路 (Bidirectional RNN，Bi-RNN) 和長短期記憶網路 (Long Short-Term Memory networks，LSTM) 是常見的循環神經網路。

循環神經網路具有記憶性、參數共用，並且圖靈完備 (Turing completeness) 等特點，因此在對序列的非線性特徵進行學習時具有一定優勢。循環神經網路在自然語言處理，例如語音辨識、語言建模和機器翻譯等領域有應用，也被用於各類時間序列預報。引入了卷積神經網路構築的循環神經網路可以處理包含序列輸入的電腦視覺問題。

1. RNN 應用場景

RNN 主要用於自然語言處理。可以用來處理和預測序列資料，廣泛地用於語音辨識、語言模型、機器翻譯、文字生成 (生成序列)、看圖說話、文字 (情感) 分析、智慧客服、對話機器人、搜尋引擎和個性化推薦等。RNN 最擅長處理與時間序列相關的問題，對於一個序列資料，可以將序列上不同時刻的資料依次輸入循環神經網路的輸入層，而輸出可以是對序列的下一個時刻的預測，也可以是對當前時刻資訊的處理結果。

2. 為什麼有了 CNN，還要 RNN

在傳統神經網路 (包括 CNN) 中輸入和輸出都是互相獨立的，但有些任務，後續的輸出和之前的內容是相關的。例如：我是中國人，我的母語是 _____。這是一道填空題，需要依賴之前的輸入，所以 RNN 引入「記憶」這一概念，也就是輸出需要依賴之前的輸入序列，並把關鍵輸入記住。「循環」2 字來自其每個元素都執行相同的任務，它並非剛性地記憶所有固定長度的序列，而是透過隱藏狀態來儲存之前時間步的資訊。

3. RNN 結構

循環神經網路來自 1982 年由薩拉莎·薩薩斯瓦姆 (Saratha Sathasivam) 提出的霍普菲爾德網路。RNN 的主要用途是處理和預測序列資料。在全連接的前饋神經網路和卷積神經網路模型中，網路結構都是從輸入層到隱藏層再到輸出層的，層與層之間是全連接或部分連接的，但每層之間的節點是不需連線的，如圖 7.26 所示。

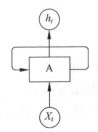

圖 7.26　循環神經網路 (圖片來自程式設計師開發之家)

圖 7.26 所示的是一個典型的循環神經網路。對於循環神經網路，一個非常重要的概念就是時刻。循環神經網路會對於每一個時刻的輸入結合當前模型的狀態列出一個輸出。從圖 7.26 中可以看到，循環神經網路的主體結構 A 的輸入除了來自輸入層 X_t，還有一個循環的邊來提供當前時刻的狀態。在每一個時刻，循環神經網路的模組 A 會讀取 t 時刻的輸入 X_t，並輸出一個值 h_t，同時 A 的狀態會從當前步傳遞到下一步，因此循環神經網路理論上可以被看作同一神經網路結構被無限複製的結果，但出於最佳化的考慮，目前循環神經網路無法做到真正的無限循環，所以現實中一般會將循環本體展開，於是可以得到如圖 7.27 所示的展示結構。

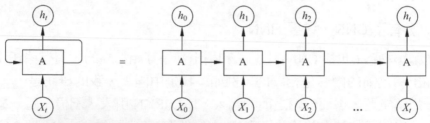

圖 7.27　循環神經網路之循環結構 (圖片來自程式設計師開發之家)

從圖 7.27 中可以更加清楚地看到循環神經網路在每一個時刻都有一個輸入 X_t，然後根據循環神經網路當前的狀態 A_t，提供一個輸出 h_t，而循環神經網路的結構特徵可以很容易得出它最擅長解決的問題是與資料序列相關的。循環神經網路也是在處理這類問題時最自然的神經網路結構。對於一個序列資料，可以將這個序列上不同時刻的資料依次傳入循環神經網路的輸入層，而輸出可以是對序列的下一個時刻的預測，也可以是對當前時刻資訊的處理結果 (例如語音辨識結果)。循環神經網路要求每一個時刻都有一個輸入，但是不一定每一個時刻都有輸出。

4. RNN 網路

如之前所介紹，循環神經網路可以被看作同一神經網路結構在時間序列上被複製多次的結果，這個複製多次的結構被稱為循環本體。如何設計循環本體的網路結構是循環神經網路解決實際問題的關鍵。和卷積神經網路中每層神經元的參數是共用的類似，在循環神經網路中，循環本體網路結構中的參數 (權值和偏置) 在不同時刻也是共用的，如圖 7.28 所示。

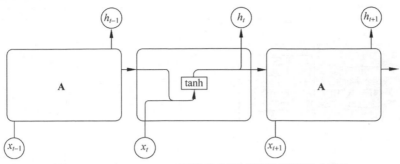

圖 7.28　SimpleRNN(圖片來自程式設計師開發之家)

圖 7.28 展示了一個使用最簡單的循環本體結構的循環神經網路，在這個循環本體中只使用了一個類似全連接層的神經網路結構。下面將透過如圖 7.28 所示的神經網路來介紹循環神經網路前向傳播的完整流程。循環神經網路的狀態是透過一個向量來表示的，這個向量的維度也稱為神經網路隱藏層的大小，假設其為 h。從圖 7.28 中可以看出，循環本體中的神經網路的輸入有兩部分，一部分為上一時刻的狀態，另一部分為當前時刻的輸入樣本。對時間序列資料來說，每一時刻的輸入樣本可以是當前時刻的資料，而對語言模型來說，輸入樣本可以是當前單字對應的單字向量。

假設輸入向量的維度為 x，那麼圖 7.28 中循環本體的全連接層神經網路的輸入大小為 $h+x$。也就是將上一時刻的狀態與當前時刻的輸入拼接成一個大的向量作為循環本體中神經網路的輸入。因為該神經網路的輸出為當前時刻的狀態，於是輸出層的節點個數也為 h，循環本體中的參數個數為 $(h+x)*h+h$ 個 (因為有 h 個元素的輸入向量和 x 個元素的輸入向量，及 h 個元素的輸出向量，可以簡單了解為輸入層有 $h+x$ 個神經元，輸出層有 h 個神經元，從而形成一個全連接的前饋神經網路，有 $(h+x)*h$ 個權值，有 h 個偏置)，如圖 7.29 所示。

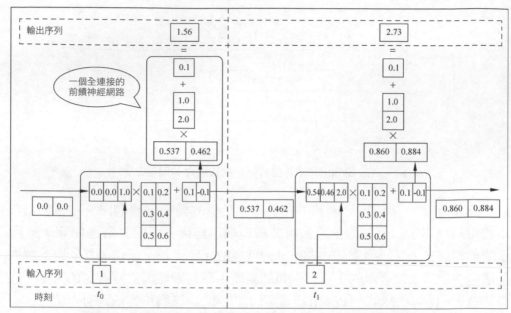

圖 7.29　兩個時刻的 RNN 網路 (圖片來自程式設計師開發之家)

如圖 7.29 所示，此圖具有兩個時刻的 RNN 網路，其中 t_0 和 t_1 的權值和偏置是相同的，只是輸入不同而已，同時由於輸入向量是一維的，而輸入狀態為二維的，合併起來的向量是三維的，其中在每個循環本體的狀態輸出是二維的，然後經過一個全連接的神經網路計算後，最終輸出是一維向量結構。

5. RNN 梯度爆炸、梯度消失

循環神經網路在進行反向傳播時也面臨梯度消失或梯度爆炸的問題，這種問題表現在時間軸上。如果輸入序列的長度很長，人們很難進行有效的參數更新。通常來說梯度爆炸更容易處理，因為在梯度爆炸時，我們的程式會收到 NaN 錯誤。我們也可以設定一個梯度閾值，當梯度超過這個閾值的時候可以直接截取。

梯度消失更難檢測，而且也更難處理。整體來說，我們有 3 種方法應對梯度消失問題：

1) 合理的初始化權重值

初始化權重，使每個神經元盡可能不要取極大或極小值，以躲開梯度消失的區域。

2) ReLU 代替 sigmoid 和 tanh

使用 ReLU 代替 sigmoid 和 tanh 作為啟動函數。

3) 使用其他結構的 RNN

例如長短時記憶網路和門控循環單元，這是最流行的做法。

6. RNN 的問題

循環神經網路工作的關鍵點是使用歷史的資訊來幫助當前的決策。例如使用之前出現的單字來加強對當前文字的了解。循環神經網路可以更進一步地利用傳統神經網路結構所不能建模的資訊，但同時這也帶來了更大的技術挑戰——長期依賴 (long-term dependencies) 問題。

在有些問題中，模型僅需要短期內的資訊來執行當前的任務。例如預測子句「大海的顏色是藍色」中最後一個單字「藍色」時，模型並不需要記憶這個子句之前更長的上下文資訊——因為這一句話已經包含了足夠資訊來預測最後一個詞。在這樣的場景中，相關的資訊和待預測詞的位置之間的間隔很小，循環神經網路可以比較容易地利用先前資訊。

同樣也會有一些上下文場景比較複雜的情況，例如當模型試著去預測段落 " 某地開設了大量工廠，空氣污染十分嚴重……這裡的天空都是灰色的 " 的最後一個詞語時，僅根據短期依賴無法極佳地解決這種問題。因為只根據最後一小段，最後一個詞語可以是「藍色的」或「灰色的」，但如果模型需要預測具體是什麼顏色，就需要考慮先前提到但離當前位置較遠的上下文資訊。因此當前預測位置和相關資訊之間的文字間隔就有可能變得很大。當這個間隔不斷增大時，類似圖 7.28 所示的簡單循環神經網路有可能喪失學習到距離如此遠的資訊的能力。或在複雜語言場景中，有用資訊的間隔有大有小、長短不一，循環神經網路的性能也會受到影響。

7. 程式實現簡單的 RNN

簡單的 RNN 程式如下：

```
import numpy as np

# 定義 RNN 的參數。
X = [1,2]
state = [0.0, 0.0]
```

```
w_cell_state = np.asarray([[0.1, 0.2], [0.3, 0.4]])
w_cell_input = np.asarray([0.5, 0.6])
b_cell = np.asarray([0.1, -0.1])
w_output = np.asarray([[1.0], [2.0]])
b_output = 0.1
# 執行前向傳播過程。
for i in range(len(X)):
  before_activation = np.dot(state, w_cell_state) + X[i] * w_cell_input + b_cell
  state = np.tanh(before_activation)
  final_output = np.dot(state, w_output) + b_output
  print ("before activation: ", before_activation)
  print ("state: ", state)
  print ("output: ", final_output)
```

LSTM 解決了 RNN 不支援長期依賴的問題,使其大幅度提升記憶時長。RNN 被成功應用的關鍵就是 LSTM。下面我們就講解 LSTM。

7.3.4 長短期記憶神經網路 [34, 35]

長短期記憶網路是一種時間循環神經網路,此神經網路是為了解決一般的 RNN 存在的長期依賴問題而專門設計出來的,所有的 RNN 都具有一種重複神經網路模組的鏈式形式。在標準 RNN 中,這個重複的結構模組只有一個非常簡單的結構,例如一個 tanh 層。

1. LSTM 介紹

長短期記憶網路正是為了解決上述 RNN 的依賴問題而設計出來的,即為了解決 RNN 有時依賴的間隔短,有時依賴的間隔長的問題,其中循環神經網路被成功應用的關鍵就是 LSTM。在很多的任務上,採用 LSTM 結構的循環神經網路比標準的循環神經網路的表現更好。LSTM 結構是由塞普·霍克賴特 (Sepp Hochreiter) 和朱爾根·施密德胡伯 (Jürgen Schemidhuber) 於 1997 年提出的,它是一種特殊的循環神經網路結構。

2. LSTM 結構

LSTM 的設計就是為了精確解決 RNN 的長短記憶問題,其中在預設情況下 LSTM 可以記住長時間依賴的資訊,而非讓 LSTM 努力去學習記住長時間的依賴,如圖 7.30 所示。

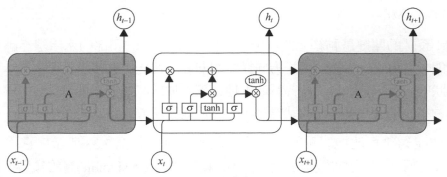

圖 7.30　LSTM 結構 (圖片來自程式設計師開發之家)

所有循環神經網路都有一個重複結構的模型形式，在標準的 RNN 中重複的結構是一個簡單的循環本體，如圖 7.28 所示的 A 循環本體，而 LSTM 的循環本體是一個擁有 4 個相互連結的全連接前饋神經網路的複製結構，如圖 7.30 所示。

現在可以先不必了解 LSTM 細節，只需先明白圖 7.31 所示的符號語義。

圖 7.31　符號語義 (圖片來自程式設計師開發之家)

Neural Network Layer：該圖表示一個神經網路層；

Pointwise Operation：該圖表示一種操作，如加號表示矩陣或向量的求和而乘號表示向量的乘法操作；

Vector Transfer：每一條線表示一個向量，從一個節點輸出到另一個節點；

Concatenate：該圖表示兩個向量的合併，即由兩個向量合併為一個向量，如有 X_1 和 X_2 兩向量合併後為 $[X_1, X_2]$ 向量；

Copy：該圖表示一個向量複製了兩個向量，並且兩個向量值相同。

3. LSTM 分析

LSTM 設計的關鍵是神經元的狀態，如圖 7.32 所示的頂部的水平線。神經元的狀態類似傳送帶，按照傳送方向從左端向右端傳送，在傳送過程中基本不會改變狀態，而只是進行一些簡單的線性運算：加或減操作。神經元透過線性操作能夠小心地管理神經元的狀態資訊，將這種管理方式稱為門操作 (gate)。

門操作能夠隨意地控制神經元狀態資訊的流動，如圖 7.33 所示，它由一個 sigmoid 啟動函數的神經網路層和一個點乘運算組成。sigmoid 層的輸出不是是 1 就是是 0，若是 0 則不能讓任何資料透過，若是 1 則表示任何資料都能透過。

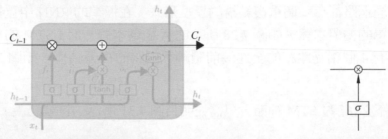

圖 7.32　C-line(圖片來自程式設計師開發之家)　　圖 7.33　gate (圖片來自程式設計師開發之家)

LSTM 由 3 個門來管理和控制神經元的狀態資訊：

1) 遺忘門

LSTM 的第一步是決定要從上一個時刻的狀態中捨棄什麼資訊，其是由一個 sigmoid 全連接的前饋神經網路的輸出管理，將這種操作稱為遺忘門 (forget get layer)，如圖 7.34 所示。這個全連接的前饋神經網路的輸入是 ht-1 和 xt 組成的向量，輸出是向量 ft。向量 ft 是由 1 和 0 組成，1 表示能夠透過，而 0 表示不能透過。

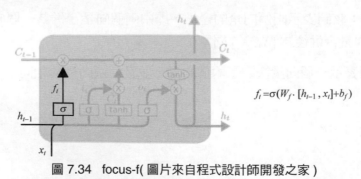

$$f_t = \sigma(W_f \cdot [h_{t-1}, x_t] + b_f)$$

圖 7.34　focus-f(圖片來自程式設計師開發之家)

2) 輸入門

第二步決定哪些輸入資訊要保存到神經元的狀態中，這裡又有兩隊前饋神經網路，如圖 7.35 所示。首先是一個 sigmoid 層的全連接前饋神經網路，稱為輸入門 (input gate layer)，其決定了哪些值將被更新；其次是一個 tanh 層的全連接前饋神經網路，其輸出是一個在量 C_t，C_t 向量可以被增加到當前時刻的神經元狀態中，最後根據兩個神經網路的結果創建一個新的神經元狀態。

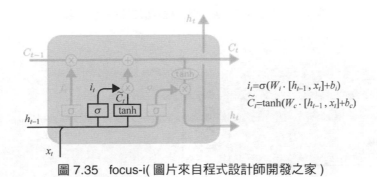

$$i_t = \sigma(W_i \cdot [h_{t-1}, x_t] + b_i)$$
$$\tilde{C}_t = \tanh(W_c \cdot [h_{t-1}, x_t] + b_c)$$

圖 7.35　focus-i(圖片來自程式設計師開發之家)

3) 狀態控制

第三步就可以更新上一時刻的狀態 C_{t-1} 為當前時刻的狀態 C_t 了。上述第一步的遺忘門計算了一個控制向量，此時可透過這個向量過濾一部分 C_{t-1} 狀態，如圖 7.36 所示的乘法操作。上述第二步的輸入門根據輸入向量計算新狀態，此時可以透過這個新狀態和 C_{t-1} 狀態更新一個新的狀態 C_t，如圖 7.36 所示的加法操作。

4) 輸出門

最後一步計算神經元的輸出向量 h_t，此時的輸出是根據上述第三步的 C_t 狀態進行計算的，即根據一個 sigmoid 層的全連接前饋神經網路過濾一部分 C_t 狀態作為當前時刻神經元的輸出，如圖 7.37 所示。這個計算過程是：首先透過 sigmoid 層生成一個過濾向量，然後透過一個 tanh 函數計算當前時刻的 C_t 狀態向量 (即將向量每個值的範圍變換到 [-1, 1])，接著透過 sigmoid 層的輸出向量過濾 tanh 函數而獲得結果，即為當前時刻神經元的輸出。

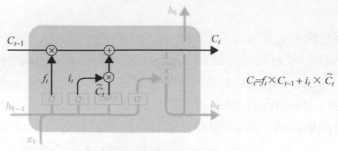

$$C_t = f_t \times C_{t-1} + i_t \times \widetilde{C}_t$$

圖 7.36　focus-C(圖片來自程式設計師開發之家)

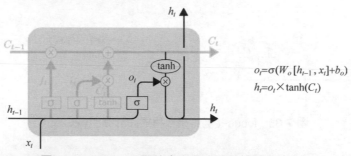

$$o_t = \sigma(W_o[h_{t-1}, x_t] + b_o)$$
$$h_t = o_t \times \tanh(C_t)$$

圖 7.37　focus-o(圖片來自程式設計師開發之家)

4. LSTM 實現語言模型程式實戰

下面實現一個語言模型，它是 NLP 中比較重要的一部分，列出上文的語境後，可以預測下一個單字出現的機率。如果是中文的話，需要做中文分詞。什麼是語言模型？統計語言模型是一個單字序列上的機率分佈，對於一個指定長度為 m 的序列，它可以為整個序列生成一個機率 $P(w\_1, w\_2, \cdots, w\_m)$。其實就是想辦法找到一個機率分佈，它可以表示任意一個句子或序列出現的機率。

目前在自然語言處理中相關應用得到非常廣泛的應用，如語音辨識，機器翻譯，詞性標注，句法分析等。傳統方法主要是以統計學模型為基礎，而最近幾年以神經網路為基礎的語言模型也越來越成熟。

下面就是以 LSTM 神經網路語言模型為基礎的程式實現，先準備資料和程式環境：

```
# 首先下載 PTB 資料集並解壓到工作路徑下
wget http://www.fit.vutbr.cz/~imikolov/rnnlm/simple-examples.tgz
tar xvf simple-examples.tgz
# 然後下載 TensorFlow models 模型庫，進入目錄 models/tutorials/rnn/ptb。接著載入常用的
```

模型庫
```
# 和 TensorFlow models 中的 PTB reader，透過它讀取資料
git clone https://github.com/tensorflow/models.git
cd models/tutorials/rnn/ptb
```

LSTM 核心程式如程式 7.2 所示。

【程式 7.2】lstm.py

```python
#-*- coding: utf-8 -*-
import time
import numpy as np
import tensorflow as tf
import ptb.reader as reader

flags = tf.app.flags
FLAGS = flags.FLAGS

logging = tf.logging

flags.DEFINE_string("save_path", './Out',
                "Model output directory.")
flags.DEFINE_bool("use_fp16", False,
                "Train using 16-bit floats instead of 32bit floats")

def data_type():
return tf.float16 if FLAGS.use_fp16 else tf.float32

# 定義語言模型所處理的輸入資料的 class
class PTBInput(object):
  """The input data."""
  # 初始化方法
  # 讀取 config 中的 batch_size，num_steps 到本地變數
  def init(self, config, data, name=None):
    self.batch_size = batch_size = config.batch_size
    self.num_steps = num_steps = config.num_steps #num_steps 是 LSTM 的展開步數
    # 計算每個 epoch 內需要多少輪訓練疊代
    self.epoch_size = ((len(data) // batch_size) - 1) // num_steps
    # 透過 ptb_reader 獲取特徵資料 input_data 和 label 資料 targets
    self.input_data, self.targets = reader.ptb_producer(
        data, batch_size, num_steps, name=name)

# 定義語言模型的 class
class PTBModel(object):
  """PTB 模型 """
  # 訓練標記，設定參數，ptb 類別的實例 input_
  def init(self, is_training, config, input_):
    self._input = input_
```

```
    batch_size = input_.batch_size
    num_steps = input_.num_steps
    size = config.hidden_size #hidden_size 是 LSTM 的節點數
    vocab_size = config.vocab_size #vocab_size 是詞彙表

    # 使用遺忘門的偏置可以獲得稍好的結果
    def lstm_cell():
      # 使用 tf.contrib.rnn.BasicLSTMCell 設定預設的 LSTM 單元
      return tf.contrib.rnn.BasicLSTMCell(
        size, forget_bias=0.0, state_is_tuple=True)
        #state_is_tuple 表示接收和返回的 state 將是 2-tuple 的形式

  attn_cell = lstm_cell
# 如果訓練狀態且 Dropout 的 keep_prob 小於 1，則在前面的 lstm_cell 之後接一個 DropOut 層，
# 這裡的做法是呼叫 tf.contrib.rnn.DropoutWrapper 函數
  if is_training and config.keep_prob < 1:
    def attn_cell():
      return tf.contrib.rnn.DropoutWrapper(
        lstm_cell(), output_keep_prob=config.keep_prob)
        # 最後使用 rnn 堆疊函數 tf.contrib.rnn.MultiRNNCell 將前面構造的 lstm_cell
        # 多層堆疊得到 cell
        # 堆疊次數，為 config 中的 num_layers
  cell = tf.contrib.rnn.MultiRNNCell(
      [attn_cell() for _ in range(config.num_layers)], state_is_tuple=True)
# 這裡同樣將 state_is_tuple 設定為 True

# 呼叫 cell.zero_state 並設定 LSTM 單元的初始化狀態為 0
self._initial_state = cell.zero_state(batch_size, tf.float32)
# 這裡需要注意，LSTM 單元可以讀取一個單字並結合之前儲存的狀態 state 計算下一個單字
# 出現的機率，
# 在每次讀取一個單字後，它的狀態 state 會被更新

# 創建網路的詞 embedding 部分，embedding 即為將 one-hot 編碼格式的單字轉化為向量
# 的表達形式
# 這部分操作在 GPU 中實現
with tf.device("/cpu:0"):
    # 初始化 embedding 矩陣，其行數設定為詞彙表數 vocab_size，列數（每個單字的向量表達
    # 的維數）設為 hidden_size
    #hidden_size 和 LSTM 單元中的隱含節點數一致，在訓練過程中，embedding 的參數可以
    # 被最佳化和更新
    embedding = tf.get_variable(
        "embedding", [vocab_size, size], dtype=tf.float32)

    # 接下來使用 tf.nn.embedding_lookup 查詢單字對應的向量運算式而獲得 inputs
    inputs = tf.nn.embedding_lookup(embedding, input_.input_data)

# 如果為訓練狀態，則增加一層 Dropout
if is_training and config.keep_prob < 1:
    inputs = tf.nn.dropout(inputs, config.keep_prob)
```

```
# 定義輸出 outputs
outputs = []
state = self._initial_state
# 首先使用 tf.variable_scope 將接下來的名稱設為 RNN
with tf.variable_scope("RNN"):
    # 為了控制訓練過程，我們會限制梯度在反向傳播時可以展開的步數為一個固定的值，而這個步
    # 數也是 num_steps
    # 這裡設定一個循環，長度為 num_steps，來控制梯度的傳播
    for time_step in range(num_steps):
        # 並且從第二次循環開始，我們使用 tf.get_variable_scope().reuse_variables()
        # 設定重複使用變數
        if time_step > 0: tf.get_variable_scope().reuse_variables()
        # 在每次循環內，我們傳入 inputs 和 state 到堆疊的 LSTM 單元 cell 中
        # 注意，inputs 有 3 個維度，第一個維度是 batch 中的低級樣本，
        # 第二個維度是樣本中的第幾個單字，第三個維度是單字向量表達的維度
        #inputs[:, time_step, :] 代表所有樣本的第 time_step 個單字
        (cell_output, state) = cell(inputs[:, time_step, :], state)
        # 這裡我們得到輸出 cell_output 和更新後的 state

        outputs.append(cell_output)
            # 最後我們將結果 cell_output 增加到輸出串列 ouputs 中
# 將 output 的內容用 tf.contact 串聯到一起，並使用 tf.reshape 將其轉為一個很長的一維
# 向量
output = tf.reshape(tf.concat(outputs, 1), [-1, size])
# 接下來是 Softmax 層，先定義權重 softmax_w 和偏置 softmax_b
softmax_w = tf.get_variable(
    "softmax_w", [size, vocab_size], dtype=tf.float32)
softmax_b = tf.get_variable("softmax_b", [vocab_size], dtype=tf.float32)
# 使用 tf.matmul 將輸出 output 乘上權重並加上偏置得到 logits
logits = tf.matmul(output, softmax_w) + softmax_b
# 這裡直接使用 tf.contrib.legacy_seq2seq.sequence_loss_by_example 計算並輸出
#logits 和 targets 的偏差

loss = tf.contrib.legacy_seq2seq.sequence_loss_by_example(
    [logits],
    [tf.reshape(input_.targets, [-1])],
    [tf.ones([batch_size * num_steps], dtype=tf.float32)])
# 這裡的 sequence_loss 即 target words 的 average negative log probability

self._cost = cost = tf.reduce_sum(loss) / batch_size
# 使用 tf.reduce_sum 整理 batch 的誤差
self._final_state = state

if not is_training:
    return
    # 如果此時不是訓練狀態，直接返回

# 定義學習速率的變數 lr，並將其設為不可訓練
```

```
self._lr = tf.Variable(0.0, trainable=False)

# 使用 tf.trainable_variables 獲取所有可訓練的參數 tvars
tvars = tf.trainable_variables()
# 針對前面得到的 cost，計算 tvars 的梯度，並用 tf.clip_by_global_norm 設定梯度的最
# 大範數 max_grad_norm
grads, _ = tf.clip_by_global_norm(tf.gradients(cost, tvars),
                                  config.max_grad_norm)
# 這就是用 Gradient Clipping 方法控制梯度的最大範數，在某種程度上造成正則化的效果。
#Gradient Clipping 可防止 Gradient Explosion 梯度爆炸的問題，如果對梯度不加限制，
# 則可能會因為疊代中梯度過大導致訓練難以收斂


# 定義 GradientDescent 最佳化器
optimizer = tf.train.GradientDescentOptimizer(self._lr)


# 創建訓練操作 _train_op，用 optimizer.apply_gradients 將前面 clip 過的梯度應用
# 到所有可訓練的參數 tvars 上，
# 使用 tf.contrib.framework.get_or_create_global_step() 生成全域統一的訓練
# 步數
self._train_op = optimizer.apply_gradients(
    zip(grads, tvars),
    global_step=tf.contrib.framework.get_or_create_global_step())


# 設定一個 _new_lr 的 placeholder 用以控制學習速率
self._new_lr = tf.placeholder(
    tf.float32, shape=[], name="new_learning_rate")
# 同時定義一個 assign 函數，用以在外部控制模型的學習速率
self._lr_update = tf.assign(self._lr, self._new_lr)


# 同時定義一個 assign_lr 函數，用以在外部控制模型的學習速率
# 方式是將學習速率值傳入 _new_lr 這個 place_holder 中，並執行 _update_lr 完成對學習速
# 率的修改
def assign_lr(self, session, lr_value):
    session.run(self._lr_update, feed_dict={self._new_lr: lr_value})


# 模型定義完畢，再定義這個 PTBModel class 的一些 property
#Python 中的 @property 裝飾器可以將返回變數設為唯讀，防止修改變數而引發的問題


# 這裡定義 input，initial_state，cost，lr，final_state，train_op 為 property，方便
# 外部存取
@property
def input(self):
    return self._input
@property
def initial_state(self):
    return self._initial_state

@property
def cost(self):
```

```
    return self._cost

@property
def final_state(self):
    return self._final_state

@property
def lr(self):
    return self._lr

@property
def train_op(self):
    return self._train_op

# 接下來定義幾種不同大小模型的參數
# 首先是小模型的設定
class SmallConfig(object):
    """Small config."""
    init_scale = 0.1          # 網路中權重值的初始 Scale
    learning_rate = 1.0       # 學習速率的初值
    max_grad_norm = 5         # 前面提到的梯度的最大範數
    num_layers = 2            #num_layers 是 LSTM 可以堆疊的層數
    num_steps = 20            #LSTM 梯度反向傳播的展開步數
    hidden_size = 200         #LSTM 的隱含節點數
    max_epoch = 4             # 初始學習速率的可訓練的 epoch 數，在此之後需要調整學習速率
    max_max_epoch = 13        # 總共可以訓練的 epoch 數
    keep_prob = 1.0           #keep_prob 是 dorpout 層的保留節點的比例
    lr_decay = 0.5            # 學習速率的衰減速率
    batch_size = 20           # 每個 batch 中樣本的數量
    vocab_size = 10000

# 具體每個參數的值，在不同的設定中比較才有意義

# 在中等模型中，我們減小了 init_state，即希望權重初值不要過大，小一些有利於溫和地訓練
# 學習速率和最大梯度範數不變，LSTM 層數不變。
# 這裡將梯度反向傳播的展開步數從 20 增大到 35。
#hidden_size 和 max_max_epoch 也對應地增大約 3 倍，同時這裡開始設定 dropout 的
#keep_prob 到 0.5，
# 而之前設定 1，即沒有 dropout。
# 因為學習疊代次數的增大，因此將學習速率的衰減速率 lr_decay 也減小了。
#batch_size 和詞彙表 vocab_size 的大小保持不變
class MediumConfig(object):
    """Medium config."""
    init_scale = 0.05
    learning_rate = 1.0
    max_grad_norm = 5
    num_layers = 2
    num_steps = 35
    hidden_size = 650
```

```
    max_epoch = 6
    max_max_epoch = 39
    keep_prob = 0.5
    lr_decay = 0.8
    batch_size = 20
    vocab_size = 10000
```

```
# 大型模型，進一步縮小了 init_scale 並大大放寬了最大梯度範數 max_grad_norm 到 10
# 同時將 hidden_size 提升到了 1500, 並且 max_epoch，max_max_epoch 也對應增大了，
# 而 keep_drop 也因為模型複雜度的上升繼續下降，學習速率的衰減速率 lr_decay 也進一步減小
class LargeConfig(object):
    """Large config."""
    init_scale = 0.04
    learning_rate = 1.0
    max_grad_norm = 10
    num_layers = 2
    num_steps = 35
    hidden_size = 1500
    max_epoch = 14
    max_max_epoch = 55
    keep_prob = 0.35
    lr_decay = 1 / 1.15
    batch_size = 20
    vocab_size = 10000
```

```
#TstConfig 只是供測試用，參數都儘量使用最小值，只是為了測試是否可以使用模型
class TstConfig(object):
    """Tiny config, for testing."""
    init_scale = 0.1
    learning_rate = 1.0
    max_grad_norm = 1
    num_layers = 1
    num_steps = 2
    hidden_size = 2
    max_epoch = 1
    max_max_epoch = 1
    keep_prob = 1.0
    lr_decay = 0.5
    batch_size = 20
    vocab_size = 10000
```

```
# 定義訓練一個 epoch 資料的函數 run_epoch
def run_epoch(session, model, eval_op=None, verbose=False):
    """Runs the model on the given data."""
    # 記錄當前時間，初始化損失 costs 和疊代數 iters
    start_time = time.time()
    costs = 0.0
    iters = 0
    state = session.run(model.initial_state)
```

```
  # 執行 model.initial_state 來初始化狀態並獲得初始狀態

# 接著創建輸出結果的字典表 fetches
# 其中包括 cost 和 final_state
fetches = {
  "cost": model.cost,
  "final_state": model.final_state,
}
# 如果有評測操作 eval_op，也一併加入 fetches
if eval_op is not None:
  fetches["eval_op"] = eval_op

# 接著進行循環訓練，次數為 epoch_size
for step in range(model.input.epoch_size):
  feed_dict = {}
  # 在每次循環中，我們生成訓練用的 feed_dict

  for i, (c, h) in enumerate(model.initial_state):
    feed_dict[c] = state[i].c
    feed_dict[h] = state[i].h

  # 將全部的 LSTM 單元的 state 加入 feed_dict，然後傳入 feed_dict 並執行
  #fetches 對網路進行一次訓練，並且得到 cost 和 state
  vals = session.run(fetches, feed_dict)
  cost = vals["cost"]
  state = vals["final_state"]

  # 累加 cost 到 costs，並且累加 num_steps 到 iters
  costs += cost
  iters += model.input.num_steps

  # 我們每完成約 10% 的 epoch，就進行一次結果展示，依次展示當前 epoch 的進度
  #perplexity( 即平均 cost 的自然常數指數，此指數是語言模型性能的重要指標，其值越低代表
  # 模型輸出的機率分佈在預測樣本上越好 )
  # 和訓練速度（單字 /s）
  if verbose and step % (model.input.epoch_size // 10) == 10:
    print("%.3f perplexity: %.3f speed: %.0f wps" %
          (step * 1.0 / model.input.epoch_size, np.exp(costs / iters),
           iters * model.input.batch_size / (time.time() - start_time)))
  # 最後返回 perplexity 作為函數的結果
  return np.exp(costs / iters)

# 使用 reader.ptb_raw_data 直接讀取解壓後的資料而得到訓練資料，以此驗證資料和測試資料
raw_data = reader.ptb_raw_data('./simple-examples/data/')
train_data, valid_data, test_data, _ = raw_data

# 這裡定義訓練模型的設定為小型模型的設定
config = SmallConfig()
eval_config = SmallConfig()
```

```
eval_config.batch_size = 1
eval_config.num_steps = 1
# 需要注意的是測試設定 eval_config 需和訓練設定一致
# 這裡將測試設定的 batch_size 和 num_steps 修改為 1

# 創建預設的 Graph，並使用 tf.random_uniform_initializer 設定參數的初始化器
with tf.Graph().as_default():
  initializer = tf.random_uniform_initializer(-config.init_scale,
                                              config.init_scale)

  with tf.name_scope("Train"):
    # 使用 PTBInput 和 PTBModel 創建一個用來訓練的模型 m
    train_input = PTBInput(config=config, data=train_data, name="TrainInput")
    with tf.variable_scope("Model", reuse=None, initializer=initializer):
      m = PTBModel(is_training=True, config=config, input_=train_input)
      #tf.scalar_summary("Training Loss", m.cost)
      #tf.scalar_summary("Learning Rate", m.lr)

  with tf.name_scope("Valid"):
    # 使用 PTBInput 和 PTBModel 創建一個用來驗證的模型 mvalid
    valid_input = PTBInput(config=config, data=valid_data, name="ValidInput")
    with tf.variable_scope("Model", reuse=True, initializer=initializer):
      mvalid = PTBModel(is_training=False, config=config, input_=valid_input)
      #tf.scalar_summary("Validation Loss", mvalid.cost)

  with tf.name_scope("Tst"):
    # 使用 PTBInput 和 PTBModel 創建一個用來驗證的模型 Tst
    test_input = PTBInput(config=eval_config, data=test_data, name="TstInput")
    with tf.variable_scope("Model", reuse=True, initializer=initializer):
      mtst = PTBModel(is_training=False, config=eval_config,
                      input_=test_input)

# 訓練和驗證模型直接使用前面的 config，測試模型則使用前面的測試設定 eval_config

sv = tf.train.Supervisor()
# 使用 tf.train.Supervisor 創建訓練的管理器 sv

# 使用 sv.managed_session() 創建預設的 session
with sv.managed_session() as session:
  # 執行訓練多個 epoch 資料的循環
  for i in range(config.max_max_epoch):
    # 在每個 epoch 循環內，我們先計算累計的學習速率衰減值
    # 這裡只需要計算超過 max_epoch 的輪數，再求 lr_decay 超出輪數次冪即可
    # 然後將初始學習速率乘以累計的衰減，並更新學習速率
    lr_decay = config.lr_decay ** max(i + 1 - config.max_epoch, 0.0)
    m.assign_lr(session, config.learning_rate * lr_decay)

    # 在循環內執行一個 epoch 的訓練和驗證，並輸出當前的學習速率，訓練和驗證即為
    #perplexity
```

```
    print("Epoch: %d Learning rate: %.3f" % (i + 1, session.run(m.lr)))
    train_perplexity = run_epoch(session, m, eval_op=m.train_op,
                                 verbose=True)
    print("Epoch: %d Train Perplexity: %.3f" % (i + 1, train_perplexity))
    valid_perplexity = run_epoch(session, mvalid)
    print("Epoch: %d Valid Perplexity: %.3f" % (i + 1, valid_perplexity))

  # 在完成全部訓練之後，計算並輸出模型在測試集上的 perplexity
  tst_perplexity = run_epoch(session, mtst)
  print("Test Perplexity: %.3f" % tst_perplexity)
    #
    # if FLAGS.save_path:
    # print("Saving model to %s." % FLAGS.save_path)
    # sv.saver.save(session, FLAGS.save_path, global_step=sv.global_step)

if name == "main":
  tf.app.run()
```

LSTM 經常用來解決處理和預測序列化問題，下面要講解的 Seq2Seq 就是以 LSTM 為基礎的，當然 Seq2Seq 也不是必須以 LSTM 為基礎，它也可以以 CNN 為基礎。下面我們來講解 Seq2Seq。

7.3.5 點對點神經網路 [36, 37, 38]

Seq2Seq 技術，全稱 Sequence to Sequence，該技術突破了傳統的固定大小輸入問題，開啟了將經典深度神經網路模型運用於翻譯與智慧問答這一類序列型 (Sequence Based，項目間有固定的先後關係) 任務的先河，並被證實在機器翻譯、對話機器人和語音辨識的應用中具有不俗的表現。下面就詳細講解其原理和實現。

1. Seq2Seq 原理介紹

傳統的 Seq2Seq 使用兩個循環神經網路，將一個語言序列直接轉換到另一個語言序列，它是循環神經網路的升級版，其聯合了兩個循環神經網路。一個神經網路負責接收來源句子，而另一個循環神經網路負責將句子輸出成翻譯的語言。這兩個過程分別稱為編碼和解碼的過程，如圖 7.38 所示。

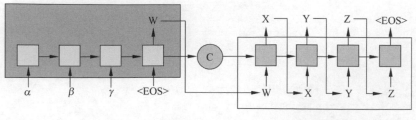

圖 7.38　Seq2Seq 模型 (圖片來自 CSDN)

1) 開發過程

開發過程實際上使用了循環神經網路記憶的功能，透過上下文的序列關係將詞向量依次輸入網路。對於循環神經網路，每一次網路都會輸出一個結果，但是編碼的不同之處在於其只保留最後一個隱藏狀態，相當於將整句話濃縮在一起，將其存為一個內容向量 (context) 供後面的解碼器 (decoder) 使用。

2) 解碼過程

解碼和編碼的網路結構幾乎是一樣的，唯一不同的是在解碼過程中根據前面的結果來得到後面的結果。在開發過程中輸入一句話，這一句話就是一個序列，而且這個序列中的每個詞都是已知的，而解碼過程相當於什麼也不知道，首先需要一個識別符號表示一句話的開始，接著將其輸入網路得到第一個輸出作為這句話的第一個詞，然後透過得到的第一個詞作為網路的下一個輸入，從而得到輸出作為第二個詞，不斷循環，透過這種方式來得到最後網路輸出的一句話。

3) 使用序列到序列網路結構的原因

翻譯的每句話的輸入長度和輸出長度一般來講都是不同的，而序列到序列的網路結構的優勢在於不同長度的輸入序列能夠得到任意長度的輸出序列。使用序列到序列的模型，首先將一句話的所有內容壓縮成一個內容向量，然後透過一個循環網路不斷地將內容提取出來，形成一句新的話。

2. Seq2Seq 程式實戰

了解了 Seq2Seq 原理和介紹，我們來做一個實踐應用，做一個單字的字母排序，例如輸入單字是 'acbd'，輸出單字是 'abcd'，要讓機器學會這種排序演算法，可以使用 Seq2Seq 模型來完成，接下來我們分析一下核心步驟，最後列出一個能直接運行的完整程式供大家學習。

1) 資料集的準備

這裡有兩個檔案分別是 source.txt 和 target.txt，對應的分別是輸入檔案和輸出檔案，程式如下：

```
# 讀取輸入檔案
with open('data/letters_source.txt', 'r', encoding='utf-8') as f:
  source_data = f.read()
# 讀取輸出檔案
with open('data/letters_target.txt', 'r', encoding='utf-8') as f:
  target_data = f.read()
```

2) 資料集的前置處理

填充序列、序列字元和 ID 的轉換，程式如下：

```
# 資料前置處理
def extract_character_vocab(data):
    # 使用特定的字元進行序列的填充
    special_words = ['<PAD>', '<UNK>', '<GO>',  '<EOS>']
    set_words = list(set([character for line in data.split('\n') for character
in line]))
    # 這裡要把 4 個特殊字元增加進詞典
    int_to_vocab = {idx: word for idx, word in enumerate(special_words + set_
words)}
    vocab_to_int = {word: idx for idx, word in int_to_vocab.items()}
    return int_to_vocab, vocab_to_int

source_int_to_letter, source_letter_to_int = extract_character_vocab(source_data)
target_int_to_letter, target_letter_to_int = extract_character_vocab(target_data)
# 對字母進行轉換
source_int = [[source_letter_to_int.get(letter, source_letter_to_int['<UNK>'])
            for letter in line] for line in source_data.split('\n')]
target_int = [[target_letter_to_int.get(letter, target_letter_to_int['<UNK>'])
            for letter in line] + [target_letter_to_int['<EOS>']] for line in
target_data.split('\n')]
print('source_int_head',source_int[:10])
```

填補字元含義：

<PAD>：補全字元。

<EOS>：解碼器端的句子結束識別符號。

<UNK>：低頻詞或一些未遇到過的詞等。

<GO>：解碼器端的句子起始識別符號。

3) 創建編碼層

創建編碼層程式如下：

```
# 創建編碼層
def get_encoder_layer(input_data, rnn_size, num_layers,source_sequence_length,
source_vocab_size,encoding_embedding_size):

    #Encoder embedding
    encoder_embed_input = layer.embed_sequence(ids=input_data, vocab_
size=source_vocab_size,embed_dim=encoding_embedding_size)

    #RNN cell
    def get_lstm_cell(rnn_size):
        lstm_cell = rnn.LSTMCell(rnn_size,
 initializer=tf.random_uniform_initializer(-0.1, 0.1, seed=2))
        return lstm_cell
    # 指定多個 lstm
    cell = rnn.MultiRNNCell([get_lstm_cell(rnn_size) for _ in range(num_layers)])
    # 返回 output，state
    encoder_output, encoder_state = tf.nn.dynamic_rnn(cell=cell, inputs=
encoder_embed_input,sequence_length=source_sequence_length, dtype=tf.float32)

return encoder_output, encoder_state
```

參數變數含義：

input_data：輸入 tensor；

rnn_size：rnn 隱層節點數量；

num_layers：堆疊的 rnn cell 數量；

source_sequence_length：來源資料的序列長度；

source_vocab_size：來源資料的詞典大小；

encoding_embedding_size：embedding 的大小。

4) 創建解碼層

對編碼之後的字串進行處理，移除最後一個沒用的字串，程式如下：

```
# 對編碼資料進行處理，移除最後一個字元
def process_decoder_input(data, vocab_to_int, batch_size):
    '''
# 補充 <GO>，並移除最後一個字元
    '''
    #cut 掉最後一個字元
    ending = tf.strided_slice(data, [0, 0], [batch_size, -1], [1, 1])
```

```
    decoder_input = tf.concat([tf.fill([batch_size, 1], vocab_to_int['<GO>']),
ending], 1)

    return decoder_input
```

創建解碼層程式如下：

```
# 創建解碼層
def decoding_layer(target_letter_to_int,
                decoding_embedding_size,
                num_layers, rnn_size,
                target_sequence_length,
                max_target_sequence_length,
                encoder_state, decoder_input):
    #1. 建構向量
    # 目標詞彙的長度
    target_vocab_size = len(target_letter_to_int)
    # 定義解碼向量的維度大小
    decoder_embeddings = tf.Variable(tf.random_uniform([target_vocab_size,
decoding_embedding_size]))
    # 解碼之後向量的輸出
    decoder_embed_input = tf.nn.embedding_lookup(decoder_embeddings, decoder_
input)

    #2. 構造 Decoder 中的 RNN 單元
    def get_decoder_cell(rnn_size):
        decoder_cell = rnn.LSTMCell(num_units=rnn_size,initializer=tf.random_
uniform_initializer(-0.1, 0.1, seed=2))
        return decoder_cell

    cell = tf.contrib.rnn.MultiRNNCell([get_decoder_cell(rnn_size) for _ in
range(num_layers)])

    #3. Output 全連接層
    output_layer = Dense(units=target_vocab_size,kernel_initializer=tf.
truncated_normal_initializer(mean=0.0, stddev=0.1))

    #4. Training decoder
    with tf.variable_scope("decode"):
        # 得到 help 物件
        training_helper = seq2seq.TrainingHelper(inputs=decoder_embed_
input,sequence_length=target_sequence_length,time_major=False)
        # 構造 decoder
        training_decoder = seq2seq.BasicDecoder(cell=cell,helper=training_
helper,initial_state=encoder_state,output_layer=output_layer)
        training_decoder_output, _ ,= seq2seq.dynamic_decode(decoder=training_
decoder,impute_finished=True,maximum_iterations=max_target_sequence_length)

    #5. Predicting decoder
```

```
        # 與 training 共用參數
        with tf.variable_scope("decode", reuse=True):
            # 創建一個常數 tensor 並複製為 batch_size 的大小
            start_tokens = tf.tile(tf.constant([target_letter_to_int['<GO>']],
dtype=tf.int32), [batch_size],name='start_tokens')
        predicting_helper = seq2seq.GreedyEmbeddingHelper(decoder_
embeddings,start_tokens,target_letter_to_int['<EOS>'])
        predicting_decoder = seq2seq.BasicDecoder(cell=cell,helper=predicting_
helper,initial_state=encoder_state,output_layer=output_layer)
        predicting_decoder_output, _ ,_= seq2seq.dynamic_
decode(decoder=predicting_decoder,impute_finished=True,maximum_iterations=max_
target_sequence_length)

return training_decoder_output, predicting_decoder_output
```

在建構解碼這一塊使用了參數共用機制 tf.variable_scope("")，方法參數含義：

target_letter_to_int：target 資料的映射表；

decoding_embedding_size：embed 向量大小；

num_layers：堆疊的 RNN 單元數量；

rnn_size：RNN 單元的隱層節點數量；

target_sequence_length：target 資料序列長度；

max_target_sequence_length：target 資料序列最大長度；

encoder_state：encoder 端編碼的狀態向量；

decoder_input：decoder 端輸入。

5) 建構 seq2seq 模型

把解碼和編碼串在一起，程式如下：

```
# 建構序列模型
def seq2seq_model(input_data, targets, lr, target_sequence_length,
            max_target_sequence_length, source_sequence_length,
            source_vocab_size, target_vocab_size,
            encoder_embedding_size, decoder_embedding_size,
            rnn_size, num_layers):
# 獲取 encoder 的狀態輸出
_, encoder_state = get_encoder_layer(input_data,
                            rnn_size,
                            num_layers,
                            source_sequence_length,
                            source_vocab_size,
                            encoding_embedding_size)
```

```
# 前置處理後的 decoder 輸入
decoder_input = process_decoder_input(targets, target_letter_to_int, batch_size)

# 將狀態向量與輸入傳遞給 decoder
training_decoder_output, predicting_decoder_output = decoding_layer(target_
letter_to_int,
decoding_embedding_size,
                num_layers,
                rnn_size,
target_sequence_length,
max_target_sequence_length,
                encoder_state,
                decoder_input)
return training_decoder_output, predicting_decoder_output
```

6) 創建模型輸入參數

創建模型輸入參數程式如下：

```
# 創建模型輸入參數
def get_inputs():
    inputs = tf.placeholder(tf.int32, [None, None], name='inputs')
    targets = tf.placeholder(tf.int32, [None, None], name='targets')
    learning_rate = tf.placeholder(tf.float32, name='learning_rate')
    # 定義 target 序列最大長度（之後 target_sequence_length 和
    #source_sequence_length 會作為 feed_dict 的參數）
    target_sequence_length = tf.placeholder(tf.int32, (None,), name='target_
sequence_length')
    max_target_sequence_length = tf.reduce_max(target_sequence_length, name=
'max_target_len')
    source_sequence_length = tf.placeholder(tf.int32, (None,), name='source_
sequence_length')
    return inputs, targets, learning_rate, target_sequence_length, max_target_
sequence_length, source_sequence_length
```

7) 訓練資料準備和生成

資料填充程式如下：

```
# 對 batch 中的序列進行補全，保證 batch 中的每行都有相同的 sequence_length
def pad_sentence_batch(sentence_batch, pad_int):
    '''
參數：
    - sentence_batch
    - pad_int: <PAD> 對應索引號
    '''
    max_sentence = max([len(sentence) for sentence in sentence_batch])
    return [sentence + [pad_int] * (max_sentence - len(sentence)) for sentence in
sentence_batch]
```

批次資料獲取程式如下：

```python
# 批次資料生成
def get_batches(targets, sources, batch_size, source_pad_int, target_pad_int):
    '''
定義生成器，用來獲取 batch
    '''
    for batch_i in range(0, len(sources) // batch_size):
        start_i = batch_i * batch_size
        sources_batch = sources[start_i:start_i + batch_size]
        targets_batch = targets[start_i:start_i + batch_size]
        # 補全序列
        pad_sources_batch = np.array(pad_sentence_batch(sources_batch, source_pad_int))
        pad_targets_batch = np.array(pad_sentence_batch(targets_batch, target_pad_int))

        # 記錄每筆記錄的長度
        pad_targets_lengths = []
        for target in pad_targets_batch:
            pad_targets_lengths.append(len(target))

        pad_source_lengths = []
        for source in pad_sources_batch:
            pad_source_lengths.append(len(source))

        yield pad_targets_batch, pad_sources_batch, pad_targets_lengths, pad_source_lengths
```

到此核心步驟基本上分析完了，最後還剩下訓練和預測，如程式 7.3 所示。

【程式 7.3】seq2seq.py

```python
#-*- coding: utf-8 -*-
from tensorflow.python.layers.core import Dense
import numpy as np
import time
import tensorflow as tf
import tensorflow.contrib.layers as layer
import tensorflow.contrib.rnn as rnn
import tensorflow.contrib.seq2seq as seq2seq

# 讀取輸入檔案
with open('data/letters_source.txt', 'r', encoding='utf-8') as f:
    source_data = f.read()

# 讀取輸出檔案
with open('data/letters_target.txt', 'r', encoding='utf-8') as f:
    target_data = f.read()
```

```python
print('source_data_head',source_data.split('\n')[:10])

# 資料前置處理
def extract_character_vocab(data):
    # 使用特定的字元進行序列填充
    special_words = ['<PAD>', '<UNK>', '<GO>',  '<EOS>']
    set_words = list(set([character for line in data.split('\n') for character in line]))
    # 這裡要把 4 個特殊字元增加進詞典
    int_to_vocab = {idx: word for idx, word in enumerate(special_words + set_words)}
    vocab_to_int = {word: idx for idx, word in int_to_vocab.items()}
    return int_to_vocab, vocab_to_int


source_int_to_letter, source_letter_to_int = extract_character_vocab(source_data)
target_int_to_letter, target_letter_to_int = extract_character_vocab(target_data)

# 對字母進行轉換
source_int = [[source_letter_to_int.get(letter, source_letter_to_int['<UNK>'])
            for letter in line] for line in source_data.split('\n')]
target_int = [[target_letter_to_int.get(letter, target_letter_to_int['<UNK>'])
            for letter in line] + [target_letter_to_int['<EOS>']] for line in
target_data.split('\n')]
print('source_int_head',source_int[:10])

# 創建模型輸入參數
def get_inputs():
    inputs = tf.placeholder(tf.int32, [None, None], name='inputs')
    targets = tf.placeholder(tf.int32, [None, None], name='targets')
    learning_rate = tf.placeholder(tf.float32, name='learning_rate')
    # 定義 target 序列最大長度 ( 之後 target_sequence_length 和
    #source_sequence_length 會作為 feed_dict 的參數 )
    target_sequence_length = tf.placeholder(tf.int32, (None,), name='target_
sequence_length')
    max_target_sequence_length = tf.reduce_max(target_sequence_length, name='max_
target_len')
    source_sequence_length = tf.placeholder(tf.int32, (None,), name='source_
sequence_length')
    return inputs, targets, learning_rate, target_sequence_length, max_target_
sequence_length, source_sequence_length


'''
構造 Encoder 層

參數說明 :
      input_data: 輸入 tensor;
      rnn_size: rnn 隱層節點數量 ;
      num_layers: 堆疊的 rnn cell 數量 ;
      source_sequence_length: 來源資料的序列長度 ;
      source_vocab_size: 來源資料的詞典大小 ;
      encoding_embedding_size: embedding 的大小。
```

```
    '''
# 創建編碼層
def get_encoder_layer(input_data, rnn_size, num_layers,source_sequence_length,
source_vocab_size,encoding_embedding_size):

    #Encoder embedding
    encoder_embed_input = layer.embed_sequence(ids=input_data, vocab_
size=source_vocab_size,embed_dim=encoding_embedding_size)

    #RNN cell
    def get_lstm_cell(rnn_size):
        lstm_cell = rnn.LSTMCell(rnn_size, initializer=tf.random_uniform_
initializer(-0.1, 0.1, seed=2))
        return lstm_cell
    # 指定多個 lstm
    cell = rnn.MultiRNNCell([get_lstm_cell(rnn_size) for _ in range(num_layers)])
    # 返回 output,state
    encoder_output, encoder_state = tf.nn.dynamic_rnn(cell=cell, inputs=
encoder_embed_input,sequence_length=source_sequence_length, dtype=tf.float32)

    return encoder_output, encoder_state

# 對編碼資料進行處理，移除最後一個字元
def process_decoder_input(data, vocab_to_int, batch_size):
    '''
補充 <GO>，並移除最後一個字元
    '''
    #cut 掉最後一個字元
    ending = tf.strided_slice(data, [0, 0], [batch_size, -1], [1, 1])
    decoder_input = tf.concat([tf.fill([batch_size, 1], vocab_to_int['<GO>']),
ending], 1)

    return decoder_input
'''
構造 Decoder 層
參數説明：
    target_letter_to_int: target 資料的映射表；
    decoding_embedding_size: embed 向量大小；
    num_layers: 堆疊的 RNN 單元數量；
    rnn_size: RNN 單元的隱層節點數量；
    target_sequence_length: target 資料序列長度；
    max_target_sequence_length: target 資料序列最大長度；
    encoder_state: encoder 端編碼的狀態向量；
    decoder_input: decoder 端輸入。
    '''

# 創建解碼層
def decoding_layer(target_letter_to_int,
                decoding_embedding_size,
                num_layers, rnn_size,
```

```
                target_sequence_length,
                max_target_sequence_length,
                encoder_state, decoder_input):
    #1. 建構向量
    # 目標詞彙的長度
    target_vocab_size = len(target_letter_to_int)
    # 定義解碼向量的維度大小
    decoder_embeddings = tf.Variable(tf.random_uniform([target_vocab_size,
decoding_embedding_size]))
    # 解碼之後向量的輸出
    decoder_embed_input = tf.nn.embedding_lookup(decoder_embeddings, decoder_
input)

    #2. 構造 Decoder 中的 RNN 單元
    def get_decoder_cell(rnn_size):
        decoder_cell = rnn.LSTMCell(num_units=rnn_size,initializer=tf.random_
uniform_initializer(-0.1, 0.1, seed=2))
        return decoder_cell

    cell = tf.contrib.rnn.MultiRNNCell([get_decoder_cell(rnn_size) for _ in
range(num_layers)])

    #3. Output 全連接層
    output_layer = Dense(units=target_vocab_size,kernel_initializer=tf.truncated_
normal_initializer(mean=0.0, stddev=0.1))

    #4. Training decoder
    with tf.variable_scope("decode"):
        # 得到 help 物件
        training_helper = seq2seq.TrainingHelper(inputs=decoder_embed_input,
sequence_length=target_sequence_length,time_major=False)
        # 構造 decoder
        training_decoder = seq2seq.BasicDecoder(cell=cell,helper=training_
helper,initial_state=encoder_state,output_layer=output_layer)
        training_decoder_output, _ ,= seq2seq.dynamic_decode(decoder=training_
decoder,impute_finished=True,maximum_iterations=max_target_sequence_length)

    #5. Predicting decoder
    # 與 training 共用參數
    with tf.variable_scope("decode", reuse=True):
        # 創建一個常數 tensor 並複製為 batch_size 的大小
        start_tokens = tf.tile(tf.constant([target_letter_to_int['<GO>']],
dtype=tf.int32), [batch_size],name='start_tokens')
        predicting_helper = seq2seq.GreedyEmbeddingHelper(decoder_
embeddings,start_tokens,target_letter_to_int['<EOS>'])
        predicting_decoder = seq2seq.BasicDecoder(cell=cell,helper=predicting_
helper,initial_state=encoder_state,output_layer=output_layer)
        predicting_decoder_output, _ ,= seq2seq.dynamic_decode(decoder=predicting_
decoder,impute_finished=True,maximum_iterations=max_target_sequence_length)
    return training_decoder_output, predicting_decoder_output
```

```python
# 建構序列模型
def seq2seq_model(input_data, targets, lr, target_sequence_length,
                max_target_sequence_length, source_sequence_length,
                source_vocab_size, target_vocab_size,
                encoder_embedding_size, decoder_embedding_size,
                rnn_size, num_layers):
    # 獲取 encoder 的狀態輸出
    _, encoder_state = get_encoder_layer(input_data,
                                rnn_size,
                                num_layers,
                                source_sequence_length,
                                source_vocab_size,
                                encoding_embedding_size)

# 前置處理後的 decoder 輸入
decoder_input = process_decoder_input(targets, target_letter_to_int, batch_size)

# 將狀態向量與輸入傳遞給 decoder
training_decoder_output, predicting_decoder_output = decoding_layer(target_
letter_to_int,
decoding_embedding_size,
            num_layers,
            rnn_size,
target_sequence_length,
max_target_sequence_length,
            encoder_state,
            decoder_input)

return training_decoder_output, predicting_decoder_output
# 超參數
#Number of Epochs
epochs = 60
#Batch Size
batch_size = 128
#RNN Size
rnn_size = 50
#Number of Layers
num_layers = 2
#Embedding Size
encoding_embedding_size = 15
decoding_embedding_size = 15
#Learning Rate
learning_rate = 0.001
# 構造 graph
train_graph = tf.Graph()

with train_graph.as_default():
    # 獲得模型輸入
```

```
    input_data, targets, lr, target_sequence_length, max_target_sequence_length,
source_sequence_length = get_inputs()
    training_decoder_output, predicting_decoder_output = seq2seq_model(input_data,
                targets,
                lr,
    target_sequence_length,
    max_target_sequence_length,
    source_sequence_length,
    len(source_letter_to_int),
    len(target_letter_to_int),
    encoding_embedding_size,
    decoding_embedding_size,
    rnn_size,
    num_layers)

    training_logits = tf.identity(training_decoder_output.rnn_output, 'logits')
    predicting_logits = tf.identity(predicting_decoder_output.sample_id, name=
'predictions')

    masks = tf.sequence_mask(target_sequence_length, max_target_sequence_length,
dtype=tf.float32, name='masks')

    with tf.name_scope("optimization"):
        #Loss function
        cost = tf.contrib.seq2seq.sequence_loss(
            training_logits,
            targets,
            masks)

#Optimizer
optimizer = tf.train.AdamOptimizer(lr)
```

#Gradient Clipping 以定義為基礎的 min 與 max 對 tensor 資料進行截斷操作，目的是為了
應對梯度爆發或梯度消失的情況

```
gradients = optimizer.compute_gradients(cost)
capped_gradients = [(tf.clip_by_value(grad, -5., 5.), var) for grad, var in
gradients if grad is not None]
train_op = optimizer.apply_gradients(capped_gradients)
```

對 batch 中的序列進行補全，保證 batch 中的每行都有相同的 sequence_length

```
def pad_sentence_batch(sentence_batch, pad_int):
    '''
參數：
    sentence_batch
    pad_int: <PAD> 對應索引號
    '''
    max_sentence = max([len(sentence) for sentence in sentence_batch])
    return [sentence + [pad_int] * (max_sentence - len(sentence)) for sentence in
sentence_batch]
```

```python
# 批次資料生成
def get_batches(targets, sources, batch_size, source_pad_int, target_pad_int):
    '''
定義生成器，用來獲取 batch
    '''
    for batch_i in range(0, len(sources) // batch_size):
        start_i = batch_i * batch_size
        sources_batch = sources[start_i:start_i + batch_size]
        targets_batch = targets[start_i:start_i + batch_size]
        # 補全序列
        pad_sources_batch = np.array(pad_sentence_batch(sources_batch, source_pad_
int))
        pad_targets_batch = np.array(pad_sentence_batch(targets_batch, target_pad_
int))

        # 記錄每筆記錄的長度
        pad_targets_lengths = []
        for target in pad_targets_batch:
            pad_targets_lengths.append(len(target))
        pad_source_lengths = []
        for source in pad_sources_batch:
            pad_source_lengths.append(len(source))
        yield pad_targets_batch, pad_sources_batch, pad_targets_lengths, pad_
source_lengths

# 將資料集分割為 train 和 validation
train_source = source_int[batch_size:]
train_target = target_int[batch_size:]
# 留出一個 batch 進行驗證
valid_source = source_int[:batch_size]
valid_target = target_int[:batch_size]
(valid_targets_batch, valid_sources_batch, valid_targets_lengths, valid_sources_
lengths) = next(get_batches(valid_target, valid_source, batch_size,
source_letter_to_int['<PAD>'],
target_letter_to_int['<PAD>']))

    display_step = 50  # 每隔 50 輪輸出 loss
    checkpoint = "model/trained_model.ckpt"

    # 準備訓練模型
    with tf.Session(graph=train_graph) as sess:
        sess.run(tf.global_variables_initializer())

    for epoch_i in range(1, epochs + 1):
        for batch_i, (targets_batch, sources_batch, targets_lengths, sources_
lengths) in enumerate(
                get_batches(train_target, train_source, batch_size,
                        source_letter_to_int['<PAD>'],
```

```
                         target_letter_to_int['<PAD>']])):
        _, loss = sess.run(
        [train_op, cost],
        {input_data: sources_batch,
        targets: targets_batch,
        lr: learning_rate,
        target_sequence_length: targets_lengths,
        source_sequence_length: sources_lengths})

    if batch_i % display_step == 0:
        # 計算 validation loss
        validation_loss = sess.run(
            [cost],
            {input_data: valid_sources_batch,
            targets: valid_targets_batch,
            lr: learning_rate,
            target_sequence_length: valid_targets_lengths,
            source_sequence_length: valid_sources_lengths})

        print('Epoch {:>3}/{} Batch {:>4}/{} - Training Loss: {:>6.3f}  -
Validation loss: {:>6.3f}'
            .format(epoch_i,
                    epochs,
                    batch_i,
                    len(train_source) // batch_size,
                    loss,
                    validation_loss[0]))
    # 保存模型
    saver = tf.train.Saver()
    saver.save(sess, checkpoint)
    print('Model Trained and Saved')

# 對來源資料進行轉換
def source_to_seq(text):
    sequence_length = 7
    return [source_letter_to_int.get(word, source_letter_to_int['<UNK>']) for
word in text] + [source_letter_to_int['<PAD>']]*(sequence_length-len(text))

# 輸入一個單字
input_word = 'acdbf'
text = source_to_seq(input_word)

checkpoint = "model/trained_model.ckpt"

loaded_graph = tf.Graph()

# 模型預測
with tf.Session(graph=loaded_graph) as sess:
    # 載入模型
```

```
    loader = tf.train.import_meta_graph(checkpoint + '.meta')
    loader.restore(sess, checkpoint)
    input_data = loaded_graph.get_tensor_by_name('inputs:0')

    logits = loaded_graph.get_tensor_by_name('predictions:0')
    source_sequence_length = loaded_graph.get_tensor_by_name('source_sequence_
length:0')
    target_sequence_length = loaded_graph.get_tensor_by_name('target_sequence_
length:0')
    answer_logits = sess.run(logits, {input_data: [text] * batch_size,
                              target_sequence_length: [len(text)] * batch_size,
                              source_sequence_length: [len(text)] * batch_size})[0]
pad = source_letter_to_int["<PAD>"]

print(' 原始輸入 :', input_word)

print('\nSource')
print('Word 編號 :{}'.format([i for i in text]))
print('Input Words: {}'.format(" ".join([source_int_to_letter[i] for i in text])))

print('\nTarget')
print(' Word 編號 :{}'.format([i for i in answer_logits if i != pad]))
print('  Response Words: {}'.format(" ".join([target_int_to_letter[i] for i in
answer_logits if i != pad])))
```

最後我們看看最終的運行效果，如圖 7.39 所示。

此時我們發現機器已經學會對輸入的單字進行字母排序了，但是如果輸入字元太長，例如 20 甚至 30 個，大家可以再測試一下，將發現排序不是那麼準確了，原因是序列太長了，這也是基礎的 Seq2Seq 的不足之處，所以需要最佳化它，那麼應該怎麼最佳化呢？就是加上 Attention 機制，什麼是 Attention 機制呢？下面講解一下。

圖 7.39　程式運行效果 (圖片來自 CSDN)

3. Attention 機制在 Seq2Seq 模型中的運用

由於編碼器 - 解碼器模型在編碼和解碼階段始終由一個不變的語義向量 C 來聯繫著，所以編碼器要將整個序列的資訊壓縮排一個固定長度的向量中去，這就造成了語義向量無法完全表示整個序列的資訊，以及最開始輸入的序列容易被後輸入的序列給覆蓋，從而會遺失許多細節資訊，這在長序列上表現得尤為明顯。

1) Attention 模型的引入

相比於之前的編碼器 - 解碼器模型，Attention 模型不再要求編碼器將所有輸入資訊都編碼進一個固定長度的向量之中，這是這兩種模型的最大區別。相反，此時編碼器需要將輸入編碼成一個向量序列，而在解碼的時候每一步都會選擇性地從向量序列中挑選一個子集進行進一步處理。這樣，在生成每一個輸出的時候，都能夠充分利用輸入序列攜帶的資訊，並且這種方法在翻譯任務中獲得了非常不錯的成果。

在 Seq2Seq 模型中加入 Attention 注意力機制，如圖 7.40 所示。

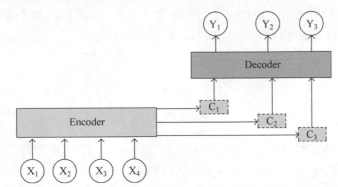

圖 7.40 Attention 注意力機制的 Seq2Seq 模型 (圖片來自 CSDN)

2) Attention 求解方式

接下來透過一個小範例來具體講解 Attention 的應用過程。

(1) 問題。

一個簡單的序列預測問題，輸入是 x_1, x_2, x_3，輸出是預測一步 y1。

在本例中，我們將忽略在編碼器和解碼器中使用的 RNN 類型，從而忽略雙向輸入層的使用，這些元素對於了解解碼器注意力的計算並不顯著。

(2) 編碼。

在編碼器 - 解碼器模型中，輸入將被編碼為單一固定長度向量，這是最後一個步驟的編碼器模型的輸出。

$$h_1 = \text{Encoder}(x_1, x_2, x_3)$$

注意模型需要在每個輸入時間步進值存取編碼器的輸出。本書將這些稱為每個時間步的「註釋」(annotations)。在這種情況下：

$$h_1, h_2, h_3 = \text{Encoder}(x_1, x_2, x_3)$$

(3) 對齊。

解碼器一次輸出一個值，在最終輸出當前輸出時間步進值的預測 (y) 之前，該值可能會經過許多層。

對齊模型評分 (e) 評價了每個編碼輸入得到的 (h) 與解碼器的當前輸出匹配的程度。

分數的計算需要解碼器從前一輸出時間步進值輸出的結果，例如 s(t-1)。當對解碼器的第一個輸出進行評分時，將會是 0。使用函數 a() 執行評分。我們可以對第一輸出時間步驟的每個註釋 (h) 進行以下評分：

$$e_{11} = a(0, h_1)$$

$$e_{12} = a(0, h_2)$$

$$e_{13} = a(0, h_3)$$

對這些評分，我們使用兩個索引，舉例來說，e_{11}，其中第一個「1」表示輸出時間步驟，第二個「1」表示輸入時間步驟。

我們可以想像，如果我們有兩個輸出時間步的序列到序列問題，那麼稍後我們可以對第二時間步的註釋評分以下 (假設我們已經計算過 s_1)：

$$e_{21} = a(s_1, h_1)$$

$$e_{22} = a(s_1, h_2)$$

$$e_{23} = a(s_1, h_3)$$

本書將函數 a() 稱為對齊模型，並將其實現為前饋神經網路。

這是一個傳統的單層網路，其中每個輸入 (s(t-1) 與 h_1、h_2 和 h_3) 被加權，使用 tanh 啟動函數並且輸出也被加權。

(4) 加權。

接下來，使用 softmax 函數標準化對齊分數。分數的標準化允許它們被當作機率對待,指示每個編碼的輸入時間步驟 (註釋) 與當前輸出時間步驟相關的可能性。這些標準化的分數稱為註釋權重。

舉例來說,指定計算的對齊分數 (e),我們可以計算 softmax 註釋權重 (a) 如下:

$$a_{11}=\exp(e_{11})/(\exp(e_{11})+\exp(e_{12})+\exp(e_{13}))$$
$$a_{12}=\exp(e_{12})/(\exp(e_{11})+\exp(e_{12})+\exp(e_{13}))$$
$$a_{13}=\exp(e_{13})/(\exp(e_{11})+\exp(e_{12})+\exp(e_{13}))$$

如果我們有兩個輸出時間步驟,則第二輸出時間步驟的註釋權重將以下計算:

$$a_{21}=\exp(e_{21})/(\exp(e_{21})+\exp(e_{22})+\exp(e_{23}))$$
$$a_{22}=\exp(e_{22})/(\exp(e_{21})+\exp(e_{22})+\exp(e_{23}))$$
$$a_{23}=\exp(e_{23})/(\exp(e_{21})+\exp(e_{22})+\exp(e_{23}))$$

(5) 上下文向量。

將每個註釋 (h) 與註釋權重 (a) 相乘以生成新的具有注意力的上下文向量,從中可以解碼當前時間步驟的輸出。

為了簡單起見,我們只有一個輸出時間步驟,因此可以以下計算單一元素上下文向量 (為了可讀性,使用括號):

$$c_1=(a_{11}*h_1)+(a_{12}*h_2)+(a_{13}*h_3)$$

上下文向量是註釋和標準化對齊得分的加權和。如果我們有兩個輸出時間步驟,上下文向量將包括兩個元素 $[c_1, c_2]$,計算如下:

$$c_1=a_{11}*h_1+a_{12}*h_2+a_{13}*h_3$$
$$c_2=a_{21}*h_1+a_{22}*h_2+a_{23}*h_3$$

(6) 解碼。

最後,按照編碼器 - 解碼器模型執行解碼,在本例中為當前時間步驟使用帶注意力的上下文向量。解碼器的輸出稱為隱藏狀態。

$$s_1=\text{Decoder}(c_1)$$

此隱藏狀態可以在作為時間步進值的預測 (y_1) 最終輸出模型之前,被隱藏到其他附加層。

3) Attention 的好處

Attention 的好處有以下幾個方面：

(1) 更豐富的編碼。編碼器的輸出被擴充，以提供輸入序列中所有字的資訊，而不僅是序列中最後一個字的最終輸出。

(2) 對齊模型。新的小神經網路模型用於使用來自前一時間步的解碼器的參與輸出來對準或連結擴充編碼。

(3) 加權編碼。對齊的加權，可用作編碼輸入序列上的機率分佈。

(4) 加權的上下文向量。應用於編碼輸入序列的加權，然後可用於解碼下一個字。

注意，在所有這些編碼器 - 解碼器模型中，模型的輸出 (下一個預測字) 和解碼器的輸出 (內部表示) 之間存在差異。解碼器不直接輸出字。一般來說將完全連接的層連接到解碼器，該解碼器輸出單字詞彙表上的機率分佈，然後使用啟發式的搜索進一步搜索。

上面我們詳細講了 Seq2Seq 模型，實際上 Seq2Seq 模型不僅可以用 RNN 來實現，也可以用 CNN 來實現。Facebook 人工智慧研究院提出來完全以卷積神經網路為基礎的 Seq2Seq 框架，而傳統的 Seq2Seq 模型是以 RNN 為基礎來實現的，特別是 LSTM，這就帶來了計算量複雜的問題。Facebook 作出大膽改變，將編碼器、解碼器、注意力機制甚至是記憶單元全部替換成卷積神經網路。雖然單層 CNN 只能看到固定範圍的上下文，但是將多個 CNN 疊加起來就可以很容易將有效的上下文範圍放大。Facebook 將此模型成功地應用到了英文 - 法語機器翻譯和英文 - 德語機器翻譯，不僅刷新了二者前期的記錄，而且還將訓練速度提高了一個數量級，無論是在 GPU 還是 CPU 上。

Seq2Seq 模型也可以使用 GAN 生成對抗網路的思想來提高性能，下面來詳細講解一下 GAN。

7.3.6 生成對抗網路 [39, 40, 41]

生成對抗網路是一種深度學習模型，是近年來在複雜分佈上無監督學習最具前景的方法之一。模型透過框架中 (至少) 兩個模型：生成模型 (Generative Model，G) 和判別模型 (Discriminative Model，D) 的互相博弈學習生成相當好的輸出。原始 GAN 理論中並不要求 G 和 D 都是神經網路,只需要能擬合對應生成和判別函數即可,但實用中一般使用深度神經網路作為 G 和 D。一個優秀的 GAN 應用需要有良好的訓練方法,否則可能由於神經網路模型的自由性而導致輸出不理想。

1. GAN 發展歷史

伊恩·J. 古德費洛 (Ian J.Goodfellow) 等人於 2014 年 10 月在 GAN 中提出了一個透過對抗過程估計生成模型的新框架。框架中同時訓練兩個模型:捕捉資料分佈的生成模型 G 和估計樣本來自訓練資料機率的判別模型 D。G 的訓練程式是將 D 錯誤的機率最大化。這個框架對應一個最大值集下限的雙方對抗遊戲,可以證明在任意函數 G 和 D 的空間中,存在唯一的解決方案,使得 G 重現訓練資料分佈,而 D=0.5。在 G 和 D 由多層感知器定義的情況下,整個系統可以用反向傳播進行訓練。在訓練或生成樣本期間,不需要任何馬可夫鏈或展開的近似推理網路。實驗透過對生成的樣品的定性和定量評估證明了本框架的潛力。

2. GAN 方法

機器學習的模型可大致分為兩類,生成模型和判別模型。判別模型需要輸入變數,透過某種模型來預測。生成模型是指定某種隱含資訊,來隨機生成觀測資料。舉個簡單的例子:

判別模型:指定一張圖,判斷這張圖裡的動物是貓還是狗。

生成模型:給一系列貓的圖片,生成一張新的貓咪圖片 (不在資料集裡)。

對於判別模型,損失函數是容易定義的,因為輸出的目標相對簡單,但對於生成模型,損失函數的定義就不是那麼容易了。我們對於生成結果的期望往往是一個曖昧不清,並難以數學公理化定義的範式,所以不妨把生成模型的反應部分交給判別模型處理。這就是伊恩 • J. 古德費洛將機器學習中的兩大類模型,生成模型和判別模型緊密地聯合在一起的原因。

GAN 的基本原理其實非常簡單,這裡以生成圖片為例說明。假設我們有兩個模型 G 和 D。正如它的名字所暗示的那樣,它們的功能分別是:

G 是一個生成圖片的模型,它接收一個隨機的雜訊 z,透過這個雜訊生成圖片,記做 G(z)。

D 是一個判別模型，判別一張圖片是不是「真實的」。它的輸入參數是 x，x 代表一張圖片，輸出 D(x) 代表 x 為真實圖片的機率，如果為 1，就代表 100% 是真實的圖片，而如果輸出為 0，就代表不可能是真實的圖片。

在訓練過程中，生成模型 G 的目標是儘量生成真實的圖片去欺騙判別模型 D，而 D 的目標就是儘量把 G 生成的圖片和真實的圖片分別開來。這樣，G 和 D 組成了一個動態的「博弈過程」。

最後博弈的結果是什麼？在最理想的狀態下，G 可以生成足以「以假亂真」的圖片 G(z)。對 D 來說，它難以判定 G 生成的圖片究竟是不是真實的，因此 D(G(z))=0.5。

這樣我們的目的就達成了：我們獲得了一個生成式的模型 G，它可以用來生成圖片。伊恩•J. 古德費洛從理論上證明了該演算法的收斂性，以及在模型收斂時生成資料具有和真實資料相同的分佈 (保證了模型效果)。

3. GAN 應用場景

GAN 應用較多，包括但不限於以下幾個應用板塊：

1) 圖型風格化

圖型風格化也就是圖型到圖型的翻譯，是指將一種類型的圖型轉為另一種類型的圖型，例如將草圖抽象化、根據衛星圖生成地圖把彩色照片自動生成黑白照片，或把黑白照片生成彩色照片，藝術風格化，人臉合成等。

2) 文字生成圖片

根據一段文字的描述自動生成對應含義的圖片。

3) 看圖說話

看圖說話也就是圖型生成描述，根據圖片生成文字。

4) 圖型超解析度

圖型超解析度的英文名稱是 Image Super Resolution。圖型超解析度是指由一幅低解析度圖型或圖型序列恢復出高解析度圖型，圖型超解析度技術分為超解析度復原和超解析度重建。

5) 圖型復原

例如自動地把圖片上面馬賽克去掉，還原原來的真實圖型。

6) 對話生成

根據一段文字生成另外一段文字，生成的對話具有一定的相關性，但是目前效果並不是很好，而且只能做單輪對話。

4. GAN 原理

GAN 是深度學習領域的新秀，現在非常紅，能實現非常有趣的應用。我們知道 GAN 的思想是一種二人零和博弈思想 (two-player game)，博弈雙方的利益之和是一個常數，例如兩個人比腕力，假設整體空間是一定的，你的力氣大一點，那你就得到的空間多一點，對應地我的空間就少一點；相反如果我的力氣大，我就得到的多一點空間，但有一點是確定的，我倆的總空間是一定的，這就是二人博弈，但是總利益是一定的。

將此思想引申到 GAN 裡面就可以看成 GAN 中有兩個這樣的博弈者，一個人的名字是生成模型，另一個人的名字是判別模型，他們各自有各自的功能。

相同點：這兩個模型都可以看成是一個黑盒子，接收輸入，然後有一個輸出，類似一個函數，一個輸入輸出映射。

不同點：生成模型功能可以比作一個樣本生成器，輸入一個雜訊 / 樣本，然後把它包裝成一個逼真的樣本，也就是輸出。判別模型可以比作一個二分類器 (如同 0-1 分類器)，來判斷輸入的樣本是真是假 (也就是輸出值大於 0.5 還是小於 0.5)。

我們看一看下面這張圖，比較好了解一些，如圖 7.41 所示。

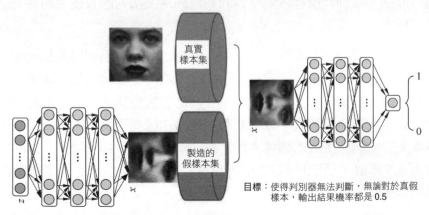

圖 7.41　GAN(圖片來自 CSDN)

如前所述，我們首先要明白在使用 GAN 的時候的兩個問題。第一個問題，我們有什麼？例如圖 7.41，我們有的只是真實擷取而來的人臉樣本資料集，僅此而已，而且很關鍵的一點是我們連人臉資料集的類標籤都沒有，也就是我們不知道那個人臉對應的是誰。第二個問題，我們要得到什麼？至於要得到什麼，不和的任務要得到的東西不一，我們只說最原始的 GAN 的目的，那就是我們想透過輸入一個雜訊，模擬得到一個人臉圖型，這個圖型可以非常逼真，以至於以假亂真。再來了解下 GAN 的兩個模型要做什麼。

首先是判別模型，就是圖 7.41 中右半部分的網路，直觀來看它是一個簡單的神經網路結構，輸入的是一副圖型，輸出的是一個機率值，用於判斷真假 (如果機率值大於 0.5 則是真，如果機率值小於 0.5 則是假)，真假只不過是人們定義的機率而已。

其次是生成模型，生成模型要做什麼呢，同樣也可以看成一個神經網路模型，輸入的是一組隨機數 z，輸出的是一個圖型，而不再是一個數值。從圖 7.41 中可以看到，存在兩個資料集，一個是真實資料集，而另一個是假資料集，那這個資料集就是由生成網路生成的資料集。根據這個圖型我們再來了解一下 GAN 的目標是什麼。

判別網路的目的：就是能判別出來一張圖它是來自真實樣本集還是假樣本集。假如輸入的是真樣本，那麼網路輸出就接近 1。如果輸入的是假樣本，那麼網路輸出接近 0，這很完美，達到了很好判別的目的。

生成網路的目的：生成網路是生成樣本的，它的目的就是使得自己生成樣本的能力盡可能強，強到什麼程度呢？你的判別網路沒法判斷我提供的究竟是真樣本還是假樣本。

有了這個了解，我們再來看看為什麼叫作對抗網路。判別網路說我很強，來一個樣本我就知道它是來自真樣本集還是假樣本集。生成網路就不服了，說我也很強，我生成一個假樣本，雖然我的生成網路知道是假的，但是你的判別網路不知道，我包裝得非常逼真，以至於判別網路無法判斷真假，那麼用輸出數值來解釋就是生成網路生成的假樣本到了判別網路以後，判別網路列出的結果是一個接近 0.5 的值，極限情況是 0.5，也就是說判別不出來了，這就是達到納什平衡的效果了。

由這個分析可以發現，生成網路與判別網路的目的正好是相反的，一個說我能判別得好，另一個說我讓你判別不好，所以叫作對抗，或叫作博弈。那麼最後的結果到底是誰贏呢？這就要歸結到設計者，也就是我們希望誰贏了。作為設計者的我們，我們的目的是要得到以假亂真的樣本，那麼很自然地我們希望生成樣本贏，也就是希望生成樣本很真，判別網路的能力不足以區分真假樣本。

知道了 GAN 大概的目的與設計想法，那麼一個很自然的問題就來了，我們該如何用數學方法來解決這樣一個對抗問題呢？這涉及如何訓練一個生成對抗網路模型，為了方便了解還是先看下圖，用圖來解釋最直接，如圖 7.42 所示。

需要注意的是生成模型與對抗模型是完全獨立的兩個模型，好比完全獨立的兩個神經網路模型，它們之間沒有什麼關聯。那麼訓練這樣的兩個模型的大致方法就是：單獨交替疊代訓練。什麼意思？因為是兩個獨立的網路，不容易一起訓練，所以才去交替疊代訓練，我們逐一來看。假設現在生成網路模型已經有了 (當然可能不是最好的生成網路)，那麼給一堆隨機資料集，就會得到一堆假的樣本集 (因為不是最終的生成模型，所以現在的生成網路可能就處於劣勢，導致生成的樣本容易被辨識，可能很容易就被判別網路判別出來了，說這個樣本是假冒的)，但是先不管這個，假設我們現在有了這樣的假樣本集，真樣本集一直都有，現在我們人為地定義真假樣本集的標籤，因為我們希望真樣本集的輸出盡可能為 1，假樣本集的輸出盡可能為 0，很明顯這裡我們已經預設真樣本集所有的類標籤都為 1，而假樣本集的所有類標籤都為 0。

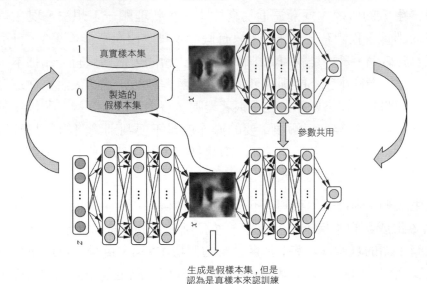

圖 7.42　生成對抗網路訓練 (圖片來自 CSDN)

有人會說，在真樣本集裡的人臉中，可能張三的人臉和李四的人臉不一樣，對這個問題我們需要了解的是我們現在的任務是什麼。我們是想分樣本真假，而非分真樣本中哪個是張三的標籤、哪個是李四的標籤。況且我們也知道，原始真樣本的標籤我們是不知道的。回過頭來，我們現在有了真樣本集，以及它們的標籤 (都是 1)、假樣本集，以及它們的標籤 (都是 0)，這樣單就判別網路來說，此時問題就變成了一個再簡單不過的有監督的二分類問題了，直接送到神經網路模型中訓練便可以了。假設訓練完了，下面我們來看生成網路。

對於生成網路，想想我們的目的，是生成盡可能逼真的樣本。那麼原始的生成網路所生成的樣本你怎麼知道它真不真呢？可以將新生成的樣本送到判別網路中，所以在訓練生成網路的時候，我們需要聯合判別網路才能達到訓練的目的。什麼意思？就是如果我們單單只用生成網路，那麼想想我們怎樣去訓練？誤差來源在哪裡？細想一下沒有參照物，但是如果我們把剛才的判別網路串接在生成網路的後面，這樣我們就知道真假了，也就有了誤差了，所以對於生成網路的訓練其實是對生成 - 判別網路串接地訓練，如圖 7.42 所示。那麼現在來分析一下樣本，原始的雜訊陣列 Z 我們有，也就是生成的假樣本我們有，此時很關鍵的一點來了，我們要把這些假樣本的標籤都設定為 1，也就是認為這些假樣本在生成網路訓練的時候是真樣本。

那麼為什麼要這樣呢？我們想想，是不是這樣才能造成迷惑判別器的目的，也才能使得生成的假樣本逐漸逼近為真樣本。重新理順一下想法，現在對於生成網路的訓練，我們有了樣本集 (只有假樣本集，沒有真樣本集)，有了對應的標籤 (全為 1)，是不是就可以訓練了？有人會問，這樣只有一類樣本，怎麼訓練？誰說一類樣本就不能訓練了？只要有誤差就行。還有人說，你這樣一訓練，判別網路的網路參數不是也得跟著變嗎？沒錯，這很關鍵，所以在訓練這個串接的網路的時候，一個很重要的操作就是不要判別網路的參數發生的變化，也就是不讓它的參數發生更新，只是把誤差一直傳，傳到生成網路後更新生成網路的參數，這樣就完成了生成網路的訓練了。

在完成生成網路訓練後，我們是不是可以根據目前新的生成網路再對先前的那些雜訊 Z 生成新的假樣本了？沒錯，並且訓練後的假樣本應該更真了才對，然後又有了新的真假樣本集 (其實是新的假樣本集)，這樣又可以重複上述過程了。我們把這個過程稱作單獨交替訓練。我們可以定義一個疊代次數，交替疊代到一定次數後停止即可。這個時候我們再去看一看雜訊 Z 生成的假樣本，你會發現，原來它已經很真了。

看完了這個過程是不是感覺 GAN 的設計真的很巧妙，我個人覺得最值得稱讚的地方可能在於這種假樣本在訓練過程中的真假變換，這也是博弈得以進行的關鍵之處。

有人說 GAN 強大之處在於可以自動地學習原始真實樣本集的資料分佈，不管這個分佈多麼複雜，只要訓練得足夠好就可以學出來。針對這一點，感覺有必要好好了解一下為什麼別人會這麼說。

我們知道，對傳統的機器學習方法，我們一般會定義一個模型讓資料去學習。例如假設我們知道原始資料屬於高斯分佈，只是不知道高斯分佈的參數，這個時候我們定義高斯分佈，然後利用資料去學習高斯分佈的參數，以此得到我們最終的模型。再舉例來說，我們定義一個分類器 SVM，然後強行讓資料進行改變，並進行各種高維映射，最後可以變成一個簡單的分佈，SVM 可以很輕易地進行二分類分開，其實 SVM 已經放鬆了這種映射關係，但是也給了一個模型，這個模型就是核心映射 (徑向基函數等)，其實就好像是你事先知道讓資料該怎麼映射一樣，只是核心映射的參數可以學習罷了。

所有的這些方法都在直接或間接地告訴資料該怎麼映射，只是不和的映射方法其能力不一。那麼我們再來看看 GAN，生成模型最後可以透過雜訊生成一個完整的真實資料 (例如人臉)，說明生成模型已經掌握了從隨機雜訊到人臉資料的分佈規律，有了這個規律，想生成人臉還不容易？然而這個規律我們開始知道嗎？顯然不知道，如果讓你說從隨機雜訊到人臉應該服從什麼分佈，你不可能知道。這是一層層映射之後組合起來的非常複雜的分佈映射規律，然而 GAN 的機制可以學習到，也就是說 GAN 學習到了真實樣本集的資料分佈，如圖 7.43 所示。

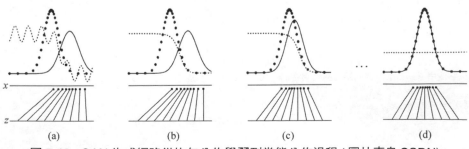

圖 7.43　GAN 生成網路從均勻分佈學習到常態分佈過程 (圖片來自 CSDN)

GAN 的生成網路如何一步步從均勻分佈學習到常態分佈，如圖 7.43 所示。原始資料 x 服從正太分佈，這個過程你也沒告訴生成網路說得用常態分佈來學習，但是生成網路學習到了。假設你改一下 x 的分佈，不管改成什麼分佈，生成網路可能也能學到。這就是 GAN 可以自動學習真實資料分佈的強大之處。

還有人說 GAN 強大之處在於可以自動地定義潛在損失函數。什麼意思呢？這應該說的是判別網路可以自動學習到一個好的判別方法，其實就是等效地了解為可以學習到好的損失函數，比較好的或不好的來判別出結果。雖然大的 loss 函數我們還是人為定義的，基本上對於多數 GAN 也這麼定義就可以了，但是判別網路潛在學習到的損失函數隱藏在網路之中，對於不和的問題這個函數不一，所以說可以自動學習這個潛在的損失函數。

5. GAN 程式實戰

這裡用文字生成圖片為例進行程式實戰，如程式 7.4 所示。

【程式 7.4】 gan.py

```
import tensorflow as tf              # 匯入 tensorflow
from tensorflow.examples.tutorials.mnist import input_data
# 匯入手寫數字資料集
import numpy as np                   # 匯入 numpy
import matplotlib.pyplot as plt      #plt 是繪圖工具，在訓練過程中用於輸出視覺化結果

import matplotlib.gridspec as gridspec
#gridspec 是圖片排列工具，在訓練過程中用於輸出視覺化結果
import os                            # 匯入 os

def xavier_init(size):               # 初始化參數時使用的 xavier_init 函數
   in_dim = size[0]
   xavier_stddev = 1. / tf.sqrt(in_dim / 2.) # 初始化標準差

   return tf.random_normal(shape=size, stddev=xavier_stddev)
 # 返回初始化的結果
X = tf.placeholder(tf.float32, shape=[None, 784])
#X 表示真的樣本 ( 即真實的手寫數字 )

D_W1 = tf.Variable(xavier_init([784, 128]))
# 表示使用 xavier 方式初始化的判別器的 D_W1 參數，是一個 784 行 128 列的矩陣

D_b1 = tf.Variable(tf.zeros(shape=[128]))
# 表示以全零方式初始化的判別器的 D_b1 參數，是一個長度為 128 的向量

D_W2 = tf.Variable(xavier_init([128, 1]))
# 表示使用 xavier 方式初始化的判別器的 D_W2 參數，是一個 128 行 1 列的矩陣
```

```
D_b2 = tf.Variable(tf.zeros(shape=[1]))
#表示以全零方式初始化的判別器的 D_b1 參數，是一個長度為 1 的向量


theta_D = [D_W1, D_W2, D_b1, D_b2] #theta_D 表示判別器的可訓練參數集合


Z = tf.placeholder(tf.float32, shape=[None, 100])
#Z 表示生成器的輸入（在這裡是雜訊），是一個 N 列 100 行的矩陣


G_W1 = tf.Variable(xavier_init([100, 128]))
# 表示使用 xavier 方式初始化的生成器的 G_W1 參數，是一個 100 行 128 列的矩陣


G_b1 = tf.Variable(tf.zeros(shape=[128]))
# 表示以全零方式初始化的生成器的 G_b1 參數，是一個長度為 128 的向量


G_W2 = tf.Variable(xavier_init([128, 784]))
# 表示使用 xavier 方式初始化的生成器的 G_W2 參數，是一個 128 行 784 列的矩陣


G_b2 = tf.Variable(tf.zeros(shape=[784]))
# 表示以全零方式初始化的生成器的 G_b2 參數，是一個長度為 784 的向量


theta_G = [G_W1, G_W2, G_b1, G_b2] #theta_G 表示生成器的可訓練參數集合

def sample_Z(m, n):              # 生成維度為 [m, n] 的隨機雜訊作為生成器 G 的輸入
    return np.random.uniform(-1., 1., size=[m, n])

def generator(z):               # 生成器，z 的維度為 [N, 100]

    G_h1 = tf.nn.relu(tf.matmul(z, G_W1) + G_b1)
    # 輸入的隨機雜訊乘以 G_W1 矩陣，再加上偏置 G_b1，G_h1 維度為 [N, 128]

    G_log_prob = tf.matmul(G_h1, G_W2) + G_b2
    #G_h1 乘以 G_W2 矩陣，再加上偏置 G_b2，G_log_prob 維度為 [N, 784]

    G_prob = tf.nn.sigmoid(G_log_prob)
    #G_log_prob 經過一個 sigmoid 函數，G_prob 維度為 [N, 784]

    return G_prob # 返回 G_prob

def discriminator(x):                # 判別器，x 的維度為 [N, 784]

    D_h1 = tf.nn.relu(tf.matmul(x, D_W1) + D_b1)
    # 輸入乘以 D_W1 矩陣，再加上偏置 D_b1，D_h1 維度為 [N, 128]

    D_logit = tf.matmul(D_h1, D_W2) + D_b2
    #D_h1 乘以 D_W2 矩陣，再加上偏置 D_b2，D_logit 維度為 [N, 1]

    D_prob = tf.nn.sigmoid(D_logit)
    #D_logit 經過一個 sigmoid 函數，D_prob 維度為 [N, 1]
```

```
    return D_prob, D_logit           # 返回 D_prob, D_logit

G_sample = generator(Z)                    # 取得生成器的生成結果
D_real, D_logit_real = discriminator(X)  # 取得判別器判別的真實手寫數字的結果

D_fake, D_logit_fake = discriminator(G_sample)
# 取得判別器判別所生成的手寫數字的結果

# 判別器對真實樣本的判別結果計算誤差（將結果與 1 比較）
D_loss_real = tf.reduce_mean(tf.nn.sigmoid_cross_entropy_with_logits(logits=D_
logit_real, targets=tf.ones_like(D_logit_real)))

# 判別器對虛假樣本（即生成器生成的手寫數字）的判別結果計算誤差（將結果與 0 比較）
D_loss_fake = tf.reduce_mean(tf.nn.sigmoid_cross_entropy_with_logits(logits=D_
logit_fake, targets=tf.zeros_like(D_logit_fake)))

# 判別器的誤差
D_loss = D_loss_real + D_loss_fake

# 生成器的誤差（將判別器返回的對虛假樣本的判別結果與 1 比較）
G_loss = tf.reduce_mean(tf.nn.sigmoid_cross_entropy_with_logits(logits=D_logit_
fake, targets=tf.ones_like(D_logit_fake)))

mnist = input_data.read_data_sets('../../MNIST_data', one_hot=True)
#mnist 是手寫數字資料集

D_solver = tf.train.AdamOptimizer().minimize(D_loss, var_list=theta_D)
# 判別器的訓練器

G_solver = tf.train.AdamOptimizer().minimize(G_loss, var_list=theta_G)
# 生成器的訓練器

mb_size = 128                              # 訓練的 batch_size
Z_dim = 100                                # 生成器輸入的隨機雜訊列的維度

sess = tf.Session()                        # 會談層
sess.run(tf.initialize_all_variables())  # 初始化所有可訓練參數

def plot(samples):                         # 保存圖片時使用的 plot 函數
    fig = plt.figure(figsize=(4, 4))  # 初始化一個 4 行 4 列所包含的 16 張子圖型的圖片
    gs = gridspec.GridSpec(4, 4)           # 調整子圖的位置
    gs.update(wspace=0.05, hspace=0.05)  # 置子圖間的間距
    for i, sample in enumerate(samples):  # 依次將 16 張子圖填充進需要保存的圖型
        ax = plt.subplot(gs[i])
        plt.axis('off')
        ax.set_xticklabels([])
        ax.set_yticklabels([])
        ax.set_aspect('equal')
```

```
        plt.imshow(sample.reshape(28, 28), cmap='Greys_r')
    return fig

path = '/data/User/zcc/'                    # 保存視覺化結果的路徑
i = 0 # 訓練過程中保存的視覺化結果的索引
for it in range(1000000):                   # 訓練 100 萬次
    if it % 1000 == 0:                      # 每訓練 1000 次就保存一次結果
        samples = sess.run(G_sample, feed_dict={Z: sample_Z(16, Z_dim)})
        fig = plot(samples)                 # 透過 plot 函數生成視覺化結果
        plt.savefig(path+'out/{}.png'.format(str(i).zfill(3)), bbox_inches='tight')
                                            # 保存視覺化結果

        i += 1
        plt.close(fig)

    X_mb, _ = mnist.train.next_batch(mb_size)
    # 得到訓練一個 batch 所需的真實手寫數字（作為判別器的輸入）

    # 下面是得到訓練一次的結果，透過 sess 來 run 出來
    _, D_loss_curr, D_loss_real, D_loss_fake, D_loss = sess.run([D_solver, D_
loss, D_loss_real, D_loss_fake, D_loss], feed_dict={X: X_mb, Z: sample_Z(mb_
size, Z_dim)})
    _, G_loss_curr = sess.run([G_solver, G_loss], feed_dict={Z: sample_Z(mb_size,
Z_dim)})

    if it % 1000 == 0: # 每訓練 1000 次輸出一次結果
        print('Iter: {}'.format(it))
        print('D loss: {:.4}'. format(D_loss_curr))
        print('G_loss: {:.4}'.format(G_loss_curr))
        print()
```

上面我們講解了 GAN，下面我們來講解深度強化學習。

7.3.7 深度強化學習 [42, 43, 44, 45]

深度強化學習將深度學習的感知能力和強化學習的決策能力相結合，可以直接根據輸入的圖型進行控制，是一種更接近人類思維方式的人工智慧方法。

1. 強化學習的定義

首先我們來了解一下什麼是強化學習。目前來講，機器學習領域可以分為有監督學習、無監督學習、強化學習和遷移學習 4 個方向。那麼強化學習就是能夠使得我們訓練的模型完全透過自學來掌握一門本領，能在一個特定場景下做出最佳決策的一種演算法模型。就好比是一個小孩在慢慢成長，當他做錯事情時家長給予懲罰，當他做對事情時家長給他獎勵。這樣，隨著小孩子慢慢長大，

他自己也就學會了怎樣去做正確的事情。那麼強化學習就好比小孩，我們需要根據它做出的決策給予獎勵或懲罰，直到它完全學會了某種本領 (在演算法層面上，就是演算法已經收斂)。強化學習的原理結構圖如圖 7.44 所示，Agent 就可以比作小孩，環境就好比家長。Agent 根據環境的回饋 r 去做出動作 a，做出動作之後，環境給予反應，列出 Agent 當前所在的狀態和此時應該給予獎勵或懲罰。

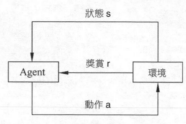

圖 7.44 結構圖 (圖片來自簡書)

2. 強化學習模型的結構

強化學習模型由 5 部分組成，分別是 Agent、Action、State、Reward 和 Environment。Agent 代表一個智慧體，其根據輸入 State 來做出對應的 Action，Environment 接收 Action 並返回 State 和 Reward。不斷重複這個過程，直到 Agent 能在任意的 State 下做出最佳的 Action，即完成模型學習過程。

智慧體 (Agent)：智慧體的結構可以是一個神經網路，也可以是一個簡單的演算法，智慧體的輸入通常是狀態 State，輸出通常則是策略 Policy。

動作 (Actions)：動作空間。例如小人玩遊戲，只有上下左右可移動，那 Actions 就是上、下、左、右。

狀態 (State)：就是智慧體的輸入。

獎勵 (Reward)：進入某個狀態時，能帶來正獎勵或負獎勵。

環境 (Environment)：接收 Action，返回 State 和 Reward。

強化學習模型如圖 7.45 所示。

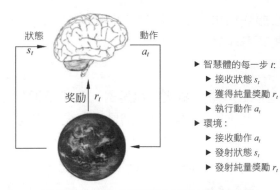

圖 7.45　強化學習模型 (圖片來自簡書)

3. 深度強化學習演算法

強化學習的學習過程實質是一個不斷更新一張表的過程。這張表一般稱之為 Q_Table，此張表由 State 和 Action 作為橫縱軸，每一個格代表在當前 State 下執行當前 Action 能獲得的價值反應，用 Q(s，a) 表示，稱為 Q 值。獲得整個決策過程最佳的價值反應的決策鏈是唯一的，完善了此表，也就完成了 Agent 的學習過程，但是試想一下，當 State 和 Action 的維度都很高時，此表的維度也會對應非常高，我們不可能獲得在每一個 State 下執行 Action 能獲得的 Q 值，這樣在高緯度資料下每次去維護 Q_Table 的做法顯然不可行。那麼有沒有辦法來解決這個問題呢？答案肯定是有的！所謂的機器學習、深度學習就是以當前資料集為基礎去預測未知資料的一些規律，那麼我們的 Q_Table 也可以用機器學習或深度學習來完善。一個顯然的方法就是可以使用一種演算法來擬合一個公式，輸入是 State 和 Action，輸出則是 Q 值。那麼深度強化學習演算法顯然就是深度學習與強化學習的結合了，我們以當前已有資料為基礎，訓練神經網路，從而擬合出一個函數 f，即 f(s，a)=Q(s，a)。使用有限的 State_action 集合去擬合函數從而可以獲得整張表的 Q 值。此時的 Q 值是預測值，有一定的誤差，不過透過不斷的學習，我們可以無限減小這個誤差。

4. 強化學習與馬可夫的關係

1) 馬可夫性

即無後效性，下一個狀態只和當前狀態有關而與之前的狀態無關，公式描述：

$$P[St+1|St]=P[St+1|S1,\cdots,St]$$

$$P[St+1|St]=P[St+1|S1,\cdots,St]$$

強化學習中的狀態也服從馬可夫性，因此才能在當前狀態下執行動作並轉移到下一個狀態，而不需要考慮之前的狀態。

2) 馬可夫過程

馬可夫過程是隨機過程的一種，隨機過程是對一連串隨機變數 (或事件) 變遷或說動態關係的描述，而馬可夫過程就是滿足馬可夫性的隨機過程，它由二元組 M=(S，P) 組成，並且滿足：S 是有限狀態集合，P 是狀態轉移機率。整個狀態與狀態之間的轉換過程即為馬可夫過程。

3) 馬可夫鏈

在某個起始狀態下，按照狀態轉換機率得到的一條可能的狀態序列即為一條馬可夫鏈。當指定狀態轉移機率時，從某個狀態出發存在多筆馬可夫鏈。

在強化學習中從某個狀態到終態的回合就是一條馬可夫鏈，蒙特卡洛演算法也是透過取樣多筆到達終態的馬可夫鏈來進行學習的。

4) 馬可夫決策過程

在馬可夫過程中，只有狀態和狀態轉移機率，而沒有在此狀態下動作的選擇，將動作 (策略) 考慮在內的馬可夫過程稱為馬可夫決策過程。簡單地說就是考慮了動作策略的馬可夫過程，即系統的下一個狀態不僅和當前的狀態有關，也和當前採取的動作有關。

因為強化學習是依靠環境給予的獎懲來學習的，因此對應的馬可夫決策過程還包括獎懲值 R，其可以由一個四元組成 M=(S, A, P, R)。

強化學習的目標是指定一個馬可夫決策過程，尋找最佳策略，策略就是狀態到動作的映射，使得最終的累計回報最大。

5. 訓練策略

在深度強化演算法訓練過程中，每一輪訓練的每一步需要使用一個 Policy 根據 State 選擇一個 Action 來執行，那麼這個 Policy 是怎麼確定的呢？目前有兩種做法：

(1) 隨機地生成一個動作。

(2) 根據當前的 Q 值計算出一個最佳的動作，這個 Policy 稱之為貪婪策略 (Greedy Policy)。

也就是使用隨機的動作稱為 Exploration，是探索未知的動作會產生的效果，有利於更新 Q 值，避免陷入局部最佳解，獲得更好的 Policy。而以 Greedy Policy 為基礎則稱為 Exploitation，即根據當前模型列出的最佳動作去執行，這樣便於模型訓練，以及測試演算法是否真正有效。將兩者結合起來就稱為 EE Policy。

6. DQN

神經網路的訓練是一個獲得最佳化的問題，最佳化一個損失函數 (loss function)，也就是標籤和網路輸出的偏差，目標是讓損失函數最小化。為此，我們需要有樣本，有標籤資料，然後透過反向傳播使用梯度下降的方法來更新神經網路的參數，所以要訓練 Q 網路，這要求我們能夠為 Q 網路提供有標籤的樣本。在 DQN 中，我們將目標 Q 值和當前 Q 值來作為 loss function 中的兩項來求偏差平方。

7. 深度強化學習 TensorFlow 2.0 程式實戰

本例透過實現優勢演員 - 評判家 (Actor-Critic，A2C) 智慧體來解決經典的 CartPole-v0 環境。

完整程式資源連結：

GitHub：https：//github.com/inoryy/tensorflow2-deep-reinforcement-learning

Google Colab：https：//colab.research.google.com/drive/12QvW7VZSzoaF-Org-u-N6aiTdBN5ohNA

安裝步驟指令稿程式如下：

```
# 由於 TensorFlow 2.0 仍處於試驗階段，建議將其安裝在一個獨立的（虛擬）環境中。我比較傾
# 向於使用 Anaconda，所以以此來做說明
> conda create -n tf2 python=3.6
> source activate tf2
> pip install tf-nightly-2.0-preview #tf-nightly-gpu-2.0-preview for GPU version
# 讓我們來快速驗證一下，是否一切能夠按著預測正常執行

>>> import tensorflow as tf

>>> print(tf.version)

1.13.0-dev20190117
```

```
>>> print(tf.executing_eagerly())

True
# 不必擔心 1.13.x 版本，這只是一個早期預覽。此處需要注意的是，在預設情況下我們是處於 eager
# 模式的
>>> print(tf.reduce_sum([1, 2, 3, 4, 5]))

tf.Tensor(15, shape=(), dtype=int32)
```

如果讀者對 eager 模式並不熟悉，那麼簡單來講，從本質上它表示計算是在執行時期 (runtime) 被執行的，而非透過預先編譯的圖 (graph) 來執行。讀者也可以在 TensorFlow 文件中對此做深入了解：https：//www.tensorflow.org/tutorials/eager/eager_basics。

深度強化學習，一般來說，強化學習是解決順序決策問題的進階框架。RL 智慧體透過以某些觀察採取行動為基礎來導航環境，並因此獲得獎勵。大多數 RL 演算法的工作原理是最大化智慧體在一個軌跡中所收集的獎勵的總和。以 RL 演算法為基礎的輸出通常是一個策略——一個將狀態映射到操作的函數。有效的策略可以像強制寫入的 no-op 操作一樣簡單。隨機策略表示為指定狀態下行為的條件機率分佈，如圖 7.46 所示。

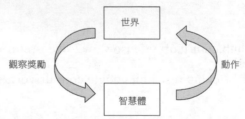

圖 7.46　深度強化學習 (圖片來自搜狐)

1) Actor-Critical 方法

RL 演算法通常根據最佳化的目標函數進行分組。以值為基礎的方法 (如 DQN) 透過減少預期狀態 - 動作值 (state-action value) 的誤差來工作。策略梯度 (Policy Gradient) 方法透過調整其參數直接最佳化策略本身，通常是透過梯度下降來最佳化。完全計算梯度通常是很困難的，所以一般用蒙特卡洛方法來估計梯度。最流行的方法是二者的混合：Actor-Critical 方法，其中智慧體策略透過 " 策略梯度 " 進行最佳化，而以值為基礎的方法則用作期望值估計的啟動。

2) 深度 Actor-Critical 方法

雖然很多基礎的 RL 理論是在表格案例中開發的，但現代 RL 幾乎是用函數逼近器完成的，例如類神經網路。具體來說，如果策略和值函數用深度神經網路近似，則 RL 演算法被認為是「深度的」，如圖 7.47 所示。

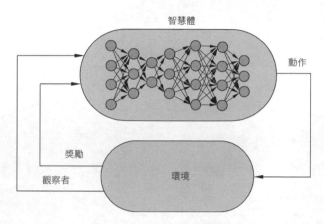

圖 7.47　深度 Actor-Critical(圖片來自搜狐)

3) 非同步優勢 Actor-Critical

多年來，為了解決樣本效率和學習過程的穩定性問題，已經為此做出了一些改進。首先，梯度用回報 (return) 來進行加權：折現的未來獎勵，這在一定程度上緩解了信用 (credit) 分配問題；並以無限的時間步進值解決了理論問題；其次，使用優勢函數代替原始回報。收益與基準線 (如狀態行動估計) 之間的差異形成了優勢，可以將其視為與某一平均值相比某一指定操作有多好的衡量標準；再次，在目標函數中使用額外的熵最大化項，以確保智慧體充分探索各種策略。本質上，熵以均勻分佈最大化來測量機率分佈的隨機性；最後，平行使用多個 Worker 來加速樣品擷取，和時在訓練期間幫助它們去相關 (decorrelate)。將所有這些變化與深度神經網路結合起來，我們獲得了兩種最流行的現代演算法：非同步優勢 Actor-Critical 演算法，或簡稱 A3C/A2C。兩者之間的差別更多的是技術上的而非理論上的：顧名思義，它歸結為平行 Worker 如何估計其梯度並將其傳播到模型中，如圖 7.48 所示。

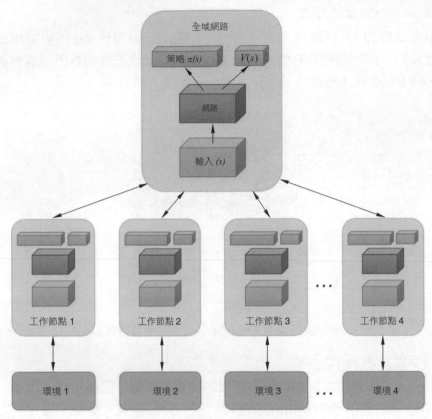

圖 7.48　非同步優勢 (圖片來自搜狐)

下面使用 TensorFlow 2.0 實現 Advantage Actor-Critic，讓我們看看實現各種現代 DRL 演算法的基礎是什麼：是 Actor-Critic Agent，如前一節所述。為了簡單起見，我們不會實現平行 Worker，儘管大多數程式都支援它。感興趣的讀者可以將此作為一個練習機會。

作為一個測試平台，我們將使用 CartPole-v0 環境。雖然有點簡單，但它仍然是一個很好的選擇。Keras 模型 API 可實現策略和價值。

首先，讓我們在單一模型類別下創建策略和價值預估神經網路，程式如下：

```
import numpy as np
import tensorflow as tf
import tensorflow.keras.layers as kl
class ProbabilityDistribution(tf.keras.Model):
def call(self, logits):
# 隨機抽樣分類操作
```

```
return tf.squeeze(tf.random.categorical(logits, 1), axis=-1)
class Model(tf.keras.Model):
def init(self, num_actions):
super().init('mlp_policy')
# 沒有用 TensorFlow 的 tf.get_variable() 方法，這裡簡單地呼叫 Keras API
self.hidden1 = kl.Dense(128, activation='relu')
self.hidden2 = kl.Dense(128, activation='relu')
self.value = kl.Dense(1, name='value')
# 損失函數中的 logits 沒做歸一化
self.logits = kl.Dense(num_actions, name='policy_logits')
self.dist = ProbabilityDistribution()
def call(self, inputs):
# 輸入是 numpy array 陣列，轉換成 Tensor 張量
x = tf.convert_to_tensor(inputs, dtype=tf.float32)
# 從相同的輸入張量中分離隱藏層
hidden_logs = self.hidden1(x)
hidden_vals = self.hidden2(x)
return self.logits(hidden_logs), self.value(hidden_vals)
defaction_value(self, obs):
# 執行 call()
logits, value = self.predict(obs)
action = self.dist.predict(logits)
# 一個更簡單的選擇，稍後會明白為什麼我們不使用它
#action = tf.random.categorical(logits, 1)
retur nnp.squeeze(action, axis=-1), np.squeeze(value, axis=-1)
```

然後驗證模型是否如預期工作，程式如下：

```
import gym
env = gym.make('CartPole-v0')
model = Model(num_actions=env.action_space.n)
obs = env.reset()
# 這裡不需要 feed_dict 或 tf.Session() 階段
action, value = model.action_value(obs[None, :])
print(action, value) #[1] [-0.00145713]
```

這裡需要注意的是模型層和執行路徑是分別定義的，沒有「輸入」層，模型將
接收原始 numpy 陣列，透過函數 API 可以在一個模型中定義兩個計算路徑，
模型可以包含一些輔助方法，例如動作取樣，在 eager 模式下，一切都可以從
原始 numpy 陣列中運行 Random Agent。

現在讓我們轉到 A2C Agent 類別。首先，讓我們增加一個 test 方法，該方法運
行完整的 episode，並返回獎勵的總和，程式如下：

```
class A2CAgent:
def init(self, model):
self.model = model
```

```
def test(self, env, render=True):
obs, done, ep_reward = env.reset(), False, 0
while not done:
action, _ = self.model.action_value(obs[None, :])
obs, reward, done, _ = env.step(action)
ep_reward += reward
if render:
env.render()
return ep_reward
```

讓我們看看模型在隨機初始化權重下的得分，程式如下：

```
agent = A2CAgent(model)
rewards_sum = agent.test(env)
print("%d out of 200"% rewards_sum) #18 out of 200
```

離最佳狀態還很遠，接下來是訓練部分。損失 / 目標函數正如我在 DRL 概述
部分中所描述的，agent 透過以某些損失 (目標) 函數為基礎的梯度下降來改
進其策略。在 Actor-Critic 中，我們針對 3 個目標進行訓練：利用優勢加權梯
度加上熵最大化來改進策略，以及最小化價值估計誤差，程式如下：

```
Import tensorflow.keras.losses as kls
Import tensorflow.keras.optimizers as ko

class A2CAgent:
def init(self, model):
# 損失項超參數
self.params = {'value': 0.5, 'entropy': 0.0001}
self.model = model
self.model.compile(
optimizer=ko.RMSprop(lr=0.0007),
# 為策略和價值評估定義單獨的損失
loss=[self._logits_loss, self._value_loss]
)
def test(self, env, render=True):
# 與上一節相同
...
def _value_loss(self, returns, value):
# 價值損失通常是價值估計和收益之間的 MSE
return self.params['value']*kls.mean_squared_error(returns, value)
def _logits_loss(self, acts_and_advs, logits):
# 透過相同的 API 輸入 actions 和 advantages 變數
actions, advantages = tf.split(acts_and_advs, 2, axis=-1)
# 支援稀疏加權期權的多形 CE 損失函數
#from_logits 參數確保轉為歸一化後的機率
cross_entropy = kls.CategoricalCrossentropy(from_logits=True)
# 策略損失由策略梯度定義，並由 advantages 變數加權
# 注：我們只計算實際操作的損失，執行稀疏版本的 CE 損失
```

```
actions = tf.cast(actions, tf.int32)
policy_loss = cross_entropy(actions, logits, sample_weight=advantages)
#entropy loss 可透過 CE 計算
entropy_loss = cross_entropy(logits, logits)
# 這裡的符號是翻轉的，因為最佳化器最小化了
return policy_loss - self.params['entropy']*entropy_loss
```

我們完成了目標函數！注意程式非常緊湊：註釋行幾乎比程式本身還多。最後，還需要有訓練環路 (Agent Training Loop)。它有點長，但相當簡單：收集樣本，以及計算回報和優勢，並在其上訓練模型，程式如下：

```
class A2CAgent:
def init(self, model):
# 損失項超參數
self.params = {'value': 0.5, 'entropy': 0.0001, 'gamma': 0.99}
# 與上一節相同
...
def train(self, env, batch_sz=32, updates=1000):
# 單批資料的儲存
actions = np.empty((batch_sz,), dtype=np.int32)
rewards, dones, values = np.empty((3, batch_sz))
observations = np.empty((batch_sz,) + env.observation_space.shape)
# 開始循環的訓練：收集樣本，發送到最佳化器，重複更新次數
ep_rews = [0.0]
next_obs = env.reset()
for update in range(updates):
for step in range(batch_sz):
observations[step] = next_obs.copy()
actions[step], values[step] = self.model.action_value(next_obs[None, :])
next_obs, rewards[step], dones[step], _ = env.step(actions[step])
ep_rews[-1] += rewards[step]
if dones[step]:
ep_rews.append(0.0)
next_obs = env.reset()
_, next_value = self.model.action_value(next_obs[None, :])
return s, advs = self._returns_advantages(rewards, dones, values, next_value)
# 透過相同的 API 輸入 actions 和 advs 參數
acts_and_advs = np.concatenate([actions[:, None], advs[:, None]], axis=-1)
# 對收集的批次執行完整的訓練步驟
# 注意：不需要處理漸變，Keras API 會處理它
losses = self.model.train_on_batch(observations, [acts_and_advs, returns])
return ep_rews
def _returns_advantages(self, rewards, dones, values, next_value):
#next_value 變數對未來狀態的啟動值估計
returns = np.append(np.zeros_like(rewards), next_value, axis=-1)
# 這裡返回的是未來獎勵的折現
for t in reversed(range(rewards.shape[0])):
returns[t] = rewards[t] + self.params['gamma'] * returns[t+1] * (1-dones[t])
```

```
returns = returns[:-1]
#advantages 變數返回 returns 減去價值估計的 value
advantages = returns - values
return returns, advantages
def test(self, env, render=True):
# 與上一節相同
...
def _value_loss(self, returns, value):
# 與上一節相同
...
def _logits_loss(self, acts_and_advs, logits):
# 與上一節相同
...
```

我們現在已經準備好在 CartPole-v0 上訓練這個 single-worker A2C Agent！訓練過程應該只需要幾分鐘。訓練結束後，你應該看到一個智慧體成功地實現了 200 分的目標，程式如下：

```
rewards_history = agent.train(env)
print("Finished training, testing…")
print("%d out of 200"% agent.test(env)) #200 out of 200
```

在原始程式碼中，我嵌入了額外的幫助程式，可以列印出正在運行的 Episode 的獎勵和損失，以及 rewards_history，如圖 7.49 所示。

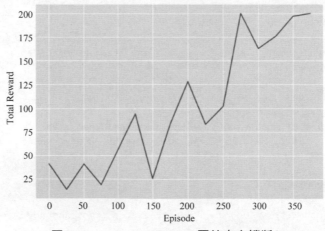

圖 7.49　rewards_history(圖片來自搜狐)

eager mode 效果這麼好，你可能會想知道靜態圖執行效果如何。當然是不錯！而且，只需要多加一行程式就可以啟用靜態圖執行，程式如下：

```
with tf.Graph().as_default():
print(tf.executing_eagerly()) #False
model = Model(num_actions=env.action_space.n)
agent = A2CAgent(model)
rewards_history = agent.train(env)
print("Finished training, testing...")
print("%d out of 200"% agent.test(env)) #200 out of 200
```

有一點需要注意，在靜態圖執行期間，我們不能只使用 Tensors，這就是為什麼我們需要在模型定義期間使用 Categorical Distribution 的技巧。還記得我說過 TensorFlow 在預設情況下以 eager 模式運行，甚至用一個程式部分來證明它嗎？如果你使用 Keras API 來建構和管理模型，那麼它將嘗試在底層將它們編譯為靜態圖，所以你最終得到的是靜態計算圖的性能，它具有 eager execution 的靈活性。你可以透過 model.run_eager 標示檢查模型的狀態，還可以透過將此標示設定為 True 來強制使用 eager mode，儘管大多數情況下可能不需要這樣做——如果 Keras 檢測到沒有辦法繞過 eager mode，它將自動退出。

為了說明它確實是作為靜態圖型運行的，這裡有一個簡單的基準測試，程式如下：

```
# 創建 100000 樣品批次
env = gym.make('CartPole-v0')
obs = np.repeat(env.reset()[None, :], 100000, axis=0)
Eager Benchmark
%%time
model = Model(env.action_space.n)
model.run_eagerly = True
print("Eager Execution: ", tf.executing_eagerly())
print("Eager Keras Model:", model.run_eagerly)
_ = model(obs)
######## 執行結果 #######
Eager Execution: True
Eager Keras Model: True
CPU times: user 639ms, sys: 736ms, total: 1.38s
Static Benchmark
%%time
with tf.Graph().as_default():
model = Model(env.action_space.n)
print("Eager Execution: ", tf.executing_eagerly())
print("Eager Keras Model:", model.run_eagerly)
_ = model.predict(obs)
######## 執行結果 #######
Eager Execution: False
Eager Keras Model: False
CPU times: user 793ms, sys: 79.7ms, total: 873ms
```

```
Default Benchmark
%%time
model = Model(env.action_space.n)
print("Eager Execution: ", tf.executing_eagerly())
print("Eager Keras Model:", model.run_eagerly)
_ = model.predict(obs)
######## 執行結果 #######
Eager Execution: True
Eager Keras Model: False
CPU times: user 994ms, sys: 23.1ms, total: 1.02s
```

正如你所看到的，eager 模式位於靜態模式之後，在預設情況下模型確實是靜態執行的。

上面我們對各個演算法做了詳細講解和實戰，TensorFlow 的程式可以單機訓練也可以分散式訓練，當然模型預測無所謂是單機還是分散式的，都是單一節點即時預測的。另外就是 TensorFlow 既可以在 CPU 上運行，也可以在 GPU 顯示卡上運行，在 GPU 運行的速度比在 CPU 快十到幾十倍這個量級。TensorFlow 也可以在多台機器上分散式訓練，下面我們來講解一下。

7.3.8　TensorFlow 分散式訓練實戰 [46]

TensorFlow 分散式可以單機多 GPU 訓練也可以多機多 GPU 訓練，從平行策略上來講分為資料平行和模型平行。

1. 單機多 GPU 訓練

先簡單介紹下單機多 GPU 訓練，然後再介紹分散式多機多 GPU 訓練。對於單機多 GPU 訓練，TensorFlow 官方已經列出了一個 cifar 的例子，有比較詳細的程式和文件介紹，這裡大致講解一下多 GPU 的過程，以便方便引入多機多 GPU 的介紹。

單機多 GPU 的訓練過程：

(1) 假設你的機器上有 3 個 GPU。

(2) 在單機單 GPU 的訓練中，資料是一個 batch 一個 batch 地訓練。在單機多 GPU 中，資料一次處理 3 個 batch(假設是 3 個 GPU 訓練)，每個 GPU 處理一個 batch 的資料。

(3) 變數或說參數，保存在 CPU 上。

(4) 剛開始的時候資料由 CPU 分發給 3 個 GPU，在 GPU 上完成計算，得到每個 batch 要更新的梯度。

(5) 然後在 CPU 上收集 3 個 GPU 上要更新的梯度，計算一下平均梯度，然後更新參數。

(6) 繼續循環這個過程。

此訓練過程的處理速度取決於最慢的那個 GPU 的速度。如果 3 個 GPU 的處理速度差不多的話，處理速度就相當於單機單 GPU 速度的 3 倍減去資料在 CPU 和 GPU 之間傳輸的負擔，實際的效率提升看 CPU 和 GPU 之間傳輸資料的速度和處理資料的大小。

寫到這裡，我覺得自己寫得還是不通俗易懂，下面就打一個更加通俗的比方來解釋一下：

老師給小明和小華出了 10000 張紙的乘法題並且要把所有的乘法的結果加起來，每張紙上有 128 道乘法題。這裡一張紙就是一個 batch，batch_size 就是 128，小明算加法比較快，小華算乘法比較快，於是小華就負責計算乘法，小明負責把小華的乘法結果加起來。這樣小明就是 CPU，小華就是 GPU。

這樣計算的話，預計小明和小華兩個人得要花費一個星期的時間才能完成老師出的題目。於是小明就找來 2 個算乘法也很快的小紅和小亮。於是每次小明就給小華、小紅和小亮各分發一張紙，讓他們算乘法，他們 3 個人算完了之後，把結果告訴小明。小明把他們的結果加起來，接著再給他們每人分發一張算乘法的紙，依此循環，直到所有的題算完。

這裡小明採用的是同步模式，就是每次要等他們 3 個都算完了之後，再統一算加法，算完了加法之後，再給他們 3 個分發紙張。這樣速度就取決於他們 3 個中算乘法算得最慢的那個人和分發紙張的速度。

2. 分散式多機多 GPU 訓練

隨著設計的模型越來越複雜，模型參數越來越多，越來越大，大到什麼程度呢？多到什麼程度呢？多到參數的個數甚至有上百億個，訓練的資料多到按 TB 等級來衡量。大家知道每計算一輪，都要計算梯度，更新參數。當參數的量級上升到百億量級甚至更大之後，參數更新的性能都是問題。如果是單機 16 個 GPU，一個 step 最多只能處理 16 個 batch，這對上 TB 等級的資料來說，不知道要訓練到什麼時候，於是就有了分散式的深度學習訓練方法，或說框架。

1) 參數伺服器

在介紹 TensorFlow 的分散式訓練之前，先說明一下參數伺服器的概念。

前面說到，當你的模型越來越大，模型的參數越來越多，多到模型參數的更新一台機器的性能都不夠的時候，很自然地我們就會想到把參數分開放到不同的機器去儲存和更新。

因為碰到上面提到的那些問題，所以參數伺服器就被單獨列出來，於是就有了參數伺服器的概念。參數伺服器可以是多台機器組成的叢集，這個就有點類似於分散式的儲存架構了，涉及資料的同步，以及一致性等，一般是採用 key-value 的形式，可以視為一個分散式的 key-value 記憶體中資料庫，然後再加上一些參數更新的操作。當性能不夠的時候，幾百億的參數分散到不同的機器上去保存和更新，解決參數儲存和更新的性能問題。

借用小明算題的例子，小明覺得自己算加法都算不過來了，於是就叫了 10 個小朋友過來一起幫忙算。

2) TensorFlow 的分散式

不過據說 TensorFlow 的分散式沒有用參數伺服器，而是用的資料流程圖，這個暫時還沒確定，無論如何應該和參數伺服器有很多相似的地方，這裡先按照參數伺服器的結構來介紹。

TensorFlow 的分散式有 in-graph 和 between-graph 兩種架構模式。這裡分別介紹一下。

(1) in-graph 模式。

in-graph 模式和單機多 GPU 模型有點類似。還是採用小明算加法的例子，但是此時算乘法的可以不只是他們一個教室的小華、小紅和小亮了。可以是其他教室的小張、小李……

in-graph 模式把計算已經從單機多 GPU 擴充到多機多 GPU 了，不過資料分發還是在一個節點上。這樣的好處是設定簡單，其他多機多 GPU 的計算節點只要起個 join 操作，曝露一個網路介面，並等在那裡接收任務就好了。這些計算節點曝露出來的網路介面使用起來就像使用本機的 GPU 一樣，只要在操作的時候指定 tf.device("/job：worker/task：n") 就可以像指定 GPU 一樣把操作指定到一個計算節點上並計算，使用起來和多 GPU 類似，但是這樣的壞處是訓練資料的分發依然在一個節點上，要把訓練資料分發到不同的機器上將嚴重影響併發訓練速度。在巨量資料訓練的情況下，不推薦使用這種模式。

(2) between-graph 模式。

在 between-graph 模式下，訓練的參數保存在參數伺服器上，資料不用分發，資料分片地保存在各個計算節點，各個計算節點自己算自己的，等算完了之後再把要更新的參數告訴參數伺服器，參數伺服器更新參數。這種模式的優點是不用訓練資料的分發了，尤其是在資料量在 TB 級的時候節省了大量的時間，所以對於巨量資料深度學習還是推薦使用 between-graph 模式。

(3) 同步更新和非同步更新。

in-graph 模式和 between-graph 模式都支援同步和非同步更新。在同步更新的時候，每次梯度更新要等所有分發出去的資料計算完成，並返回來結果之後，把梯度累加算了平均值再更新參數。這樣的好處是 loss 的下降比較穩定，但是這樣處理的壞處也很明顯，處理的速度取決於最慢的那個分片計算的時間。在非同步更新的時候，所有的計算節點各自算自己的任務，更新參數也是自己更新自己計算的結果，這樣的優點是計算速度快，運算資源能得到充分利用，但是缺點是 loss 的下降不穩定，以及抖動大。在資料量小並且各個節點的運算能力比較均衡的情況下，推薦使用同步模式，而在資料量很大，各個機器的計算性能參差不齊的情況下，推薦使用非同步模式。

3. 資料平行和模型平行

TensorFlow 平行策略可分為資料平行和模型平行兩種。

1) 資料平行

一個簡單的加速訓練的技術是平行地計算梯度，然後更新對應的參數。資料平行又可以根據其更新參數的方式分為同步資料平行和非同步資料平行，TensorFlow 圖有很多部分圖模型計算備份，單一的用戶端執行緒驅動整個訓練圖，來自不同裝置的資料需要進行同步更新。這種方式在實現時，主要的限制就是每一次更新都是同步的，其整體計算時間取決於性能最差的那台裝置。資料平行還有非同步實現方式，與同步方式不同的是，在處理來自不同裝置的資料更新時進行非同步更新，不同裝置之間互不影響，對於每一個圖備份都有一個單獨的用戶端執行緒與其對應。在這樣的實現方式下，即使有部分裝置性能特別差甚至中途退出訓練，對訓練結果和訓練效率都不會造成太大影響，但是由於裝置間互不影響，所以在更新參數時可能其他裝置已經更快地更新過了，所以會造成參數的抖動，但是整體的趨勢是向著最好的結果進行的，所以說這種方式更適用於資料量大，更新次數多的情況。

2) 模型平行

模型平行是針對訓練物件是同一批樣本的資料，但是將不同的模型計算部分分佈在不同的計算裝置上同時執行的情況。

4. 分散式訓練程式實戰

以分散式訓練程式框架為基礎創建 TensorFlow 伺服器叢集，在該叢集分散式運算資料流程圖，如程式 7.5 所示。

【程式 7.5】distributed.py

```python
import argparse
import sys
import tensorflow as tf
FLAGS = None
def main(_):
  # 第 1 步：命令列參數解析，獲取叢集資訊 ps_hosts、worker_hosts
  # 當前節點角色資訊 job_name、task_index
  ps_hosts = FLAGS.ps_hosts.split(",")
  worker_hosts = FLAGS.worker_hosts.split(",")
  # 第 2 步：創建當前任務節點伺服器
  cluster = tf.train.ClusterSpec({"ps": ps_hosts, "worker": worker_hosts})
  server = tf.train.Server(cluster,
                     job_name=FLAGS.job_name,
                     task_index=FLAGS.task_index)
  # 第 3 步：如果當前節點是參數伺服器，呼叫 server.join() 無休止等待；如果是工作節點，執行
  # 第 4 步
  if FLAGS.job_name == "ps":
    server.join()
  # 第 4 步：建構要訓練模型，建構計算圖
  elif FLAGS.job_name == "worker":
    # 預設情況下，將操作分配給本地工作處理程序
    with tf.device(tf.train.replica_device_setter(
       worker_device="/job:worker/task:%d" % FLAGS.task_index,
       cluster=cluster)):
       # 建構模型
       loss = ...
```

```
        global_step = tf.contrib.framework.get_or_create_global_step()
        train_op = tf.train.AdagradOptimizer(0.01).minimize(
            loss, global_step=global_step)
    #StopAtStepHook 在運行指定步驟後處理停止
    # 第 5 步管理模型訓練過程
    hooks=[tf.train.StopAtStepHook(last_step=1000000)]
    #MonitoredTrainingSession 階段負責階段初始化，從檢查點還原到保存檢查點，最後關閉釋放 ]
階段
    with tf.train.MonitoredTrainingSession(master=server.target,
                         is_chief=(FLAGS.task_index == 0),
                         checkpoint_dir="/tmp/train_logs",
                         hooks=hooks) as mon_sess:
      while not mon_sess.should_stop():
          # 非同步的訓練
          #mon_sess.run 處理 PS 先佔時發生的異常
          # 訓練模型
          mon_sess.run(train_op)
if name == "main":
  parser = argparse.ArgumentParser()
  parser.register("type", "bool", lambda v: v.lower() == "true")
  # 定義 tf.train.ClusterSpec 參數
  parser.add_argument(
      "--ps_hosts",
      type=str,
      default="",
      help="Comma-separated list of hostname:port pairs"
  )
  parser.add_argument(
      "--worker_hosts",
      type=str,
      default="",
      help="Comma-separated list of hostname:port pairs"
  )
  parser.add_argument(
      "--job_name",
      type=str,
      default="",
      help="One of 'ps', 'worker'"
  )
  # 定義 tf.train.Server 參數
  parser.add_argument(
    "--task_index",
    type=int,
    default=0,
    help="Index of task within the job"
  )
  FLAGS, unparsed = parser.parse_known_args()
  tf.app.run(main=main, argv=[sys.argv[0]] + unparsed)
```

MNIST 資料集分散式訓練，開設 3 個通訊埠作為分散式工作節點部署，2222 通訊埠參數伺服器，2223 通訊埠工作節點 0，2224 通訊埠工作節點 1。參數伺服器執行參數更新任務，工作節點 0、工作節點 1 執行圖模型訓練計算任務。參數伺服器 /job：ps/task：0 cocalhost：2222，工作節點 /job：worker/task：0 cocalhost：2223，工作節點 /job：worker/task：1 cocalhost：2224，如程式 7.6 所示。

【程式 7.6】mnist_replica.py

```
# 運行指令稿
#Python mnist_replica.py --job_name="ps" --task_index=0
#Python mnist_replica.py --job_name="worker" --task_index=0
#Python mnist_replica.py --job_name="worker" --task_index=1

from future import absolute_import
from future import division
from future import print_function
import math
import sys
import tempfile
import time
import tensorflow as tf
from tensorflow.examples.tutorials.mnist import input_data
# 定義常數，用於創建資料流程圖
flags = tf.app.flags
flags.DEFINE_string("data_dir", "/tmp/mnist-data",
                    "Directory for storing mnist data")
# 只下載資料，不做其他操作
flags.DEFINE_boolean("download_only", False,
                    "Only perform downloading of data; Do not proceed to "
                    "session preparation, model definition or training")
#task_index 從 0 開始。0 代表用來初始化變數的第一個任務
flags.DEFINE_integer("task_index", None,
                    "Worker task index, should be >= 0. task_index=0 is "
                    "the master worker task the performs the variable "
                    "initialization ")
# 每台機器 GPU 的個數，機器沒有 GPU 則為 0
flags.DEFINE_integer("num_gpus", 1,
                    "Total number of gpus for each machine."
                    "If you don't use GPU, please set it to '0'")
# 在同步訓練模型下，設定收集工作節點數量。預設工作節點總數
flags.DEFINE_integer("replicas_to_aggregate", None,
                    "Number of replicas to aggregate before parameter update"
                    "is applied (For sync_replicas mode only; default: "
                    "num_workers)")
flags.DEFINE_integer("hidden_units", 100,
```

```
                        "Number of units in the hidden layer of the NN")
# 訓練次數
flags.DEFINE_integer("train_steps", 200,
                    "Number of (global) training steps to perform")
flags.DEFINE_integer("batch_size", 100, "Training batch size")
flags.DEFINE_float("learning_rate", 0.01, "Learning rate")
# 使用同步訓練、非同步訓練
flags.DEFINE_boolean("sync_replicas", False,
                    "Use the sync_replicas (synchronized replicas) mode, "
                    "wherein the parameter updates from workers are aggregated "
                    "before applied to avoid stale gradients")
# 如果伺服器已經存在，採用 gRPC 協定通訊；如果不存在，採用處理程序間通訊
flags.DEFINE_boolean(
    "existing_servers", False, "Whether servers already exists. If True, "
    "will use the worker hosts via their GRPC URLs (one client process "
    "per worker host). Otherwise, will create an in-process TensorFlow "
    "server.")
# 參數伺服器主機
flags.DEFINE_string("ps_hosts","localhost:2222",
                    "Comma-separated list of hostname:port pairs")
# 工作節點主機
flags.DEFINE_string("worker_hosts", "localhost:2223,localhost:2224",
                    "Comma-separated list of hostname:port pairs")
# 本作業是工作節點還是參數伺服器
flags.DEFINE_string("job_name", None,"job name: worker or ps")
FLAGS = flags.FLAGS
IMAGE_PIXELS = 28
def main(unused_argv):
 mnist = input_data.read_data_sets(FLAGS.data_dir, one_hot=True)
 if FLAGS.download_only:
   sys.exit(0)
 if FLAGS.job_name is None or FLAGS.job_name == "":
   raise ValueError("Must specify an explicit `job_name`")
 if FLAGS.task_index is None or FLAGS.task_index =="":
   raise ValueError("Must specify an explicit `task_index`")
 print("job name = %s" % FLAGS.job_name)
 print("task index = %d" % FLAGS.task_index)
 # 讀取叢集描述資訊
 ps_spec = FLAGS.ps_hosts.split(",")
 worker_spec = FLAGS.worker_hosts.split(",")
 # 獲取有多少個 worker
 num_workers = len(worker_spec)
 # 創建 TensorFlow 叢集描述物件
 cluster = tf.train.ClusterSpec({
   "ps": ps_spec,
   "worker": worker_spec})
# 為本地執行任務創建 TensorFlow Server 物件
if not FLAGS.existing_servers:
  # 創建本地 Sever 物件，從 tf.train.Server 這個定義開始，每個節點開始不同
```

```
    # 根據執行命令的參數（作業名字）不同，決定這個任務是哪個任務
    # 如果作業名字是 ps，處理程序就加入這裡，作為參數更新的服務等待其他工作節點給它提交參數
    # 更新的資料
    # 如果作業名字是 worker，就執行後面的計算任務
    server = tf.train.Server(
        cluster, job_name=FLAGS.job_name, task_index=FLAGS.task_index)
    # 如果是參數伺服器，直接啟動即可。這裡，處理程序就會阻塞在這裡
    # 下面的 tf.train.replica_device_setter 程式會將參數批定給 ps_server 保管
    if FLAGS.job_name == "ps":
        server.join()
# 處理工作節點
# 找出 worker 的主節點，即 task_index 為 0 的點
is_chief = (FLAGS.task_index == 0)
# 如果使用 GPU
if FLAGS.num_gpus > 0:
    # 避免 GPU 分配衝突：為每一台機器的 worker 分配任務編號
    gpu = (FLAGS.task_index % FLAGS.num_gpus)
    # 分配 worker 到指定 GPU 上運行
    worker_device = "/job:worker/task:%d/gpu:%d" % (FLAGS.task_index, gpu)
# 如果使用 CPU
elif FLAGS.num_gpus == 0:
    # 把 CPU 分配給 worker
    cpu = 0
    worker_device = "/job:worker/task:%d/cpu:%d" % (FLAGS.task_index, cpu)
# 裝置設定器自動將變數 ops 放在參數伺服器中，非可變操作將放在 workers 工作節點上。
# 參數伺服器 ps 使用 CPU，工作節點伺服器 workers 使用 GPU 顯示卡裝置
# 用 tf.train.replica_device_setter 將涉及變數操作分配到參數伺服器上，使用 CPU。將
# 涉及非變數操作分配到工作節點上，使用上一步 worker_device 值。
# 在這個 with 敘述之下定義的參數會自動分配到參數伺服器上去定義。如果有多個參數伺服器，
# 就輪流循環分配
with tf.device(
    tf.train.replica_device_setter(
        worker_device=worker_device,
        ps_device="/job:ps/cpu:0",
        cluster=cluster)):

# 定義全域步進值，預設值為 0
global_step = tf.Variable(0, name="global_step", trainable=False)
# 隱藏層變數
# 定義隱藏層參數變數，這裡是全連接神經網路隱藏層
hid_w = tf.Variable(
    tf.truncated_normal(
        [IMAGE_PIXELS * IMAGE_PIXELS, FLAGS.hidden_units],
        stddev=1.0 / IMAGE_PIXELS),
    name="hid_w")
hid_b = tf.Variable(tf.zeros([FLAGS.hidden_units]), name="hid_b")
#Softmax 層變數
# 定義 Softmax 回歸層參數變數
sm_w = tf.Variable(
```

```
    tf.truncated_normal(
        [FLAGS.hidden_units, 10],
        stddev=1.0 / math.sqrt(FLAGS.hidden_units)),
    name="sm_w")
sm_b = tf.Variable(tf.zeros([10]), name="sm_b")
# 定義模型輸入資料變數
x = tf.placeholder(tf.float32, [None, IMAGE_PIXELS * IMAGE_PIXELS])
y_ = tf.placeholder(tf.float32, [None, 10])
# 建構隱藏層
hid_lin = tf.nn.xw_plus_b(x, hid_w, hid_b)
hid = tf.nn.relu(hid_lin)
# 建構損失函數和最佳化器
y = tf.nn.softmax(tf.nn.xw_plus_b(hid, sm_w, sm_b))
cross_entropy = -tf.reduce_sum(y_ * tf.log(tf.clip_by_value(y, 1e-10, 1.0)))
# 非同步訓練模式：自己計算完成梯度就去更新參數，不同備份之間不會去協調進度
opt = tf.train.AdamOptimizer(FLAGS.learning_rate)
# 同步訓練模式
if FLAGS.sync_replicas:
    if FLAGS.replicas_to_aggregate is None:
        replicas_to_aggregate = num_workers
    else:
        replicas_to_aggregate = FLAGS.replicas_to_aggregate
        # 使用 SyncReplicasOptimizer 作最佳化器，並且是在圖間複製情況下
        # 在圖內複製情況下將所有梯度平均
        opt = tf.train.SyncReplicasOptimizer(
            opt,
            replicas_to_aggregate=replicas_to_aggregate,
            total_num_replicas=num_workers,
            name="mnist_sync_replicas")
    train_step = opt.minimize(cross_entropy, global_step=global_step)
    if FLAGS.sync_replicas:
        local_init_op = opt.local_step_init_op
        if is_chief:
            # 所有進行計算工作節點裡一個主工作節點 (chief)
            # 主節點負責初始化參數、模型保存、概要保存
            local_init_op = opt.chief_init_op
        ready_for_local_init_op = opt.ready_for_local_init_op
        # 同步訓練模式所需初始權杖、主佇列
        chief_queue_runner = opt.get_chief_queue_runner()
        sync_init_op = opt.get_init_tokens_op()
    init_op = tf.global_variables_initializer()
    train_dir = tempfile.mkdtemp()
    if FLAGS.sync_replicas:
    # 創建一個監管程式，用於統計訓練模型過程中的資訊
    #lodger 保存和載入模型路徑
    # 啟動後去 logdir 目錄，查看是否有檢查點檔案，有的話就自動載入
    # 沒有就用 init_op 指定初始化參數
    # 主工作節點負責模型參數初始化工作
    # 過程中其他工作節點等待主節點完成初始化工作，初始化完成後，一起開始訓練資料
```

izationprint_index)

```
    #global_step 值是所有計算節點共用的
    # 在執行損失函數最小值時自動加 1，透過 global_step 知道所有計算節點一共計算多少步
    sv = tf.train.Supervisor(
        is_chief=is_chief,
        logdir=train_dir,
        init_op=init_op,
        local_init_op=local_init_op,
        ready_for_local_init_op=ready_for_local_init_op,
        recovery_wait_secs=1,
        global_step=global_step)
  else:
    sv = tf.train.Supervisor(
        is_chief=is_chief,
        logdir=train_dir,
        init_op=init_op,
        recovery_wait_secs=1,
        global_step=global_step)
    # 創建階段，設定屬性 allow_soft_placement 為 True
    # 所有操作預設使用被指定設定，如 GPU
    # 如果該操作函數沒有 GPU 實現，自動使用 CPU 裝置
    sess_config = tf.ConfigProto(
        allow_soft_placement=True,
        log_device_placement=False,
        device_filters=["/job:ps", "/job:worker/task:%d" % FLAGS.task_index])
# 主工作節點，task_index 為 0 節點初始化階段
# 其餘工作節點等待階段被初始化後進行計算
if is_chief:
  print("Worker %d: Initializing session…" % FLAGS.task_index)
else:
  print("Worker %d: Waiting for session to be initialized…" %
        FLAGS.task_index)
if FLAGS.existing_servers:
server_grpc_url = "grpc://" + worker_spec[FLAGS.task_index]
print("Using existing server at: %s" % server_grpc_url)
# 創建 TensorFlow 階段物件，用於執行 TensorFlow 圖型計算
#prepare_or_wait_for_session 需要參數初始化完成且主節點準備好後才開始訓練
sess = sv.prepare_or_wait_for_session(server_grpc_url,
                                    config=sess_config)
else:
 sess = sv.prepare_or_wait_for_session(server.target, config=sess_config)
print("Worker %d: Session initialization complete." % FLAGS.task_index)
if FLAGS.sync_replicas and is_chief:
    # 主工作節點啟動主佇列運行器，並呼叫初始操作
    sess.run(sync_init_op)
    sv.start_queue_runners(sess, [chief_queue_runner])
# 執行分散式模型訓練
time_begin = time.time()
print("Training begins @ %f" % time_begin)
local_step = 0
while True:
```

```
# 讀取 MNIST 訓練資料,預設每批次 100 張圖片
batch_xs, batch_ys = mnist.train.next_batch(FLAGS.batch_size)
train_feed = {x: batch_xs, y_: batch_ys}
_, step = sess.run([train_step, global_step], feed_dict=train_feed)
local_step += 1
now = time.time()
print("%f: Worker %d: training step %d done (global step: %d)" %
    (now, FLAGS.task_index, local_step, step))
if step >= FLAGS.train_steps:
  break
time_end = time.time()
print("Training ends @ %f" % time_end)
training_time = time_end - time_begin
print("Training elapsed time: %f s" % training_time)
# 讀取 MNIST 驗證資料,計算驗證的交叉熵
val_feed = {x: mnist.validation.images, y_: mnist.validation.labels}
val_xent = sess.run(cross_entropy, feed_dict=val_feed)
print("After %d training step(s), validation cross entropy = %g" %
(FLAGS.train_steps, val_xent))
if name == "main":
 tf.app.run()
```

TensorFlow 作為深度學習領域最受歡迎的框架,以其支援多種開發語言,支援多種異質平台,提供強大的演算法模型,被越來越多的開發者使用,但在使用的過程中,尤其是在 GPU 叢集的時候,我們或多或少將面臨以下問題:

資源隔離:TensorFlow(以下簡稱 TF) 中並沒有租戶的概念,如何在叢集中建立租戶的概念,並做到資源的有效隔離成為比較重要的問題。

缺乏 GPU 排程:TF 透過指定 GPU 的編號來實現 GPU 的排程,這樣容易造成叢集的 GPU 負載不均衡。

處理程序遺留問題:TF 的分散式模式導致 ps 伺服器會出現 TF 處理程序遺留問題。

訓練的資料分發,以及訓練模型保存都需要人工介入。

訓練日誌,以及保存、查看不方便。

因此,我們需要一個叢集排程和管理系統,可以解決 GPU 排程、資源隔離、統一作業管理和追蹤等問題。

目前,社區中有多種開放原始碼專案可以解決類似的問題,例如 Yarn 和 Kubernetes。Yarn 是 Hadoop 生態中的資源管理系統,而 Kubernetes(以下簡稱 K8s) 作為 Google 開放原始碼的容器叢集管理系統,在 TensorFlow 加入 GPU

管理後，已經成為很好的 TF 任務的統一排程和管理系統。

下面我們就講解一下 TensorFlow on Kubernetes 的叢集實戰。

7.3.9　分散式 TensorFlow on Kubernetes 叢集實戰 [47, 48]

Kubernetes，簡稱 K8s，是用 8 代替 8 個字元 "ubernete" 縮寫而成的。它是一個開放原始碼的，用於管理雲端平台中多個主機的容器化的應用，Kubernetes 的目標是讓部署容器化的應用簡單並且高效 (powerful)，Kubernetes 提供了應用部署、規劃、更新和維護的一種機制。傳統的應用部署方式是透過外掛程式或指令稿來安裝應用。這樣做的缺點是應用的運行、設定、管理的生存週期將與當前作業系統綁定，這樣做並不利於應用的升級、更新和回覆等操作，當然也可以透過創建虛擬機器的方式來實現某些功能，但是虛擬機器非常重，並不利於提高其可攜性。新的方式是透過部署容器的方式實現，每個容器之間互相隔離，每個容器有自己的檔案系統，容器之間處理程序不會相互影響，能區分運算資源。相對於虛擬機器，容器能快速部署，由於容器與底層設施、機器檔案系統是解耦的，所以它能在不同雲端、不同版本作業系統間進行遷移。容器佔用資源少、部署快，每個應用可以被打包成一個容器映像檔，每個應用與容器間成一對一關聯性也使容器有更大優勢，使用容器可以在 build 或 release 的階段，為應用創建容器映像檔，因為每個應用不需要與其餘的應用堆疊組合，也不依賴於生產環境基礎結構，這使得從研發到測試、生產能提供一致環境。同理，容器比虛擬機器輕量、更 " 透明 "，這更便於監控和管理。

下面我們講解一下在 K8s 上怎樣操作 TensorFlow 框架。

1. 設計目標

我們將 TensorFlow 引入 K8s，可以利用其本身的機制解決資源隔離、GPU 排程，以及處理程序遺留的問題。除此之外，我們還需要面臨下面問題的挑戰：

(1) 支援單機和分散式的 TensorFlow 任務。

(2) 分散式的 TF 程式不再需要手動設定 clusterspec 資訊，只需要指定 worker 和 ps 的數目，能自動生成 clusterspec 資訊。

(3) 訓練資料、訓練模型，以及日誌不會因為容器銷毀而遺失，可以統一保存。

為了解決上面的問題，就出現了 TensorFlow on Kubernetes 系統。

2. 架構

TensorFlow on Kubernetes 包含 3 個主要的部分，分別是 client、task 和 autospec 模組。client 模組負責接收使用者創建任務的請求，並將任務發送給 task 模組。task 模組根據任務的類型 (單機模式或分散式模式) 來確定接下來的流程。

如果 type 選擇的是 single(單機模式)，對應的是 TF 中的單機任務，則按照使用者提交的配額來啟動 container 並完成最終的任務；如果 type 選擇的是 distribute(分散式模式)，對應的是 TF 的分散式任務，則按照分散式模式來執行任務。需要注意的是，在分散式模式中會涉及生成 clusterspec 資訊，autospec 模組負責自動生成 clusterspec 資訊，以此減少人工操作。

1) client 模組

tshell 在容器中執行任務的時候，我們可以透過 3 種方式獲取執行任務的程式和訓練需要的資料：

(1) 將程式和資料做成新的映像檔。

(2) 將程式和資料透過卷冊的形式掛載到容器中。

(3) 從儲存系統中獲取程式和資料。

前兩種方式不太適合使用者經常修改程式的場景，最後一種方式可以解決修改程式的問題，但是它也有下載程式和資料需要時間的缺點。綜合考慮後，我們採取第三種方式。我們設定了一個 tshell 用戶端，方便使用者將程式和程式進行打包和上傳。例如給自己的任務命名字叫 cifar10-multigpu，將程式打包放到 code 下面，並將訓練資料放到 data 下面。最後打包成 cifar10-multigpu.tar.gz 並上傳到 s3 後，就可以提交任務。在提交任務的時候，需要提前預估一下執行任務需要的配額：CPU 核心數、記憶體大小，以及 GPU 個數 (預設不提供)，當然也可以按照我們提供的初始配額來排程任務。舉例來說，按照下面格式來將配額資訊、s3 位址資訊，以及執行模式填好後，執行 send_task.py，這樣我們就提交了一次任務。

2) task 模組

(1) 單機模式

對於單機模式，task 模組的任務比較簡單，直接呼叫 Python 的 client 介面來啟動 container。container 主要做兩件事情，initcontainer 負責從 s3 中下載事先上傳好的檔案，container 負責啟動 TF 任務，最後將日誌和模型檔案上傳到 s3 裡，完成一次 TF 單機任務。

(2) 分散式模式

對於分散式模式，情況要稍微複雜些。下面先簡單介紹一下 TensorFlow 分散式框架。TensorFlow 的分散式平行以 gRPC 框架為基礎，client 負責建立 Session，將計算圖的任務下發到 TF cluster 上。TF cluster 透過 tf.train.ClusterSpec 函數建立一個 cluster，每個 cluster 包含許多個 job。job 由好多個 task 組成，task 分為兩種，一種是 PS(Parameter Server)，即參數伺服器，用來保存共用的參數；另一種是 worker，負責計算任務。我們在執行分散式任務的時候，需要指定 clusterspec 資訊，以下面的任務，執行該任務需要一個 ps 和兩個 worker，我們需要先手動設定 ps 和 worker 才能開始任務，這樣必然會帶來麻煩。如何解決 clusterspec 成為一個必須要解決的問題，所以在提交分散式任務的時候，task 需要 autospec 模組的幫助，收集 container 的 ip 後才能真正啟動任務，所以分散式模式要做兩件事情：按照 yaml 檔案啟動 container；通知 am 模組收集此次任務 container 的資訊後生成 clusterspec。

3) autospec 模組

TF 分散式模式的 node 按照角色分為 ps(負責收集參數資訊) 和 worker，ps 負責收集參數資訊，worker 負責執行任務，並定期將參數發送給 worker。要執行分散式任務，涉及生成 clusterspec 資訊模型的情況，clusterspec 資訊是透過手動設定，這種方式比較麻煩，而且不能實現自動化，我們引入 autospec 模型可以極佳地解決這種問題。autospec 模組只有一個用途，就是在執行分散式任務時，從 container 中收集 ip 和 port 資訊後生成 clusterspec，併發送給對應的 container。對於 container 的設計，TF 任務比較符合 K8s 中 kind 為 job 的任務，每次執行完成以後這個容器會被銷毀。我們利用了此特徵，將 container 都設定為 job 類型。K8s 中設計了一種 hook：poststart 負責在容器啟動之前做一些初始化的工作，而 prestop 負責在容器銷毀之前做一些備份之類的工作。我們利用了此特點，在 poststart 做一些資料獲取的工作，而在 prestop 階段負責將訓練產生的模型和日誌進行保存。

上面我們已經介紹了 TensorFlow on Kubernetes 的主要流程，下面我們將進入完整的工業級系統實戰。

第 8 章

完整工業級系統實戰

首先說明一下什麼叫工業級系統。工業級一般指的是你的系統的功能不僅要實現，並且系統的性能要足夠好，例如能撐住網際網路平台幾千萬甚至幾億使用者的高併發存取，不是說使用者少的時候一切都運行正常，使用者量一大了系統就崩潰了，這種系統只能說是一個 Demo，而不能大規模地用到線上，這叫作系統高性能。只有高性能還不夠，還得保證穩定、可靠，如果使用者存取的時候速度很快，但是過幾小時或幾天便頻繁當機，這也不是一個好的系統。另外就是系統擴充性也要好，在資料和使用者都變大的情況下，可以透過不用修改程式，而是增加伺服器或設定就能解決問題，系統就能夠持續支撐，這就是系統的擴充性，所以對於這種系統或平台的產品，我們要保證高性能、高可靠性和高擴充性，簡稱三高。達到三高要求的系統也就是工業級的系統，否則就算小 Demo。

巨量資料和機器學習往往是整體系統和平台的一部分，單純就機器學習的訓練來說，如果訓練集很小，則可以用單機運行，當有幾十億、幾百億資料集或需要更多的參數的時候，也就是單機無法支撐的時候，我們需要擴充多台伺服器以平行分散式來運行。這種能分散式訓練、水平擴充伺服器的演算法系統也可以叫作工業級的機器學習系統，否則只能運行小量資料或只能單機運行而不能擴充的系統只能也算個 Demo。

在實際工作中往往是巨量資料、機器學習、線上 Web 系統、App 用戶端等配合建構一個完整的平台，來達到一個整體的工業級的線上平台。下面我們從業界比較紅的 3 個系統入手分別講解一下推薦演算法系統、人臉辨識、對話機器人都是怎樣實現的。

8.1　推薦演算法系統實戰

首先，推薦系統不等於推薦演算法，更不等於協作過濾。推薦系統是一個完整的系統專案，從專案上來講是由多個子系統有機地組合在一起，例如以 Hadoop 資料倉儲為基礎的推薦集市、ETL 資料處理子系統、離線演算法、準即時演算法、多策略融合演算法、快取處理、搜尋引擎部分、二次重排序演算法、線上 Web 引擎服務、AB 測試效果評估和推薦位管理平台等，每個子系統都扮演著非常重要的角色，當然大家肯定會說演算法部分是核心，這個說得沒錯，的確是核心。推薦系統是偏演算法的策略系統，但要達到一個非常好的推薦效果，只有演算法是不夠的。例如做演算法依賴於訓練資料，資料品質不好，或資料處理沒做好，再好的演算法也發揮不出應有價值。演算法上線了，如果不知道效果怎麼樣，後面的最佳化工作就無法進行，所以 AB 測試是評價推薦效果的關鍵，它指導著系統該何去何從。為了能夠快速切換和最佳化策略，推薦位管理平台具有舉足輕重的作用。推薦結果最終要應用到線上平台，如果要在 App 或網站上毫秒級地快速展示推薦結果，這就需要線上 Web 引擎服務來保證高性能的併發存取。這麼來說，雖然演算法是核心，但離不開每個子系統的配合，另外就是不同演算法可以嵌入各個子系統中，演算法可以貫穿到每個子系統。

從開發人員角色上來講，推薦系統僅依靠演算法工程師是無法完成整個系統的，需要各個角色的工程師相配合才行。舉例來說，巨量資料平台工程師負責 Hadoop 叢集和資料倉儲；ETL 工程師負責對資料倉儲的資料進行處理和清洗；演算法工程師負責核心演算法；Web 開發工程師負責推薦 Web 介面對接各個部門，如網站前端、App 用戶端的介面呼叫等；後台開發工程師負責推薦位管理、報表開發、推薦效果分析等，架構師負責整體系統的架構設計等。所以，推薦系統是一個需要多角色協作配合才能完成的系統。

下面我們就從推薦系統的整體架構，以及各個子系統分別詳細講解一下。

8.1.1　推薦系統架構設計

讓我們先看一下推薦系統的架構圖，然後再根據架構圖詳細描述各個模組的關係，以及工作流程，架構如圖 8.1 所示。

1. 推薦系統架構圖

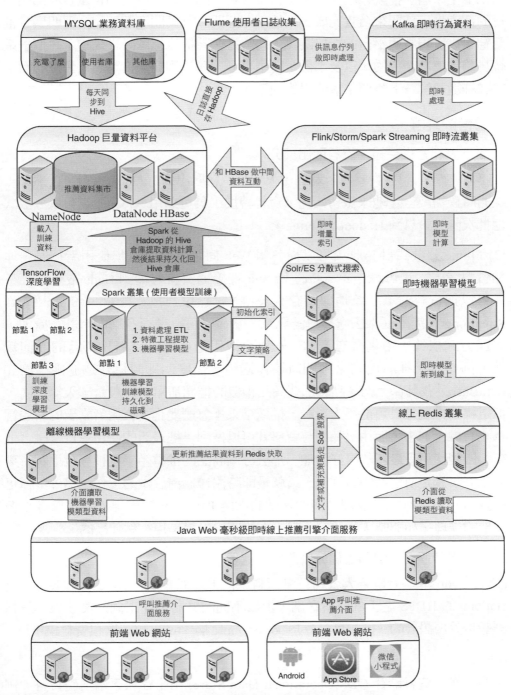

圖 8.1 推薦系統架構圖

這個架構圖包含了各個子系統或模組的協轉換合、相互呼叫關係,從部門的組織架構上來看,推薦系統主要是由巨量資料部門負責,或是和巨量資料部門平行的搜索推薦部門來負責完成,其他前端部門、行動開發部門配合呼叫展示推薦結果來實現整個平台的銜接關係。同時這個架構流程圖詳細描繪了每個子系統具體是怎麼銜接的,以及都做了哪些事。下面我們從架構圖由上到下的順序來詳細地講解一下整個架構流程的細節。

2. 架構圖詳解

1) 推薦資料倉儲架設、資料取出部分

(1) 以 MySQL 業務資料庫為基礎每天增量資料取出到 Hadoop 平台,當然第一次的時候需要全量地來做初始化,資料轉換工具可以用 Sqoop,它可以分散式地批次匯入資料到 Hadoop 的 Hive。

(2) Flume 分散式日誌收集可以從各個 Web 伺服器即時收集使用者行為、埋點資料等。一是可以指定 source 和 sink 直接把資料傳輸到 Hadoop 平台;二是可以把資料一筆一筆地即時存到 Kafka 訊息佇列裡,讓 Flink/Storm/Spark Streaming 等流式框架去處理日誌訊息,然後又可以做很多準即時計算處理,處理方式根據應用場景有多種,一種可以用這些即時資料做即時的流演算法,例如我們推薦用它來做即時協作過濾。什麼叫即時協作過濾呢?例如 ItemBase,我計算一個商品和那些商品相似的推薦清單,一般是一天算一次,但這樣的推薦結果可能不太新鮮,推薦結果不怎麼變化,使用者當天的新的行為沒有融合進來,而用這種即時資料就可以做到,把最新的使用者行為融合進來,回饋使用者最新的喜好興趣,那麼每個商品的推薦結果是秒等級地在時刻變化著,滿足使用者的新鮮感,這就是即時協作過濾要做的工作。另外一種可以對資料做即時統計處理,例如網站的即時 PV、UV 等,另外還可以做很多其他的處理,如即時人物誌等。就看你的應用場景是用來做什麼的。

2) 巨量資料平台、資料倉儲分層設計、處理

(1) Hadoop 基本上是各大公司巨量資料部門的標準配備,Hive 基本上是作為 Hadoop 的 HDFS 之上的資料倉儲,根據不同的業務創建不同的業務表,資料一般是分層設計的,例如可以分為 ods 層、mid 層、temp 臨時層和資料集市層。

ods 層

說明:操作資料儲存 ODS(Operational Data Store) 用來存放原始基礎資料,例如維度資料表、事實資料表。以底線分為 4 級：

一級：原始資料層；

二級：項目名稱 (kc 代表視訊課程類項目，Read 代表閱讀類文章)；

三級：表類型 (dim 代表維度資料表，fact 代表事實資料表)；

四級：表名。

mid 層

說明：從 ods 層中 join 多表或某一段時間內的小表計算生成的中間表，在後續的集市層中被頻繁地使用。用來一次生成多次使用，避免每次連結多個表重複計算。

temp 臨時層

說明：臨時生成的資料統一放在這層。系統預設有一個 /tmp 目錄，不要放在這個目錄裡，這個目錄是 Hive 自己存放資料的臨時層。

資料集市層

例如人物誌集市、推薦集市和搜索集市等。

說明：存放搜索項目資料，集市資料一般是由中間層和 ods 層連結表計算或使用 Spark 程式處理開發算出來的資料。

(2) Hadoop 平台的運行維護及監控往往是由專門的巨量資料平台工程師來負責的，當然在公司小的時候由巨量資料處理工程師兼任。畢竟在叢集不是很大的時候，一旦叢集運行穩定，後面單獨維護和最佳化叢集的工作量會比較小，除非是比較大的公司才需要專門的人做運行維護、最佳化和原始程式的延伸開發等。

(3) 後面不管是以 Spark 為基礎做機器學習，或是以 Python 為基礎做機器學習，還是以 TensorFlow 為基礎做深度學習，都需要做資料處理，這個處理可以用 Hive 的 SQL 敘述、Spark SQL，也可以自己寫 Hadoop 的 MR 程式、Spark 的 Scala 程式和 Python 程式等。整體來說，能用 SQL 完成處理的任務儘量用 SQL 來處理，實在實現不了就自己寫程式，總之以節省工作量優先。

3) 離線演算法部分

推薦演算法是一個綜合的，並由多種演算法有機有序地組合在一起才能發揮出最好的推薦效果，不同演算法可以根據場景來選擇哪個演算法框架，框架實現不了的，我們再自己造輪子，造演算法。在多數場景下我們使用現成的機器學習框架，呼叫它們的 API 來完成演算法的功能。主流的分散式框架有 Mahout、Spark、TensorFlow 和 XGBoost 等。

(1) Mahout 是以 Hadoop 為基礎的 MapReduce 計算來運行的，是最早和最成熟的分散式演算法，例如我們做協作過濾演算法可以用 Itembase 的 CF 演算法，用到的類別是 org.apache.mahout.cf.taste.hadoop.similarity.item. ItemSimilarityJob，這個類別是根據商品來推薦相似的商品集合，還有一個類別是根據使用者來推薦感興趣的商品的。

(2) Spark 叢集可以單獨部署來運行，就是用 Standalone 模式，也可以用 Spark On Yarn 的方式，如果你有 Hadoop 叢集的話，推薦還是用 Yarn 來管理，這樣方便系統資源的統一排程和分配。Spark 的機器學習 MLlib 演算法非常豐富，前面的章節我們講了一個熱門的演算法，用在推薦系統裡面的有 Spark 的 ALS 協作過濾，做推薦清單的二次重排序演算法的邏輯回歸、隨機森林和 GBDT 等。這些機器學習模型一般是每天訓練一次，而非像線上網站那樣即時調取，所以叫作離線演算法。對應的 Flink/Storm/Spark Streaming 即時流叢集是秒等級的演算法模型更新，叫準即時演算法。線上 Web 服務引擎需要在毫秒等級的快速即時回應，叫即時演算法引擎。

(3) 深度學習離線模型對於推薦系統來講可以用 MLP 做二次重排序，如果對線上即時預測性能要求不高的話，可以替代邏輯回歸、隨機森林等，因為它做一次預測需要 100 毫秒左右，比較慢。

(4) 對於 Solr 或 ES 這樣的分散式搜尋引擎，第一次可以用 Spark 來批次地創建索引。

(5) 對於簡單的文字演算法，例如透過一篇文章去找相似文章，可以用文章的標題作為關鍵字從 Solr 或 ES 裡搜索找到前幾個相似文章。再複雜一點的話，也可以用標題和文章的正文以不同權重的方式去搜索。再複雜一點，可以自己寫一個自訂函數，例如算標題、內容等的餘弦相似度，或電子商務根據銷量、相關度和新品等做一個自訂的綜合相似評分等。

(6) 離線計算的推薦結果可以更新到線上 Redis 快取裡，線上 Web 服務可以即時從 Redis 獲取推薦結果資料，並進行即時推薦。

4) 準即時演算法部分——Flink/Storm/Spark Streaming 即時流叢集

(1) Flink/Storm/Spark Streaming 即時處理使用者行為資料,可以用來做秒等級的協作過濾演算法,可以讓推薦結果根據使用者最近的行為偏好變化而即時更新模型,提高使用者的新鮮感。計算的中間過程可以與 HBase 資料庫進行互動。當然一些簡單的當天即時 PV、UV 統計也可以用這些框架來處理。

(2) 準即時計算的推薦結果可以即時更新線上 Redis 快取,線上 Web 服務可以即時從 Redis 獲取推薦結果資料。

5) 線上 Java Web 推薦引擎介面服務

(1) 線上 Java Web 推薦引擎介面預測服務,即時從 Redis 中獲取使用者最近的文章點擊、收藏和分享等行為,不同行為以不同權重加上時間衰竭因數,每個使用者得到一個帶權重的使用者興趣種子文章集合,然後用這些種子文章去連結 Redis 快取計算好的 item 文章 -to- 文章資料進行文章的融合,從而得到一個候選文章集合,這個集合再用隨機森林和神經網路對這些候選文章做 Rerank 二次排序,得到最終的使用者推薦清單並即時給使用者推薦出來。

(2) App 用戶端、網站可以直接呼叫線上 Java Web 推薦引擎介面預測服務進行即時推薦並展示推薦結果。

上面我們大概介紹了推薦系統整體架構和各個子系統的銜接配合關係。接下來我們將詳細講解每一個子系統。

8.1.2 推薦資料倉儲集市

演算法是推薦系統的核心,但沒有資料正如巧婦難為無米之炊,再就是也得有好米才行,有了好米,但如果好米里有沙子,我們也得想辦法清洗掉。這是打了個比方,意思是除了演算法本身我們還要架設資料倉儲,掌握資料品質,對資料進行清洗、轉換。以便更進一步地區分哪個是原始資料,哪個是清洗後的資料,我們最好做一個資料分層,以方便快速地找到想要的資料。另外,有些高頻的資料不需要每次都重複計算,只需要計算一次並放在一個中間層裡,供其他業務模組重複使用,這樣節省時間,同時也減少伺服器資源的消耗。資料倉儲分層設計還有其他很多好處,下面舉一個實例來看看如何分層,以及如何架設推薦的資料集市。

1. 資料倉儲分層設計

資料倉儲，英文名稱為 Data Warehouse，可簡寫為 DW 或 DWH。資料倉儲是為企業所有等級的決策制定過程提供所有類型資料支援的戰略集合，它是單一資料儲存，出於分析性報告和決策支援目的而創建的。為需要業務智慧的企業提供指導業務流程改進、監視時間、成本、品質，以及控制。

我們再看一看什麼是資料集市。資料集市 (Data Mart) 也叫資料市場，資料集市就是滿足特定的部門或使用者的需求，按照多維的方式進行儲存，包括定義維度、需要計算的指標和維度的層次等，生成針對決策分析需求的資料立方體。從範圍上來說，資料是從企業範圍的資料庫、資料倉儲或是更加專業的資料倉儲中取出來的。資料中心的重點就在於它迎合了專業使用者群眾的特殊需求，在分析、內容、表現以及好用方面，資料中心的使用者希望資料是由他們熟悉的術語來表現的。

上面我們講的是資料倉儲和資料集市的概念，簡單來說，在 Hadoop 平台上整個 Hive 的所有表組成了資料倉儲，這些表有的是分層設計的，我們可以分為 4 層，ods 層、mid 層、temp 臨時層和資料集市層。其中資料集市可被看作資料倉儲的子集，一個資料集市往往是針對一個項目的，例如推薦的叫推薦集市，做人物誌的項目叫人物誌集市。ods 是基礎資料層，也是原始資料層，是最底層的，而資料集市是偏最上游的資料層。資料集市的資料可以直接供項目使用，不用再更多地去加工了。

資料倉儲的分層表現在 Hive 資料表名上，Hive 儲存對應的 HDFS 目錄最好和表名一致，這樣根據表名也能快速地找到目錄，當然這不是必需的。一般巨量資料平台都會創建一個資料字典平台，在 Web 的介面上能夠根據表名找到對應的表解釋，例如表的用途、欄位表結構、每個欄位代表什麼意思和儲存目錄等，而且能查詢到表和表之間的血緣關係。說到血緣關係，它在資料倉儲裡經常會被提起。我在下面會單獨講一小節。下面我用實例講解推薦的資料倉儲。

首先我們需要和部門所有的人制定一個建表規範，大家統一遵守這個規範：

1) 建表規範

以下建表規範僅供參考，可以根據每個公司的實際情況來定：

(1) 統一創建外部表。

外部表的好處是當你不小心刪除了這個表，資料還會保留下來，如果是誤刪除，會很快地將資料找回來，只需要把建表敘述再創建一遍即可。

(2) 統一分 4 級，以底線分割。

分為幾個等級沒有明確的規定，一般分為 4 級的情況比較多。

(3) 列之間分隔符號統一 '\001'。

用 \001 分割的目的是避免因為資料也存在同樣的分隔符號而造成列的錯亂問題，因為 \001 分割符號是使用者無法輸入的，之前用的 \t 分隔符號容易被使用者輸入，資料行裡如果存在 \t 分隔符號會和 Hive 表裡的 \t 分隔符號混淆，這樣這一行資料會多出幾列，從而造成列錯亂。

(4) location 指定目錄統一以 / 結尾。

指定目錄統一以 / 結尾代表最後是一個資料夾，而非一個檔案。一個資料夾下面可以有很多檔案，如果資料特別大，適合拆分成多個小檔案。

(5) stored 類型統一為 textfile。

每個公司實際情況不太一樣，textfile 是文字檔類型，好處是方便查看內容，缺點是佔用空間較多。

(6) 表名和 location 指定目錄保持一致。

表名和 location 指定目錄保持一致的主要目的是方便當看見表名時就能馬上知道對應的資料儲存目錄在哪裡，方便檢索和尋找。

創建 Hive 表指令稿程式如下：

```
# 下面列舉一個建表的例子給大家做一個演示
create EXTERNAL table IF NOT EXISTS ods_kc_dim_product(kcid string,kcname
string,price float ,issale string)
ROW FORMAT DELIMITED FIELDS
TERMINATED BY '\001'
stored as textfile
location '/ods/kc/dim/ods_kc_dim_product/';
```

2) 資料倉儲分層設計

上面我們在建表的時候已經說了分為 4 級，也就是說我們的資料倉儲分為 4 層，操作資料儲存原始資料層 ods、mid 層、temp 臨時層和資料集市層等，下面我們一一講解。

(1) ods 層。

創建 Hive 指令稿程式如下：

```
# 原始資料 _ 視訊課程 _ 事實資料表 _ 課程存取日誌表
create EXTERNAL table IF NOT EXISTS ods_kc_fact_clicklog(userid string,kcid
string,time string)
ROW FORMAT DELIMITED FIELDS
TERMINATED BY '\001'
stored as textfile
location '/ods/kc/fact/ods_kc_fact_clicklog/';
#ods 層維度資料表，課程基本資訊表
create EXTERNAL table IF NOT EXISTS ods_kc_dim_product(kcid string,kcname
string,price float ,issale string)
ROW FORMAT DELIMITED FIELDS
TERMINATED BY '\001'
stored as textfile
location '/ods/kc/dim/ods_kc_dim_product/';
```

這裡涉及新的概念，什麼是事實資料表、維度資料表？

事實資料表：

在多維資料倉儲中，保存度量值的詳細值或事實的表稱為「事實資料表」。事實資料表通常包含大量的行。事實資料表的主要特點是包含數字資料 (事實)，並且這些數字資訊可以整理，以提供有關單位作為歷史資料，每個事實資料表包含一個由多個部分組成的索引，該索引包含作為外鍵的相關性緯度表的主鍵，而維度資料表包含事實記錄的特性。事實資料表不應該包含描述性的資訊，也不應該包含除數字度量欄位及使事實與維度資料表中對應項的相關索引欄位之外的任何資料。

維度資料表：

維度資料表可被看作使用者分析資料的視窗，維度資料表中包含事實資料表中事實記錄的特性，有些特性提供描述性資訊，有些特性指定如何整理事實資料表資料，以便為分析者提供有用的資訊，維度資料表包含幫助整理資料的特性的層次結構。舉例來說，包含產品資訊的維度資料表通常包含將產品分為食品、飲料和非消費品等許多類的層次結構，這些產品中的每一類進一步多次細分，直到各產品達到最低等級。在維度資料表中，每個表都包含獨立於其他維度資料表的事實特性，舉例來說，客戶維度資料表包含有關客戶的資料。維度資料表中的列欄位可以將資訊分為不同層次的結構級。維度資料表包含了維度的每個成員的特定名稱。維度成員的名稱為「屬性」(Attribute)。

在我們的推薦場景中,課程存取日誌表 ods_kc_fact_clicklog 是使用者存取課程的大量日誌,針對每筆記錄也沒有一個實際意義的主鍵,同一個使用者有多筆課程存取記錄,同一個課程也會被多個使用者存取,這個表就是事實資料表。課程基本資訊表 ods_kc_dim_product,每個課程都有一個唯一的課程主鍵,課程具有唯一性。每個課程都有基本屬性。這個表就是維度資料表。

(2) mid 中間層。

從 ods 層提取資料到集市層常用 SQL 方式,指令稿程式如下:

```
# 把某個 select 的查詢結果集覆蓋到某個表,相當於 truncate 和 insert 操作
    insert overwrite table chongdianleme.ods_kc_fact_etlclicklog select
a.userid,a.kcid,a.time from chongdianleme.ods_kc_fact_clicklog a join
chongdianleme.ods_kc_dim_product b on a.kcid=b.kcid
    where b.issale=1;
```

(3) temp 臨時層。

建表 Hive 指令稿程式如下:

```
# 創建臨時課程日誌表
create EXTERNAL table IF NOT EXISTS tp_kc_fact_clicklogtotemp(userid string,kcid
string,time string)
ROW FORMAT DELIMITED FIELDS
TERMINATED BY '\001'
stored as textfile
location '/tp/kc/fact/tp_kc_fact_clicklogtotemp/';
```

(4) 資料集市層。

```
# 人物誌集市建表舉例
create EXTERNAL table IF NOT EXISTS personas_kc_fact_userlog(userid string,kcid
string,name string,age string,sex string)
ROW FORMAT DELIMITED FIELDS
TERMINATED BY '\001'
stored as textfile
location '/personas/kc/fact/personas_kc_fact_userlog/';
```

2. 資料血緣分析 [49]

資料血緣關係,從概念來講很好了解,即在資料的全生命週期中,資料與資料之間會形成多種多樣的關係,這些關係與人類的血緣關係類似,所以被稱作資料血緣關係。

從技術角度來講，資料 a 透過 ETL 處理生成了資料 b，那麼我們會說，資料 a 與資料 b 具有血緣關係。不過與人類的血緣關係略有不同，資料血緣關係還具有一些個性化的特徵。

歸屬性：資料是被特定組織或個人擁有所有權的，擁有資料的組織或個人具備資料的使用權，實現行銷、風險控制等目的。

多來源性：這個特性與人類的血緣關係有本質上的差異，同一個資料可以有多個來源 (即多個父資料)，其來源包括資料是由多個資料加工生成，或由多種加工方式或加工步驟生成。

可追溯性：資料的血緣關係表現了資料的全生命週期，從資料生成到廢棄的整個過程均可追溯。

層次性：資料的血緣關係是具備層級關係的，就如同在傳統關聯式資料庫中，使用者是等級最高的，之後依次是資料庫、表和欄位，它們從上往下，一個使用者擁有多個資料庫，一個資料庫中儲存著多張表，而一張表中有多個欄位。它們有機地結合在一起，形成完整的資料血緣關係。例如某學校學生管理系統後台資料庫的 E-R 圖範例，學生的學號、姓名、性別、出生日期、年級和班級等欄位組成了學生資訊表，學生資訊表、教師資訊表和選課表之間透過一個或多個連結欄位組成了整個學生管理系統後台的資料庫。

不管是結構化資料，還是非結構化資料，都具有資料血緣關係，它們的血緣關係或簡單直接，或錯綜複雜，都是可以透過科學的方法追溯的。

以某銀行財務指標為例，利息淨收入的計算公式為利息收入減去利息支出，而利息收入又可以拆分為對客業務利息收入、資本市場業務利息收入和其他業務利息收入。對客業務利息收入又可以細分為信貸業務利息收入和其他業務利息收入，信貸業務利息收入還可以細分為多個業務條線和業務板塊的利息收入，如此細分下去，一直可以從財務指標追溯到原始業務資料，如客戶加權平均貸款利率和新發放貸款餘額。如果利息淨收入指標發現資料品質問題，其根因就可以被發現。

資料血緣追溯不只表現在指標計算上，同樣可以應用到資料集的血緣分析上。不管是資料欄位、資料表，還是資料庫，都有可能與其他資料集存在著血緣關係，分析血緣關係對資料品質提升有幫助的同時，對資料價值評估、資料品質評估，以及後續對資料生命週期管理也有較大的幫助和提高。

從資料價值評估角度來看,我們透過對資料血緣關係的梳理不難發現,資料的擁有者和使用者存在資料價值關係,簡單地來看,在資料擁有者較少且使用者(資料需求方)較多時,資料的價值較高。在資料流程轉中,對最終目標資料影響較大的資料來源價值相對較高。同樣,更新、變化頻率較高的資料來源,一般情況下,也在目標資料的計算、整理中發揮著更高的作用,那可以判斷為這部分資料來源具有較高的價值。

從資料品質評估角度來看,清晰的資料來源和加工處理方法,可以明確每個節點資料品質的好壞。

從資料生命週期管理角度來看,資料的血緣關係有助我們判斷資料的生命週期,是資料的歸檔和銷毀操作的參考。

考慮到資料血緣的重要性和特性,一般來講,我們在做血緣分析時,會關注應用(系統)級、程式級和欄位級 3 個層次間資料間的關係。比較常見的是,資料透過系統間的介面進行交換和傳輸。例如銀產業務系統中的資料,由統一資料交換平台進行流轉分發給傳統關聯式資料庫和非關係巨量資料平台,資料倉儲和巨量資料平台將資料整理後,交由各個應用集市分析使用,其中涉及大量的資料處理和資料交換工作:

在分析其中的血緣關係時,主要考慮以下幾個方面。

全面性:資料處理過程實際上是程式對資料進行傳遞、運算演繹和歸檔的過程,即使歸檔的資料也有可能透過其他方式影響系統的結果或流轉到其他系統中。為了確保資料流程追蹤的連貫性,必須將整個系統集作為分析的物件。

靜態分析法:本方法的優勢是,避免受人為因素的影響,精度不受文件描述的詳細程度、測試案例和抽樣資料的影響。本方法以編譯原理為基礎,透過對原始程式碼進行掃描和語法分析,以及對程式邏輯涉及的路徑進行靜態分析和羅列,實現對資料流轉的客觀反映。

接觸感染式分析法:透過對資料傳輸和映射相關的程式命令進行篩選,獲取關鍵資訊,從而進行深度分析。

邏輯時序性分析法:為避免容錯資訊的干擾,根據程式處理流程,將與資料庫、檔案、通訊介面資料欄位沒有直接關係的傳遞和映射的間接過程和程式中間變數轉為資料庫、檔案、通訊介面資料欄位之間的直接傳遞和映射。

及時性：為了確保資料欄位連結關係資訊的可用性和及時性，必須確保查詢版本更新與資料欄位連結資訊的同步，在整個系統範圍內做到 " 所見即所得 "。

資料處理工作離不開資料血緣分析的工作，資料的血緣對於分析資料、追蹤資料的動態演化、衡量資料的可信度、保證資料的品質具有重要的意義，值得我們深入探討研究。

3. 資料平台工具

上面提到資料血緣關係，這個一般都會做資料平台 Web 工具，架設一個 Web 專案，然後在介面上能查詢任何表的字典解析，如表是用來做什麼的，每個字典是幹什麼的，表的儲存目錄和其他連結表的血緣關係等。

另外還有其他一些工具，例如資料品質監控，當資料出現問題的時候，能否即時告警並通知。

還有作業排程工具，資料倉儲每天都會定時執行很多資料處理的任務，例如資料清洗、格式轉換、特徵工程等，網際網路常用的排程工具是 Azkaban，它能定時觸發執行任務的指令稿，同時還可以設定任務的依賴關係。哪個任務先執行，哪個任務後執行，還有等待其他幾個任務都完成後才統一觸發下一個任務，都可以用它來設定。

當然很多大公司還有其他適合自己業務的工具。資料倉儲和平台架設完成後，我們日常的很多工作是在做資料處理，也就是 ETL，下面來講講推薦的 ETL 資料處理。

8.1.3 ETL 資料處理

ETL 分全量和增量兩種處理方式，在推薦系統佔用的工作量是比較大的，在一個演算法系統中，ETL 資料處理也是必需的。

1. 全量處理資料

全量處理資料在資料倉儲初始化時需要，如果你的原始資料儲存在 MySQL 關聯式資料庫中，用 Sqoop 工具可以分散式一次性地匯入 Hadoop 平台。

除了初始化，在資料處理轉換的時候有時也需要全量處理資料。舉個例子，我們做協作過濾推薦的時候，例如做一個看了又看推薦清單，輸入資料需要使用者 id 和課程 id 兩列資料，我們怎樣來準備資料呢？我們使用 Mahout 的

itembase 演算法來做。使用者 id 和項目 id 是以 \t 來分割的。Hive 指令稿程式
如下：

```
# 全量匯入連結表 SQL 結果到新表
create EXTERNAL table IF NOT EXISTS ods_kc_fact_etlclicklog(userid string,kcid
string)
ROW FORMAT DELIMITED FIELDS
TERMINATED BY '\t'
stored as textfile
location '/ods/kc/fact/ods_kc_fact_etlclicklog/';
# 用 insert overwrite 來做全量處理，只提取在賣的課程，這樣推薦出來的也能保證課程狀態是可賣的
insert overwrite table chongdianleme.ods_kc_fact_etlclicklog select a.userid,a.
kcid,a.time from chongdianleme.ods_kc_fact_clicklog a join chongdianleme.ods_kc_
dim_product b on a.kcid=b.kcid where b.issale=1;
```

2. 增量處理資料

一種情況是定時同步資料，例如每天夜間根據日期從業務端 MySQL 同步資料
到 Hadoop Hive 倉庫。

同步表類型有：

(1) 按創建時間增量同步到 Hive 的分區表；

(2) 按修改時間增加同步到 Hive 臨時表，然後再對之前的表做 reparation 分區
更新；

(3) 沒有時間的全量同步一個快照表。一個是在資料倉儲初始化時需要，如果
你的原始資料存在 MySQL 關聯式資料庫，用 Sqoop 工具可以分散式的一次性
的匯入 Hadoop 平台。

另一種情況可以透過 insert table 根據日期來增量插入新資料，不重新定義資
料。例如參考 SQL 指令稿，程式如下：

```
insert table chongdianleme.ods_kc_fact_etlclicklog select a.userid,a.kcid,a.time
from chongdianleme.ods_kc_fact_clicklog a join chongdianleme.ods_kc_dim_product
b on a.kcid=b.kcid where b.issale=1 and a.time>='2020-01-16' and  and
a.time<'2020-01-17';
```

3. 程式化寫程式處理資料

上面的資料處理是透過 Sqoop 工具寫指令稿處理、Hive SQL 處理。在很多情
況下用這種方式能夠完成任務，但是有些複雜的處理邏輯用指令稿不太容易
實現，這時候就需要自己開發程式。可以使用 Spark+Scala 語言的方式，也可

以用 Python 來處理，根據你自己擅長的開發語言來處理，但建議用分散式框架，因為資料都是在 Hadoop 分散式檔案系統上，單機程式處理的能力有限，所以建議使用 Spark 框架來處理，Spark 同時支援多種語言，如 Scala、Java、Python 和 R 等。

8.1.4 協作過濾使用者行為採擷

協作過濾作為經典的推薦演算法之一，在電子商務推薦系統中扮演著非常重要的角色，例如經典的推薦看了又看、買了又買、看了又買、購買此商品的使用者還相同購買等都是使用了協作過濾演算法。尤其當你的網站累積了大量的使用者行為資料時，以協作過濾為基礎的演算法從實戰經驗上比較其他演算法效果是最好的。以協作過濾為基礎在電子商務網站上用到的使用者行為有使用者瀏覽商品行為、加入購物車行為和購買行為等，這些行為是最為寶貴的資料資源。例如用瀏覽行為來做的協作過濾推薦結果叫看了又看，全稱是看過此商品的使用者還看了哪些商品。用購買行為來計算的叫買了又買，全稱叫買過此商品的使用者還買了。如果同時用瀏覽記錄和購買記錄來算，並且瀏覽記錄在前，購買記錄在後，叫看了又買，全稱是看過此商品的使用者最終購買。如果是購買記錄在前，瀏覽記錄在後，叫買了又看，全稱叫買過此商品的使用者還看了。在電子商務網站中，這幾個是經典的協作過濾演算法的應用。下面詳細來說明。

1. 協作過濾原理與介紹

1) 什麼是協作過濾

協作過濾是利用集體智慧的典型方法。要了解什麼是協作過濾，首先想一個簡單的問題，如果你現在想看部電影，但你不知道具體看哪部，你會怎麼做？大部分的人會問問周圍的朋友，看看最近有什麼好看的電影推薦，而我們一般更傾向於從口味比較類似的朋友那裡得到推薦，這就是協作過濾的核心思想。

換句話說，就是借鏡和你相關人群的觀點來進行推薦，這很好了解。

2) 協作過濾的實現

要實現協作過濾的推薦演算法，要進行以下 3 個步驟：收集資料—找到相似使用者和物品—進行推薦。

3) 收集資料

這裡的資料指的是使用者的歷史行為資料，例如使用者的購買歷史、關注、收藏行為或發表了某些評論，以及給某個物品打了多少分等，這些都可以用來作為資料供推薦演算法使用，服務於推薦演算法。需要特別指出的是不同的資料準確性不同，粒度也不同，在使用時需要考慮到雜訊所帶來的影響。

4) 找到相似使用者和物品

這一步也很簡單，其實就是計算使用者間及物品間的相似度。以下是幾種計算相似度的方法：歐幾里德距離、Cosine 相似度、Tanimoto 係數、TFIDF 和對數似然估計等。

5) 進行推薦

在知道了如何計算相似度後，就可以進行推薦了。在協作過濾中，有兩種主流方法：以使用者為基礎的協作過濾和以物品為基礎的協作過濾。以使用者為基礎的 CF 的基本思想相當簡單，以使用者為基礎對物品的偏好找到相鄰鄰居使用者，然後將鄰居使用者喜歡的物品推薦給當前使用者。在計算上，就是將一個使用者對所有物品的偏好作為一個向量來計算使用者之間的相似度，找到 K 鄰居後，根據鄰居的相似度權重及他們對物品的偏好，預測當前使用者沒有偏好的未涉及物品，計算得到一個排序的物品列表作為推薦。下面列出了一個例子，對於使用者 A，根據使用者的歷史偏好，這裡只計算得到一個鄰居使用者 C，然後將使用者 C 喜歡的物品 D 推薦給使用者 A。

以物品為基礎的 CF 的原理和以使用者為基礎的 CF 類似，只是在計算鄰居時採用物品本身，而非從使用者的角度來計算，即以使用者為基礎對物品的偏好找到相似的物品，然後根據使用者的歷史偏好，推薦相似的物品給他。從計算的角度看，就是將所有使用者對某個物品的偏好作為一個向量來計算物品之間的相似度，得到物品的相似物品後，根據使用者歷史的偏好預測當前使用者還沒有表示偏好的物品，計算得到一個排序的物品列表作為推薦。對於物品 A，根據所有使用者的歷史偏好，喜歡物品 A 的使用者都喜歡物品 C，得出物品 A 和物品 C 比較相似，而使用者 C 喜歡物品 A，那麼可以推斷出使用者 C 可能也喜歡物品 C。

6) 計算複雜度

Item CF 和 User CF 是以協作過濾推薦為基礎的兩個最基本的演算法，User CF

在很早以前就被提出來了，Item CF 是從 Amazon 的論文和專利發表之後 (2001 年左右) 開始流行的，大家都覺得 Item CF 從性能和複雜度上比 User CF 更優，其中的主要原因就是對於一個線上網站，使用者的數量往往大大超過物品的數量，同時物品的資料相對穩定，因此計算物品的相似度不但計算量較小，同時也不必頻繁更新，但我們往往忽略了這種情況只適應於提供商品的電子商務網站，而對於新聞、網誌或微內容的推薦系統，情況往往是相反的，物品的數量是巨量的，同時也是更新頻繁的，所以單從複雜度的角度，這兩個演算法在不同的系統中各有優勢，推薦引擎的設計者需要根據自己應用的特點選擇更加合適的演算法。

7) 適用場景

在 item 相對少且比較穩定的情況下，使用 Item CF，在 item 資料量大且變化頻繁的情況下，使用 User CF。

2. 類似看了又看、買了又買的單一資料來源協作過濾

在這裡介紹兩種實現方式，一個是以 Mahout 分散式採擷平台為基礎來實現；另一個用 Spark 的 ALS 交替最小平方法來實現。我們先看一看 Mahout 的分散式實現。

我們選擇以布林型為基礎的實現，例如買了又買，使用者或買了這個商品，或沒有買，只有這兩種情況。沒有使用者對某個商品喜好程度的評分。這樣的訓練資料的格式只有兩列，使用者 ID 和商品 ID，中間以 \t 分割。運行指令稿程式如下：

```
/home/hadoop/bin/hadoop jar /home/hadoop/mahout-distribution/mahout-core-job.jar
org.apache.mahout.cf.taste.hadoop.similarity.item.ItemSimilarityJob -Dmapred.
input.dir=/ods/fact/recom/log -Dmapred.output.dir=/mid/fact/recom/out
--similarityClassname SIMILARITY_LOGLIKELIHOOD --tempDir /temp/fact/recom/
outtemp  --booleanData true --maxSimilaritiesPerItem 36
```

ItemSimilarityJob 常用參數詳解。

-Dmapred.input.dir/ods/fact/recom/log：輸入路徑

-Dmapred.output.dir=/mid/fact/recom/out：輸出路徑

--similarityClassname SIMILARITY_LOGLIKELIHOOD：計算相似度用的函數，這裡是對數似然估計

CosineSimilarity：餘弦距離

CityBlockSimilarity：曼哈頓相似度

CooccurrenceCountSimilarity：共生矩陣相似度

LoglikelihoodSimilarity：對數似然相似度

TanimotoCoefficientSimilarity：谷本係數相似度

EuclideanDistanceSimilarity：歐氏距離相似度

--tempDir /user/hadoop/recom/recmoutput/papmahouttemp：臨時輸出目錄

--booleanData true：是否是布林型的資料

--maxSimilaritiesPerItem 36：針對每個 item 推薦多少個 item

輸入資料的格式，第一列 userid，第二列 itemid，第三列可有可無，是評分，如果沒有的話預設評分為 1.0 分，布林型的資料只有 userid 和 itemid：

12049056	189887
18945802	195142
17244856	199482
17244856	195137
17244856	195144
17214244	195126
17214244	195136
12355890	189887
13006258	195137
16947936	200375
13006258	200376

輸出檔案內容格式，第一列 itemid，第二列是根據 itemid 推薦出來的 itemid，第三列是 item-item 的相似度值：

195368	195386	0.9459389382339948
195368	195410	0.9441653614997947

195372	195418	0.9859069433977395
195381	195391	0.9435764760714196
195382	195408	0.9435604861919415
195385	195399	0.9709127607436737
195388	195390	0.9686122649284619

ItemSimilarityJob 使用心得：

1) 每次計算完成後，在再次計算時必須要手動刪除輸出目錄和臨時目錄，這樣太麻煩。於是對其原始程式做簡單改動，增加 delOutPutPath 參數，設定為 true，這樣每次運行會自動刪除輸出和臨時目錄。方便了不少。

2) Reduce 數量只能是 Hadoop 叢集預設值。Reduce 數量對計算時間影響很大。為了提高性能，縮短計算時間，增加 numReduceTasks 參數，一個多億的資料一個 Reduce 需要大約半小時，12 個 Reduce 只需要 19 分鐘，測試叢集是在 3~5 台叢集的情況下。

3) 業務部門有這樣的需求，例如看了又看，買了又買要加百分比，對於這樣的需求 Mahout 協作過濾實現不了，這是由 Mahout 本身計算 item-item 相似度方法所致。另外它只能對單一資料來源進行分析，例如看了又看只分析瀏覽記錄，買了又買只分析購買記錄。如果同時對瀏覽記錄和購買記錄作連結分析，例如看了又買，這個只能自己來開發 MapReduce 程式了。下面就講講如何實現跨資料來源支援時間窗控制的協作過濾演算法。

3. 類似看了又買的跨資料來源的支援時間窗控制的協作過濾演算法

首先說一下什麼叫跨資料來源，簡單來說就是同時支援在瀏覽商品行為和購買行為兩個資料來源上連結分析。連結用什麼連結？是用使用者 ID 嗎？不單純是。一個連結是這個使用者 ID 得瀏覽過，也購買過一些商品。如果這個使用者只看過，沒有購買過，那這個使用者的資料就是無效資料，沒有任何意義；另一個連結就是和其他使用者看過的商品有交集，不同的使用者都看過同一個商品才有意義，看過同一個商品的大多數使用者都買了哪些商品，買的最多的那個商品就和看過同一個的那個商品最相關，這也是看了又買的核心思想。另外在細節上還是可以再最佳化的。例如控制購買商品的時間必須要發生在瀏覽之後，再精細點就是控制時間差，例如和瀏覽時間相差 3 個月之內等。

要實現這個演算法目前沒有開放原始碼的版本，Mahout 也僅支援單一資料來源，做不了看了又買。這需要我們自己寫程式實現，下面是以 Hadoop 為基礎的 MapReduce 實現的演算法想法，一共是用 4 個 MapReduce 來實現。

1) 第一個 MapReduce 任務——ItemJob

Map 的 Setup 函數：從當前 Context 物件中獲取使用者 id、項目 id 和請求時間 3 列的索引位置，在右資料來源中要過濾文章 itemid 集合，都快取到靜態變數中。

Map：透過 userid 列的首字元是 "l" 還是 "r" 來判斷是左資料來源還是右資料來源，解析資料後以 userid 作為 key，左資料來源 "l"+itemid+ 請求時間作為 value，右資料來源 "r"+itemid+userid+ 請求時間作為 value，這些 value 作為 item 的輸出向量會以 userid 為 key 進入 Reduce。

Reduce 的 setup 函數：從當前 Context 物件中獲取右表請求時間發生在左資料來源請求時間的前後時間範圍，都快取到靜態變數中。

Reduce：key 從這裡以後就沒用了。只需解析 itemid 的向量集合，接下來透過兩個 for 循環遍歷 item 向量集合中的左資料來源 itemid 和右資料來源 itemid，計算符合時間範圍約束的項目，以左資料來源 itemid 作為 key，右資料來源 itemid+userid 為 value 輸出到 HDFS。順便對有效 userid 進行 getCounter 計數，得到整體使用者數，為以後的 TFIDF 相似度修正做資料準備 context.getCounter(Counters.USERS).increment(1)。

2) 第二個 MapReduce 任務——LeftItemSupportJob，計算左資料來源 item 的支援度

以第一個任務的輸出作為輸入。Map：key 值為左資料來源，itemid 沒有用。值解析 value 得到右資料來源 itemid，然後以它作為 key，整數 1 作為計數的 value 為輸出。

Combiner/Reduce：很簡單，就是累加計算 itemid 的個數，以 itemid 為 key，個數也就是支援度為 value，輸出到分散式檔案系統的臨時目錄上。

3) 第三個 MapReduce 任務——RightItemSupportJob，計算右表 item 的支援度

以第一個任務的輸出作為輸入。Map：key 值為左資料來源，itemid 沒有用。值解析 value 得到右表 itemid，然後以它作為 key，整數 1 作為計數的 value 為輸出。

Combiner/Reduce：很簡單，就是累加計算 itemid 的個數，以 itemid 為 key，個數也就是支援度為 value，輸出到分散式檔案系統的臨時目錄上。

4) 第四個 MapReduce 任務——ItemRatioJob，計算左資料來源 item 和右表 item 的相似度

以第一個任務的輸出作為輸入。這個是最關鍵的一步。

Map：解析第一個任務的輸入，以左資料來源 itemid 為 key，右資料來源 itemid+userid 作為 value。

Reduce 的 setup 函數：從當前 Context 物件獲取針對每個 item 推薦的最大推薦個數、最小支援度和使用者總數，從第二個任務所輸出的臨時目錄中讀取每個右資料來源 itemid 的支援度放到 HashMap 靜態變數中。

Reduce：

(1) 計算看過此左資料來源 id 併購買的使用者數。

(2) 計算看過此左資料來源 id，每個文章被購買的使用者數。

(3) 檢查是否滿足最小支援度要求。

(4) 計算相似度 (百分比 TF)。

(5) 計算 IDF：Math.log(使用者總數 /(double)(右表推薦文章 itemid 的支援度 +1))+1.0。

(6) 計算相似度 TFIDF、CosineSimilarity（餘弦距離）、CityBlockSimilarity（曼哈頓相似度）、CooccurrenceCountSimilarity（共生矩陣相似度）、LoglikelihoodSimilarity（對數似然相似度）、TanimotoCoefficientSimilarity（谷本係數相似度）、EuclideanDistanceSimilarity（歐氏距離相似度），當然我們選擇一個相似度就行，推薦使用 TFIDF，在實踐中所做過的 AB 測試效果是最好的，並且它用在對稱矩陣和非對稱矩陣上都有很好的效果。尤其適合跨資料來源場景，因為瀏覽和購買肯定是不對稱的。如果是做看了又看等單一資料來源，此資料肯定是對稱的，在對稱矩陣的情況下用 LoglikelihoodSimilarity 對數似然相似度效果是最好的。相似度算好後，就是降冪排序，提取前 N 個相關度最高的商品 ID，也就是 itemid，作為推薦結果並輸出到 HDFS 上，可以對輸出目錄建一個 Hive 外部表，這樣查看和分析推薦結果就非常方便了。

Mahout 裡面並沒有 TFIDF 相似度的實現，但可以修改它的原始程式而加上此演算法。另外 TFIDF 一般用在自然語言處理文字採擷上，但為什麼在以使用者行為為基礎的協作過濾演算法上同樣奏效呢？可以這樣了解，TFIDF 是一種思想，思想是相同的，只是應用場景不同而已。不過最原始的 TFIDF 還是在處理自然語言時提出的，開始主要用在文字上。下面我們大概講一下什麼是 TFIDF，然後引出在協作過濾中怎樣去了解它。

4. TFIDF 演算法

TFIDF(Term Frequency Inverse Document Frequency) 是一種用於資訊檢索與文字採擷的常用加權技術。TFIDF 是一種統計方法，用以評估一字詞對於一個檔案集或一個語料庫中的其中一份檔案的重要程度。字詞的重要性隨著它在檔案中出現的次數呈正比增加，但同時會隨著它在語料庫中出現的頻率呈反比下降。TFIDF 加權的各種形式常被搜尋引擎應用，作為檔案與使用者查詢之間相關程度的度量或評級。除了 TFIDF 以外，網際網路上的搜尋引擎還會使用以連接分析為基礎的評級方法，以確定檔案在搜尋結果中出現的順序。

在一份指定的檔案裡，詞頻 (Term Frequency，TF) 指的是某一個指定的詞語在該檔案中出現的次數。這個數字通常會被正規化，以防止它偏向長的檔案。同一個詞語在長檔案裡可能會比在短文件裡有更高的詞頻，而不管該詞語重要與否。

逆向檔案頻率 (Inverse Document Frequency，IDF) 是一個詞語普遍重要性的度量。某一特定詞語的 IDF，可以由總檔案數目除以包含該詞語之檔案的數目，再將得到的商取對數而得到。

某一特定檔案內的高詞語頻率，以及該詞語在整個檔案集合中的低階案頻率，可以產生出高權重的 TFIDF。因此，TFIDF 傾向於過濾常見的詞語，保留重要的詞語。

那麼在電子商務裡的協作過濾它指的是什麼呢？ TF 就是原始相似度的值及購買某個商品的佔比，docFreq 文件頻率就是每個商品的支援度，numDocs 整體文件數就是整體使用者數，程式如下：

```
public static double calculate(float tf, int df, int numDocs) {
return tf(tf) * idf(df, numDocs);
}
```

```
public static float idf(int docFreq, int numDocs) {
return (float) (Math.log(numDocs / (double) (docFreq + 1)) + 1.0);
}
public static float tf(float freq) {
return (float) Math.sqrt(freq);
}
```

5. 猜你喜歡——為使用者推薦商品

上面講的看了又看、買了又買、看了又買是根據商品來推薦商品，是商品之間的相關性。在電子商務網站上有的推薦位是猜你喜歡，是根據使用者 ID 來推薦商品集合，這時候可以用 Mahout 裡面的 RecommenderJob 類別，它可以直接計算出為每個使用者推薦喜歡的商品集合，也是分散式的實現，指令稿程式如下：

```
hadoop jar $MAHOUT_HOME/mahout-examples-job.jar org.apache.mahout.cf.taste.
hadoop.item.RecommenderJob -Dmapred.input.dir=input/input.txt -Dmapred.output.
dir=output --similarityClassname SIMILARITY_LOGLIKELIHOOD --tempDir tempout
--booleanData true
```

RecommenderJob 的 user-item 原理的大概步驟如下：

(1) 計算項目 id 和項目 id 之間的相似度的共生矩陣。

(2) 計算使用者喜好向量。

(3) 計算相似矩陣和使用者喜好向量的乘積，進而向使用者推薦。

對原始程式實現部分，RecommenderJob 實現的前面步驟就是用的上面以物品為基礎來推薦物品的類別 ItemSimilarityJob，只是後面的步驟多了為使用者推薦物品的步驟，整個過程我們在講 Mahout 分散式機器學習平台的時候已經講過了，這裡不再重複。這種方式的弊端是每天晚上離線批次為所有使用者計算一次推薦的商品，白天一整天的推薦結果不會變化，這對使用者來說缺少了新鮮感，後面我們講人物誌的時候會講到如何換一種推薦方式來解決使用者新鮮感的問題。

上面講的是協作過濾演算法，分別講了在電子商務中看了又看、買了又買、看了又買的相關實現，以及猜你喜歡為使用者推薦商品集合。協作過濾可以認為是推薦系統的核心演算法，但不是全部。當在網站剛上線或上線後由於缺乏巨量資料思維而忘了記錄這些寶貴的使用者行為時，此時發揮作用最大的推薦就是以 ContentBase 為基礎的文字採擷演算法。下面我們就重點來講 ContentBase 文字採擷。

8.1.5 ContentBase 文字採擷演算法

ContentBase 指的是以內容、文字為基礎的採擷演算法，有簡單的以內容屬性為基礎的匹配，也有複雜自然語言處理演算法，下面分別說明一下。

1. 簡單的內容屬性匹配

例如我們按上面協作過濾的想法計算的看了又看推薦清單，根據一個商品來推薦相關或相似的商品，我們也可以用簡單的內容屬性匹配的方式來推薦商品。這裡提出一種簡單的實現想法。

把商品資訊表都存到 MySQL 表 product 裡，欄位有這麼幾個：

商品編號：62216878

商品名稱：秋季女裝連衣裙 2019 新款

分類：連衣裙

商品編號：895665218

商品毛重：500.00g

商品產地：中國

貨號：LZ1869986

腰型：高腰

廓形：A 型

風格：優雅，性感，韓版，百搭，通勤

圖案：碎花，其他

領型：圓領

流行元素：立體剪裁，印花

組合形式：兩件套

面料：其他

材質：聚酯纖維

衣門襟：套頭

適用年齡：25~29 周歲

袖型：正常袖

裙長：中長裙

裙型：A 字裙

袖長：短袖

上市時間：2019 年夏季

我們找商品的相似商品的時候，寫個簡單的 SQL 敘述就可以了，程式如下：

```
select 商品編號 from product where 腰型 ='高腰' and 領型 ='圓領' and 材質 ='聚酯纖維'
and 分類 ='連衣裙' limit 36;
```

這就是最簡單的根據內容屬性的硬性匹配，也屬於 ContentBase 的範圍，只是沒用上高大上的演算法而已。

2. 複雜一點的 ContentBase 演算法：以全文檢索搜尋引擎為基礎

我們對商品名稱做中文分詞，分詞後拆分成幾個詞，在上面的 SQL 敘述上加上模糊條件，程式如下：

```
SELECT 商品編號 FROM product WHERE 腰型 ='高腰' AND 領型 ='圓領' AND 材質 ='聚酯纖維'
AND 分類 ='連衣裙' AND ( 商品名稱 LIKE '%秋季%' OR 商品名稱 LIKE '%女裝%' OR 商品名稱
LIKE '%連衣裙%' OR 商品名稱 LIKE '%新款%') LIMIT 36;
```

加上這些條件會比之前更精準一些，但是商品名稱模糊查詢命中的那些商品的順序是沒有規則的，也就是說是隨機的。應該是商品名稱裡包含秋季、女裝、連衣裙、新款這幾個詞最多的那些商品排在前面，優先推薦才對。這時候用 MySQL 無法實現，對於這種情況就可以使用搜尋引擎來解決了。

我們將商品資訊表的資料都存到 Solr 或 ES 的搜索索引裡，然後用上面例子中的商品名稱作為一個 Query 大關鍵字直接從索引裡面做模糊搜索就可以了。搜尋引擎會算一個評分，分詞後命中多的文件會排在前面。

這是以簡單為基礎的搜索場景，比用 MySQL 強大了很多。那麼現在有一個問題，對於商品名稱比較短，作為一個關鍵字去搜索是可以的，但是如果是一篇閱讀類的文章，要去找內容相似的文章話，就不可能把整個文章的內容作為關鍵字去搜索，因為內容太長了。文章內容有幾千字很正常，這個時候就需要對文章的內容做核心的、有代表性的關鍵字提取,提取幾個最重要關鍵字以空格拼接起來,再去當一個 Query 大關鍵字搜索就可以了。下面來講解提取關鍵字的演算法。

3. 關鍵字提取演算法

提取關鍵字也有很多種實現方式,TextRank、LDA 聚類、K-means 聚類等都可以實現。我們根據實際情況選擇一種方式就可以。

1) 以 TextRank 演算法為基礎提取文章關鍵字

以 TextRank 演算法為基礎提取文章關鍵字用 Solr 搜尋引擎計算文章 -to- 文章相似推薦清單 D,TextRank 演算法以 PageRank 為基礎。

將原文字拆分為句子,在每個句子中過濾停用詞 (可選),並只保留指定詞性的單字 (可選)。由此可以得到句子的集合和單字的集合。

每個單字作為 PageRank 中的節點。設定視窗大小為 k,假設一個句子依次由下面的單字組成:

$W_1, W_2, W_3, W_4, W_5, \cdots, W_n$

$W_1, W_2, \cdots, W_k$、$W_2, W_3, \cdots, W_{k+1}$、$W_3, W_4, \cdots, W_{k+2}$ 等都是一個視窗。在一個視窗中的任意兩個單字對應的節點之間存在一個無向無權的邊。

以上面單字組成為基礎,可以計算出每個單字節點的重要性。最重要的許多單字可以作為關鍵字。

TextRank 的程式實現給大家推薦一個開放原始分碼詞工具,就是 HanLP。HanLP 是由一系列模型與演算法組成的工具套件,目標是普及自然語言處理在生產環境中的應用。HanLP 具備功能完善、性能高效、架構清晰、語料時新和可自訂的特點。其提供詞法分析 (中文分詞、詞性標注、命名實體辨識)、句法分析、文字分類和情感分析等功能。HanLP 已經被廣泛用於 Lucene、Solr、ElasticSearch、Hadoop、Android、Resin 等平台,有大量開放原始碼作者開發各種外掛程式與拓展,並且被包裝或移植到 Python、C#、R 和 JavaScript 等語言上去。

HanLP 已經實現了以 TextRank 為基礎的關鍵字提取演算法,效果非常不錯。我們直接呼叫它的 API 就行了。程式如下:

```
String content =" 程式設計師 ( 英文 Programmer) 是從事程式開發、維護的專業人員。一般將程式
設計師分為程式設計人員和程式開發人員，但兩者的界限並不非常清楚，特別是在中國大陸。軟體從業人
員分為初級程式設計師、進階程式設計師、系統分析員和專案經理四大類。";
List<String> keywordList = HanLP.extractKeyword(content, 5);
System.out.println(keywordList);
```

關鍵字提取和文字自動摘要演算法一樣，HanLP 也提供了對應的實現，程式
如下：

```
String document=" 演算法可大致分為基本演算法、資料結構的演算法、數論演算法、計算幾何的演算
法、圖的演算法、動態規劃及數值分析、加密演算法、排序演算法、檢索演算法、隨機化演算法、平行算法、
厄米變形模型、隨機森林演算法。\n"+
    " 演算法可以寬泛地分為三類，\n"+
    " 一、有限的確定性演算法，這類演算法在有限的一段時間內終止。它們可能要花很長時間來執行指
定的任務，但仍將在一定的時間內終止。這類演算法得出的結果常取決於輸入值。\n"+
    " 二、有限的非確定演算法，這類演算法在有限的時間內終止。然而，對於一個（或一些）指定的
數值，演算法的結果並不是唯一的或確定的。\n"+
    " 三、無限的演算法，是那些由於沒有定義終止定義條件，或定義的條件無法由輸入的資料滿足而不
終止運行的演算法。一般來說無限演算法的產生是由於未能確定的定義終止條件。";
List<String> sentenceList = HanLP.extractSummary(document, 3);
System.out.println(sentenceList);
```

2) 以 LDA 演算法為基礎提取文章關鍵字

以 LDA 演算法為基礎提取文章關鍵字用 Solr 搜尋引擎計算文章 -to- 文章相似
推薦清單。

LDA 是一種文件主題生成模型，也稱為一個 3 層貝氏機率模型，包含詞、主
題和文件 3 層結構。所謂生成模型，就是說，我們認為一篇文章的每個詞都
是透過「以一定機率選擇了某個主題，並從這個主題中以一定機率選擇某個詞
語」這樣一個過程得到。文件到主題服從多項式分佈，主題到詞服從多項式分
佈。

LDA 是一種非監督機器學習技術，可以用來辨識大規模文件集或語料庫中潛
藏的主題資訊。它採用了詞袋的方法，這種方法將每一篇文件視為一個詞頻向
量，從而將文字資訊轉化為易於建模的數字資訊，但是詞袋方法沒有考慮詞與
詞之間的順序，這簡化了問題的複雜性，同時也為模型的改進提供了契機。每
一篇文件代表了一些主題所組成的機率分佈，而每一個主題又代表了很多單字
所組成的機率分佈。

3) K-means 聚類提取關鍵字

K 平均值聚類演算法是一種疊代求解的聚類分析演算法，其步驟是隨機選取 K

個物件作為初始的聚類中心，然後計算每個物件與各個子聚類中心之間的距離，把每個物件分配給距離它最近的聚類中心。聚類中心及分配給它們的物件就代表一個聚類。每分配一個樣本，聚類的聚類中心會根據聚類中現有的物件被重新計算。這個過程將不斷重複直到滿足某個終止條件。終止條件可以是沒有 (或最小數目) 物件被重新分配給不同的聚類，沒有 (或最小數目) 聚類中心再發生變化，誤差平方和局部最小。

提取關鍵字後，後面無非還是用的相關性搜索，但有些場景簡單的相關性搜索不滿足我們的需求，我們需要更複雜的搜索演算法。這個時候我們就需要自訂排序函數了。Solr 和 ES 都支援自定排序外掛程式開發。

4) 自訂排序函數

此函數不管標題和內容的相似，更多的是對文字的比較，常見的有餘弦相似度、字串編輯距離等，設計到語義的還有語義相似度，當然實際場景例如電子商務的商品還會考慮到商品銷量、上架時間等多種因素，這種情況是自訂的綜合排序。

(1) 餘弦相似度計算文章相似推薦清單

餘弦相似度，又稱為餘弦相似性，透過計算兩個向量的夾角餘弦值來評估它們的相似度。將向量根據座標值繪製到向量空間中，如最常見的二維空間。然後求得它們的夾角，並得出夾角對應的餘弦值，此餘弦值就可以用來表徵這兩個向量的相似性。夾角越小，餘弦值越接近於 1，它們的方向更加吻合，則越相似。

(2) 字串編輯距離演算法計算文章相似推薦清單

編輯距離，又稱 Levenshtein 距離，是指兩個字串之間，由一個轉成另一個所需的最少編輯操作次數。許可的編輯操作包括將一個字元替換成另一個字元、插入一個字元和刪除一個字元。

(3) 語義相似度

詞語相似度計算在自然語言處理、智慧檢索、文字聚類、文字分類、自動回應、詞義排歧和機器翻譯等領域都有廣泛的應用，它是自然語言的基礎研究課題，正在被越來越多的研究人員所關注。

我們使用的詞語相似度演算法是以同義字詞林為基礎。根據同義字詞林的編排及語義特點計算兩個詞語之間的相似度。

同義字詞林按照樹狀的層次結構把所有收錄的詞條組織到一起，把詞彙分成大、中、小 3 類，大類有 12 個，中類有 97 個，小類有 1400 個。每個小類裡都有很多的詞，這些詞又根據詞義的遠近和相關性被分成了許多個詞群 (段落)。每個段落中的詞語又進一步被分成了許多個行，同一行的詞語不是詞義相同 (有的詞義十分接近)，就是詞義有很強的相關性。舉例來說，「大豆！」「毛豆！」和「黃豆！」在同一行；「番茄！」和「番茄！」在同一行；「大家！」「大夥兒！」「大傢伙兒！」在同一行。

同義字詞林詞典分類採用層級系統，具備 5 層結構，隨著等級的遞增，詞義刻畫越來越細，到了第 5 層後，每個分類裡詞語數量已經不大，很多分類量只有一個詞語，已經不可再分，可以稱為原子詞群、原子類或原子節點。不同等級的分類結果可以為自然語言處理提供不同的服務，例如第 4 層的分類和第 5 層的分類在資訊檢索、文字分類和自動問答等研究領域得到應用。研究證明，對詞義進行有效擴充，或對關鍵字做同義字替換可以明顯改善資訊檢索、文字分類和自動問答系統的性能。

以同義字詞林作為語義相似的基礎，判斷兩段文字的語義相似度比較簡單的方式可以對內容使用 TextRank 演算法提取核心關鍵字，然後分別計算關鍵字和關鍵字的語義相似度，再按加權平均值法得到整體相似度分值。

5) 綜合排序

其實在電子商務或其他網站都會有一個綜合排序、相關度排序和價格排序等。綜合排序是最複雜的，融合了很多種演算法和因素，例如銷量、新品和人物誌個性化相關的因素等，算出一個整體評分，而人物誌可以單獨成為一個子系統，下面我們就講解一下。

8.1.6　人物誌興趣標籤提取演算法 [50, 51]

人物誌身為勾畫目標使用者、聯繫使用者訴求與設計方向的有效工具在各領域獲得了廣泛的應用。人物誌最初是在電子商務領域得到應用的，在巨量資料時代背景下，使用者資訊充斥在網路中，將使用者的每個具體資訊抽象成標籤，利用這些標籤將使用者形象具體化，從而提供給使用者有針對性的服務。

1. 什麼是人物誌

人物誌又稱使用者角色，身為勾畫目標使用者、聯繫使用者訴求與設計方向的有效工具在各領域獲得了廣泛的應用。我們在實際操作過程中往往會以最為淺顯和接近生活的話語將使用者的屬性、行為與期待結合起來。作為實際使用者的虛擬代表，人物誌所形成的使用者角色並不是脫離產品和市場所建構出來的，其所形成的使用者角色需要有代表性並能代表產品的主要受眾和目標群眾。

2. 人物誌的八要素

做產品應該怎麼做人物誌？人物誌是真實使用者的虛擬代表，首先它是以真實使用者資料為基礎的，它不是一個具體的人，另外根據目標行為的差異它被區分為不同類型，並被迅速組織在一起，然後把新得出的類型提煉出來，形成一個類型的人物誌。一個產品大概需要 4~8 種類型的人物誌。

人物誌的 PERSONAL 八要素：

1) P 代表基本性 (Primary)
指該使用者角色是否以對真實使用者的情景訪談為基礎。

2) E 代表同理性 (Empathy)
指使用者角色中包含姓名、照片和產品相關的描述，該使用者角色是否同理性。

3) R 代表真實性 (Realistic)
指對那些每天與顧客打交道的人來說，使用者角色是否看起來像真實人物。

4) S 代表獨特性 (Singular)
每個使用者是否是獨特的，彼此很少有相似性。

5) O 代表目標性 (Objectives)
該使用者角色是否包含與產品相關的高層次目標，是否包含關鍵字來描述該目標。

6) N 代表數量性 (Number)
使用者角色的數量是否足夠少，以便設計團隊能記住每個使用者角色的姓名，以及其中的主要使用者角色。

7) A 代表應用性 (Applicable)

設計團隊是否能使用使用者角色身為工具程式進行設計決策。

8) L 代表長久性 (Long)

使用者標籤的長久性。

3. 人物誌的優點

人物誌可以使產品的服務物件更加聚焦，更加專注。在產業裡，我們經常看到這種現象：做一個產品，期望目標使用者能涵蓋所有人，男人女人、老人小孩、專家新手……通常這樣的產品會走向消毀，因為每一個產品都是為特定目標群而服務的，當目標群的基數越大，這個標準就越低。換言之，如果這個產品是適合每一個人的，那麼其實它是為最低標準服務的，這樣的產品不是毫無特色，就是過於簡陋。

縱覽成功的產品案例，它們服務的目標使用者通常都非常清晰，特徵明顯，表現在產品上就是專注、極致，能解決核心問題。例如蘋果公司的產品，一直都為有態度、追求品質、特立獨行的人群服務，贏得了很好的使用者口碑及市佔率。又例如豆瓣社區網站，專注文藝事業十多年，只為文藝青年服務，使用者黏著度非常高，文藝青年在這裡能找到知音，找到歸宿，所以給特定群眾提供專注服務，遠比給廣泛人群提供低標準的服務更容易成功。其次，人物誌可以在一定程度上避免產品設計人員草率地代表使用者。代替使用者發聲是在產品設計中常出現的現象，產品設計人員經常不自覺地認為使用者的期望跟他們是一致的，並且還總打著 " 為使用者服務 " 的旗號，這樣的後果往往是：我們精心設計的服務，使用者並不買帳，甚至覺得很糟糕。

Google Buzz 在問世之前，曾做過近兩萬人的使用者測試，可這些人都是 Google 自家的員工，測試中他們對於 Buzz 的很多功能都表示肯定，使用起來也非常流暢，但當產品真正推出之後，卻意外收到巨量來自實際使用者的抱怨，所以我們需要正確地使用人物誌，小心地找準自己的立足點和發力方向，真正從使用者角度出發，剖析核心訴求，篩除產品設計團隊自以為是、並扣以 " 使用者 " 的偽需求。

最後，人物誌還可以提高決策效率。在現在的產品設計流程中，各個環節的參與者非常多，分歧總是不可避免，決策效率無疑影響著專案的進度，而人物誌是來自對目標使用者的研究，當所有參與產品的人都以一致為基礎的使用者進行討論和決策時就很容易約束各方並使各方保持在同一個大方向上，提高決策的效率。

4. 人物誌在推薦系統中的應用

和人物誌對應的概念是商品畫像，簡單來講，商品畫像刻畫商品的屬性。一般來說，商品畫像比人物誌要簡單一些。例如上面的例子，商品資訊表就可以看作一個最簡單的商品畫像，有各商品的各自欄位屬性。在推薦系統中，經典推薦場景就是 " 猜你喜歡 " 推薦模組，在每個網站基本上能看到它的身影。猜你喜歡和看了又看、買了又買、看了又買不同，它是根據使用者的喜好來推薦商品，而非根據商品來推薦相似的商品。怎麼來做呢？舉個例子，例如使用者喜歡腰型 =' 高腰 ' and 領型 =' 圓領 ' and 材質 =' 聚酯纖維 ' 的衣服，那麼就從商品表裡查詢並匹配出對應欄位的這些值的結果就行了，這個 SQL 敘述如下：

```
select 商品編號 from product where 腰型 =' 高腰 ' and 領型 =' 圓領 ' and 材質 =' 聚酯纖維 '
and 分類 =' 連衣裙 ' limit 36;
```

where 條件裡的欄位就是使用者喜好的欄位，這些欄位被稱為標籤。給使用者打標籤，就是把使用者的相關欄位給賦上值。只是人物誌的標籤比較複雜，在很多情況下，一個標籤的計算牽扯到很多演算法和處理才能得到這麼一個欄位屬性的值。

人物誌可以分為 4 個維度，使用者靜態屬性、使用者動態屬性、使用者心理屬性和使用者消費屬性。

1) 靜態屬性

靜態屬性主要從使用者的基本資訊進行使用者的劃分。靜態屬性是人物誌建立的基礎，它是最基本的使用者資訊記錄，如性別、年齡、學歷、角色、收入、地域和婚姻等。依據不同的產品，選擇不同資訊的權重劃分。如果是社交產品，靜態屬性權重比較高的是性別、年齡和收入等。

2) 動態屬性

動態屬性指使用者在網際網路環境下的上網行為。在資訊時代使用者出行、工作、休假和娛樂等都離不開網際網路。那麼在網際網路環境下使用者會有哪些上網行為偏好呢？動態屬性能更進一步地記錄使用者日常的上網偏好。

3) 消費屬性

消費屬性指使用者的消費意向、消費意識、消費心理和消費嗜好等，它對使用者的消費有個全面的資料記錄，對使用者的消費能力、消費意向和消費等級進行很好的管理。這個消費屬性是隨著使用者的收入等變數而變化的。在進行產品設計時產品開發者可以對使用者是傾向於功能價值還是傾向於感情價值有更好的把握。

4) 心理屬性

心理屬性指使用者在不同環境、社會或交際、感情經歷中的心理反應，或心理活動。進行使用者心理屬性的劃分，可以更進一步地依據使用者的心理行為進行產品的設計和產品營運。上面這些屬性，有些屬性是資料庫裡的欄位本來就有的。有的則是需要經過複雜計算推演處理的。

(1) 使用者忠誠度屬性

使用者忠誠度可以用機器學習的分類模型來做，也可以以規則為基礎的方式來做，忠誠度高的使用者越多，對網站的發展越有利。忠誠度可以分為這麼幾種類型：忠誠型使用者、偶爾型使用者、投資型使用者和遊覽型使用者。

①遊覽使用者型：只遊覽不購買的；

②購買天數大於一定天數的使用者為忠誠使用者；

③購買天數小於一定天數，大部分使用者在有優惠時才購買的；

④其他類型根據購買天數，購買最後一次距今時間，以及購買金額進行聚類。

(2) 使用者性別預測

在電子商務網站上，多數使用者不填寫性別，這個時候就需要我們根據使用者的行為來辨別性別。可以用二分類模型來做，也可以經驗的規則來做。如根據使用者瀏覽和購買商品的性別以不同權重來算綜合評分，根據最佳化演算法訓練閾值，根據閾值判斷等。

(3) 使用者身高尺碼模型

根據使用者購買服裝和鞋帽等判斷：

①使用者身高尺碼：xxx-xxx 身高段，-1 未辨識；

②身材：偏瘦、標準、偏胖、肥胖。

(4) 使用者馬甲標示模型

①馬甲是指一個使用者註冊多個帳號；

②多次造訪網址相同的使用者帳號歸同一個人所有；

③同一台手機登入多個帳號的使用者是同一個人；

④所有收貨手機號相同的帳號歸同一個人所有。

對人物誌有個了解後，我們再回到推薦系統。剛才說到猜你喜歡，根據使用者推薦商品這個功能如何來實現呢？整體來說可以分為離線計算方式和即時計算方式，我們分別講解一下。

5. 離線計算方式的猜你喜歡

簡單來說就是每天定時計算，一般在夜間某個時間點觸發，全量計算出所有使用者的畫像，因為不是所有使用者的行為會變化，所以我們也可以只計算那些有變化的使用者來更新人物誌模型。全量計算完成後，我們可以用一個 Spark 處理常式分散式地為每個使用者計算最可能感興趣的商品，簡單的方式可以用使用者的屬性到商品的 MySQL 表或搜尋引擎裡去篩選前幾個分值最高的商品作為推薦結果保存到 Hadoop 的 HDFS 上，然後再用 Spark 處理並把結果更新到 Redis 快取裡，使用者 ID 作為 key，商品 ID 集合作為 Value。前端網站展示推薦結果的時候直接呼叫推薦介面並從 Redis 快取獲取提前計算好的使用者推薦結果。

這是簡單的匹配方式，當然我們也可以把這個結果作為粗篩選，然後使用 Rerank 二次重排序，例如用邏輯回歸、隨機森林等來預測商品被點擊或購買的機率，把機率值最高的商品排到前面去。這個過程也可以叫作精篩選。整體想法就是粗篩 + 精篩。

這很好了解，上面那種方式有兩個弊端，一個是當使用者有幾千萬，甚至幾億的時候，會佔用大量的空間和記憶體；另一個是每天計算只有一次，這樣當天的推薦結果在一整天都是不變的，這對使用者來講就缺乏新鮮感，使用者最新的行為及興趣偏好得不到即時追蹤和回饋。這也是我們下面講線上計算方式的原因，能極佳地彌補這兩個缺陷。

6. 線上計算方式的猜你喜歡

線上的方式不需要提前計算，並且另外一個特點是隨選計算，如果這個使用者今天沒有存取網站，就不會觸發計算，這樣會大大減少計算量，節省伺服器資源。一種簡單有效的方式就是某個使用者存取網站的時候，觸發即時獲取使用者最近的商品瀏覽、加入購物車、購買等行為，不同行為以不同權重 (購買權重 > 加入購物車權重 > 瀏覽權重)，加上時間衰竭因數，每個使用者得到一個帶權重的使用者興趣種子商品集合，然後用這些種子商品去連結 Redis 快取計算好的 item 商品 -to- 商品資料，再進行商品的融合，從而得到一個商品的推薦結果並進行推薦，另外如果是新使用者，還沒有足夠的行為或推薦結果數量不夠，可以用離線計算好的人物誌標籤即時地去搜尋引擎裡搜索並匹配出更多的商品，以此補充候選集合。

這種線上計算的好處是推薦結果會根據使用者最新的行為變化而即時變化，回饋更為及時，推薦結果更新鮮，這樣解決了離線方式為所有使用者批次計算一次推薦結果的不新鮮問題。

在人物誌當中，我們提到了心理屬性，要想更進一步地推薦，我們需要了解使用者的消費心理，下面我們來講解以使用者心理學模型為基礎的推薦。

8.1.7 以使用者心理學模型為基礎推薦

心理模型 (mental model) 是用於解釋人的內部心理活動過程而構造的一種比擬性的描述或表示，可描述和闡明一個心理過程或事件，也可由實物組成或由數學方程式、圖表組成。在知覺、注意、記憶等領域中，有影響的心理模型有用於解釋人類辨識客體的「原型匹配模型」、關於注意的「反應選擇模型」，以及關於記憶的「層次網路模型」和「啟動擴散模型」等。

在推薦系統中，用到了心理學中態度與行為之間的關係模型。在此推薦項目中用於使用者對文章的隱式評分，進而用於帶有評分的協作過濾演算法。上面用到的協作過濾演算法資料是布林型的。

態度是個人對他人、對事物的較持久的肯定或否定的內在反應傾向。態度不是天生就有的，而是在人的活動中形成的，是由一定的物件引起的，它是可以改變的。

行為是指人在環境的影響下，引起的內在心理變化和心理變化的外在反應。或說，人的行為是個體與環境互動作用的結果。

一般情況下，態度決定行為，行為是態度的外部表現，態度決定著人們怎樣加工有關物件的資訊，決定著人們對於有關物件的體驗，也決定著人們對有關物件進行反應的先定傾向。態度是行為的決定因素，也是預測行為的最好途徑，但是態度和行為在特殊的個體和環境下也會相互衝突，然而個體的行為一旦形成也會對態度產生反作用，如一個人，先有某種行為 (無論主動或被動)，長時期的行為便養成了自然而然的習慣，養成習慣後開始真正改變態度。

影響態度行為的 6 個可觀測因素：動機、行為經驗、態度重複表達、信心、態度行為相關度和片面資訊。態度可達性、態度穩定性是不可觀測的潛在因素。

在推薦系統中，用充電了麼 App 中的聽課或閱讀文章來講，在使用者對課程或文章的評分中，使用者看文章是態度，閱讀、收藏、分享和購買都是行為。

一個使用者對課程或文章的評分由文章點擊次數、重複點擊次數、播放次數、點擊收藏佔比和購買次數相關計算得分。

說了這麼多，如何用程式實現呢？我們可以把這個心理學模型用在以評分為基礎的協作過濾上。例如前面我們提到用布林型協作過濾的輸入資料只有兩列，使用者 ID 和商品 ID，現在我們透過心理學模型得到一個使用者對某個商品的心理學評分，輸入資料也就變成了 3 列，使用者 ID、商品 ID 和心理學評分，然後我們再去運行以評分為基礎的協作過濾就得到一個新的推薦結果，這個推薦結果可以作為多個推薦策略的其中一個，然後和其他的演算法策略組合成一個大的新推薦結果。多個演算法策略可以互補，互補的好處可以增加推薦結構的多樣性，同時以多個策略為基礎的投票評分也可以提高精準度。實際推薦演算法策略可以高達上百種，如何組合多種策略，以便使推薦效果達到最佳呢？下面我就接著講解多策略融合演算法。

8.1.8 多策略融合演算法

由於各種推薦方法都有優缺點，所以在實際應用中，組合推薦 (Hybrid Recommendation) 經常被採用。

1. 組合策略介紹

組合策略研究和應用最多的是內容推薦和協作過濾推薦的組合。當然 ContentBase 和 CFBase 又可以細分為很多種。大致上來講最簡單的做法就是分別用以內容為基礎的方法和協作過濾推薦方法去產生一個推薦預測結果，然後用某方法組合其結果。儘管從理論上有很多種推薦組合方法，但在某一具體問題中並不見得都有效，組合推薦的最重要原則就是透過組合後要能避免或彌補各自推薦技術的弱點。

在組合方式上有 7 種組合想法：

1) 加權 (Weight)
加權多種推薦技術結果。

2) 變換 (Switch)
根據問題背景和實際情況或要求決定變換採用不同的推薦技術。

3) 混合 (Mixed)
同時採用多種推薦技術並列出多種推薦結果供使用者參考。

4) 特徵組合 (Feature combination)
組合來自不同推薦資料來源的特徵被另一種推薦演算法所採用。

5) 層疊 (Cascade)
先用一種推薦技術產生一種粗糙的推薦結果，第二種推薦技術在此推薦結果的基礎上進一步作出更精確的推薦。

6) 特徵擴充 (Feature augmentation)
一種技術產生附加的特徵資訊嵌入另一種推薦技術的特徵輸入中。

7) 元等級 (Meta-level)
用一種推薦方法產生的模型作為另一種推薦方法的輸入。

下面我們重點來講解加權組合策略，這種方式用得非常普遍。

2. 加權組合策略

一種用於加權組合策略的經典公式：

假如現在有 3 個商品，每個商品推薦 6 個商品，那麼某被推薦商品 R 的綜合得分如下：

$$S_r=\text{sum} (1/(O_i+C))$$

其中，$O_1 \sim O_3$ 分別表示商品 R 在 3 個商品中的推薦次序，C 為平衡因數，可設為 0，也可設得大點，最終從排序結果看被推薦商品的 S_r 值的分值越高則排序越靠前。

此公式同樣適用於對多個推薦演算法清單的整體聚合排序。

下面要實現的功能是指定多個推薦清單並按不同權重混合成一個整體推薦清單，其中包括去重評分。

從 SQL 敘述上應該好了解一些，每個演算法策略的推薦清單建一個表。每個表的結構都一樣，資料結果不同。其中表結構創建指令稿程式如下：

```
CREATE TABLE '推薦清單A' (
  'kcid' int(11) NOT NULL COMMENT '課程id',
  'tjkcid' int(11) NOT NULL COMMENT '推薦的課程id',
  'order' int(11) DEFAULT NULL COMMENT '推薦課程的優先順序 ',
  PRIMARY KEY ('kcid','tjkcid')
) ENGINE=InnoDB DEFAULT CHARSET=utf8;
```

那麼為課程 ID 為 1 推薦的相似課程的混合 SQL 語行程式碼如下：

```
SELECT rs.tjkcid AS 整體推薦出來的課程id, IFNULL(SUM(1/(rs.order+1.0)),0) AS 總分值
FROM
(
  SELECT a.tjkcid,a.order FROM 推薦清單A a WHERE a.kcid=1
  UNION ALL
  SELECT b.tjkcid,b.order FROM 推薦清單A b WHERE b.kcid=1
)
AS rs
GROUP BY rs.tjkcid ORDER BY 總分值 DESC
```

對 SQL 敘述熟練的人很容易了解這個加權組合策略的含義。

上面講的 CF 或 ContentBase 更多的是離線演算法策略，一般是每天定時計算一次。這種方式的缺點是不能把當天的最新使用者行為即時地融合進去。使用者最新的行為回饋比較落後，下面我們講解一種能夠根據最新使用者行為即時地增量並更新模型的準即時演算法。

8.1.9 準即時線上學習推薦引擎

在本章開始的架構圖裡我們提到了 Flink/Storm/Spark Streaming 即時流叢集，它們都可以用來做準即時計算。

1. 準即時線上學習流程圖

首先 Kafka 會有多個 topic 主題的使用者和課程即時訊息，用充電了麼 App 舉例，有課程的即時查看訊息流、聽課時播放動作的訊息流和新課程發佈的訊息流，Flink/Storm/Spark Streaming 框架會即時消費這些資訊流，分別進行計算，最終整理混合，這個即時策略的結構如圖 8.2 所示。

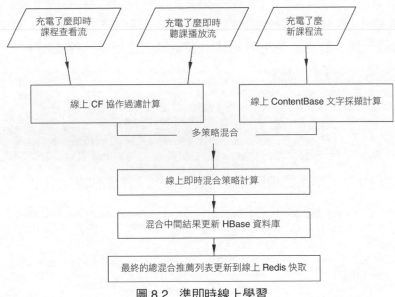

圖 8.2　準即時線上學習

2. 詳細計算原理

1) 業務端即時發送訊息到 Kafka 的 topic 中

訊息包含課程瀏覽查看資料、聽課播放行為資料、新課程發佈資料，其中查看資料和聽課播放資料發送到「cf」topic，新課程發佈的資料發送到「txt」topic 中。

發送的資料格式如下：

(1) 課程瀏覽查看資料

可以用來計算看過此課程的使用者還看了推薦清單課程，簡稱：看了又看，如表 8.1 所示。

表 8.1 看了又看

資料類型	使用者 id	文章 id
看了又看	l69659862	1_686956
看了又看	r69659862	1_686957

(2) 聽課播放行為資料

可以用來計算聽過此課程的使用者還聽了推薦清單課程，簡稱：聽了又聽，如表 8.2 所示。

表 8.2 聽了又聽

資料類型	使用者 id	文章 id
聽了又聽	l69659862	1_686958
聽了又聽	r69659862	1_686959

(3) 新課程發佈資料

包含發送課程畫像的基本屬性資料到 topic，當然也可以只發送課程 ID，消費資料的時候再根據課程 ID 獲取自己想要的那些屬性值，為後面做 ContentBase 粗篩選 + 精篩選做準備。

2) 即時協作過濾計算

由 Flink/Storm/Spark Streaming 消費 Kafka topic 為「cf」日誌流，中間資料儲存到 HBase 並進行計算。

3. 具體步驟

1) 消費並處理每一批資料到 HBase

(1) 使用者日誌流資料儲存

以資料類型 +userid 為 rowkey，課程 id 為 value 存入近期使用者日誌表，列簇為 items，有兩列「left」和「right」，items/left 儲存使用者左資料來源歷史，items/right 儲存使用者右表歷史。value 儲存設定多個版本編號，獲取的時候把多個版本資料讀取出來並放到一個 List 裡。

(2) 瀏覽相同左 item 的相關右表 item 資料表儲存

以資料類型和左 item(typeName+"_ld_"+itemid) 為 rowkey，以使用者 id+ 右表 item 為 value(userid.substring(1)+","+rId)。value 儲存設定多個版本編號，獲取的時候把多個版本資料讀取出來並放到一個 List 裡。

(3) 累加計數總使用者數儲存到 HBase。

(4) 累加計數計算左資料來源每個 item 的支援度並儲存到 HBase。

(5) 累加計數右表每個 item 的支援度並儲存到 HBase。

2) 計算準即時推薦清單

用瀏覽相同左 item 的相關右表 item 資料表做計算。

(1) 計算相關右表每一個相同 item 的使用者數。

(2) 計算右表相關所有 item 累加的總使用者數。

(3) 獲取所有總使用者支援度。

(4) 獲取右表每個 item 的支援度

(5) 根 據 以 上 資 料 計 算 相 似 度 TF IDF、CosineSimilarity 餘 弦 距 離、CityBlockSimilarity 曼哈頓相似度、CooccurrenceCountSimilarity 共生矩陣相似度、LoglikelihoodSimilarity 對數似然相似度、TanimotoCoefficientSimilarity 谷本係數相似度、EuclideanDistanceSimilarity 歐氏距離相似度，當然我們選擇一個相似度演算法就行，推薦使用 TFIDF，然後按分值大小降冪排序。

(6) 把左資料來源 item 對應的這個推薦結果儲存到 HBase 表：推薦結果表。

(7) 把資料類型 + 左 itemid 資訊發送到 Kafka 的 topic"cfmix" 中，用於觸發混合計算。

3) 線上 ContentBase 文字採擷

由 Flink/Storm/Spark Streaming 處理 Kafka topic 為「txt」日誌流，按我們上面講的 ContentBase 計算方式的課程 ID 清單儲存到推薦結果表。

同時把這個策略的資料類型 + 左 itemid 資訊發送到 Kafka 的 topic "cfmix" 中，用於觸發混合計算。

4) 線上混合策略

從推薦結果表獲取「看了又看」「聽了又聽」「ContentBase 相似推薦清單」等資料以不同權重混合生成混合後的推薦清單，並把結果更新到線上 Redis 快取。

不管是離線計算還是線上計算，最終都會更新 Redis 快取，其目的主要是用它來提高線上使用者即時高併發的性能，下面我們來講解 Redis 快取。

8.1.10　Redis 快取處理

Redis 快取基本是各大網際網路公司快取的標準配備，最新版本已經更新到 Redis 4.0 以上，從 3.0 版本開始就支援分散式了。

1. Redis 介紹

Redis 是一個 key-value 儲存系統，和 Memcached 類似，它支援儲存的 value 類型相對更多，包括 String(字串)、List(鏈結串列)、Set(集合)、Zset(sorted set，有序集合) 和 Hash(雜湊類型)。這些資料類型都支援 push/pop、add/remove 及取交集、聯集和差集，以及更豐富的操作，而且這些操作都是原子性的。在此基礎上，Redis 支援各種不同方式的排序。與 Memcached 一樣，為了保證效率，資料都是快取在記憶體中，但 Redis 會週期性地把更新的資料寫入磁碟或把修改操作寫入追加的記錄檔案中，並且在此基礎上實現 Master-Slave(主從) 同步。

Redis 是一個高性能的 key-value 資料庫。Redis 的出現，很大程度補償了 Memcached 這類 key-value 儲存的不足，在部分場合可以對關聯式資料庫造成很好的補充作用，它提供了 Java、C/C++、C#、PHP、JavaScript、Perl、Object-C、Python、Ruby 和 Erlang 等用戶端，使用很方便。

Redis 支援主從同步。資料可以從主要伺服器向任意數量的從伺服器上同步，從伺服器可以是連結其他從伺服器的主要伺服器，這使得 Redis 可執行單層樹複製。存檔可以有意無意地對資料進行寫入操作。由於完全實現了發佈 / 訂閱機制，從資料庫在任何地方同步樹時可訂閱一個頻道並接收主要伺服器完整的訊息發佈記錄。同步對讀取操作的可擴充性和資料容錯很有幫助。

離線和準即時的計算結果都保存在 Redis 快取模組，主要目的是在高併發情況下提高性能。Redis 從 3.0 版本開始就支援分散式叢集功能了，Redis 叢集採用無中心節點方式，無須 proxy 代理，用戶端直接與 Redis 叢集的每個節點連接，根據同樣的 Hash 演算法計算出 Key 對應的 Slot，然後直接在 Slot 對應的 Redis 上執行命令。在 Redis 看來，回應時間是最苛刻的條件，增加一層所帶來的負擔是 Redis 不願意接受的，因此 Redis 實現了用戶端對節點的直接存取，為了去中心化，節點之間透過 gossip 協定交換互相的狀態，以及探測新加入的節點資訊。Redis 叢集支援動態加入節點，動態遷移 Slot，以及自動容錯移轉。

2. Redis 在推薦系統中需要儲存哪些資料

大致上來看，離線計算和準即時計算的推薦結果需要儲存在 Redis 上，以方便線上 Web 網站能夠快速地讀取推薦結果，毫秒級進行推薦結果的展示。另外，推薦最終解決的是一個業務問題，推薦系統相關的業務資料也需要儲存，下面我們就從這兩大區塊分別來講解一下。

1) 推薦結果資料的 Redis 儲存結構設計

用離線計算算好的看了要看、買了又買、看了又買等舉例，這個結果是根據商品推薦相似的商品，那麼 Redis 的 key 值商品 ID 為了區分是哪個推薦清單，我們在商品 ID 加一個尾碼，例如 698979_a，買了又買 698979_b，看了又買 698979_c，對應的 value 值因為有多個商品 ID 和對應的相關度評分，我們以 List 串列的方式進行儲存。還有一種儲存方式就是用最簡單的 String 字串來處理，推薦結果的多個商品結果拼成一個大的 String 以分割符號作為分割即可。例如推薦商品集合的 value 是：698901,0.9；698902,0.8；698903,0.7；698904,0.6；698905,0.5；698906,0.4；698907,0.3；698908,0.2；當然也可以用一個 json 字串來儲存，但不太建議這樣做，主要原因是 json 序列化和反序列化會增加 CPU 的負載，尤其在大規模使用者高併發存取的時候，透過監控系統查看 CPU 負載會發現 CPU 負載明顯升高。因為商品推薦結果集合非常簡單，只有 ID 和分值，所以透過普通 String 設計性能更高，節省伺服器資源。

如果是離線計算好的簡單的類似猜你喜歡的推薦結果，Redis 的 key 值就是使用者 ID+ 尾碼，value 的結構和看了又看等是一樣的。

猜你喜歡前面講過，為了滿足使用者新鮮感，能夠即時地回饋使用者最近的興趣變化，所以一般的 Redis 結構不是以使用者 ID 作為 key 儲存的。實際上是這樣來做的，有個記錄最近使用者行為的 Redis 的 key，例如記錄最近聽課、最近查看課程的幾十筆或幾百筆使用者行為記錄，key 儲存的只是使用者 ID+

聽課尾碼，使用者 ID+ 查看課程尾碼，value 是佇列的 List，儲存的時候用的是 lpush 方法，而取的時候用的則是 lrange 方法。我們要保證這個 List 的記錄不超過我們設定的值，如果超過了就把之前的記錄刪除。

線上 Web 網站展示推薦結果的時候會即時呼叫推薦的 Web 介面，先從對應的使用者 ID+ 聽課尾碼和使用者 ID+ 查看課程尾碼用 lrange 方法取出最近看過、聽過的課程 ID，然後再用課程 ID 從看了又看取出類似的推薦結果，例如 698979_a 對應的 value，因為最近看過或聽過有多個課程 ID，這樣整體結果會涉及多個推薦清單的融合，融合演算法有多種，例如去重後使用推薦的 Rerank 二次重排序演算法，也可以用比較簡單的加權組合公式，例如聽課的權重大於看過課的權重，最新的存取時間的權重大於舊的時間的權重，最終演算法根據一個評分進行排序。大概就是這個思想，不是直接從使用者 ID+ 尾碼獲取現成的推薦結果，而是根據使用者最近的行為，即時算出一個新的結果，即時地融合去重，即時地二次重排序。

2) 業務資料 Redis 儲存結構設計

上面算出的推薦結果都是 ID，實際在網站或 App 上顯示的肯定是商品名稱、課程名稱，還有價格等一系列商品屬性，所以我們還需要有一個儲存商品屬性的 Redis 結構，以商品 ID+ 尾碼作為 key，value 儲存商品屬性的 json 字串，例如推薦 20 個商品，我們會批次用這 20 個商品的 ID 一次性獲取這 20 個商品的屬性。

當然實際操作很複雜，例如這 20 個商品如果有下架的商品，我們就需要過濾它們，下架的商品是不能推薦出來的，這就需要有個快取進行即時更新的機制，如果發現商品下架，要即時更新商品的快取狀態。

8.1.11　分散式搜索 [52, 53]

前面我們講到 ContentBase 的文字擷取策略用到了搜尋引擎，搜尋引擎在推薦系統扮演著非常重要的角色，從某種意義上說是文字策略的基礎核心框架。對於分散式搜尋引擎我們主要介紹兩個，一個是 SolrCloud，另一個是 ElasticSearch，它們都是以 Lucene 為基礎的。

1. SolrCloud 全文檢索搜尋引擎

SolrCloud(Solr 雲端) 是 Solr 提供的分散式搜索方案，當你需要大規模、容錯、分散式索引和檢索時使用 SolrCloud。當一個系統的索引資料量少的時候是不需要使用 SolrCloud 的，當索引量很大，搜索請求併發很高，這時需要使用 SolrCloud 來滿足這些需求。

SolrCloud 是以 Solr 和 ZooKeeper 為基礎的分散式搜索方案，它的主要思想是使用 ZooKeeper 作為叢集的設定資訊中心。

1) 特色功能

SolrCloud 有幾個特色功能：

集中式的設定資訊使用 ZooKeeper 進行集中設定。啟動時可以指定把 Solr 的相關設定檔上傳到 ZooKeeper，以便多機器共用。這些 ZooKeeper 中的設定不會再讀取到本地快取，Solr 直接讀取 ZooKeeper 中的設定資訊。如果設定檔有變動，所有機器都可以感知到。另外，Solr 的一些任務也是透過 ZooKeeper 作為媒介發佈的，其目的是為了容錯。機器接收到任務便開始執行，但在執行任務時崩潰的機器，在重新啟動後，或叢集選出候選者時，可以再次執行這個未完成的任務。

為了實現自動容錯，SolrCloud 對索引分片，並對每個分片創建多個 Replication。每個 Replication 都可以對外提供服務。一個 Replication 崩潰不會影響整個索引服務。更強大的是，它還能自動地在其他機器上幫你把失敗機器上的索引 Replication 重建並投入使用。

近即時搜索立即推送 Replication(也支援慢推送)。可以在 1 秒內檢索到新加入的索引。

查詢時自動負載，均衡 SolrCloud 索引的多個 Replication 並分佈在多台機器上，以此均衡查詢壓力。如果查詢壓力大，可以透過擴充機器、增加 Replication 來減緩。

自動分發的索引和索引分片發送文件到任何節點，它都會轉發到正確節點。交易日誌交易確保更新無遺失，即使文件沒有索引到磁碟。

其他值得一提的功能有：

索引儲存在 HDFS 上的資料大小通常在幾 GB 和幾十 GB，而上百 GB 的索引卻很少，這樣大的索引資料或許很不實用，但是，如果你用上億筆資料來建索引的話，也是可以考慮一下的。我覺得這個功能最大的好處或許是和下面這個

「透過 MR 批次創建索引」聯合使用。

有了透過 MR 批次創建索引這個功能，你還擔心創建索引慢嗎？通常你能想到的管理功能，都可以透過強大的 RESTful API 方式呼叫，這樣寫一些維護和管理指令稿就方便多了。

優秀管理介面的主要資訊一目了然，可以清晰地以圖形化方式看到 SolrCloud 的部署分佈，當然還有不可或缺的 Debug 功能。

2) 概念

Collection：在 SolrCloud 叢集中邏輯意義上的完整索引。它常常被劃分為一個或多個 Shard，它們使用相同的 Config Set。如果 Shard 數超過一個，它就是分散式索引，SolrCloud 讓你透過 Collection 名稱引用它，而不需要關心分散式檢索時需要使用的 Shard 相關參數。

Config Set：Solr Core 提供服務必需的一組設定檔。每個 Config Set 有一個名字。最小需要包括 solrconfig.xml(SolrConfigXml) 和 schema.xml (SchemaXml)，除此之外，依據這兩個檔案的設定內容，可能還需要包含其他檔案。它儲存在 ZooKeeper 中。Config Sets 可以重新上傳或使用 upconfig 命令更新，使用 Solr 的啟動參數 bootstrap_confdir 指定可以初始化或更新它。

Core：也就是 Solr Core，一個 Solr 中包含一個或多個 Solr Core，每個 Solr Core 可以獨立提供索引和查詢功能，每個 Solr Core 對應一個索引或 Collection 的 Shard，Solr Core 的提出是為了增加管理靈活性和共用資源。SolrCloud 使用的設定儲存在 ZooKeeper 中，而傳統的 Solr Core 的設定檔則在磁碟的設定目錄中。

Leader：贏得選舉的 Shard Replicas。每個 Shard 有多個 Replicas，這幾個 Replicas 需要選舉來確定一個 Leader。選舉可以發生在任何時間，但是通常它們僅在某個 Solr 實例發生故障時才會觸發。當索引 documents 時，SolrCloud 會傳遞它們到此 Shard 對應的 Leader，Leader 再分發它們到全部 Shard 的 Replicas。

Replica：Shard 的複製。每個 Replica 存在於 Solr 的 Core 中。一個命名為「test」的 Collection 以 numShards=1 創建，並且指定 replicationFactor 設定為 2，這會產生 2 個 Replicas，也就是對應會有 2 個 Core，每個在不同的機器或 Solr

實例中。一個會被命名為 test_shard1_replica1，而另一個被命名為 test_shard1_replica2。它們中的會被選舉為 Leader。

Shard：Collection 的邏輯分片。每個 Shard 被化成一個或多個 Replicas，透過選舉確定哪個是 Leader。

ZooKeeper：ZooKeeper 提供分散式鎖功能，對 SolrCloud 是必需的。它處理 Leader 選舉。Solr 可以運行於內嵌的 ZooKeeper，但是建議使用獨立的主機，並且最好有 3 個以上的主機。

Solr Cloud 本身可以單獨寫成一本書，但限於篇幅原因，我們這裡對它有個大概了解即可。

2. ElasticSearch 全文檢索搜尋引擎

ElasticSearch(簡稱 ES) 是一個以 Apache Lucene(TM) 為基礎的開放原始碼搜尋引擎，無論是在開放原始碼還是在專有領域，Lucene 可以被認為是迄今為止最先進、性能最好、功能最全的搜尋引擎函數庫，但是 Lucene 只是一個函數庫。想要發揮其強大的功能，你需使用 Java 並要將其整合到你的應用中。Lucene 非常複雜，你需要深入地了解檢索相關知識來了解它是運行原理的。ElasticSearch 也是使用 Java 編寫並使用 Lucene 來建立索引從而實現搜索功能的，但是它的目的是透過簡單連貫的 RESTful API 讓全文檢索搜尋變得簡單並隱藏 Lucene 的複雜性。不過，ElasticSearch 不僅是 Lucene 和全文檢索搜尋引擎，它還提供分散式即時檔案儲存，每個欄位都被索引並可被搜索；即分時析的分散式搜尋引擎；可以擴充到上百台伺服器，處理 PB 級結構化或非結構化資料。所有的這些功能可以被整合到一台伺服器，你的應用可以透過簡單的 RESTful API、各種語言的用戶端甚至命令列與之互動。使用 ElasticSearch 非常簡單，它提供了許多合理的預設值，並對初學者隱藏了複雜的搜尋引擎理論。它開箱即用 (安裝即可使用)，並且只需投入很少的學習時間即可在生產環境中使用。ElasticSearch 在 Apache 2 License 下許可使用，可以免費下載、使用和修改。隨著知識的累積，你可以根據不同的問題領域訂製 ElasticSearch 的進階特性，這一切都是可設定的，並且設定非常靈活。

ElasticSearch 有幾個核心概念。了解這些概念會對整個學習有莫大的幫助。

1) 接近即時 (NRT)

ElasticSearch 是一個接近即時的搜索平台。這表示，從索引一個文件直到這個文件能夠被搜索到有一個極小的延遲 (通常是 1 秒)。

2) 叢集 (Cluster)

一個叢集就是由一個或多個節點組織在一起，它們共同持有整個資料，並一起提供索引和搜索功能。一個叢集由一個唯一的名字標識，這個名字預設就是 "ElasticSearch"。這個名字是很重要的，因為一個節點只能透過指定某個叢集的名字來加入這個叢集。在產品環境中顯性地設定這個名字是一個好習慣，但是使用預設值來進行測試 / 開發也是不錯的。

3) 節點 (Node)

一個節點是叢集中的伺服器，作為叢集的一部分，它儲存資料，並參與叢集的索引和搜索功能。和叢集類似，一個節點也是由一個名字來標識的，在預設情況下，這個名字是一個隨機的漫威漫畫角色的名字，這個名字會在啟動的時候指定節點。這個名字對管理工作來說也挺重要的，因為在管理過程中，需要確定網路中的哪些伺服器對應於 ElasticSearch 叢集中的哪些節點。

一個節點可以透過設定叢集名稱的方式來加入一個指定的叢集。在預設情況下，每個節點都會被安排加入一個叫作「ElasticSearch」的叢集中，這表示，如果在網路中啟動了許多個節點，並假設它們能夠相互發現，它們將自動地形成並加入一個叫作「ElasticSearch」的叢集中。

在一個叢集裡，只要需要，可以擁有任意多個節點，並且，如果當前你的網路中沒有運行任何 ElasticSearch 節點，這時啟動一個節點，則會預設創建並加入一個叫作「ElasticSearch」的叢集。

4) 索引 (Index)

一個索引就是一個擁有幾分相似特徵的文件的集合。舉例來說，你可以有一個客戶資料的索引，一個產品目錄的索引，還有一個訂單資料的索引。一個索引由一個名字來標識 (必須全部是小寫字母)，並且當我們要對對應於這個索引中的文件進行索引、搜索、更新和刪除的時候，都要使用到這個名字。索引類似於關聯式資料庫中 DataBase 的概念。在一個叢集中，如果需要，可以定義任意多的索引。

5) 類型 (Type)

在一個索引中，你可以將索引資料定義為一種或多種類型。一種類型是你的索

引在邏輯上的分類 / 分區，其語義完全由你來定。通常會為具有一組共同欄位的文件定義為一種類型。舉例來說，我們假設你營運一個網誌平台，並且將你所有的資料儲存到一個索引中，在這個索引中，你可以將使用者資料定義為一種類型，將網誌資料定義為另一種類型，當然，也可以將評論資料定義為另一種類型。類型類似於關聯式資料庫中 Table 的概念。

6) 文件 (Document)

一個文件是一個可被索引的基礎資訊單元。舉例來說，你可以擁有某一個客戶的文件，某一個產品的文件，當然也可以擁有某個訂單的文件。文件以 JSON(JavaScript Object Notation) 格式來表示，而 JSON 是一個到處存在的網際網路資料互動格式。

在一個 Index/Type 裡面，只要需要，你可以儲存任意多個文件。注意，儘管一個文件在物理上存在於一個索引之中，但文件必須被索引 / 指定一個索引的 Type。文件類似於關聯式資料庫中 Record 的概念。實際上一個文件除了使用者定義的資料外，還包括 _index、_type 和 _id 欄位。

7) 分片和複製 (Shards & Replicas)

一個索引可以儲存超出單一節點硬體限制的大量資料。舉例來說，一個具有 10 億個文件的索引佔據 1TB 的磁碟空間，而任一節點都沒有這麼大的磁碟空間，或單一節點處理搜索請求回應太慢。

為了解決這個問題，ElasticSearch 提供了將索引劃分成多份的功能，這些份就叫作分片。當你創建一個索引的時候，你可以指定你想要的分片的數量。每個分片本身也是一個功能完整並且獨立的「索引」，這個「索引」可以被放置到叢集中的任何節點上。

分片之所以重要，主要有兩方面的原因：

(1) 允許水平分隔 / 擴充你的內容容量。

(2) 允許在分片 (潛在地，位於多個節點上) 之上進行分散式地、平行地操作，進而提高性能 / 輸送量。

至於一個分片怎樣分佈，它的文件怎樣聚合回搜索請求，是完全由 ElasticSearch 管理的，對作為使用者的你來說，這些都是透明的。

在一個網路 / 雲端的環境裡，失敗隨時都可能發生，某個分片 / 節點不知為何就處於離線狀態，或由於其他原因消失了。在這種情況下，有一個容錯移轉機制是非常有用並且是強烈推薦的。為此目的，ElasticSearch 允許你創建分片的一份或多份複製，這些複製叫作複製分片，或直接叫複製。複製之所以重要，主要有兩方面的原因：

首先，在分片 / 節點失敗的情況下，提供了高可用性。因為這個原因，複製分片從不與原 / 主要 (Original/Primary) 分片置於同一節點是非常重要的；其次，擴充你的搜索量 / 輸送量，因為搜索可以在所有的複製上平行運行。

總之，每個索引可以被分成多個分片。一個索引也可以被複製 0 次 (意思是沒有被複製) 或多次。一旦複製了，每個索引就有了主分片 (作為複製來源的原來分片) 和複製分片 (主分片的複製) 之別。分片和複製的數量可以在索引創建的時候指定。在索引創建之後，你可以在任何時候動態地改變複製數量，但是不能改變分片的數量。

在預設情況下，ElasticSearch 中的每個索引被分片 5 個主分片和 1 個複製，這表示，如果你的叢集中至少有兩個節點，你的索引將有 5 個主分片和另外 5 個複製分片 (1 個完全複製)，這樣的話每個索引總共有 10 個分片。一個索引的多個分片可以存放在叢集中的一台主機上，也可以存放在多台主機上，這取決於你的叢集機器數量。主分片和複製分片的具體位置是由 ElasticSearch 內在的策略所決定的。

3. SolrCloud 和 ElasticSearch 在推薦系統中扮演的角色

搜索不管是用在離線計算，還是用在即時線上 Web 服務中，它們都是由兩大區塊組成的，一個是資料更新，資料更新也叫索引更新；另一個叫索引查詢。對於一個大型的推薦系統來講，用於線上的搜索服務和離線計算的服務最好分開部署，主要原因是對於離線計算場景，例如計算每個商品對應的文字相似，使用離線搜索的話，每天會全量計算一下所有的商品，當你的商品有百萬、千萬、甚至上億個的時候，計算量特別大，而且肯定是分散式平行地去查詢索引，這個叢集的壓力會非常大，如果和線上的業務混在一起的話，必然會影響到網站或 App 使用者的性能體驗，所以建議分開部署，但這樣的缺點就是維護起來麻煩，並且索引更新及同步需要維護兩份。

對於索引的初始化，我們在推薦系統的架構圖中也有表現，可以使用 Spark 分散式地批次創建索引，增量的索引更新可以使用流處理框架，例如 Storm 來監測有變化的資料記錄，進行準即時的更新就可以了。當然簡單點也可以提供一個 Web 線上服務，在有變化的時候讓別人呼叫你的介面來被動地即時更新索引。

對於線上的索引查詢，架構圖也有顯示，線上 Web 推薦引擎介面當存在冷開機或推薦結果稀少的時候，可以即時用搜索的方式作為商品推薦的補充，雖然不是那麼精準，但至少提高了推薦的覆蓋率。

8.1.12 推薦 Rerank 二次重排序演算法

推薦的 Rerank 排序有兩種情況，一個是離線計算的時候為每個使用者提前用 Rerank 排序演算法算好推薦結果，另一個是即時線上 Web 在推薦引擎裡做二次融合排序的時候。但不管哪一種用到的演算法都是一樣的。例如用邏輯回歸、隨機森林和神經網路等來預測這個商品被點擊或被購買的可能性的機率，用的模型都是同一個，預測的時候是對特徵轉換做同樣的處理。一般封裝一個通用方法供離線和線上場景呼叫。

1. 以邏輯回歸、隨機森林、神經網路為基礎的分類思想做二次排序

做二次排序之前首先得有一個候選結果集合，簡單來說，為某個使用者預測哪個商品最可能被購買，此時不會把所有的商品都預測一遍，除非在你的資料庫裡所有商品的數量只有幾千個。實際上電子商務網站的商品一般都是幾十萬，甚至幾百萬 SKU。如果都預測一遍的話，估計運算完都不知道什麼時候，所以一般處理方法是在一個小的候選集合上產生的。這個候選集合你可以認為是一個粗篩選。當然這個粗篩選也不是你想像得那麼粗，其實也是透過演算法得到，精準度也是非常不錯的。只是透過 Rerank 二次重排序演算法把精準度再提高一個台階。至於推薦效果能提高多少，要看你在特徵工程、參數最佳化上是不是做得好，但一般來說推薦效果能提升 10% 以上就認為最佳化效果非常顯著了，當然最高提升幾倍也是有可能的。

邏輯回歸、隨機森林和神經網路這些演算法我們在前幾章已經講過，在廣告系統裡可以做點擊率預估的二次排序，在推薦系統可以做被購買的機率預估。

2. 以 Learning to Rank 排序學習思想為基礎做二次排序

Learning to Rank 排序學習是推薦、搜索、廣告的核心排序方法。排序結果的好壞很大程度影響使用者體驗、廣告收入等。排序學習可以視為機器學習中使用者排序的方法，是一個有監督的機器學習過程，對每一個指定的查詢文件對，取出特徵、透過日誌採擷或人工標注的方法獲得真實資料標注，然後透過排序模型輸入能夠和實際的資料相似。

常用的排序學習分為 3 種類型：PointWise、PairWise 和 ListWise。

1) PointWise

單文件方法的處理物件是單獨的一篇文件，將文件轉為特徵向量後，機器學習系統根據從訓練資料中學習到的分類或回歸函數對文件評分，評分結果即是搜索結果或推薦結果。

2) PairWise

對搜索或推薦系統來說，系統接收到使用者查詢後，返回相關文件列表，所以問題的關鍵是確定文件之間的先後順序關係。單文件方法完全從單一文件的分類得分角度計算，沒有考慮文件之間的順序關係。文件對方法則將重點轉向量對文件順序關係是否合理進行判斷。之所以被稱為文件對方法，是因為這種機器學習方法的訓練過程和訓練目標是判斷任意兩個文件組成的文件對 <D0C1，D0C2> 是否滿足順序關係，即判斷是否 D0C1 應該排在 D0C2 的前面。常用的 PairWise 實現方法有 SVM Rank、RankNet、RankBoost。

3) ListWise

單文件方法將訓練集裡每一個文件當作一個訓練實例，文件對方法將同一個查詢的搜索結果裡任意兩個文件對作為一個訓練實例，文件清單方法與上述兩種方法都不同，ListWise 方法直接考慮整體序列，針對 Ranking 評價指標進行最佳化。例如常用的 MAP 和 NDCG。常用的 ListWise 方法有：LambdaRank、AdaRank、SoftRank 和 LambdaMART。

4) Learning to Rank 指標介紹

(1) MAP(Mean Average Precision)

假設有兩個主題，主題 1 有 4 個相關網頁，主題 2 有 5 個相關網頁。某系統對於主題 1 檢索出 4 個相關網頁，其 rank 分別為 1,2,4,7；對於主題 2 檢索出 3 個相關網頁，其 rank 分別為 1,3,5。對於主題 1，平均準確率為 (1/1+2/2+3/4+4/7)/4=0.83。對於主題 2，平均準確率為 (1/1+2/3+3/5+0+0)/5=0.45，則 MAP=(0.83+0.45)/2=0.64。

(2) NDCG (Normalized Discounted Cumulative Gain)

一個推薦系統返回一些項並形成一個列表，我們想要計算這個列表有多好，每一項都有一個相關的評分值，通常這些評分值是一個非負數，這就是 gain(增益)。此外，對於這些沒有使用者回饋的項，我們通常設定其增益為 0。現在我們把這些分數相加，也就是 Cumulative Gain(累積增益)。我們更願意看那些位於列表前面最相關的項，因此在把這些分數相加之前，我們將每項除以一個遞增的數 (通常是該項位置的對數值)，也就是折損值，並得到 DCG。

在使用者與使用者之間，DCG 沒有直接的可比性，所以我們要對它們進行歸一化處理。最糟糕的情況是當使用非負相關評分時 DCG 為 0。為了得到最好的，我們把測試集中所有的專案置放在理想的次序下，採取的是前 K 項並計算它們的 DCG，然後將原 DCG 除以理想狀態下的 DCG 並得到 NDCG@K，它是一個 0 到 1 的數。你可能已經注意到，我們使用 K 表示推薦清單的長度，這個數由專業人員指定。你可以把它想像成是一個使用者可能會注意到的多少個項的估計值，如 10 或 50 這些比較常見的值。

對於 MAP 和 NDCG 這兩個指標來講，NDCG 更常用一些。用 Learning to Rank 和以監督分類為基礎的思想做 Rerank 二次排序整體效果是差不太多的，關鍵取決於特徵工程和參數最佳化。

3. 以加權組合為基礎的公式規則做二次排序

除了用上面的機器學習做二次排序外，也可以用比較簡單的方式做二次排序。雖然這種方式簡單，但不一定代表這種方式的推薦效果差。對於推薦系統來講，最終是看購買轉換率，哪個演算法或策略能帶來更大的銷量就是好演算法。

講 Redis 快取的時候提到的猜你喜歡，為了滿足使用者新鮮感它能夠即時地回饋使用者最近的興趣變化，線上 Web 網站展示推薦結果的時候會即時呼叫推薦的 Web 介面，根據最近看過、聽過的課程 ID，然後再用課程 ID 從看了又看類似的推薦結果對多個推薦清單融合二次排序，這個融合就是我們前面提到的加權組合策略。

我們做的二次排序就是把多個推薦清單按不同權重混合成一個整體推薦清單，其中包括去重評分，但除了基本的組合還會加入一些其他的因素，例如聽課的權重大於看過課的權重，最新的存取時間的權重大於舊的時間的權重，最終算出一個評分並排序。大概就是根據使用者最近的行為，即時算出一個新的結果，即時地融合去重，即時地二次重排序。

整體來看，在多個推薦清單融合二次排序的時候，多個列表重複投票推薦的那個商品會優先排到前面，最近查看和購買的相關商品會優先排在前面，這是一個隨時間衰減權重的結果。

8.1.13 線上 Web 即時推薦引擎服務

首先這是 Web 專案，主要用來做商品的即時推薦部分，在架構圖裡有顯示，觸發呼叫一般是前端網站和 App 用戶端，這個專案可以認為是一個線上預測演算法，即時獲取使用者最近的點擊、播放和購買等行為，不同行為以不同權重，加上時間衰竭因數。第一種方式是每個使用者得到一個帶權重的使用者興趣種子文章集合，然後用這些種子課程商品去連結 Redis 快取計算好的看了又看、買了又買或是提前算好的綜合加權組合混合推薦清單資料，進行課程商品的推薦，如果這個候選集合太小則計算使用者興趣標籤，用搜尋引擎匹配更多的課程，以此補充候選集合。

第二種方式可以在這個候選集合基礎上再用邏輯回歸、隨機森林和神經網路做 Rerank 二次排序，取前幾個最高得分的課程商品為最終的使用者推薦清單並即時地推薦給使用者。

Web 專案可以是 Java Web 專案，也可以是 Python Web 專案，還可以是 PHP Web 專案，這個和你的團隊情況有關。如果你的團隊成員擅長 Java 語言，那麼最好用 Java。也就是選擇你團隊擅長的開發語言。單純這一點還不夠，Web 專案也和你的離線演算法所採取的框架有關。例如二次 Rerank 排序用 Spark 的隨機森林來做，是用 Scala 語言開發的，那麼你的 Web 專案就比較適合用 Java，如果用 PHP 則沒法做。因為你的模型持久化儲存和載入所用的配套框架必須保持一致。如果你非得用 PHP 做 Web 也不是不可以，那只能先架設一個 Java 的 Web 平台，讓 PHP 再多呼叫一次 Java 即可，但這樣做的話，會多一次 HTTP 請求，性能會有所損失，開發維護工作量也會增加。

8.1.14 線上 AB 測試推薦效果評估 [54]

AB 測試是檢驗推薦演算法最佳化是否有效的手段，各大網際網路公司一般會有一個 AB 測試平台，透過資料埋點、資料統計、視覺化展現來幫助團隊做一個推薦效果好壞的評判。

1. 什麼是 AB 測試

AB 測試是為 Web 或 App 介面或流程製作兩個 (A/B) 或多個 (A/B/n) 版本，在同一時間維度，分別讓組成成分相同 (相似) 的訪客群組 (目標人群) 隨機地使用這些版本存取，收集各群組使用者體驗資料和業務資料，最後分析、評估出最好版本，並正式採用。

2. AB 測試的作用

(1) 消除客戶體驗 (UX) 設計中不同意見的紛爭，根據實際效果確定最佳方案。

(2) 透過比較試驗，找到問題的真正原因，提高產品設計和營運水準。

(3) 建立資料驅動、持續不斷的閉環最佳化。

(4) 透過 AB 測試，降低新產品或新特性的發佈風險，為產品創新提供保障。

AB 測試與一般專案測試的區別：

AB 測試用於驗證使用者體驗、市場推廣等是否正確，而一般的專案測試主要用於驗證軟硬體是否符合設計預期，因此 AB 測試與一般的專案測試分屬於不同的領域。

3. 應用場景

1) 體驗最佳化

使用者體驗永遠是賣家最關心的事情之一，但隨意改動已經完整的 Landing Page 是一件很冒險的事情，因此很多賣家會透過 AB 測試進行決策。常見的做法是在保證其他條件一致的情況下針對某一單一的元素進行 AB 兩個版本的設計，並進行測試和資料收集，最終選定資料結果更好的版本。

2) 轉換率最佳化

通常影響電子商務銷售轉換率的因素有產品標題、描述、圖片、表單和定價等，透過測試這些相關因素的影響，不僅可以直接提高銷售轉換率，如果長期進行還能提高使用者體驗。

3) 廣告最佳化

廣告最佳化可能是 AB 測試最常見的應用場景了，同時結果也是最直接的，行銷人員可以透過 AB 測試的方法了解哪個版本的廣告更受使用者的青睞，哪些步驟怎麼做才能更吸引使用者。

4. 實施步驟

1) 現狀分析

分析業務資料，確定當前最關鍵的改進點。

2) 假設建立

根據現狀分析作出最佳化改進的假設，提出最佳化建議。

3) 設定目標

設定主要目標，用來衡量各最佳化版本的優劣；設定輔助目標，用來評估最佳化版本對其他方面的影響。

4) 介面設計

製作兩 (或多) 個最佳化版本的設計原型。

5) 技術實現

網站、App(Android/iOS)、微信小程式和伺服器端需要增加各類 AB 測試平台提供的 SDK 程式，然後製作各個最佳化版本。Web 平台、Android 和 iOS App 需要增加各類 AB 測試平台提供的 SDK 程式，然後編輯成功器製作各個最佳化版本，並編輯成功器設定目標，如果編輯器不能實現，則需要手工編寫程式。使用各類 AB 測試平台分配流量，初始階段最佳化方案的流量設定可以較小，根據情況逐漸增加流量。

6) 擷取資料

透過各大平台自身的資料收集系統自動擷取資料。

7) 分析 AB 測試結果

統計顯著性達到 95% 或以上並且維持一段時間，實驗可以結束；如果在 95% 以下，則可能需要延長測試時間；如果很長時間統計顯著性不能達到 95% 甚至 90%，則需要決定是否中止試驗。

5. 實施關鍵

在 App 和 Web 開發階段，程式中增加用於製作 AB 版本和擷取資料的程式由此引起開發和 QA 的工作量很大，ROI (Return On Investment) 很低。AB 測試的場景受到限制，App 和 Web 發佈後無法再增加和更改 AB 測試場景。額外的 AB 測試程式增加了 App 和 Web 後期維護成本，因此提高效率是 AB 測試領域的關鍵問題。

如何高效實施 AB 測試？在 App 和 Web 上線後，透過視覺化編輯器製作 AB 測試版本、設定擷取指標，即時發佈 AB 測試版本。AB 測試的場景數量是無限的；在 App 和 Web 發佈上線後，根據實際情況，設計 AB 測試場景，更有針對性，並更有效；無須增加額外的 AB 測試程式，對 App 和 Web 的開發、QA 和維護的影響最小。

6. 實用經驗

1) 從簡單開始

可以先在 Web 前端上開始實施。Web 前端可以比較容易地透過視覺化編輯器製作多個版本和設定目標 (指標)，因此實施 AB 測試的工作量比較小，難度比較低。在 Web 前端獲得經驗後，再推廣到 App 和伺服器端。

2) 隔離變數

為了讓測試結果有用，應該每個試驗只測一個變數 (變化)。如果一個試驗測試多個變數 (例如價格和顏色)，就很難知道究竟是哪個變數對改進起了作用。

3) 盡可能頻繁、快速進行 AB 測試

要降低 AB 測試的代價，避免為了 AB 測試做很多程式修改，儘量將 AB 測試與產品的專案發佈解耦，儘量不佔用太多工程部門 (程式設計師、QA 等) 的工作量。

4) 要有一個 "停止開關"

不是每個 AB 測試都會得到正向的結果，有些試驗可能失敗，要確保有一個 " 開關 " 能夠停止已經失敗的試驗，而非讓工程部門發佈一個新版本。

5) 檢查垂直影響

誇大虛假的 CTA(Call To Action) 可以使某個 AB 測試的結果正向，但長期來看，客戶留存和銷售額將下降，因此時刻要清楚我們追求的是什麼，事先就要注意到可能會受到負面影響的指標。

6) 先 "特區" 再推廣

先在一兩個產品上嘗試，獲得經驗後，再推廣到其他產品中。

7. AB 測試的評價指標

AB 測試評價指標一般是和業務掛鉤的，例如電子商務網站，一般最終是用推薦系統產生的銷售額或銷量作為評判，具體指標是銷售額佔比或銷量佔比。當然作為老闆，其實他最想得到的就是你的推薦系統為網站新增了多少銷售額，這是最有效的，但是網站每天的銷售額是不斷變化的，即使你的策略和網站沒有做任何更改，也很難判斷整體銷售額增加了多少。除非是新策略改動後銷售總額出現非常大的變化。

舉個銷量佔比的例子說明一下計算公式：

$$銷量佔比 = 推薦產生的銷售件數 / 網站整體銷售件數$$

銷量佔比和銷售額佔比基本上差不多，呈正比。

公式：

$$推薦位展示 PV \times 點擊率 \times 訂單轉換率 = 銷量$$

其中推薦位展示 PV 就是推薦位展示的次數，點擊率 = 使用者點擊次數 / 推薦位展示 PV，

訂單轉換率 = 推薦產生的銷售件數 / 使用者點擊次數。

8. AB 測試平台

在大公司，一般會把 AB 測試做成一個平台，它分為幾個模組：

1) 資料埋點、資料獲取模組

對於網站來講，一般主流的方式是透過造訪網址的參數來區分來自哪個推薦策略，用我們充電了麼 App 的官網作為例子，這是我們網站的位址，參數用的 ref 值：http://www.chongdianleme.com?ref=tuijian_home_kecheng_a，這個位址我透過 ref 參數來進行資料埋點，tuijian_home_kecheng_a 是埋點的值，這個值是事先和各個部門統一定的規範，以底線「_」分割為 4 級，第一級代表是哪個專案，第二級代表來自哪個頁面，第三級代表來自哪個頁面的位置，第四級代表來自哪個演算法策略。各個部門必須遵守這個規則，否則統計分析系統就沒辦法追蹤到你的演算法的實際效果。

網站嵌入一個 js 指令稿，指令稿會非同步獲取每一次的瀏覽器請求，把存取這個埋點的位址傳到伺服器上。當然不僅傳這個位址，也會上傳其他資訊，例

如用戶端 IP 位址、使用者的 Cookie 唯一標識,以及其他業務需要的資訊等。

2) 資料統計分析模組

伺服器收到資料後,一般會保存一份檔案,然後非同步地或透過 Flume 日誌收集、ELK 等方式傳到我們指定的儲存系統裡。我們一般最終會把資料存到 Hadoop 平台上,透過 Hadoop 的 Hive、Spark 等離線處理並分析這些資料,形成一個可展示不同演算法策略效果的報表資料。

3) 資料視覺化

巨量資料視覺化技術可對報表資料做一個直觀的展示,可以自訂開發,也可以使用案例如百度的 ECharts 圖示控制項。這是一個 Web 專案,透過瀏覽器的 Web 介面進行展現。

當然這個 AB 測試平台不僅應用在推薦系統,搜索及其他業務也可以使用這個平台,它是一個公司等級的效果最佳化平台。

現在回到正題,這節我們講的是線上 AB 測試推薦效果評估,什麼叫線上 AB 測試呢?簡單來說我們每次做一個演算法策略最佳化都需要把程式上線,同時讓網站或 App 的使用者看到你的新策略的推薦結果,但是老策略推薦結果也得讓使用者看到,我們透過一個隨機策略,讓 50% 的使用者看到新策略的推薦結果,50% 的使用者看到老策略的推薦結果,這樣兩個策略在同等出現機率的前提做 AB 測試,A 策略可以代表新策略,B 策略代表老策略,然後比較 A 和 B 哪個推薦效果好。用一句話來解釋就是讓線上使用者能同時看到兩個策略推薦的結果,這就是線上 AB 測試。

當然兩個策略不一定非得各佔一半的出現機率,也可以是任意比例,例如 90% 對 10%,經過這種測試後,把出現機率小的那個策略產生的銷量乘以 9 倍就可以進行比較了。

另外,一次上線也可以比較兩種以上的策略。例如 10 種策略各佔 10% 的機率,這樣的好處是會大大縮短演算法最佳化的週期,但也有一個前提就是你拆分了這麼多種策略,每個策略的存取使用者數得足夠大才行。例如每個策略值只讓幾百或幾千個使用者看到了,這會導致樣本過於稀疏,得出的結果會有很大的隨機性。存取的使用者越多越精準。一般來講我們觀察一周的資料為宜,當然如果一天的存取量非常大,那麼一天的資料就足夠下結論到底哪個演算法策略效果是最好的。

線上 AB 測試能夠真實地回饋線上使用者的情況，但也有一個風險，加入新策略效果比較差，勢必對看到這個策略的使用者產生不好的使用者體驗。有沒有辦法在上線之前就大概知道推測效果好壞呢？這就是我們下面要講的離線 AB 測試。

8.1.15　離線 AB 測試推薦效果評估

離線 AB 測試是在演算法策略上線之前，根據歷史資料推演並預測的回饋效果。假如你現在擁有大量使用者瀏覽商品的使用者行為資料，那麼我們就可以根據使用者瀏覽時間拆分成一個訓練集和一個測試集，訓練集是一個月之前的所有歷史資料，測試集是最近一個月的資料，然後我們用訓練集為每個使用者算一個推薦清單出來，然後用我們算的使用者推薦清單和最近一個月資料算交集數量，交集越多說明推薦效果越好。實踐檢驗這種方式很有效，透過這種離線 AB 測試方式得到的結論和線上 AB 測試結果基本上是接近的。當然我們最終的方式還是以線上 AB 測試為準。

對我們的指導意義在於，當在離線 AB 測試效果很差的時候，我們需要反思我們的演算法到底哪有問題。避免每次上線帶來的時間成本和較差的使用者體驗。如果離線效果還可以，我們就應儘快上線進行 AB 測試。

8.1.16　推薦位管理平台

什麼叫推薦位？以電子商務網站舉例，推薦位置指的是網站上的推薦商品頁面展示區域。例如猜你喜歡展示位，熱銷商品推薦、看了又看、買了又買、看了又買、瀏覽此商品的顧客還同時瀏覽等都是推薦位，亞馬遜電子商務是推薦系統的鼻祖，我們看一下它的推薦位頁面展示，如圖 8.3 所示。

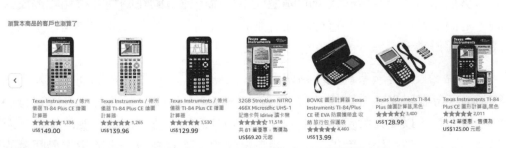

圖 8.3　推薦位看了又看（圖片來自亞馬遜電子商務）

熱銷推薦位如圖 8.4 所示。

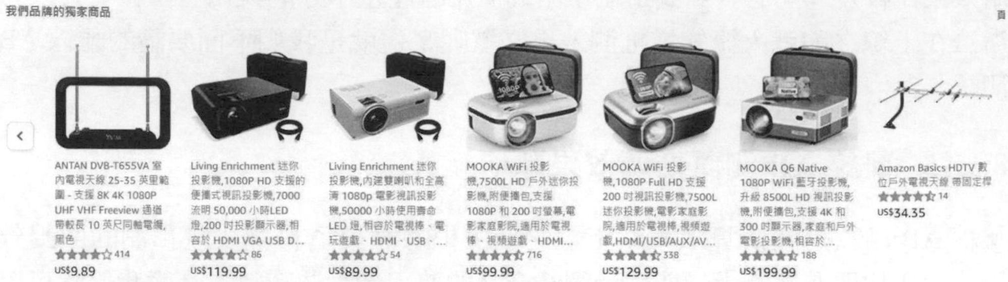

圖 8.4　推薦位熱銷 (圖片來自亞馬遜電子商務)

推薦位管理的意思是對推薦位的商品展示可以透過後台管理控制前端頁面顯示推薦哪個演算法策略的商品，以及策略如何組合。

推薦位後台管理系統的作用，簡單來說可以透過可設定的方式控制前端頁面顯示的推薦結果、推薦策略，以便能夠快速把演算法最佳化後的新策略應用到線上，達到設定立即上線，而不需要每次部署新程式。

另外，除了控制推薦哪些商品，還可以設定用於 AB 測試埋點的 ref 值來追蹤，例如演算法策略 A，我給前端返回的商品的 ref 值為 tuijian_home_kecheng_a，演算法策略 B 返回的 ref 值 tuijian_home_kecheng_b，當然如果有 C 策略的話返回 tuijian_home_kecheng_c。也就是透過推薦位管理可以與 AB 測試平台無縫銜接，造成快速部署、快速 AB 測試、快速驗證新演算法策略效果的作用。

8.2　人臉辨識實戰

人臉辨識是以人為基礎的面部特徵資訊進行身份辨識的一種生物辨識技術。用攝影機或攝影機擷取含有人臉的圖型或視訊流，並自動在圖型中檢測和追蹤人臉，進而對檢測到的人臉進行臉部辨識的一系列相關技術，通常也叫作人像辨識、面部辨識。

一般來說，人臉辨識系統包括圖型攝取、人臉定位、圖型前置處理，以及人臉辨識 (身份確認或身份尋找)。系統輸入一般是一張或一系列含有未確定身份的人臉圖型，以及人臉資料庫中的許多已知身份的人臉圖型或對應的編碼，而其輸出則是一系列相似度得分，表明待辨識的人臉的身份。人臉辨識最關鍵的一步就是身份確認，身份確認的過程也就是人臉比對的過程，比對的前提是由人臉擷取系統事先把相關人的面部特徵輸入資料庫中，比對也就是從資料庫中快速檢索並找到與當前人臉最相似的那個人臉。

除了比對，人臉作為最重要的生物特徵，蘊含了大量的屬性資訊，如性別、種族、年齡、表情和顏值等，而如何對這些屬性資訊進行預測，則是人臉分析領域的研究熱點之一。現有的人臉屬性辨識方法主要是針對單一任務，如限制於年齡估計、性別辨識等某一單項任務預測。對於多個屬性的辨識演算法，現有單任務的人臉屬性演算法很難擴充至多工的屬性辨識。若同時對於單一任務進行整合，則演算法複雜度和耗時會大大增加，不利於系統的部署，因此設計多工的人臉屬性演算法，同時預測出人臉的多個屬性，並開發出對應的多工人臉屬性辨識即時系統仍然是研究的困難。

下面我們就從人臉辨識原理、人臉檢測與對齊、人臉辨識比對、人臉屬性辨識分別詳細講解一下。

8.2.1 人臉辨識原理與介紹 [55, 56, 57]

一個成熟的人臉辨識系統通常由人臉檢測、人臉最佳照片選取、人臉對齊、特徵提取和特徵比對等幾個模組成。

從應用場景看，人臉辨識應用主要分為 1：1 和 1：N。1：1 就是判斷兩張照片是否為同一個人，主要用於鑑權，而 1：N 的應用，首先得註冊 N 個 ID 的人臉照片，再判斷一張新的人臉照片是否是某個 ID 或不在註冊 ID 中。1：1 和 1：N，其底層技術是相同的，區別在於後者的誤識率會隨著 N 的增大而增大，如果設定較高的相似度閾值，則會導致拒識率上升。拒識和誤識二者不可兼得，所以評價人臉辨識演算法時常用的指標是誤識率小於某個值時 (例如 0.1%) 的拒識率。

人臉辨識最為關鍵的技術點是人臉的特徵提取，直到 2014 年 DeepFace 第一次將深度學習引入後，這項技術才獲得了質的突破，使得人臉辨識技術真正發展到商業可用階段。目前的研究主要集中在網路結構的改進和損失函數的改進上。隨著研究的深入，目前人臉辨識技術的門檻正在被打破，而人臉資料庫的資源是業內巨頭保持領先的另一個重要武器。

1. 技術特點

人臉辨識是以人為基礎的面部特徵資訊進行身份辨識的一種生物辨識技術。用攝影機或攝影機擷取含有人臉的圖型或視訊流,並自動在圖型中檢測和追蹤人臉,進而對檢測到的人臉進行臉部的一系列相關技術,通常也叫作人像辨識、面部辨識。

傳統的人臉辨識技術主要以可見光圖型為基礎的人臉辨識,這也是人們最熟悉的辨識方式,已有 30 多年的研發歷史,但這種方式具有難以克服的缺陷,尤其在環境光源發生變化時,辨識效果會急劇下降,無法滿足實際的需要。解決光源問題的方案有三維圖型人臉辨識和熱成像人臉辨識,但這兩種技術還遠不成熟,辨識效果不盡人意。

迅速發展起來的一種解決方案以主動近紅外圖型為基礎的多光源人臉辨識技術。它可以克服光線變化的影響,已經獲得了卓越的辨識性能,在精度、穩定性和速度方面的整體性能超過三維圖型人臉辨識。這項技術在近兩三年發展迅速,使人臉辨識技術逐漸走向實用化。

人臉與人體的其他生物特徵 (指紋、虹膜等) 一樣與生俱來,它的唯一性和不易被複製的良好特性為身份鑑別提供了必要的前提,與其他類型的生物辨識比較,人臉辨識具有以下特點:

非強制性:使用者不需要專門配合人臉擷取裝置,幾乎在無意識的狀態下就可獲取人臉圖型,這樣的取樣方式沒有「強制性」;

非接觸性:使用者不需要和裝置直接接觸就能獲取人臉圖型;

併發性:在實際應用場景下可以進行多個人臉的分揀、判斷及辨識;

除此之外,還符合視覺特性:「以貌識人」的特性,以及操作簡單、結果直觀、隱蔽性好等特點。

2. 辨識流程

人臉辨識系統主要包括 4 個組成部分,分別為人臉圖型擷取及檢測、人臉圖型前置處理、人臉圖型特徵提取,以及人臉圖型匹配與辨識。

1) 人臉圖型擷取及檢測

人臉圖型擷取:不同的人臉圖型都能透過攝影鏡頭擷取下來,例如靜態圖型、動態圖型、不同的位置、不同表情等方面都可以得到很好的擷取。當使用者在擷取裝置的拍攝範圍內時，擷取裝置會自動搜索並拍攝使用者的人臉圖型。

人臉檢測：人臉檢測在實際應用中主要用於人臉辨識的前置處理，即在圖型中準確標定出人臉的位置和大小。人臉圖型中包含的模式特徵十分豐富，如長條圖特徵、顏色特徵、範本特徵、結構特徵及 Haar 特徵等。人臉檢測就是把這其中有用的資訊挑選出來，並利用這些特徵實現人臉檢測。

主流的人臉檢測方法以以上特徵為基礎，採用 Adaboost 學習演算法，Adaboost 演算法是一種用來分類的方法，它把一些比較弱的分類方法合在一起，組合出新的很強的分類方法。

人臉檢測過程中使用 Adaboost 演算法挑選出一些最能代表人臉的矩形特徵 (弱分類器)，按照加權投票的方式將弱分類器構造為一個強分類器，再將訓練得到的許多強分類器串聯組成一個串聯結構的層疊分類器，以此有效地提高分類器的檢測速度。

2) 人臉圖型前置處理

人臉圖型前置處理：對於人臉的圖型前置處理是以人臉檢測結果為基礎的，對圖型進行處理並最終服務於特徵提取的過程。系統獲取的原始圖型由於受到各種條件的限制和隨機干擾，往往不能直接使用，必須在影像處理的早期階段對它進行灰階校正、雜訊過濾等圖型前置處理。對於人臉圖型而言，其前置處理過程主要包括人臉圖型的光線補償、灰階變換、長條圖均衡化、歸一化、幾何校正、濾波，以及銳化等。

3) 人臉圖型特徵提取

人臉圖型特徵提取：人臉辨識系統可使用的特徵通常分為視覺特徵、像素統計特徵、人臉圖型變換係數特徵和人臉圖型代數特徵等。人臉特徵提取就是針對人臉的某些特徵進行的。人臉特徵提取，也稱人臉表徵，它是對人臉進行特徵建模的過程。人臉特徵提取的方法歸納起來分為兩大類：一類是以知識為基礎的表徵方法；另一類是以代數特徵或統計學習為基礎的表徵方法。

以知識為基礎的表徵方法主要是根據人臉器官的形狀描述，以及它們之間的距離特性來獲得有助人臉分類的特徵資料，其特徵分量通常包括特徵點間的歐氏距離、曲率和角度等。人臉由眼睛、鼻子、嘴、下巴等局部組成，對這些局部和它們之間結構關係的幾何描述，可作為辨識人臉的重要特徵，這些特徵被稱為幾何特徵。以知識為基礎的人臉表徵主要包括以幾何特徵為基礎的方法和範本匹配法。

4) 人臉圖型匹配與辨識

人臉圖型匹配與辨識：提取的人臉圖型的特徵資料與資料庫中儲存的特徵範本進行搜索匹配，設定一個閾值，當相似度超過這一閾值，則把匹配得到的結果輸出。人臉辨識就是將待辨識的人臉特徵與已得到的人臉特徵範本進行比較，根據相似程度對人臉的身份資訊進行判斷。這一過程又分為兩類：一類是確認，是一對一進行圖型比較的過程，另一類是辨認，是一對多進行圖型匹配比較的過程。

3. 演算法原理

主流的人臉辨識技術基本上可以歸結為 3 類，即以幾何特徵為基礎的方法、以範本為基礎的方法和以模型為基礎的方法。以幾何特徵為基礎的方法是最早、最傳統的方法，通常需要和其他演算法結合才能有比較好的效果；以範本為基礎的方法可以分為以相關匹配為基礎的方法、特徵臉方法、線性判別分析方法、奇異值分解方法、神經網路方法和動態連接匹配方法等；以模型為基礎的方法則有以隱瑪律柯夫模型、主動形狀模型和主動外觀模型為基礎的方法等。

1) 以幾何特徵為基礎的方法

人臉由眼睛、鼻子、嘴巴、下巴等器官組成，正因為這些器官在形狀、大小和結構上的各種差異才使得世界上的人臉差別很大，因此對這些器官的形狀和結構關係的幾何描述，可以作為人臉辨識的重要特徵。幾何特徵最早用於人臉側面輪廓的描述與辨識，首先根據側面輪廓曲線確定許多顯著點，並由這些顯著點匯出一組用於辨識的特徵度量如距離、角度等。Jia 方法等由正面灰階圖中線附近的積分投影模擬側面輪廓圖是一種很有新意的方法。

採用幾何特徵進行正面人臉辨識一般是透過提取人眼、口、鼻等重要特徵點的位置和幾何形狀作為分類特徵，但 Roder 對幾何特徵提取的精確性進行了實驗性的研究，結果不容樂觀。

可變形範本法可以視為幾何特徵方法的一種改進，其基本思想是設計一個參數可調的器官模型 (即可變形範本)，定義一個能量函數，透過調整模型參數使能量函數最小化，此時的模型參數即作為該器官的幾何特徵。

這種方法思想很好，但是存在兩個問題，一是能量函數中各種代價的加權係數只能由經驗確定，難以推廣；二是能量函數最佳化過程十分耗時，難以實際應用。以參數為基礎的人臉表示可以實現對人臉顯著特徵的高效描述，但它需要大量的前處理和精細的參數選擇。同時，採用一般幾何特徵只描述了器官的基本形狀與結構關係，忽略了局部細微特徵，造成部分資訊的遺失，此方法更適合於做粗分類，而且目前已有的特徵點檢測技術在精確率上還遠不能滿足要求，計算量也較大。

2) 局部特徵分析方法 (Local Face Analysis)

主元子空間的表示是緊湊的，特徵維數大大降低，但它是非局部化的，其核心函數的支集擴充在整個座標空間中是非拓撲的，某個軸投影後臨近的點與原圖型空間中點的臨近性沒有任何關係，而局部性和拓撲性對模式分析和分割是理想的特性，似乎這更符合神經資訊處理的機制，因此尋找具有這種特性的表達十分重要。以這種考慮為基礎，Atick 提出以局部特徵為基礎的人臉特徵提取與辨識方法。這種方法在實際應用中獲得了很好的效果，它組成了 FaceIt 人臉辨識軟體的基礎。

3) 特徵臉方法 (Eigenface 或 PCA)

特徵臉方法是 90 年代初期由 Turk 和 Pentland 提出的目前最流行的演算法之一，具有簡單有效的特點，也稱為以主成分分析 (Principal Component Analysis 為基礎，簡稱 PCA) 的人臉辨識方法。

特徵臉技術的基本思想是從統計的觀點尋找人臉圖型分佈的基本元素，即人臉圖型樣本集協方差矩陣的特徵向量，以此近似地表徵人臉圖型。這些特徵向量稱為特徵臉 (Eigenface)。

實際上，特徵臉反映了隱含在人臉樣本集合內部的資訊和人臉的結構關係。將眼睛、面頰、下頷的樣本集協方差矩陣的特徵向量稱為特徵眼、特徵頷和特徵唇，統稱特徵子臉。特徵子臉在對應的圖型空間中生成子空間，稱為子臉空間。計算出測試圖型視窗在子臉空間的投影距離，若視窗圖型滿足閾值比較條件，則判斷其為人臉。

以特徵分析為基礎的方法，也就是將人臉基準點的相比較率和其他描述人臉臉部特徵的形狀參數或類別參數等一起組成辨識特徵向量，這種以整體臉為基礎的辨識不僅保留了人臉器官之間的拓撲關係，而且也保留了各器官本身的資訊，而以器官為基礎的辨識則是透過提取出局部輪廓資訊及灰階資訊來設計具體辨識演算法。現在 PCA 演算法已經與經典的範本匹配演算法一起成為測試人臉辨識系統性能的基準演算法，而自 1991 年特徵臉技術誕生以來，研究者了各種各樣的實驗和理論分析，FERET'96 測試結果也表明，改進的特徵臉演算法是主流的人臉辨識技術，也是具有最好性能的辨識方法之一。

該方法先確定眼虹膜、鼻翼、嘴角等面相五官輪廓的大小、位置、距離等屬性，然後再計算出它們的幾何特徵量，而這些特徵量形成描述該面相的特徵向量。其技術的核心實際為「局部人體特徵分析」和「圖形 / 神經辨識演算法。」這種演算法是利用人體面部各器官及特徵部位的方法，如對應幾何關係多資料形成辨識參數與資料庫中所有的原始參數進行比較、判斷與確認。Turk 和 Pentland 提出特徵臉的方法，它根據一組人臉訓練圖型構造主元子空間，由於主元具有臉的形狀，也稱為特徵臉，辨識時將測試圖型投影到主元子空間上，得到一組投影係數，和各個已知人的人臉圖型比較進行辨識。Pentland 等報告了相當好的結果，在 200 個人的 3000 幅圖型中得到 95% 的正確辨識率，在 FERET 資料庫上對 150 幅正面人臉圖型只有一個誤判，但系統在進行特徵臉方法之前需要做大量前置處理工作，如歸一化等。

在傳統特徵臉的基礎上，研究者注意到特徵值大的特徵向量 (即特徵臉) 並不一定是分類性能好的方向，據此發展了多種特徵 (子空間) 選擇方法，如 Peng 的雙子空間方法、Weng 的線性問題分析方法、Belhumeur 的 FisherFace 方法等。事實上，特徵臉方法是一種顯性主元分析人臉建模，一些線性自聯想、線性壓縮型 BP 網則為隱式的主元分析方法，它們都是把人臉表示為一些向量的加權和，這些向量是訓練集叉積陣的主特徵向量，Valentin 對此做了詳細討論。總之，特徵臉方法是一種簡單、快速、實用的以變換係數特徵為基礎的演算法，但由於它在本質上依賴於訓練集和測試集圖型的灰階相關性，而且要求測試圖型與訓練集比較像，所以它具有很大的局限性。

以 KL 變換為基礎的特徵人臉辨識方法基本原理：

KL 變換是圖型壓縮中的一種最佳正交變換，人們將它用於統計特徵提取，從而形成了子空間法模式辨識的基礎，若將 KL 變換用於人臉辨識，則需假設人臉處於低維線性空間，且不同人臉具有可分性，由於高維圖型空間 KL 變換後可得到一組新的正交基底，因此可透過保留部分正交基底，以生成低維人臉空間，而低維空間的基則是透過分析人臉訓練樣本集的統計特性來獲得，KL 變換生成的矩陣可以是訓練樣本集的整體散佈矩陣，也可以是訓練樣本集的類間散佈矩陣，即可採用同一人的數張圖型的平均來進行訓練，這樣可在一定程度上消除光線等的干擾，且計算量也得到減少，而辨識率不會下降。

4) 以彈性模型為基礎的方法

Lades 等人針對扭曲不變性的物體辨識提出了動態連結模型 (DLA)，將物體用稀疏圖形來描述，其頂點用局部能量譜的多尺度描述來標記，邊則表示拓撲連接關係並用幾何距離來標記，然後應用塑性圖形匹配技術來尋找最近的已知圖形。Wiscott 等人在此基礎上做了改進，用 FERET 圖型資料庫做實驗，用 300 幅人臉圖型和另外 300 幅圖型做比較，準確率達到 97.3%，此方法的缺點是計算量非常巨大。

Nastar 將人臉圖型 I(x，y) 建模為可變形的 3D 網格表面 (x，y，I(x，y))，從而將人臉匹配問題轉化為可變形曲面的彈性匹配問題。利用有限元分析的方法進行曲面變形，並根據變形的情況判斷兩張圖片是否為同一個人。這種方法的特點是將空間 (x，y) 和灰階 I(x,y) 放在了一個 3D 空間中同時考慮，實驗表明辨識結果明顯優於特徵臉方法。

Lanitis 等提出靈活表現模型方法，透過自動定位人臉的顯著特徵點將人臉編碼為 83 個模型參數，並利用辨別分析的方法進行以形狀資訊為基礎的人臉辨識。彈性圖匹配技術是一種以幾何特徵和為基礎對灰階分佈資訊進行小波紋理分析相結合的辨識演算法，由於該演算法較好地利用了人臉的結構和灰階分佈資訊，而且還具有自動精確定位面部特徵點的功能，因而具有良好的辨識效果，適應性強，辨識率較高，該技術在 FERET 測試中許多指標名列前茅，其缺點是複雜度高，速度較慢，實現複雜。

5) 神經網路方法 (Neural Networks)

類神經網路是一種非線性動力學系統，具有良好的自我組織、自我調整能力。目前神經網路方法在人臉辨識中的研究方興未艾。Valentin 提出一種方法，首先提取人臉的 50 個主元，然後用自相關神經網路將它映射到 5 維空間中，再用一個普通的多層感知器進行判別，對一些簡單的測試圖型效果較好；Intrator 等提出了一種用混合型神經網路來進行人臉辨識的方法，其中非監督神經網路用於特徵提取，而監督神經網路用於分類。Lee 等將人臉的特點用 6 筆規則描述，然後根據這 6 筆規則進行五官的定位，將五官之間的幾何距離輸入模糊神經網路進行辨識，效果較一般的以歐氏距離為基礎的方法有較大改善，

Laurence 等採用卷積神經網路方法進行人臉辨識，由於卷積神經網路中整合了相鄰像素之間的相關性知識，從而在一定程度上獲得了對圖型平移、旋轉和局部變形的不變性，因此得到非常理想的辨識結果，Lin 等提出了以機率決策為基礎的神經網路方法 (PDBNN)，其主要思想是採用虛擬 (正反例) 樣本進行強化和反強化學習，從而得到較為理想的機率估計結果，並採用模組化的網路結構 (OCON) 加快網路的學習。這種方法在人臉檢測、人臉定位和人臉辨識的各個步驟上都獲得了較好的應用，其他研究還有 Dai 等提出用 Hopfield 網路進行低解析度人臉聯想與辨識，Gutta 等提出將 RBF 與樹狀分類器結合起來進行人臉辨識的混合分類器模型，Phillips 等人將 Matching Pursuit 濾波器用於人臉辨識，採用統計學習理論中的支撐向量機進行人臉分類。

神經網路方法在人臉辨識上的應用比起前述幾類方法來有一定的優勢，因為對人臉辨識的許多規律或規則進行顯性描述是相當困難的，而神經網路方法則可以透過學習的過程獲得對這些規律和規則的隱性表達，它的適應性更強，一般也比較容易實現，因此類神經網路辨識速度快，但辨識率低，而神經網路方法通常需要將人臉作為一個一維向量輸入，因此輸入節點龐大，其辨識過程中的重要目標就是降維處理。

PCA 演算法利用主元分析法進行辨識是由 Anderson 和 Kohonen 提出的。由於 PCA 在將高維向量向低維向量轉化時，使低維向量各分量的方差最大，且各分量互不相關，因此可以達到最佳的特徵取出。

6) 隱馬可夫模型方法 (Hidden Markov Model)

隱馬可夫模型是用於人臉辨識的統計工具，可與神經網路結合使用。它在訓練偽 2D HMM 的神經網路中生成。該 2D HMM 的輸入即是 ANN 的輸出，它為演算法提供了適當的降維。

7) Gabor 小波變換 + 圖形匹配

精確取出面部特徵點，以及以 Gabor 引擎為基礎的匹配演算法，具有較好的準確性，能夠排除由於面部姿態、表情、髮型、眼鏡、照明環境等帶來的變化。

Gabor 濾波器將 Gaussian 網路函數限制為一個平面波的形狀，並且在濾波器設計中有優先方位和頻率的選擇，表現為對線條邊緣反應敏感，但該演算法的辨識速度很慢，只適合於錄影資料的重播辨識，對於現場辨識的適應性很差。

8) 人臉等密度線分析匹配方法

多重範本匹配方法是在資料庫中存貯許多標準面相範本或面相器官範本，在進行比對時，將取樣面相所有像素與資料庫中所有範本採用歸一化相關量度量進行匹配。

線性判別分析方法包括本征臉法。本征臉法將圖型看作矩陣，計算特徵值和對應的本征向量作為代數特徵進行辨識，具有無須提取眼、嘴、鼻等幾何特徵的優點，但在對單樣本識時辨識率不高，且在人臉模式數較大時計算量大。

9) 特定人臉子空間 (FSS) 演算法

該技術來自特徵臉人臉辨識方法，但在本質上區別於傳統的「特徵臉」人臉辨識方法。「特徵臉」方法中所有人共有一個人臉子空間，而該方法則為每一個體人臉建立一個該個體物件所私有的人臉子空間，從而不但能夠更進一步地描述不同個體人臉之間的差異性，而且最大可能地擯棄了對辨識不利的類內差異性和雜訊，因而比傳統的「特徵臉演算法」具有更好的判別能力。另外，針對每個待辨識個體只有單一訓練樣本的人臉辨識問題，提出了一種以單一樣本生成多個訓練樣本為基礎的技術，從而使得需要多個訓練樣本的個體人臉子空間方法可以適用於單訓練樣本人臉辨識問題。

10) 奇異值分解 (Singular Value Decomposition, 簡稱 SVD)

奇異值分解是一種有效的代數特徵提取方法，由於奇異值特徵在描述圖型時是穩定的，且具有轉置不變性、旋轉不變性、位移不變性和映像檔變換不變性等重要性質，因此奇異值特徵可以作為圖型的一種有效的代數特徵描述。奇異值分解技術已經在圖像資料壓縮、訊號處理和模式分析中獲得了廣泛應用。

8.2.2 人臉辨識應用場景 [58]

隨著科技的發展，人臉辨識技術也迅速發展，並廣泛應用於各個產業，例如商鋪的客流統計、無人售貨櫃的刷臉支付、公共汽車 / 道路的安全監控、公司人臉辨識考勤等。相信在不久的將來，人臉辨識會普及於各行各業，下面列舉一些經典應用場景。

1. 無人零售店、便利商店、生活超市、連鎖超市

客流統計應用：在商鋪各主要進出口通道安裝人臉辨識攝影機，對進入人員數量進行統計，對人員性別、年齡進行統計，提供一手的人員資訊。

客流方向統計應用：在通道路口安裝人臉辨識攝影機，抓拍人臉的移動方向，對人流方向進行統計，方便對通道進行科學的控管和對商品展示策略進行調整。

客流熱區統計應用：在指定的通道或櫃檯安裝人臉辨識攝影機，對進入通道和來到櫃檯的人員數量進行統計，得出每個通道和櫃檯的來往人員數量，以此區分熱門區域和冷門區域。

人員預警應用：在櫃檯安裝人臉辨識攝影機，對來往客人進行類別辨識並提醒，如對 VIP 客人可以提醒服務人員重點照顧，如果為異常人員 (如小偷) 則可以提醒服務人員留心，也可以對陌生人員進到某一區域 (如收銀台，倉庫等) 進行預警。

遠端巡店應用：支援 7×24 小時視訊錄影及重播與遠端即時視訊巡店，隨時隨地了解店鋪的狀況，包括治安和人員活動情況。

2. 公車、火車站、酒店、人流量密集區域、閘機、關卡、酒吧、網咖

在公車、火車站、酒店等人員經常出入場所的出入口安裝人臉辨識攝影機，對出入人員抓拍人臉並辨識查證，將抓拍人員圖片或辨識結果上傳公安網路，為公安提供可靠的人員資訊。店鋪、賓館酒店、出租屋等場所可以對不同人員做自己的標識分類 (如 VIP、本出租屋人員、黑名單人員等)，進行預告或預警，並採取對應的控管措施。

可 7×24 小時視訊錄影及重播，並遠端即時視訊巡查，如店鋪治安等，對於商家又可以遠端巡店，隨時隨地了解店鋪的狀況，包括治安和人員活動情況。

3. 社區、出租屋、公寓

非接觸辨識方便使用，人臉直觀辨識從源頭杜絕了疾病的傳播；現場人體面部特徵辨識也解決了門禁卡遺失或遺忘所帶來的安全隱憂。

4. 辦事大廳、醫院、售票廳

在售票、掛號等視窗前方安裝人臉辨識攝影機，對人員進行統計辨識，對階段時間內出現次數多的人員進行預警，重點追蹤，並經過確認後可將其相片歸類到 " 黃牛 " 標籤，當下次該人員出現時可以預警。

5. 校園、圖書館、幼稚園

門禁應用：在學校各個大門的人行通道安裝人臉辨識攝影機，連接電控鎖控制人行通道門的開、關。所有校內師生及其他工作人員都必須進行人臉登記，進出學校時進行人臉辨識，辨識成功後才可以進出校門。

宿舍管理應用：在每棟宿舍樓門口安裝人臉辨識攝影機，學生進出宿舍樓時進行人臉辨識，記錄每位學生的出入情況，對於陌生人抓拍上報，保證學生宿舍的安全。結合管理系統記錄和統計人臉辨識資料，根據人臉辨識記錄查詢學生的出入時間資訊，方便管理。

學生到課應用：學生上課時老師使用傳統的名冊點名簽到是一件很費時的事，如果認真點名，就會浪費很多時間，如果草草點名，又不夠公平，學生蹺課是老師最頭疼的事。在教室門口安裝人臉辨識攝影機，記錄學生到課時間，結合教務系統統計到課學生。

餐廳刷臉支付應用：結合原有的支付系統，在原有刷卡支付的基礎上增加刷臉認證支付。

幼稚園安全應用：在幼稚園門口或指定接送區域安裝人臉辨識攝影機，對來接小孩的人員進行人臉識，如果為陌生人員，將提醒老師或相關人員對該人員進行查證確認，確認安全後才讓其領走小孩。人臉辨識系統可以對小孩的家長和親人等相關人員的人臉註冊進入人臉資料庫，方便人臉辨識系統預警。

6. 辦公室、工廠、建築工地、閘機、關卡、出入口

對輸入的人臉圖型或視訊流，首先判斷其是否存在人臉，如果存在人臉，則進一步列出每個臉的位置、大小和各個主要面部器官的位置資訊，並依據這些資訊進一步提取每個人臉中所蘊含的身份特徵，將其與已知的人臉資料庫的人臉進行比較，從而辨識每個人臉的身份，進行考勤，從而解決代考勤問題真實記錄、加快考勤速度、減少忘記打卡要重補的現象。

8.2.3　人臉檢測與對齊 [59, 60]

近年來，人臉辨識技術獲得了高速的發展，但是人臉驗證和辨識在自然條件中應用仍然存在困難。FaceNet 可以直接將人臉影像對應到歐幾里德空間，空間距離的長度代表了人臉圖型的相似性。只要該映射空間生成，人臉辨識、驗證

和聚類等任務就可以輕鬆完成。該方法以深度卷積神經網路為基礎。FaceNet 在 LFW 資料集上準確率為 0.9963，在 YouTube Faces DB 資料集上準確率為 0.9512。

FaceNet 是一個通用的系統，可以用於人臉驗證 (是否是同一人？)、辨識 (這個人是誰？) 和聚類 (尋找類似的人？)。FaceNet 採用的方法是透過卷積神經網路學習將影像對應到歐幾里德空間。空間距離直接和圖片相似度相關：同一個人的不同圖型在空間中距離很小，不同人的圖型在空間中有較大的距離。只要該映射確定下來，相關的人臉辨識任務就變得很簡單。

當前存在的以深度神經網路為基礎的人臉辨識模型使用了分類層 (classification layer)：中間層為人臉圖型的向量映射，然後以分類層作為輸出層。這類方法的弊端是不直接和效率低。

與當前方法不同，FaceNet 直接使用以 triplets 為基礎的 LMNN(最大邊界近鄰分類) 的 loss 函數訓練神經網路，網路直接輸出為 128 維度的向量空間。我們選取的 triplets(三聯子) 包含兩個匹配臉部縮圖和一個非匹配的臉部縮圖，loss 函數目標是透過距離邊界區分正負類。

有兩類深度卷積神經網路。第一類為 Zeiler&Fergus 研究中使用的神經網路，我們在網路後面加了多個 1×1×d 卷積層；第二類為 Inception 網路。模型結構的末端使用 triplet loss 來直接分類。triplet loss 的啟發是傳統 loss 函數趨向於將有一類特徵的人臉影像對應到同一個空間，而 triplet loss 嘗試將一個個體的人臉圖型和其他人臉圖型分開。

triplets loss 模型的目的是將人臉圖型 X embedding 入 d 維度的歐幾里德空間。在該向量空間內，我們希望保證單一個體的圖型和該個體的其他圖型距離近，與其他個體的圖型距離遠。triplets 的選擇對模型的收斂非常重要。在實際訓練中，跨越所有訓練樣本來計算 argmin 和 argmax 是不現實的，還會由於錯誤標籤圖型導致訓練收斂困難。在實際訓練中，有兩種方法來進行篩選：第一，每隔 n 步，計算子集的 argmin 和 argmax；第二，線上生成 triplets，即在每個 mini-batch 中進行篩選 positive/negative 樣本。

下面我們就以 FaceNet 為基礎來做人臉檢測與對齊。

1. 人臉檢測與對齊原理

在說到人臉檢測時我們首先會想到利用 Haar 特徵和 Adaboost 分類器進行人臉

檢測，其檢測效果也是不錯的，但是目前人臉檢測的應用場景逐漸從室內延伸到室外，從單一限定場景發展到廣場、車站和地鐵口等場景，人臉檢測面臨的要求越來越高，例如人臉尺度多變、數量冗大、姿勢多樣，包括俯拍人臉、戴帽子和口罩等的遮擋、表情誇張、化妝偽裝、光源條件惡劣、解析度低，甚至連肉眼都較難區分等。在這樣複雜的環境下以 Haar 特徵為基礎的人臉檢測表現得不盡人意。隨著深度學習的發展，以深度學習為基礎的人臉檢測技術獲得了巨大的成功，在這一節我們將介紹 MTCNN 演算法，它是以卷積神經網路為基礎的一種高精度的即時人臉檢測和對齊技術。

架設人臉辨識系統的第一步就是人臉檢測，也就是在圖片中找到人臉的位置。在這個過程中輸入的是一張含有人臉的圖型，輸出的是所有人臉的矩形框。一般來說，人臉檢測應該能夠檢測出圖型中的所有人臉，不能有漏檢，更不能有錯檢。

獲得人臉之後，第二步我們要做的工作就是人臉對齊，由於原始圖型中的人臉可能存在姿態、位置上的差異，為了之後的統一處理，我們要把人臉 " 擺正 "。為此，需要檢測人臉中的關鍵點，例如眼睛的位置、鼻子的位置、嘴巴的位置和臉的輪廓點等。根據這些關鍵點可以使用仿射變換將人臉統一校準，以消除姿勢不同帶來的誤差。

MTCNN 演算法是一種以深度學習為基礎的人臉檢測和人臉對齊方法，它可以同時完成人臉檢測和人臉對齊的任務，相比於傳統的演算法，它的性能更好，檢測速度更快。

MTCNN 演算法包含 3 個子網路：Proposal Network(P-Net)、Refine Network(R-Net) 和 Output Network(O-Net)，這 3 個網路對人臉的處理依次從粗到細。

在使用這 3 個子網路之前，需要使用圖型金字塔將原始圖型縮放到不同的尺寸，然後將不同尺寸的圖型送入這 3 個子網路中進行訓練，其目的是為了可以檢測到不同大小的人臉，從而實現多尺度目標檢測。

1) P-Net 網路

P-Net 的主要目的是生成一些候選框，我們透過使用 P-Net 網路，對金字塔圖型上不同尺度下的圖型的每一個 12×12 區域都做一個人臉檢測 (實際上在使用卷積網路實現時，一般會把一張 h×w 的圖型送入 P-Net 中，最終得到的特徵圖的每一點都對應著一個大小為 12×12 的感受視野，但是並沒有遍歷每一個 12×12 的圖型)。

P-Net 的輸入是一個 12×12×3 的 RGB 圖型,在訓練的時候,該網路要判斷這個 12×12 的圖型中是否存在人臉,並且列出人臉框的回歸和人臉關鍵點定位。

在測試的時候輸出只有 N 個邊界框的 4 個座標資訊和 score,當然這 4 個座標資訊已經使用網路的人臉框回歸進行校正過了,score 可以看作分類的輸出 (即人臉的機率),如圖 8.5 所示。

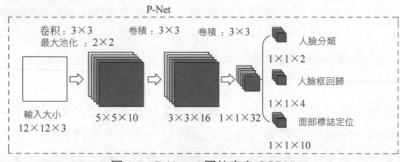

圖 8.5 P-Nnet (圖片來自 CSDN)

網路的第一部分輸出是用來判斷該圖型是否包含人臉,輸出向量大小為 1×1×2,也就是兩個值,即圖型是人臉的機率和圖型不是人臉的機率。這兩個值加起來嚴格等於 1,之所以使用兩個值來表示,是為了方便定義交叉熵損失函數。

網路的第二部分列出框的精確位置,一般稱為框回歸。P-Net 輸入的 12×12 的圖型塊可能並不是完美的人臉框位置,如有的時候人臉並不正好為方形,有可能 12×12 的圖型偏左或偏右,因此需要輸出當前框位置相對完美的人臉框位置的偏移。這個偏移大小為 1×1×4,即表示框左上角的水平座標的相對偏移,框左上角的垂直座標的相對偏移、框的寬度的誤差、框的高度的誤差。

網路的第三部分列出人臉的 5 個關鍵點的位置。5 個關鍵點分別對應著左眼的位置、右眼的位置、鼻子的位置、左嘴巴的位置和右嘴巴的位置。每個關鍵點需要兩維來表示,因此輸出向量大小為 1×1×10。

2) R-Net

由於 P-Net 在檢測時是比較粗略的,所以接下來使用 R-Net 進一步最佳化。

R-Net 和 P-Net 類似,不過這一步的輸入是前面 P-Net 生成的邊界框,不管實際邊界框的大小,在輸入 R-Net 之前,都需要縮放到 24×24×3,網路的輸出和 P-Net 是一樣的。這一步的目的主要是為了去除大量的非人臉框,如圖 8.6 所示。

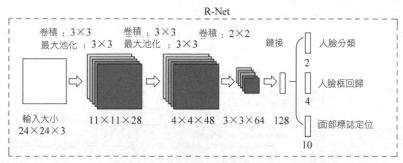

圖 8.6 R-Nnet(圖片來自 CSDN)

3) O-Net

進一步將 R-Net 所得到的區域放大到 48×48×3,輸入到最後的 O-Net,O-Net 的結構與 P-Net 類似,只不過在測試輸出的時候多了關鍵點位置的輸出。輸入大小為 48×48×3 的圖型,輸出包含 P 個邊界框的座標資訊、score,以及關鍵點位置,如圖 8.7 所示。

從 P-Net 到 R-Net,再到最後的 O-Net,網路輸入的圖型越來越大,卷積層的通道數越來越多,網路的深度也越來越深,因此辨識人臉的準確率應該也是越來越高的。同時 P-Net 網路的運行速度最快,R-Net 次之,O-Net 運行速度最慢。之所以使用 3 個網路,是因為一開始如果直接對圖型使用 O-Net 網路,速度會非常慢。實際上 P-Net 先做了一層過濾,將過濾後的結果再交給 R-Net 進行過濾,最後將過濾後的結果交給效果最好但是速度最慢的 O-Net 進行辨識。這樣在每一步都提前減少了需要判別的數量,有效地降低了計算的時間。

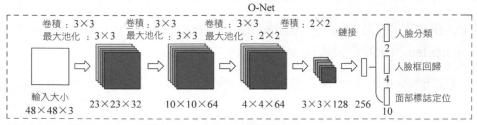

圖 8.7 O-Nnet (圖片來自 CSDN)

下面我們看一下人臉檢測和對齊的原始程式碼。

2. 人臉檢測與對齊核心原始程式實戰

首先讓我們看一下 FaceNet 的專案原始程式碼結構，如圖 8.8 所示。

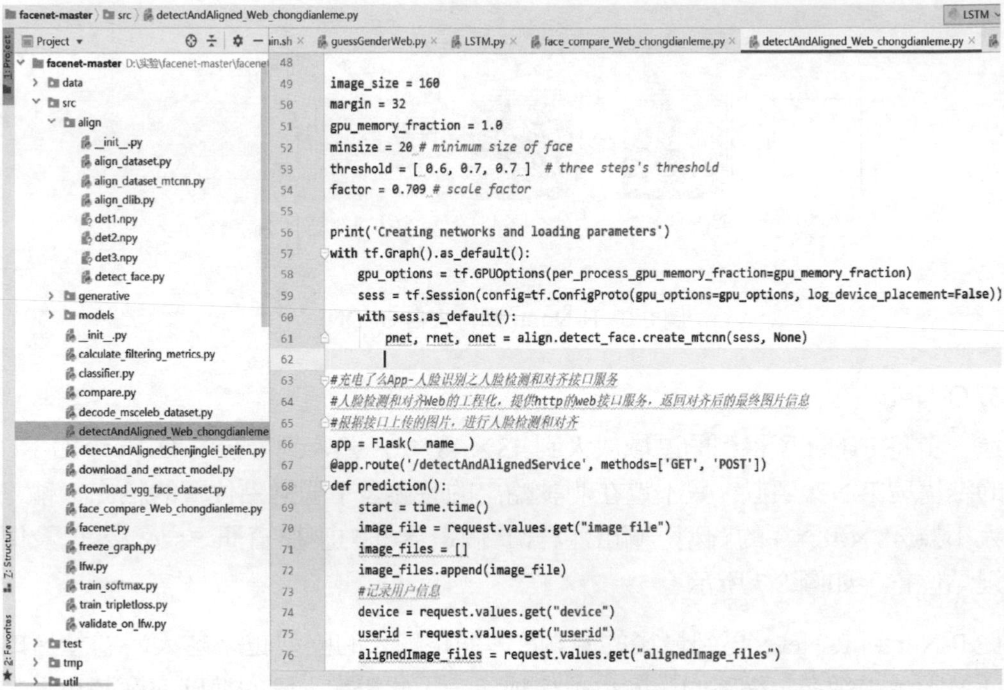

圖 8.8　FaceNet 程式目錄

align：以 MTCNN 為基礎的人臉檢測對齊核心程式
generative：FaceNet 的生成模型
models：訓練好的 FaceNet 模型
compare.py：人臉比對核心程式
face_compare_web_chongdianleme.py：人臉比對的 Web 服務 http 協定介面
align/detect_face.py：人臉檢測核心程式
detectAndAligned_Web_chongdianleme.py：人臉檢測和對齊的 Web 服務 http 協定介面

下 面 我 們 重 點 看 一 下 align/detect_face.py 和 detectAndAligned_Web_ chongdianleme.py 的程式實現。

下面是 align/detect_face.py 人臉檢測核心程式，如程式 8.1 所示。

【程式 8.1】detect_face.py

```
from __future__ import absolute_import
```

```python
from __future__ import division
from __future__ import print_function
from six import string_types, iteritems
import numpy as np
import tensorflow as tf
import cv2
import os
def layer(op):
''' 可組合網路層的裝飾器 '''


def layer_decorated(self, *args, **kwargs):
# 如果未提供，則自動設定 name 變數
name = kwargs.setdefault('name', self.get_unique_name(op.__name__))
# 找出這層的輸入
if len(self.terminals) == 0:
raise RuntimeError('No input variables found for layer %s.' % name)
elif len(self.terminals) == 1:
        layer_input = self.terminals[0]
else:
        layer_input = list(self.terminals)
# 執行操作並獲取輸出
layer_output = op(self, layer_input, *args, **kwargs)
# 增加到 LUT 層
self.layers[name] = layer_output
# 這個輸出現在是下一層的輸入
self.feed(layer_output)
# 返回 self
return self

return layer_decorated

class Network(object):

def __init__(self, inputs, trainable=True):
# 此網路的輸入節點
self.inputs = inputs
# 當前終端節點串列
self.terminals = []
# 從圖層名映射到圖層
self.layers = dict(inputs)
# 如果為 true，則結果變數設定為可訓練
self.trainable = trainable

self.setup()

def setup(self):
''' 建構網路 '''
raise NotImplementedError('Must be implemented by the subclass.')

def load(self, data_path, session, ignore_missing=False):
```

```
''' 載入網路權重

        data_path: numpy 序列化網路權重的路徑
        session: 當前的 TensorFlow 階段
        ignore_missing: 如果為 true, 則忽略缺少層的序列化權重
        '''
data_dict = np.load(data_path, encoding='latin1').item() #pylint: disable=no-
member


for op_name in data_dict:
with tf.variable_scope(op_name, reuse=True):
for param_name, data in iteritems(data_dict[op_name]):
try:
                    var = tf.get_variable(param_name)
                    session.run(var.assign(data))
except ValueError:
if not ignore_missing:
raise


    def feed(self, *args):
''' 透過替換終端節點為下一個操作設定輸入
    參數可以是圖層名或實際圖層
    '''
assert len(args) != 0
self.terminals = []
for fed_layer in args:
if isinstance(fed_layer, string_types):
try:
                    fed_layer = self.layers[fed_layer]
except KeyError:
raise KeyError('Unknown layer name fed: %s' % fed_layer)
self.terminals.append(fed_layer)
return self

def get_output(self):
''' 返回當期網路的輸出 '''
return self.terminals[-1]

def get_unique_name(self, prefix):
''' 返回指定字首的索引尾碼的唯一名稱
    這用於根據類型字首自動生成圖層名
    '''
ident = sum(t.startswith(prefix) for t, _ in self.layers.items()) + 1
return '%s_%d' % (prefix, ident)

def make_var(self, name, shape):
''' 創建一個新的 TensorFlow 變數 '''
return tf.get_variable(name, shape, trainable=self.trainable)

def validate_padding(self, padding):
```

```python
''' 驗證填充是否為受支援的填充之一 '''
assert padding in ('SAME', 'VALID')
@layer
def conv(self,
        inp,
        k_h,
        k_w,
        c_o,
        s_h,
        s_w,
        name,
        relu=True,
        padding='SAME',
        group=1,
        biased=True):
# 驗證填充是否可以接受
self.validate_padding(padding)
# 獲取輸入中的通道數
c_i = int(inp.get_shape()[-1])
# 驗證分組參數是否有效
assert c_i % group == 0
assert c_o % group == 0
# 指定輸入與核心的卷積
convolve = lambda i, k: tf.nn.conv2d(i, k, [1, s_h, s_w, 1], padding=padding)
with tf.variable_scope(name) as scope:
        kernel = self.make_var('weights', shape=[k_h, k_w, c_i // group, c_o])
# 這是常見的情況，卷積輸入沒有任何進一步的問題
output = convolve(inp, kernel)
# 增加偏置
if biased:
        biases = self.make_var('biases', [c_o])
        output = tf.nn.bias_add(output, biases)
if relu:
# 非線性的 ReLU 啟動函數
output = tf.nn.relu(output, name=scope.name)
return output

@layer
def prelu(self, inp, name):
with tf.variable_scope(name):
        i = int(inp.get_shape()[-1])
        alpha = self.make_var('alpha', shape=(i,))
        output = tf.nn.relu(inp) + tf.multiply(alpha, -tf.nn.relu(-inp))
return output

@layer
def max_pool(self, inp, k_h, k_w, s_h, s_w, name, padding='SAME'):
self.validate_padding(padding)
return tf.nn.max_pool(inp,
ksize=[1, k_h, k_w, 1],
```

```
strides=[1, s_h, s_w, 1],
padding=padding,
name=name)

@layer
def fc(self, inp, num_out, name, relu=True):
with tf.variable_scope(name):
        input_shape = inp.get_shape()
if input_shape.ndims == 4:
# 輸入是空的，先向量化
dim = 1
for d in input_shape[1:].as_list():
                dim *= int(d)
              feed_in = tf.reshape(inp, [-1, dim])
else:
              feed_in, dim = (inp, input_shape[-1].value)
            weights = self.make_var('weights', shape=[dim, num_out])
            biases = self.make_var('biases', [num_out])
            op = tf.nn.relu_layer if relu else tf.nn.xw_plus_b
            fc = op(feed_in, weights, biases, name=name)
return fc

"""
    多維 softmax,
    請參考 https://github.com/tensorflow/tensorflow/issues/210
    沿目標尺寸計算 softmax
    這裡的 softmax 僅支援批次大小 x 維度
    """
@layer
def softmax(self, target, axis, name=None):
    max_axis = tf.reduce_max(target, axis, keep_dims=True)
    target_exp = tf.exp(target-max_axis)
    normalize = tf.reduce_sum(target_exp, axis, keep_dims=True)
    softmax = tf.div(target_exp, normalize, name)
return softmax
'''
```

全稱為 Proposal Network，它是一個全卷積網路，所以 Input 可以是任意大小的圖片，用來傳入我們要 Inference 的圖片，但是這個時候 P-Net 的輸出不是 1×1 大小的特徵圖，而是一個 W×H 的特徵圖，每個特徵圖上的網格對應於我們上面所說的資訊 (2 個分類資訊，4 個回歸框資訊，10 個人臉輪廓點資訊)。W 和 H 大小的計算，可以根據卷積神經網路 W2=(W1-F+2P)/S+1,H2=(H1-F+2P)/S+1 的方式遞迴計算出來，當然對於 TensorFlow 可以直接在程式中列印出最後 Tensor 的維度。

```
'''
class PNet(Network):
def setup(self):
        (self.feed('data') #pylint: disable=no-value-for-parameter, no-member
.conv(3, 3, 10, 1, 1, padding='VALID', relu=False, name='conv1')
            .prelu(name='PReLU1')
            .max_pool(2, 2, 2, 2, name='pool1')
            .conv(3, 3, 16, 1, 1, padding='VALID', relu=False, name='conv2')
            .prelu(name='PReLU2')
```

```
            .conv(3, 3, 32, 1, 1, padding='VALID', relu=False, name='conv3')
            .prelu(name='PReLU3')
            .conv(1, 1, 2, 1, 1, relu=False, name='conv4-1')
            .softmax(3,name='prob1'))

        (self.feed('PReLU3') #pylint: disable=no-value-for-parameter
.conv(1, 1, 4, 1, 1, relu=False, name='conv4-2'))
'''
```

全稱為 Refine Network，其基本的構造是一個卷積神經網路，相對第一層的 P-Net 來說，增加了一個全連接層，因此對於輸入資料的篩選會更加嚴格。在圖片經過 P-Net 後，會留下許多預測視窗，我們將所有的預測視窗送入 R-Net，這個網路會濾除大量效果比較差的候選框，最後對選定的候選框進行 Bounding-Box Regression 和 NMS 進一步最佳化預測結果。

```
'''
class RNet(Network):
def setup(self):
        (self.feed('data') #pylint: disable=no-value-for-parameter, no-member
            .conv(3, 3, 28, 1, 1, padding='VALID', relu=False, name='conv1')
            .prelu(name='prelu1')
            .max_pool(3, 3, 2, 2, name='pool1')
            .conv(3, 3, 48, 1, 1, padding='VALID', relu=False, name='conv2')
            .prelu(name='prelu2')
            .max_pool(3, 3, 2, 2, padding='VALID', name='pool2')
            .conv(2, 2, 64, 1, 1, padding='VALID', relu=False, name='conv3')
            .prelu(name='prelu3')
            .fc(128, relu=False, name='conv4')
            .prelu(name='prelu4')
            .fc(2, relu=False, name='conv5-1')
            .softmax(1,name='prob1'))

(self.feed('prelu4') #pylint: disable=no-value-for-parameter
.fc(4, relu=False, name='conv5-2'))
'''
```

全稱為 Output Network，其基本結構是一個較為複雜的卷積神經網路，相對 R-Net 來說多了一個卷積層。O-Net 的效果與 R-Net 的區別在於這一層結構會透過更多的監督來辨識面部的區域，而且會對人的面部特徵點進行回歸，最終輸出 5 個人臉面部特徵點。

```
'''
class ONet(Network):
def setup(self):
        (self.feed('data') #pylint: disable=no-value-for-parameter, no-member
            .conv(3, 3, 32, 1, 1, padding='VALID', relu=False, name='conv1')
            .prelu(name='prelu1')
            .max_pool(3, 3, 2, 2, name='pool1')
            .conv(3, 3, 64, 1, 1, padding='VALID', relu=False, name='conv2')
            .prelu(name='prelu2')
            .max_pool(3, 3, 2, 2, padding='VALID', name='pool2')
            .conv(3, 3, 64, 1, 1, padding='VALID', relu=False, name='conv3')
            .prelu(name='prelu3')
            .max_pool(2, 2, 2, 2, name='pool3')
            .conv(2, 2, 128, 1, 1, padding='VALID', relu=False, name='conv4')
            .prelu(name='prelu4')
```

```
                .fc(256, relu=False, name='conv5')
                .prelu(name='prelu5')
                .fc(2, relu=False, name='conv6-1')
                .softmax(1, name='prob1'))

        (self.feed('prelu5') #pylint: disable=no-value-for-parameter
.fc(4, relu=False, name='conv6-2'))

        (self.feed('prelu5') #pylint: disable=no-value-for-parameter
.fc(10, relu=False, name='conv6-3'))
# 以訓練好為基礎的模型檔案目錄建立 MTCNN 人臉檢測模型
def create_mtcnn(sess, model_path):
if not model_path:
        model_path,_ = os.path.split(os.path.realpath(__file__))

with tf.variable_scope('pnet'):
        data = tf.placeholder(tf.float32, (None,None,None,3), 'input')
        pnet = PNet({'data':data})
        pnet.load(os.path.join(model_path, 'det1.npy'), sess)
with tf.variable_scope('rnet'):
        data = tf.placeholder(tf.float32, (None,24,24,3), 'input')
        rnet = RNet({'data':data})
        rnet.load(os.path.join(model_path, 'det2.npy'), sess)
with tf.variable_scope('onet'):
        data = tf.placeholder(tf.float32, (None,48,48,3), 'input')
        onet = ONet({'data':data})
        onet.load(os.path.join(model_path, 'det3.npy'), sess)

    pnet_fun = lambda img : sess.run(('pnet/conv4-2/BiasAdd:0', 'pnet/prob1:0'),
feed_dict={'pnet/input:0':img})
    rnet_fun = lambda img : sess.run(('rnet/conv5-2/conv5-2:0', 'rnet/prob1:0'),
feed_dict={'rnet/input:0':img})
    onet_fun = lambda img : sess.run(('onet/conv6-2/conv6-2:0', 'onet/conv6-3/
conv6-3:0', 'onet/prob1:0'), feed_dict={'onet/input:0':img})
return pnet_fun, rnet_fun, onet_fun
# 人臉檢測的函數
def detect_face(img, minsize, pnet, rnet, onet, threshold, factor):
#im: 輸入圖片
    #minsize: 最小化人臉尺寸
    #pnet, rnet, onet: caffemodel 模型
    #threshold: threshold=[th1 th2 th3], th1-3 是 3 個閾值
    #fastresize: 如果 fastresize==true，就從上一個比例調整 img 大小（用於高解析度圖型）
factor_count=0
    total_boxes=np.empty((0,9))
points=np.empty(0)
    h=img.shape[0]
    w=img.shape[1]
    minl=np.amin([h, w])
    m=12.0/minsize
    minl=minl*m
```

```
# 創建比例金字塔
scales=[]
# 滿足這個條件，即 min(h,w)>=minsize
while minl>=12:
        scales += [m*np.power(factor, factor_count)]
        minl = minl*factor
        factor_count += 1


# 第一階段
    # 若 min(h,w)==250，則有 8 個 scale，透過 (12/minsize)*250*factor^8<12 可了解為
250*factor^N<minsize, 求 N 即可
for j in range(len(scales)):
        scale=scales[j]
        hs=int(np.ceil(h*scale))
        ws=int(np.ceil(w*scale))
        im_data = imresample(img, (hs, ws))
        im_data = (im_data-127.5)*0.0078125
img_x = np.expand_dims(im_data, 0)
        img_y = np.transpose(img_x, (0,2,1,3))
# 第一層用 P-Net 模型預測
out = pnet(img_y)
        out0 = np.transpose(out[0], (0,2,1,3))
        out1 = np.transpose(out[1], (0,2,1,3))
boxes, _ = generateBoundingBox(out1[0,:,:,1].copy(), out0[0,:,:,:].copy(),
scale, threshold[0])


# 跨尺度 nms
'''
        最終輸出的 boundingbox 形如 (x,9)，其中前 4 位是 block 在原圖中的座標，第 5 位是判定為人
臉的機率，後 4 位是 boundingbox regression 的值。
        NMS(Non-Maximum Suppression)：在上述生成的 bb 中，找出判定為人臉機率最大的那個 bb，
計算出這個 bb 的面積，然後計算其餘 bb 與這個 bb 重疊面積的大小，用重疊面積除以兩個 bb 中面積較小
者 (Min)；兩個 bb 面積的總和 (Union)。
        如果這個值大於 threshold，那麼就認為這兩個 bb 框的是同一個地方，捨棄判定機率小的；如果
這個值小於 threshold，則認為兩個 bb 框的是不同地方，保留判定機率小的。重複上述過程，直到所有
bb 遍歷完成。
        將圖片按照所有的 scale 處理一遍後，會得到在原圖上以不同 scale 為基礎的所有 bb，然後對這
些 bb 再進行一次 NMS，並且這次 NMS 的 threshold 要提高。
        '''
pick = nms(boxes.copy(), 0.5, 'Union')
if boxes.size>0 and pick.size>0:
        boxes = boxes[pick,:]
        total_boxes = np.append(total_boxes, boxes, axis=0)


    numbox = total_boxes.shape[0]
if numbox>0:
        pick = nms(total_boxes.copy(), 0.7, 'Union')
# 因為 P-Net 的移動大小是 12×12，對於一種 scale，regw 和 regh 是差不多的
# 校準 bb，獲得了真真正正的、在原圖上 bb 的座標
total_boxes = total_boxes[pick,:]
```

```
        regw = total_boxes[:,2]-total_boxes[:,0]
        regh = total_boxes[:,3]-total_boxes[:,1]
        qq1 = total_boxes[:,0]+total_boxes[:,5]*regw
        qq2 = total_boxes[:,1]+total_boxes[:,6]*regh
        qq3 = total_boxes[:,2]+total_boxes[:,7]*regw
        qq4 = total_boxes[:,3]+total_boxes[:,8]*regh
        total_boxes = np.transpose(np.vstack([qq1, qq2, qq3, qq4, total_boxes[:,4]]))
#調整成正方形
total_boxes = rerec(total_boxes.copy())
        total_boxes[:,0:4] = np.fix(total_boxes[:,0:4]).astype(np.int32)
#把超過原圖邊界的座標剪裁一下
dy, edy, dx, edx, y, ey, x, ex, tmpw, tmph = pad(total_boxes.copy(), w, h)


    numbox = total_boxes.shape[0]
if numbox>0:
#第二階段
tempimg = np.zeros((24,24,3,numbox))
for k in range(0,numbox):
        tmp = np.zeros((int(tmph[k]),int(tmpw[k]),3))
#tmp 生成的圖片是高 × 寬的，R-Net 的輸入要求是寬 × 高，別忘記轉換
tmp[dy[k]-1:edy[k],dx[k]-1:edx[k],:] = img[y[k]-1:ey[k],x[k]-1:ex[k],:]
if tmp.shape[0]>0 and tmp.shape[1]>0 or tmp.shape[0]==0 and tmp.shape[1]==0:
        tempimg[:,:,:,k] = imresample(tmp, (24, 24))
else:
return np.empty()
        tempimg = (tempimg-127.5)*0.0078125
tempimg1 = np.transpose(tempimg, (3,1,0,2))
# 第二層用 R-Net
out = rnet(tempimg1)
        out0 = np.transpose(out[0])
        out1 = np.transpose(out[1])
        score = out1[1,:]
        ipass = np.where(score>threshold[1])
        total_boxes = np.hstack([total_boxes[ipass[0],0:4].copy(), np.expand_
dims(score[ipass].copy(),1)])
# 再根據 R-Net 預測出的回歸校準
mv = out0[:,ipass[0]]
if total_boxes.shape[0]>0:
        pick = nms(total_boxes, 0.7, 'Union')
        total_boxes = total_boxes[pick,:]
        total_boxes = bbreg(total_boxes.copy(), np.transpose(mv[:,pick]))
        total_boxes = rerec(total_boxes.copy())


    numbox = total_boxes.shape[0]
if numbox>0:
# 第三階段
total_boxes = np.fix(total_boxes).astype(np.int32)
        dy, edy, dx, edx, y, ey, x, ex, tmpw, tmph = pad(total_boxes.copy(), w, h)
        tempimg = np.zeros((48,48,3,numbox))
for k in range(0,numbox):
```

```
        tmp = np.zeros((int(tmph[k]),int(tmpw[k]),3))
        tmp[dy[k]-1:edy[k],dx[k]-1:edx[k],:] = img[y[k]-1:ey[k],x[k]-1:ex[k],:]
if tmp.shape[0]>0 and tmp.shape[1]>0 or tmp.shape[0]==0 and tmp.shape[1]==0:
        tempimg[:,:,:,k] = imresample(tmp, (48, 48))
else:
return np.empty()
        tempimg = (tempimg-127.5)*0.0078125
tempimg1 = np.transpose(tempimg, (3,1,0,2))
# 第三層用 O-Net
out = onet(tempimg1)
    out0 = np.transpose(out[0])
    out1 = np.transpose(out[1])
    out2 = np.transpose(out[2])
    score = out2[1,:]
    points = out1
    ipass = np.where(score>threshold[2])
    points = points[:,ipass[0]]
    total_boxes = np.hstack([total_boxes[ipass[0],0:4].copy(), np.expand_
dims(score[ipass].copy(),1)])
    mv = out0[:,ipass[0]]

    w = total_boxes[:,2]-total_boxes[:,0]+1
h = total_boxes[:,3]-total_boxes[:,1]+1
points[0:5,:] = np.tile(w,(5, 1))*points[0:5,:] + np.tile(total_boxes[:,0],(5,
1))-1
points[5:10,:] = np.tile(h,(5, 1))*points[5:10,:] + np.tile(total_boxes[:,1],(5,
1))-1
if total_boxes.shape[0]>0:
# 最後一個階段是先校準再 NMS，且採用 'Min' 的方式
total_boxes = bbreg(total_boxes.copy(), np.transpose(mv))
        pick = nms(total_boxes.copy(), 0.7, 'Min')
        total_boxes = total_boxes[pick,:]
        points = points[:,pick]

return total_boxes, points


#function [boundingbox] = bbreg(boundingbox,reg)
def bbreg(boundingbox,reg):
# 校準 bounding boxes
if reg.shape[1]==1:
    reg = np.reshape(reg, (reg.shape[2], reg.shape[3]))

    w = boundingbox[:,2]-boundingbox[:,0]+1
h = boundingbox[:,3]-boundingbox[:,1]+1
b1 = boundingbox[:,0]+reg[:,0]*w
    b2 = boundingbox[:,1]+reg[:,1]*h
    b3 = boundingbox[:,2]+reg[:,2]*w
    b4 = boundingbox[:,3]+reg[:,3]*h
    boundingbox[:,0:4] = np.transpose(np.vstack([b1, b2, b3, b4 ]))
return boundingbox
```

```
# 選取 map 中大於人臉閾值的點，映射到原圖片的視窗大小，預設 map 中的點對應輸入圖中的 12×12 的
視窗，最後要根據縮放比例映射到原圖
def generateBoundingBox(imap, reg, scale, t):
# 使用熱圖生成 bounding boxes
stride=2
cellsize=12

imap = np.transpose(imap)
    dx1 = np.transpose(reg[:,:,0])
    dy1 = np.transpose(reg[:,:,1])
    dx2 = np.transpose(reg[:,:,2])
    dy2 = np.transpose(reg[:,:,3])
# 返回的是另外兩維的序號
y, x = np.where(imap >= t)
# 只有一個機率 >threshold 的 block
if y.shape[0]==1:
# 上下翻轉
dx1 = np.flipud(dx1)
        dy1 = np.flipud(dy1)
        dx2 = np.flipud(dx2)
        dy2 = np.flipud(dy2)
# 取可能是人臉的 block 的機率值
score = imap[(y,x)]
    reg = np.transpose(np.vstack([ dx1[(y,x)], dy1[(y,x)], dx2[(y,x)],
dy2[(y,x)] ]))
if reg.size==0:
        reg = np.empty((0,3))
    bb = np.transpose(np.vstack([y,x]))
# 計算原圖中的位置
q1 = np.fix((stride*bb+1)/scale)
    q2 = np.fix((stride*bb+cellsize-1+1)/scale)
    boundingbox = np.hstack([q1, q2, np.expand_dims(score,1), reg])
return boundingbox, reg


#function pick = nms(boxes,threshold,type)
#NMS 抑制不是極大值的元素
#NMS 函數的作用：去掉 detection 任務重複的檢測框
def nms(boxes, threshold, method):
if boxes.size==0:
return np.empty((0,3))
    x1 = boxes[:,0]
    y1 = boxes[:,1]
    x2 = boxes[:,2]
    y2 = boxes[:,3]
    s = boxes[:,4]
    area = (x2-x1+1) * (y2-y1+1)
# 返回排序後的索引
I = np.argsort(s)
    pick = np.zeros_like(s, dtype=np.int16)
    counter = 0
```

```
while I.size>0:
     i = I[-1]
     pick[counter] = i
     counter += 1
idx = I[0:-1]
     xx1 = np.maximum(x1[i], x1[idx])
     yy1 = np.maximum(y1[i], y1[idx])
     xx2 = np.minimum(x2[i], x2[idx])
     yy2 = np.minimum(y2[i], y2[idx])
     w = np.maximum(0.0, xx2-xx1+1)
     h = np.maximum(0.0, yy2-yy1+1)
# 相交面積
inter = w * h
if method is 'Min':
         o = inter / np.minimum(area[i], area[idx])
else:
         o = inter / (area[i] + area[idx] - inter)
     I = I[np.where(o<=threshold)]
# 保留下來的 box 的序號
pick = pick[0:counter]
return pick

#function [dy edy dx edx y ey x ex tmpw tmph] = pad(total_boxes,w,h)
def pad(total_boxes, w, h):
# 計算填充座標 ( 將 bounding boxes 填充為正方形 )
tmpw = (total_boxes[:,2]-total_boxes[:,0]+1).astype(np.int32)
    tmph = (total_boxes[:,3]-total_boxes[:,1]+1).astype(np.int32)
    numbox = total_boxes.shape[0]

    dx = np.ones((numbox), dtype=np.int32)
    dy = np.ones((numbox), dtype=np.int32)
    edx = tmpw.copy().astype(np.int32)
    edy = tmph.copy().astype(np.int32)

    x = total_boxes[:,0].copy().astype(np.int32)
    y = total_boxes[:,1].copy().astype(np.int32)
    ex = total_boxes[:,2].copy().astype(np.int32)
    ey = total_boxes[:,3].copy().astype(np.int32)

    tmp = np.where(ex>w)
    edx.flat[tmp] = np.expand_dims(-ex[tmp]+w+tmpw[tmp],1)
    ex[tmp] = w

    tmp = np.where(ey>h)
    edy.flat[tmp] = np.expand_dims(-ey[tmp]+h+tmph[tmp],1)
    ey[tmp] = h

    tmp = np.where(x<1)
    dx.flat[tmp] = np.expand_dims(2-x[tmp],1)
    x[tmp] = 1
```

```
tmp = np.where(y<1)
    dy.flat[tmp] = np.expand_dims(2-y[tmp],1)
    y[tmp] = 1

return dy, edy, dx, edx, y, ey, x, ex, tmpw, tmph

#function [bboxA] = rerec(bboxA)
def rerec(bboxA):
# 將 bboxA 轉為正方形
h = bboxA[:,3]-bboxA[:,1]
  w = bboxA[:,2]-bboxA[:,0]
  l = np.maximum(w, h)
  bboxA[:,0] = bboxA[:,0]+w*0.5-l*0.5
bboxA[:,1] = bboxA[:,1]+h*0.5-l*0.5
bboxA[:,2:4] = bboxA[:,0:2] + np.transpose(np.tile(l,(2,1)))
return bboxA

def imresample(img, sz):
   im_data = cv2.resize(img, (sz[1], sz[0]), interpolation=cv2.INTER_AREA)
#@UndefinedVariable
return im_data
```

實際上，人臉檢測和對齊需要對外提供一個單獨的 Web 服務介面，對於 Python 來講推薦使用 Flask 的 Web 框架，雖然簡單，但對於做 Web 介面非常合適。Flask 是一個使用 Python 編寫的羽量級 Web 應用框架。它使用 Python 語言編寫，較其他同類型框架更為靈活、輕便、安全且容易上手。它可以極佳地結合 MVC 模式進行開發，開發人員分工合作，小型團隊在短時間內就可以完成功能豐富的中小型網站或 Web 服務。另外，Flask 還有很強的訂製性，使用者可以根據自己的需求來增加對應的功能，在保持核心功能簡單，同時實現功能的擴充，其強大的外掛程式庫可以讓使用者實現個性化的網站訂製，開發出功能強大的網站。

Flask 是目前十分流行的 Web 框架，它被稱為微框架（Micro Framework），「微」並不是表示把整個 Web 應用放入一個 Python 檔案裡，微框架中的「微」是指 Flask 旨在保持程式簡潔且易於擴充，Flask 框架的主要特徵是核心組成比較簡單，但具有很強的擴充性和相容性，程式設計師可以使用 Python 語言快速實現一個網站或 Web 服務。一般情況下，它不會指定資料庫和範本引擎等物件，使用者可以根據需要自己選擇各種資料庫。Flask 自身不會提供表單驗證功能，在專案實施過程中可以自由設定，從而為應用程式開發提供資料庫抽象層基礎元件，支援進行表單資料合法性驗證、檔案上傳處理、使用者身份認證和資料庫整合等功能。Flask 主要包括 Werkzeug 和 Jinja2 兩個核心函數程式庫，它們分別負責業務處理和安全方面的功能，這些基礎函數為 Web 專案開發提供了豐富的基礎元件。Werkzeug 函數庫十分強大，功能比較完善，支援 URL 路由請求整合，一次可以回應多個使用者的存取請求；支援 Cookie 和階段管理，透過身份快取資料建立長久連接關係，並提高使用者存取速度；支援互動式 JavaScript 偵錯，提高使用者體驗；可以處理 HTTP 基本交易，快速回應用戶端推送過來的存取請求。Jinja2 函數庫支援自動 HTML 轉移功能，能夠很好控制外部駭客的指令稿攻擊。系統運行速度很快，頁面載入過程會將原始程式編譯成 Python 位元組碼，從而實現範本的高效運行；範本繼承機制可以對範本內容進行修改和維護，為不同需求的使用者提供對應的範本。目前 Python 的 Web 框架有很多，除了 Flask，還有 Django、web2py 等框架。其中 Django 是目前 Python 的框架中使用度最高的，但是 Django 如同 Java 的 EJB (Enterprise Java Beans Java EE 伺服器端元件模型) 多被用於大型網站的開發，對於大多數的小型網站的開發，使用 SSH (Struts+Spring+Hibernat 的 Java EE 整合框架) 就可以滿足，和其他的羽量級框架相比較，Flask 框架有很好的擴充性，這是其他 Web 框架不可替代的。

讓我們看一下原始程式碼 detectAndAligned_Web_chongdianleme.py 的實現，如程式 8.2 所示。

【程式 8.2】detectAndAligned_web_chongdianleme.py

```
#
# 充電了麼 App——人臉辨識之人臉檢測和對齊介面服務：專案化處理
#
from __future__ import absolute_import
from __future__ import division
from __future__ import print_function
from datetime import datetime
import math
import time
import numpy as np
import tensorflow as tf
import os
import json
import csv
# 引入 flask 套件，Flask 是一個使用 Python 編寫的羽量級 Web 應用框架
from flask import Flask
from flask import request
import urllib
#pip3 install requests
```

```
import requests, urllib.request
from scipy import misc
import argparse
#facenet 是以 TensorFlow 為基礎的人臉辨識開放原始碼函數庫
import facenet
import align.detect_face

image_size = 160
margin = 32
gpu_memory_fraction = 1.0
minsize = 20 # 最小化人臉尺寸
threshold = [ 0.6, 0.7, 0.7 ]   #3 個閾值
factor = 0.709 # 比例因數

print('Creating networks and loading parameters')
with tf.Graph().as_default():
    gpu_options = tf.GPUOptions(per_process_gpu_memory_fraction=gpu_memory_
fraction)
    sess = tf.Session(config=tf.ConfigProto(gpu_options=gpu_options, log_device_
placement=False))
with sess.as_default():
    pnet, rnet, onet = align.detect_face.create_mtcnn(sess, None)

# 充電了麼 App——人臉辨識之人臉檢測和對齊介面服務
# 人臉檢測和對齊 Web 的專案化，提供 Http 的 Web 介面服務，返回對齊後的最終圖片資訊
# 根據介面上傳的圖片，進行人臉檢測和對齊
app = Flask(__name__)
@app.route('/detectAndAlignedService', methods=['GET', 'POST'])
def prediction():
    start = time.time()
    image_file = request.values.get("image_file")
    image_files = []
    image_files.append(image_file)
# 記錄使用者資訊
device = request.values.get("device")
    userid = request.values.get("userid")
    alignedImage_files = request.values.get("alignedImage_files")
imageType = request.values.get("imageType")
print("image_files:%s" % image_files)
print("device:%s"%device)
print("userid:%s" % userid)
print("alignedImage_files:%s"%alignedImage_files)
files = []
    nrof_samples = len(image_files)
    img_list = [None] * nrof_samples
for i in range(nrof_samples):
        img = misc.imread(os.path.expanduser(image_files[i]))
        img_size = np.asarray(img.shape)[0:2]
        bounding_boxes, _ = align.detect_face.detect_face(img, minsize, pnet,
rnet, onet, threshold, factor)
```

```
        det = np.squeeze(bounding_boxes[0, 0:4])
        bb = np.zeros(4, dtype=np.int32)
        bb[0] = np.maximum(det[0] - margin / 2, 0)
        bb[1] = np.maximum(det[1] - margin / 2, 0)
        bb[2] = np.minimum(det[2] + margin / 2, img_size[1])
        bb[3] = np.minimum(det[3] + margin / 2, img_size[0])
        cropped = img[bb[1]:bb[3], bb[0]:bb[2], :]
# 人臉對齊
aligned = misc.imresize(cropped, (image_size, image_size), interp='bilinear')
        prewhitened = facenet.prewhiten(aligned)
        img_list[i] = prewhitened
        images = np.stack(img_list)


    i = 0
for im in images:
        misc.imsave(alignedImage_files.replace(".","_"+str(i)+"_."),im)
        i = i + 1
end = time.time()
    times = str(end - start)
    result = {"i": i,"times": times}
    out = json.dumps(result, ensure_ascii=False)
print("out={0}".format(out))
return out


if __name__ == '__main__':
# 指定 IP 位址和通訊埠編號
app.run(host='172.17.100.216', port=8816)
```

我們在伺服器上部署的話，應該怎麼去運行它呢？指令稿程式如下：

```
# 首先我們創建一個 shell 指令稿
vim detectAndAlignedService.sh
python3 detectAndAligned_Web_chongdianleme.py
# 然後 :wq 保存
# 對 detectAndAlignedService.sh 指令稿授權可執行許可權
sudo chmod 755 detectAndAlignedService.sh
# 然後再創建一個以後台方式運行的 shell 指令稿
vim nohupdetectAndAlignedService.sh
nohup /home/hadoop/chongdianleme/detectAndAlignedService.sh >detect.log 2>&1 &
# 然後 :wq 保存
# 同樣對 nohupdetectAndAlignedService.sh 指令稿授權可執行許可權
sudo chmod 755 nohupdetectAndAlignedService.sh
# 最後運行 sh nohupdetectAndAlignedService.sh 指令稿啟動以 Flask 為基礎的人臉檢測和對齊
服務介面
```

啟動完成後，就可以在瀏覽器位址裡輸入 URL 存取我們的服務了。

http://172.17.100.216:8816/detectAndAlignedService?image_file=/home/hadoop/
chongdianleme/test.jpg&alignedImage_files=/home/hadoop/chongdianleme/

aligned.jpg

這個就是一個介面服務，其他系統或 PHP、Java Web 網站都可以呼叫這個介面，傳入原始圖片，返回檢測到的人臉對齊圖片。

人臉檢測和對齊是第一步，是為後面人臉比對打基礎，下面我們看一看人臉比對的程式。

8.2.4 人臉辨識比對 [60]

人臉辨識比對的過程是計算兩個人臉之間的歐氏距離，然後可以歸一化 0 到 1 的小數值，算一個相似度。相似度達到指定閾值的就被認為是同一個人。人臉辨識的過程是輸入的一張人臉圖片和資料庫中其他圖片比對的過程。

1. FaceNet 的核心比對程式 compare.py

透過比對我們可以得到兩個人臉圖片之間的歐氏距離，進而就知道了兩個人臉的相似程度。運行 compare.py 的以下指令稿，輸入兩個人臉圖片，設定好參數。指令稿程式如下：

```
python3 compare.py /home/hadoop/chongdianleme/facenet/src/models/20170512-110547
/home/hadoop/chongdianleme/testimage/test1.jpg /home/hadoop/chongdianleme/test/
test2.jpg --image_size 160 --margin 32
```

關鍵參數是指定 FaceNet 模型目錄和比對的兩個圖片路徑。我們看一看 compare.py 的核心程式，如程式 8.3 所示。

【程式 8.3】compare.py

```python
from __future__ import absolute_import
from __future__ import division
from __future__ import print_function

from scipy import misc
import tensorflow as tf
import numpy as np
import sys
import os
import argparse
import facenet
import align.detect_face

def main(args):
print("image_files: %s"%args.image_files)
```

```python
print("image_size: %s" % args.image_size)
print("margin: %s" % args.margin)
print("gpu_memory_fraction: %s" % args.gpu_memory_fraction)
    images = load_and_align_data(args.image_files, args.image_size, args.margin,
args.gpu_memory_fraction)
    i = 0
for im in images:
        misc.imsave("laoren"+str(i)+".jpg",im)
        i = i + 1
with tf.Graph().as_default():
with tf.Session() as sess:
# 載入 FaceNet 模型目錄檔案，之後直接使用記憶體變數即可
facenet.load_model(args.model)
# 獲取輸入和輸出張量
images_placeholder = tf.get_default_graph().get_tensor_by_name("input:0")
        embeddings =
tf.get_default_graph().get_tensor_by_name("embeddings:0")
        phase_train_placeholder =
tf.get_default_graph().get_tensor_by_name("phase_train:0")

# 計算嵌入的前向傳遞
feed_dict = { images_placeholder: images, phase_train_placeholder:False }
        emb = sess.run(embeddings, feed_dict=feed_dict)

        nrof_images = len(args.image_files)

print('Images:')
for i in range(nrof_images):
print('%1d: %s' % (i, args.image_files[i]))
print('')

# 列印距離矩陣
print('Distance matrix')
print('', end='')
for i in range(nrof_images):
print('%1d' % i, end='')
print('')
for i in range(nrof_images):
print('%1d' % i, end='')
for j in range(nrof_images):
            dist = np.sqrt(np.sum(np.square(np.subtract(emb[i,:], emb[j,:]))))
print('%1.4f ' % dist, end='')
print('')
print("emb[0,:] {0}".format(emb[0,:]))
print("emb[1,:] {0}".format(emb[1, :]))
        subtractf = np.subtract(emb[0,:], emb[1,:])
print("subtractf {0}".format(subtractf))
        squaref = np.square(subtractf)
print("square {0}".format(squaref))
        sumf = np.sum(squaref)
```

```python
print("sumf {0}".format(sumf))
        sqrtf = np.sqrt(sumf)
print("sqrtf {0}".format(sqrtf))
print("linalg {0}".format(np.linalg.norm(subtractf)))
print("sim {0}".format(1.0 / (1.0 + sqrtf)))   # 相似度的歸一化


def load_and_align_data(image_paths, image_size, margin, gpu_memory_fraction):

    minsize = 20                        # 最小化人臉尺寸
threshold = [ 0.6, 0.7, 0.7 ]       #3 個閾值
factor = 0.709                      # 比例因數


print('Creating networks and loading parameters')
with tf.Graph().as_default():
# 設定使用 GPU 參數
gpu_options = tf.GPUOptions(per_process_gpu_memory_fraction=gpu_memory_fraction)
    sess = tf.Session(config=tf.ConfigProto(gpu_options=gpu_options, log_device_
placement=False))
with sess.as_default():
# 創建 MTCNN 網路，Proposal Network(P-Net)、Refine Network(R-Net)、Output
#Network(O-Net)，這 3 個網路對人臉的處理依次從粗到細
pnet, rnet, onet = align.detect_face.create_mtcnn(sess, None)

    nrof_samples = len(image_paths)
    img_list = [None] * nrof_samples
for i in range(nrof_samples):
# 把圖片轉成矩陣
img = misc.imread(os.path.expanduser(image_paths[i]))
        img_size = np.asarray(img.shape)[0:2]
# 檢測出人臉
bounding_boxes, _ = align.detect_face.detect_face(img, minsize, pnet, rnet,
onet, threshold, factor)
        det = np.squeeze(bounding_boxes[0,0:4])
# 為檢測到的人臉框加上邊界
bb = np.zeros(4, dtype=np.int32)
        bb[0] = np.maximum(det[0]-margin/2, 0)
        bb[1] = np.maximum(det[1]-margin/2, 0)
        bb[2] = np.minimum(det[2]+margin/2, img_size[1])
        bb[3] = np.minimum(det[3]+margin/2, img_size[0])
# 根據人臉框截取 img 得到 cropped
cropped = img[bb[1]:bb[3],bb[0]:bb[2],:]
# 處理成適合輸入模型的尺寸
aligned = misc.imresize(cropped, (image_size, image_size), interp='bilinear')
# 圖片進行白化
prewhitened = facenet.prewhiten(aligned)
        img_list[i] = prewhitened
    images = np.stack(img_list)
return images


def parse_arguments(argv):
```

```
    parser = argparse.ArgumentParser()
#FaceNet 模型目錄
parser.add_argument('model', type=str,
help='Could be either a directory containing the meta_file and ckpt_file or a
model protobuf (.pb) file')
# 要比對的圖片路徑
parser.add_argument('image_files', type=str, nargs='+', help='Images to compare')
# 圖片大小
parser.add_argument('--image_size', type=int,
help='Image size (height, width) in pixels.', default=160)
    parser.add_argument('--margin', type=int,
help='Margin for the crop around the bounding box (height, width) in pixels.',
default=44)
    parser.add_argument('--gpu_memory_fraction', type=float,
help='Upper bound on the amount of GPU memory that will be used by the
process.', default=1.0)
return parser.parse_args(argv)

if __name__ == '__main__':
    main(parse_arguments(sys.argv[1:]))
```

2. 人臉比對 Web 專案化程式

以上是人臉比對的核心程式，這個只能在系統裡輸入指令稿來測試，實際上做專案化處理需要對外提供 Web 介面服務。下面我們看一看以 Flask 為基礎的 Web 框架的 HTTP 介面服務的程式實現，如程式 8.4 所示。

【程式 8.4】face_compare_Web_chongdianleme.py

```
from __future__ import absolute_import
from __future__ import division
from __future__ import print_function
import time
from scipy import misc
import tensorflow as tf
import numpy as np
import sys
import os
import argparse
import facenet
import align.detect_face
from flask import Flask
from flask import request
import urllib
#pip3 安裝請求
import requests, urllib.request
from scipy import misc
import json
```

```python
def load_and_align_data(pnet, rnet, onet,image_paths, image_size, margin, gpu_
memory_fraction):
    minsize = 20   #minimum size of face
threshold = [0.6, 0.7, 0.7]   #three steps's threshold
factor = 0.709   #scale factor
nrof_samples = len(image_paths)
    img_list = [None] * nrof_samples
for i in range(nrof_samples):
# 把圖片轉成矩陣
img = misc.imread(os.path.expanduser(image_paths[i]))
    img_size = np.asarray(img.shape)[0:2]
# 檢測出人臉
bounding_boxes, _ = align.detect_face.detect_face(img, minsize, pnet, rnet,
onet, threshold, factor)
    det = np.squeeze(bounding_boxes[0, 0:4])
# 為檢測到的人臉框加上邊界
bb = np.zeros(4, dtype=np.int32)
        bb[0] = np.maximum(det[0] - margin / 2, 0)
        bb[1] = np.maximum(det[1] - margin / 2, 0)
        bb[2] = np.minimum(det[2] + margin / 2, img_size[1])
        bb[3] = np.minimum(det[3] + margin / 2, img_size[0])
# 根據人臉框截取 img 得到 cropped
cropped = img[bb[1]:bb[3], bb[0]:bb[2], :]
# 處理成適合輸入到模型的尺寸
aligned = misc.imresize(cropped, (image_size, image_size), interp='bilinear')
# 圖片進行白化
prewhitened = facenet.prewhiten(aligned)
        img_list[i] = prewhitened
    images = np.stack(img_list)
return images


image_filestest =[]
model = "/home/hadoop/chongdianleme/facenet/src/models/20170512-110547"
image_filestest.append("/home/hadoop/chongdianleme/facenet/data/myimages/test1.
jpg")
image_filestest.append("/home/hadoop/chongdianleme/facenet/data/myimages/test2.
jpg")
image_size = 160
margin = 32
gpu_memory_fraction = 1.0
config = tf.ConfigProto(allow_soft_placement=True)
sess = tf.Session(config=config)
with sess.as_default():
# 根據模型目錄載入檔案到記憶體變數
facenet.load_model_online(model,sess)
# 獲取輸入和輸出張量
images_placeholder = tf.get_default_graph().get_tensor_by_name("input:0")
    embeddings = tf.get_default_graph().get_tensor_by_name("embeddings:0")
    phase_train_placeholder = tf.get_default_graph().get_tensor_by_name("phase_
```

```
train:0")
# 創建 MTCNN 網路 P-Net, R-Net, O-Net
pnet, rnet, onet = align.detect_face.create_mtcnn(sess, None)
# 創建 Flask 的 Web 介面
app = Flask(__name__)
@app.route('/compareservice', methods=['GET', 'POST'])
def prediction():
start = time.time()
# 人臉圖片 1 的路徑
imageFile1 = request.values.get("imageFile1")
# 人臉圖片 2 的路徑
imageFile2 = request.values.get("imageFile2")
# 記錄業務相關的使用者資訊
device = request.values.get("device")
userid = request.values.get("userid")
   newImage_files = []
   newImage_files.append(imageFile1)
   newImage_files.append(imageFile2)
   images = load_and_align_data(pnet, rnet, onet,newImage_files, image_size,
margin, gpu_memory_fraction)
# 計算嵌入的前向傳遞
feed_dict = {images_placeholder: images, phase_train_placeholder: False}
   emb = sess.run(embeddings, feed_dict=feed_dict)
# 以下計算兩張圖片的歐式距離和歸一化處理
subtractf = np.subtract(emb[0, :], emb[1, :])
   squaref = np.square(subtractf)
   sumf = np.sum(squaref)
   sqrtf = np.sqrt(sumf)
   sim = 1.0 / (1.0 + sqrtf)
   end = time.time()
   times = str(end - start)
   result = {"sim": sim,"times": times}
# 返回 json 格式的資料
out = json.dumps(result, ensure_ascii=False)
print("out={0}".format(out))
return out


if __name__ == '__main__':
# 指定 IP 位址和通訊埠編號
app.run(host='172.17.100.216', port=8817)
```

我們看一看怎麼部署和啟動以 Flask 為基礎的人臉比對服務，這和人臉檢測和
對齊的介面部署是類似的，指令稿程式如下：

```
# 創建 shell 指令檔 vim compareService.sh
python3 face_compare_Web_chongdianleme.py
# 然後 :wq 保存
# 對 compareService.sh 指令稿授權可執行許可權
sudo chmod 755 compareService.sh
```

```
# 然後再創建一個以後台方式運行的 shell 指令稿
vim nohupcompareService.sh
nohup /home/hadoop/chongdianleme/compareService.sh >compare.log 2>&1 &
# 然後 :wq 保存
# 同樣對 nohupcompareService.sh 指令稿授權可執行許可權
sudo chmod 755 nohupcompareService.sh
# 最後運行 sh nohupcompareService.sh 指令稿啟動以 Flask 為基礎的人臉辨識比對服務介面
```

啟動完成後，就可以在瀏覽器位址裡輸入 URL 存取我們的服務了。這個
HTTP 介面宣告了同時支援 GET 和 POST 存取，我們在瀏覽器裡輸入位址就
可以直接存取了。

http://172.17.100.216:8817/compareservice?imageFile1=/home/hadoop/
chongdianleme/compare/test1.jpg&imageFile2=/home/hadoop/chongdianleme/
compare/test2.jpg

這個就是一個介面服務，其他系統或 PHP、Java Web 網站都可以呼叫這個介
面，輸入兩張圖片路徑，返回兩張圖片歸一化後的相似度。

8.2.5　人臉年齡辨識 [61]

人臉年齡辨識屬於人臉屬性辨識的範圍，人臉屬性辨識可對圖片中的人臉進行
檢測定位，並辨識出人臉的相關屬性 (如年齡、性別、表情、種族、顏值等)
內容。不同屬性辨識的演算法可以相同，也可以不同。rude-carnie 是做年齡辨
識和性別辨識的開放原始碼專案，以 TensorFlow 為基礎，原始程式碼網址：
http：//www.github.com/dpressel/rude-carnie。下面我們以這個專案原始程式為
基礎來講解年齡辨識。

1. 年齡辨識核心程式 guess.py

我們可以把年齡劃分為幾個段 ['(0, 2)', '(4, 6)', '(8, 12)', '(15, 20)', '(25, 32)', '(38,
43)', '(48, 53)', '(60, 100)']，然後以分類為基礎的思想來做年齡預測問題。用下
面的指令碼命令：

```
python3 guess.py --model_type inception --model_dir /home/hadoop/chongdianleme/
nianling/22801/inception/22801 --filename /home/hadoop/chongdianleme/data/
myimages/baidu1.jpg
```

以訓練好為基礎的年齡模型和人臉圖片就能預測出年齡，但是有一個問題，
直接這樣預測不是很準，因為圖片沒有經過任何處理。我們可以透過 OpenCV

和上面講到的 FaceNet 的人臉檢測和對齊演算法來做，OpenCV 比較簡單，FaceNet 的人臉檢測和對齊效果比較好，我們可以使用前面提供的 HTTP 服務介面 http：//172.17.100.216：8816/detectAndAlignedService 來處理，然後把檢測和對齊後的人臉圖片傳給 guess.py，這樣預測處理的效果精準很多。

另外一個問題是，因為訓練的模型用的是開放原始碼專案訓練好的模型，是使用外國人的人臉資料訓練，這樣用來預測我們中國人的年齡會有一些差異，最好的方式是使用我們中國人自己的人臉年齡資料做訓練，這樣預測才會更好。

針對年齡辨識和性別辨識都是用 guess.py 這個檔案，年齡辨識是多分類的，而性別辨識是二分類的。我們看一下 guess.py 的原始程式，如程式 8.5 所示。

【程式 8.5】guess.py

```python
from __future__ import absolute_import
from __future__ import division
from __future__ import print_function
from datetime import datetime
import math
import time
from data import inputs
import numpy as np
import tensorflow as tf
from model import select_model, get_checkpoint
from utils import *
import os
import json
import csv

RESIZE_FINAL = 227
# 性別有兩種
GENDER_LIST =['M','F']
# 年齡是分段的，可以看成多分類任務
AGE_LIST = ['(0, 2)','(4, 6)','(8, 12)','(15, 20)','(25, 32)','(38, 43)','(48, 53)','(60, 100)']
MAX_BATCH_SZ = 128
# 模型檔案目錄
tf.app.flags.DEFINE_string('model_dir', '',
'Model directory (where training data lives)')
# 性別和年齡都是用的這個模型，透過參數 age|gender 來區分
tf.app.flags.DEFINE_string('class_type', 'age',
'Classification type (age|gender)')
# 用 CPU 還是用 GPU 來訓練
tf.app.flags.DEFINE_string('device_id', '/cpu:0',
'What processing unit to execute inference on')
tf.app.flags.DEFINE_string('filename', '',
```

```
'File (Image) or File list (Text/No header TSV) to process')
tf.app.flags.DEFINE_string('target', '',
'CSV file containing the filename processed along with best guess and score')
# 檢查點
tf.app.flags.DEFINE_string('checkpoint', 'checkpoint',
'Checkpoint basename')
tf.app.flags.DEFINE_string('model_type', 'default',
'Type of convnet')
tf.app.flags.DEFINE_string('requested_step', '', 'Within the model directory, a
requested step to restore e.g., 9000')
tf.app.flags.DEFINE_boolean('single_look', False, 'single look at the image or
multiple crops')
tf.app.flags.DEFINE_string('face_detection_model', '', 'Do frontal face detection
with model specified')
tf.app.flags.DEFINE_string('face_detection_type', 'cascade', 'Face detection
model type (yolo_tiny|cascade)')
FLAGS = tf.app.flags.FLAGS


def one_of(fname, types):
return any([fname.endswith('.' + ty) for ty in types])

def resolve_file(fname):
if os.path.exists(fname): return fname
for suffix in ('.jpg', '.png', '.JPG', '.PNG', '.jpeg'):
        cand = fname + suffix
if os.path.exists(cand):
return cand
return None


def classify_many_single_crop(sess, label_list, softmax_output, coder, images,
image_files, writer):
try:

    num_batches = math.ceil(len(image_files) / MAX_BATCH_SZ)
    pg = ProgressBar(num_batches)
for j in range(num_batches):
        start_offset = j * MAX_BATCH_SZ
        end_offset = min((j + 1) * MAX_BATCH_SZ, len(image_files))

        batch_image_files = image_files[start_offset:end_offset]
print(start_offset, end_offset, len(batch_image_files))
        image_batch = make_multi_image_batch(batch_image_files, coder)
        batch_results = sess.run(softmax_output, feed_dict={images:image_
batch.eval()})
        batch_sz = batch_results.shape[0]
for i in range(batch_sz):
        output_i = batch_results[i]
        best_i = np.argmax(output_i)
        best_choice = (label_list[best_i], output_i[best_i])
print('Guess @ 1 %s, prob = %.2f' % best_choice)
```

```python
if writer is not None:
            f = batch_image_files[i]
            writer.writerow((f, best_choice[0], '%.2f' % best_choice[1]))
        pg.update()
      pg.done()
except Exception as e:
print(e)
print('Failed to run all images')


def classify_one_multi_crop(sess, label_list, softmax_output, coder, images,
image_file, writer):
try:

print('Running file %s' % image_file)
      image_batch = make_multi_crop_batch(image_file, coder)

      batch_results = sess.run(softmax_output, feed_dict={images:image_batch.
eval()})
      output = batch_results[0]
      batch_sz = batch_results.shape[0]

for i in range(1, batch_sz):
        output = output + batch_results[i]

        output /= batch_sz
        best = np.argmax(output)
        best_choice = (label_list[best], output[best])
print('Guess @ 1 %s, prob = %.2f' % best_choice)

        nlabels = len(label_list)
if nlabels >2:
        output[best] = 0
second_best = np.argmax(output)
print('Guess @ 2 %s, prob = %.2f' % (label_list[second_best], output[second_
best]))

if writer is not None:
        writer.writerow((image_file, best_choice[0], '%.2f' % best_choice[1]))
except Exception as e:
print(e)
print('Failed to run image %s ' % image_file)


def list_images(srcfile):
with open(srcfile, 'r') as csvfile:
      delim = ',' if srcfile.endswith('.csv') else '\t'
reader = csv.reader(csvfile, delimiter=delim)
if srcfile.endswith('.csv') or srcfile.endswith('.tsv'):
print('skipping header')
       _ = next(reader)
return [row[0] for row in reader]
```

```python
def main(argv=None):  #pylint: disable=unused-argument
files = []
print("target %s" % FLAGS.target)
if FLAGS.face_detection_model:
print('Using face detector (%s) %s' % (FLAGS.face_detection_type, FLAGS.face_
detection_model))
      face_detect = face_detection_model(FLAGS.face_detection_type,
FLAGS.face_detection_model)
      face_files, rectangles = face_detect.run(FLAGS.filename)
print(face_files)
      files += face_files

    config = tf.ConfigProto(allow_soft_placement=True)
with tf.Session(config=config) as sess:
      label_list = AGE_LIST if FLAGS.class_type == 'age' else GENDER_LIST
      nlabels = len(label_list)
print('Executing on %s' % FLAGS.device_id)
      model_fn = select_model(FLAGS.model_type)
with tf.device(FLAGS.device_id):
      images = tf.placeholder(tf.float32, [None, RESIZE_FINAL, RESIZE_FINAL, 3])
      logits = model_fn(nlabels, images, 1, False)
init = tf.global_variables_initializer()

    requested_step = FLAGS.requested_step if FLAGS.requested_step else None

checkpoint_path = '%s' % (FLAGS.model_dir)

    model_checkpoint_path, global_step = get_checkpoint(checkpoint_path,
requested_step, FLAGS.checkpoint)

    saver = tf.train.Saver()
    saver.restore(sess, model_checkpoint_path)

    softmax_output = tf.nn.softmax(logits)

    coder = ImageCoder()

# 如果沒有人臉檢測模型，則支援批次處理模式
if len(files) == 0:
if (os.path.isdir(FLAGS.filename)):
for relpath in os.listdir(FLAGS.filename):
                abspath = os.path.join(FLAGS.filename, relpath)

if os.path.isfile(abspath) and any([abspath.endswith('.' + ty) for ty in ('jpg',
'png', 'JPG', 'PNG', 'jpeg')]):
print(abspath)

                files.append(abspath)
```

```
else:
            files.append(FLAGS.filename)
# 如果它碰巧是一個列表檔案，請讀取該列表並刪除這些檔案
if any([FLAGS.filename.endswith('.' + ty) for ty in ('csv', 'tsv', 'txt')]):
                files = list_images(FLAGS.filename)

        writer = None
output = None
        if FLAGS.target:
print('Creating output file %s' % FLAGS.target)
            output = open(FLAGS.target, 'w')
            writer = csv.writer(output)
            writer.writerow(('file', 'label', 'score'))
        image_files = list(filter(lambda x: x is not None, [resolve_file(f) for f
in files]))
print(image_files)
if FLAGS.single_look:
                classify_many_single_crop(sess, label_list, softmax_output,
coder, images, image_files, writer)

else:
for image_file in image_files:
                classify_one_multi_crop(sess, label_list, softmax_output,
coder, images, image_file, writer)

if output is not None:
            output.close()

if __name__ == '__main__':
  tf.app.run()
```

2. 年齡辨識 Web 專案化程式

年齡辨識我們對外提供一個 Web 介面，即 guessAgeWeb_chongdianleme.py，
如程式 8.6 所示。

【程式 8.6】guessAgeWeb_chongdianleme.py

```
from __future__ import absolute_import
from __future__ import division
from __future__ import print_function
from datetime import datetime
import math
import time
from data import inputs
import numpy as np
import tensorflow as tf
from model import select_model, get_checkpoint
from utils import *
```

```python
import os
import csv
#pip3 安裝 flask web 框架
from flask import Flask
from flask import request
import urllib
#pip3 安裝請求
import requests, urllib.request
from scipy import misc
import argparse
import facenet
import align.detect_face
import json


RESIZE_FINAL = 227
# 性別有兩種
GENDER_LIST = ['M', 'F']
# 年齡是分段的，可以看成多分類任務
AGE_LIST = ['(0, 2)', '(4, 6)', '(8, 12)', '(15, 20)', '(25, 32)', '(38, 43)',
'(48, 53)', '(60, 100)']
MAX_BATCH_SZ = 128
def one_of(fname, types):
return any([fname.endswith('.' + ty) for ty in types])
def resolve_file(fname):
if os.path.exists(fname): return fname
for suffix in ('.jpg', '.png', '.JPG', '.PNG', '.jpeg'):
        cand = fname + suffix
if os.path.exists(cand):
return cand
return None
def list_images(srcfile):
with open(srcfile, 'r') as csvfile:
        delim = ',' if srcfile.endswith('.csv') else '\t'
reader = csv.reader(csvfile, delimiter=delim)
if srcfile.endswith('.csv') or srcfile.endswith('.tsv'):
print('skipping header')

            _ = next(reader)
return [row[0] for row in reader]
# 初始化
class_type = 'age'
device_id = "/cpu:0"
model_type = "inception"
requested_step = ""
# 模型檔案目錄
model_dir = "/home/hadoop/chongdianleme/nianling/22801/inception/22801"
checkpoint = "checkpoint"
config = tf.ConfigProto(allow_soft_placement=True)
sess = tf.Session(config=config)
with sess.as_default():
```

```
    label_list = AGE_LIST if class_type == 'age' else GENDER_LIST
    nlabels = len(label_list)
    model_fn = select_model(model_type)
    images = tf.placeholder(tf.float32, [None, RESIZE_FINAL, RESIZE_FINAL, 3])
    logits = model_fn(nlabels, images, 1, False)
    init = tf.global_variables_initializer()
    requested_step = requested_step if requested_step else None
checkpoint_path = '%s' % (model_dir)
    model_checkpoint_path, global_step = get_checkpoint(checkpoint_path,
requested_step, checkpoint)
    saver = tf.train.Saver()
    saver.restore(sess, model_checkpoint_path)
    softmax_output = tf.nn.softmax(logits)
    coder = ImageCoder()
def _is_png(filename):
return '.png' in filename


app = Flask(__name__)
@app.route('/predictAge', methods=['GET', 'POST'])
def prediction():
    start = time.time()
    imageUrl = request.values.get("imageUrl")
# 使用者資訊
device = request.values.get("device")
userid = request.values.get("userid")
    urlType = request.values.get("urlType")
    imageType = request.values.get("imageType")
    files = []
# 支援本地圖片和網路圖片
if urlType=="local":
        filename = imageUrl
else:
    baseImageName = os.path.basename(imageUrl)
    filename = "/home/hadoop/chongdianleme/ageimage/%s" % baseImageName
    filename = filename+imageType
    urllib.request.urlretrieve(imageUrl, filename)
# 透過我們前面講的 FaceNet 裡的人臉檢測和對齊的 HTTP 介面對圖片進行處理，這樣辨識的年齡更精準
url = "http://172.17.100.216:8816/detectAndAlignedService"
body_value = {"image_file": filename, "alignedImage_files":filename}
    data_urlencode = urllib.parse.urlencode(body_value).encode(encoding='UTF8')
    request2 = urllib.request.Request(url, data_urlencode)
# 呼叫介面
resultJson = urllib.request.urlopen(request2).read().decode('UTF-8')
# 解析 json 格式的資料
o = json.loads(resultJson)
ts = o["times"]
i = o["i"]
    newFileName = filename.replace(".","_0_.")
    files.append(newFileName)
    image_files = list(filter(lambda x: x is not None, [resolve_file(f) for f in
```

```
files]))
print(image_files)
finalAge = 0
avgBest = 0.00
bestProb = 0.00
avgSecond = 0.00
secondProb = 0.00
for image_file in image_files:
try:
print('Running file %s' % image_file)
#image_batch = make_multi_crop_batch(image_file, coder)
        #start
with tf.gfile.FastGFile(filename, 'rb') as f:
            image_data = f.read()

# 把 PNG 格式的圖片統一轉為 JPEG 格式
if _is_png(filename):
print('Converting PNG to JPEG for %s' % filename)
            image_data = coder.png_to_jpeg(image_data)

        image = coder.decode_jpeg(image_data)

        crops = []
print('Running multi-cropped image')
        h = image.shape[0]
        w = image.shape[1]
        hl = h - RESIZE_FINAL
        wl = w - RESIZE_FINAL

        crop = tf.image.resize_images(image, (RESIZE_FINAL, RESIZE_FINAL))
        crops.append(standardize_image(crop))
        crops.append(tf.image.flip_left_right(crop))

        corners = [(0, 0), (0, wl), (hl, 0), (hl, wl), (int(hl / 2), int(wl / 2))]
for corner in corners:
            ch, cw = corner
            cropped = tf.image.crop_to_bounding_box(image, ch, cw, RESIZE_
FINAL, RESIZE_FINAL)
            crops.append(standardize_image(cropped))
            flipped = tf.image.flip_left_right(cropped)
            crops.append(standardize_image(flipped))

            image_batch = tf.stack(crops)
#end
batch_results = sess.run(softmax_output, feed_dict={images:image_batch.
eval(session=sess)})
            output = batch_results[0]
            batch_sz = batch_results.shape[0]

for i in range(1, batch_sz):
```

```
                    output = output + batch_results[i]

            output /= batch_sz
            best = np.argmax(output)
            ageClass = label_list[best]   #(25, 32)
bestAgeArr = ageClass.replace(" ", "").replace("(", "").replace(")", "").split(",")
#AGE_LIST = ['(0, 2)', '(4, 6)', '(8, 12)', '(15, 20)', '(25, 32)', '(38, 43)',
'(48, 53)', '(60, 100)']
            # 因為訓練的模型用的是開放原始碼專案訓練好的模型，是使用外國人的人臉資料訓練，
            # 這樣用來預測我們中國人的年齡會有一些差異，最好的方式是使用我們中國人自己
            # 的人臉年齡資料做訓練，這樣預測才會更好。所以針對外國人訓練資料預測我們中
            # 國人的年齡需要對年齡做一些經驗上的特殊處理
if int(bestAgeArr[1]) == 53:
                avgBest= 56
elif int(bestAgeArr[1]) == 43:
                avgBest = 45
elif int(bestAgeArr[1]) == 20:
                avgBest = 22.66
elif int(bestAgeArr[1]) == 6:
                avgBest = 6.66
else:
                avgBest = (int(bestAgeArr[0]) + int(bestAgeArr[1])) / 1.66
bestProb = output[best]
            best_choice = (label_list[best], output[best])
print('Guess @ 1 %s, prob = %.2f' % best_choice)
            nlabels = len(label_list)
if nlabels >2:
                output[best] = 0
second_best = np.argmax(output)
                secondAgeClass = label_list[second_best]   #(25, 32)
secondAgeArr = secondAgeClass.replace(" ", "").replace("(", "").replace(")",
"").split(",")
if int(secondAgeArr[1])== 53:
                    avgSecond = 56
elif int(secondAgeArr[1])== 43:
                    avgSecond = 45
elif int(secondAgeArr[1])== 20:
                    avgSecond = 22.66
elif int(secondAgeArr[1])== 6:
                    avgSecond = 6.66
else:
                    avgSecond = (int(secondAgeArr[0]) + int(secondAgeArr[1]))
/ 1.66
secondProb = output[second_best]
print('Guess @ 2 %s, prob = %.2f' % (label_list[second_best], output[second_
best]))
except Exception as e:
import traceback
            traceback.print_exc()
print('Failed to run image %s ' % image_file)
```

```
if avgSecond >0:
# 以加權平均法計算最終為基礎的合適年齡
finalAge = (avgBest * bestProb + avgSecond * secondProb) / (bestProb + secondProb)
else:
        finalAge = avgBest
print("finalAge %s " % finalAge)
    end = time.time()
    times = str(end - start)
# 返回年齡等 json 格式資料
result = {"finalAge": finalAge,"times": times}
    out = json.dumps(result, ensure_ascii=False)
print("out={0}".format(out))
return out


if __name__ == '__main__':
# 指定 IP 位址和通訊埠編號
app.run(host='172.17.100.216', port=8818)
```

我們看一看怎麼部署和啟動以 Flask 為基礎的年齡辨識服務，指令稿程式如下：

```
# 創建 shell 指令檔 vim guessAgeService.sh
python3 guessAgeWeb_chongdianleme.py
# 然後輸入 :wq 保存
# 對 guessAgeService.sh 指令稿授權可執行許可權
sudo chmod 755 guessAgeService.sh
# 然後再創建一個以後台方式運行的 shell 指令稿
vim nohupguessAgeService.sh
nohup /home/hadoop/chongdianleme/guessAgeService.sh > guessAge.log 2>&1 &
# 然後輸入 :wq 保存
# 同樣對 nohupguessAgeService.sh 指令稿授權可執行許可權
sudo chmod 755 nohupguessAgeService.sh
# 最後運行 sh nohupguessAgeService.sh 指令稿啟動以 Flask 為基礎的人臉辨識比對服務介面
```

啟動完成後，就可以在瀏覽器位址裡輸入 URL 存取我們的服務了。這個 HTTP 介面宣告了同時支援 GET 和 POST 存取，我們在瀏覽器裡輸入位址就可以直接存取了。

http://172.17.100.216:8818/predictAge?imageUrl=/home/hadoop/chongdianleme/age/luhan2.jpg&urlType=local&imageType=jpg

這個就是一個介面服務，其他系統或 PHP、Java、Web 網站都可以呼叫這個介面，輸入要預測 imageUrl 人臉圖片路徑，urlType 是同時支援本地圖片和網路圖片連結的設定，返回人臉年齡 json 格式資料。

8.2.6　人臉性別預測 [61]

性別預測和年齡預測類似，都屬於分類問題，核心程式用的都是 guess.py，我們看一看 Web 的專案化程式。

人臉性別辨識我們對外提供一個 Web 介面，guessGenderWeb_chongdianleme.py，如程式 8.7 所示。

【程式 8.7】guessGenderWeb_chongdianleme.py

```python
from __future__ import absolute_import
from __future__ import division
from __future__ import print_function

from datetime import datetime
import math
import time
from data import inputs
import numpy as np
import tensorflow as tf
from model import select_model, get_checkpoint
from utils import *
import os
import csv
from flask import Flask
from flask import request
import urllib
#pip3 安裝請求
import requests, urllib.request
from scipy import misc
import argparse
import facenet
import align.detect_face
import json

RESIZE_FINAL = 227
# 性別
GENDER_LIST = ['M', 'F']
AGE_LIST = ['(0, 2)', '(4, 6)', '(8, 12)', '(15, 20)', '(25, 32)', '(38, 43)',
'(48, 53)', '(60, 100)']
MAX_BATCH_SZ = 128
def one_of(fname, types):
return any([fname.endswith('.' + ty) for ty in types])
def resolve_file(fname):
if os.path.exists(fname): return fname
for suffix in ('.jpg', '.png', '.JPG', '.PNG', '.jpeg'):
    cand = fname + suffix
```

```python
if os.path.exists(cand):
return cand
return None
def list_images(srcfile):
with open(srcfile, 'r') as csvfile:
        delim = ',' if srcfile.endswith('.csv') else '\t'
reader = csv.reader(csvfile, delimiter=delim)
if srcfile.endswith('.csv') or srcfile.endswith('.tsv'):
print('skipping header')
        _ = next(reader)
return [row[0] for row in reader]
# 初始化
class_type = 'gender'
device_id = "/cpu:0"
model_type = "inception"
requested_step = ""
# 使用訓練好的人臉性別模型
model_dir = "/home/hadoop/chongdianleme/xingbie/inception/21936"
checkpoint = "checkpoint"
config = tf.ConfigProto(allow_soft_placement=True)
sess = tf.Session(config=config)
# 以 TensorFlow 為基礎的初始化
with sess.as_default():
    label_list = AGE_LIST if class_type == 'age' else GENDER_LIST
    nlabels = len(label_list)
    model_fn = select_model(model_type)
    images = tf.placeholder(tf.float32, [None, RESIZE_FINAL, RESIZE_FINAL, 3])
    logits = model_fn(nlabels, images, 1, False)
    init = tf.global_variables_initializer()
    requested_step = requested_step if requested_step else None
checkpoint_path = '%s' % (model_dir)
    model_checkpoint_path, global_step = get_checkpoint(checkpoint_path,
requested_step, checkpoint)
    saver = tf.train.Saver()
# 根據模型檔案載入模型，進而預測性別
saver.restore(sess, model_checkpoint_path)
    softmax_output = tf.nn.softmax(logits)
    coder = ImageCoder()
def _is_png(filename):
return '.png' in filename

# 性別預測 Web HTTP 介面
app = Flask(__name__)
@app.route('/predictGender', methods=['GET', 'POST'])
def prediction():
    start = time.time()
# 傳入的原始圖片，可以不是純人臉，後面自動檢測並把裡面的人臉部分提取出來
imageUrl = request.values.get("imageUrl")
# 使用者資訊
```

```python
device = request.values.get("device")
userid = request.values.get("userid")
# 支援本地圖片和網路圖片
urlType = request.values.get("urlType")
    imageType = request.values.get("imageType")
    files = []
if urlType=="local":
        filename = imageUrl
else:
        baseImageName = os.path.basename(imageUrl)
        filename = "/home/hadoop/chongdianleme/ageimage/%s" % baseImageName
        filename = filename+imageType
        urllib.request.urlretrieve(imageUrl, filename)
# 呼叫 FaceNet 的人臉檢測對齊介面，提取原始圖片的人臉部分，提高性別預測的準確率
url = "http://172.17.100.216:8816/detectAndAlignedService"
body_value = {"image_file": filename, "alignedImage_files":filename}
    data_urlencode = urllib.parse.urlencode(body_value).encode(encoding='UTF8')
    request2 = urllib.request.Request(url, data_urlencode)
    resultJson = urllib.request.urlopen(request2).read().decode('UTF-8')
    o = json.loads(resultJson)
ts = o["times"]
i = o["i"]
    newFileName = filename.replace(".","_0_.")
    files.append(newFileName)

    image_files = list(filter(lambda x: x is not None, [resolve_file(f) for f in
files]))
print(image_files)
for image_file in image_files:
try:
print('Running file %s' % image_file)
#image_batch = make_multi_crop_batch(image_file, coder)
        #start
with tf.gfile.FastGFile(filename, 'rb') as f:
            image_data = f.read()

# 把 PNG 格式的圖片統一轉為 JPEG 格式
if _is_png(filename):
print('Converting PNG to JPEG for %s' % filename)
            image_data = coder.png_to_jpeg(image_data)

        image = coder.decode_jpeg(image_data)

        crops = []
print('Running multi-cropped image')
        h = image.shape[0]
        w = image.shape[1]
        hl = h - RESIZE_FINAL
        wl = w - RESIZE_FINAL
```

```
            crop = tf.image.resize_images(image, (RESIZE_FINAL, RESIZE_FINAL))
            crops.append(standardize_image(crop))
            crops.append(tf.image.flip_left_right(crop))

            corners = [(0, 0), (0, wl), (hl, 0), (hl, wl), (int(hl / 2), int(wl / 2))]
for corner in corners:
            ch, cw = corner
            cropped = tf.image.crop_to_bounding_box(image, ch, cw, RESIZE_
FINAL, RESIZE_FINAL)
            crops.append(standardize_image(cropped))
            flipped = tf.image.flip_left_right(cropped)
            crops.append(standardize_image(flipped))

            image_batch = tf.stack(crops)
# 結束
batch_results = sess.run(softmax_output, feed_dict={images:image_batch.
eval(session=sess)})
            output = batch_results[0]
            batch_sz = batch_results.shape[0]

for i in range(1, batch_sz):
            output = output + batch_results[i]

            output /= batch_sz
            best = np.argmax(output)
            gender = label_list[best]
            best_choice = (label_list[best], output[best])
print('Guess @ 1 %s, prob = %.2f' % best_choice)

            nlabels = len(label_list)
if nlabels >2:
                output[best] = 0
second_best = np.argmax(output)
print('Guess @ 2 %s, prob = %.2f' % (label_list[second_best], output[second_best]))
except Exception as e:
import traceback
            traceback.print_exc()
print('Failed to run image %s ' % image_file)

print("gender %s " % gender)
    end = time.time()
    times = str(end - start)
    result = {"gender": gender,"times": times}
    out = json.dumps(result, ensure_ascii=False)
print("out={0}".format(out))
return out

if __name__ == '__main__':
```

```
# 指定 IP 位址和通訊埠編號
app.run(host='172.17.100.216', port=8819)
```

主流的人臉辨識是以深度學習為基礎來做的,下面我們講另外一個應用——對話機器人,它也是用深度學習來做的。

8.3 對話機器人實戰

對話機器人是一個用來模擬人類對話或聊天的電腦程式,本質上是透過機器學習和人工智慧等技術讓機器了解人的語言。它包含了諸多學科方法的融合使用,是人工智慧領域的技術集中演練營。在未來幾十年,人機對話模式將發生變革。越來越多的裝置將具有聯網能力,這些裝置如何與人進行互動將成為一個挑戰。自然語言成為適應該趨勢的新型對話模式,對話機器人有望取代過去的網站、如今的 App,佔據新一代人機互動風口。在未來對話機器人的產品形態下,不再是人類適應機器,而是機器適應人類,以人工智慧技術為基礎的對話機器人產品逐漸成為主流。

對話機器人從對話的產生方式來劃分,可以分為以檢索為基礎的模型 (Retrieval-Based Models) 和生成式模型 (Generative Models),以檢索為基礎的模型我們可以使用搜尋引擎 Solr Cloud 或 ElasticSearch 的方式來做,以生成式模型為基礎我們可以使用 TensorFlow 或 MXnet 深度學習框架的 Seq2Seq 演算法來實現,同時我們可以加入強化學習的思想來最佳化 Seq2Seq 演算法。下面我們就對話機器人的原理和原始程式實戰分別來講解一下。

8.3.1 對話機器人原理與介紹 [62]

對話機器人可分為 3 種類型:閒聊機器人、問答機器人和任務機器人。我們分別來講解其原理。

1. 閒聊機器人

閒聊機器人的主要功能是同使用者進行閒聊對話,如微軟小冰、微信小微,還有較早的小黃雞等。與閒聊機器人聊天時,使用者沒有明確的目的,機器人也沒有標準答案,而是以趣味性回答取悅使用者。隨著時間演進,使用者的要求越來越高,他們希望聊天機器人能夠具有更多功能——而不僅是談天嘮嗑接話茬。同時,企業也需要不斷對聊天機器人進行商業化探索,以實現更大的商業價值。

目前聊天機器人根據對話的產生方式，可以分為以檢索為基礎的模型和生成式模型。

1) 檢索的模型

以檢索為基礎的模型有一個預先定義的回答集，我們需要設計一些啟發式規則，這些規則能夠根據輸入的問句及上下文，挑選出合適的回答。

以檢索為基礎的模型的優勢：

(1) 答句可讀性好。

(2) 答句多樣性強。

(3) 出現不相關的答句，容易分析、定位 bug。

它的劣勢在於需要對候選的結果做排序，進行選擇。

2) 生成式模型

生成式模型不依賴預先定義的回答集，而是根據輸入的問句及上下文，產生一個新的回答。

以生成式模型為基礎的優勢：

(1) 點對點地訓練，比較容易實現。

(2) 避免維護一個大的 Q-A 資料集。

(3) 不需要對每一個模組額外進行最佳化，避免了各個模組之間的誤差串聯效應。

它的劣勢在於難以保證生成的結果是讀取的，多樣的。

聊天機器人的這兩條技術路線，從長遠的角度看目前技術還都處在山底，兩種技術路線共同面臨的挑戰有：

(1) 如何利用前幾輪對話的資訊，應用到當輪對話當中。

(2) 合併現有的知識庫的內容。

(3) 能否做到個性化，千人千面。這有點類似於我們的資訊檢索系統，既希望在垂直領域做得更好，也希望對不同的人的 query 有不同的排序偏好。

從開發實現上，以檢索為基礎的機器人可以使用 Solr Cloud 或 ElasticSearch 方式來實現，把準備好的問答對當成兩個欄位存到搜索索引，搜索的時候可以透過關鍵字或句子去搜索問題那個欄位，然後得到一個相似問題的答案候選集合。之後我們可以根據使用者的歷史聊天記錄或其他的業務資料得到人物誌資料，針對每個使用者得到個性化的回答結果，把最相關的那個答案回覆給使用者。以生成模型為基礎使用者可以使用 Seq2Seq+attention 的方式來實現，Seq2Seq 全稱 Sequence to Sequence，是一個 Encoder-Decoder 結構的網路，它的輸入是一個問題序列，輸出也是一個答案序列，Encoder 將一個可變長度的訊號序列變為固定長度的向量表達，Decoder 將這個固定長度的向量變成可變長度的目標訊號序列，而強化學習應用到 Seq2Seq 可以使多輪對話更持久。

2. 問答機器人

當下的智慧客服是對話機器人商業實踐的經典案例。各大手機廠商紛紛推出標準配備語音幫手，金融、零售和通訊等領域相繼連線智慧客服輔助人工客服。

問答機器人的本質是在特定領域的知識庫中，找到和使用者提出的問題語義匹配的基礎知識。

當顧客詢問有關商品資訊、售前和售後等基礎問題時，問答機器人能夠列出及時而準確的回覆，當機器人不能回答使用者問題時，就會透過某種機制將顧客轉接給人工客服，因此擁有特定領域知識庫的問答機器人在知識儲備上要比閒聊機器人更聰明、更專業和更準確，說它們是某一領域的專家也不為過。

針對具體情況選擇對應的問答型對話解決方案，包括：

以分類模型為基礎的問答系統；

以檢索和排序為基礎的問答系統；

以句向量為基礎的語義檢索系統。

以分類模型為基礎的問答系統將每個基礎知識各分一類，使用深度學習、機器學習等方法效果較好，但需要較多的訓練資料，並且更新類別時，重新訓練的成本較高，因此更適合資料足夠多的靜態知識庫。

以檢索和排序為基礎的問答系統能即時追蹤基礎知識的增刪，從而有效彌補分類模型存在的問題，但仍然存在檢索召回問題，假如使用者輸入的關鍵字沒有命中知識庫，系統就無法找到合適的答案。

更好的解決方案是以句向量為基礎的語義檢索。透過句向量編碼器，將知識庫資料和使用者問題作為詞編碼輸出，以句向量為基礎的語義檢索能實現在全量資料上的高效搜索，從而解決傳統檢索的召回問題。

3. 任務機器人

任務機器人在特定條件下提供資訊或服務，以滿足使用者的特定需求，例如查流量、查話費、訂票、訂餐和諮詢等。由於使用者需求複雜多樣，任務機器人一般透過多輪對話明確使用者的目的。想要知道任務機器人是如何運作的，我們需要引入任務機器人的重要概念——動作 (Dialog Act)。

任務型對話系統的本質是將使用者的輸入和系統的輸出都映射為對話動作，並透過對話狀態來實現上下文的了解和表示。舉例來說，在機器人幫助預約保潔阿姨的場景下，使用者與機器人的對話對應不同的動作。這種做法能夠在特定領域下降低對話難度，從而讓機器人執行合適的動作。

另外，對話管理模組 (Dialog Management) 是任務機器人的核心模組之一，也是對話系統的大腦。傳統的對話管理方法包括以 FSM、Frame、Agenda 等不同架構為基礎的，各適用於不同的場景。

以深度強化學習為基礎的對話管理法，透過神經網路將對話上下文直接映射為系統動作，所以更加靈活，也可透過強化學習的方法進行訓練，但需要大量真實的、高品質標注的對話資料來訓練，只適用於有大量資料的情況。

對話機器人在人類的 " 苛求 " 下越來越智慧，有人甚至預言在未來 5~10 年耗時耗力的溝通將被機器人取代。對話機器人的應用實踐正在逐步證明這一點。

目前，對話機器人主要適用於 3 類場景：

1) 自然對話是唯一的對話模式

車載、智慧喇叭、可穿戴裝置。

2) 用對話機器人替代人工

線上客服、智慧 IVR、智慧外呼。

3) 用對話機器人提升效率和體驗

智慧行銷、智慧推薦和智慧下單。

我們可以透過線上行銷轉化需求度和線上互動需求度兩個維度來考量適合對話機器人實踐的領域。不過，從技術上來講，讓機器真正了解人類語言仍然是一個艱難的挑戰。對於架設對話機器人，也許可以參考以下建議：

選擇合適的場景並設定產品邊界；

累積足夠多的訓練資料；

上線後持續學習和最佳化；

讓使用者參與回饋；

讓產品表現出個性化。

下面我們以以生成模型為基礎的 Seq2Seq+attention 的方式來實現聊天機器人，框架使用 TensorFlow。

8.3.2 以 TensorFlow 為基礎的對話機器人 [63]

前面章節講分散式深度學習實戰的時候我們講到過 Seq2Seq 的原理，這裡不再重複敘述。Seq2Seq+Attention 的方式非常適合解決一問一答兩個序列的場景，例如聊天機器的問答對話、中文對英文的翻譯等。下面我們以 GitHub 上一個開放原始碼的專案來講解，專案名字叫 DeepQA 專案，它是以 TensorFlow 框架為基礎來實現的。專案位址：https：//github.com/Conchylicultor/DeepQA。

專案原始的訓練資料是英文的，我們實際的場景更多的是處理中文對話，所以我們首先找到中文的訓練語料，進行中文分詞和資料處理，轉換成專案需要的資料格式；其次就是訓練模型，訓練模型可以使用 CPU，也可以使用 GPU，使用 CPU 的缺點就是非常慢，十幾萬對話的訓練集大概需要半個月甚至一個多月才能完成訓練。GPU 就非常快了，大概幾小時就能完成訓練；最後我們需要自己開發 Web 專案，對外提供問答的 HTTP 介面服務。下面我們分別來講一下。

1. 安裝過程

我們看一看程式目錄：

chatbot 裡包含 chatbot.py、model.py 和 trainner.py 等核心模型原始程式，chatbot_website 是以 Python 為基礎的 Django 的 Web 框架設計的 Web 互動頁面，

data 是我們要訓練的資料，main.py 是訓練模型的入口，DeepQA 程式目錄如圖 8.9 所示。

📁 chatbot	Making compliant pathes for linux and windows OS
📁 chatbot_website	fix for issue #183 (#184)
📁 data	Update readme for migration instruction, load default idCount for bac...
📁 docker	Fix link from previous commit
📁 save	Testing mode, better model saving/loading gestion
📄 .dockerignore	Some cleanup for the dockerfile, chatbot not loaded during django mig...
📄 .gitignore	enh: ignore nvidia-docker-compose output
📄 Dockerfile	Update Dockerfiles for tf 1.0
📄 Dockerfile.gpu	Update Dockerfiles for tf 1.0
📄 LICENSE	Initial commit
📄 README.md	Clarifying need for manual copy of model to save/model-server/ (#147)
📄 chatbot_miniature.png	Solve a tf 0.12 compatibility issue, use local screenshot miniature i...
📄 main.py	Solve a tf 0.12 compatibility issue, use local screenshot miniature i...
📄 requirements.txt	requirement.txt install GPU TF version
📄 setup_server.sh	Interactive connexion between client-server-chatbot
📄 testsuite.py	better website design and logging

圖 8.9　DeepQA 程式目錄

安裝指令稿程式如下：

```
# 安裝依賴套件
pip3 install nltk
python3 -m nltk.downloader punkt
# 如果顯示出錯：
Import Error: No module named '_sqlite3'
# 安裝 sqlite3
apt-get update
apt-get install sqlite3
pip3 install tqdm
# 安裝 Python 的 Web 框架 Django
pip3 install django
# 查看 Django 版本
django-admin --version
pip3 install channels
# 安裝 Python 的 Redis 用戶端工具套件
```

```
pip3 install asgi_redis
```
如果不使用這個專案附帶的 Web 框架，我們就不用安裝 Redis，實際專案化需要另外一套更完整的機制。

2. 中文對話訓練資料的準備和處理

做中文對話資料的準備，我們需要先了解英文的訓練資料格式是什麼樣的，專案已經列出了英文訓練語料，有兩個檔案需要我們查看：

一個檔案是問答對話資料：/data/cornell/movie_conversations.txt

下面是這個檔案的一部分內容：

```
L232290 +++$+++ u1064 +++$+++ m69 +++$+++ WASHINGTON +++$+++ Don't be
ridiculous, of course that won't happen.
L232289 +++$+++ u1059 +++$+++ m69 +++$+++ MARTHA +++$+++ I can not allow the
fortune in slaves my first husband created and what our partnership has elevated,
to be destroyed...
L232288 +++$+++ u1064 +++$+++ m69 +++$+++ WASHINGTON +++$+++ I'm very aware of
that.
L232287 +++$+++ u1059 +++$+++ m69 +++$+++ MARTHA +++$+++ Well, a very real
expectation is the British will hang you!  They'll burn Mount Vernon and they'll
hang you!  Our marriage is a business just as surely as...
L232286 +++$+++ u1064 +++$+++ m69 +++$+++ WASHINGTON +++$+++ The eternal dream
of the disenfranchised, my dear:  a classless world.  Not a very real
expectation.
L232285 +++$+++ u1059 +++$+++ m69 +++$+++ MARTHA +++$+++ My God, what?
```

另外一個檔案是 /data/cornell/movie_lines.txt，這個檔案存的是對話的 ID：

```
u1059 +++$+++ u1064 +++$+++ m69 +++$+++ ['L232282', 'L232283', 'L232284',
'L232285', 'L232286']
u1059 +++$+++ u1064 +++$+++ m69 +++$+++ ['L232287', 'L232288', 'L232289',
'L232290', 'L232291']
```

我們要準備的最原始的中文對話資料不是這樣的，因此需要處理成這樣，我們先看一下原始的中文對話資料：

E

M 今 / 天 / 吃 / 的 / 小 / 雞 / 燉 / 蘑 / 菇

M 分 / 我 / 點 / 吧 / ，/ 喵 /~

E

M 來 / 杯 / 茶

M 加 / 大 / 蒜 / 還 / 是 / 香 / 菜 / ？

E

M 大 / 蔥

M 最 / 喜 / 歡 / 的 / 了

E

我們處理資料的想法大概是去掉斜桿 "/"，然後使用中文分詞對敘述做分詞，因為使用分詞的方式可以讓生成的句子顯得更通順和自然。處理的程式根據你的習慣可以選擇用 Python、Java 或 Scala。下面我列出一個用 Scala+Spark 框架的處理方式，如程式 8.8 所示。

【程式 8.8】ETLDeepQAJob.scala

```scala
def etlQA(inputPath: String,outputPath: String, mode: String) = {
val sparkConf = new SparkConf().setAppName(" 充電了麼 App- 對話機器人資料處理 -Job")
  sparkConf.setMaster(mode)
//SparkContext 實例化
val sc = new SparkContext(sparkConf)
// 載入中文對話資料檔案
val qaFileRDD = sc.textFile(inputPath)
// 初值
var i = 888660
val linesList   = ListBuffer[String]()
val conversationsList = ListBuffer[String]()
val testList = ListBuffer[String]()
val tempList = ListBuffer[String]()
  qaFileRDD.collect().foreach(line=>{
if (line.startsWith("E")) {
if (tempList.size>1)
    {
val lineIDList = ArrayBuffer[String]()
      tempList.foreach(newLine=>{
val lineID = newLine.split(" ")(0)
      lineIDList += "'"+lineID+ "'"
linesList += newLine
      })
      conversationsList += "u0 +++$+++ u2 +++$+++ m0 +++$+++ ["+lineIDList.
mkString(", ")+"]"
tempList.clear()
      }
    }
else {
if (line.length>2)
```

```
      {
// 去除斜桿 "/" 字元，準備使用中文分詞
val formatLine = line.replace("M","").replace(" ","").replace("/","")
import scala.collection.JavaConversions._
// 使用 HanLP 開放原始分碼詞工具
val termList = HanLP.segment(formatLine);
val list = ArrayBuffer[String]()
for(term <- termList)
      {
      list += term.word
}
// 中文分詞後以空格分割連起來，訓練的時候就像把中文分詞當英文單字來拆分單字一樣
val segmentLine = list.mkString(" ")
val newLine = if (tempList.size==0) {
        testList += segmentLine
"L" + String.valueOf(i) + " +++$+++ u2 +++$+++ m0 +++$+++ z +++$+++ " + segmentLine
        }
else   "L"+ String.valueOf(i) + " +++$+++ u2 +++$+++ m0 +++$+++ l +++$+++ " +
segmentLine
        tempList += newLine
        i = i + 1
}
   }
   })
  sc.parallelize(linesList, 1).saveAsTextFile(outputPath+"linesList")
  sc.parallelize(conversationsList, 1).saveAsTextFile(outputPath+"conversationsL
ist")
  sc.parallelize(testList, 1).saveAsTextFile(outputPath+" 測試 List")
  sc.stop()
}

conversationsList 輸出結果部分：

L888666 +++$+++ u2 +++$+++ m0 +++$+++ z +++$+++ 歡迎多一些這樣的文章
L888667 +++$+++ u2 +++$+++ m0 +++$+++ l +++$+++ 謝謝支援！
```

說明：使用者 z 和 l 的名字隨便起就行，沒有實際意義。

linesList 輸出結果部分：

```
u0 +++$+++ u2 +++$+++ m0 +++$+++ ['L888666', 'L888667']
u0 +++$+++ u2 +++$+++ m0 +++$+++ ['L888668', 'L888669']
```

說明：前面的 u0+++$+++u2+++$+++m0+++$+++ 可以固定不變，關鍵是中括號裡面問答的 ID 需要配對。

到這裡資料處理就完成了，我們多生成了一個測試集合，用來測試模型在測試集上表現如何，這個測試可以是主觀的手工測試，手工輸入一個問句，看看回

答的結果和測試集合答句有哪些效果上的差異。當然這部分分類模型，答句不一定和以前的一樣，有可能透過訓練能得到一個更好的答句。

最後我們需要把對應的 /data/cornell/movie_conversations.txt 和 /data/cornell/movie_lines.txt 兩個檔案替換掉就可以了，這樣便可以正式進行訓練了。

3. 訓練模型

切換到我們的程式目錄 cd /home/hadoop/chongdianleme/DeepQA，之後執行：

python3 main.py；就開始訓練了，如果我們想使用 GPU 顯示卡來訓練，可以指定用哪個 GPU, 前面加上一句 export CUDA_VISIBLE_DEVICES=0；main.py 的 Python 檔案程式如下：

```
from chatbot import chatbot
if __name__ == "__main__":
    chatbot = chatbot.Chatbot()
    chatbot.main()
```

核心程式是在 chatbot 裡，因為程式太長，這裡就不列出來了，大家可以自己下載下來查看。因為訓練模型的訓練時間會非常長，如果用 CPU 訓練，十幾萬對話大概需要半個月到一個多月時間，如果用 GPU 訓練，大概需要幾十分鐘到幾小時，所以最好以後台運行的方式來執行，不用等著看結果。後台運行方式的指令稿程式如下：

```
# 用 vim 創建一個檔案 vim main.sh, 輸入指令稿
export CUDA_VISIBLE_DEVICES=0;
python3 main.py;
# 按 :wq 保存
# 對 main.sh 指令稿授權可執行許可權
sudo chmod 755 main.sh
# 然後再創建一個以後台方式運行的 shell 指令稿
vim nohupmain.sh
nohup /home/hadoop/chongdianleme/main.sh >tfqa.log 2>&1 &
# 然後按 :wq 保存
# 同樣對 nohupmain.sh 指令稿授權可執行許可權
sudo chmod 755 nohupmain.sh
```

最後運行 sh nohupmain.sh 指令稿，我們坐享其成就可以了。因為執行時間比較長，過程中有可能顯示出錯，所以開始的時候需要我們觀察下日誌，用命令 tail -f tfqa.log 即時查看最新日誌。

下面是 CPU 訓練 30 次疊代的日誌，要想達到比較好的效果，大概在 30 次疊代的時候就不錯了，如果疊代次數太少，效果會非常差，回答的結果有點不通順、不著邊際。

下面是 CPU 訓練的過程日誌：

```
     2019-10-0919:28:36.959843: W
tensorflow/core/platform/cpu_feature_guard.cc:45] The TensorFlow library wasn't
compiled to use SSE4.1 instructions, but these are available on your machine and
could speed up CPU computations.
     2019-10-0919:28:36.959910: W
tensorflow/core/platform/cpu_feature_guard.cc:45] The TensorFlow library wasn't
compiled to use SSE4.2 instructions, but these are available on your machine and
could speed up CPU computations.
     2019-10-0919:28:36.959922: W
tensorflow/core/platform/cpu_feature_guard.cc:45] The TensorFlow library wasn't
compiled to use AVX instructions, but these are available on your machine and
could speed up CPU computations.
     2019-10-0919:28:36.959982: W
tensorflow/core/platform/cpu_feature_guard.cc:45] The TensorFlow library wasn't
compiled to use AVX2 instructions, but these are available on your machine and
could speed up CPU computations.
     2019-10-0919:28:36.960028: W
tensorflow/core/platform/cpu_feature_guard.cc:45] The TensorFlow library wasn't
compiled to use FMA instructions, but these are available on your machine and
could speed up CPU computations.
Training:    0%|| 0/624 [00:00<?, ?it/s]
Training:    0%|             | 1/624 [00:03<36:33, 3.52s/it]
Training:    0%|             | 2/624 [00:06<33:26, 3.23s/it]
Training:    0%|             | 3/624 [00:08<31:13, 3.02s/it]
Training:    1%|             | 4/624 [00:11<29:36, 2.87s/it]
Training:    1%|             | 5/624 [00:13<28:29, 2.76s/it]
Training:    1%|             | 6/624 [00:16<27:40, 2.69s/it]
# 省略中間的
Training:   16%|██  | 97/624 [04:05<22:07, 2.52s/it]
# 省略中間的
Training: 100%|████████████| 624/624 [26:17<00:00, 2.29s/it]
----- Step 11600 -- Loss 2.62 -- Perplexity 13.76
----- Step 11700 -- Loss 2.88 -- Perplexity 17.79
----- Step 11800 -- Loss 2.78 -- Perplexity 16.06
Epoch finished in 0:26:16.157353

----- Epoch 20/30 ; (lr=0.002) -----
Shuffling the dataset...
----- Step 11900 -- Loss 2.64 -- Perplexity 13.97
----- Step 12000 -- Loss 2.71 -- Perplexity 15.01
Checkpoint reached: saving model (don't stop the run)...
```

```
Model saved.
----- Step 12100 -- Loss 2.67 -- Perplexity 14.42
----- Step 12200 -- Loss 2.73 -- Perplexity 15.32
----- Step 12300 -- Loss 2.81 -- Perplexity 16.64
----- Step 12400 -- Loss 2.73 -- Perplexity 15.36
Epoch finished in 0:26:17.595209
----- Epoch 30/30 ; (lr=0.002) -----
Shuffling the dataset...
----- Step 18100 -- Loss 2.14 -- Perplexity 8.47
----- Step 18200 -- Loss 2.24 -- Perplexity 9.44
----- Step 18300 -- Loss 2.29 -- Perplexity 9.84
----- Step 18400 -- Loss 2.35 -- Perplexity 10.49
----- Step 18500 -- Loss 2.33 -- Perplexity 10.25
----- Step 18600 -- Loss 2.30 -- Perplexity 9.93
----- Step 18700 -- Loss 2.31 -- Perplexity 10.07
Epoch finished in 0:26:17.225496
Checkpoint reached: saving model (don't stop the run)...
Model saved.
The End! Thanks for using this program
```

GPU 顯示卡訓練的過程和 CPU 是一樣的，只是性能上存在差異。

```
    2019-10-0901:36:22.502878: I
tensorflow/core/platform/cpu_feture_guard.cc:137] Your CPU supports instructions
that this TensorFlow binary was not compiled to use: SSE4.1 SSE4.2 AVX AVX2 FMA
    2017-10-0901:36:28.059786: I
tensorflow/core/common_runtime/gpu/gpu_device.cc:1030] Found device 0 with
properties:
    name: Tesla K80 major: 3 minor: 7 memoryClockRate(GHz): 0.8235
    pciBusID: 0000:06:00.0
    totalMemory: 11.17GiB freeMemory: 11.11GiB
    2019-10-0901:36:22.059809: I
tensorflow/core/common_runtime/gpu/gpu_device.cc:1120] Creating TensorFlow device
(/device:GPU:0) -> (device: 0, name: Tesla K80, pci bus id: 0000:06:00.0,
compute capability: 3.7)
    2019-10-0901:36:22.062862: I
tensorflow/core/common_runtime/direct_session.cc:299] Device mapping:
/job:localhost/replica:0/task:0/device:GPU:0 -> device: 0, name: Tesla K80, pci
bus id: 0000:06:00.0, compute capability: 3.7
```

以下太長，這裡省略掉。

訓練完成以後會生成一個模型檔案目錄，檔案目錄位於 save/model 目錄下，模型目錄如圖 8.10 所示。

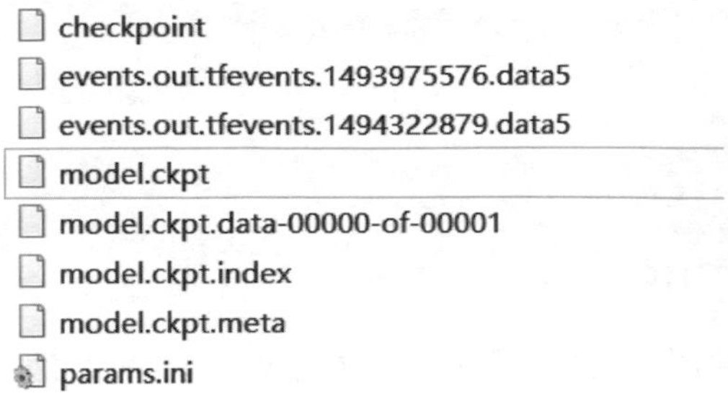

圖 8.10　DeepQA 程式目錄

模型訓練不需要每次重新訓練，我們就可以根據模型檔案載入到記憶體，做成 HTTP 的 Web 服務介面，下面我們看一看 Web 專案化的程式。

4. Web 專案化的 HTTP 協定介面

還是以 Python 為基礎的 Flask 羽量級 Web 框架來做，根據模型目錄我們可以在 Web 專案初始化的時候載入模型檔案，後面就可以在介面裡面即時預測了，專案如程式 8.9 所示。

【程式 8.9】chatbot_predict_web_chongdianleme.py

```
import sys
import logging
from flask import Flask
from flask import request
from chatbot import chatbot
# 你的程式目錄
chatbotPath = "/home/hadoop/chongdianleme/DeepQA"
sys.path.append(chatbotPath)
# 模型載入初始化
chatbot = chatbot.Chatbot()
chatbot.main(['--modelTag', 'server', '--test', 'daemon', '--rootDir', chatbotPath])

app = Flask(__name__)
@app.route('/predict', methods=['GET', 'POST'])
def prediction():
# 使用者輸入的話
sentence = request.values.get("sentence")
# 記錄你的使用者存取資訊並處理
device = request.values.get("device")
userid = request.values.get("userid")
# 即時預測要回答的問題 , sentence 需要先把中文分詞，然後生成以空格分割的字串，並且要保證
# 中文分詞訓練和預測時保持一致
answer = chatbot.daemonPredict(sentence)
```

```
# 因為是中文分詞當單字用，我們返回的句子需要去掉空格後拼接成句子
answer = answer.replace(" ","")
return answer


if __name__ == '__main__':
# 指定 IP 位址和通訊埠編號
app.run(host='172.17.100.216', port=8820)
```

最後我們部署和啟動以 Flask 為基礎的對話 Web 服務，指令稿程式如下：

```
# 創建 shell 指令檔
vim qaService.sh
python3 chatbot_predict_web_chongdianleme.py
# 然後按 :wq 保存
# 對 qaService.sh 指令稿授權可執行許可權
sudo chmod 755 qaService.sh
# 然後再創建一個以後台方式運行的 shell 指令稿
vim nohupqaService.sh
nohup /home/hadoop/chongdianleme/qaService.sh > tfqaWeb.log 2>&1 &
# 然後按 :wq 保存
# 同樣對 nohupqaService.sh 指令稿授權可執行許可權
sudo chmod 755 nohupqaService.sh
# 最後運行 sh nohupqaService.sh 指令稿啟動以 Flask 為基礎的對話 Web 服務介面
```

啟動完成後，就可以在瀏覽器位址裡輸入 URL 存取我們的服務了。這個 HTTP 介面宣告了同時支援 GET 和 POST 存取，我們在瀏覽器裡輸入位址就可以直接存取了。

```
http：//172.17.100.216：8820/predict?sentence= 歡迎多一些這樣的文章
```

這個就是一個介面服務，其他系統或 PHP、Java、Web 網站都可以呼叫這個介面，輸入使用者的問句，需要注意的是 sentence 需要先把中文分詞，然後生成以空格分割的字串，並且要保證中文分詞訓練用的分詞工具和演算法是一致的。

除了以 TensorFlow 實現為基礎的聊天機器人，其他深度學習框架也有不錯的開放原始碼實現，例如 MXNet，下面我們以 MXNet 框架為基礎介紹一個聊天機器人的開放原始碼專案。

8.3.3　以 MXNet 為基礎的對話機器人 [64]

MXNet 深度學習框架也是非常優秀的，對 GPU 的支援也非常好，預設可以把資源設定在多個 GPU 上同時運行，並且資源利用是隨選分配的，根據需求，

GPU 資源需要多少就消耗多少，不像 TensorFlow 那樣，預設先把 GPU 資源全佔滿。

和上面講的以 TensorFlow 為基礎的聊天機器人 DeepQA 專案類似，以 MXNet 為基礎也推薦一個不錯的專案 sockeye，GitHub 開放原始碼位址：https://github.com/awslabs/sockeye。下面我們講解一下。

1. 中文對話訓練資料的準備和處理

中文對話資料需要準備兩個檔案，一個是問句檔案，另一個是回答檔案。例如問句檔案 "wen" 中的內容如下：

舉頭望明月

哎，我說，勞駕問您個問題。

想起來了！

我跟您不一樣。

這是什麼飲料？

賣手絹的和您認識？

回答檔案「da」中的內容如下：

低頭思故鄉。

嗯，好說。

想起什麼來了？

怎麼不一樣？

一杯白開水。

不認識。

需要注意的是，問和回答記錄行數必須一致，並且兩個檔案的同一行必須是配對的問和答，不能錯位。對於中文來講，可以做中文分詞，也可以直接拆單字，以空格分隔。

2. 訓練模型

訓練指令稿程式如下：

```
python3 -u -m sockeye.train --source data/wen --target data/da --validation-source
data/wenv --validation-target data/dav --output model_dir --device-ids 3
--disable-device-locking --overwrite-output --num-words 66688866 --checkpoint-
frequency 8866
```

參數說明：

--source：訓練資料的問句

--target：訓練資料的答句

--validation-source：訓練做驗證的問句的測試集合

--validation-target：訓練做驗證的回答的測試集合

--output：訓練模型的輸出目錄

--device-ids：指定使用哪個 GPU 顯示卡，如果使用多個則以逗點分割

--overwrite-output：訓練時是否要覆蓋上次的結果

--num-words：訓練集合最大設定多少個單字作為上限

--checkpoint-frequency：檢查點頻率

訓練模型的輸出結果如下：

```
vocab.trg.json
vocab.src.json
version
symbol.json
log
config
args.json
params.0001
metrics
params.best
params.0002
params.0003
params.0004
params.0005
params.0006
```

隨著逐步疊代，模型會選擇一個最佳的模型參數檔案 params.best，所以這個專案的好處是會根據測試集驗證選擇一個最好的模型，不會無限制地循環疊代從而導致過擬合。實際上在訓練的時候我們可以讓它一直訓練下去，如果最好的模型後面不怎麼變化的時候，我們再刪除訓練的處理程序就可以了。

3. Web 專案化的 HTTP 協定介面

還是以 Python 為基礎的 Flask 羽量級 Web 框架來做，根據模型目錄我們可以在 Web 專案初始化的時候載入模型檔案，後面就可以在介面裡面即時預測了，專案如程式 8.10 所示。

【程式 8.10】translate_chongdianleme_web.py

```python
import argparse
import sys
import time
from contextlib import ExitStack
from typing import Optional, Iterable, Tuple
import json
import mxnet as mx
import sockeye
import sockeye.arguments as arguments
import sockeye.constants as C
import sockeye.data_io
import sockeye.inference
import sockeye.output_handler
from sockeye.log import setup_main_logger, log_sockeye_version
from sockeye.utils import acquire_gpus, get_num_gpus
from sockeye.utils import check_condition
import logging
from flask import Flask
from flask import request
import time

output_type = 'translation'
softmax_temperature = None
sure_align_threshold = 0.9
use_cpu = True
output = None
# 訓練模型的輸出目錄
models = ['modeldir20191006']
max_input_len = None
lock_dir = '/tmp'
input = None
ensemble_mode = 'linear'
beam_size = 5
```

```python
checkpoints = None
device_ids = [-1]
disable_device_locking = False
output_handler = sockeye.output_handler.get_output_handler(output_type,
                                                           output,
                                                           sure_align_threshold)


context = mx.cpu()
totaln = "0"
# 載入模型初始化
translator = sockeye.inference.Translator(context,
                                         ensemble_mode,
                                         *sockeye.inference.load_models(context,
                                                                        max_input_len,
                                                                        beam_size,
                                                                        models,
                                                                        checkpoints,
softmax_temperature))
app = Flask(__name__)
@app.route('/transpredict', methods=['GET', 'POST'])
def prediction():
    start = time.time()
# 解析使用者輸入的句子參數
sentence = request.values.get("sentence")
# 使用者資訊
device = request.values.get("device")
userid = request.values.get("userid")
# 以空格分割拼接單字的句子
kgSentence = " ".join(sentence)
print ( "newsentence: {0}".format(kgSentence))
    trans_input = translator.make_input(1, kgSentence)
# 即時預測回答的句子
trans_output = translator.translate(trans_input)
print("trans_input={0}".format(trans_input))
    id = trans_output.id
    score = str(trans_output.score)
# 回答的句子是以單字加空格拼接的，返回給使用者的時候需要把空格去掉
trans_output = trans_output.translation.replace(" ","")
    end = time.time()
    times = str(end-start)
# 返回回答的句子和對應的評分，以 json 格式返回
result = {"da":trans_output,"id":id,"score":score,"times":times}
    out = json.dumps(result,ensure_ascii=False)
print("out={0}".format(out))
return out

if __name__ == '__main__':
# 指定 IP 位址和通訊埠編號
app.run(host='172.17.100.216', port=8821)
```

最後我們部署和啟動以 Flask 為基礎的對話 Web 服務，指令稿程式如下：

```
# 創建 shell 指令檔
vim nohuptranService.sh
nohup python3 -m sockeye.translate_chongdianleme_web >transWeb.log 2>&1 &
# 然後按 :wq 保存
# 最後運行 sh nohuptranService.sh 指令稿啟動以 Flask 為基礎的對話 Web 服務介面
```

啟動完成後，就可以在瀏覽器位址裡輸入 URL 存取我們的服務了。這個
HTTP 介面宣告了同時支援 GET 和 POST 存取，我們在瀏覽器裡輸入位址就
可以直接存取了。

http：//172.17.100.216:8821/ transpredict?sentence= 歡迎多一些這樣的文章

這個就是一個介面服務，其他系統或 PHP、Java、Web 網站都可以呼叫這個介
面，輸入使用者的問句，sentence 不用分詞，保留原始的即可。

8.3.4 以深度強化學習為基礎的機器人 [65]

上面我們講的都是以 Seq2Seq 為基礎的聊天機器人，這個方案存在一些問題，
可以透過加入增強學習來解決。下面我們來講解一下。

1. Seq2Seq 聊天機器人存在的問題

使用 Seq2Seq 做聊天機器人是比較流行的方案，但也存在一些問題：

1) 萬能回覆問題

用 MLE 作為目標函數會導致生成類似於 " 呵呵 " 的萬能 reply，

grammatical safe 但是沒有營養，沒有實際意義的話。

2) 對話無窮迴圈

用 MLE 作為目標函數容易引起對話的無窮迴圈。

解決這樣的問題需要聊天框架具備以下能力：一個是整合開發者自訂的回報
函數，來達到目標；另一個是生成一個 reply 之後，可以定量地描述這個 reply
對後續階段的影響。

2. Seq2Seq+ 增強學習

我們可以使用 Seq2Seq+ 增強學習的想法來解決這個問題。我們在上一章已經
講過其原理。說到增強學習，就不得不提增強學習的四元素：

1) Action

這裡的 Action 是指生成的 reply，Action 空間是無限大的，因為 reply 可以是任意長度的文字序列。

2) State

這裡的 State 是指 [pi,qi]，即上一輪兩個人的對話表示。

3) Policy

Policy 是指指定 State 之後各個 Action 的機率分佈。可以表示為：pRL(pi+1|pi, qi)。

4) Reward

Reward 表示每個 Action 獲得的回報，本文自訂了 3 種 Reward。

(1) Ease of Answering

這個 Reward 指標主要是說生成的 reply 一定是容易被回答的。其實就是指定這個 reply 之後，生成的下一個 reply 是 dull 的機率的大小。這裡所謂的 dull 就是指一些「呵呵呵」的 reply，例如「I don't know what you are talking about」等沒有什麼營養的話。

(2) Information Flow

這個獎勵主要是控制生成的回覆儘量和之前的不要重複，增加回覆的多樣性。

(3) Semantic Coherence

這個指標是用來衡量生成 reply 是否 grammatical 和 coherent。如果只有前兩個指標，很有可能會得到更高的 Reward，但是生成的句子並不連貫或說不成一個自然句子。這裡採用互資訊來確保生成的 reply 具有連貫性。最終的 Reward 由這 3 部分加權求和計算得到。

增強學習的幾個要素介紹完之後，接下來就是如何模擬的問題，我們採用兩個機器人相互對話的方式進行。

步驟 1 監督學習：將資料中的每輪對話當作 target，將之前的兩句對話當作 source 進行 Seq2Seq 訓練得到模型，這一步的結果作為第二步的初值。

步驟 2 增強學習：因為 Seq2Seq 會容易生成 dull reply，如果直接用 Seq2Seq 的結果將導致增強學習這部分產生的 reply 也不是非常的 diversity，從而無法產生高品質的 reply，所以這裡用 MMI(Maximum Mutual Information) 來生成更加 diversity 的 reply，然後將生成最大互資訊 reply 的問題轉為一個增強學習問題，這裡的互資訊 score 作為 Reward 的一部分 (r3)。用第一步訓練好的模型來初始化 Policy 模型，指定輸入 [pi,qi]，生成一個候選串列作為 Action 集合，集合中的每個 Reply 都計算出其 MMI score，這個 score 作為 reward 反向傳播回 Seq2Seq 模型中，進行訓練。

兩個機器人在對話，初始的時候指定一個 input message，然後 bot1 根據 input 生成 5 個候選 reply，依次往下進行，因為每一個 input 都會產生 5 個 reply，隨著 turn 的增加，reply 會指數增長，這樣在每輪對話中，我們透過 sample 來選擇出 5 個作為本輪的 reply。

接下來就是評價的部分，自動評價指標一共有兩個：對話輪數，很明顯，增強學習生成的對話輪數更多；Diversity，增強學習生成的詞、片語更加豐富和多樣。

強化學習不僅在回答上一個提問，而且常常能夠提出一個新的問題，讓對話繼續下去，所以對話輪數就會增多。原因是 RL 在選擇最佳 Action 的時候會考慮長遠的 Reward，而不僅是當前的 Reward。將 Seq2Seq 與強化學習整合在一起解決問題是一個不錯的想法，很有啟發性，尤其是用強化學習可以將問題考慮得更加長遠，獲得更大的 Reward。用兩個 bot 相互對話來產生大量的訓練資料也非常有用，在實際工程應用背景下資料的缺乏是一個很嚴重的問題，如果有一定品質的機器人可以不斷地模擬真實使用者來產生資料，那麼將 Deep Learning 真正用在機器人中解決實際問題就指日可待了。

強化學習解決機器人問題的文章在之前出現過一些，但都是人工列出一些 feature 來進行增強學習，隨著 deepmind 用 Seq2Seq+RL 的想法成功地解決 video games 的問題，這種 Seq2Seq 的思想與 RL 的結合就成為一種趨勢，朝著 data driven 的方向更進一步。

下面介紹一個 Seq2Seq+RL 的開放原始碼專案，名字叫 tf_chatbot_seq2seq_antilm，GitHub 上的位址：https：//github.com/Marsan-Ma/tf_chatbot_seq2seq_antilm。最關鍵的核心程式是 lib/seq2seq_model.py 裡面的 step_rf 方法，如程式 8.11 所示。

【程式 8.11】seq2seq_model.py

```python
def step_rf(self, args, session, encoder_inputs, decoder_inputs, target_weights,
        bucket_id, rev_vocab=None, debug=True):
# 初始化
init_inputs = [encoder_inputs, decoder_inputs, target_weights, bucket_id]
    sent_max_length = args.buckets[-1][0]
    resp_tokens, resp_txt = self.logits2tokens(encoder_inputs, rev_vocab, sent_
max_length, reverse=True)
if debug: print("[INPUT]:", resp_txt)
# 初始化
ep_rewards, ep_step_loss, enc_states = [], [], []
  ep_encoder_inputs, ep_target_weights, ep_bucket_id = [], [], []
#[Episode] per episode = n steps, 直到中斷循環
while True:
#----[Step]-------------------------------------
encoder_state, step_loss, output_logits = self.step(session, encoder_inputs,
decoder_inputs, target_weights,
        bucket_id, training=False, force_dec_input=False)
# 記住輸入，以便使用調整後的損失再現
ep_encoder_inputs.append(encoder_inputs)
    ep_target_weights.append(target_weights)
    ep_bucket_id.append(bucket_id)
    ep_step_loss.append(step_loss)
    enc_states_vec = np.reshape(np.squeeze(encoder_state, axis=1), (-1))
    enc_states.append(enc_states_vec)
# 處理回應
resp_tokens, resp_txt = self.logits2tokens(output_logits, rev_vocab, sent_max_
length)
if debug: print("[RESP]: (%.4f) %s" % (step_loss, resp_txt))
# 準備下次對話
bucket_id = min([b for b in range(len(args.buckets)) if args.buckets[b][0]
>len(resp_tokens)])
    feed_data = {bucket_id: [(resp_tokens, [])]}
    encoder_inputs, decoder_inputs, target_weights = self.get_batch(feed_data,
bucket_id)
    #----[Reward]-------------------------------------
    #r1: Ease of answering: 非萬能回覆，生成的下一個 reply 是 dull" 呵呵呵 " 的機率大小，
越小越好
r1 = [self.logProb(session, args.buckets, resp_tokens, d) for d in self.dummy_
dialogs]
    r1 = -np.mean(r1) if r1 else 0

#r2: Information Flow 不重複：生成的 reply 儘量和之前的不要重複
if len(enc_states) <2:
    r2 = 0
else:
    vec_a, vec_b = enc_states[-2], enc_states[-1]
    r2 = sum(vec_a*vec_b) / sum(abs(vec_a)*abs(vec_b))
```

```
    r2 = -log(r2)
#r3: Semantic Coherence : 敘述通順
r3 = -self.logProb(session, args.buckets, resp_tokens, ep_encoder_inputs[-1])
# 計算累計回報
R = 0.25*r1 + 0.25*r2 + 0.5*r3
    rewards.append(R)
# 整體評價:對話輪數更多,第一個 diversity 多樣性豐富
    #-------------------------------------------------
if (resp_txt in self.dummy_dialogs) or (len(resp_tokens) <= 3) or (encoder_
inputs in ep_encoder_inputs):
break # 結束對話

    # 按批獎勵梯度遞減
rto = (max(ep_step_loss) - min(ep_step_loss)) / (max(ep_rewards) - min(ep_
rewards))
    advantage = [mp.mean(ep_rewards)*rto] * len(args.buckets)
_, step_loss, _ = self.step(session, init_inputs[0], init_inputs[1], init_
inputs[2], init_inputs[3],
training=True, force_dec_input=False, advantage=advantage)
return None, step_loss, None
```

上面我們講的專案案例都是以生成模型為基礎的對話生成,生成模型最大的問題是生成前後不一致的答案,或生成的答案毫無意義,訓練時間也比較長。與此相比,檢索模型相對簡單些,檢索模型因為依賴了預先定義的語料,不會犯語法錯誤,然而可能沒法處理語料庫裡沒有遇到過的問題。下面我們講一下檢索模型的對話機器人。

8.3.5 以搜尋引擎為基礎的對話機器人

檢索模型主要用於在問答對中搜索出與原始問題最為相近的 k 個問題。為了實現這個功能,我們首先需要對語料庫的問和答拆分為兩個欄位,分別儲存到搜索索引裡,然後開發一個自訂相似度排序函數,將使用者的提問從搜尋引擎裡尋找相似度最高的幾個答案,然後結合個性化的人物誌、二次 Rerank 排序,對這幾個候選的答案篩選出最佳的回答。

搜尋引擎我們可以使用 Solr Could 或 ElasticSearch,它們都是以 Lucene 為基礎的,但都做了封裝,支援多台伺服器分散式地計算和分片儲存。如果有巨量的知識庫問答對,用它們來做儲存是比較合適的。

對於自訂相似度函數我們可以有多種選擇,例如餘弦相似度、編輯距離、BM25 等,這些主要看文字匹配,可能匹配到的問題不一定代表那個語義,但

如果問題知識庫足夠全，一般效果還不錯。如果知識庫不夠全，可能搜索不到合適的結果，這種情況可以透過中文分詞，然後透過 word2vec 和同義字詞林的方式擴充更多的近義詞，接著再去盡可能地匹配出結果來。

另外一種就是做一個語義相似度，語義相似度計算是比較複雜的，實際上我們可以自訂一個綜合函數，把文字相似、語義相似都融合起來，然後算一個整體評分。

不管以哪種方式搜索都會產生一個候選集合，當然我們可以只取出第一個預設結果，但為了和人物誌結合起來，我們可以對候選集合做進一步的二次 Rerank 排序。而且考慮到回答問題的新鮮性，有必要做一些簡單的業務處理，例如排重，對同一個問題，每次回覆不一樣。再就是捕捉使用者的最近使用者行為，找出和最近行為最相關的回答返回給使用者。其實這個在本質上和做推薦系統的二次排序是同樣的道理，所以對於檢索式模型可以使用搜索和個性化推薦演算法相融合的想法來做。

8.3.6　對話機器人的 Web 服務專案化

對話機器人的 Web 專案化我們前面講過，是以 Python 為基礎的 Flask 框架來做的，因為我們專案的程式是用 Python 來實現的，但並不代表專案化只能用 Python 來做。Web 專案化的想法大概是把訓練階段提供的模型載入到記憶體裡，並且只載入一次，後面就根據 HTTP 介面的請求來即時預測。實際上訓練和預測的程式可以分離，訓練用 Python，預測用 Java 或 C 也是可以的。只是專案中沒有實現，需要我們自己來開發而已。

另外一點，整體專案的專案化不僅是預測這一步，實際上還需要配合其他部門或工程師來實現一個完整的系統，例如網站是用 Java 來做的，需要 Java 來呼叫你的 Python 介面，也可以用 PHP 來調你的介面。實際上對於演算法系統除了基本預測外，還有夾雜著其他許多的業務規則，這個業務規則可以在 Java 的另外一個 Web 專案裡實現。

還有就是實際上對話機器人可以以多種策略來組合，例如以檢索模型和生成模型為基礎的融合，就會有比較複雜的專案，不再是一個簡單的模型預測了。

參考文獻 Reference

[1] 百度學術 .Scala [EB/OL].https://baike.baidu.com/item/Scala/2462287.

[2] 百度百科 .LDA [EB/OL].https://baike.baidu.com/item/LDA/13489644.

[3] 百度百科 . 單純貝氏 [EB/OL].https://baike.baidu.com/item/ 單純貝氏 /4925905.

[4] 百度百科 .logistic 回歸 [EB/OL].https://baike.baidu.com/item/logistic 回歸 .

[5] 百度百科 . 連結規則 [EB/OL].https://baike.baidu.com/item/ 連結規則 .

[6] 和大黃 .Mahout 協作過濾 itemBase RecommenderJob 原始程式分析 [EB/OL].
[2013-02-26].

https://blog.csdn.net/heyutao007/article/details/8612906475.

[7] 百度百科 .SPARK [EB/OL].https://baike.baidu.com/item/SPARK/2229312.

[8] 凝眸伏筆 .ALS 在 Spark MLlib 中的實現 [EB/OL].[2018-05-16].https://blog.csdn.
net/pearl8899/article/details/80336938.

[9] 百度百科 . 決策樹 [EB/OL].https://baike.baidu.com/item/ 決策樹 /10377049.

[10] oppo62258801.Spark MLlib 中的隨機森林 (Random Forest) 演算法原理及實例
(Scala/Java/python)[EB/OL].[2018-02-07].https://blog.csdn.net/oppo62258801/
article/details/79279429.

[11] 淺行 learning. 以決策樹 (Decision Tree) 為基礎的 bagging 演算法：隨機森林
(Random Forest)(包 括 具 體 程 式)[EB/OL].[2018-12-12].https://blog.csdn.net/
weixin_42663941/article/details/84979502.

[12] 楊步濤的網誌 . 隨機森林 &GBDT 演算法以及在 MLlib 中的實現 [EB/OL].[2015-
04-18].https://blog.csdn.net/yangbutao/article/details/45114313.

[13] 日月的彎刀 .MLlib——GBDT 演算法 [EB/OL].[2017-03-21].https://www.cnblogs.
com/haozhengfei/p/8b9cb1875288d9f6cfc2f5a9b2f10eac.html.

[14] liulingyuan6. 梯度疊代樹 (GBDT) 演算法原理及 Spark MLlib 呼叫實例 (Scala/
Java/python)[EB/OL].[2016-12-01].https://blog.csdn.net/liulingyuan6/article/
details/53426350.

[15] passball.SVM——支援向量機演算法概述 [EB/OL].[2012-06-14].https://blog.csdn.
net/passball/article/details/7661887.

[16] Spider_Black.SparkMLlib Java 單純貝氏分類演算法 (NaiveBayes) [EB/OL].[2017-07-07].https://blog.csdn.net/spider_black/article/details/74627202.

[17] lxw 的巨量資料田地 .Spark MLlib 實現的中文文字分類——Naive Bayes [EB/OL].[2016-01-22].http://lxw1234.com/archives/2016/01/605.htm.

[18] xx. 序列模式採擷演算法之 PrefixSpan[EB/OL].[2019-06-19].https://msd.misuland.com/pd/3255817997595448958.

[19] 蝸 牛 _Wolf.PrefixSpan[EB/OL].[2018-08-09].https://blog.csdn.net/ws1296931325/article/ details/81529693.

[20] 阿 滿 子 .N-Gram 語 言 模 型 [EB/OL].[2016-04-28].https://blog.csdn.net/ahmanz/article/details/51273500.

[21] 郭 耀 華 .NLP 之 ——Word2Vec 詳 解 [EB/OL].[2018-06-28].https://www.cnblogs.com/guoyaohua/p/9240336.html.

[22] 百度百科 .Word2vec [EB/OL].https://baike.baidu.com/item/Word2vec/22660840.

[23] 百度百科 . 多層感知器 [EB/OL].https://baike.baidu.com/item/MLP/17194455.

[24] 鹿丸君 .Spark 中以神經網路為基礎的 MLPC(多層感知器分類器) 的使用 [EB/OL].[2018-08-06].https://blog.csdn.net/coding01/article/details/81458523.

[25] molearner. TensorFlow 核心概念和原理介紹 [EB/OL].[2018-01-03].https://www.cnblogs.com/wkslearner/p/8185890.html.

[26] 阿里云云棲號 . 雲端上 MXNet 實踐 [EB/OL].[2018-03-29]. https://segmentfault.com/a/1190000014064672.

[27] marsjhao. TensorFlow 實 現 MLP 多 層 感 知 機 模 型 [EB/OL].[2018-03-09].https://www.jb51.net/article/136145.htm.

[28] 費 弗 裡 .TensorFlow 實 現 MLP [EB/OL].[2018-05-19].https://www.cnblogs.com/feffery/p/9030446.html.

[29] 百度百科 . 卷積神經網路 [EB/OL].https://baike.baidu.com/item/ 卷積神經網路/17541100.

[30] TechXYM. 深度學習之卷積神經網路 CNN 及 tensorflow 程式實現範例 [EB/OL].[2017-11-29].https://blog.csdn.net/zaishuiyifangxym/article/details/78660759.

[31] 百度百科 . 循環神經網路 [EB/OL].https://baike.baidu.com/item/ 循環神經網路/23199490.

[32] 程式設計師開發之家 .TensorFlow 框架 (6) 之 RNN 循環神經網路詳解 [EB/OL].

[2017-10-10].https://www.cppentry.com/bencandy.php?fid=57&aid=132253.

[33] tjpxiaoming. 循環神經網路 RNN 原理 [EB/OL].[2019-04-01].https://www.cnblogs.com/imzgmc/p/10632636.html.

[34] 百度百科. 長短期記憶類神經網路 [EB/OL].https://baike.baidu.com/item/ 長短期記憶類神經網路 /17541107.

[35] 雪柳花明.TensorFlow 實現以 LSTM 為基礎的語言模型 [EB/OL].[2017-07-08]. http://www.360doc.com/content/17/0708/16/10408243_669847005.shtml.

[36] 仲夏 199603. 序列到序列的網路 seq2seq [EB/OL].[2017-12-10].https://blog.csdn.net/qq_32458499/article/details/78765123.

[37] 賈紅平.tensorflow-綜合學習系列實例之序列網路 (seq2seq) [EB/OL].[2018-06-03]. https://blog.csdn.net/qq_18603599/article/details/80558303.

[38] hank 的 DL 之路. 深度學習之 seq2seq 模型以及 Attention 機制 [EB/OL].[2017-11-14].https://www.cnblogs.com/DLlearning/p/7834018.html.

[39] 百度百科.Gan [EB/OL].https://baike.baidu.com/item/Gan/22181905.

[40] 一隻奧利奧的貓. 一文詳解生成對抗網路 (GAN) 的原理，通俗易懂 [EB/OL]. [2018-05-08].https://www.imooc.com/article/28569.

[41] 朱超超. 生成對抗網路 GAN 詳解與程式 [EB/OL].[2019-07-24].https://www.cnblogs.com/USTC-ZCC/p/11236847.html.

[42] 百度百科. 深度強化學習 [EB/OL].https://baike.baidu.com/item/ 深度強化學習 /22743894.

[43] 深度強化學習入門 [EB/OL].https://www.jianshu.com/p/5ceca53aff0b.

[44] 新智元. 詳解深度強化學習展現 TensorFlow 2.0 新特性 (程式) [EB/OL].[2019-01-21].http://www.sohu.com/a/290434392_473283.

[45] Hichenway. 強化學習與馬可夫的關係 [EB/OL].[2018-06-20].https://blog.csdn.net/songyunli1111/article/details/80752685.

[46] 羅羅可愛多. 白話 tensorflow 分散式部署和開發 [EB/OL].[2016-09-20].https://blog.csdn.net/luodongri/article/details/52596780.

[47] 百度百科.kubernetes.[EB/OL].https://baike.baidu.com/item/kubernetes/22864162.

[48] 店家小二. 如何在 Kubernetes 上玩轉 TensorFlow? [EB/OL].[2018-12-14].https://yq.aliyun.com/articles/679507.

[49] KPMG 巨量資料採擷. 相親相愛的資料：論資料血緣關係 [EB/OL].[2018-01-06]. http://www.sohu.com/a/215119883_692358.

[50] 百度百科 . 人物誌 [EB/OL].https://baike.baidu.com/item/ 人物誌 /22085710476.

[51] 地中海天天 . 電子商務企業建構人物誌的六個簡單步驟 [EB/OL].[2018-12-21]. http://bbs.paidai.com/topic/1600729.

[52] 一天不進步，就是退步 .solr 原始程式分析之 solrcloud [EB/OL].[2015-09-01]. https://www.cnblogs.com/davidwang456/p/4776719.html.

[53] sunsky303.Elasticsearch 入門，這一篇就夠了 [EB/OL].[2018-08-07].https://www. cnblogs.com/sunsky303/p/9438737.html.

[54] 百度百科 .AB 測試 [EB/OL].https://baike.baidu.com/item/AB 測試 /9231223.

[55] 百度百科 . 人臉辨識 [EB/OL].https://baike.baidu.com/item/ 人臉辨識 /4463435.

[56] 張三的哥哥 . 人臉辨識技術的原理 [EB/OL].[2014-01-22].https://www.cnblogs. com/usa007lhy/p/3529563.html.

[57] liulina603. 人臉辨識主要演算法原理 [EB/OL].[2012-08-30].https://blog.csdn.net/ liulina603/article/details/7925170.

[58] 賽藍科技 . 什麼是人臉辨識？可以應用在哪些場景？ [EB/OL].https://www. jianshu.com/p/53ea224e40db.

[59] 東城青年 . 深度學習五、MTCNN 人臉檢測與對齊和 FaceNet 人臉辨識 [EB/OL]. [2019-03-09].https://blog.csdn.net/qq_24946843/article/details/88364877.

[60] davidsandberg.Face recognition using Tensorflow [EB/OL].[2018-04-16].https:// github.com/davidsandberg/facenet.

[61] dpresse.Age/Gender detection in Tensorflow [EB/OL].[2018-10-10].https://github. com/dpressel/rude-carnie.

[62] AI 言究索 . 什麼是對話機器人？對話機器人有哪些用途？ [EB/OL].[2019-03-11]. https://baijiahao.baidu.com/s?id=1627692839478064762.

[63] dfenglei, Conchylicultor My tensorflow implementation of "A neural conversational model", a Deep learning based chatbot [EB/OL].[2018-04-08].https://github.com/ Conchylicultor/DeepQA.

[64] Deseaus, fhieber Sequence-to-sequence framework with a focus on Neural Machine Translation based on Apache MXNet [EB/OL].[2019-11-14].https://github.com/ awslabs/sockeye.

[65] marsan-ma.Seq2seq chatbot with attention and anti-language model to suppress generic response, option for further improve by deep reinforcement learning [EB/ OL].[2017-03-14].https://github.com/Marsan-Ma/tf_chatbot_seq2seq_antilm.

Deepen Your Mind

Deepen Your Mind